저자직강 동영상 **강의**
이패스코리아
www.epasskorea.com

CBT
완·벽·반·영

이패스
자동차정비
산업기사

4주 CUT

✓ 친환경 자동차 문제 경향과 핵심 분석
✓ 최근 3개년 기출문제 완벽 분석
✓ CBT 기출문제 포함 900문제 수록

필기

국민대 xEV 연구실(M.S), 자동차정비기능장
윤조현 저

epasskorea

머리말

자동차 정비 현장에서 현행 법령상 최고 책임자의 자격을 부여하는 자동차정비산업기사 국가 자격을 갖추고자 준비하는 수험생 여러분, 반갑습니다.

1995년 자동차 정비에 첫 발을 내디뎠는데, 어느새 20년을 훌쩍 넘어 30여 년에 가까워옵니다. 현장 정비에 밤낮없이 자동차와 씨름하다가 갖고 있는 지식이 너무나 부족함을 느끼고 기능사 자격 취득 공부를 하면서, 현장 정비에 앞서 이론적 지식이 얼마나 중요한지 알게 되었습니다. "자동차정비기능사"라는 국가 자격증을 처음 발부받던 순간 '이제 나도 국가 공인이다'라는 가슴 벅찬 느낌이 오래도록 가시지 않았습니다. 그리고 다시 자동차 국가자격에서 "1급"자격증인 산업기사에 도전하였고, 필기만 무려 4회 떨어져, 계산공식과 계속 물 먹였던(불합격) 어려운 일반기계 공학을 달달달 외워 5회차에 산업기사와 기사 필기시험을 동시에 합격했던 시절이 생각납니다. 그것도 아주 높은 점수(3~4개 문제 틀림)로 합격하여, 산업기사 공부하다가 기사까지 모두 취득하게 된 쾌거를 이룬 해가 바로 2006~2007년이었습니다. 벌써 17년 전 일이 되었으나, 너무나도 힘들고 어렵게 공부했고, 공부하던 교재가 다 망가져 같은 교재를 2번이나 더 구매했던 기억이 생생합니다.

우리가 준비하는 자동차정비산업기사는 자동차정비기능사와 비교할 때, 문제의 난이도와 수준이 매우 높다고 할 수 있습니다. 옛 합격을 좌우했던 일반기계공학이 이제는 친환경 자동차가 그 악역을 담당하고 있습니다.

특히, 전 세계적으로 내연기관 자동차 운행을 줄이고 유해가스가 배출되지 않는 무공해(zero emission) 자동차 개발·보급이 활성화되고 있습니다. 이러한 대기환경 문제의 심각성이 부각 되면서, 유럽 그린 딜(European Green Deal) 정책이 현재「유로 6」기준에서 2022년 11월 10일「유로 7」발표 이후, 질소산화물(NOx) 배출 기준이 가솔린·디젤 기관 구분 없이 모두 60mg/km로 제한됩니다. 더더욱 환경을 해치는 유해 배기가스에 대한 규제가 강화되고 있고,「유로 7」기준은 머지않은 2025년 7월 1일부터 적용됩니다. 친환경 자동차 문제가 각종 국가시험을 비롯해 우리 시험에서도 반영된 이유입니다. 산업기사는 앞서 서두에 언급한 바와 같이 정비 현장에서 정비 책임자가 되는 기술인력으로서, 매우 빠르게 생산·보급되고 있는 친환경 자동차 정비에 관한 기본적인 이론이 뒷받침되어야 한다는 것입니다.

친환경 자동차 정비 파트를 처음 접하는 수험생의 경우라면, 문제를 풀어나가기 매우 곤란하고, 무조건 외워야 한다는 부담감이 있는 과목일 것입니다. 자동차의 기본적인 구조와 원리를 이미 공부한 수험생, 기능사 자격 보유자, 현장 실무형 수험생이라도 새로운 용어와 원리를 스스로 이해하기에는 조금은 더디고 힘겨울 것이라 생각합니다.

산업기사 필기를 수차례 떨어져 봤던 경험이 있는 제가, 이제는 산업기사 책을 집필한다는 것은 너무도 흥분되고, 조심스러운 일이었습니다. 전기차를 주제로한 논문으로 학위를 받은 저로서는 이 책이야말로 친환경 자동차 문제의 어려움을 극복해 줄 것이라 생각합니다. 친환경 자동차 정비 파트로 힘겹게 공부하는 수험생에게 힘이 되어 줄 친구 같은 존재가 될 것을 다짐하며, 집필내내 힘겨움을 이겨내고, 정성 들여 집필하였습니다.

본 교재는 최대한 이해가 쉽도록 요점 위주 서술식으로 집필하였고, 과거 기출문제를 근간으로 한, 파트별 문제와 예상 기출문제로 재구성하였습니다. 친환경 자동차 정비 파트의 출제 경향은 물론, 최근 우리 시험을 어렵게 하는 "관계 법령"이론을 정리하여 수록하였습니다. 오로지 수험생의 눈에서 바라보며, 짧은 시간에 어려운 부분을 해결하고 필기시험에 합격할 수 있도록 최선을 다하였습니다. 수험생의 이해를 돕고자 노력하였으며, 광범위한 친환경 자동차 분야를 영상을 통해 심화 학습이 되도록 연구를 게을리하지 않으려 합니다.

산업기사 시험에서 전혀 외울 것 없이 이해하면 된다는 논리는 매우 옳지 않습니다. 외울 것은 줄이되 반드시 외워야 할 것은 외워야 합니다. 영상으로든, 문제로든 반복하여 수험생 스스로 외우는데 도움이 되도록 하였고, 할 것입니다. 친환경 자동차 용어는 다소 반복되는 쉬운 용어라 할지라도 모두 정리하여 별도로 수록하였습니다. 저는 강의 중에 범위와 상관없이 반복하면서 외울 수 있도록 도울 것이며, 기본이론을 충분히 숙지한 후, 실전에 가까운 예상 기출 문제풀이 등을 통해 수험생 여러분의 어려움을 쉽게 정리해 가도록 의도적으로 반복하여 문제를 수록하였으니, 이해해 주시기 바랍니다.

이 책과 영상 강의로 자동차정비산업기사 필기를 준비하는 여러분과 함께하면서, 고득점 합격을 향한 노력을 함께 하여, 반드시 좋은 성적으로 빠른 시간에 자동차 정비 산업기사의 가장 큰 고비인 1차 필기 합격을 이뤄내겠습니다.

끝으로 교재가 나올 때까지 믿고 기다려주신 이패스코리아 유 상무님, 함께 애써주신 박 과장님, 황 주임님, 편집·출판부 관계자 여러분, 그리고 늘 격려와 고급지식을 아낌없이 나눠준 미래모빌리티산업의 동반자 김 선배님, ㈜한국오토모티브 오대표님, ㈜배터플라이 박대표님, 동탄 자동차 스터디멤버들, 연꽃 북클럽 회원분들께 감사드리며, 수 개월간 집필로 어려워하는 저를 응원해준 아내(뚱이 요정)와 세아이들(동.해.안)에게 깊은 감사와 미안한 맘(울 막둥이~ 놀아주지 못해 미안해~♡) 전하며, 오로지 좋은 강의로 보답하고자 노력할 것을 두 손 모아 다짐해 봅니다.

2023년 12월
저자 윤조현 올림

출제경향 분석

이패스 자동차정비산업기사 필기

출제경향분석

구분	문항수	다빈도 출제분야	관계법령
PART 01 자동차 엔진 정비	20	디젤, 센서	2~3
PART 02 자동차 섀시 정비	20	현가, 조향, 제동	1~2
PART 03 자동차 전기·전자장치 정비	20	통신, 주행안전	1~2
PART 04 친환경 자동차 정비	20	하이브리드차 전기차 수소연료전지차	2~3
계	80	45~51	6~10

최근 산업기사 문제 출제 빈도를 살펴보면 고르게 분포되어 출제되고 있다는 것이고, 어려운 계산 문제의 비중이 현저히 감소하였으며, 특히 변별력을 주기 위해 관계 법령을 각 파트별로 출제하고 있다는 것이다. 그나마 1~2문항이라도 더 많이 출제된 다빈도 문제는 위 표와 같다.

여기서 주목할 것은 위 다빈도 출제 문제와 관계 법령에 정답을 체크한다면 합격에 들어간다는 것이다. **각 파트별로 최소 12개 문항**씩, 평균 60점 획득, **최소 48문항의 정답 체크**가 되면 합격이고, **관계 법령까지 꼼꼼히 공부**한다면 안전하게 합격한다. 그러나 우리는 모두 정답에 체크한다는 것을 목표로 해야 한다. 산업기사는 기능사와 달리 각 과목당 과락제가 적용된다.(최소 8문항, 40점 이상 되어야 함)

그리고, 문제 수준이 매우 높고, 어느 문제는 분명 Pass 또는 어쩔 수 없이 찍어야 할 문제들이 각 과목당 1문제씩은 꼭 나온다고 생각해야 한다. 이것은 우리 수험생이 공부를 게을리했다기보다는 산업기사 필기 서적 중에서 광범위한 문제와 이론을 빠짐없이 총망라한 책은 없기 때문이다. 아마도 그러면 한 권의 책으로 되지 않을 것이다.

그러나 이러한 어려운 문제도 이론적 이해가 뒷받침되고, 평소 성실히 시험 준비를 했다면 정답으로 가져올 확률이 높아지게 된다.

기본이론과 이해에 충분한 학습이 이뤄지고, 기출문제를 기준으로 한, 우리 교재에 수록된 문제를 빠짐없이 풀어 충분한 준비를 한다면, 난이도 높은 어떤 문제가 나오더라도 정답으로 체크하는 데 어려움이 없을 것이다.

좀 더 자세한 내용 및 수험정보 등은 당사 홈페이지(www.epasskorea.com) 참조

학습전략

1. 기본이론에 충실 하자.
계속 강조하고 있다. 더 강조해도 과하지 않다. 우리 시험은 기본에 충실해야 한다. 아주 기초적인 것 이상으로, 자동차 공학적 이론이 정립되지 않으면, 문제를 조금만 변형해도 어려워진다.

2. 친환경 자동차 정비 문제는 무조건 다 맞는다.
용어에 익숙해지도록 별도로 정리한 것을 복사해서 눈에 잘 보이는 곳에 포스트 해 놓는다. 핸드폰에 사진으로 담아, 오며가며 읽는 것도 좋다. 원리를 이해하고 무조건 외운다기보다는 미래차는 어차피 알아야 한다는 운명을 받아들이고, 언론과 SNS에서 회자되는 친환경차에 대한 기사를 자주 접해야 한다. 마지막으로 반드시 문제를 반복하여, 수록된 문제는 내 것으로 만들고 시험에 들어가야 한다.

3. 관계 법령 문제에 익숙해지도록 하자.
많은 문제는 아니지만, 각 파트별로 적게는 1~2문항, 많게는 3문항의 관계법령 문제가 우리 수험생들의 발목을 잡는다. 시험의 페이스를 잃게 하고 수험자들을 당황하게 하고 있다. 정리해둔 기본이론에서 빠짐없이 학습할 수 있도록 하고, 틈틈이 온라인상의 법력정보 센터에 접속하여 법령을 둘러보고, 다소 딱딱한 법률적 용어에 익숙해져야 한다.

4. 매일 1시간 이상 책과 문제를 접하자.
공부만 하는 수험생은 거의 없다. 대학 수능시험 때 외엔 없다. 만약 공부만 할 수 있는 환경에 있다면 무한 감사하되, 어떤 상황에서도 매일 1시간은 책과 문제를 봐야 한다. 감을 잃으면 시험장에 가서도 감을 찾을 수 없다. 단 한 문제를 보더라도 반드시 봐야 한다. 같은 내용을 보더라도 매일 책을 펼치고 영상을 듣는 습관을 가져야 한다.

자동차정비산업기사 자격시험 안내

자동차정비기능사란?

자동차의 기계상 결함이나 사고 등 여러가지 이유로 정상적으로 운행되지 못할 때 원인을 찾아내어 정비하는 전문인력을 말합니다. 최근 운행자동차 수의 증가로 정비의 필요성이 증가함에 따라 산업현장에서 자동차정비의 효율성 및 안정성 확보를 위한 자동차정비산업기사의 중요성이 높아지고 있습니다.

시험일정

구분	필기원서접수	필기시험	필기합격자 발표일	실기원서접수	실기시험	최종합격자 발표일
2024년 정기 산업기사 1회	2024.1.23 ~ 2024.1.26	2024.2.15 ~ 2024.3.7	2024.3.13	2024.3.26 ~ 2024.3.29	2024.4.27 ~ 2024.5.12	1차 : 5.29 2차 : 6.18
2024년 정기 산업기사 2회	2024.4.16 ~ 2024.4.19	2024.5.9 ~ 2024.5.28	2024.6.5	2024.6.25 ~ 2024.6.28	2024.7.28 ~ 2024.8.14	1차 : 8.28 2차 : 9.10
2024년 정기 산업기사 3회	2024.6.18 ~ 2024.6.21	2024.7.5 ~ 2024.7.27	2024.8.7	2024.9.10 ~ 2024.9.13	2024.10.19 ~ 2024.11.08	1차 : 11.20 2차 : 12.11

수수료

▶ 필기 : 19,400원
▶ 실기 : 58,200원

시험과목

▶ 필기 : 1. 엔진정비 2. 섀시정비 3. 전기·전자장치정비 4. 친환경 자동차정비
▶ 실기 : 자동차정비 작업

검정방법 및 문항수

▶ 필기 : 객관식 4지 택일형, 과목당 20문항(과목당 30분)
▶ 실기 : 작업형(5시간 30분 정도, 100점)

합격기준

▸ 필기 : 100점을 만점으로 하여 과목당 40점 이상, 전과목 평균 60점 이상
▸ 실기 : 100점을 만점으로 하여 60점 이상

검정현황

연도	필기			실기		
	응시	합격	합격률(%)	응시	합격	합격률(%)
2022	7,560	1,097	14.5%	1,827	963	52.7%
2021	8,806	2,116	24%	2,988	1,568	52.5%
2020	8,305	1,668	20.1%	2,465	1,279	51.9%
2019	8,499	1,678	19.7%	2,867	1,268	44.2%
2018	7,735	2,036	26.3%	2,829	1,318	46.6%
2017	8,226	2,080	25.3%	2,846	1,292	45.4%
2016	7,742	1,467	18.9%	2,102	864	41.1%
2015	7,365	1,034	14%	1,692	628	37.1%
2014	7,770	1,014	13.1%	1,501	552	36.8%
2013	7,590	880	11.6%	1,439	597	41.5%
2012	7,644	1,004	13.1%	1,738	610	35.1%
2011	6,583	1,271	19.3%	1,764	719	40.8%
2010	7,941	1,158	14.6%	1,734	662	38.2%

이패스 자동차정비산업기사 필기 학습플랜

4주일 CUT

일정		파트	세부내용
1주	1일 ☐	친환경 자동차 정비	친환경자동차 일반
	2일 ☐		전기 자동차(1) 전기차일반, 기본구조, 장점과 단점
			전기 자동차(2) 전력변환, 구동시스템
	3일 ☐		전기 자동차(3) 제동, 공조 시스템
			하이브리드 자동차(1) 하이브리드 일반
	4일 ☐		하이브리드 자동차(2) 구동모터, 주행패턴, 세계시장
			하이브리드 자동차(3) HSG
	5일 ☐		수소연료전지 자동차(1) 정의,주행특성
			수소연료전지 자동차(2) 스택의 원리와 구성, 탱크와 감지센서
	6일 ☐		수소연료전지 자동차(3) 공급·냉각, 전력변환, 구동·제동 시스템
			고전압 배터리(1) 고전압 개요
	7일 ☐		고전압 배터리(2) 리튬이온 배터리 구성요소, SOC와 SOH
			고전압 배터리(3) 고전압 흐름도, ,고전압차단,교환
2주	8일 ☐		고전압 배터리(4) 고전압 충전
			자율주행 자동차(1) 자율주행차 일반, 구성요소와 동작원리
	9일 ☐		자율주행 자동차(2) 인지·판단·제어기술, 사이버 보안
			자율주행 자동차(3) ADAS
	10일 ☐		신재생 에너지와 바이오·에탄올·천연가스 자동차
		관계법령	관계법령(1) 법의 체계, 자동차규칙
	11일 ☐		관계법령(2) 자동차규칙(별표1의2), (별표5), (별표6의18), (별표28의2)
			관계법령(3) 자동차관리법 시행규칙
	12일 ☐		관계법령(4) 에너지소비효율 및 등급표시에 관한 규정 등
		자동차 엔진정비	엔진일반(1) 작동원리, 힘, 운동, 일과 속도, 동력, 배기량, 압축비, 온도
	13일 ☐		엔진일반(2) 엔진과 열역학
			엔진일반(3) 기관 성능, 엔진형식과 구조
	14일 ☐		엔진일반(4) 기관 구조(기관본체, 헤드, 블록)
			엔진일반(5) 기관 구조(연소실, 밸브류, 피스톤, 피스톤링, 크랭크축 등)

4주일 CUT

일정		파트	세부내용
3주	15일 ☐	자동차 엔진정비	윤활
			냉각
	16일 ☐		수퍼차저와 터보차저, 인터쿨러
			디젤기관(1) 연소실과 연소방식, 디젤노크, 연료, 기계식 디젤기관
	17일 ☐		디젤기관(2) 전자제어 디젤기관
			가솔린 및 LPG기관(1) 가솔린 연료, 연소, 점화, 연료라인, 가솔린 노크
	18일 ☐		가솔린 및 LPG기관(2) 전자제어 가솔린기관, 주요센서, GDI
		자동차 섀시정비	동력전달장치(1) 구동축, 구동액슬, 클러치
	19일 ☐		동력전달장치(2) 차동기어, 수동변속기
			동력전달장치(3) 자동변속기
	20일 ☐		조향장치(1) 조향일반, 동력조향, 전자제어 동력조향, 4륜조향
			조향장치(2) 차륜정렬
	21일 ☐		현가장치(1) 현가장치일반, 공기식현가장치
			현가장치(2) 전자제어식 현가장치, 스프링위·아래 무게 진동
4주	22일 ☐		제동장치(1) 제동일반, 드럼식과 디스크식, 유압식 브레이크
			제동장치(2) 공기식B/K, 배력장치와 감속제동장치, ABS, EBD, TCS, 주차
	23일 ☐		휠 및 타이어
	24일 ☐		소음·진동·주행저항·동력성능
		자동차 전기·전자장치 정비	기초 전기·전자(1) 자동차전기의 특성, 전기3요소
	25일 ☐		기초 전기·전자(2) 배터리, 반도체, 다이오드와 트랜지스터
			자동차 전기회로
	26일 ☐		조명과 계기장치
			시동·점화·충전장치(1) 시동전동기, 점화장치, 점화플러그
	27일 ☐		시동·점화·충전장치(2) 교류발전기
			안전·신호·통신·정보제어(1) 에어백, 레인센서, 후진 경보음, ADAS
	28일 ☐		안전·신호·통신·정보제어(1) 자동차통신제어, 냉난방장치, 등화장치

이패스 자동차정비산업기사 필기 교재구성

01 친환경 자동차 용어 제공

- 아직은 생소하기만한 친환경 자동차 용어암기를 위한 용어집 삽입!!

02 법령의 핵심내용을 한눈에

- 빽빽한 법전의 내용 중 합격을 위해 꼭 알아야할 내용만 요약 & 볼드 & 밑줄처리!!

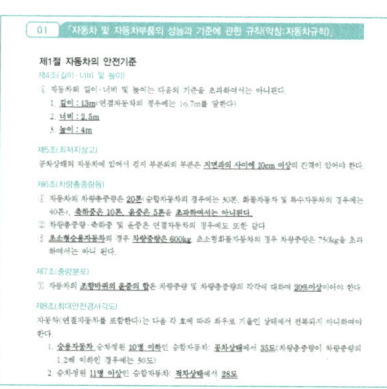

03 처음 학습하는 초심자의 이해를 위한 Tip 제공

- 공학이나 자동차정비관련 학습을 처음하는 초심자의 빠르고 정확한 이해를 위해 본문 중간중간에 학습에 도움이 되는 다양한 TIP 제공!!

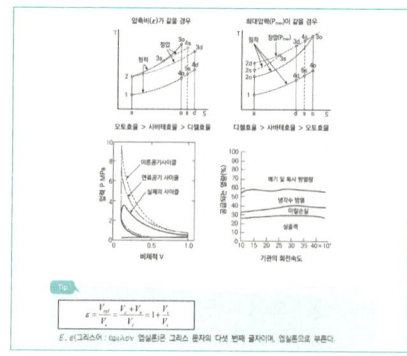

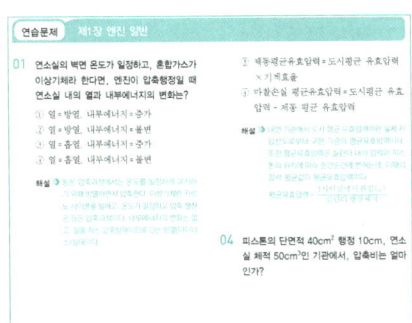

04 장별 연습문제 수록

- 기출문제 중 장별로 엄선한 문제풀이를 통해 학습한 내용 완벽 이해!!

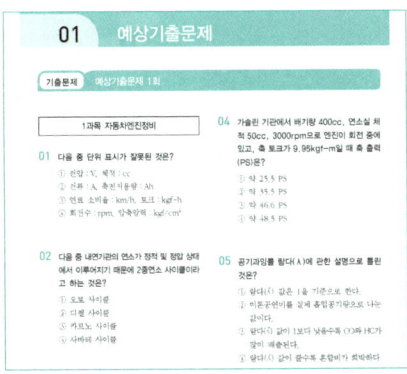

05 기출예상문제 수록

- 2023년 기출예상문제 수록!!
- 실제 시험처럼 시간을 재어가면서 꼭 풀어보세요!!

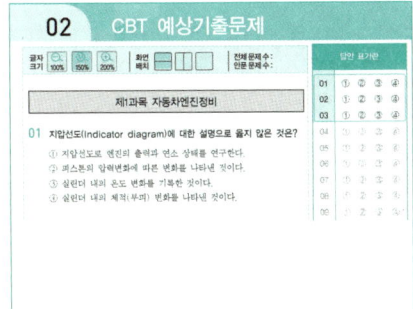

06 CBT 레이아웃 반영

- 실제 시험과 동일한 환경에서 문제를 풀어볼 수 있도록 CBT 레이아웃을 구성 했습니다.

이패스 자동차정비산업기사 필기 교재특징

I. 한·권·완·성   기초용어설명부터 기출문제풀이까지 한권으로 완성

처음보는 용어와 개념때문에 초심자가 바로 이해하기에는 어려움이 많습니다. 이패스 자동차정비산업기사는 기초용어설명부터 기출문제풀이까지 한권으로 완벽히 마스터 할 수 있도록 도와드립니다.

II. 분·석·예·측   최신 출제경향 분석 및 예측

지난 10년간 출제되었던 문제들은 물론 매년 새롭게 출제되는 문제들의 분석을 통해 출제가능성이 높은 기출문제들을 수록하여 한 권으로 모았습니다.

III. 학·습·플·랜   4주만에 학습 마스터

여러분의 목표는 100점이 아닌 합격!!
자동차정비산업기사 필기는 과목당 40점 이상, 전과목 평균 60점만 넘으면 합격입니다. 4주간 효율적인 학습을 하실 수 있도록 설계된 플랜과 함께 합격의 꿈을 빠르게 이뤄보세요!!

IV. 최·종·정·리   장별 연습문제와 최근 예상기출문제 수록

최근 10개년의 기출문제들을 분석 후 출제빈도가 높은 문제들로만 단원별 핵심정리문제를 추려 배치했습니다. 또한 도서의 끝에는 최종 학습마무리를 위한 최신 예상기출문제들을 수록했으니 실전 시험과 동일하게 시간에 맞춰 풀어보시기 바랍니다. 특히 예상기출문제 마지막 회차는 CBT로 변경된 시험에 익숙해질 수 있도록 페이지구성을 했습니다.

V. 무·료·강·의   다양한 무료영상 제공

자동차정비산업기사 학습을 독학하시는 분들을 위한 다양한 영상을 무료로 제공합니다.

차례

PART 1 자동차 엔진 정비

제1장 엔진 일반   22
1. 엔진의 작동원리   22
2. 엔진과 열역학   24
3. 기관 성능   28
4. 엔진 형식과 구조   31

제2장 기관 구조   43
1. 기관 본체 구조   43
2. 실린더헤드, 실린더 블록   44
3. 연소실, 밸브류   48
4. 피스톤, 피스톤핀, 피스톤 링   51
5. 크랭크축과 베어링, 커넥팅로드, 플라이휠   53

제3장 윤활   63
1. 윤활의 종류와 목적   63
2. 윤활의 작용과 기관의 마찰·마모   64
3. 윤활 방식   65
4. 오일펌프, 오일 냉각기   65
5. 기관 오일 점검   66

제4장 냉각   71
1. 냉각 방식과 목적   71
2. 냉각팬과 팬벨트, 기타 냉각부품   72
3. 부동액   73

제5장 수퍼차저와 터보차저, 인터쿨러   78
1. 구조와 작동   78
2. 가변용량형 터보 과급기   78
3. 인터쿨러   79

차례

제6장	디젤기관	81
	1. 디젤기관 연소실과 연소방식	81
	2. 디젤연료	82
	3. 디젤노크	82
	4. 기계식 디젤기관	83
	5. 전자제어 디젤기관	85

제7장	가솔린 및 LPG기관	94
	1. 가솔린 연료와 연소, 점화	94
	2. 가솔린 연료라인 및 연료분사 장치	95
	3. LPG, LPI, 압축천연가스	97
	4. 가솔린 노크	100
	5. 전자제어 가솔린기관	101
	6. 전자제어 기관의 주요 센서(SENSOR)	103
	7. 직접 분사 방식 가솔린기관	108

PART 2 자동차 섀시 정비

제1장	동력전달 장치(구동 시스템)	126
	1. 구동축, 구동 액슬, 클러치, 차동기어	126
	2. 수동 변속기	136
	3. 자동변속기	138

제2장	조향 장치(스티어링 시스템)	147
	1. 조향 일반(개요, 조향기구, 조향각, 애커먼장토식, 최소회전 반경, 조향기어비)	147
	2. 동력 조향 장치	150
	3. 전자제어 동력 조향 장치	151
	4. 4륜 조향(4 Wheel Steering)	153
	5. 차륜 정렬(휠 얼라인먼트)	154

| 제3장 | 현가장치(서스펜션 시스템) | 162 |

1. 현가 일반(개요,스프링,쇽업소버,스테빌라이져,볼 조인트,토션바)   162
2. 공기식 현가장치   166
3. 전자제어식 현가장치   167
4. 스프링 위 무게 진동(바운싱,피칭,롤링,요잉)과 스프링 아래 무게   169
   진동(휠 홉,휠 트램프,포엔에프터 쉐이크,사이드 쉐이크,와인드업,조)

| 제4장 | 제동장치(브레이크 시스템) | 176 |

1. 제동 일반(개요, 제동력, 제동거리, 베이퍼 록, 페이드 현상, 브레이크 오일)   176
2. 드럼식 브레이크와 디스크 브레이크   178
3. 유압식 브레이크와 공기식 브레이크   180
4. 제동 배력장치, 감속 제동   183
5. ABS : 전자제어 제동장치   184
6. EBD : 전자제어 제동력 배분 시스템   185
7. TCS : 구동력 제어장치   185
8. 주차 브레이크(전자식, 기계식)와 보조 브레이크   186
9. 기타 브레이크 제어 시스템   186

| 제5장 | 휠 및 타이어 | 197 |

1. 휠 및 타이어 일반(개요, 구조, 기능)   197
2. 타이어 표시·분류·수명   198
3. 타이어 트래드 패턴의 종류   200
4. 휠 특성과 평형의 중요성   200
5. 타이어와 구동력(주행성능)   201

| 제6장 | 소음 · 진동 · 주행저항 · 동력성능 | 206 |

1. 소음   206
2. 진동   208
3. 주행 안정성과 승차감, 동력성능   209

차례

이패스 자동차정비산업기사 필기

PART 3 자동차 전기·전자장치 정비

제1장 기초 전기·전자 214
1. 자동차 전기의 특성 214
2. 전기의 3요소(전압, 저항, 전류)와 전기 일반 214
3. 배터리(축전지) 218
4. 반도체 221
5. 다이오드와 트랜지스터 222

제2장 자동차 전기회로 230
1. 회로 일반 230
2. 전압 강하 231
3. 키르히호프의 법칙 232
4. 회로 기호 233

제3장 조명과 계기 장치 237
1. 조명과 계기 일반 237
2. 감광식 룸 램프 238
3. 오토 헤드라이트 239
4. 방향지시등, 제동등, 후진등 241
5. 계기 장치(연료계, 온도계, 엔진 경고등, 속도계) 242

제4장 시동·점화·충전 장치 245
1. 시동 전동기 구조와 명칭 245
2. 직류 직권 전동기 247
3. 점화장치(Ignition System) 247
4. 전자 배전 점화장치(DLI) 250
5. 교류(AC)발전기 251

제5장 안전·신호·통신·정보제어 262
1. 에어백, 레인 센서, 후진 경보음 262
2. ADAS(Advanced Driver Assistance System) 264
3. 자동차 통신 제어(K-Line, LIN, CAN, FlexRay) 266
4. 기타 안전·편의·등화 장치 271

PART 4 친환경 자동차 정비

제1장 전기 자동차 — 286
1. 전기차 일반 — 286
2. 전력 변환 시스템 — 287
3. 구동 시스템 — 287
4. 제동 시스템 — 289
5. 공조 시스템 — 290

제2장 하이브리드 자동차 — 296
1. 하이브리드 일반(개요, HEV, PHEV, 병렬형, 동력분기형) — 296
2. 하이브리드 동력(모터, 엔진)의 흐름 — 297
3. HSG(Hybrid Starter Genertor) — 299

제3장 수소 연료전지 자동차 — 307
1. 수소 연료전지 자동차 정의 — 307
2. 주행 특성(등판주행, 평지주행, 강판 주행) — 308
3. 연료전지 스택(Fuel Cell Stack)의 원리와 구성·기능 — 308
4. 수소 연료 탱크와 감지 센서 — 310
5. 공급 시스템(수소 공급과 산소 공급) — 311
6. 냉각 시스템 — 311
7. 전력 변환과 구동·제동 시스템 — 312
8. 환경 보존과 수소 연료전지 자동차 — 313

제4장 고전압 배터리 — 318
1. 고전압 개요(위험성, 감전영향, 화학 전지의 구분) — 318
2. EV와 HEV의 고전압 흐름도 — 322
3. 고전압 차단(고전압 무력화) — 323
4. 고전압 배터리 교환(셀밸런싱, 냉각라인·배터리팩 기밀 테스트, 냉각수 보충·후 공기빼기) — 323
5. 고전압 충전(완속충전, 급속충전, 회생제동 충전) — 325

제5장 자율주행 자동차 — 332

1. 자율주행 자동차 일반(개요, 단계 정의, 필요성, 동향) — 332
2. 자율주행 자동차 구성 요소와 동작 원리(라이다, 레이더, 카메라, 초음파, V2X) — 333
3. 인지·판단·제어 기술 — 334
4. 사이버 보안 — 336
5. ADAS 종류(스마트 크루즈 컨트롤, 전방 충돌방지 보조, 차로 중앙 주행 보조, 고속도로 주행 보조, 차로 이탈 방지 보조) — 338

제6장 친환경 자동차 용어 — 345

제7장 신재생 에너지와 바이오·에탄올·천연가스 자동차 — 350

1. 신재생 에너지 — 350
2. 바이오 자동차 — 351
3. 에탄올 자동차 — 352
4. 천연가스 자동차 — 353

PART 5 관계법령

01 관계법령 — 359

01 「자동차 및 자동차부품의 성능과 기준에 관한 규칙(약칭:자동차규칙)」 — 359
02 자동차 및 자동차부품의 성능과 기준에 관한 규칙 [별표 1의2] 〈개정 2021.8.27.〉 — 370
03 자동차 및 자동차부품의 성능과 기준에 관한 규칙 [별표 5] 〈개정 2022.10.26.〉 — 372
04 자동차 및 자동차부품의 성능과 기준에 관한 규칙 [별표 6의18] 〈개정 2022.10.26.〉 — 374
05 자동차 및 자동차부품의 성능과 기준에 관한 규칙 [별표 28의2] 〈개정 2014.6.10.〉 — 376
06 자동차관리법 시행규칙 [시행 2023.10.31.] — 377
07 자동차관리법 시행규칙 [별표 12] 〈개정 2021.8.27.〉 — 378

08	자동차관리법 시행규칙 [별표 4의2] 〈개정 2023.5.25.〉	385
09	자동차관리법 시행규칙 [별표 15] 〈개정 2023. 8. 11.〉	386
10	자동차관리법 시행규칙 [별표 26] 〈개정 2020.10.16.〉	393
11	자동차관리법 시행규칙 [별표 26의2] 〈개정 2019.4.23.〉	394
12	자동차의 에너지소비효율 및 등급표시에 관한 규정 [시행 2023.9.1.] [산업통상자원부고시]	395
13	자동차의 에너지소비효율 및 등급표시에 관한 규정 [별표1]	397
14	자동차의 에너지소비효율 및 등급표시에 관한 규정 [별표4]	400
15	대기환경보전법 시행규칙 [별표 26] 〈개정 2022.11.14.〉	400
16	대기환경보전법 시행규칙 [별표21] 〈개정 2022.11.14.〉	404
17	소음·진동관리법 시행규칙 [별표13] 〈개정 2023.6.30.〉	404
18	소음·진동관리법 시행규칙 [별표 13] 〈개정 2023.6.30.〉	405
19	소음·진동관리법 시행규칙 [별표14의2] 〈신설 2019.12.31.〉	406
20	소음·진동관리법 시행규칙 [별표 15] 〈신설 2023.6.30.〉	406
21	운행차 배출가스 검사 시행요령 등에 관한 규정 [별표 1] 〈시행 2023.7.1.〉	408
22	운행차 배출가스 검사 시행요령 등에 관한 규정 [별표 2] 〈일부개정 2023.6.30.〉	410
23	환경친화적 자동차의 요건 등에 관한 규정 〈2023.10.31. 일부개정〉	411
24	환경친화적 자동차의 요건 등에 관한 규정	413

PART 6 자동차정비산업기사 필기 2023 기출예상문제

01	자동차정비산업기사 2023 기출예상문제	432
02	자동차정비산업기사 2024 CBT 예상기출문제	468
03	기출예상문제 정답 및 해설	490

PART 01

자동차 엔진 정비

01 자동차 엔진 정비

제1장 엔진 일반

1. 엔진의 작동원리

오늘날의 기본적인 자동차 엔진은 4개의 행정으로 작동된다. 즉 흡입, 압축, 폭발, 배기 순으로 피스톤이 주어진 실린더 내에서 상하 왕복운동을 하며 작동된다. 피스톤이 실린더 내에서 가장 위쪽에 위치한 경우를 "상사점(TDC : top dead center)"이라 하고 가장 아래에 위치한 경우를 "하사점(BDC : bottom dead center)"이라고 한다.

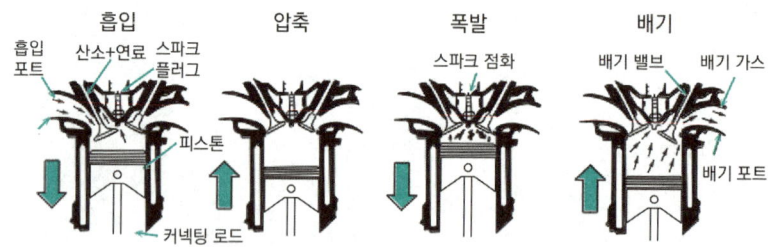

위 그림은 가솔린 기관의 예로써, 왕복운동 중인 피스톤이 아래로(A) 움직이고 있고, 흡기 밸브는 열린다. 이때 열려진 흡기밸브를 통해 대기압의 공기를 실린더 내로 밀어 넣게 되고, 연료와 공기가 혼합하게 된다.

피스톤이 하사점을 지나고 위로 이동하기 시작할 때 흡기 밸브는 닫히며(B), 이와같이 피스톤이 실린더 내에서 가장 아래에 위치 했을 때를 하사점이라고 한다.

피스톤이 위로 이동함에 따라 연소실에서 공기와 연료가 혼합·압축되고, 피스톤이 거의 상사점에 도달하면 점화 플러그에 아크(스파크)가 발생하면서 점화(C)를 하게 된다.

이때 혼합기의 연소 온도는 약 3300℃까지 상승한다. 이로 인해 실린더 내에 약 600psi의 높은 압력이 발생되고, 이 압력의 힘으로 피스톤을 하강하게 하며, 아래 방향의 힘은 커넥팅로드로 전달되어 크랭크축을 회전시켜 각종 전기장치 및 구동 계통으로 힘을 전달하고 자동차를 움직이게 한다.

피스톤이 하사점을 지나 위로 다시 이동하기 시작하면서 연소된 가스는 실린더를 빠져나가게 되고(D) 배기관을 통해 대기 중으로 배출된다.

점화 플러그의 전기적 불꽃(아크) 발생과 같이 엔진은 시동 시와 가동 중에 전기를 필요로 한다. 시동 모터로 엔진을 크랭킹(cranking)함에 있어 전기가 필요하고, 전류는 점화플러그에 불꽃을 발생하게 하는 최소 전류를 공급하며, 각종 전기·전자 제어 시스템에 적정 전압을 공급하여 각종 센서를 작동하게 한다. 자동차 전기에 관하여는 PART 02에서 다루기로 한다.

가. 힘, 운동, 일과 속도, 동력

(1) 힘(Force)과 토크(Torque)

1) 힘(Force)
   ① 물체에 작용하여 물체의 모양을 변형시키거나 물체의 운동 상태를 변화시키는 원인
   ② 단위는 N(뉴턴), kgf를 사용하며 $1kgf$ = 9.8N이다
   ③ 일(W) = 힘(F)×이동거리(s)

2) 토크(Torque)
   ① 회전력 : 물체가 힘을 받아 회전할 때 필요한 힘
   ② 비틀림 모멘트, 모멘트라고도 한다(축에 전달되어 비트는 힘)

(2) 운동(Motion)

시간에 따라 물체의 위치가 변하는 것

(3) 일(Work)과 속도(Velocity)

1) 일(Work)
   ① 힘을 가하여 힘이 작용한 방향으로 이동한 거리가 있을 때 힘과 이동한 거리의 곱이다.
   ② 단위는 N·m, kgf·m, J(주울)을 사용하며 $1kgf$·m = 9.8N·m = 9.8J 이다.
   ③ 일률=출력=마력(P) : 단위 시간당 일을 한 총량
   ④ 일률(P)은 힘과 속도의 곱에 비례한다.[P=F(힘)×V(속도)]

2) 속도(Velocity)
   ① 단위 시간 동안에 이동한 거리를 말한다.
   ② 단위는 m/s(초속), m/min(분속), km/h(시속)를 사용한다.
   ③ m/s(초속)에 3.6을 곱하면 시속이 되며 반대로 시속을 3.6으로 나누면 초속이 된다.

(4) 동력(Power)
   ① 단위 시간 동안에 이루어진 일의 양을 말한다.
   ② 단위는 W(와트), PS(마력), kgf·m/s, J/s, kcal/h를 사용한다.
   ③ 1PS = $75kgf$·m/s = 736W = 632.3kcal/h이며 1W = 1J/s이다.

나. 배기량, 압축비, 온도와 압력

(1) 배기량(행정체적)

$$\frac{\pi D^2 L}{4} = 0.785 D^2 L (\text{cc}) \quad [D : 실린더\ 안지름(cm),\ L : 피스톤\ 행정(cm)]$$

(2) 총 배기량

$$\frac{\pi D^2 LN}{4} = 0.785 D^2 LN (\text{cc}) \ [\text{N : 기통(실린더)의 수}]$$

(3) 압축비

엔진의 실린더 안으로 들어가는 기체가 피스톤에 의해 압축되는 용적 비율을 말한다.

$$\varepsilon = 1 + \frac{V_s}{V_c} = \frac{연소실체적 + 행정체적}{연소실체적} = \frac{실린더 전체적}{연소실체적}$$

(4) 온도
① 섭씨온도 : 물의 끓는점과 물의 어는점을 100등분한 온도눈금이다. 단위 기호는 ℃이다.
② 화씨온도 : 1기압 하에서 물의 어는점을 32, 끓는점을 212로 정하고 두 점 사이를 180등분한 온도이며 단위 기호는 °F이다.

$$섭씨(℃) = \frac{5}{9}(°F - 32) \qquad 화씨(°F) = \frac{9}{5}(℃ + 32)$$

③ 절대온도 : 물질의 특이성에 의존하지 않는 절대적인 온도이며, 단위 기호는 K이다.

$$K = ℃ + 273$$

(5) 압력

물체와 물체의 접촉면 사이에 작용하는 서로 수직 방향으로 미는 힘

$$1\text{atm} = 1.0332 kgf/cm^2 = 1.01325\text{bar} = 0.1\text{MPa} = 760 mm\text{Hg}$$

2. 엔진과 열역학

자동차 기관은 열역학을 응용한 기계 장치로써 엔진의 효율적인 설계를 할 수 있게 하는 기계공학 분야의 필수 과목이다. 에너지 전달 및 변환이 발생하는 열싸이클의 기초가 되며, 자동차 내연기관뿐만 아니라, 증기 기관, 가스터빈, 냉동장치인 냉장고 등 공조 장치의 원리를 이해하는 데도 반드시 필요한 것이다. 우리는 여기에서 자동차 기관과 관계있는 3가지 기본 싸이클과 그 원리만을 이해하도록 한다.

가. 열역학 제1법칙

열은 본질상 일과 같이 에너지의 일종으로, 일은 열로 전환할 수도 있고 역 전환도 가능하다. 이때 열과 일 사이에 비는 항상 일정하다. 즉, 열역학 제1법칙에서 어떤 계의 내부 에너지 증가량은 계에

더해진 열에너지에서 계가 외부에 해준 일을 뺀 양과 같다.

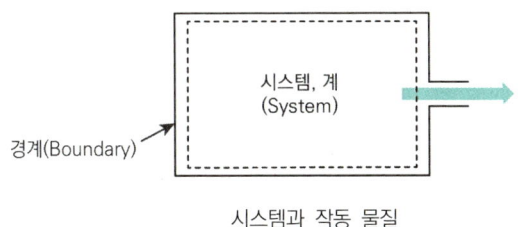

시스템과 작동 물질

나. 열역학 제2법칙

가정에서 믹서기에 물을 넣고 돌리면 믹서기의 회전력에 의해 믹서기 물의 온도가 상승할 것은 예상할 수 있다. 그러나 반대로 믹서기에 뜨거운 물을 붓는다고 믹서기가 회전하진 않는다. 이처럼 믹서기의 회전 에너지는 쉽게 열로 변화하지만, 반대로 열을 일(믹서기 회전)로 바꾸는 것은 어렵다. 이와 같은 사실에 의해 열을 기계적 일로 전환하는 열기관을 논하는 데는 열역학 제1법칙만으로는 부족하여, 제2법칙이 필요한 것이다.

열역학 제2법칙은 열과 기계적 일 사이에 방향적 관계를 명시한 것으로 이 법칙의 근본을 연구한 사디 카르노(Sadi Carnot)는 증기 기관에서 들어가는 온도보다 배출되는 온도가 낮은 것을 착안, 열을 연속적으로 기계적 일로 변화시키려면 반드시 온도 차가 있어야 한다는 것을 발견하였다. 온도 차가 없으면 아무리 많은 열이라 할지라도 일로 바꿀 수 없다는 결론을 얻은 것이다.

"열기관에서 동작 유체에 일을 시키려면 이것보다 더 저온인 물체가 필요하고, 자연계에 아무런 변화를 남기지 않고 어떤 열원의 열을 지속적으로 일로 바꿀 수 없다."(Kelvin)

"열은 그 자신으로는 다른 물체에 아무 변화도 주지 않고, 저온의 물체로부터 고온의 물체로 이동하지 않는다."(Clausius)

> **Tip.**
> 루돌프 율리우스 에마누엘 클라우지우스(Rudolf Julius Emanuel Clausius, 1822년 1월 2일 ~ 1888년 8월 24일)는 독일의 물리학자이다

다. 열역학적 사이클에 의한 분류

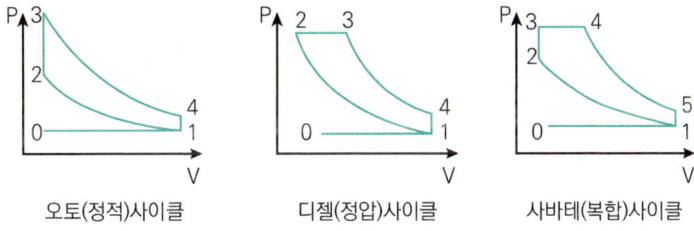

오토(정적)사이클   디젤(정압)사이클   사바테(복합)사이클

- 오토(정적)사이클(constant volume cycle engine)
  오토 사이클(Ottocycle) 기관은 <u>압축비가 클수록 효율이 높고</u>, 기관의 크기와 진동이 커지며, 스파크 점화 기관을 말한다. 또한 비정상적인 연소(노킹)가 자주 발생하게 된다.

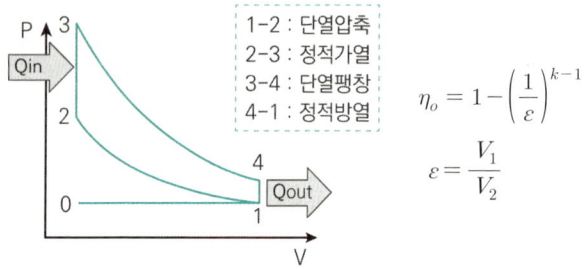

  1-2 : 단열압축
  2-3 : 정적가열
  3-4 : 단열팽창
  4-1 : 정적방열

  $$\eta_o = 1 - \left(\frac{1}{\varepsilon}\right)^{k-1}$$

  $$\varepsilon = \frac{V_1}{V_2}$$

- 디젤사이클(constant pressure cycle engine)
  디젤사이클(dieselcycle) 기관이라고 하며, <u>피스톤의 속도가 느린 저속 디젤기관에 적용된다.</u>

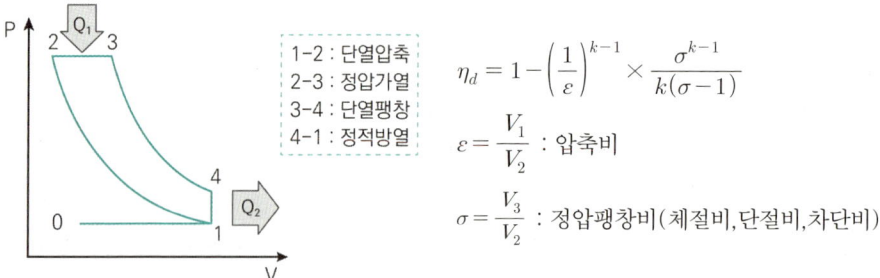

  1-2 : 단열압축
  2-3 : 정압가열
  3-4 : 단열팽창
  4-1 : 정적방열

  $$\eta_d = 1 - \left(\frac{1}{\varepsilon}\right)^{k-1} \times \frac{\sigma^{k-1}}{k(\sigma-1)}$$

  $\varepsilon = \dfrac{V_1}{V_2}$: 압축비

  $\sigma = \dfrac{V_3}{V_2}$: 정압팽창비(체절비,단절비,차단비)

  디젤사이클은 오토 사이클과 비교할 때 조기 착화 및 노킹의 염려가 없고, 효율이 높고 평균 유효압력이 높다.

- 사바테(복합)사이클(sabathe cycle = combined cycle engine)
  연료의 연소시간을 충분히 주기 위해서 피스톤이 상사점 전에 연료의 일부를 분사시켜 정적 하에서 연소시키고, 연료의 일부를 상사점 후에 분사하여 정압하에서 연소하게 하는 <u>피스톤의 속도가 빠른 고속디젤기관에 적용된다.</u>

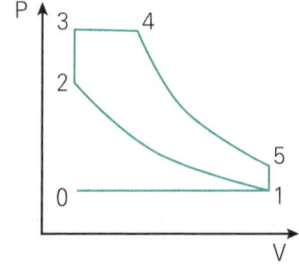

  $$\eta_{th} = 1 - \frac{\sigma^k \rho - 1}{\varepsilon^{k-1}[(\rho-1) + k\rho(\sigma-1)]}$$

  $\rho=1$: 디젤사이클(정압사이클)
  $\sigma=1$: 오토사이클(정적사이클)

  ρ : 압력비(폭발비), σ : 체절비(차단비,단절비)

압축비(ε)가 같을 경우　　　　최대압력(P_{max})이 같을 경우

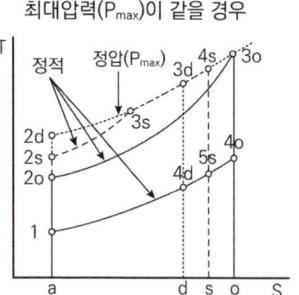

오토효율 > 사바테효율 > 디젤효율　　디젤효율 > 사바테효율 > 오토효율

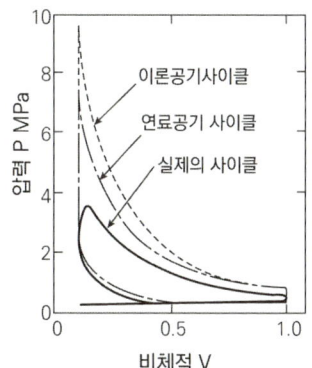
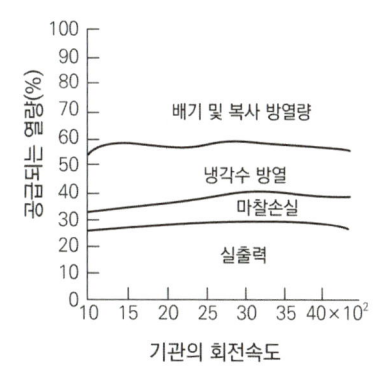

> **Tip.**
> $$\varepsilon = \frac{V_{cyl}}{V_c} = \frac{V_c + V_s}{V_c} = 1 + \frac{V_s}{V_c}$$
>
> E, ε(그리스어 : $\epsilon\psi\iota\lambda o\nu$ 엡실론)은 그리스 문자의 다섯 번째 글자이며, 엡실론으로 부른다.

☐ 카르노 사이클(Carnot cycle, 가역적인 사이클)

　등온 팽창, 단열 팽창, 등온 수축, 단열 수축의 4과정으로 구성된 전과정이 바뀔 수 있는, 즉 가역적인 사이클을 말한다. 간단히 말하면 2개의 등온과정과 2개의 단열과정으로 이뤄져, 두 온도 사이에서 이론적으로 최고 효율을 갖는 사이클이다. 그림으로 나타내면 아래와 같고, 오른쪽 정사각형 그림은 절대온도(T)와 엔트로피 관점에서 다르게 도식화된 것이다.

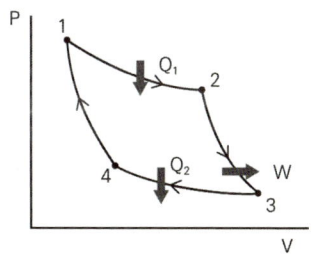
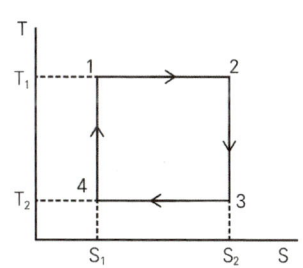

$$\eta_{th} = \frac{W}{Q_1} = \frac{Q_1 - Q_2}{Q_1} = 1 - \frac{Q_2}{Q_1} = 1 - \frac{T_2}{T_1}$$

W : 일, Q_1 : 공급열량, Q_2 : 방출열량, T_1 : 고온, T_2 : 저온, S : 상태함수(엔트로피)
- 등온 팽창(1→2) : 고온 열원과 열 교환으로써, 일정한 온도를 유지하며 흡열·팽창하는 과정
- 단열 팽창(2→3) : 작동 기체의 부피가 증가하면서, 온도는 낮은 온도로 감소하는 과정
- 등온 압축(3→4) : 저온 열원과 열 교환으로써, 일정한 온도를 유지하기위해 방열·압축하는 과정
- 단열 압축(4→1) : 작동 기체의 온도가 높은 온도로 상승하는 과정

□ 실제 사이클 손실 요인

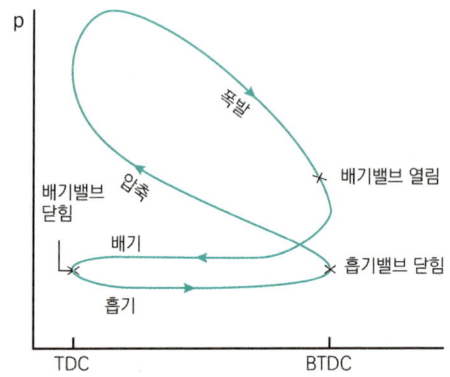

구 분	유효일(%)	배기손실(%)	냉각손실(%)	기계손실(%)	복사손실(%)
가솔린 엔진	25~28	30~35	25~30	5~10	1~5
디젤 엔진	30~34	25~32	30~31	5~7	1~5

잔류가스와 새로 유입되는 신기의 열 교환으로써, 연료의 기화 에너지로 완전한 단열이 아닌 폴리트로픽 변화를 이용하여 계산된 것이다.

연소 속도가 유한하기에 완전한 정적 연소는 일어나지 않으며, 엔진에서는 상사점 전에 혼합기에 점화되고, 상사점 후에 연소가 종료되도록 점화시기를 결정한다.

3. 기관 성능

가. 기계효율(ηm)

기계에 공급된 에너지와 기계가 실제로 행한 일과의 비율을 말한다.

$$기계효율(\eta m) = \frac{제동마력}{지시마력} \times 100$$

> **Tip.**
> 체적효율(ηv, Volumetric Efficiency)은 흡입 행정 중 실린더에 흡입된 공기의 질량과 행정체적에 상당하는 대기질량과의 비를 말한다. 즉, 사이클 당 [실린더에 흡입된 새로운 공기 또는 혼합기의 질량]을 이론적으로 [흡입 가능한 공기 또는 혼합기의 질량]으로 나눈 값

나. 지시(도시, 이론)마력 : IHP(Indicated Horse Power)

실린더 내에서 연소하는 동안 연소실 내부에서 발생한 동력으로서, 폭발 압력으로부터 직접 구한 마력이다. 항상 제동 마력보다 크다. 4행정의 경우 지시마력은 아래 식과 같다.

$$지시마력 = \frac{PALNZ}{2 \times 75 \times 60 \times 100}$$

P : 평균 유효 압력(kgf/cm^2), A : 실린더 단면적(cm^2), L : 피스톤 행정(cm)
N : 엔진회전수(rpm), Z : 실린더 수, 분모 '2' : 4행정 엔진의 경우(2행정 엔진은 '1')

다. 제동(축, 정미)마력 : BHP(Brake Horse Power)

크랭크축을 회전시키는데 전달된 마력이다. 즉 실제로 사용할 수 있는 마력으로 실린더 내에서 발생한 지시마력에서 기계적 손실을 제외한 것을 말한다.

$$제동마력 = \frac{2\pi RT}{75 \times 60} = \frac{TR}{716}$$

T : 엔진의 회전력, R : 엔진의 회전속도(rpm)
※ 토크($kgf \cdot m$) : 힘(kgf) × 거리(m)

라. 마찰(손실)마력 : FHP(Friction Horse Power)

엔진에서 발생하는 저항으로써, 기계 마찰과 공기 및 연소가스의 흡입·배기 시 사용되는 동력 손실을 말한다.

$$마찰마력 = 지시마력 - 제동마력 = \frac{총마찰력(F) \times 피스톤평균속도(m/s)}{75}$$

> **Tip.**
> 마력(Horse Power)의 크기 : 마찰마력 < 제동마력 < 지시마력

마. **SAE마력** : 실린더 수와 실린더 안지름으로 산출

① 실린더 안지름이 mm인 경우

$$SAE마력 = \frac{D^2N}{1613}$$

② 실린더 안지름이 inch인 경우

$$SAE마력 = \frac{D^2N}{2.5}$$

D : 실린더 안지름, N : 실린더 수

> **Tip.**
> 마력은 영국의 기준으로 1 hp(horsepower) = 745.7W이며, 독일의 기준으로는 1 ps(pferdestärke) = 735.5W이다.

바. **연료마력**

연료가 연소 시 발생하는 열에너지를 마력으로 환산한 것

$$연료마력 = \frac{CW}{10.5t}$$

C : 연료의 저위 발열량, W : 연료의 중량[부피 × 비중], t : 시험 시간(분)

사. **소요(필요)마력** : 자동차를 필요한 속도로 달리게 하는데 요구되는 마력

$$소요(필요)마력 = \frac{힘(kgf) \times 속도(m/s)}{75}$$

아. **속도, 가속도, 피스톤 평균속도**

① 속도 : 단위 시간 동안에 이동한 거리

$$속도(m/s) = \frac{이동거리(m)}{소요시간(s)}$$

② 가속도 : 단위 시간 동안의 속도의 변화량

$$가속도(m/s^2) = \frac{속도변화량(m/s)}{소요시간(s)}$$

③ 피스톤 평균 속도

$$\frac{2RL}{60}$$
R : 엔진 분당 회전수(rpm), L : 피스톤 행정(m)

④ 주행속도(V)

$$주행속도(V) = \frac{엔진회전수(rpm)}{총감속비(변속비 \times 종감속비)} \times \pi \times 구동휠지름(D) \times 60 \times \frac{1}{1000}$$

자. 압축비(ε)

엔진헤드의 연소실 용적과 피스톤이 상사점부터 하사점까지 행정하는 공간의 행정용적에 관하여 말하는 것으로써, 실린더 안으로 들어간 기체가 피스톤에 의해 압축되는 용적의 비율을 말한다. 즉, 총 행정용적을 연소실 용적으로 나눈 값을 말한다.

$$압축비(\epsilon) = \frac{연소실체적 Vc + 행정체적 Vs(0.785D^2L)}{연소실체적 Vc} = 1 + \frac{Vs}{Vc} = \frac{실린더 전체적}{Vc}$$

4. 엔진 형식과 구조

엔진은 사용되는 연료, 냉각방식, 실린더와 밸브 배열에 따라 분류되는데, 주로 어떤 연료를 사용하느냐에 따라 가솔린·LPG 엔진과 디젤 엔진으로 구분한다. 냉각 방식에 따라 공랭식과 수냉식으로 나누어지나, 현재 운행되는 자동차는 거의 대부분 수냉식 냉각방식의 엔진을 사용하고 있다. 또한 엔진 실린더의 배열에 따라 직렬 또는 V형으로 구분하고, 밸브 배열 상태에 따라 L형, I형, F형, T형으로 구분한다.

엔진 실린더의 배열에 따라 직렬 또는 V형 엔진으로 나누는데, 실린더 내부에서 피스톤이 위·아래로 움직이는 행정이 나란히 있느냐, 좌·우로 나누어져 있느냐이다. 그 행정의 길이(피스톤이 움직이는 거리)가 길고 짧음에 따라 단행정, 장행정 엔진으로 구분한다. 이에 관하여 좀 더 자세히 살펴본다.

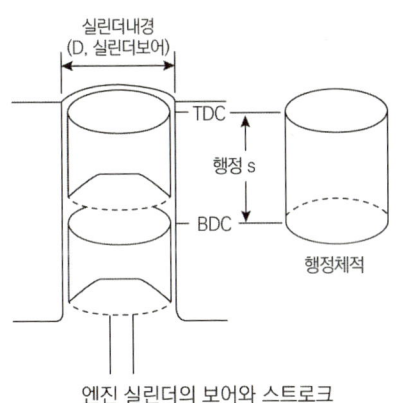

엔진 실린더의 보어와 스트로크

가. 행정(Stroke)

피스톤이 실린더 내에서 왕복운동 하는데, 상사점과 하사점 간의 거리를 말한다.

1) **단 행정**(오버 스퀘어)엔진 : 행정이 실린더 내경 보다 짧은 엔진 (D > S)
   ① 회전속도는 증가하나, 회전력이 작아진다.
   ② 측압이 증대된다.
   ③ 피스톤의 평균속도를 올리지 않고 회전수를 높일 수 있다.

2) **정방 행정**(스퀘어) 엔진 : 행정과 실린더 내경의 길이가 거의 동일한 엔진 (D = S)

3) **장 행정**(언더 스퀘어)엔진 : 행정이 실린더 내경 보다 긴 엔진 (D < S)
   ① 회전속도는 느리나, 회전력은 증가한다.
   ② 측압이 적지만 엔진의 높이가 높아진다.

나. 4행정 1사이클 엔진

엔진은 흡입-압축-폭발-배기를 반복하는데 이를 1사이클(Cycle)이라고 한다. <u>디젤엔진</u>은 압축된 공기에 연료를 분사하여 연료를 <u>자연착화</u>시켜 폭발하여 자동차를 구동할 수 있는 에너지를 만드는 압축 착화 방식이 기본 원리이고, <u>가솔린</u>, LPG, CNG 자동차는 <u>불꽃 점화</u> 방식이다.

① 흡입
   실린더 내에 혼합기(공기)가 들어가는 과정
② 압축
   들어온 혼합기나 공기를 압축하는 과정
③ 폭발
   점화플러그 불꽃으로 압축된 혼합기를 연소시켜 폭발하는 과정(동력 발생)
④ 배기
   배기장치를 통하여 머플러로 연소가스가 빠져나가는 과정

다. 2행정 1사이클 엔진

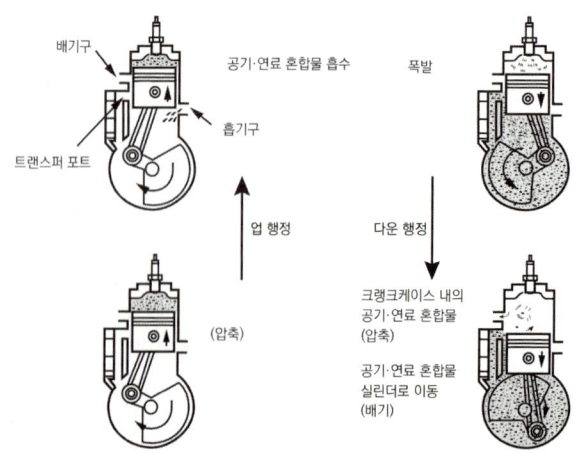

2행정 엔진은 엔진 속도(rpm)가 4행정 엔진보다 두 배의 팽창 행정을 수행하나 두 배의 동력을 발생시 킨다는 의미는 아니다. 흡입-압축-폭발-배기의 1사이클이 피스톤의 2행정으로 완성된다.

라. 4행정 1사이클 엔진

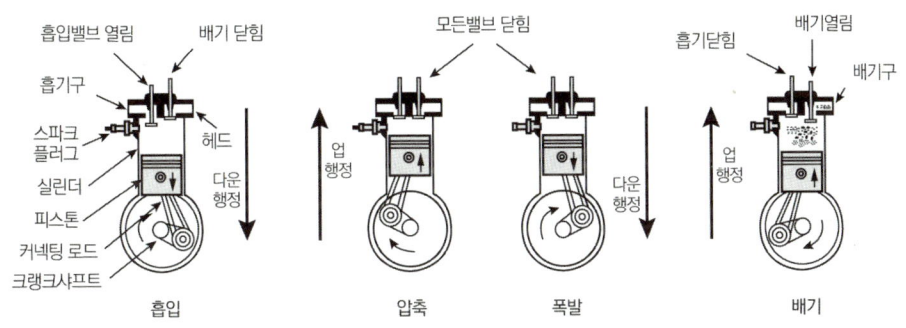

흡입-압축-폭발-배기의 1사이클이 피스톤의 4행정으로 완성되며, 현재의 내연기관 자동차 엔진이다.

① 2행정과 4행정 엔진 비교

구분	2행정 기관	4행정 기관
행정 구분	모호하다.	확실하다.
흡입 연료	작다.	크다.
열효율	작다.	크다.
연료 소비율	크다.	작다.
회전 범위	저속회전이 어렵다.	넓다.
출력	1.6 ~ 1.7배	작다.

마. 직렬형과 V형 엔진

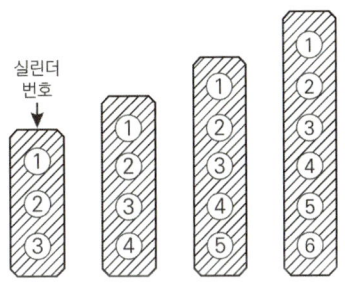

- 실린더가 직렬로 이루어진 엔진 형식으로 4기통 엔진과 6기통 엔진이 주로 쓰이고, 6기통 엔진의 경우에는 주로 대형 버스 및 화물 자동차로써, 추진축을 동반하여 구동하는 원리이다.

> **Tip.**
> 추진축(propeller shaft) 회전력을 전하는 모든 축. 보통 자동차에서는 앞쪽에 있는 기관·클러치·변속기 따위에서 뒤차축에 회전력을 전달하는 축을 말한다.

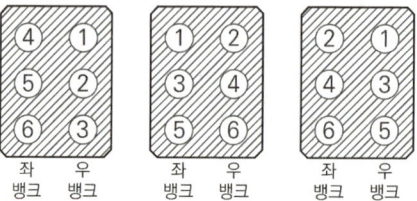

- 주로 대형 승용에 적용되고 있으며, 실린더가 3개씩 좌우(좌뱅크, 우뱅크)로 나누어져 있는 형식이다.

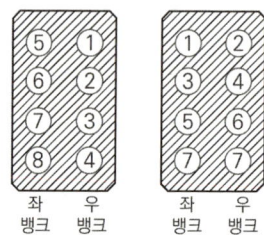

- 대배기량 엔진의 여유로운 출력과 부드러운 주행 성능으로 한때 인기를 끌었으나, 엔진 다운사이징 열풍과 급격한 전동화 시대로 전환되면서 지금은 사라지고 있다. 미국 시장에서 활발한 생산이 이루어진 형식이다.

> **Tip.**
> Engine Downsizing : 엔진의 배기량 또는 실린더 수를 줄여 연비를 좋게 하면서도 터보차저나 연료 직분사 방식 등의 기술을 결합함으로써 낮은 배기량의 엔진이 보다 높은 등급의 성능을 낼 수 있도록 하는 것

연습문제 제1장 엔진 일반

01 연소실의 벽면 온도가 일정하고, 혼합가스가 이상기체라 한다면, 엔진이 압축행정일 때 연소실 내의 열과 내부에너지의 변화는?

① 열 = 방열, 내부에너지 = 증가
② 열 = 방열, 내부에너지 = 불변
③ 열 = 흡열, 내부에너지 = 증가
④ 열 = 흡열, 내부에너지 = 불변

해설 ▶ 등온 압축과정에서는 온도를 일정하게 유지하기 위해 방열하면서 압축한다. 이상기체란 카르노 사이클을 말하고, 온도가 일정하고 압축 행정은 등온 압축과정이다. 내부에너지의 변화는 없고, 일을 하는 압축상태이므로 Q는 방열(마이너스)상태이다.

02 지압선도를 바르게 설명한 것은?

① 실린더 내의 가스 상태변화를 압력과 체적의 상태로 표시한 것
② 실린더 내의 압축상태를 평균 유효 압력과 마력의 상태로 표시한 것
③ 실린더 내의 온도 변화를 압력과 체적의 상태로 표시한 것
④ 기관의 도시마력을 그림으로 나타낸 것

해설 ▶ 지압선도(P-V선도)란 기관에서 연소되어 사이클을 마칠 때까지의 가스상태 변화를 실린더 내의 압력과 체적의 상태변화를 표시한 것을 말한다.

03 내연 기관의 유효압력에 대한 설명으로 틀린 것은?

① 도시 평균유효압력 = 이론평균 유효압력 × 선도계수
② 평균유효압력 = 1사이클의 일 ÷ 실린더 용적
③ 제동평균유효압력 = 도시평균 유효압력 × 기계효율
④ 마찰손실 평균유효압력 = 도시평균 유효압력 - 제동 평균 유효압력

해설 ▶ 내연 기관에서 도시 평균 유효압력이란 실제 지압선도로부터 구한 기관의 평균유효압력이다. 또한 평균유효압력은 실린더 내의 압력이 피스톤의 위치에 따라 순간순간에 변하는데, 이때의 압력 평균값이 평균유효압력이다.

$$평균유효압력 = \frac{1사이클에서 한일(w)}{실린더 행정체적}$$

04 피스톤의 단면적 40cm² 행정 10cm, 연소실 체적 50cm³인 기관에서, 압축비는 얼마인가?

① 3 : 1   ② 9 : 1
③ 12 : 1   ④ 16 : 1

해설 ▶ 행정체적은 단면적 × 행정이다.
즉, 40cm² × 10cm = 400㎤로써,

$$압축비 = 1 + \frac{행정체적 400}{연소실체적 50} = 9$$

05 내연기관에서 기계효율을 구하는 공식으로 맞는 것은?

① $\frac{마찰마력}{제동마력} \times 100\%$
② $\frac{도시마력}{이론마력} \times 100\%$
③ $\frac{제동마력}{도시마력} \times 100\%$
④ $\frac{마찰마력}{도시마력} \times 100\%$

해설 ▶ 기계 효율(ηm)은 제동마력을 도시마력으로 나눈 값을 백분율로 나타낸 것이다.

정답 01 ② 02 ① 03 ② 04 ② 05 ③

06 일반적인 기관 성능곡선도의 설명으로 맞는 것은?

① 엔진 회전속도가 저속일 때 연료 소비율이 가장 낮고, 축 토크가 가장 적다.
② 엔진 회전이 중속일 때 연료 소비율이 가장 낮고, 축 토크가 가장 크다.
③ 엔진 회전 속도가 고속일 때 흡입 기간이 길어 체적효율이 높다.
④ 연료 소비율은 엔진 회전 속도가 저속과 고속에서 가장 낮다.

해설 ▶ 기관 성능 곡선도

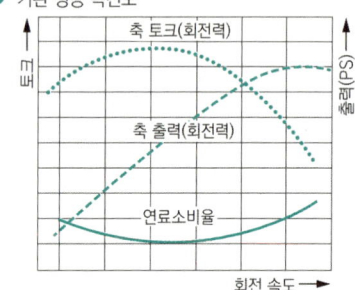

07 가솔린 300cc를 연소시키기 위하여 몇 kg의 공기가 필요한가? (단, 혼합비는 15이고, 가솔린 비중은 0.75로 한다)

① 2.18kg
② 3.37kg
③ 3.42kg
④ 3.92kg

해설 ▶ 가솔린 300[cc] = 300[㎤] = 0.3[L]
체적[L] × 비중 = 무게[kg] → 0.3[L] × 0.75 = 0.225[kg]
∴ 혼합비가 15 : 1(공기 : 연료)이므로
공기가 0.225[kg] × 15 = 3.375[kg]
1cc는 1ml과 같다.

08 자동차로 15km의 거리를 왕복하는 데 40분이 걸렸고 연료소비는 1830cc이었다면, 왕복시 평균속도와 연료 소비율은 약 얼마인가?

① 23km/h, 12km/L
② 45km/h, 16km/L
③ 50km/h, 20km/L
④ 60km/h, 25km/L

해설 ▶ 평균속도 = $\dfrac{15 \times 2[km]}{2/3[h]}$ = 45[km/h]

연료소비율 = $\dfrac{거리}{연료소비량}$ = $\dfrac{15 \times 2[km]}{1.83[L]}$ = 16.39[km/L]

※ 1L = 1,000cc

09 차량에서 발생되는 배출가스 중 지구온난화에 가장 큰 영향을 미치는 것은?

① NOx
② CO_2
③ O_2
④ HC

해설 ▶ 지구온난화에 가장 영향을 미치는 주된 온실가스로 이산화탄소, 메탄, 아산질소 등이 있다.

10 2000rpm에서 10kgf · m의 토크를 내는 기관 A와 800rpm 에서 25kgf · m의 토크를 내는 기관 B가 있다. 이 두 상태에서 A와 B의 출력을 비교하면?

① A > B 이다.
② A < B 이다.
③ A = B 이다.
④ 비교할 수 없다.

해설 ▶ 제동마력(출력) = $\dfrac{T \times n}{716}$ (T : 토크, n : 엔진 회전수)

A = $\dfrac{2000 \times 10}{716}$, B = $\dfrac{800 \times 25}{716}$

∴ A = B

정답 06 ② 07 ③ 08 ② 09 ② 10 ③

11 가솔린 기관의 열손실을 측정한 결과 냉각수에 의한 손실이 25%, 배기 및 복사에 의한 손실이 35%이었다. 기계 효율이 90%이면 정미 효율은?

① 54% ② 36%
③ 32% ④ 20%

해설 ▶ 기계효율 = $\frac{제동 열효율}{도시 열효율} \times 100\%$,

(정미효율 = 제동열효율)
도시 열효율 = 100% − 손실 열효율의 합 = 100% − (25 + 35)% = 40%
∴ 제동 열효율 = 0.9 × 40 = 36%

12 내경 87mm, 행정 70mm인 6기통 기관의 출력은 회전 속도 5600rpm에서 90kW이다. 이 기관의 비체적 출력, 즉 리터출력(kW/L)은?

① 6 kW/L ② 9 kW/L
③ 15 kW/L ④ 36 kW/L

해설 ▶ 리터출력은 행정체적(배기량) 1[L]로 낼 수 있는 출력[kW]을 말한다.
총배기량 = 0.78 × 8.72 × 7 × 6 = 2495.5cm³
= 2.495L (1cm³ = 1cc = 0.001L이므로)
∴ 리터당 출력 = $\frac{90[kW]}{2.495[L]}$ = 36[kW/L]

13 다음 중 내연기관의 연소가 정적 및 정압 상태에서 이루어지기 때문에 2중연소 사이클이라고 하는 것은?

① 오토 사이클 ② 디젤 사이클
③ 카르노 사이클 ④ 사바테 사이클

해설 ▶ 2중 연소 사이클은 복합 사이클 또는 사바테 사이클을 말한다. 피스톤의 위치가 연료분사를 압축행정 말(상사점 전에 위치)에 연료의 일부를 분사시켜 정적 하에서 연소시키고, 또한 연료의 일부는 상사점 후에 분사하여 정압 하에서 연소 된다. 주로 고속디젤기관에서 피스톤의 속도가 빨라, 연료의 연소시간을 충분히 주기 위해 사용된다.

14 내연기관에 적용되는 공기 표준 사이클은 여러 가지 가정하에서 작성된 이론 사이클이다. 설명으로서 틀린 것은?

① 동작유체는 일정한 질량의 공기로서 이상기체법칙을 만족하며, 비열은 온도에 관계없이 일정하다.
② 급열은 실린더 내부 연소에 의해 행해지는 것이 아니라 외부 고온 열원으로부터의 열전달에 의해 이루어진다.
③ 압축과정은 단열과정이며, 이때의 단열지수는 압축압력이 증가함에 따라 증가한다.
④ 사이클의 각 과정은 마찰이 없는 이상적인 과정이며, 운동에너지와 위치 에너지의 변화는 무시한다.

해설 ▶ 엔진 사이클에서는 혼합기의 '흡입 − 압축 − 폭발 − 배기'의 개방 사이클이지만 이론적으로 해석하기 어려움으로 열역학적 해석을 위해 작동 유체를 표준 공기로 가정한 밀폐 사이클로 가정하여 해석하는데, 이것을 공기 표준 사이클이라 한다. 공기 표준 사이클의 기본 가정은 답 이외에 다음 같은 것들이 있다.
• 압축 및 팽창과정은 열 손실이 없는 단열 상태로 가정한다.
• 열에너지의 공급 및 방출은 외부와의 열전달에 의해 이루어진다.
• 사이클 과정 중 작동 유체의 양은 항상 일정하다.
• 사이클을 이루는 모든 과정은 가역 과정으로 이루어진다.
• 급열 과정은 정확한 상사점·하사점에서 발생한다.

15 다음 중 단위 표시가 잘못된 것은?

① 전압 : V, 체적 : cc
② 전류 : A, 축전지용량 : Ah
③ 연료 소비율 : km/h, 토크 : kgf-h
④ 회전수 : rpm, 압축압력 : kgf/cm²

해설 ▶ • 연료소비율 : 기관 출력 1kW 또는 1PS 당 1시간 동안 소비되는 연료가 소비된 양을 말한다. (g/kW-h, g/PS-h)
• 토크 : 힘과 거리의 곱(kgf-m)

정답 11 ② 12 ④ 13 ④ 14 ③ 15 ④

16 출력 50kW의 엔진을 1분간 운전했을 때 제동출력이 전부 열로 바뀐다고 가정하면 몇 kJ 인가?

① 4000kJ ② 3500kJ
③ 3000kJ ④ 2500kJ

해설 ▶ 1 [W] = 1 [J/s] = 1 [N·m/s]
J = W·s
∴ 50[kW] × 60[s] = 3000[kJ]

17 다음 그래프에서 디젤 사이클의 p-v 선도를 설명한 것으로 틀린 것은?

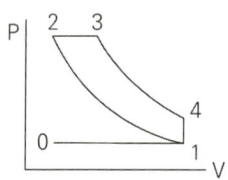

① 1 → 2 : 단열 압축과정
② 2 → 3 : 정적 팽창과정
③ 3 → 4 : 단열 팽창과정
④ 4 → 1 : 정적 방열과정

해설 ▶ 2 → 3 구간은 압력은 일정하고 부피가 증가한 구간으로 압력(P)은 일정하고, 부피(V)는 늘어난, 정압팽창 과정이다.

18 제동 열효율을 설명한 것으로 적당하지 않은 것은?

① 제동일로 변환된 열량과 총 공급된 열량의 비다.
② 정미열효율이라고도 한다.
③ 작동가스가 피스톤에 한 일로써 열효율을 나타낸다.
④ 도시열효율에서 기관 마찰부분의 마력을 뺀 열효율을 말한다.

해설 ▶ 지시열효율이란 동작가스가 피스톤에 가하는 일을 지시일이라 하고, 이때의 열효율을 말한다.

19 가솔린 기관에서 배기량 400cc, 연소실 체적 50cc, 3000rpm으로 엔진이 회전 중에 있고, 축 토크가 8.95kgf-m일 때 축 출력(PS)은?

① 약 15.5 PS
② 약 35.5 PS
③ 약 37.5 PS
④ 약 38.5 PS

해설 ▶ 축마력 = 제동마력, 회전력 = 토크

제동마력(BHP) = $\dfrac{T \times n}{716}$

T : 엔진 회전력[kgf·m]
n : 회전수[rpm]

∴ BHP = $\dfrac{8.95[kgf \cdot m] \times 3000[rpm]}{716}$
= 37.5PS

20 연료의 저위 발열량을 H_L(kcal/kgf), 연료 소비량을 B(kgf/h), 도시 출력을 P_i(PS), 연료 소비시간을 t(s)라 할 때 도시 열효율(η_i)을 구하는 식으로 바른 것은?

① $i = \dfrac{632 \times P_i}{B \times H_L}$

② $i = \dfrac{632 \times H_L}{B \times t}$

③ $i = \dfrac{632 \times t \times H_L}{B \times P_i}$

④ $i = \dfrac{632 \times t \times P_i}{B \times H_L}$

정답 16 ③ 17 ② 18 ③ 19 ③ 20 ①

해설 ▶ 열효율 = 열기관이 한일 / 공급열량(발열량)

$$\eta_t = \frac{P_i}{Q_{\overline{\diamond}}} = \frac{P_i \,[PS]}{B\,[kg/h] \times H_L\,[kcal/kg]}$$

$$= \frac{632.3 \times P_i}{B \times H_L}$$

P_i : 도시마력 [PS]
$Q_{\overline{\diamond}}$: 공급연료의 열에너지
B : 시간당 연료소비량 [kg/h]
H_L : 연료의 저위발열량 [kcal/kg]

※ why? 632.3

$$\frac{PS}{\frac{kg}{h} \times \frac{kcal}{kg}} = \frac{PS}{\frac{kcal}{h}} = \frac{75\,\frac{kcal \cdot m}{s}}{\frac{427\,kgf \cdot m}{3600s}}$$

$$= \frac{75 \times 3600}{427} = 632.3$$

21 실린더의 지름 × 행정이 100mm × 100mm 일 때, 압축비가 17 : 1이라면 연소실 체적은?

① 29cc   ② 39cc
③ 49cc   ④ 59cc

해설 ▶ 압축비(ϵ) = $\frac{V_S + V_C}{V_C} = \frac{V_S}{V_C} + 1$

행정체적 = 0.785 × 10² × 10 = 785cm³
= 785cc

∴ $17 = \frac{785}{V_C} + 1 \rightarrow V_C = \frac{785}{17-1} ≒ 49cc$

V_S : 행정 체적
V_C : 연소실 체적

22 간극체적이 60cc, 압축비가 10일때 실린더의 배기량은?

① 540cc   ② 550cc
③ 570cc   ④ 600cc

해설 ▶ 압축비(ϵ) = $\frac{V_S + V_C}{V_C} = 1 + \frac{V_S}{V_C}$

간극체적(통간체적) = 연소실 체적
배기량 = 행정 체적

∴ $10 = 1 + \frac{V_S}{60}$, $V_S = (10-1) \times 60 = 540cc$

V_S : 행정 체적
V_C : 연소실 체적

23 공기과잉률(λ)에 대한 설명이 바르지 못한 것은?

① 연소에 필요한 이론적 공기량에 대한 공급된 공기량과의 비를 말한다.
② 기관에 흡입된 공기의 중량을 알면 연료의 양을 결정할 수 있다.
③ 자동차 기관에서는 전부하(최대분사량)일 때 0.8 ~ 0.9 정도가 된다.
④ 공기과잉률이 1에 가까울수록 출력은 감소하며, 검은 연기를 배출하게 된다.

해설 ▶ 공기과잉률(λ)
= $\frac{실제공연비}{이론공연비} = \frac{실제 흡입 공기량}{이론상 필요 공기량}$

$\lambda = 1.0$: 이론 공연비
$\lambda > 1.0$: 희박 혼합기
$\lambda < 1.0$: 농후 혼합기

※ 부분부하 상태 : 희박(1.1)
※ 전부하 상태 : 농후(0.8 ~ 0.9) - 출력 최대
※ 1에 가까울수록 이론공연비 부근

24 내연기관에서 연소에 영향을 주는 요소 중 공연비와 연소실에 대해 옳은 것은?

① 일반적으로 가솔린 기관에서 연료를 완전 연소시키기 위하여 가솔린 1에 대한 공기의 중량비는 14.7이다.
② 일반적으로 엔진 연소기간이 길수록 열효율이 향상된다.
③ 연소실의 형상은 연소에 영향을 미치지 않는다.
④ 가솔린 기관에서 이론공연비보다 약간 농후한 15.7 ~ 16.5 영역에서 최대 출력 공연비가 된다.

정답   21 ③   22 ①   23 ④   24 ①

해설 ▶
- 열효율은 연소전 압축이 높을수록, 연소 기간이 짧을수록, 연소가 상사점에서 일어날수록 높아진다.
- 연소실 형상에 따라 압축비, 화염전파속도, 와류발생, 돌출부, 체적비 등이 결정되어, 연소에 영향이 크다.
- 최대 출력 공연비는 이론공연비보다 10 ~ 15% 낮은 영역에서 형성된다.

25 가솔린 기관에 사용되는 연료의 발열량에 대한 설명 중 증발열이 포함되지 않은 경우의 발열량으로 가장 적정한 것은?

① 연료와 산소가 혼합하여 완전연소시 발생하는 저위 발열량을 말한다.
② 연료와 산소가 혼합하여 예연소시 발생하는 고위 발열량을 말한다.
③ 연료와 수소가 혼합하여 완전연소시 발생하는 저위 발열량을 말한다.
④ 연료와 질소가 혼합하여 완전연소시 발생하는 열량을 말한다.

해설 ▶ 연료의 발열량의 표시법으로 저위발열량과 고위발열량이 있다. 여기에서 저위발열량(총발열량-수증기 잠열)은 연료에 포함된 수증기의 열량을 고려하지 않은 열량으로써, 실제 기관에서 이용할 수 있는 열량을 말한다.

26 전자제어 연료 분사장치에서 연료가 완전연소하기 위한 이론공연비와 가장 밀접한 관계가 있는 것은?

① 공기와 연료의 산소비
② 공기와 연료의 원소비
③ 공기와 연료의 부피비
④ 공기와 연료의 중량비

해설 ▶ 이론공연비란 공기 중량비와 연료 중량비의 관계이다.

27 어떤 오토사이클 기관의 배기가스 온도를 측정한 결과 전부하운전 시에는 850℃, 공전 시에는 350℃이었다. 각각 절대 온도(K)로 환산한 것으로 옳은 것은? (단, 소수점 이하는 제외한다.)

① 1850(K), 1350(K)
② 850(K), 350(K)
③ 1123(K), 623(K)
④ 577(K), 77(K)

해설 ▶ 절대온도(K) = 273.15 + ℃

28 직경 × 행정이 78mm × 78mm인 4행정 4기통의 기관에서 실제 흡입된 공기량이 1120.7cc라면 체적효율(ηv)은?

① 약 55%
② 약 62%
③ 약 75%
④ 약 83%

해설 ▶ 체적효율 $\mu_v = \dfrac{실제 흡입한 공기량}{총 배기량} \times 100\%$

$= \dfrac{1120.7[cm^3]}{0.785 \times 7.8^2 \times 7.8 \times 4[cm^3]} \times 100\% ≒ 75\%$

29 가솔린 기관의 배출가스 중 CO의 배출량이 규정보다 많을 경우 다음 중 가장 적합한 조치방법은?

① 이론 공연비와 근접하게 맞춘다.
② 공연비를 농후하게 한다.
③ 이론공연비(λ) 값을 1 이하로 한다.
④ 배기관을 청소한다.

해설 ▶ CO는 농후할 때 배출량이 크기때문에 이론 공연비 이하로 희박하게 한다.

30 정비용 리프트에서 중량 13500N인 자동차를 3초 만에 높이를 1.8m로 상승시켰을 경우 리프트의 출력은?

① 24.3kW
② 22.5kW
③ 10.8kW
④ 8.1kW

해설 ▶ $P = \dfrac{13,500[N] \times 1.8[m]}{3[s]} = 8,100[W]$

출력에 대한 문제가 나오면 다음 3가지 중 하나를 사용한다. (이 때 문제에 제시된 단위는 다음 단위에 맞게 변환시킨다)
① 1W = 1N·m/s
② 1kW = 102kgf·m/s
③ 1ps = 75kgf·m/s

31 48PS의 가솔린 기관이 8시간에 120L의 연료를 소비하였다면 제동 연료 소비율은 몇 g/PS-h 인가? (단, 연료의 비중은 0.74이다.)

① 약 180
② 약 231
③ 약 251
④ 약 280

해설 ▶ 연료소비율 : 단위출력당(1시간동안 1PS) 소비되는 연료소비량(g)을 의미한다. [g/PS-h]
※ 1L = 10³mL = 10³g
제동연료소비율
$\eta = \dfrac{0.74 \times 120 \times 10^3}{8 \times 48} = 231.25$

32 열역학 제2법칙의 표현으로 적당하지 못한 것은?

① 열은 저온의 물체로부터 고온의 물체로 이동하지 못한다.
② 마찰로 의해 열 발생과 변화를 완전한 가역변화로 할 수 있는 방법은 없다.
③ 열기관에서 동작 유체에 일을 시키려면 더 저온인 물체가 필요하다.
④ 제2종의 영구 운동 기관이 존재한다.

해설 ▶ 제1종 영구기관은 에너지의 공급을 받지 않고 일을 계속할 수 있는 것을 말하고, 제2종 영구기관은 외부에서 받은 열을 모두 일로 바꾸는 열기관이지만, 실제 기관에서는 마찰이나 열 발생 등으로 인한 에너지 손실 때문에 존재하지 않는다.

33 기관의 지시마력과 관련이 없는 것은?

① 평균유효압력
② 배기량
③ 기관회전속도
④ 흡기온도

해설 ▶ 지시마력은 엔진 실린더 내의 폭발압력을 직접 측정한 마력을 나타내는 것으로써, 흡기온도와는 관계가 없다.

34 기관의 회전수가 2000rpm일 때 회전력이 7.16 kgf·m였다. 이 기관의 축마력은?

① 15PS
② 20PS
③ 30PS
④ 10PS

해설 ▶ '축마력 = 제동마력'이므로
제동마력(BHP) = $\dfrac{2\pi \times T \times n}{75 \times 60} = \dfrac{T \times n}{716}$
(1PS = 75kgf·m/s)
여기서, T : 엔진 회전력[kgf·m], n : 회전수[rpm]
∴ BHP = $\dfrac{7.16[kgf·m] \times 2000[rpm]}{716} = 20PS$

35 4행정 사이클 가솔린 기관을 동력계에 의하여 시험한 결과 2500rpm에서 9.23kgf·m의 회전 토크가 나왔다면 이 기관의 축 마력은?

① 약 31.2PS
② 약 32.2PS
③ 약 34.2PS
④ 약 35.2PS

해설 ▶ 축마력(제동마력) = $\dfrac{T \times n}{716} = \dfrac{2500 \times 9.23}{716}$
= 32.2PS

정답 30 ④ 31 ② 32 ④ 33 ④ 34 ② 35 ②

36 회전력이 20kgf·m이고, 실린더 내경이 72 mm, 행정이 120mm인 6기통 기관의 SAE 마력은 얼마인가?

① 약 12.9PS   ② 약 129PS
③ 약 19.3PS   ④ 약 193PS

해설 ▶▶ SAE 마력 = $\dfrac{M^2 Z}{1613}$ (M : 실린더 내경[mm],
　　　　　　　　　　　　　　Z : 실린더 수)
　　　= $\dfrac{72^2 \times 6}{1613}$ = 19.28PS

37 공기과잉률 람다(λ)에 관한 설명으로 틀린 것은?

① 람다(λ) 값은 1을 기준으로 한다.
② 이론공연비를 실제 흡입공기량으로 나눈 값이다.
③ 람다(λ) 값이 1보다 낮을수록 CO와 HC가 많이 배출된다.
④ 람다(λ) 값이 클수록 혼합비가 희박하다.

해설 ▶▶ 엔진에 공급되는 공기와 연료의 질량비를 공연비라고 하고, 실제 운전에서 흡입된 공기량을 이론상 완전연소에 필요한 공기량으로 나눈 값을 "공기과잉률"이라고 한다. 이론공연비(가솔린의 경우 14.7 : 1)의 경우 공기과잉률(λ)=1이다.

38 어떤 기관에서 연료 10.4kg을 연소시키는데 152kg의 공기가 소비되었다. 이때 공기와 연료의 비로 옳은 것은? (단, 공기밀도는 1.29kg/m³이다.)

① 14.6kg 공기 / 1kg 연료
② 14.6m³ 공기 / 1m³ 연료
③ 12.6kg 공기 / 1kg 연료
④ 12.6m³ 공기 / 1m³ 연료

해설 ▶▶ 공연비란 공기와 연료의 비로써, 152 : 10.4 의 비는 14.6 : 1로 표현되는 것과 같다.

39 실린더 안지름 60mm, 행정 60mm인 4실린더 기관의 총배기량은?

① 약 750.4cc
② 약 678.2cc
③ 약 339.2cc
④ 약 169.7cc

해설 ▶▶ 총배기량 = 배기량(행정×체적)×실린더 수
　　　= $(\pi / 4) \times 6^2 \times 6 \times 4$
　　　= 678.24cm³ ≒ 678.24cc

정답　36 ③　37 ②　38 ①　39 ②

제2장 기관 구조

1. 기관 본체 구조

승용 디젤 CRDi(common rail direct injection) 엔진을 예로 살펴보려 한다. 현재 운행되는 승용 자동차의 경우 가솔린과 디젤 자동차의 본체 구조는 실린더 블록과 실린더헤드(연소실)의 구조로 되어있다. 단 가솔린기관에 있는 점화 장치가 빠져 있을 뿐, 디젤 CRDi 엔진의 경우는 CRDi 용어에서와 같이 연료를 분사해 주는 인젝션(injection)이 각 실린더에 설치되어있어, 본체 구조는 매우 흡사하다.

2. 실린더헤드, 실린더 블록

가. 실린더헤드

실린더헤드는 실린더 블록 위에 설치되어있으며, 다소 복합한 형상을 하고 있다. 그 형상은 엔진 형식에 따라 다르지만 밸브 구동 시스템과 흡기 포트(Intake Port), 배기포트(Exhaust Port), 실린더 블록에서 이어지는 냉각수 순환 통로(워터재킷)로 구성되어있는 것은 공통적인 실린더헤드의 구조이다. 재질은 보통 주철이나 알루미늄 합금을 많이 쓰고 있는데, 알루미늄 합금은 열전도가 우수하고 연소실의 온도를 낮게 유지하는 데 유리하여 엔진의 체적효율(volumetric efficiency)을 향상시킬 수 있다.

> **Tip.**
> volumetric efficiency : 유체의 실제 배출량과 이론상의 배출량의 비율

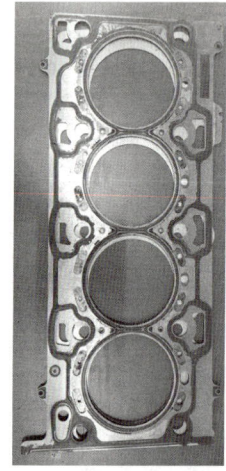
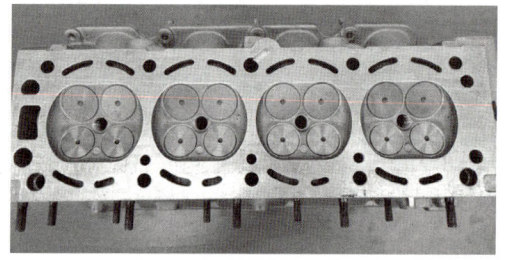

실린더헤드 가스켓   실린더헤드(아랫부분_블록과 맞닿은 면)

(1) 알루미늄 합금 실린더헤드를 많이 사용하는 이유
    ① 열 전도율이 좋고 중량이 가볍다.
    ② 압축비를 높일 수 있다.
    ③ 조기 점화의 원인이 되는 열점이 잘 생기지 않는다.

(2) 실린더헤드 볼트 탈, 부착 요령
    ① 조일 때는 안쪽에서 바깥쪽으로 대각선 방향, 풀 때는 바깥쪽에서 안쪽으로 대각선 방향
    ② 조일 때는 반드시 토크렌치를 사용하여 규정 토크로 조인다.
    ③ 실린더헤드가 떨어지지 않을 때는 고무 해머, 압축공기, 압축압력, 엔진의 자중을 이용한다.

(3) 과열로 인한 실린더헤드 변형의 원인 6가지와 측정공구

실린더헤드 불량 시 증상 : 엔진오일 누유, 냉각수 누수, 압축압력 저하로 출력 저하

① 냉각수의 동결 및 부족
② 수온조절기 불량
③ 냉각수 펌프불량
④ 수온계 불량
⑤ 가스켓 불량
⑥ 헤드볼트 조임 불균형
⑦ 변형도 측정 공구 : 직각(곧은)자와 간극(틈새)게이지

나. 실린더헤드 가스켓

실린더헤드와 실린더 블록 사이에 끼워져 접합면의 밀착성을 유지하는 부품으로써, 기밀 유지와 냉각수 및 엔진 오일의 누수·누유를 방지하는 역할을 한다. 보통 얇은 구리판, 강철판으로 석면(asbesto)으로 만들고 두께는 점점 얇아지는 추세에 있다. 부품 제작 시 헤드가스켓 부분에 접착제가 도포되어 생산되는 경우가 많아 정비시 별도의 접착제를 도포할 필요가 없어 정비 편의성을 향상시키고 있다.

다. 실린더 블록

내부에는 실린더가 있으며 기통 주위로 냉각수와 윤활유가 순환 할 수 있는 통로가 마련되어 있다.

① 재질 : 알루미늄 합금, 특수주철
② 구비조건 : 내열성 및 열전도성이 양호할 것

실린더 블록은 기관의 가장 큰 부분을 차지하는 것으로써, 기관의 가장 기초가 되는 것이며, 블록의 내부에는 피스톤이 왕복운동을 하는 실린더와 각종 냉각수와 엔진 오일이 지나가는 통로가 만들어져 있다. 실린더 블록은 알루미늄 합금 또는 특수 주철로 만들어 지는 데, 규소, 망간, 니켈, 크롬 등을 포함하여 일체형으로 주조되어 있다. 실리더 블록은 엔진 작동 시 약 2000℃의 연소 열과 약 $30kg/cm^2$의 고압을 받게 된다. 또한 압축 및 동력행정 시 측압을 받아 피스톤이나 피스톤 링의 마찰열 발생에도 견딜 수 있도록 최적화 상태로 제작되어 생산된다. 엔진을 완전히 분해하여 정비하는 시기를 판단하는 최종 기준은 아래와 같다.

- ☐ 엔진의 해체 정비시기
  ① 압축압력이 규정압력의 70% 이하 시
  ② 연료소비율이 표준 소비율의 60% 이상 시
  ③ 오일소비율이 표준 소비율의 50% 이상 시

실린더 블록 측면

실린더 블록 상부와 피스톤 헤드부

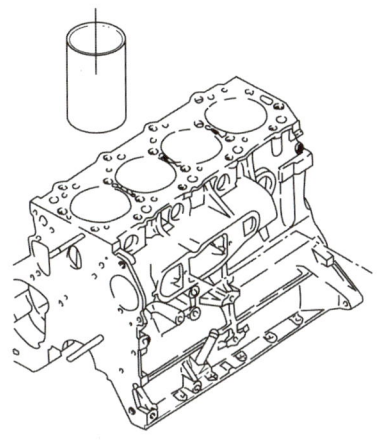

실린더 블록, 실린더 슬리브

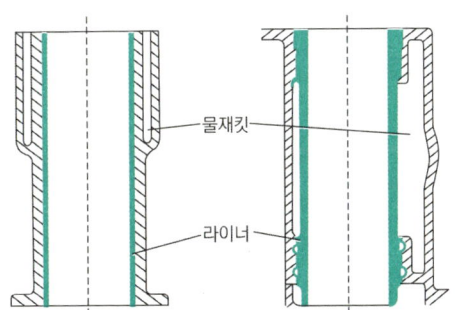

구분	건식라이너	습식라이너
냉각방식	간접접촉	직접접촉
삽입압력	2~3ton(프레스)	비눗물 이용
용도	가솔린	디젤
두께	2~3(mm)	5~8(mm)
실링	없다	2~3개

실린더 슬리브는 크게 건식과 습식으로 구분된다. 슬리브는 강제, 주철제, 특수 주철제의 원통형으로 되어 있으며, 습식 슬리브는 실린더 자체가 슬리브로써, 물 재킷으로 되어 냉각수와 직접 접촉하게 되어있으며, 슬리브 상하 2개소는 실린더 블록에 끼워지고 열팽창에 의한 실린더의 변형과 냉각수 누출 방지를 위해 내유성 실링이 끼워져 있다.

▢ 실린더벽 두께

$$실린더벽두께(t) = \frac{PD}{2\sigma}[mm]$$

p : 폭발압력, D : 실린더내경(직경), σ : 허용응력

> **Tip.**
>
> 실린더 라이너 [cylinder liner] : 실린더 슬리브 라고도 하며, 주철이나 알루미늄의 블록을 원통형으로 깎아 만든 실린더가 피스톤과의 마찰로 마모되는 것을 방지하기 위해 실린더 안쪽에 끼운 금속 통

3. 연소실, 밸브류

가. 연소실

연소실의 구비조건은 다음과 같다.

① 밸브 구동이 쉽게 움직일 수 있는 비교적 간단한 구조여야 한다.
② 노크 방지를 위한 적당한 와류를 일으킬 수 있는 구조여야 한다.
③ 열효율 증가 및 노크 방지를 위하여 화염전파 거리가 짧아야 하고, 가열되기 쉬운 돌출부분(돌기부)이나 공극(dead space)은 없어야 한다.

> **Tip.**
>
> 데드스페이스 [dead space] : 이용되지 않는, 혹은 이용 가치가 없는 공간이나 틈

④ 노크 방지를 위하여 엔드가스(end gas) 영역에서 냉각 면적을 두어 가스 온도를 낮출 수 있어야 한다.
⑤ 체적 효율 증가를 위하여 실린더로 전달되는 열량은 가급적 적게 할 수 있는 구조여야 한다.

연소실 내의 밸브 위치에 따라 오버헤드 밸브식(I헤드 밸브식)과 사이드 밸브식, F헤드 밸브식으로 구분되며, 주로 충진 효율이 좋은 오버 헤드 밸브식을 사용하며, 오버 헤드 밸브식은 구조는 복잡하나 가장 이상적으로 압축비를 높일 수 있어 체적 효율 및 열효율을 높여 출력 향상에 유리하고, 밸브 면적 또한 크게 할 수 있다는 장점이 있다.

오버헤드 밸브식 연소실의 형상은 욕조형, 쐐기형, 반구형, 다구형(루프형 = 지붕형)이 있다.

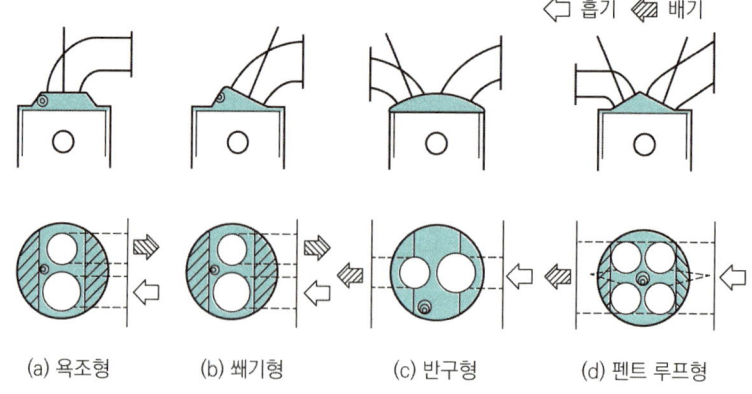

(a) 욕조형　(b) 쐐기형　(c) 반구형　(d) 펜트 루프형

연소실 종류는 다음과 같다.

(1) 직접 분사실식

연소실이 1개이며 연소실에 직접 연료를 분사하는 방식

① 열효율이 가장 높다.
② 연료 소비율이 낮다.
③ 노즐의 수명이 짧다.
④ 분사 압력이 높고 사용 연료에 민감하다.
⑤ 노크 발생이 쉽다.

(2) 복실식

주 연소실 외에 부 연소실이나 공기실을 만들어 연소를 촉진하는 방식

나. 밸브류

밸브는 엔진의 동력행정에 필요한 연료와 공기를 실린더 내로 흡입하고 연소가스를 밖으로 배출되도록 하는 역할을 한다. 실린더 1개당 각각의 흡·배기 밸브가 설치되어있으며, 흡기 밸브는 흡입 행정이 시작되기 전에 열려서 연료와 공기의 혼합기가 실린더 내로 유입될 수 있도록 하고, 배기 밸브는 배기 행정이 시작되기 직전에 열려 연소가스가 실린더 밖으로 배출될 수 있도록 한다.

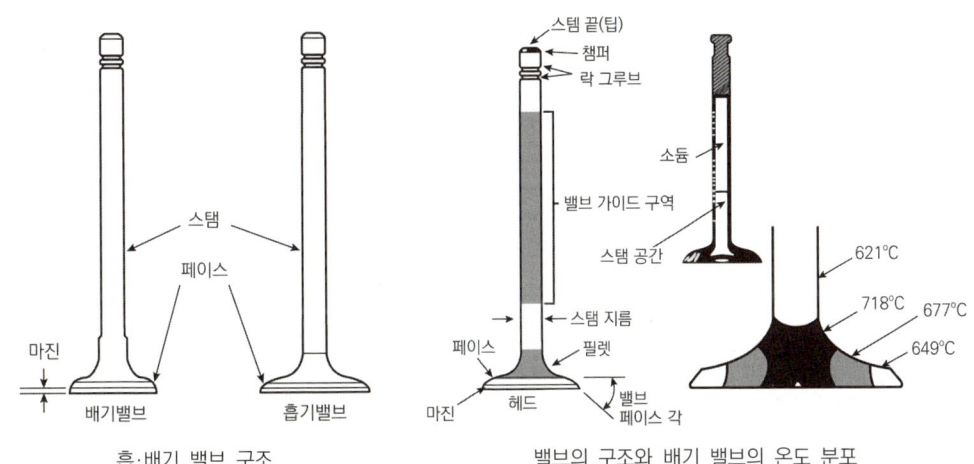

흡·배기 밸브 구조 / 밸브의 구조와 배기 밸브의 온도 분포

흡기 밸브가 열릴 때 혼합기를 실린더 내로 유입시키는 근본적 원리는 대기압으로 시작되었기에 흡기 밸브는 배기 밸브와 비교할 때 일반적으로 더 크게 제작된다. 요즘은 수퍼차저, 터보차저와 같은 부수적 장치를 부착하여 흡기 매니폴드의 압력을 증가시켜 엔진출력을 증가시키는 형태로 많이 생산되고 있다.

> **Tip.**
> sodium(소듐,나트륨) : 녹는점(융점) 97.9°C, 액체의 끓는점(비점) 877.5°C로써, 밸브 스템을 중공으로 하고 열전도성이 좋은 금속 나트륨을 밸브 중공 체적의 40~60% 정도 봉입, 자동차 엔진 작동 중 밸브 헤드의 열을 받아 금속 나트륨이 액체가 될 때, 밸브 헤드의 열을 약 100°C 정도 저하시킬 수 있다.

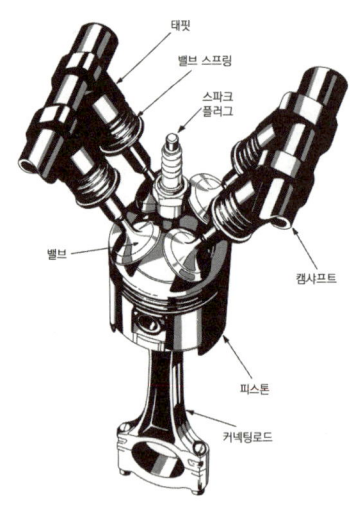

4기통 엔진 DOHC 밸브와 캠축

밸브 스프링, 밸브 스템엔드(TIP), 밸브 가이드 고무

엔진의 출력 증가, 즉 엔진의 흡입력을 높이기 위해 최근 대부분의 엔진이 실린더마다 4개의 밸브를 두고 있다. 사진에서와 같이 밸브는 밸브 스프링과 결합되어 실린더 헤드부에 장착된다. 밸브 스템 가이드 영역을 감싸고 있는 가이드 고무는 실린더 헤드부에 있는 엔진오일이 실린더 내로 유입되지 않도록 하는 중요한 역할을 한다. 밸브 가이드 고무의 손상으로 엔진 오일이 실린내로 유입되어, 비정상적으로 소모되는 경우가 차령(車齡, vehicle age)이 오래된 엔진일수록 많이 발생한다.

(1) 밸브의 구비 조건
- 고온 고압에 견딜 수 있을 것
- 열전도가 양호할 것
- 가능한 가벼워야 한다.
- 내구성이 클 것

(2) 밸브 스프링의 서징현상
- 캠에 의한 강제 진동과 스프링 자체의 고유 진동이 공진하여 심한 소음과 진동이 발생되는 현상

(3) 밸브 스프링의 서징 방지 대책
- 원추스프링을 사용
- 부등 피치 스프링을 사용
- 이중 스프링을 사용
- 스프링 정수가 큰 스프링을 사용

Tip.

원추형

(4) 밸브 스프링의 점검요소(장력, 자유고, 직각도)

- 장력 : 15% 이상 감소 시 교환
- 직각도 : 규정 높이에서 3% 이상 변형되면 교환
- 자유고 : 규정 높이에서 3% 이상 감소되면 교환

(5) 밸브의 오버랩

- 흡기와 배기 밸브가 동시에 열려있는 구간
- 오버랩을 두는 이유는 흡기와 배기 효율을 증대하기 위함이다

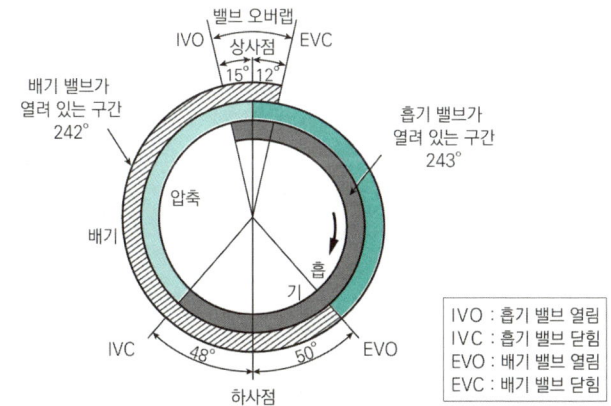

> Tip.
>
> overlap of valve : 보통 고속 기관일수록 크고, 디젤 기관, 특히 과급(過給)을 하는 경우에는 더욱 크다.

4. 피스톤, 피스톤핀, 피스톤 링

피스톤의 구비조건을 간단히 정리하면

- 고온 고압에 견딜 수 있어야 하며,
- 열전도율이 좋고, 열팽창은 적어야 하고,
- 중량이 가볍고 블로바이(blow by) 가스가 없어야 한다.

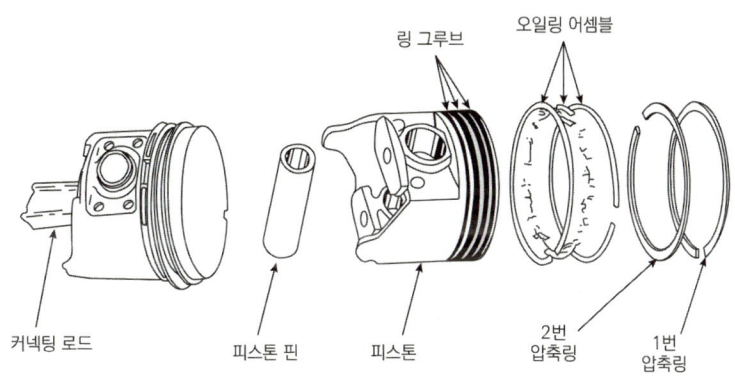

피스톤의 직경은 실린더 내에서 상하 운동을 할 수 있도록 실린더 직경보다 약간 작게 제작되는데 이러한 것을 슬라이딩 피트(sliding fit, 미끄럼 끼워 맞춤)라 한다. 피스톤이 실린더보다 작다는 것은 피스톤과 실린더 벽 사이에 틈새가 생긴다는 것이다. 이것을 피스톤 간극(clearance)이라 하는데, 이 틈은 반드시 밀폐되어야 크랭크 케이스로 공기 및 연료가 누설되지 않아, 과도한 블로바이(blowby)를 막고 엔진출력 저하를 막을 수 있다. 피스톤은 알루미늄 합금으로 제작되고 피스톤의 중량은 대략 0.454kg (1lb)이다.

피스톤 간극(clearance)과 관련하여 다시 한번 정리하면,

① 피스톤 간극 = 실린더 내경 최대 값 - 피스톤 외경 최대 값
② 측정공구 : 내측 마이크로미터, 버니어캘리퍼스, 보어 게이지, 텔레스코핑 게이지
③ 간극이 클 경우 : 피스톤 슬랩 발생, 블로바이 증대, 압축압력 저하, 오일소비증대, 출력감소
　　※ 블로바이 : 피스톤 간극이 커져 압축가스가 피스톤 아래(크랭크케이스쪽) 빠져버리는 현상
　　※ 피스톤 슬랩 : 실린더와 피스톤 간극이 클 때 유격이 생겨 피스톤이 실린더 벽을 때리는 현상
④ 간극이 작을 경우 : 마찰 증대, 피스톤 링 고착

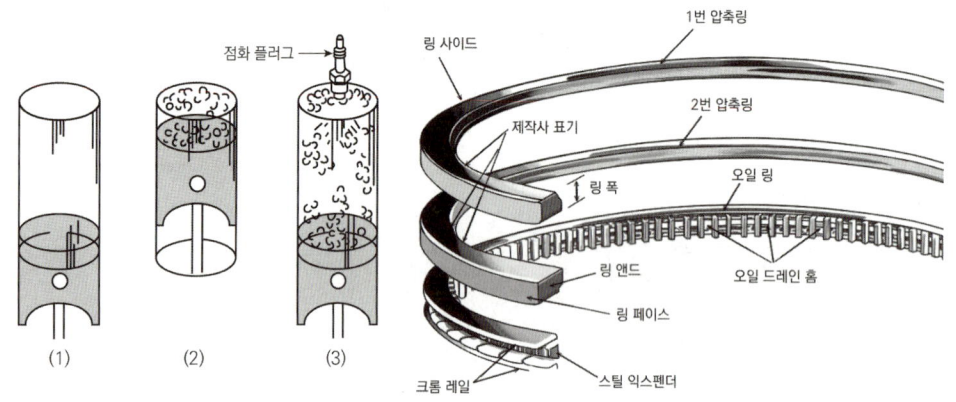

실린더 내부와 피스톤, 혼합기(연료+공기)　　　피스톤 링의 구조(압축링, 오일링)

피스톤 링의 3대 주요 기능은 기밀작용, 열전도 작용, 오일 제거 작용이며, 링 절개부 간극으로 열팽창을 고려하였고, 링 조립 시 피스톤핀 설치 방향을 벗어나 링 절개부 방향이 서로 120도~180도 되도록 서로 어긋나도록 조립하여야 한다.

> **Tip.**
> clearance : 끼워맞춤에 있어서 구멍이 축의 지름보다 큰 경우 그 차이를 틈새라 한다. 기어에 있어서 맞물린 이끝과 이뿌리 밑바닥 사이의 틈새, 즉 이끝 틈을 클리어런스라고 한다.

피스톤의 종류는 다음과 같다.

① 슬리퍼(slipper)형 : 측압을 받지 않는 스커트부를 절개하여 피스톤 무게를 줄여, 고속 기관에 많이

사용한 형태

② 옵프셋(off-set)형 : 피스톤의 슬랩(slap)을 감소시키기 위해 피스톤핀의 위치를 피스톤핀을 중심으로 1~2.5mm 정도로 편심하여 제작된 형태

③ 스플릿(split)형 : 측압이 적은 피스톤 위쪽에 세로홈(열이 스커트부로 전달되는 것을 제한)을 두어 측압과 온도 상승으로 인한 피스톤의 변형을 예방한 형태

④ 캠 그라운드(cam ground)형 : 타원형이라도 하며, 피스톤핀을 지지하는 핀 보스부의 직경을 작게 하고, 핀 직각 방향으로 직경을 진원에 가깝게 하여 핀 마찰로 인한 온도 상승과 열팽창을 고려한 형태

⑤ 솔리드(solid)형 : 스커트 부에 홈이 없이 완전한 통형(solid)형으로 제작되어 열팽창에 고려 없이 제작된 것으로, 주로 가혹한 조건 엔진에 사용된 형태

⑥ 인바 스트럿(inver strut)형 : 열 팽창계수가 적은 인바제 스트럿을 피스톤 스커트 위 부분에 주조하여 온도 변화에 따른 일정한 피스톤 간극을 유지하는 형태

> **Tip.**
> 피스톤의 재질 : 구리계 Y합금, 규소계 로엑스(Lo-Ex) 합금, 특수 주철
> 피스톤 슬램 : 상사점에서 피스톤의 측압 면이 전환되면서 피스톤 간극 만큼 실린더 벽을 피스톤이 이동하며 치는 소음

5. 크랭크축과 베어링, 커넥팅로드, 플라이휠

가. 크랭크 축

엔진 하부에 있으며 연소실에서 발생한 출력에 의해 회전하는 축으로 메인 저널, 핀 저널, 크랭크 암, 플랜지, 평형추로 구성되어있으며 회전 중 비틀림, 전단, 휨 하중을 받는다.

(1) 크랭크 축 휨 측정 : 다이얼 게이지, V 블록, 정반

4행정 엔진의 경우에는 크랭크축이 2회전 하는 동안 1 사이클(흡입, 압축, 폭발, 배기)를 완료하여 모든 실린더는 1회의 동력행정을 얻어야 한다. 즉 1번과 4번 실린더는 동일 크랭크 각(위상이 같음)이며, 2번과 3번 실린더가 동일 크랭크 각으로써, 4개의 실린더 엔진은 크랭축이 2회전 하는 동안에 4차례 폭발이 일어난다.

아래와 같이 주로 많이 쓰이는 점화 순서를 참고한다. 물론 여러 엔진 실린더 수와 행정 상황에 따라 점화순서는 여러 가지로 표현될 수 있다.

구분	4행정 기관 점화 순서	6행정 엔진 점화순서
직렬형 기관	1-2-4-3	(우수식) 1-5-3-6-2-4
	1-3-4-2	(좌수식) 1-4-2-6-3-5
V형 기관	-	1-6-5-4-3-2
	-	

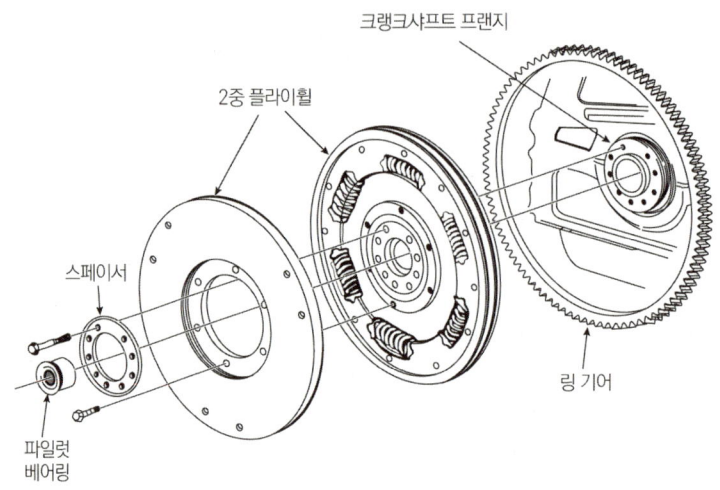

엔진 가동 시 실린더 내의 폭발 충격력이 부분적으로 겹치면 피스톤에서 크랭크축으로 전달되는 동력이 부드럽지 않고, 각 팽창 행정시마다 크랭크축에 갑작스런 충격을 전달하고 이것이 곧 크랭크축에 비정상적인 속도를 증가시키게 된다. 크랭크축의 각 끝단인 앞쪽에서는 댐퍼가, 뒤쪽에서는 플라이휠의 질량이 부드러운 회전을 가능하게 해 준다. 특히 수동 변속기의 경우에는 플라이휠의 외부 링기어가 시동 모터의 작은 피니언 기어와 맞물려 크랭크축을 회전시켜 엔진 시동 역할도 하기 때문에 링기어는 250℃~300℃로 가열하는 열박음 기법으로 제작된다. 어떤 엔진은 위 그림과 같이 이중 질량의 플라이휠을 가지고 있는 경우도 있다.

나. 플라이휠

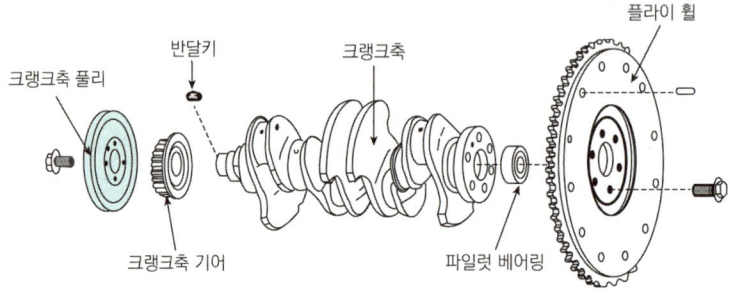

플라이휠은 회전 중 관성이 커야 하고 중량은 가벼워야 하기에 플라이휠의 중심부는 비교적 얇고, 주위 두께는 두껍게 만든다. 플라이휠의 역할을 다시 한번 간단히 정리하면 이렇다.

- 회전관성을 이용 크랭크축의 회전을 원활하게 한다.
- 엔진의 첫 시동을 위해 필요하다.
- 변속기와 엔진 사이에서 엔진의 동력을 클러치를 거쳐 변속기로 전달한다.

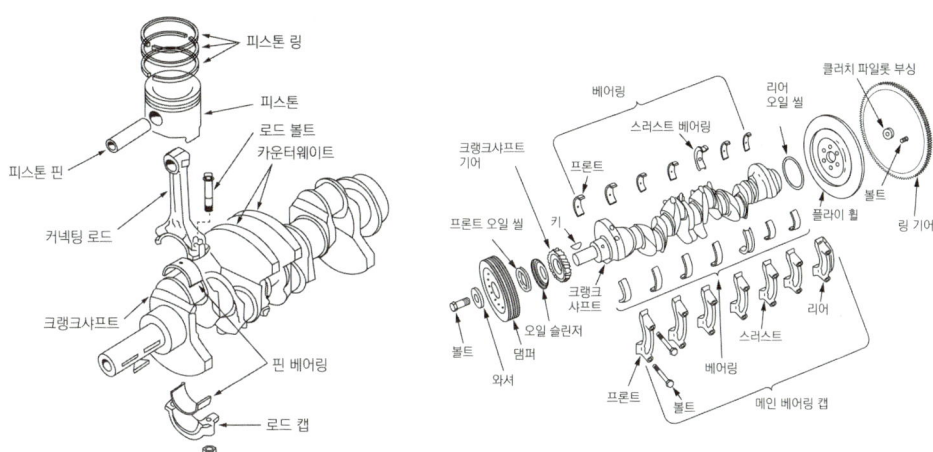

다. 크랭크축 베어링

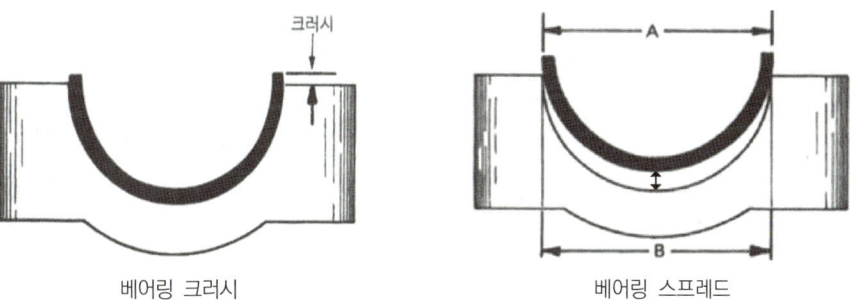

베어링 크러시   베어링 스프레드

밀착성 향상을 위해 두며 크러시와 스프레그를 두며, 크러시가 너무 크면 베어링이 찌그러게 된다.

① 베어링 크러시(bearing crush) : 베어링과 하우징의 길이차이
② 베어링 스프레드(bearing spread) : 베어링 외경(A)과 하우징 내경(B)의 차이
③ 베어링 간극(오일간극) 측정 : 플라스틱 게이지, 텔레스코핑 게이지+외경 마이크로미터

라. 커넥팅 로드

① 피스톤의 직선운동을 크랭크축의 회전운동으로 바꾸어 주는 역할을 한다.
② 커넥팅 로드가 휠 경우, 측압·블로바이가스·연료 및 오일 소비 증대, 엔진출력 감소, 소음 진동 발생

커넥팅 로드(connecting rod)를 중심으로 실린더 상부 쪽에 있는 피스톤의 피스톤핀에 연결된 커넥팅 로드는 하부 쪽에 있는 저널(journal) 베어링을 감싸고 크랭크 축(crank shaft)에 연결된다. 엔진 연소실의 압력으로 피스톤이 상하로 움직이면 저널은 원을 그리며 움직이게 되고, 이에 따라 크랭크 축도 회전하게 된다.

크랭크 축의 형식은 실린더 수, 실린더 배열, 메인 저널의 수, 점화 순서를 다르게 하고 실린더 수가 많아 짐에 따라서 각 실린더의 폭발 순서에 맞도록 크랭크 핀은 일정 각도로 정렬되어야 한다.

연습문제　제2장 기관 구조

01 DOHC 기관의 장점이 아닌 것은?
① 최고 회전속도를 높일 수 있다.
② 연소효율이 양호하다.
③ 구조가 간단하다.
④ 흡입효율의 향상으로 응답성이 좋다.

> 해설 ▶ DOHC는 각각의 캠축에 흡·배기 밸브가 작동하여, 흡입효율이 향상과 높은 연소효율을 가져온다. 또한 허용최고 회전수는 향상되는 반면에 구조가 복잡하고 가격이 비싸다.

02 표준 내경이 78mm인 실린더의 내경을 측정한 결과 0.32mm가 마모되었을 때, 엔진 보링을 실시한 후 치수로 가장 적당한 것은?
① 78.15mm
② 78.50mm
③ 78.75mm
④ 79.15mm

> 해설 ▶ • 보링값 = 마모량 + 수정절삭량 = 0.32 + 0.2 = 0.52
> • 수정절삭량
>   실린더 지름이 70mm 이상일 경우 : 0.2
>   실린더 지름이 70mm 이하일 경우 : 0.15
> • 피스톤 오버사이즈에 맞지 않으면 계산한 보링값보다 크면서 가장 가까운 값을 선정한다.
> • 피스톤 오버사이즈 기준
>   − 0.25, 0.50, 0.75, 1.00, 1.25, 1.50으로 정해져 있음(0.25mm씩 증가)
> ∴ 0.52보다 큰 075를 선택해야 하므로, 치수는 78 + 0.75 = 78.75mm

03 다음 중 플라이휠((Flywheel)과 관계없는 것은?
① 회전력을 균일하게 한다.
② 링기어를 설치하여 기관의 시동을 걸 수 있게 한다.
③ 동력을 전달한다.
④ 무부하 상태로 만든다.

> 해설 ▶ 플라이휠은 관성력를 이용하여 각 실린더의 폭발에 따른 불균일한 회전력을 고르게 하는 역할을 하고, 링기어가 부착되어 시동모터의 피니언 기어와 맞물려 엔진 구동을 하게 한다. 무부하 상태란 엔진에 부하가 걸리지 않는다는 의미로. 무부하 상태를 만드는 부품은 클러치다.

04 4행정 사이클 가솔린엔진에서 점화 후 최고 압력에 도달할 때까지 1/400초가 소요된다. 2100rpm으로 운전될 때의 점화시기는? (단, 최고 폭발압력에 도달하는 시기는 ATDC 10° 이다.)
① BTDC 19.5°
② BTDC 21.5°
③ BTDC 23.5°
④ BTDC 25.5°

> 해설 ▶ 진각 공식
> 연소지연시간 동안 크랭크축의 회전각을 진각이라고 한다.
> $$진각 = \frac{엔진회전수[rpm]}{60[s]} \times 360° \times 점화지연시간[s]$$
> $$= 6 \times 엔진회전수 \times 점화지연시간$$
> $$= 6 \times 2100[rpm] \times \frac{1}{400}[s] = 31.5°$$
> ※ 최고폭발압력이 ATDC 10° 이므로 31.5° 진각하면 −21.5° 가 된다. (여기서 '−'는 TDC 기준으로 Before(진각)을 의미)

정답　01 ③　02 ③　03 ④　04 ②

05 언더 스퀘어 엔진에 대한 설명으로 옳은 것은?
① 속도보다 힘을 필요로 하는 중·저속형 엔진에 주로 사용된다.
② 피스톤의 행정이 실린더 내경보다 작은 엔진을 말한다.
③ 엔진 회전속도가 느리고 회전력이 작다.
④ 엔진 회전속도가 빠르고 회전력이 크다.

해설 ▶ 언더스퀘어(장행정) 엔진은 피스톤의 이동 거리가 길어, 같은 회전수일 경우 회전력이 커진다.

06 엔진의 크랭크축 휨을 측정할 때 사용되는 기기 중 없어도 되는 것은?
① 블록게이지   ② 정반
③ V블럭   ④ 다이얼게이지

해설 ▶ 다이얼 게이지(간접 측정도구)크랭크축의 휨 측정 시 사용하고, 블록 게이지는 길이 측정의 표준이 되는 기준기로써, 위치 결정이나 측정기 검사, 정밀 공작 등에 이용된다.

〈블록게이지〉

07 동일한 배기량으로 피스톤 평균속도를 증가시키지 않고, 기관의 회전속도를 높이려고 할 때의 설명으로 옳은 것은?
① 실린더 내경을 작게, 행정을 크게 해야 한다.
② 실린더 내경을 크게, 행정을 작게 해야 한다.
③ 실린더 내경과 행정을 모두 크게 해야 한다.
④ 실린더 내경과 행정을 모두 작게 해야 한다.

해설 ▶ 동일한 배기량이라 가정할 때, 단행정 엔진(실린더 내경)행정 거리)은 피스톤 평균속도를 증가시키지 않고, 기관의 회전속도를 높일 수 있다.

08 엔진의 흡·배기 밸브의 간극이 작을 때 일어나는 현상으로 틀린 것은?
① 블로바이로 인해 엔진 출력이 증가한다.
② 흡입 밸브 간극이 작으면 역화가 발생한다.
③ 배기 밸브 간극이 작으면 후화가 일어난다.
④ 일찍 열리고 늦게 닫혀 밸브 열림 기간이 길어진다.

해설 ▶ 흡기밸브 간극이 작으면 역화 발생, 배기밸브 간극이 작으면 후화와 블로바이 현상 발생한다. 블로바이 현상이란 실린더와 피스톤 사이로 압축 또는 폭발 가스가 크랭크 케이스로 새어나가는 현상으로써, 엔진 출력이 떨어진다.

09 점화순서가 1 - 3 - 4 - 2 인 4행정 4실린더 기관에서 1번 실린더가 폭발(팽창)시 4번 실린더의 행정은?
① 압축
② 폭발
③ 흡입
④ 배기

해설 ▶ 폭발(동력)을 1번 실린더로 시작하여, 행정순서와 반대로 점화순서를 3, 4. 2로 정한다. 4번 실린더가 흡입행정에 있다

10 가솔린 엔진에서 블로바이가스 발생 원인으로 옳은 것은?
① 엔진 부조
② 실린더와 피스톤 링의 마멸
③ 실린더 헤드 개스킷의 조립 불량
④ 흡기밸브의 밸브 시트면 접촉 불량

해설 ▶ 실린더 벽 또는 피스톤 링 마모로 인하여, 압축 또는 폭발가스가 실린더와 피스톤 사이로 새는 것을 블로바이가스라 한다.

정답 05 ① 06 ① 07 ② 08 ① 09 ③ 10 ②

11 자동차 기관에서 피스톤 구비조건이 아닌 것은?

① 무게가 가벼워야 한다.
② 내마모성이 좋아야 한다.
③ 열의 보온성이 좋아야 한다.
④ 고온에서 강도가 높아야 한다.

해설 ▶▶ 피스톤 구비조건은 위 사항외에도 열 전도율이 크면서 방열성이 좋아야 하고, 적당한 윤활 간극이 있어야 한다.

12 2행정 사이클 기관의 소기 방식과 관계가 없는 것은?

① 루프 소기식
② 단류 소기식
③ 횡단 소기식
④ 복류 소기식

해설 ▶▶ 2행정 사이클의 소기방식에는 루프·단류·횡단식이 있다.

13 기계식 밸브 기구가 장착된 기관에서 밸브 간극이 없을 때 일어나는 현상은?

① 밸브에서 소음이 발생한다.
② 밸브가 닫힐 때 밸브 면과 밸브 시트가 서로 밀착되지 않는다.
③ 밸브 열림 각도가 작아 흡입효율이 떨어진다.
④ 실린더 헤드에 열이 발생한다.

해설 ▶▶ • 오버랩이 커짐, 비정상 혼합비, 엔진과열, 소음 발생, 출력 저하(밸브 간극 과다)
• 밸브가 완전히 닫히지 않으며 압축 누출 발생(밸브 간극 과소)

14 왕복 피스톤 기관의 피스톤 속도에 대한 설명으로 가장 옳은 것은?

① 피스톤의 이동속도는 상사점에서 가장 빠르다.
② 피스톤의 이동속도는 하사점에서 가장 빠르다.
③ 피스톤의 이동속도는 BTDC 90° 부근에서 가장 빠르다.
④ 피스톤의 이동속도는 ATDC 10° 부근에서 가장 빠르다.

해설 ▶▶ 피스톤 속도는 피스톤이 실린더 중앙(BTDC 90° 부근)에 위치할 때 가장 빠르다.

15 고속 회전을 목적으로 하는 가솔린 기관에서 흡·배기 밸브의 크기를 비교한 설명으로 옳은 것은?

① 양 밸브 크기는 동일하다.
② 흡기 밸브가 더 크다.
③ 배기 밸브가 더 크다.
④ 1, 4번 배기 밸브만 더 크다.

해설 ▶▶ 고속 회전을 위해 흡입효율을 높이기 위해 흡기 밸브를 크게 하고 있으며, 흡기 밸브 2개와 배기 밸브 1개를 설치한 경우도 있다.

16 피스톤 링에 대한 설명으로 틀린 것은?

① 오일을 제어하고, 피스톤의 냉각에 좋아야 한다.
② 내열성 및 내마모성이 좋아야 한다.
③ 높은 온도에서 탄성을 유지해야 한다.
④ 실린더블록의 재질보다 경도가 높아야 한다.

해설 ▶▶ 피스톤 링은 실린더 벽보다 경도(Hardness, 굳기, 표면의 딱딱한 정도)를 작게 하여 실린더 벽의 마멸이 되지 않도록 해야 한다.

정답 11 ③ 12 ④ 13 ② 14 ③ 15 ② 16 ④

17 피스톤 슬랩(Piston slap)에 관한 설명으로 관계가 먼 것은?

① 피스톤 간극이 너무 크면 발생한다.
② 오프셋 피스톤에서 잘 일어난다.
③ 저온 시 잘 일어난다.
④ 피스톤 운동 방향이 바뀔 때 실린더 벽으로의 충격이다.

해설 ▶ 피스톤 슬랩이란 주로 저온에서 현저하게 발생하는 실린더와 실린더 사이의 간극 증대로 피스톤의 운동 방향이 비정상적으로 바뀔 때 실린더 벽을 치는 현상을 말한다.
피스톤 슬랩이 지속적으로 발생되면, 피스톤 링 및 피스톤 링 홈의 마멸이 발생되며. 피스톤 링의 기능 저하로 오일 소비 증대의 원인이 되어, 엔진에 심각한 손상을 가져오게 된다. 예방책으로는 주기적인 오일 교환과 피스톤 슬램 발생 시 오프셋 피스톤을 사용하면 감소하게 된다.

18 4행정 사이클 기관에서 블로우다운(blow-down) 현상이 일어나는 행정은?

① 배기행정 말 ~ 흡입행정 초
② 흡입행정 말 ~ 압축행정 초
③ 폭발행정 말 ~ 배기행정 초
④ 압축행정 말 ~ 폭발행정 초

해설 ▶ 블로우다운이란 폭발행정 말기에 배기밸브 개방 시, 피스톤은 계속 하강하는데 연소가스가 자체 압력으로 인하여 스스로 배출되는 현상이다.

19 밸브 양정이 15mm일 때 밸브의 지름은?

① 60 mm   ② 50 mm
③ 40 mm   ④ 20 mm

해설 ▶ 밸브 양정 $h = \dfrac{d}{4}$ (d : 밸브 지름),
$d = 15 \times 4 = 60mm$

20 내연기관에서 장행정 기관과 비교 할 경우 단행정 기관의 장점으로 틀린 것은?

① 흡·배기 밸브의 지름을 크게 할 수 있어 흡·배기 효율을 높일 수 있다.
② 피스톤의 평균속도를 높이지 않고 기관의 회전속도를 빠르게 할 수 있다.
③ 직렬형 기관인 경우 기관의 높이를 낮게 할 수 있다.
④ 직렬형 기관인 경우 기관의 길이가 짧아진다.

해설 ▶ 단행정 기관의 특징
• 피스톤의 평균속도를 높이지 않고 회전수를 높일 수 있고, 기관의 높이를 낮게 설계할 수 있다.
• 흡·배기 밸브의 지름을 크게 하여 흡입효율 증대와 단위 체적당 출력을 크게 할 수 있다.
• 내경이 크기 때문에 피스톤 과열이 되기 쉽다.

21 4행정 사이클 4실린더 내연기관의 실린더 내경이 73mm, 행정이 74mm이다. 6,300rpm으로 회전하고 있을 때, 밸브구멍을 통과하는 가스의 속도는?(단, 밸브면의 평균지름은 30mm이고, 밸브 스템의 굵기는 무시한다)

① 62.01m/s   ② 72.01m/s
③ 82.01m/s   ④ 92.01m/s

해설 ▶ 피스톤의 평균속도(s)
$= \dfrac{L \times n}{30}$ · L : 행정거리
· n : 회전수
$= \dfrac{0.74[m] \times 6300[rpm]}{30} = 15.54[m/s]$

속도 = 압력/면적에 의해

가스 속도 $= \dfrac{\text{밸브압력}}{\text{밸브면적}}$

피스톤속도 $= \dfrac{\text{피스톤압력}}{\text{피스톤면적}}$

피스톤과 밸브에 작용하는 압력은 동일하므로
$\dfrac{\text{가스 속도}}{\text{피스톤속도}} = \dfrac{\text{피스톤면적}}{\text{밸브면적}}$

가스 속도 $= \dfrac{0.073^2[m^2]}{0.03^2[m^2]} \times 15.54[m/s]$
$= 92.01[m/s]$

정답 17 ② 18 ③ 19 ① 20 ④ 21 ④

22 압축상사점에서 연소실체적 Vc=0.1L, 이 때의 압력은 Pc=30bar 이다. 체적이 1.1L 로 커지면 압력은 몇 bar가 되는가? (단, 동작유체는 이상기체이며, 등온과정으로 가정)

① 약 2.73bar
② 27.3bar
③ 약 3.3bar
④ 33bar

해설 ▶ 보일의 법칙은 온도가 일정할 때 「PV=일정」 하다.
즉,
$P_1 V_1 = P_2 V_2$ 이므로
$P_2 = \dfrac{0.1 \times 30}{1.1} = 2.73$

23 자동차 기관에서 피스톤 구비조건이 아닌 것은?

① 무게가 가벼워야 한다.
② 내마모성이 좋아야 한다.
③ 열의 보온성이 좋아야 한다.
④ 고온에서 강도가 높아야 한다.

해설 ▶ 기관이든 섀시 계통이든 열이 방출되지 못하고 머무르게 되면, 회전 및 왕복운동하는 장치의 기계적 마찰손실과 윤활유의 변질을 가져오게 된다.

24 피스톤 핀을 피스톤 중심으로부터 오프셋(offset)하여 위치하게 하는 이유는?

① 피스톤을 가볍게 하기 위하여
② 옥탄가를 높이기 위하여
③ 피스톤 슬랩을 감소시키기 위하여
④ 피스톤 핀의 직경을 크게 하기 위하여

해설 ▶ 피스톤 오프셋의 주요 목적은 피스톤의 왕복 운동 전환 시 원활한 운동을 위한 것으로써, 측압 및 피스톤 슬랩을 감소하기 위해서이다.

25 밸브 스프링의 서징(Surging)현상을 방지하는 방법으로 틀린 것은?

① 2중 스프링을 사용한다.
② 원뿔형 스프링을 사용한다.
③ 부등피치 스프링을 사용한다.
④ 밸브 스프링의 고유 진동수를 낮춘다.

해설 ▶ 서징현상 방지책
 • 스프링 정수를 크게 한다.
 • 2중 스프링, 부등 피치형 스프링, 원뿔 스프링 사용
 • 스프링의 고유 진동수를 높여야 이상 맥동(Surging)현상이 없어진다.

26 가솔린 기관에서 밸브 개폐 시기의 불량 원인으로 거리가 먼 것은?

① 타이밍 벨트의 장력 감소
② 타이밍 벨트 텐셔너의 불량
③ 크랭크축과 캠축 타이밍 마크 틀림
④ 밸브면의 불량

해설 ▶ 기밀유지와 압축압력의 관계에 있는 기관 크랭크축의 회전에 따른 밸브 개폐 시기 불량 원인은 주로 타이밍벨트 장력 감소, 벨트 텐셔너 불량, 타이밍 위치점(마크)의 틀어짐이다.

27 점화 순서를 정하는 데 있어 고려할 사항이 아닌 것은?

① 연소가 일정한 간격으로 일어나게 한다.
② 크랭크축에 비틀림 진동이 일어나지 않게 한다.
③ 혼합기가 각 실린더에 균일하게 분배되게 한다.
④ 인접한 실린더가 연이어 점화되게 한다.

해설 ▶ 인접한 실린더로 순차로 폭발하면 집중 부하로 인한 크랭크축 변경 및 진동, 회전 불균형이 발생하게 된다.

정답 22 ① 23 ③ 24 ③ 25 ④ 26 ④ 27 ④

28 실린더 압축압력시험에 대한 설명으로 틀린 것은?

① 압축압력시험은 엔진을 크랭킹하면서 측정한다.
② 습식시험은 실린더에 엔진오일을 넣은 후 측정한다.
③ 건식시험에서 실린더 압축 압력이 규정 값보다 낮게 측정되면, 습식시험을 실시한다.
④ 습식시험 결과 압축 압력 변화가 없다면, 실린더 벽 및 피스톤 링의 마멸로 판정할 수 있다.

해설 ▶ 압축압력 시험결과(정상압력 : 규정압의 70 ~ 110%)
실린더 벽 및 피스톤 링의 마멸이 있을 경우, 오히려 조금씩 압력이 상승하게 되고,
규정 값보다 10% 이상일 경우, 실린더 헤드를 분해한 후 연소실 내 카본을 제거한다.
실린더 헤드 개스킷 불량, 실린더 헤드 자체가 변형된 경우, 습식시험을 하더라도 압력이 형성되지 않아 압력은 상승하지 않게 된다.

29 자동차 기관에서 발생되는 유해가스 중 블로바이가스의 주성분은 무엇인가?

① CO   ② HC
③ NOx   ④ SO

해설 ▶ 블로바이가스는 피스톤과 실린더의 틈새를 통해 누출되는 미연소 유해가스로써, 주성분은 탄화수소(HC)이다.

30 크랭크축 메인베어링 저널의 오일 간극 측정에 가장 적합한 것은?

① 필러 게이지를 이용하는 방법
② 플라스틱 게이지를 이용하는 방법
③ 시임을 이용하는 방법
④ 직각자를 이용하는 방법

해설 ▶ 크랭크축 오일 간극 측정 법은 플라스틱 게이지법, 마이크로미터법(텔레스코핑 게이지, 외측 마이크로미터)이 있다.

31 크랭크축 메인베어링 저널의 오일간극 측정에 가장 적합한 것은?

① 필러 게이지를 이용하는 방법
② 플라스틱 게이지를 이용하는 방법
③ 시임을 이용하는 방법
④ 직각자를 이용하는 방법

해설 ▶ 크랭크축 오일 간극 측정 도구로는 플라스틱게이지, 마이크로미터이 있으며, 그 밖에 심 스톡 방식이 있다.

32 엔진에서 밸브 가이드 실이 손상되었을 때 발생할 수 있는 현상으로 가장 타당한 것은?

① 압축 압력 저하
② 냉각수 오염
③ 밸브 간극 증대
④ 백색 배기가스 배출

해설 ▶ 밸브가이드 실(seal)은 밸브 가이드와 밸브 스템과의 마찰 감소를 위해 오일을 이용하므로 손상되면 엔진오일이 연소실로 유입되고, 연료와 함께 연소하면서 백색 배기가스가 배출되게 된다.

33 가솔린 기관에서 블로바이가스의 발생 원인으로 맞는 것은?

① 엔진 부조
② 실린더 헤드 가스켓의 조립불량
③ 흡기 밸브의 밸브시트 면의 접촉 불량
④ 엔진의 실린더와 피스톤 링의 마멸

해설 ▶ 블로바이가스(Blow-by Has)는 자동차 엔진을 구동할 때 연료(휘발유, 디젤)가 연소실에서 완전 연소되지않고, 가스화되어 크랭크실 내로 누설되는 가스를 말한다. 다른말로 크랭크 케이스 에미션(crankcase emission)이라고도 한다.

정답 28 ④ 29 ② 30 ② 31 ② 32 ④ 33 ④

34 캠축에서 캠의 각 부 명칭이 아닌 것은?

① 양정
② 로브
③ 플랭크
④ 오버랩

해설 >> 오버랩은 흡·배기가 동시에 열려 있는 구간을 말한다.

정답 34 ④

제3장 윤활

1. 윤활의 종류와 목적

가. 윤활유의 종류

석유 계열의 광물성 윤활유와 피마자유(캐스터 오일, castor oil)계열의 식물성 윤활유가 있다. 우리가 알고 있는 내연기관에는 광물성 윤활유를, 경주용 기관에는 식물성 캐스터 오일을 사용하는 것이 일반적이다.

(1) 윤활유의 구비조건
   ① 점도가 적당할 것
   ② 청정 능력이 좋을 것
   ③ 열과 산에 대하여 안정성이 있을 것
   ④ 비중이 적당할 것
   ⑤ 카본 생성이 적을 것
   ⑥ 인화점과 발화점이 높을 것
   ⑦ 응고점이 낮을 것
   ⑧ 기포 발생이 적을 것

> **Tip.**
>
> 광물성 오일 (mineral lubricating oil) : 주로 원유에서 제조한다. 원유를 온도 차이에 의해 분류할 때 중유와 아스팔트 사이에서 정제된다. 광물성 윤활유로는 스핀들유, 다이너모유, 머신유, 실린더유 등이 가장 널리 사용된다

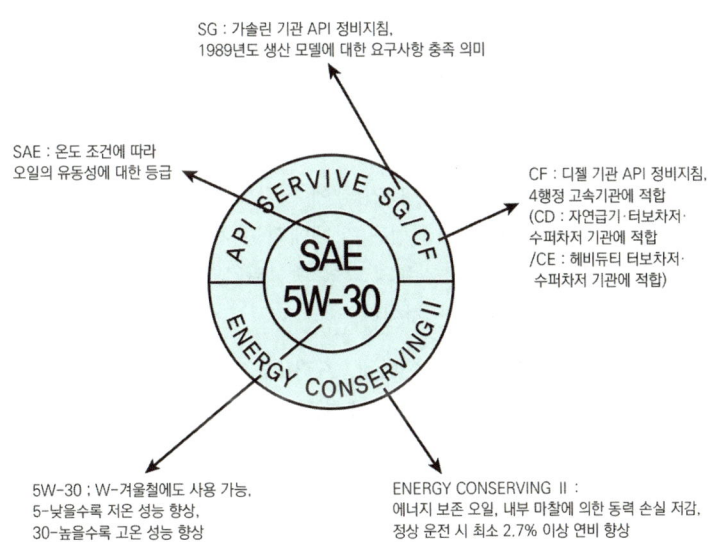

나. 윤활의 목적(기능)

① 마모 방지 : 움직이는 부품의 마모(마멸) 줄여, 엔진의 동력 손실을 감소(동력 성능 향상)시킨다.
② 냉각 작용 : 움직이는 부품의 마찰열 감소시켜 부품 수명 연장, 오일이 흐르는 경로의 엔진 열을 흡수한다.
③ 밀봉 작용 : 실린더 내의 피스톤 링과 실린더 벽과의 유막 형성, 가스 누설 방지하여 기밀을 유지한다.
④ 세척 작용 : 큰 입자의 불순물은 오일 팬에 쌓이게 하고, 작은 입자의 불순물은 오일 필터를 지나면서 걸러지도록 한다.
⑤ 충격 흡수 : 회전하는 크랭크축과 저널 베어링 사이의 간극을 채워, 회전중 무거운 하중이 가해질 때 충격을 흡수한다.
⑥ 마찰 감소, 소음 방지 : 움직이는 부품의 마찰 소음을 감소 시키면서, 부품의 수명을 연장한다.
⑦ 방청 작용 : 화학 성분을 첨가하여 카본 생성과 산화 작용을 막는다.

2. 윤활의 작용과 기관의 마찰·마모

윤활의 목적 중에서 중요한 사항으로, 부품의 수명 연장과 연비와 직접적인 연관성이 있는 것이 마찰과 마모에 관한 윤활 기능이다. 여기에서 중요한 요소가 윤활유의 점도 특성이다. 점도란 오일의 흐름을 방해하는 정도인데, 점도가 높은 오일은 천천히 흐르고, 점도가 낮은 오일은 묽어서 빨리 흐르게 된다. 움직이는 동적 부품들은 너무 묽어도 안 되고, 너무 높아도 안 된다. 특히 너무 묽은 오일을 사용하는 것은 바람직하지 못하다. 점도가 너무 낮은 오일은 부품들 사이의 간극을 채울 수 없고(밀봉작용), 빨리 흘러 유막 형성이 되지 않아 부품 마모를 촉진 시킨다. 마모가 빨라지면서 소음도 증가하고, 부품들 사이의 마찰열을 동반하게 되어 오일의 냉각기능을 상실케 한다. 다시 말해 오일의 온도도 증가하여 윤활유의 수명도 짧아지게 된다.

반대로 오일의 점도가 너무 높아도 좋지 않다. 특히 겨울철에 오일의 점도가 너무 높으면 오일의 흐름은 더욱 늦게 되고, 장시간 시동을 끈 상태에서 다시 시동을 걸었을 때, 오일의 흐름이 늦어지면서 부품의 마찰에 이어 마모가 일어나게 된다.

점도 지수와 점도 번호에 따라 겨울철, 사계절, 여름철 오일을 잘 구분하여 쓰는 것이 중요하고, 다른 오일류보다 열에 잘 견디고, 슬러지와 카본 생성이 적은 합성유를 써 보는 것도 바람직하다.

마찰의 형태는 건조 마찰과 유체 마찰, 경계 마찰로 나눌 수 있으며, 각각의 구분은 다음과 같다.

① **건조** 마찰 : 고체 물질 간의 마찰로써, 대기 중에 깨끗한 고체 표면 간의 마찰이라 이해하면 된다.
② **유체** 마찰 : 고체 물질에 유체막이 형성된 상태에서 유체 윤활 중에 일어나는 마찰이다.
③ **경계** 마찰 : 고체 표면에 액체 또는 기체의 막이 형성된 상태에서 일어나는 마찰로써, 건조 마찰과 비교할 때 매우 양호한 것이다.

또한 마모의 종류는 응착 마모(adhesive wear, 스커핑, 스코링, 소착), 부식 마모(corrosive wear, 미동 마모), 연삭 마모(adrasive wear, 스크래칭), 피로 마모(얼룩 마모, fatigue wear)가 있다.

윤활유의 구비 조건(requisites)	윤활유의 기능(function)
• 인화·발화점 높을 것	• 마찰 감소, 마멸 방지 작용
• 점도·비중이 적당 할 것	• 냉각 작용
• 카본·기포 발생이 작을 것	• 소음·충격 완화 작용
• 응고점이 낮을 것	• 방청(부식방지) 작용
• 열·산에 안정성이 있을 것	• 기밀 유지·세척 작용

3. 윤활 방식

윤활 방식과 여과 방식을 구분하여 이해하여야 한다. 윤활 방식은 "기관내에서 오일이 어떤 방식으로 각 부품에 뿌려지고, 흐르느냐?"이고, 여과 방식은 "각 부품에 뿌려진 오일의 불순물을 여과하는 필터(여과기)가 어떤 방법으로 설치되어 있느냐?"이다. 즉, 윤활유의 윤활 방식은 오일의 흐름과 관계되고, 여과 방식은 오일의 여과(필터) 기능과 관계된 것이다. 용어의 뜻은 아주 단순하다.

윤활유의 윤활 방식	윤활유의 여과 방식
비산식 : 커넥팅로드 대단부의 오일디퍼(oio dipper, 오일주걱)로 오일팬에 모여 있는 엔진오일을 크랭크축이 회전할 때 회전하며서 퍼내면서 뿌려주는 방식	분류식 : 일부는 바로 부품으로 공급되고, 일부는 여과기를 거쳐 오일 팬으로 모이는 방식
압송식 : 오일 펌프가 장착되어 엔진 가동시 흡입·압송시키는 방식	전류식 : 오일 여과기를 거친후 각 부품으로 공급되는 방식
비산압송식 : 비산식과 압송식이 동시에 이뤄지는 방식	복합식(션트식_shunt) : 분류식과 전류식을 결합한 방식으로 일부는 여과기를 거치고, 일부는 여과기를 거치지 않고 각 부품으로 공급되는 방식

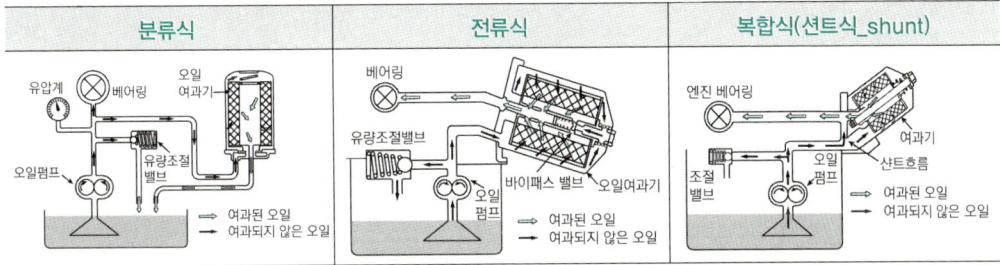

4. 오일펌프, 오일 냉각기

가. 오일펌프

오일 펌프는 크게 로터식과 기어식으로 두 가지로 구분된다. 오일펌프는 캠축의 헬리컬 기어로, 오버헤드 캠축의 끝단으로, 별도의 구동축으로 구동되는 등 여러 형태로 구동된다. 주로 오일팬에 모여 있는 오일을 흡입, 압송시키는 역할을 한다.

또한 오일펌프는 내접기어 형식으로 오일 팬의 엔진오일을 윤활 부로 보내주는 역할을 하고, 회로 내의 엔진오일의 압력이 과도하게 상승되는 것을 방지하고 유량조절을 하는 릴리프밸브가 있다.

(1) 오일압력 이상 원인

① 오일 압력이 높다 : 릴리프밸브 닫힌 채로 고착, 점도과대, 간극과소, 필터나 회로의 막힘 등
② 오일 압력이 낮다 : 릴리프밸브 열린 채로 고착, 점도 과소, 간극과대, 오일부족, 펌프 기어 마모 등

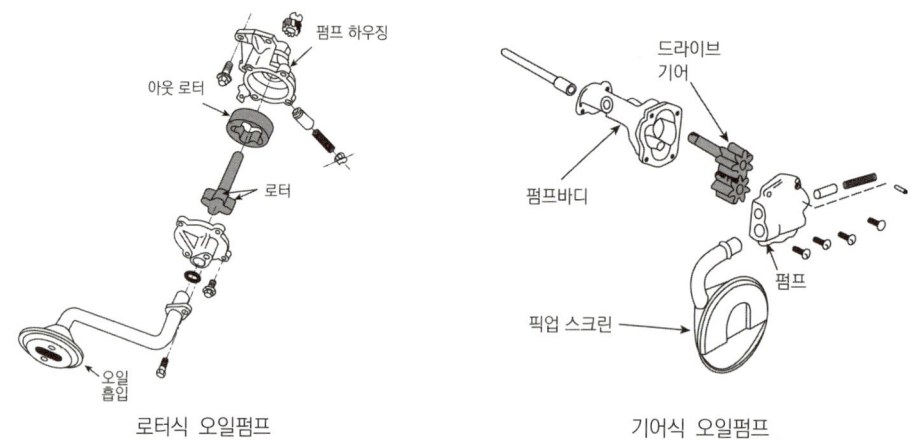

로터식 오일펌프   기어식 오일펌프

나. 오일 냉각기

오일 냉각기는 뜨거운 오일의 과열을 막음과 동시에 적정 온도로 유지 시켜줌으로써, 엔진의 각종 부품으로 인한 손실을 저감 시킨다. 오일 필터로부터 나온 별도의 오일 관을 통하여, 흐르는 오일을 냉각시키는 역할을 하고, 공랭식과 수냉식이 있으며, 구조에 따라 다판식 또는 관식으로 나누어진다.

5. 기관 오일 점검

(1) 엔진오일 점검요령

1) 엔진부에 위치한 오일 레벨 스틱(게이지)를 활용한 점검

① 평지에서 측정
② 엔진 시동정지 후 5분이 지난 상태에서 측정
③ F와 L사이((•)과 (•), max와 min) 범위에 위치하면 정상으로 판정

2) 계기판을 활용한 점검(일부 해당 차종)

① 엔진 START/STOP 버튼 누름
② 차종마다 제작 설치된 스위치를 눌러 엔진요일량 표시가 클러스터에 표시 되도록 함
③ 적정 오일량이 숫자, 그림으로 표시됨

3) 오일의 색으로 구분하는 고장 진단

오일의 색	원인
진한 검은색	심한 오염
붉은색 또는 붉은 계열 색	가솔린 유입
백색, 옅은 갈색	냉각수 혼입

연습문제 **제3장 윤활**

01 융착에 의한 마모현상으로 거리가 먼 것은?
① 스커핑
② 스코링
③ 스크래칭
④ 고착

해설 ▶ 융착이란 열을 받은 금속이 녹으면서 어딘가에 붙는 현상을 말하고, 고착은 과열로 인하여 접촉부분이 녹아 붙는 것, 스커핑(scuffing)은 과열로 인해 윤활유 유막이 없어져 긁혀 홈 자국이 나는 것으로 주로 피스톤 주위나 캠에서 발생한다. 스코링(scoring)은 스커핑 마모보다 심한 경우로써, 금속 일부가 뜯겨진 듯이 심한 마모를 말하고, 주로 기어에 의해 발생하는 경우가 많다.

02 윤활장치 내의 압력이 지나치게 올라가는 것을 방지하여 회로 내의 유압을 일정하게 유지하는 기능을 하는 것은?
① 오일펌프
② 유압 조절기
③ 오일 여과기
④ 오일 냉각기

해설 ▶ 유압 조절밸브(릴리프 밸브)는 회로 내의 유압을 일정하게 유지하는 기능을 하며, 오일 펌프는 윤활 회로내에서 오일 순환 기능을 한다.

03 기관의 윤활유 점도지수(viscosity index) 또는 점도에 대한 설명으로 틀린 것은?
① 온도변화에 의한 점도가 적을 경우 점도지수가 높다.
② 추운 지방에서는 점도가 큰 것 일수록 좋다.
③ 점도지수는 온도변화에 대한 점도의 변화 정도를 표시한 것이다.
④ 점도란 윤활유의 끈적끈적한 정도를 나타내는 척도이다.

해설 ▶ 점도가 커질수록 유동성능은 나빠진다.

04 엔진오일의 유압이 낮아지는 원인으로 틀린 것은?
① 베어링의 오일 간극이 크다.
② 유압조절밸브의 스프링 장력이 크다.
③ 오일 팬 내의 윤활유 양이 적다.
④ 윤활유 공급 라인에 공기가 유입되었다.

해설 ▶ 유압조절밸브의 스프링 장력이 크면 유압은 높아지고, 작으면 유압이 낮아진다.

05 기관의 윤활장치를 점검해야 하는 이유로 거리가 먼 것은?
① 윤활유 소비가 많다.
② 유압이 높다.
③ 유압이 낮다.
④ 오일 교환을 자주한다.

해설 ▶ 윤활유 소비가 많거나, 유압이 이상하면 윤활장치를 점검해야 한다.

06 엔진 오일 압력이 일정 이하로 떨어졌을 때 점등되는 경고등은?
① 연료 잔량 경고등
② 주차 브레이크 등
③ 엔진 오일 경고등
④ ABS 경고등

해설 ▶ 엔진오일 압력이 일정 이하로 떨어지면 오일 압력 경고등이 점등된다.

정답 01 ③ 02 ② 03 ② 04 ② 05 ④ 06 ③

07 엔진이 2000rpm으로 회전하고, 출력이 65ps 라면 이 엔진의 회전력은 몇 $kgf \cdot m$ 인가?

① 23.27   ② 24.45
③ 25.46   ④ 26.38

해설 ▶▶ 제동마력 = $\dfrac{회전력(T) \times 회전수(N)}{716}$ 에서

$65 = \dfrac{T \times 2000}{716}$ 이므로 $T = 23.27 kgf \cdot m$

08 내연기관의 윤활장치에서 유압이 낮아지는 원인으로 틀린 것은?

① 기관 내 오일 부족
② 오일스트레이너 막힘
③ 유압 조절 밸브 스프링장력 과대
④ 캠축 베어링의 마멸로 오일 간극 커짐

해설 ▶▶ 유압 조절 밸브 스프링장력 규정 값보다 크면 유압은 높아지고, 작으면 유압은 낮아진다.

09 전자제어 현가장치(E.C.S) 입력신호가 아닌 것은?

① 휠 스피드센서
② 차고센서
③ 조향 휠 각속도 센서
④ 차속센서

해설 ▶▶ 휠 스피드센서는 ABS와 관련된 센서이다.

10 기관에 윤활유를 급유하는 목적과 관계없는 것은?

① 연소 촉진 작용   ② 동력손실감소
③ 마멸 장비   ④ 냉각 작용

해설 ▶▶ 윤활유는 마찰을 줄여 마멸과 동력 손실을 감소시키고, 기타 냉각작용, 청정작용, 부식방지 작용 등을 한다.

11 연료의 저위발열량 10,500kcal/kgf, 제동마력 93PS, 제동열효율 31%인 기관의 시간당 연료 소비량(kgf/h)은?

① 약 18.07   ② 약 17.07
③ 약 16.07   ④ 약 5.53

해설 ▶▶ 제동열효율

$= \dfrac{632.3 \times 제동마력(PS)}{시간당 연료소비량 \times 연료 저위발열량} \times 100$

$31\% = \dfrac{632.3 \times 93}{시간당 연료소비량 \times 10,500} \times 100$ 에서

시간당 연료소비량 $= \dfrac{632.3 \times 93 \times 100}{31 \times 10,500}$

$= 18.06 kgf/h$

12 전자제어 현가장치에 사용되고 있는 차고 센서의 구성 부품으로 옳은 것은?

① 에어 챔버와 서브탱크
② 발광다이오드와 유화 카드뮴
③ 서모스위치
④ 발광다이오드와 광 트랜지스터

해설 ▶▶ 차고센서는 차축과 차축 간 높이 변화를 감지하는 센서이며, 발광다이오드와 포토트랜지스터를 사용하는 방식과 포텐쇼 미터 방식이 있다.

13 전해액을 만들 때 황산에 물을 혼합하면 안 되는 이유는?

① 유독가스가 발생하기 때문에
② 혼합이 잘 안 되기 때문에
③ 폭발의 위험이 있기 때문에
④ 비중 조정이 쉽기 때문에

해설 ▶▶ 물보다 황산의 비중이 크므로 물에 황산을 조금씩 부어가며 비중을 조정한다.

정답 07 ① 08 ③ 09 ② 10 ① 11 ① 12 ④ 13 ③

14 윤활유 특성에서 요구되는 사항으로 틀린 것은?

① 점도지수가 적당 할 것
② 산화 안정성이 좋을 것
③ 발화점이 낮을 것
④ 기포 발생이 적을 것

해설 ≫ 발화점이 낮으면 화재가 발생하기 쉽다.

15 각 실린더의 분사량을 측정하였더니 최대 분사량이 66cc이고, 최소 분사량이 58cc였다. 이때의 평균 분사량이 60cc이면 분사량의 "+불균율"은 얼마인가?

① 5%   ② 10%
③ 15% ④ 20%

해설 ≫ 불균율 = $\dfrac{최대분사량 - 평균분사량}{평균분사량} \times 100$

$= \dfrac{66-60}{60} \times 100 = 10\%$

16 자동차 기관에서 윤활 회로 내의 압력이 과도하게 올라가는 것을 방지하는 역할을 하는 것은?

① 오일 펌프   ② 릴리프 밸브
③ 체크 밸브   ④ 오일 쿨러

해설 ≫ 릴리프 밸브 윤활 회로 내의 압력이 규정 압력 이상이 되면 윤활유를 오일 팬으로 리턴 시켜 압력을 조절하는 밸브이다.

17 자동차 엔진오일 점검 및 교환 방법으로 적합한 것은?

① 환경오염방지를 위해 오일은 최대한 교환 시기를 늦춘다.
② 가급적 고점도 오일로 교환한다.
③ 오일을 완전히 배출하기 위해 시동 걸기 전에 교환한다.
④ 오일 교환 후 기관을 시동하여 충분히 엔진 윤활부에 윤활한 후 시동을 끄고 오일 량을 점검한다.

해설 ≫ 자동차엔진오일 점검 및 교환 방법
1) 시동을 걸어 워밍업 후 시동을 끄고 잠시 기다린 후 오일 팬에서 오일을 뺀다.
2) 오일 교환 후 기관을 시동하여 충분히 윤활한 후 시동을 끄고 오일 량을 점검한다.
3) 오일은 최대한 교환 시기 맞춰 교환해 준다.
4) 점도가 커질수록 엔진오일은 유동성은 나빠진다.

18 기관의 윤활유 유압이 높을 때의 원인과 관계없는 것은?

① 베어링과 축의 간격이 클 때
② 유압조정밸브 스프링의 장력이 강할 때
③ 오일파이프의 일부가 막혔을 때
④ 윤활유의 점도가 높을 때

해설 ≫ 윤활유 유압이 높을 때의 원인
1) 베어링과 축의 간격(오일간극)이 작을 때
2) 유압조정밸브 스프링의 장력이 강할 때
3) 윤활유의 점도가 높을 때

19 일반적인 엔진오일의 양부 판단 방법이다. 틀린 것은?

① 오일의 색깔이 우유 색에 가까운 것은 냉각수가 혼입되어 있는 것이다.
② 오일의 색깔이 회색에 가까운 것은 가솔린이 혼입되어 있는 것이다.
③ 종이에 오일을 떨어뜨려 금속분말이나 카본의 유무를 조사하고 필요하면 교환한다.
④ 오일의 색깔이 검은색에 가까운 것은 장시간 사용했기 때문이다.

정답 14 ③ 15 ② 16 ② 17 ④ 18 ① 19 ②

해설 ▶ 엔진오일 색에 따른 양부 판정

오일의 색	원인
갈색	신품오일로 정상
붉은 색	가솔린 유입
우유 색	냉각수 혼입
검은 색	심한 오염

20 기관에 사용하는 윤활유의 기능이 아닌 것은?

① 마멸 작용   ② 기밀 작용
③ 냉각 작용   ④ 방청 작용

해설 ▶ 윤활유는 기밀 작용, 냉각 작용, 방청 작용, 세척 작용, 마멸을 방지하는 작용을 한다.

정답 20 ①

제4장 냉각

1. 냉각 방식과 목적

가. 냉각 방식

냉각 방식에는 크게 두 가지로 나눌 수 있다. 하나는 가장 많이 쓰이고 있는 수(水)냉식 방식이며, 다른 하나는 자연적인 외부 공기와의 마찰로 냉각하는 공랭식이다.

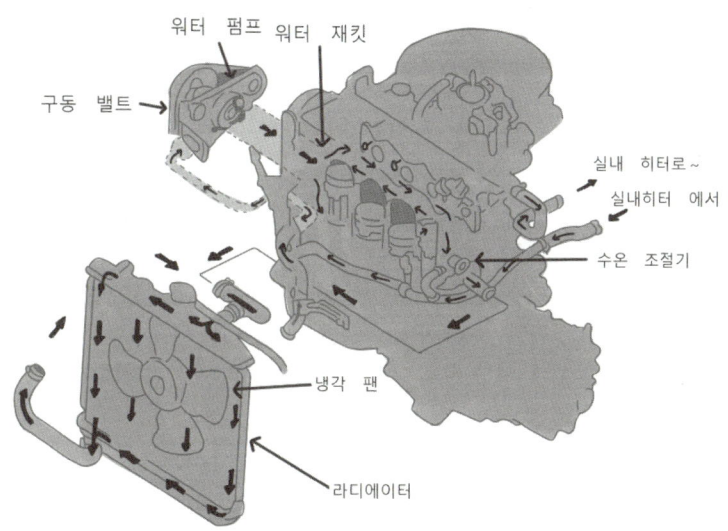

수냉식은 냉각수(coolant, cooling water)를 엔진 내부로 흐르게 하여, 엔진을 냉각하는 방식으로써, 냉각 순환 부품(워터펌프)을 이용하여 강제로 순환 시켜 사용되고 있다.

나. 냉각 장치의 목적

냉각 장치(cooling system)의 목적은 엔진 내부에서 연료의 연소와 기계 작동으로 인한 마찰로 인하여 발생하는 기본적인 열매체의 과열을 방지하여 엔진의 손상을 주는 것을 차단하기 위함이다. 이는 엔진 가동시 적정한 온도를 유지함으로써 과도한 열로 인한 윤활유의 비정상적인 분해와 이상 연소가 일어나지 않도록 하여, 노킹(knocking) 및 조기 점화(pre-ingnition)를 방지한다.

실린더 내부의 공기와 연료의 혼합기 온도는 약 2000℃가 넘기 때문에, 우리가 생각하는 상식 이상의 고온으로 매우 뜨겁다. 연소실 내부에서 발생되는 열의 약 30~35%를 냉각 장치에서 제거하고 있다.

또한 적정 온도를 유지하는 것도 매우 중요하다. 너무 지나치게 냉각되면 냉각으로 손실되는 열량이 커서 열효율이 떨어지고, 연비도 나빠지게 된다.

이렇게 냉각 장치는 엔진 온도를 적정하게 유지(과열·과냉 방지)하는데 목적이 있는 것이다.

2. 냉각팬과 팬벨트, 기타 냉각부품

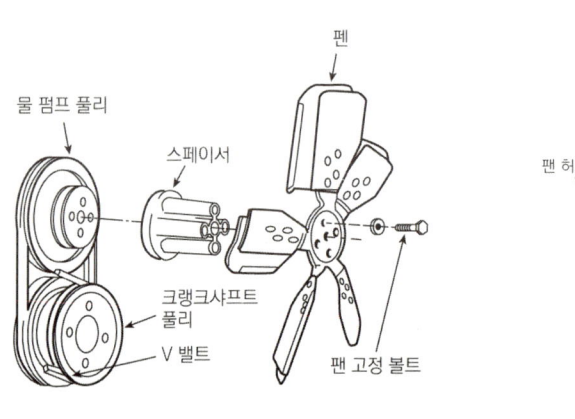

냉각팬(cooling fan), 팬벨트(fan belt, V belt)

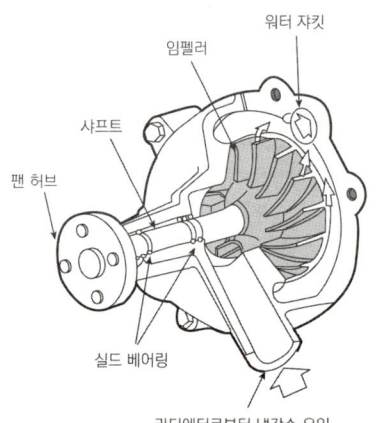

워터 펌프(water pump)

대부분의 냉각팬은 라디에이터(radiator) 뒤편에 장착되어 외부 공기를 라디에이터(radiator)로 강제로 통하게 하는 흡입식이며, 과열된 냉각수를 빠르게 냉각시키는 중요한 역할을 하고 있다. 그림에서와 같이 기계식 팬도 쓰고 있으나, 일정 온도 이상 상승함에 따라서 회전하는 전기식 팬이 많이 사용되고 있다.

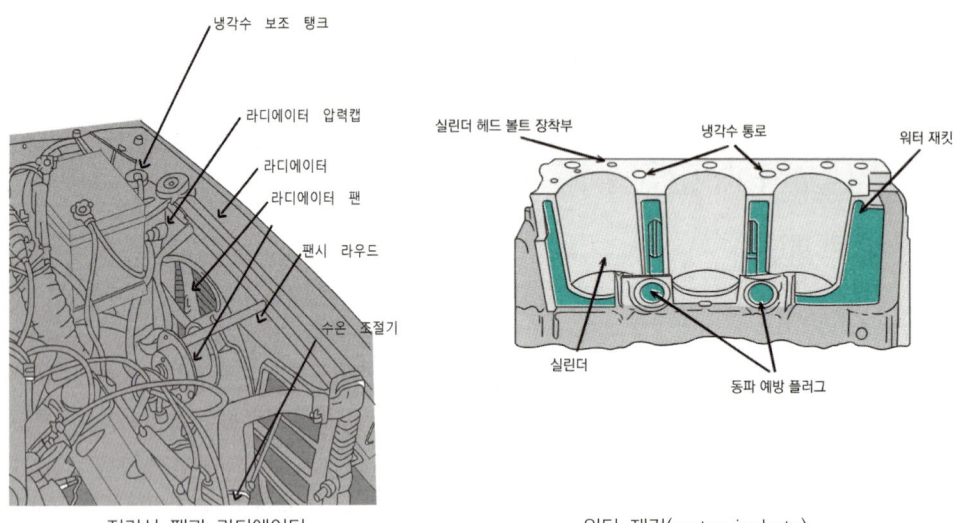

전기식 팬과 라디에이터

워터 재킷(water jackets)

워터 재킷(water jackets, 냉각수 통로)은 실린더 벽과 실린더 블록 사이의 냉각수가 흐르는 통로로써, 워터펌프에서 보내지는 냉각수가 엔진의 워터 재킷을 통해 흘러 엔진 열을 흡수하여 라디에이터 (radiator)로 보내져 냉각되게 된다. 라디에이터는 라디에이터 코어(core), 입구 탱크(inlet tank), 출구 탱크(outlet tank) 세 부분으로 구성되어 있는데 탱크는 주로 플라스틱 또는 금속으로 만들어져 있으며, 코어에 있는 튜브관과 알루미늄 핀으로 고온의 냉각수가 보내지면, 핀 사이로 흐르는 외부 공기가 빠르게 냉각수 온도를 저온화 시키게 된다. 마치 고여 있는 뜨거운 물을 넓을 바닥에 펼쳐 놓아 열을 빠르게 방출하는 것과 같은 원리다.

다시 말해, 이러한 모든 냉각수의 흐름을 강제적으로 순환시키는 것이 워터펌프(water pump)이고, 냉각수를 빠르게 식히는 역할을 하는 것이 라디에이터(radiator)라고 보면 된다.

현재 신형 자동차들은 이 워터펌프를 팬벨트를 통해 구동하지 않는 전기식 워터 펌프(EWP, electric water pump)를 사용하는 차량이 늘고 있으면, 특히 엔진이 없는 친환경차의 경우에는 거의 대부분 전기식 워터펌프를 사용한다. EWP에 관하여는 PART 05 미래 친환경 자동차에서 다루기로 한다.

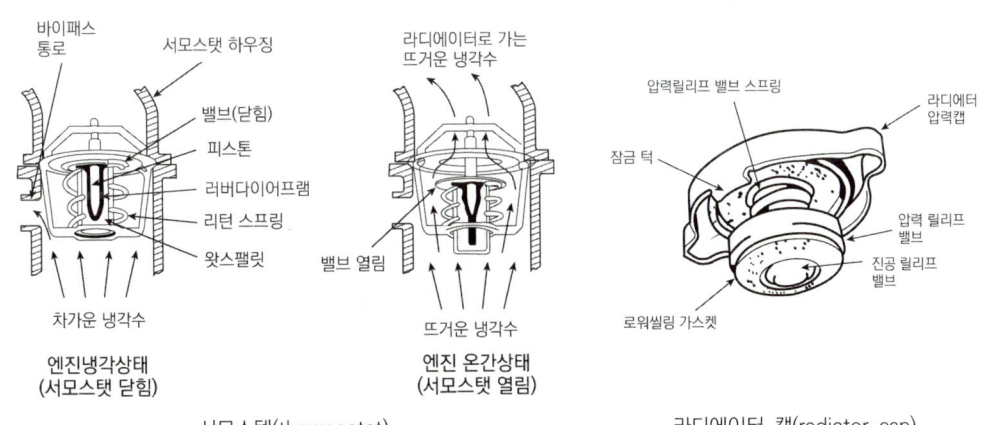

서모스텟(thermostat)　　　　　　　라디에이터 캡(radiator cap)

마지막으로 냉각 통로에 설치되어 냉각수의 흐름을 온도에 따라 직접 제어하는 장치가 서모스텟(thermostat, 수온조절기)과 냉각장치 내의 압력을 적정하게 유지하여 비등점을 상승시키는 역할을 하는 라디에이터 캡(radiator cap)이다. 서모스텟은 열에 의해 작동되는 밸브로써, 냉각수 온도에 따라 개·폐 되면서 냉각수의 흐름을 제어하여, 엔진이 차가워지면 닫혀 라디에이터로 흐리지 못하게 하고, 뜨거워지면 열려 냉각수를 라디에이터로 흐르게 한다. 라디에이터 캡은 냉각수의 증발 손실을 감소시킴과 동시에 냉각수의 비등점을 상승시켜 냉각수의 효율을 좋게 한다. 정상 대기압에서 물은 100℃에서 끓는다. 그러나 대기압이 상승(냉각라인의 압력 상승)한다면 비등점, 즉 끓는 점도 상승하게 된다. 1 psi의 상승은 물의 비등점을 약 1.8℃ 상승시켜, 라디에이터 캡이 약 10~15 psi 압력 상승을 가져온다면 냉각수의 끓는 점은 100℃가 아닌 118~127℃가 되는 것이다.

3. 부동액

부동액(不凍液)은 말 그대로 "얼지 않는 액"이다. 대부분의 부동액은 에틸렌 클리콜과 물을 혼합하여 쓰고 있으며, 고규산염 에틸렌 클리콜을 많이 쓰고 있다. 이 고규산염은 실린더 헤드 등과 같은 알루미늄 부품의 손상을 막아 냉각 통로(워터재킷 등)를 통해 알루미늄 박편과 같은 이물질이 라디에터 코어핀과 냉각 계통의 미세관들의 막힘을 방지한다.

부동액의 구비조건	엔진 과열 원인
물과 혼합 원활	냉각 장치의 냉각수 누수 또는 냉각수 부족
비등점(비점)은 높고 응고점, 빙점은 낮을 것	워터 펌프 불량
침전물 발생이 없을 것	서모스텟(수온조절기) 닫힌 채로 고장
휘발성이 없고 냉각 계통에서 순환성이 좋을 것	워터 재킷의 막힘
내 부식성이 크고 팽창 계수가 작을 것	라디에이터 코어 막힘, 손상 누수

그림의 왼쪽은 일반 내연기관에 쓰이는 부동액이며, 오른쪽은 전기차 전용 부동액이다. 앞서 언급한 것과 같이 내연기관 부동액은 물과 희석하여 쓰지만, 전기차 전용 부동액 고전압 배터리 시스템에 특화된 부동액으로써 물과 희석하여 쓰면 안 된다.

> **Tip.**
>
> 인화점 : 불꽃을 가까이 댔을 때 순간 섬광을 내며 연소하는 것. 즉, 외부 열원에 의해 불이 붙을 수 있는 최저 온도
>
> 발화점 : 연료가 지속적으로 연소 될 수 있는 가장 낮은 온도. 즉, 물질이 연소하기 시작할 때 온도로써 외부 열원이 없이 불이 붙는 디젤기관과 같은 것.
>
> 비점(비등점, 끓는점) : 액체를 어떠한 압력으로 가열시켰을 때 도달하는 최고온도, 대기압에서 물의 비점은 100 ℃이다. 즉, 액체 물질의 증기압이 외부 압력과 같아져 끓기 시작하는 온도
>
> 응고점(어는점) : 녹는점과 같다. 액상과 기체가 일정한 압력 하에 굳을 때의 온도

연습문제   제4장 냉각

01 사용 중인 라디에이터에 물을 넣으니 총 14L가 들어갔다. 이 라디에이터와 동일 제품의 신품 용량은 20L라고하면 이 라디에이터 코어 막힘은 몇 %인가?

① 20% ② 25%
③ 30% ④ 35%

해설 ▶ 라디에이터 막힘율
$= \dfrac{신품용량 - 구품용량}{신품용량} \times 100$
$= \dfrac{20-14}{20} \times 100 = 30\%$

02 기관이 과열하는 원인으로 틀린 것은?

① 냉각팬의 파손
② 냉각수 흐름 저항 감소
③ 냉각수 이물질 혼입
④ 라디에이터의 코어 파손

해설 ▶ 냉각수 흐름 저항이 증가하면 기관은 과열된다.

03 기관이 지나치게 냉각되었을 때 기관에 미치는 영향으로 옳은 것은?

① 출력저하로 연료소비율 증대
② 연료 및 공기흡입 과잉
③ 점화불량과 압축과대
④ 엔진오일의 열화

해설 ▶ 연소실에서 발생한 열에너지가 냉각에 의해 손실되므로 엔진의 출력은 저하되며 연료 소비율도 증가한다.

04 엔진이 작동 중 과열되는 원인으로 틀린 것은?

① 냉각수의 부족
② 라디에이터 코어의 막힘
③ 전동 팬 모터 릴레이의 고장
④ 수온조절기가 열린 상태로 고장

해설 ▶ 수온조절기가 열린 상태로 고장이 나면 과냉의 원인이 된다.

05 176°F는 몇 °C인가?

① 76   ② 80
③ 144 ④ 176

해설 ▶ 섭씨(℃)
$= \dfrac{5}{9}(°F - 32) = \dfrac{5}{9}(176-32) = 80°C$

06 수랭식 냉각장치의 장·단점에 대한 설명으로 틀린 것은?

① 공랭식보다 소음이 크다.
② 공랭식보다 보수 및 취급이 복잡하다.
③ 실린더 주위를 균일하게 냉각시켜 공랭식보다 냉각효과가 좋다.
④ 실린더 주위를 저온으로 유지시키므로 공랭식보다 체적효율이 좋다.

해설 ▶ 수랭식 냉각장치는 워터펌프를 이용 냉각수를 엔진 실린더 주위로 순환시켜 균일하게 냉각시켜 냉각효과가 좋다. 하지만 장치가 많으므로 관리가 복잡하고, 작동 소음은 없다.

정답 01 ③ 02 ② 03 ① 04 ④ 05 ② 06 ①

07 유압식 브레이크는 무슨 원리를 이용한 것인가?

① 뉴톤의 법칙
② 파스칼의 원리
③ 베르누이의 정리
④ 아르키메데스의 원리

해설 ▶ 유압장치는 파스칼의 원리를 응용한 것이다.

08 제동장치에서 디스크 브레이크의 형식으로 적합한 것은?

① 앵커 핀 형　　② 2 리딩 형
③ 유니 서보 형　④ 플로팅 캘리퍼 형

해설 ▶ 캘리퍼는 브레이크 패드를 회전하는 브레이크 디스크 쪽으로 밀어주어 압착하는 유압 피스톤이다.

09 진공식 브레이크 배력장치의 설명으로 틀린 것은?

① 압축공기를 이용한다.
② 흡기 다기관의 부압을 이용한다.
③ 기관의 진공과 대기압을 이용한다.
④ 배력장치가 고장이 나면 일반적인 유압 제동 장치로 작동된다.

해설 ▶ 진공 식 브레이크 배력장치는 기관의 진공과 대기압 차이를 이용하여 브레이크 페달 힘을 증대시키는 장치이며, 압축공기와 대기압 차이를 이용한 방식은 공기식 브레이크에서 사용된다.

10 자동차 엔진의 냉각장치에 대한 설명 중 적절하지 않은 것은?

① 강제 순환식이 많이 사용된다.
② 냉각장치 내부에 물때가 많으면 과열의 원인이 된다.
③ 서모스탯에 의해 냉각수의 흐름이 제어된다.
④ 엔진 과열 시에는 즉시 라디에이터 캡을 열고 냉각수를 보급하여야 한다.

해설 ▶ 엔진 과열 시에는 엔진이 충분히 냉각 될 때까지 기다린 후 라디에이터 캡을 열고 냉각수를 보급하여야 한다.

11 실린더 지름이 100㎜의 정방형 엔진이다. 행정 체적은 약 얼마인가?

① 600㎤　　　　② 785㎤
③ 1,200㎤　　　④ 1,490㎤

해설 ▶ 1) 정방행정은 행정과 지름이 동일한 엔진이다.
2) 행정체적(배기량)
$= 0.785 \times D^2 \times L = 0.785 \times 10^2 \times 10$
$= 785cc$

12 배력장치가 장착된 자동차에서 브레이크 페달의 조작이 무겁게 되는 원인이 아닌 것은?

① 푸시로드의 부트가 파손되었다.
② 진공용 체크밸브의 작동이 불량하다.
③ 릴레이 밸브 피스톤의 작동이 불량하다.
④ 하이드로릭 피스톤 컵이 손상되었다.

해설 ▶ 푸시로드의 부트는 공기나 이물질 침투를 막기 위한 부품이다.

13 브레이크 파이프에 잔압 유지와 직접적인 관련이 있는 것은?

① 브레이크 페달
② 마스터 실린더 2차 컵
③ 마스터 실린더 체크밸브
④ 푸시로드

해설 ▶ 유압 회로 내 체크밸브는 파이프 잔압 유지를 위해 설치한다.

정답　07 ②　08 ④　09 ①　10 ④　11 ②　12 ①　13 ③

14 전동식 냉각팬의 장점 중 거리가 가장 먼 것은?

① 서행 또는 정차시 냉각 성능 향상
② 정상온도 도달시간 단축
③ 엔진 최고 출력 향상
④ 작동 온도가 항상 균일하게 유지

해설 ▶ 냉각팬 모터는 발전기의 전원을 이용하므로 엔진 최고 출력 향상은 기대할 수 없다.

15 기관이 과열되는 원인이 아닌 것은?

① 라디에이터 코어가 막혔다.
② 수온 조절기가 열려있다.
③ 냉각수의 양이 적다.
④ 물 펌프의 작동이 불량하다.

해설 ▶ 수온 조절기는 냉각수 온도에 따라 물리적으로 열려 냉각수를 라디에이터로 보내 냉각한 후 다시 엔진으로 보내 엔진의 온도를 일정하게 해주는 장치이다. 수온조절기가 열린 채로 고장이 나면 시동 초기부터 냉각수가 냉각되어 과냉의 원인이 된다.

16 부동액 성분의 하나로 비등점이 197.2℃, 응고점이 -50℃인 불연성 포화액인 물질은?

① 에틸렌글리콜
② 메탄올
③ 글리세린
④ 변성 알콜

해설 ▶ 부동액으로 사용되는 것은 에틸렌글리콜, 글리세린, 메탄올이 있으며 이 중 에틸렌글리콜은 비등점이 197.2℃, 응고점이 -50℃인 불연성 포화액으로 가장 널리 사용된다.

17 자동차기관이 과열된 상태에서 냉각수를 보충할 때 적합한 것은?

① 시동을 끄고 즉시 보충한다.
② 시동을 끄고 냉각시킨 후 보충한다.
③ 기관을 가감속하면서 보충한다.
④ 주행하면서 조금씩 보충한다.

해설 ▶ 기관이 과열되어 있으므로 냉각수 캡을 열면 뜨거운 증기가 누출될 수 있으므로 시동을 끄고 기관을 충분히 냉각시킨 후 보충한다.

18 기관이 과열되는 원인으로 가장 거리가 먼 것은?

① 서모스탯이 열림 상태로 고착
② 냉각수 부족
③ 냉각팬 작동불량
④ 라디에이터의 막힘

해설 ▶ 서모스탯이 열림 상태로 고착되면 초기부터 냉각수가 라디에이터에 의해 냉각되어 엔진으로 유입되므로 엔진은 과냉된다.

19 압력식 라디에이터 캡을 사용하므로 얻어지는 장점과 거리가 먼 것은?

① 비등점을 올려 냉각 효율을 높일 수 있다.
② 라디에이터를 소형화 할 수 있다.
③ 라디에이터의 무게를 크게 할 수 있다.
④ 냉각장치 내의 압력을 높일 수 있다.

해설 ▶ 압력식 라디에이터 캡은 냉각장치 내에 압력을 가해 비등점을 올려 냉각 효율을 높일 수 있고 라디에이터를 소형화할 수 있으므로 경량화 할 수 있다.

정답 14 ③ 15 ② 16 ① 17 ② 18 ① 19 ③

제5장　수퍼차저와 터보차저, 인터쿨러

1. 구조와 작동

수퍼차저(supercharger)와 터보차저(turbocharger)는 공기를 압축하여 엔진에 공급한다는 근본적 원리는 같으나, 구조와 작동원리가 다르다. 수퍼차저는 엔진 동력을 이용하여, 즉 기계적으로 엔진 캠축에서 벨트, 체인으로 작동되고, 터보차저는 배기가스의 압력을 이용하여 터빈 작동되고 난 후 터빈의 회전에 따라 작동된다. 터보차저는 항공기 엔진에서 쓰이다가 점차 디젤엔진과 가솔린엔진에 장착되기 시작했다.

대기 환경 문제로 내연기관의 배기가스 규제는 더욱 엄격해져 연료 공기공급 문제와 함께 흡입 공기의 온도 저하도 중요한 역할을 하고 있어 터보차저와 인터쿨러(intercooler. 공기공급 냉각 방법) 사용이 권장되고 있다.

구분	수퍼차저	터보차저
장점	• 설치가 비교적 용이하다. • 저회전 시에도 출력효율이 좋다. • 운전자의 악셀링(스로틀개도량) 반응에 좋다.	• 순간 고출력을 얻기 좋다. • 열에 대응이 좋다.
단점	• 비용이 비싸다. • 엔진 동력과 기계적으로 직접 연계되어 구동 되어야 하기에 연비에 나쁘다.	• 별도의 냉각이 필요하다. • 적정 RPM에 이를 때까지 작동에 시간이 걸린다(터보래그(turbo lag)가 있다.).

2. 가변용량형 터보 과급기

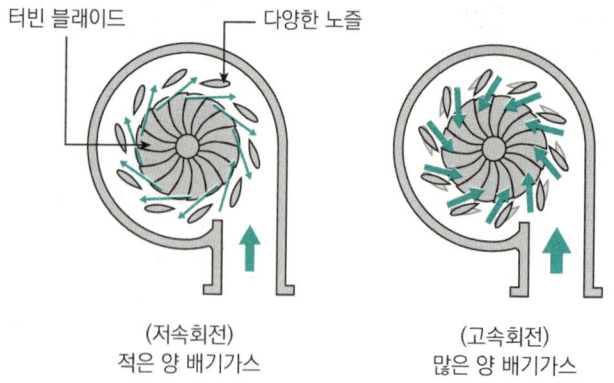

(저속회전)　　　　　　(고속회전)
적은 양 배기가스　　　많은 양 배기가스

VGT(Variable Geometry Turbocharger)라고 불리며 현재 전자제어 디젤 기관에서 많이 쓰이고 있다. 배기 터빈의 입구 면적을 가변적으로 변경할 수 있도록 하여 엔진의 저속 구간의 성능 개선 방식으로써 저속 엔진 구동 시 배기 유량이 크지 않아 과급기 작동을 할 수 없기 때문에 노즐 면적을 축소하여 배출가스 속도를 증가시킨다. 배출가스 속도가 증가하면 터빈 회수에너지가 크게 되고, 과급

압력이 높아진다.

가변용량형 터보 과급기(VGT)가 작동되지 않는 상황·조건은 많으나 주된 경우는 아래와 같다.

- 엔진 RPM(분당회전수)이 정상보다 낮을 때
- 냉각 수온이 약 0℃ 이하인 경우
- 가변 용량형 액추에이터가 고장난 경우
- EGR 관련 부품이 고장난 경우
- 부스터 압력·흡입공기량·스로틀 플랫이 고장(불량)난 경우

> **Tip.**
>
> WGT(Waste Gate valve Turbocharger) : 터빈의 회전한계 이상으로 배기가스가 들어왔을 때 과부하가 걸리지 않도록 Waste gate 밸브를 이용하여 일부 배기가스의 부스트 압력을 조절하는 일반적인 터보차저로써, 과급 압력을 기계적으로 제어하는 방법이다. 저속에서 터보래그(turbo lag)와 성능저하를 초래하는 단점을 가지고 있다.

3. 인터쿨러

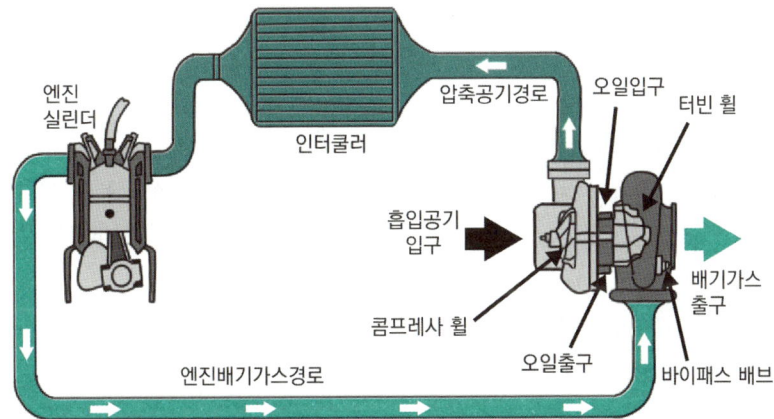

인터쿨러(intercooler. 공기공급 냉각 방법)는 자동차 주행 시 발생하는 공기를 사용하여 흡기온도를 약 50℃ 정도 낮추어 주고, 급기 온도와 연소 온도를 낮추고, NOx 발생을 저감 시키는 역할과 함께 배기 온도 역시 낮추어 기관의 열적 부하를 경감시킨다.

> **Tip.**
>
> EGR 쿨러(Exhaust Gas Recirculation Cooler) : 엔진에서 방출되는 고온 고압의 배기가스를 냉각 시키는 장치로써, EGR밸브를 통해 엔진 흡기로 재순환되는 배기가스 공기밀도를 높여서 엔진의 출력 증가 및 유해 배기가스를 저감하고, EGR밸브 등 엔진 부품의 수명을 연장한다.

연습문제 제5장 수퍼차저와 터보차저, 인터쿨러

01 기관의 가변흡입장치(variable intake control system)의 작동 원리에 대한 내용으로 틀린 것은?

① 기관 저속과 고속에서 기관 출력을 향상시킨다.
② 기관이 저속일 때 흡기다기관의 길이를 짧게 한다.
③ 기관이 고속일 때 흡입공기 흐름의 회로를 짧게 한다.
④ 기관 회전속도에 따라 흡입공기흐름의 회로를 자동적으로 조정하는 것이다.

해설 ▶ 가변흡입장치는 저속 시 통로를 길게 하여 회전력(토크)를 크게하고, 고속 시에는 흡입 통로를 짧게 하여 엔진출력을 최대한 증가시킨다.

02 자동차의 흡배기 장치에서 건식 공기 청정기에 대한 설명으로 틀린 것은?

① 작은 입자의 먼지나 오물을 여과할 수 있다.
② 습식 공기청정기보다 구조가 복잡하다.
③ 설치 및 분해조립이 간단하다.
④ 청소 및 필터교환이 용이하다.

해설 ▶ 습식 공기 청정기는 필터만 있는 건식에 비해 오일과 필터가 함께 있어, 필터가 오일에 젖어있어, 공기 통과 시 무거운 이물질은 오일에, 가벼운 이물질은 필터에 부착하게 하는 방식이다.

03 가변용량제어 터보차저에서 저속 저부하(저유량) 조건의 작동원리를 나타낸 것은?

① 베인 유로 좁힘 → 배기가스 통과속도 증가 → 터빈 전달 에너지 증대
② 베인 유로 넓힘 → 배기가스 통과속도 증가 → 터빈 전달 에너지 증대
③ 베인 유로 넓힘 → 배기가스 통과속도 감소 → 터빈 전달 에너지 증대
④ 베인 유로 좁힘 → 배기가스 통과속도 감소 → 터빈 전달 에너지 증대

해설 ▶ 저속 저부하에서는 배기가스 압력(배기압)이 적고 터빈 구동력도 작아진다. 이때 베인 사이의 유로를 작게 하여, 배기가스의 속도를 증가시켜 터빈의 전달되는 에너지를 크게 한다.

04 터보차저(turbo charger) 구성부품 중 과급기 케이스 내부에 설치되며, 속도 에너지를 압력 에너지로 바꾸어 주는 것은?

① 디퓨저
② 루트 슈퍼차저
③ 베인
④ 터빈

해설 ▶ 디퓨저(diffuser, 확산)는 유체의 유로를 넓혀 흐름을 느리게 한다. 그러나 체적은 증대(확대)하여 흡기 속도 에너지가 압력 에너지로 변환된다.

정답 01 ② 02 ② 03 ① 04 ①

제6장 디젤기관

1. 디젤기관 연소실과 연소방식

디젤기관의 연소실은 단실식과 부실식으로 구분된다. 직접 분사실식이 단실식에 해당되고, 예연소실식, 와류실식, 공기실식은 부실식으로 분류한다. 여기에서 직접 분사실식이 연소실 형태는 가장 간단한 형상이면서 열 손실이 가장 적다. 또한 2단계 연소가 이뤄지는 예연소실식이 매연 발생에 관하여는 가장 양호다. 또는 직접분사실식 또는 복실식으로 분류하여 연소실의 종류별 특징을 아래와 같이 구분할 수 있다.

(1) 직접 분사실 식

연소실이 1개이며 연소실에 직접 연료를 분사하는 방식이다.

① 열효율이 가장 높다.
② 연료소비율이 작다.
③ 노즐의 수명이 짧다.
④ 분사 압력이 높고 사용 연료에 민감하다.
⑤ 노크 발생이 쉽다.

(2) 복실 식

주 연소실 외에 부 연소실이나 공기실을 만들어 연소를 촉진하는 방식이다.

가. 디젤기관의 특징

① 열효율이 높고 연료 소비량이 적다.
② 넓은 회전속도 범위에서 회전력이 크다.
③ CO, HC 배출량이 적으나, 매연(PM) 배출이 많다.
④ 중량이 무겁고 진동과 소음이 크다.
⑤ 리터 당 출력이 낮다.
⑥ 압축비는 15~22 : 1이다.

나. 연소과정

디젤기관의 연소과정은 「착화지연 - 화염전파 - 직접연소 - 후기연소」이다. 착화지연 기간이 길어지면 노킹이 발생되므로 짧을수록 유리하며, 연소실은 다음과 같은 조건이어야 한다.

- 디젤 노크가 적고, 시동이 쉬워야 한다.
- 연료 소비율이 적어야 하고, 평균 유효 압력이 높아야 한다.
- 고속 회전에서 연소상태가 양호하여야 한다.
- 짧은 시간에 분사된 연료를 완전연소 시켜야 한다.

2. 디젤연료

디젤연료의 착화성에 대한 정도를 세탄가(cetane value)라 하는데, 이는 가솔린 연료의 옥탄가와는 반대의 개념으로, 세탄가가 클수록 착화성이 우수하여 디젤 노크가 발생하지 않는다.

디젤연료의 분무에 필요조건은 미세화, 관통력, 분포도로써 크게 3가지로 나누어 볼 수 있다. 미세화는 연료 입자가 작을수록 연소가 잘 되고, 가열 시간이 짧아지는 것이고, 관통력이란 미세화된 연료가 공기와 혼합하여 연소가스 내로 진입 할 수 있는 힘을 말하고, 분포도란 연소실 내에서 전체적으로 넓게 분무 되는 것을 말한다. 연료입자가 연소실 내에서 어느 한 곳에 너무 많이 분포되면 공기가 부족하여 불완전연소가 일어나면서 검은 연기를 배출하게 된다.

$$\text{세탄가(Cetane Number)} = \frac{\text{세탄}}{\text{세탄} + \alpha - \text{메틸나프탈렌}} \times 100$$

> **Tip.**
> 세탄가(Cetane Number) : 디젤기관의 착화성을 정량적(定量的)으로 나타내는 데 이용되는 수치. 이 값이 큰 연료일수록 디젤노크(Diesel knock)를 일으키기 어렵다.

> **Tip.**
> DPF(Diesel Particulate Filter) : 디젤 미립자 포집 필터, 연료첨가 고온 재생, 주로 PM 사후처리
> LNT(Lean NOx Trap) : 흡장(occlusion)식, 탄화수소(HC) 사용, 주로 NOx 사후처리
> SCR(Selective Catalytic Reduction) : 분사식, 요소수 사용, 주로 NOx 사후처리

3. 디젤노크

디젤 노크(Diesel Knock) 디젤 엔진의 실린더 내에서 압축 행정시 연료가 분사되고 착화(점화) 될 때까지 정상적인 시간보다 길어지면서(착화지연) 분사되는 연료의 양이 증가하고, 증가된 연료가 점화되면서 정상 연소 때보다 비정상적인 압력이 발생하여 엔진 소음(실린더 벽을 피스톤이 두들기는 금속음 같은 것)을 일으키는 것을 말한다. 이러한 디젤 노크 현상의 발생 원인은 크게 3가지로 요약할 수 있다.

① 세탄가가 낮은 연료를 사용할 경우
② 과다한 연료의 분사
③ 연소실 온도 및 압축비 저하

또한 디젤 노크(Diesel Knock) 현상을 예방하기 위해서는 위 ①, ②, ③의 경우에 반하는 조치를 하면 되는데, 덧붙여 설명하면 아래와 같다.

①에 반하여, 세탄가가 높은 연료를 사용하여 착화성을 좋게 하고,
②에 반하여, 연료계통(분사노즐, 분사펌프 등)의 최적화를 통해 연료분사 초기에 분사량을 적게 하고,
③에 반하여, 냉각수 온도 및 압축비를 높여 연소실 벽의 온도와 실린더 내의 압력과 온도를 상승시킨다.

오늘날의 디젤 노크는 불완전 연소로 인한 유해 배출 가스의 급격한 증가를 가져 올 수 있어 철저히 관리 되어야 한다. 유럽 그린 딜(European Green Deal) 정책은 현재 「유로6」를 기준으로 질소산화물(NOx) 배출 기준이 가솔린 기관은 60mg/km, 디젤기관에서는 80mg/km 로 제한되어 있으나, 2022년 11월 10일 발표된 「유로7」에서는 가솔린과 디젤기관 구분 없이 모두 60mg/km로 제한하여 더욱 환경을 해치는 유해 배기가스에 대한 규제가 강화되고 있어 정상적인 엔진 관리는 기본이다. 「유로7」은 2025년 7월 1일부터 적용된다.

4. 기계식 디젤기관

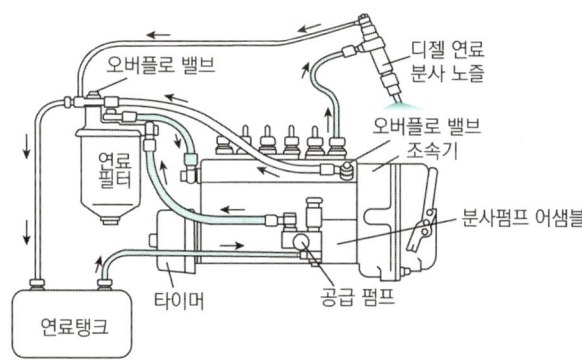

기계식 디젤 엔진은 오늘날 전자제어식 디젤기관과 비교 할 때는 소음, 작동 감각 등 여러 면에서 첨단 전기·전자 기술 측면에서는 다소 떨어지나, 엔진 기계공학의 역사를 이뤄낸 결코 간과할 수 없는 자동차 엔진의 산물이다. 디젤 연료를 사용한 엔진의 특성처럼 연소실 안에서 연료의 분무, 관통력, 분포 등은 연소실의 형태와 패턴을 결정하고, 엔진의 크기와 성능을 결정 짓는다.

기계식 디젤 엔진은 앞서 언급한 바와 같이, 실린더 내에 공기를 흡입하여 고온, 고압으로 압축하여 연료를 분사하고 연소시키는 자연 착화식 엔진이다.

가. 조속기(mechanical governor)

조속기는 크게 기계식과 공기식으로 구분할 수 있다. 분사펌프의 회전속도 변화에 따라 변화하는 플라이 웨이트(fly weight)의 원심력 변화량을 이용한 것으로써, 즉 엔진의 회전수에 따라서 분사량을 조절해 주는 장치이다. 또한 기계식 조속기는 전속도(all speed)와 고·저속 조속기로 구분한다.

나. 분사 펌프(injection pump)

기계식 디젤 엔진의 각 실린더에 연료를 분사하는 연료 분사 펌프는 열형, 분배형이 있으며, 엔진에서 각 실린더로 공급하는 연료 분사량의 차이가 생기면 기관의 나쁜 영향을 주면서 진동을 동반하게 된다. 이러한 균등한 분사량의 척도를 측정하고 규정된 분사량을 검사하는 것을 불균율 검사라 하는데, 분사펌프의 조정 플런저를 돌려 분사량을 조정할 수 있다.(시계방향으로 돌리면 분사량 감소, 반시계 방향으로 돌리면 분사량 증가)

기계식 분사펌프는 공급되는 연료를 약 100~130kgf/㎠ 압력으로 가압 후 분사노즐로 공급하는 펌프로써 아래와 같이 각 부품 요소를 구분하여 설명할 수 있다.

① 플런저 리드의 종류
　㉠ 정 리드 형 : 분사시작은 일정하며, 분사말기에 분사량이 변한다.
　㉡ 역 리드 형 : 분사시작은 변화하고, 분사말기는 일정하다.
　㉢ 양 리드 형 : 분사시작과 말기에 분사량이 변한다.
② 딜리버리 밸브(Delivery Valve) : 후적 방지, 역류 방지, 잔압 유지
　※ 후적 : 연료 분사가 완료된 후 분사 노즐 팁에 연료 방울이 맺혀있는 현상
③ 조속기(Governor) : 엔진 회전속도나 부하 변동에 따라 분사량을 조절해주는 장치이다.
④ 타이머(Timer) : 엔진 회전속도나 부하 변동에 따라 분사시기를 조절해주는 장치이다.
⑤ 분사펌프시험기 : 연료의 분사시기, 분사량 불균율, 조속기 작동을 시험한다.
⑥ 연료 분사량의 불균율
　㉠ 규정 값 : ± 3% 이내일 것
　㉡ (+)불균율 = $\dfrac{\text{최대분사량} - \text{평균분사량}}{\text{평균분사량}} \times 100$
　㉢ (-)불균율 = $\dfrac{\text{평균분사량} - \text{최소분사량}}{\text{평균분사량}} \times 100$

다. 분사노즐
① 노즐의 3대 조건 : 무화도, 관통도, 분포도
② 분사 노즐 테스트 : 분사개시 압력, 분사각도, 후적 유무를 점검 한다

라. 여과기(fuel filter)
여과기의 순기능「연료의 불순물 제거」는 물론이고, 엔진 가동 중 연료탱크, 연료라인 내에서 발생하는 공기를 배출해 주는 중요한 역할을 한다. 종이와 면포로 여과망을 제작하기에 3,000km(종이)~5,000km(면포)에서 교환한다.

마. 분사 파이프, 노즐
분사펌프 플런저에서 압송되는 연료를 분사노즐로 공급하는 것이 분사 파이프이며, 실린더 내의 압축된 고온 고압의 공기 속으로 연료를 분사하는 것이 분사노즐이다. 특히 분사노즐은 다음과 같은 조건으로 연소실 내에 연료를 분사하여야 한다.
• 미세한 연료 입자로 분사하여야 한다(자기 착화 용이)
• 분사 후, 분사노즐 끝에 후적(연료 맺힘 현상)이 없어야 한다.
• 균일한 분사각도와 분사량으로 연소실 내에서 공기와 잘 혼합되도록 분사되어야 한다.

바. 예열 장치
겨울철 시동성 향상을 위한 장치로써 외기 온도가 낮을 때 기관의 급격한 냉각 상태로 인한 연소실의 공기 압축열이 실린더 및 실린더 헤드에 손실(흡수)되어 착화 상태를 위한 고온화가 어렵게 된 연소실의 온도를 사전에 가열하는 장치이다. 흡기 가열 방식과 예열 플러그 방식이 있는데, 주로 예열 플러그 방식이 많이 쓰이고 있으며, 예열 플러그 방식은 코일형(직렬 결선)과 시일드형(병렬 결선)으로 구분되고 시일드형이 많이 쓰인다.

> **Tip.**
> 예열 (Pre-Heating) : 기관을 기동하기 전에 기동을 용이하게 하기 위하여 미리 가열하거나 또는 객차에 난방관을 미리 가열시키는 것.

5. 전자제어 디젤기관

전자제어 디젤기관(인젝터, 고압 펌프, 레일 압력 센서)

4차 산업혁명 이후 대기 환경 오염으로 인한 지구 온난화 현상은 심각한 수준에 있다. 디젤 엔진의 완전연소를 실현하여 유해 배기가스를 저감시키고, 디젤 엔진의 열효율을 높이고자 개발된 것이 전자제어 디젤 기관이다. 우리가 흔히 알고 있는 CRDi(Common Rail Direct Injection) 엔진을 말한다. 기계식 디젤기관의 분사 방법은 캠의 구동력을 활용하여 속도 증가에 비례한 연료 분사량 증가 방식으로써, 분사압력이 다소 낮은 방식을 사용해 왔다. 그에 반해 전자제어 CRDi(Common Rail Direct Injection) 엔진의 분사량 제어는 분사 압력 형성과 분사 방식이 별도로 이루어져 고압의 분사 압력을 확보하면서, 각 연소실에 연료를 분사하는 분사 시기를 빠르게 제어하며 연료분사를 할 수 있게 되었다.

가. 연료 공급 순서

CRDi(Common Rail Direct Injection) 엔진의 기본적인 연료 분사 시스템은 저압 라인과 고압 라인, 제어로 구성되고, 연료의 공급(흐름)은 **연료탱크, 저압라인, 연료필터, 고압 라인, 커먼레일, 인젝터, 연소실** 순이다. 여기서 연료필터는 수분과 이물질을 여과하는 기능과 함께 연료 히팅 시스템이 있어, 겨울철 냉각 상태에서 연료를 가열하여 시동을 원활하게 하는 매우 중요한 장치이다. 위 그림의 커먼레일에 있는 레일압력센서에 의해 연료 압력에 측정되어 압력 값 유지를 하게 된다. 레일압력센서는 피에조 압전소자 방식으로 제작되어 고장 시 림프(Limp) 모드로 진입, 압력이 고정(약 400bar) 되게 되어 있다.

전자제어 디젤기관 연료 필터의 연료 히팅 장치

> **Tip.**
>
> 피에조형 압력 센서 [piezoelectric pressure sensor] : 압전형 압력 센서라고도 말한다. 압력에 의하여 탄성체에 발생한 변위나 변형을 압전소자에 가하여 응력에 의해서 발생한 전압을 검출. 압전소자 재료로서는 수정과 로셀염, 티탄산 바륨 (BaTiO3), PZT(지르콘·티탄산계 세라믹스) 및 PVDF(폴리불화 비닐리덴) 등이 사용됨

나. 전자제어 디젤 엔진의 고압펌프와 인젝터

기계식 디젤기관과 비교할 때 전자제어 디젤기관의 가장 큰 특성은 연료계통의 부품의 변화로, 그중 가장 대표적인 부품이 고압 펌프와 고압 인젝터이다. 기계식에서 연료분사 목적으로 사용된 분사노즐을 대신하여 전자제어 디젤기관에서는 인젝터를 부착한 것이며, 빠른 제어를 위한 연료 분사 압력을 확보하기 위한 고압펌프가 부착되어 있다.

전자제어 디젤기관 고압 펌프(D엔진형식)

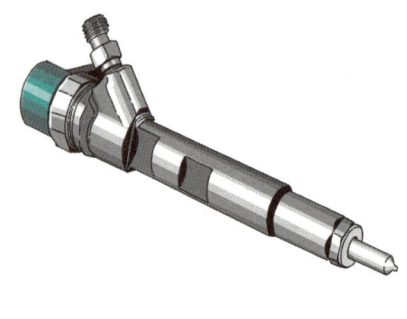

전자제어 디젤기관 인젝터

고압 연료라인의 핵심 부품인 고압펌프는 저압 연료라인에서 오는 연료를 고압으로 압축하여 커먼레일로 공급하고, 커먼레일에서는 각 실린더에 배치된 인젝터로 적정 압력을 유지하면서 분배하는 역할을 한다.

인젝터는 엔진 컴퓨터 유닛(ECU)으로 제어되며, 고압으로 연료를 실린더 내 연소실로 미립화하고, 매우 높은 압력으로 빠르게 제어하며 분사하는 역할을 한다. 인젝터의 고유번호가 ECU에 입력되어, ECU에서 분사 순서에 따라 제어하게 된다.

다. 전자제어 디젤 엔진과 기계식 디젤 엔진의 비교

구분	전자제어 디젤 엔진	기계식 디젤 엔진
최종 분사 장치	인젝터	분사노즐
인젝터와 노즐 개방 압력	약 1,350 bar 이상	115 ~ 135 bar
분사후 연소과정 구분	예비·주·사후분사	착화지연, 화염전파·직접연소·후연소
배기가스제어	산화촉매 + 배기가스재순환장치(EGR)	배기가스재순환장치(EGR)
분사후 연소과정 구분	예비·주·사후분사	착화지연, 화염전파·직접연소·후연소
사용 연료	디젤(경유)	디젤(경유)
배기가스 규제 적정성	적정	비적정
부품가(연료계통)	고가	저가
겨울철 시동성	좋음	나쁨
연료 청정도 반응	민감	둔감

> **Tip.**
> 배기가스 재순환 장치(EGR, Exhaust Gas Recirculation) : 배기가스 일부를 흡기 매니폴드를 통해 엔진 연소실로 되돌려 보내면서, 공기의 산소 농도를 낮추어 연소 온도를 낮추게 되고, 배출되는 NOx의 양을 감소 시키는 역할을 한다.

라. 가속패달 위치 1, 2 센서

가속페달 센서(APS. Accelerator pedal Position Sensor)는 1, 2로 구분되는데, 센서 1은 주 센서로서 연료량과 분사기기를 결정하고, 센서 2는 센서 1을 감시하여, 급출발 방지 센서이다. 가속페달 센서 고장 시 주행 안전을 위해 림프(Limp) 모드로 진입, RPM이 약 1,200(rpm)으로 고정되어 이상 작동으로 인한 운전자 안전 확보와 엔진·변속기를 보호하게 되어 있다.

연습문제 — 제6장 디젤기관

01 디젤 노킹(knocking) 방지책으로 틀린 것은?

① 착화성이 좋은 연료를 사용한다.
② 압축비를 높게 한다.
③ 실린더 냉각수 온도를 높인다.
④ 세탄가가 낮은 연료를 사용한다.

해설 ▶ 세탄가 낮은 연료를 사용하게 되면, 착화성이 떨어지고, 불완전 연소에 가까워지게 되어 디젤 노킹을 일으키게 된다.

02 디젤기관의 연료공급 장치에서 연료공급 펌프로부터 연료가 공급되나 분사펌프로부터 연료가 송출되지 않거나 불량한 원인으로 틀린 것은?

① 연료여과기의 여과망 막힘
② 플런저와 플런저배럴의 간극 과다
③ 조속기 스프링의 장력 약화
④ 연료여과기 및 분사펌프에 공기흡입

해설 ▶ 분사펌프로부터의 연료송출이 되지 않거나 불량한 경우 연료필터 막힘, 연료분사를 제어하는 플런저 불량, 필터 및 분사펌프에 공기가 유입되면 연료공급이 불안정하여 연소가 불안정하고 심하면 엔진 부조, 시동 불량 현상이 일어난다.

03 디젤엔진의 연소실에서 간접분사식에 비해 직접분사식의 특징으로 틀린 것은?

① 열손실이 적어 열효율이 높다.
② 비교적 세탄가가 낮은 연료를 필요로 한다.
③ 피스톤이나 실린더 벽으로의 열전달이 적다.
④ 압축 시 방열이 적다.

해설 ▶ 간접분사식보다 직접분사식은 착화성에 민감하기에 디젤 세탄가를 높여 사용하여야 노킹 발생, 불완전 연소 등 엔진에 문제가 생기지 않는다.

04 디젤기관 후 처리장치(DPF)의 재생을 위한 연료분사는?

① 점화 분사
② 주 분사
③ 사후 분사
④ 직접 분사

해설 ▶ 후처리 재생은 말 그대로 주분사를 벗어난 단계로 사후분사에 속하며, 디젤 차량의 배기가스 중 미세매연 입자인 PM을 포집하고, 배기가스 후처리장치(DPF)의 재생을 위한 연소 단계를 수행한다.

05 전자제어 디젤 연료분사장치에서 예비분사에 대한 설명으로 옳은 것은?

① 예비분사는 연소실의 연소압력 상승을 부드럽게 하여 소음과 진동을 줄여준다.
② 예비분사는 디젤엔진의 시동성을 향상시키기 위한 분사를 말한다.
③ 예비분사는 주분사 후에 미연가스의 완전 연소와 후처리 장치의 재연소를 위해 이루어지는 분사이다.
④ 예비분사는 인젝터 노후화에 따른 보정 분사를 실시하여, 엔진의 출력 저하 및 엔진 부조를 방지하는 분사이다.

해설 ▶ 파일럿(예비)분사 → 주분사 → 후분사 순으로 연료를 분사한다. 이때 파일럿(예비)분사는 1~3회에 거쳐 이뤄지며, 분사 초기에는 분사량을 작게하여 쉬운 착화와 착화지연 기간 단축 및 노킹 현상을 예방한다. 연료압력이 낮은 경우, 분사량이 너무 작은 경우, 주 분사와 분사 간격이 큰 경우, 정상적인 분사에서 멀어진 경우에 중단한다.

정답 01 ④ 02 ③ 03 ② 04 ③ 05 ②

06 전자제어 디젤 연료분사 방식 중 다단분사에 대한 설명으로 가장 적합한 것은?

① 후분사는 소음 감소를 목적으로 한다.
② 다단분사는 연료를 분할·분사하여 연소 효율이 좋아지며, PM과 NOx를 동시에 저감시킬 수 있다.
③ 분사 시기를 늦추면 촉매 환원 성분인 HC가 감소된다.
④ 후분사 시기를 빠르게 하면 배기가스 온도가 하강한다.

해설 ▶ 커먼레일 엔진의 경우 1사이클에 필요한 연료분사 시, 예비분사(1~2회), 주분사(1회), 사후분사(1~2회) 순으로 나누어 분사하기에 연소효율 향상 및 소음·진동·NOx·PM 감소 효과를 가져온다. 이러한 후 분사는 유해배기가스 저감이 목적이며, 빠른 사후분사는 배기가스를 온도를 상승시키고, 분사시기를 늦추면 HC는 증가, NOx는 감소하게 된다.

07 디젤엔진에서 착화지연의 원인으로 틀린 것은?

① 높은 세탄가
② 압축압력 부족
③ 분사노즐의 후적
④ 지나치게 빠른 분사시기

해설 ▶ 세탄가가 높으면 노킹이 감소되고, 착화지연이 증상도 감소 된다. 주요 착화지연 원인 낮은 세탄가 연료 사용, 낮은 실린더 온도 및 압축압력 저하이다.

08 커먼레일 디젤엔진의 솔레노이드 인젝터 열림(분사개시)에 대한 설명으로 틀린 것은?

① 솔레노이드 코일에 전류를 지속적으로 가한 상태이다.
② 공급된 연료는 계속 인젝터 내부에 유입된다.
③ 노즐 니들을 위에서 누르는 압력은 점차 낮아진다.
④ 인젝터 아랫부분의 제어 플런저가 내려가면서 분사가 개시된다.

해설 ▶ 인젝터 아랫부분의 니들밸브가 연료압 차이에 의해 올라가며 분사가 개시된다.
인젝터 노즐까지 항상 고압의 연료가 유입된 상태에서 솔레노이드 코일의 강한 자력으로 인젝터는 작동된다.

09 4행정 디젤기관에서 각 실린더의 분사량을 측정하였더니 최대 분사량은 80cc, 최소 분사량은 60cc일 때 평균분사량이 70cc이면 분사량의 (+) 불균율은?

① 약 10%
② 약 14%
③ 약 18%
④ 약 20%

해설 ▶ $(+)$ 불균율 $= \dfrac{\text{최대 분사량} - \text{평균분사량}}{\text{평균분사량}} \times 100$
$= \dfrac{80-70}{70} \times 100 = 14.28\%$

10 4행정 사이클 디젤기관의 분사펌프 제어래크를 전부하 상태로 최대 회전수를 2000rpm으로 하여 분사량을 시험하였더니 1실린더 107cc, 2실린더 115cc, 3실린더 105cc, 4실린더 93cc일 때 수정할 실린더의 수정치 범위는 일마인가? (단, 전부하 시 불균율 4%로 계산한다.)

① 100.8 ~ 109.2 cc
② 100.1 ~ 100.5 cc
③ 96.3 ~ 103.6 cc
④ 89.7 ~ 95.8 cc

정답 06 ② 07 ① 08 ④ 09 ② 10 ①

해설 ▶ 평균분사량 = $\dfrac{\text{각 실린더의 분사량 합}}{\text{실린더 수}}$

= $\dfrac{107 + 115 + 105 + 93}{4}$

= $105cc$

불균율이 4%이므로 $105 × 0.04 = 4.2cc$
(−) 불균율 = 105 − 4.2 = 100.8cc
(+) 불균율 = 105 + 4.2 = 109.22cc

11 전자제어 디젤 기관의 인젝터 연료분사량 편차보정기능(IQA)에 대한 설명 중 거리가 가장 먼 것은?

① 인젝터의 내구성 향상에 영향을 미친다.
② 강화되는 배기가스규제 대응에 용이하다.
③ 각 실린더별 분사 연료량의 편차를 줄여 엔진의 정숙성을 돕는다.
④ 각 실린더별 분사 연료량을 예측함으로써 최적의 분사량 제어가 가능하게 한다.

해설 ▶ 편차보정기능 IQA(Injection Quantity Adaptation)는 인젝터 만들 때 전부하, 부분부하, 공전상태, 파일럿 분사 구간에 따른 분사량을 각각 측정한 후, 엔진 조립 시 이 정보를 ECU에 저장하고 연료 분사량을 정밀 제어한다.

12 디젤엔진의 분사펌프에서 분사 초기에는 분사시기를 변경시키고 분사 말기는 일정하게 하는 리드 형식은?

① 역 리드
② 양 리드
③ 정 리드
④ 각 리드

해설 ▶ • 정 리드 : 분사초 일정, 분사말 변화
• 역 리드 : 분사초 변화, 분사말 일정
• 양 리드 : 분사초와 분사말 모두 변화

13 자동차 배기가스 중에서 질소산화물을 산소, 질소로 환원시켜 주는 배기장치는?

① 블로바이가스 제어장치
② 배기가스 재순환장치
③ 증발가스 제어장치
④ 삼원촉매장치

해설 ▶ 배기가스 재순환장치란 연소온도를 낮추어 NOx 배출을 감소하는 것이다. 환원작용으로 정화시키는 것은 삼원촉매 장치이다.

14 다음 설명에 해당하는 커먼레일 인젝터는?

> 운전 전영역에서 분사된 연료량을 측정하여 이것을 데이터베이스화한 것으로, 생산 계통에서 데이터베이스 정보를 ECU에 저장하여 인젝터별 분사시간 보정 및 실린더 간 연료 분사량의 오차를 감소시킬 수 있도록 문자와 숫자로 구성된 7자리 코드를 사용한다.

① 일반 인젝터
② IQA 인젝터
③ 클래스 인젝터
④ 그레이드 인젝터

해설 ▶ 인젝터의 종류는 피에조 인젝터, IQA(injection qualntity adaptation) 인젝터, 그레이드 인젝터, 일반 인젝터, 클래스화 인젝터가 있다.
피에조 인젝터는 솔레노이드 형식과 다른, 피에조 액추에이터에 의해 밸브를 개폐함으로써 응답성 및 출력을 향상시켰고, 일반 인젝터는 분사량 보정을 위해 등급을 나누지 않으나, 그레이드 인젝터, 클래스화 인젝터는 등급을 분류한다. 그레이드 인젝터는 분사량 편차에 따라 X, Y, Z 3등급으로, 클래스화 인젝터는 분사량 편차 감소를 위해 C1, C2, C3 클래스로 분류하여 ECU 입력 후 이 값에 따라 분사량을 조정한다.

정답   11 ①   12 ③   13 ④   14 ②

15 소형 전자제어 커먼레일 기관의 연료압력조절 방식에 대한 설명 중 틀린 것은?

① 출구제어 방식에서 조절밸브 작동 듀티값이 높을수록 레일압력은 높다.
② 커먼레일은 일종의 저장창고와 같은 어큐뮬레이터이다.
③ 입구제어방식은 커먼레일 끝부분에 연료압력조절밸브가 장착되어 있다.
④ 입구제어 방식에서 조절밸브 작동 듀티값이 높을수록 레일압력은 낮다.

해설 ▶ 출구제어방식은 커먼레일 끝부분에 연료 압력조절밸브가 장착된 것으로 듀티값을 상승하면 커먼레일의 출구를 막아 레일압력을 높여주는 것이고, ECU에 의해 듀티율을 제어·조절한다. 입구제어방식은 압력조절밸브를 저압 펌프와 고압 펌프 사이에 장착하고, 듀티율이 상승하면 연료공급이 차단된다. 압력을 높일 경우 듀티율을 낮추게 된다.

16 커먼레일 디젤 분사 장치의 장점으로 틀린 것은?

① 기관의 작동상태에 따른 분사 시기의 변화폭을 크게 할 수 있다.
② 분사 압력의 변화폭을 크게 할 수 있다.
③ 기관의 성능을 향상시킬 수 있다.
④ 원심력을 이용해 조속기를 제어할 수 있다.

해설 ▶ 조속기는 기계식 디젤기관의 부품으로써, 기관 회전속도 맞춰 분사펌프의 분사량을 기계적으로 조절하는 역할을 한다. 반면에 커먼레일 엔진에서는 레일압력 센서, 흡입공기량, 주행속도 등 입력신호들을 연산하여 분사량을 전자적으로 제어한다.

17 다공 노즐을 사용하는 직접분사식 디젤엔진에서 분사노즐의 구비 조건이 아닌 것은?

① 연료를 미세한 안개 모양으로 하여 쉽게 착화되도록 할 것
② 저온, 저압의 가혹한 조건에서 단기간 사용할 수 있을 것
③ 분무가 연소실의 구석구석까지 뿌려지게 할 것
④ 후적이 일어나지 않을 것

해설 ▶ 분사노즐의 조건은 미립화(무화), 관통력, 분포도이며, 분사 후 노즐에 맺혀 있거나 추가로 연료 방울이 흐르면 안된다.

18 디젤기관의 회전속도가 1800rpm일 때 20°의 착화지연시간은 얼마인가?

① 2.77ms ② 0.10ms
③ 66.66ms ④ 1.85ms

해설 ▶ 지연각도
$= \dfrac{회전속도[rpm]}{60} \times 360° \times 착화지연시간$

착화지연시간 $= \dfrac{지연각도}{6 \times 회전속도}$

$= \dfrac{20°}{6 \times 1800} \times 0.00185\,[s] = 1.85\,[ms]$

19 직접분사실식 디젤기관에 비해 예연소실식 디젤기관의 장점으로 맞는 것은?

① 사용 연료의 변화에 민감하지 않다.
② 시동시 예열이 필요 없다.
③ 출력이 큰 엔진에 적합하다.
④ 연료소비율이 높다.

해설 ▶ 예연소실식 기관의 장점은 사용 연료의 변화에 민감하지 않아 선택범위가 넓고, 작동이 부드럽고 진공이나 소음이 적으며, 착화지연이 짧아 디젤노크가 적다.
반면 단점으로는 연소실 표면이 커서 냉각 손실이 크고, 연료소비율이 많으며, 구조가 복잡하다.

정답 15 ③ 16 ④ 17 ② 18 ④ 19 ①

20 디젤 기관이 가솔린 기관에 비하여 좋은 점은?

① 시동이 쉽다.
② 제동 열효율이 높다.
③ 마력당 기관의 무게가 가볍다.
④ 소음 진동이 적다.

해설 ▶▶ 제동열효율은 작동하는 엔진 크랭크축에 발생한 출력으로부터 얻어지는 일의 효율을 말하는 것으로 디젤기관의 장점이다. 나머지는 모두 반대이다.

21 디젤 연료의 세탄가와 관계없는 것은?

① 세탄가는 기관성능에 크게 영향을 준다.
② 세탄가란 세탄과 알파 메털나프탈린의 혼합액으로 세탄의 함량에 따라서 다르다.
③ 세탄가가 높으면 착화지연시간을 단축시킨다.
④ 세탄가는 점도지수로 나타낸다.

해설 ▶▶ 세탄가란 디젤기관 연료의 착화성을 표시하는 값으로 클수록 착화성이 좋고 노킹이 일어나지 않는다.

22 디젤기관에서 감압장치의 설명 중 틀린 것은?

① 흡입 효율을 높여 압축 압력을 크게 한다.
② 겨울철 기관오일의 점도가 높을 때 시동 시 이용한다.
③ 기관 점검, 조정에 이용한다.
④ 흡입 또는 배기밸브에 작용하여 감압한다.

해설 ▶▶ 시동 시 감압 레버를 잡아당겨 캠축의 운동과 관계없이 흡·배기 밸브를 강제로 열어 실린더 내의 압력을 낮추기 때문에 시동을 쉽게 할 수 있다.

23 커먼레일 연료분사장치에서 파일럿분사가 중단될 수 있는 경우가 아닌 것은?

① 파일럿분사가 주분사를 너무 앞지르는 경우
② 연료 압력이 최소값 이상인 경우
③ 주 분사 연료량이 불충분한 경우
④ 엔진 가동 중단에 오류가 발생한 경우

해설 ▶▶ 파일럿(예비분사)를 실시하지 않는 경우를 문제 보기 외에 추가적으로 살펴보면, 엔진 회전수가 고속인 경우(3000rpm 이상), 분사량이 너무 적은 경우이며, 연료압력의 최소값은 약 100bar 이하인 경우를 말한다.

24 전자제어 디젤엔진의 연료분사장치에서 예비(파일럿)분사가 중단될 수 있는 경우로 틀린 것은?

① 연료분사량이 너무 작은 경우
② 연료압력이 최소압보다 높을 경우
③ 규정된 엔진회전수를 초과하였을 경우
④ 예비(파일럿)분사가 주분사를 너무 앞지르는 경우

해설 ▶▶ 문제에 보기외에도 파일럿 분사가 중단되는 경우는 주 분사량의 연료량이 충분하지 않을 경우에 중단된다.

25 커먼레일 디젤엔진에서 연료 압력조절밸브의 장착 위치는? (단, 입구 제어 방식)

① 고압펌프와 인젝터 사이
② 저압펌프와 인젝터 사이
③ 저압펌프와 고압펌프 사이
④ 연료필터와 저압펌프 사이

해설 ▶▶ 입구제어방식은 압력조절밸브를 저압 펌프와 고압 펌프 사이에 장착하고, 듀티율이 상승하면 연료공급이 차단된다. 압력을 높일 경우 듀티율을 낮추게 된다.

정답   20 ② 21 ④ 22 ① 23 ② 24 ② 25 ③

26 디젤기관에서 기관의 회전 속도나 부하의 변동에 따라 자동으로 분사량을 조절해 주는 장치는?
① 조속기　② 딜리버리 밸브
③ 타이머　④ 첵 밸브

해설 ▶ 제어 래크를 움직여 엔진의 회전속도나 부하의 변동에 따라서 지동적으로 분사량을 가감하는 것이 조속기이다.

27 디젤기관에서 연료 분사량이 부족한 원인이 아닌 것은?
① 딜리버리 밸브의 접촉이 불량하다.
② 분사펌프 플런저가 마멸되어 있다.
③ 딜리버리 밸브 시트가 손상되어 있다.
④ 기관의 회전속도가 낮다.

해설 ▶ 연료의 역류방지, 연료 라인의 잔압유지(재시동성 향상) 노즐의 후적방지는 딜리버리 밸브의 역할이다. 딜리버리 밸브 불량 시 연료소모량 증가, 출력저하, 재시동 불량 등이 나타난다.

정답 26 ① 27 ④

제7장 가솔린 및 LPG기관

연료는 불에 타는 가연물이다. 연료와 공기가 만나 연소하고, 그 연소열을 이용하여 내연기관의 열효율을 발생시키고 엔진이 가동되는 힘을 얻게 된다.

연료는 고체, 액체, 가스체로 구분되고, 내연기관에서 주로 쓰이는 액체와 가스 연료 중에서 액체연료는 다시 석유계(가솔린, 경유, 중유)와 석탄계(벤졸과 석탄으로 가공한 가솔린, 석유, 경유) 나누고, 가스체는 메탄, LP(프로판, 아세틸렌), CNG, LNG로 나뉜다.

액체 연료는 파라핀계, 올레핀계, 나프텐계, 방향계가 있는데 모두 탄화수소가 주성분이다.

가솔린이 내연기관 연료로 쓰이기 위해서는
- 적당한 휘발성과 인화점이 낮아야 하며, 공기와도 잘 혼합되어야 한다.
- 부식이 되지 않아야 하고, 가격이 저렴하고 보급이 원활하여야 한다.
- 연소상태가 안정적이고 연소 후 퇴적물이 많지 않아야 하고, 동시에 발열량이 클수록 좋다.

1. 가솔린 연료와 연소, 점화

가솔린 연료 공급 장치로는 연료탱크, 연료펌프, 연료필터, 연료압력조절기, 인젝터(Injector)이다.

가솔린 기관에서 연소 속도에 영향을 주는 요소는 「흡기와 배기 압력, 혼합비, 흡기온도, 압축압력」이며, 가솔린의 성분은 탄소(C)와 수소(H)의 화합물로써, 구비조건은 다음과 같다.

(1) 가솔린의 구비 조건
  ① 체적 및 무게가 적고 발열량이 클 것
  ② 연소 후 유해 화합물을 남기지 말 것
  ③ 옥탄가가 높을 것
  ④ 온도에 관계없이 유동성이 좋을 것
  ⑤ 연소 속도 및 화염 전파속도가 빠를 것

(2) 옥탄가(Octane Number)

가솔린 기관의 노킹을 억제하는 지수이며, 옥탄가가 높을수록 좋다.

$$옥탄가 = \frac{이소옥탄}{이소옥탄 + 노말헵탄} \times 100$$

(3) 이론공연비

이론상 공기와 연료가 혼합되어 100% 연소하게 되는 비율, 즉 14.7 : 1(공기량 14.7kg, 연료 1kg)이라는 비율을 말한다.

(4) 공기과잉률(λ)

실제 흡입된 공기량을 완전연소에 필요한 공기량으로 나눈 비율을 말한다. 공기과잉률을 λ(lambda,

람다)하고 할 때, λ 값이 1과 같을 때를 이론공연비라 할 때, 다음 ①,②와 같이 표현한다.

① $\lambda > 1$ (희박한 혼합기, 공기가 많고 연료가 적다)
② $\lambda < 1$ (농후한 혼합기, 연료가 많고 공기가 적다)

$$공기과잉률(\lambda) = \frac{실제흡입공기량}{완전 연소 시 필요 공기량}$$

2. 가솔린 연료라인 및 연료분사 장치

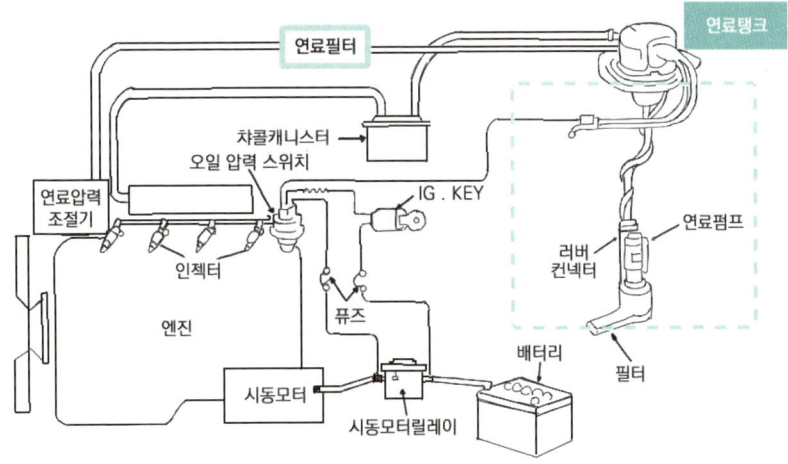

- 연료압력조절기 : 엔진 회전수 변동에 따라 인젝터 연료 공급 압력을 조절해 주며 흡기다기관의 압력 변화에 따라 변한다.
- 인젝터 : 각 실린더마다 1개씩 설치되어 있으며 ECU 신호를 받아 작동된다.
- 가솔린 연료 라인 공급순서를 살펴보면 가솔린 연료가 지나갈 수 있는 연료라인(fuel pipe 플라스틱, 고무, 철 재질)으로 연결되어 연료를 저장하는 **연료탱크**를 시작으로 **연료펌프, 연료필터, 연료압력조절기, 인젝터**로 공급된다. 강판으로 만들어진 연료 탱크는 내면에 주석이나 아연으로 도금하여 녹이 슬지 않도록 하였으며, 자동차의 경량화 실현을 위해 복합소재 플라스틱의 모듈형 연료 탱크를 많이 적용하고 있다. 연료 라인(연료 파이프, fuel pipe)은 정비의 용이성을 위해 이음매를 활용하여 부분 연결 되어있으며, 엔진 부분의 심한 진동이 있는 부분에는 유연성이 있는 고무제 호스(플랙시블 호스, flexible hose)로 연결하고 있다.
- 연료펌프 : 연료 탱크 내 연료를 약 $2\sim3kgf/cm^2$의 압력으로 가압을 한다.
① 체크밸브(Check Valve)
  - 연료 파이프 내 잔 압 유지
  - 재시동 성 향상
  - **베이퍼 록** 방지
    ※ 베이퍼 록[Vapor Lock] : 증기폐쇄 현상으로 파이프나 호스 속 액체가 가열되어 기화되는 현상

② 릴리프 밸브(Relief Valve) : 송출 압력이 규정 이상 상승하는 것을 방지하는 압력조절 밸브

> **Tip.**
> Fuel pipe : 지름 5~8mm인 구리 또는 강제(鋼製) 파이프

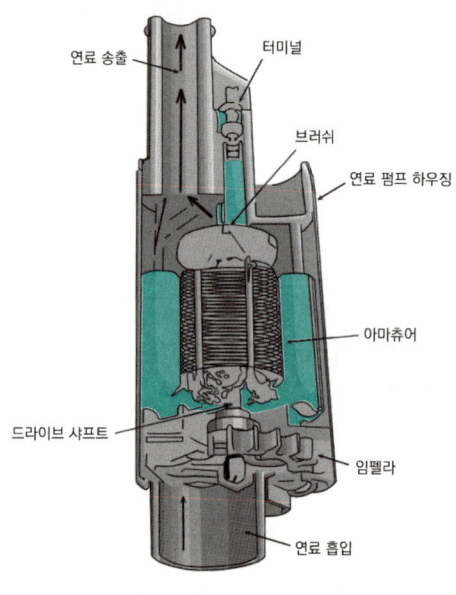

연료펌프 구조

연료펌프(fuel pump)는 보통 연료탱크 내부에 장착되어 전기 구동에 의한 전자식 또는 모터식 펌프가 사용된다.

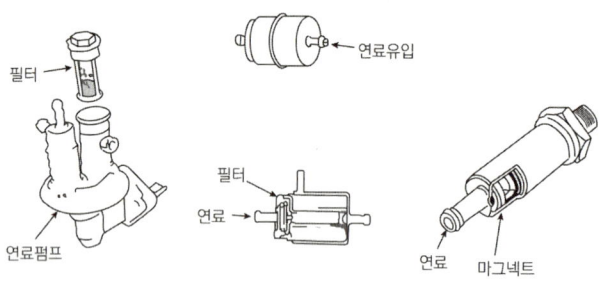

연료필터의 여러 형태

연료필터(fuel filter)는 연료의 흐름을 방해하는 외부로부터 들어온 먼지, 이물질과 연료 내부 또는 주변 온도차로 생성된 물을 여과한다. 연료 내의 이물질을 제거해 주며 막히면 연료 압력이 떨어져 엔진 출력이 부족해진다. 여과재료는 금속망, 거름종이 등으로 제작되어 일반적으로 40,000 ~ 50,000km 주행 후 교환한다.

> **Tip.**
> 캐니스터(Canister) : 증발가스 제어장치로써, 연료탱크 내에서 발생된 유해한 증발가스(HC)를 흡입후 포집하고 있다가 시동 시 공기와 혼합하여 연소실에서 연소시키는 역할을 한다.
> PCSV(Purge Control Solenoid Valve) : 캐니스터에 포집되어 있는 연료증발 가스(HC)를 ECU의 명령을 받아 다시 서지탱크로 유입시킨다.

3. LPG, LPI, 압축천연가스

가. LPG

프로판과 부탄을 주성분으로 구성된 LP가스는 현재 내연기관에 LPG라는 이름으로 많이 쓰이고 있다. LPG는 천연가스와 가솔린의 중간 성질로써 석탄 채굴 시 천연가스, 원유 등이 함께 채굴되었으나 과거에는 천연가스와는 전혀 달라 사용하지 않다가 현재는 많이 사용되고 있다. 그 특징을 요약해 보면 다음과 같다.

① 프로판과 부탄이 주성분이며 공기보다 무겁다.
② 가솔린, 디젤에 비하여 대기 오염이 적고 위생적이다.
③ 가격이 저렴하고 무색, 무취, 무미이다.
④ 엔진오일의 오염이 적고, 연소 효율이 높으며 엔진수명을 길게 한다.
⑤ 가열·감압에 의해 쉽게 기화되며, 냉각·가압에 의해 액화된다.
⑥ 액상 솔레노이드 밸브 : 냉각수 온도가 15℃ 이상일 때 작동하여 엔진출력 저하를 방지하기 위해 액상으로 공급한다.
⑦ 기상 솔레노이드 밸브 : 냉각수 온도가 15℃ 이하 또는 냉간 시동 시 작동하여 기체 상태로 LPG를 공급해 시동 꺼짐 현상을 방지한다.

또한 LPG 연료 장치는 엔진 연소실에 가스 형태로 공급되어 연소 되는데, 주요 시스템 구성을 다음과 같이 한 번 더 정리한다.

- **봄베**(Bombe) : LPG 연료를 고압으로 저장하는 탱크이다.
- **솔레노이드 밸브**(Solenoid Valve) : 탱크 연료를 송출 및 차단하는 전자식 밸브이다.
- **베이퍼라이저**(Vaporizer) : 봄베에서 공급된 연료의 압력을 감압하여 기화시켜 믹서로 공급한다.
- **프리히터**(Preheater) : 데워진 냉각수 일부를 베이퍼라이저로 순환시켜 기화가 잘 되게 한다.
- **믹서**(Mixer) : 공기와 LPG를 혼합하여 각 실린더에 공급한다

> **Tip.**
> 퍼콜레이션(Percolation) : 커피 원두 가루를 물로 투과시키면서 성분을 추출하는 과정을 뜻하기도 하나, LPG 엔진 기화기에서는 주로 연료가 열을 받아 증기가 발생하는 과농 혼합기에 의한 시동 불능의 고장을 뜻한다.
> LPG 엔진의 공기 혼합비는 15.5 : 1 이다.

나. LPI

LPI 연료장치는 연료탱크 내에 연료펌프를 설치하여 연소실에 액체 상태로 공급하여 연소가 되는 방식으로 봄베는 고압 연료 용기를 말하고, LPG 봄베와 동일하다.

① 연료펌프 : 엔진의 운전 조건에 따라 5단계의 속도로 제어된다.
② 차단밸브 : 시동키 ON/OFF시 열리거나 닫힌다.
③ 온도센서 : 연료 온도를 감지하는 센서이다.
④ 인젝터 : 각 실린더마다 1개씩 설치되어 있으며 ECU 신호를 받아 작동된다.
⑤ 레귤레이터 유니트 : 펌프에서 송출된 연료와 탱크로 리턴 되는 연료의 압력 차이를 일정하게 유지한다.

> **Tip.**
> 아이싱팁 : LPI 인젝터 끝부분에서 재질의 차이를 이용하여 아이싱(빙결현상) 결속력을 저하시킴으로써, 아이싱 생성을 방지하는 역할을 한다. 즉 연료분사 후 기화 잠열로 인하여 주위 수분이 빙결을 형성하는데, 이로 인한 엔진의 성능 저하를 방지하여 LPG 엔진의 단점으로 꼽히는 겨울철 시동성 저하가 많이 해결되었다.

다. 압축천연가스(CNG, Compressed Natural Gas)

메탄올을 주성분으로 한 가연성 가스이며, 석탄을 100으로 봤을 때 천연가스는 57로써 지구 온난화에 영향을 가장 적게 주는 액화천연가스로 전처리(먼지,황,탄소,습도 등)하여 액화시켜 주성분은 천연가스와 거의 같으나 에너지로는 더욱 우수하게 만들어 사용된다.

(1) 천연가스 연료의 특징

① 천연가스의 주성분인 메탄(CH_4)은 비점이 -162℃으로 상온에서 기체로써 수송 연료로서 액체인 가솔린, 경유와 차이가 있으며, 디젤과 비교할 때 단위 에너지당 연료 체적이 높다.(CNG로는 3.7배, LNG로는 1.65배)
② 옥탄가는 높고, 세탄가는 낮아 디젤엔진에는 부적합하다.
③ 극저온(-20 ~ -30℃)에서도 가스상이기 때문에 혼합기 형성이 쉽고, 희박 연소가 가능하다.
④ 탄소량 비율이 낮아 발열량당 CO_2 발생량이 적다.
⑤ 유황분의 불순물이 없어 아황산가스(SO_2) 배출을 하지 않는다.
⑥ 공기보다 가볍다.(공기의 0.55배)
⑦ 무색, 무독, 무취이다.
⑧ 천연가스를 압축시킨 연료로 주 성분은 메탄(CH_4)이다.
⑨ 완전연소에 가까운 연료가 될 수 있어 친환경적인 연료이다.

압축천연가스 자동차(CNGV, Compressed Natural gas vehicle)는 200bar 이상의 고압으로 천연가스를 압축하여 연료로 사용하는 자동차로써, 저장 용기의 무게, 부피는 증가하지만, 단위 에너지당 연료 체적이 높고 기술적 적용 어려움이 낮으며, 디젤·가솔린 연료와 비교할 때 유해 가스 배출이 적어 도심 환경에 쾌적성을 높게 하는 효과가 있어 광역도시와 지역 시내버스 등에서 현재 많이 사용되고 있다.

> **Tip.**
> compressed natural gas : 천연가스자동차는 1930년대에 처음 제작되었으며, 1970년대 이후 에너지 절약수단으로 보급되었고, 1990년대에 들어서면서부터 대기오염을 예방하는 수단으로 보급되고 있다. 한국에서 2000년부터 보급되기 시작한 천연가스버스는 CNG를 연료로 쓰기 때문에 CNG버스라고도 불리며, 세계 상당수의 대도시도 CNG버스를 확대 보급하고 있다. (네이버 두산백과)

(2) CNG 연료장치

1) 가스 충전 밸브(가스 주입구)
  ① 충전 시에만 캡을 개방하고 충전 후에는 캡을 막아 이물질에 의한 밸브 손상이 없도록 함
  ② 충전밸브 후단에는 체크밸브가 있어 고압가스 충전 시 역류 방지

2) 가스 압력계
  탱크 내 잔류압력을 지시하며 30bar 이하에서는 충전 경고등 점등

3) 용기 밸브
  가스 저장 용기에서 엔진으로 공급되는 가스를 공급·차단하는 밸브

4) PRD(Pressure Relief Device) 밸브
  화재로 용기 파손 발생 우려가 있는 경우 PRD밸브의 가용전이 녹으면서 탱크 내 가스 방출

5) <u>수동 차단밸브</u>
  ① 고압 연료라인 구간에서 필요시 연료 차단
  ② 정비 시 연료 배관에 남아있는 가스 제거 시 사용
  ③ 밸브를 잠그고 시동 후 엔진 측 배관의 가스가 연소되고 난 후 엔진 정지

6) 가스필터
  탱크에 저장된 가스 내의 불순물을 제거해 주며 정기적 교환

7) 고압 차단밸브
  시동 key ON/OFF에 따라 작동, 밸브가 열리면 탱크 내 가스가 엔진으로 공급됨

8) 가스 압력 조정기
  엔진 흡기다기관의 압력 변화에 따라 가스의 공급 압력 조정 장치

9) <u>가스 열교환기</u>
  가스 압력 조정기를 통과한 가스는 압력이 급감하면서 가스 온도가 떨어져 유동성이 저하 되는데, 적정 온도에 도달해 있는 냉각수를 공급하여 가스 온도 높이는 역할.

10) 가스 온도 조절기
  ① 가스 과열 방지를 위한 냉각수 유입 조절 장치
  ② 초기 시동 시 완전 개방되며, 냉각수 온도 40~49℃에서 닫힘

11) 연료 미터링 밸브
  ① ECU 제어 신호에 의해 개별적 유로 개폐하여 가스 공급
  ② ECU는 엔진회전수, 스로틀 밸브 신호를 기초로 인젝터의 열림 시간 조절, 연료량 제어

4. 가솔린 노크

가솔린의 노크 방지성(anti knocking property)을 표시하는 옥탄가(octan number) 수치는 이소옥탄(iso-octane)을 옥탄가 100으로 하고 노멀헵탄(normal heptane 정헵탄)을 옥탄가 0으로 하여 이소옥탄의 함량에 따라 수치가 결정된다. 예를 들어 옥탄가 70의 연료란 이소옥탄 70%, 노멀헵탄 30%로 이루어진 노크 방지성을 지닌 것을 의미한다.

$$옥탄가(ON) = \frac{이소옥탄(C_8H_{18})}{이소옥탄(C_8H_{18}) + 노멀헵탄(C_7H_{16})} \times 100$$

불꽃 점화 방식인 가솔린엔진의 경우, 스파크 플러그(spak plug)에서 시작된 불꽃이 연소실 내에서는 빠를수록 좋다. 그러나 너무 과하게 빠르게 되면 연소실 내의 압력이 급격히 상승되어, 피스톤이 실린더 벽을 때리는 고주파 진동과 소음이 발생하고 엔진 출력이 감소하는 것을 노킹(knocking)이라 한다.

다시 말해 가솔린 노크 원인은 비정상적인 폭발 현상으로 정상 점화보다 빨리 조기 점화되는 것이다. (디젤 노크는 정상 착화 시간보다 지연되어 착화 되는 현상임)

가. 노크 센서(Knock Sensor, Vibration Sensor)

노킹에 의하여 발생하는 엔진 진동을 가속도계나 압전소자 원리로 감지하는 센서로써, 엔진의 이상 진동을 감지하여 고장 신호를 ECU로 보내 심각한 결함으로 인한 엔진 손상을 예방하고, 점화시기를 조정한다.

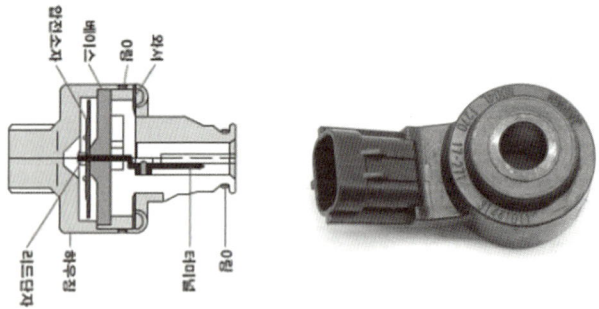

노크 센서

실린더 블록에 설치되어 노킹 발생 시 진동을 감지, ECU에 신호를 보내고, ECU는 점화시기를 지각시켜 노킹을 방지한다.

나. 가솔린 노크(Knocking) 원인을 정리하면 다음과 같다.

① 냉각 계통의 이상으로 엔진 실린더 온도가 높아질 경우(엔진 과열)
  • 예방책 : 엔진 과열 방지, 점화시기 지연
② 점화시기가 맞지 않을 경우(타이밍 불량)
③ 흡기온도가 높을 경우
④ 압축비, 흡기 압력이 높을 경우
⑤ 혼합비가 맞지 않을 경우
⑥ 비정상적인 폭발 현상(원인 : 조기 점화)

조기 점화로 인한 가솔린 노킹은 연소실 내의 앤드 가스(end gas)가 자연 발화하는 현상으로, 압축비 및 흡기 압력, 혼합비를 적정하게 유지함으로써, 노킹을 예방할 수 있다.

5. 전자제어 가솔린기관

전자제어 가솔린 기관

전자제어식 가솔린 기관이란 연료분사가 각종 센서에 의해 측정·보정된 정보와 신호를 주고받아 연료 공급량을 ECU(엔진제어컴퓨터) 제어하는 엔진 작동에 따라 결정되는 방식의 엔진을 말한다. 특히 실린더, 연소실에 부착된 각개의 인젝터 제어를 통하여 흡기다기관에 순차적으로 연료를 분사하는 방식은 기존의 기화기 방식과는 확연한 차이가 있다.

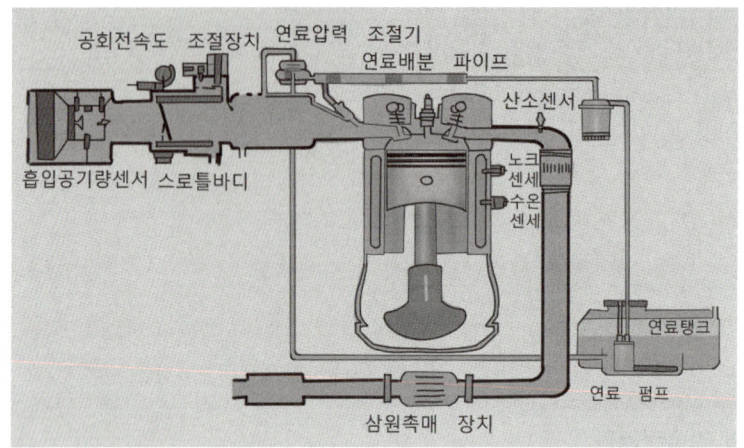

가. 기계식 가솔린기관과 비교한 전자 제어 가솔린기관의 특징은 다음과 같다.

- 기관의 출력이 향상되고, 전자 제어로 인한 연료소비율이 감소 된다.
- 배출가스 유해 물질이 감소 된다.
- 실린더마다 유사한 양의 연료 공급이 된다.(연비 향상)
- 흡입 계통의 공기 누설 및 비정상적 흡입은 기관 성능에 좋지 않은 영향을 준다.

> **Tip.**
>
> 증발가스(Evaporativeemission) : 연료탱크, 흡기계통을 통하여 배출(탄화수소)
>
> 블로바이가스(Blow-bygas) : 크랭크 케이스로부터 배출(탄화수소)
>
> 배출가스(Exhaust emission) : 배기관으로부터 배출 (탄화수소, 이산화탄소, 일산화탄소, 질소산화물, 황산화물, 매연)

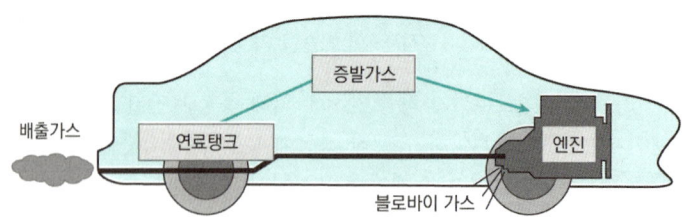

나. 분사장치 주요 계통 3가지

전자 제어 연료 분사 장치는 **흡입·연료·제어**계통의 3주요 부분으로 구성되어 있으며, 일정 압력으로 연료를 흡기다기관 내에 분사하고 흡입공기량 센서(AFS. 에어플로워센서) 측정값에 따라 일정 시간 동안 인젝터를 열어 연료를 분사하는 장치이다.

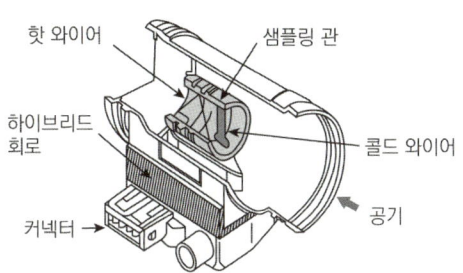

흡입 계통의 공기량 전자식 센서의 종류 3가지를 살펴보면, 먼저 칼만와류식이 있다. 칼만와류식(karman vortex)은 흡기 체적에 비례하는 주파수 형식으로 정밀성이 우수하고, 신호 처리가 쉬운 장점이 있는 반면, 대기압 보정이 필요하다. 핫필름·핫와이어식은 흡기 질량에 비례한 전압 형식으로 질량유량 검출로 인해 신뢰성이 우수한 반면, 오염에 의한 측정오차가 크고, 맵 센서식은 흡기관 압력에 비례는 전압 형식으로 소형이면서 저가이고, 장착성이 용이하여 널리 쓰이고 있다. 그러나 엔진 특정 변화에 대응이 곤란하다.

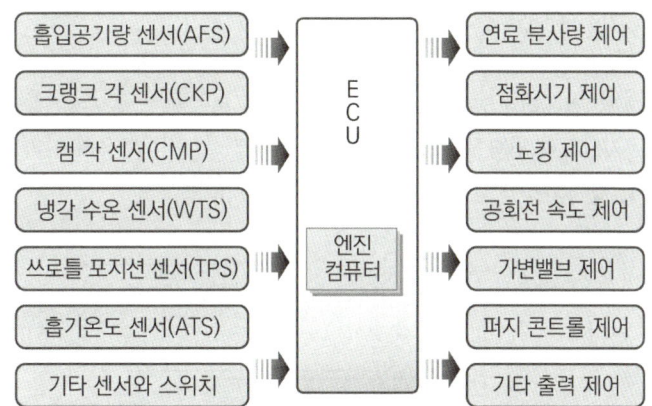

가솔린 분사장치의 입·출력 요소

6. 전자제어 기관의 주요 센서(SENSOR)

가. 흡입공기량 측정 센서

① 맵(MAP) 센서

흡기다기관 내의 **절대압력의 변화**를 기준으로 흡입 공기량을 간접 계측하는 방식이며, 압력과 진동을 감지하는 피에조 저항 형(압전소자) 반도체를 말한다. 1사이클 당 흡입 공기량을 간접 검출하는 것으로써, 진공도가 커질수록 절대압력과 출력전압은 낮아진다.

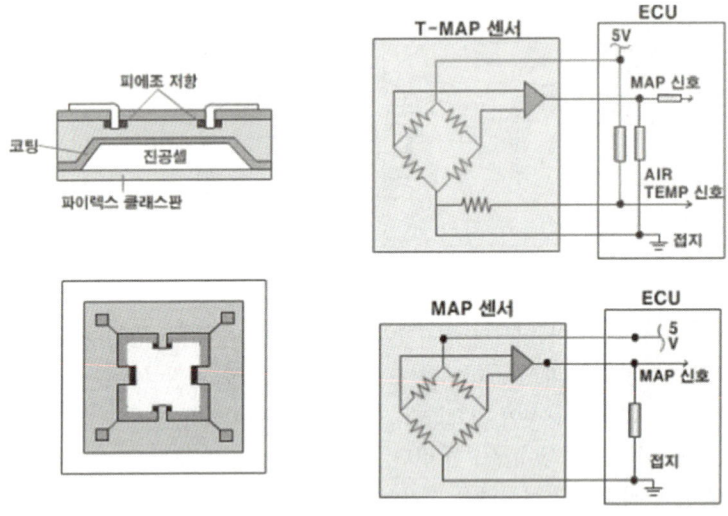

MAP 센서

② 칼만 와류식(L-제트로닉)

카르만 와류식은 공기 흐름 속에 발생되는 소용돌이를 이용하여 흡입공기량을 검출하는 방식으로, 전기적 신호로 컴퓨터에 전달되어 연료 분사량을 증감하고 흡기온도 및 대기압 센서가 동시에 설치되어 공기밀도의 변화를 보완한다. 발신기로부터 나오는 초음파가 카르만 와류수에 따라 밀집·분산되는 만큼 수신기에 전달되어 디지털 신호로 출력된다.

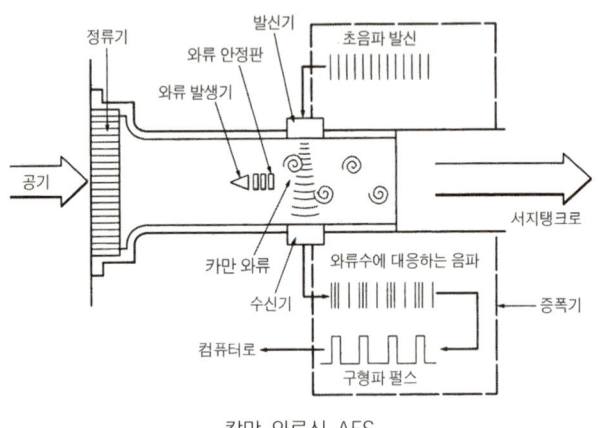

칼만 와류식 AFS

③ 열선(hot wire)식, 열막(hot film)식

가장 많이 사용되며 직접 계측하는 방식으로써, 전기적으로 가열된 백금 재질의 와이어(wire) 또는 필름(film)에 공기량이 접촉, 공기량이 증가할수록 열선은 냉각되어 응답성이 빠르고, 소비되는 전류가 증가하는 원리이다. 빠른 응답성과 고도 변화에 큰 영향을 받지 않는 장점이 있고, 열선

오염퇴적 물질로 인해 측정오차가 커 엔진 정지시 가열후 퇴적물을 연소 시키는 클린버닝(clean burning) 기능이 있다. (열막식은 클린버닝 기능이 없음)

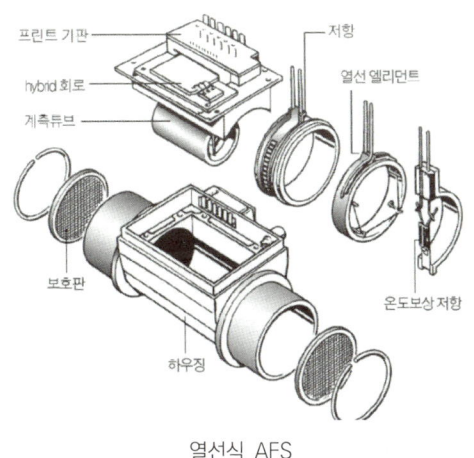

열선식 AFS

④ 베인식(플랩식)

공기가 베인을 열려는 힘과 리턴스프링의 반력에 의한 정지 위치를 전위차계로 검출, ECU 로 입력하여 공기유량을 측정하는 원리로써, 흡입되는 공기가 통과 할 때 메저링 플레이트를 눌러 저항을 변화시켜 작동한다. 질량유량 환산을 위해 흡기 온도센서의 정보가 필요하다.

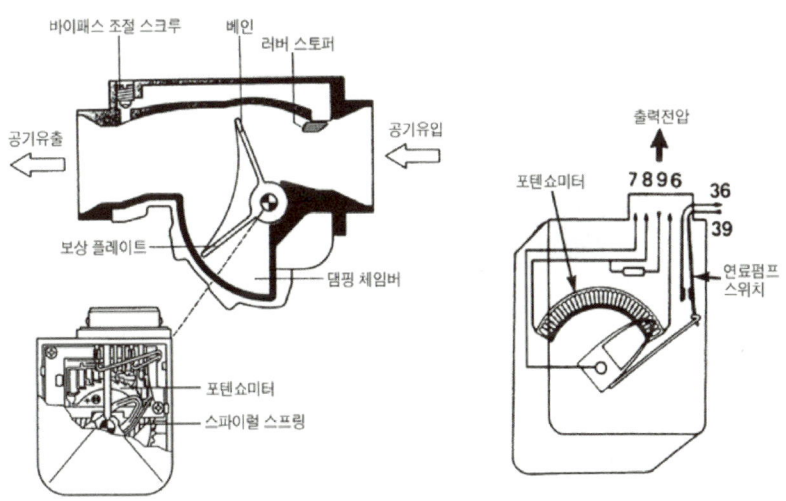

베인식 AFS

- 댐핑 체임버(댐핑실) : 플레이트가 열릴 때 진동을 흡수하는 장치
- 포텐쇼 미터 : 베인의 열림 양을 전압 비로 바꾸는 장치

나. 흡기온도 센서(ATS)

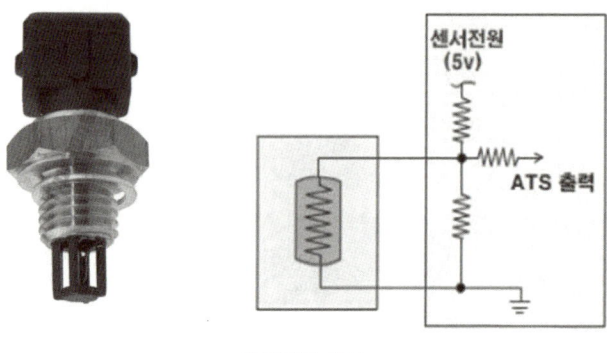

흡기온도 센서

① 부 특성 서미스터로 흡입 공기 온도를 검출하여 ECU에 입력한다.
② 연료 분사량 보정 신호로 사용한다.

다. 냉각수온 센서(WTS, Water Temperatur Sensor)

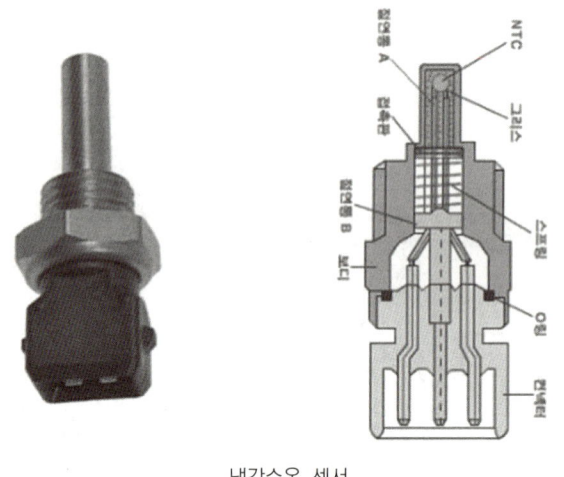

냉각수온 센서

공전 속도 유지 및 연료 분사량 보정 신호로 사용되며, 부 특성 서미스터로써 냉각수 온도를 검출하여 ECU에 신호를 보낸다.

라. 대기압력 센서(BPS)

압력 변화에 따라 저항값이 변하는 특성을 이용한 대기압력 검출 센서로써, 피에조 저항 형 반도체이다.

고장 시, 고지에서 연료가 농후하게 분사되어 검은색 배기가스를 배출하게 되며, 대기압 보정을 하는 역할을 하고, 공기 유량 센서 방식이 MAP 센서 방식일 경우에는 대기압 보정은 불필요하다.

마. 스로틀포지션 센서(TPS, Thottle Position Sensor)

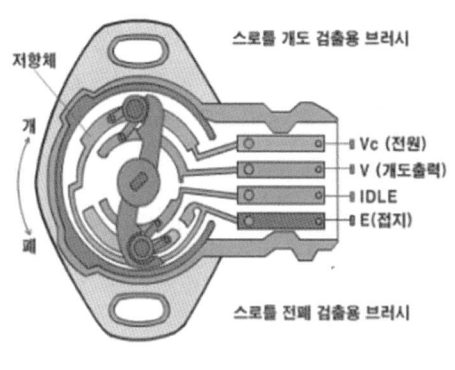

스로틀포지션 센서

운전자의 가속페달을 밟는 양에 따라 움직이는 스로틀밸브 열림 량을 검출하여 ECU에 입력 센서로써, 스로틀 밸브 열림 양에 따라 저항값이 변하는 포텐쇼 메타 방식의 반도체이다.

바. 캠 위치 센서(CPS, Cam Position Sensor)

연료분사나 점화 순서를 결정하기 위한 신호로 사용되며, 캠 축의 회전 각도를 검출하여 ECU에 입력한다. No.1. TDC 센서라고도 하며, 실린더의 압축 상사점을 검출하여 연료분사 순서를 결정한다.

사. 크랭크 각 센서(CKP, Crank-shaft Position Sensor)

점화시기, 연료분사 시기를 결정하기 위한 신호로써 크랭크축의 회전 속도를 검출하여 ECU에 입력한다.

홀센서 방식, 광학 방식, 인덕티브(마그네틱 픽업)방식이 있으며, **인덕티브 방식**은 별도 전원이 필요하지 않은 자석과 코일의 자기장을 이용한 자기 센서로써, 아날로그 신호이다. **홀센서 방식**은 디지털 신호이며, 반도체 소자 전극에 5V~12V 전원으로 전류가 흐르면 자기장이 생겨 전위차로 인한 자기장의 변화에 따라 회전수를 검출한다.

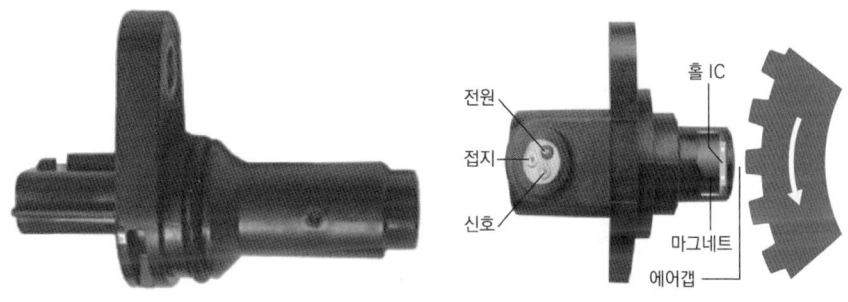

홀센서 방식 크랭크각 센서

아. 산소센서(O_2 센서)

산소 센서는 배기가스 중의 산소 함유량을 검출하여 이론 공연비보다 농후한 상태를 검출한다. 엔진은 공급되는 혼합기의 공연비가 이론 공연비와 다를 경우 삼원 촉매의 배기가스 정화 능력이 떨어지게 된다. 따라서 산소 센서가 배기가스 중 산소 농도를 검출, 이론 공연비인가 아닌가 점검하여 공연비를 조정하게 된다.

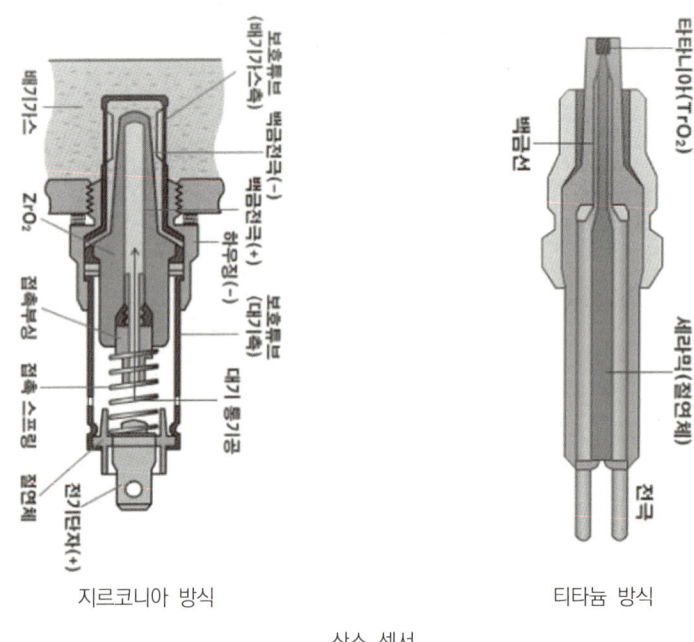

산소 센서

지르코니아 기준 혼합기가 농후하면 약 0.9V, 희박하면 약 0.1V의 기전력이 발생한다. 이와는 다르게 **티타니아** 형식의 산소센서는 0V에 가까울수록 농후, 5V에 가까울수록 희박함을 나타내고 간혹 반대의 경우로 나타내는 티타니아 방식도 존재한다. 아무튼 5V라는 높은 전압의 변화를 갖고 있다는 것이 특이하다. 또한 지르코니아 방식과 비교할 때 반응성 면에서 우수하고 기준 출력값이 2.5V이다.(지르코니아 기준 출력값은 0.45V이다)

광역 산소센서는 람다센서, 전영역 산소센서라고도 하는데, 과희박·과농후 혼합비에서 검출이 불가한 단점을 보완하여 전자제어 디젤(CRDi)엔진, GDi엔진 등 특히 희박연소 구간을 실현하는 엔진에 사용한다. 출력값은 종류에 따라 0~3V, 0~5V를 나타내고, 고장 시 EGR 제어 및 연료 분사량 보정을 중단하게 된다.(EURO-4 이후 적용)

7. 직접 분사 방식 가솔린기관

일반적으로 GDI(Gasoline Direct Injection) 엔진이라고 부르는데, GDI엔진의 이론은 약 100년 전 1925년 스위스 엔지니어 조나스 헤셀멘이 개발하였다. 기존 전자 제어는 흡입구에 간접 분사되는 방식으로 연료가 연소실로 유입되기 전에 공기와 혼합되어 한계가 있는 것이었다. 그러나 GDI 직접 분사 방식 엔진은 고압 연료 분사 방식으로 연소실 내부에 직접 분사하는 것으로써 유해 배출가스 저감과 더불어 이상적인 연비 향상 및 고부하에서의 고출력을 실현하였다.

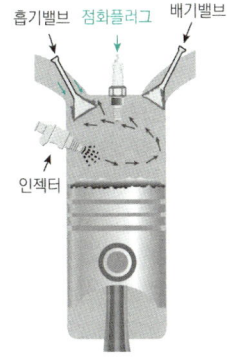

흡입구 간접분사 일반엔진　　　연소실 내부에 직접분사 GDI엔진

- 인젝터를 연소실에 설치하고 공기의 압축 행정 말기에 연료를 분사하여 점화 플러그 주위의 혼합비를 농후하게 하는 성층연소(stratified charge combustion)를 실현하였다.
- 매우 희박한 혼합비(25~40 : 1)에서도 쉽게 점화가 가능하도록 되어있다.
- 엔진 출력이 향상되었고, 연비 개선, 배출가스 저감 효과가 있다.

디젤기관과 같이, 실린더 내에 가솔린을 직접 분사하는 것으로 초희박 공연비로도 연소가 가능하여 연비 향상에 도움이 된다. 연료 공급압력은 일반 전자제어 연료 분사방식의 경우 약 3~6kgf/cm^{2}와 비교할때 약 50~100kgf/cm^{2}으로 매우 높으며, 실린더 내의 유동을 제어하는 직립형 흡입포트, 연소를 제어하는 바울형 피스톤(bowl type piston), 고압 연료 펌프, 스월 인젝터(swirl injector) 등이 사용된다.

> **Tip.**
>
> **GDI 시작** : 보쉬에서 1952년 처음 적용, 1955년 벤츠 300SL 모델 장착, 1996년경 미쓰비시 일반 승용차용 엔진에 적용하면서 양산 시작

연습문제 — 제7장 가솔린 및 LPG기관

01 전자제어 가솔린 연료 분사장치에서 흡입공기량과 엔진회전수의 입력만으로 결정되는 분사량은?

① 부분부하 운전분사량
② 기본 분사량
③ 엔진시동 분사량
④ 연료차단 분사량

해설 ≫ 운전 상태에 따른 기본 연료 분사량의 결정 요소 흡입공기량과 엔진회전수이다. 공회전 시 수온·차속센서, 에어컨, 오일압력, 대시포트, 스로틀밸브 열림각과 전부하 시 추가적으로 차속·대기압·흡기온도센서 등의 추가 보정 값으로 분사량이 변화 한다.

02 전자제어 기관의 공기유량센서 중에서 MAP 센서의 특징에 속하지 않는 것은?

① 흡입계통의 손실이 없다.
② 흡입공기 통로의 설계가 자유롭다.
③ 공기 밀도 등에 대한 고려가 필요 없는 장점이 있다.
④ 고장이 발생하면 엔진 부조 또는 가동이 정지된다.

해설 ≫ MAP 센서는 서지탱크의 압력을 통해 흡입공기량을 간접 측정하므로 흡입 공기밀도에 민감하다.

03 전자제어 가솔린 엔진에 대한 설명으로 틀린 것은?

① 흡기 온도센서는 공기 밀도 보정 시 사용된다.
② 공회전 속도제어는 스텝 모터를 사용하기도 한다.
③ 산소센서 신호는 이론공연비 제어신호로 사용된다.
④ 점화시기는 점화 2차 코일의 전류를 크랭크각 센서가 제어한다.

해설 ≫ 점화시기를 빠르게 하는 것을 진각(Advance)라고 하고, 점화시기를 늦추는 것을 지각(Delay)이라 한다. 점화시기는 1차코일의 전류를 제어하는 원리이다.

04 스로틀 포지션 센서(TPS) 고장 시 나타나는 현상과 가장 거리가 먼 것은?

① 주행시 가속력이 떨어진다.
② 공회전시 엔진 부조 및 간헐적 시동꺼짐 현상이 발생한다.
③ 출발 또는 주행 중 변속시 충격이 발생할 수 있다.
④ 일산화탄소(CO), 탄화수소(HC) 배출량이 감소하거나 연료 소모가 증대될 수 있다.

해설 ≫ TPS는 기본 연료량 결정과 고장 시 출력 부족, 엔진 부조, 시동 꺼짐, 연비 효율 감소, 변속충격 등을 가져올 수 있다.

05 다음 그림은 스로틀 포지션 센서(tps)의 내부 회로도이다. 스로틀 밸브가 그림에서 B와 같이 닫혀 있는 현재 상태의 출력전압은 약 몇 V인가? (단, 공회전 상태이다.

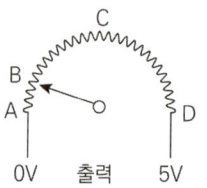

① 0V   ② 약 0.5 V
③ 약 2.5V   ④ 약 5V

해설 ≫ TPS는 개도량에 따라 0.2 ~ 4.7V 범위에 출력되며, 공회전상태이므로 약 0.5V 정도가 된다.

정답   01 ②   02 ③   03 ④   04 ④   05 ②

06 수온 센서의 역할이 아닌 것은?

① 냉각수 온도 계측
② 점화시기 보정에 이용
③ 연료 분사량 보정에 이용
④ 기본 연료 분사량 결정

해설 ≫ 수온 센서값은 연료 분사량, 분사 시기, 점화시기의 보정 데이터로 사용된다.

07 전자제어 가솔린 기관에서 크랭킹은 가능하나 시동이 되지 않는 현상과 거리가 먼 것은?

① 엔진 컴퓨터에 이상이 있다.
② 연료펌프 릴레이에 이상이 있다.
③ 크랭크각 및 1번 상사점 센서의 불량이다.
④ TPS의 불량이다.

해설 ≫ 크랭킹은 되지만 시동이 불량한 원인은 매우 많으나, 주로 연료제어계통 불량, 압축 압력 저하, 점화 계통 이상, 기타 전기장치(릴레이, ECU), 센서불량(CAS, TDC센서) 등이 있다.
아예 크랭킹도 되지 않는 원인은 배터리 전압 전하, 발전기 충전불량으로 인한 고장, 기타 전기 회로상의 문제, 시동모터와 시동 스위치 불량 등을 들 수 있다.

08 스로틀 포지션 센서(TPS)의 기본 구조 및 출력 특성과 가장 유사한 것은?

① 차속 센서
② 인히비터 스위치
③ 노킹 센서
④ 액셀러레이터 포지션 센서

해설 ≫ 스로틀 포지션이 운전자가 악셀을 얼마나 밟았느냐와 같은 개념이다.

09 크랭크각 센서에 활용되고 있지 않은 검출방식은?

① 홀(hall) 방식
② 전자유도(induction) 방식
③ 광전(optical) 방식
④ 압전(piezo) 방식

해설 ≫ 압전(piezo) 방식은 노크센서, MAP센서. G센서에 사용된다.

10 지르코니아 O_2 센서의 출력 전압이 1V에 가깝게 나타나면 공연비가 어떤 상태인가?

① 농후하다.
② 희박하다.
③ 14.7 : 1(공기 : 연료)을 나타낸다.
④ 농후하다가 희박한 상태로 되는 경우이다.

해설 ≫ 지르코니아 산소센서는 약 0V(희박) ~ 1V(농후)에서 작동하며, 이론공연비는 약 0.5V이다. 그러나 티타니아 산소센서 방식은 농후와 희박의 전압이 정 반대로써, 약 0V(농후) ~ 5V(희박)에서 작동하고, 이론공연비도 약 2.5V이다.

11 전자제어 가솔린 분사장치에서 이론 공연비 제어를 목적으로 클로즈드 루프 제어(Closed loop control)를 하는 보정 분사 제어는?

① 아이들 스피드 제어
② 피드백 제어
③ 연료 순차분사 제어
④ 점화시기 제어

해설 ≫ Closed loop control은 피드백 제어와 동일한 개념으로 산소센서에서 배기가스의 산소량을 측정하여 ECM에 피드백하여 이 정보를 비교하여, 이론공연비에 부합하도록 연료 분사량을 보정하는 것이다.

정답 06 ④ 07 ④ 08 ④ 09 ④ 10 ① 11 ②

12 전자제어 가솔린 엔진에 대한 설명으로 틀린 것은?

① 흡기 온도센서는 공기 밀도 보정 시 사용된다.
② 공회전 속도제어는 스텝 모터를 사용하기도 한다.
③ 산소센서 신호는 이론공연비 제어신호로 사용된다.
④ 점화시기는 점화 2차 코일의 전류를 크랭크각 센서가 제어한다.

해설 ▶ 점화시기 제어는 CAS 센서 등의 신호로 ECU가 최적의 점화시기를 결정하고, TR이 켜지고(ON구간) 난 후, 점화 1차코일을 통해 최종 제어하게 된다.

13 전자제어 연료분사장치에서 분사량 보정과 관계없는 것은?

① 아이들 스피드 액추에이터
② 수온 센서
③ 배터리 전압
④ 스로틀 포지션 센서

해설 ▶ 아이들 스피드 액추에이터(ISA)는 공회전 시 엔진 속도의 안정성을 위해 스로틀 바디의 바이패스 통로를 통해 공기를 흡입하여 아이들 회전수를 보상되도록 듀티 제어하는 것을 말한다. 배터리 전압과의 관계에 있어서는 공급전원 전압이 낮으면 인젝터의 기계적 작동이 지연되어 실제 분사 시간이 짧아지기 때문에 분사 신호 시간을 연장하여 분사량을 보정한다.

14 센서의 고장진단에 대한 설명으로 가장 옳은 것은?

① 센서는 측정하고자 하는 대상의 물리량(온도, 압력, 질량 등)에 비례하는 디지털 형태의 값을 출력한다.
② 센서의 고장시 그 센서의 출력값을 무시하고 대신에 미리 입력된 수치로 대체하여 제어할 수 있다.
③ 센서의 고장시 백업(Back-up)기능이 없다.
④ 센서 출력값이 정상적인 범위에 들면, 운전상태를 종합적으로 분석해 볼 때 타당한 범위를 벗어나더라도 고장으로 인식하지 않는다.

해설 ▶ 센서는 물리량에 대한 비례/반비례 값을 아날로그 및 디지털 신호로 출력하며, 아날로그 신호는 A/D 컨버터를 통해 디지털 신호로 변환된다. ②는 페일 세이프(Fail safe)에 관한 설명이고, 센서 고장 시 ECU는 백업기능이 있다. ④ 센서 출력값이 타당한 범위를 벗어나면 ECU는 고장으로 인식하고 범위를 벗어나지 않으면 고장으로 인식하지 않는다.

15 LPG 연료에 대한 설명으로 틀린 것은?

① 기체 가스는 공기보다 무겁다.
② 연료의 저장은 가스 상태로 한다.
③ 연료는 탱크용량의 약 85% 정도 충진한다.
④ 탱크 내 온도 상승에 의해 압력상승이 일어난다.

해설 ▶ LPG는 기화 상태에서 체적이 커지므로 액체 상태로 저장하며, 외부 또는 내부 온도 영향으로 인한 LPG의 온도상승에 따른 팽창으로 봄베(가스통)의 압력상승을 방지하기 위해 약 80~85%까지만 충진 되도록 설계되어 있다.

16 LP가스를 사용하는 자동차의 봄베에 부착되지 않는 것은?

① 충전밸브
② 송출밸브
③ 안전밸브
④ 메인 듀티 솔레노이드 밸브

해설 ▶▶ 봄베에는 문제의 보기 외에도 릴리프밸브(안전밸브), 체크밸브, 연료차단 솔레노이드 밸브, 매뉴얼 밸브가 부착되어 있으며, 메인 듀티 솔레노이드 밸브는 믹서에 부착된 부품이다.

해설 ▶▶ 긴급차단장치(솔레노이드밸브)는 충돌 사고등으로 인한 연료파이프 손상시 연료 누출을 방지하는 기능이 있다. 봄베의 몸체에 부착되어 있으며, 외관은 전자밸브와 비슷하다.

17 LPI 기관에서 연료압력과 연료온도를 측정하는 이유는?

① 최적의 점화시기를 결정하기 위함이다.
② 최대 흡입공기량을 결정하기 위함이다.
③ 최대로 노킹 영역을 피하기 위함이다.
④ 연료 분사량을 결정하기 위함이다.

해설 ▶▶ 연료압력조절기는 봄베에서 송출된 고압의 LPG를 공급라인의 압력을 5bar로 유지하며, 내장된 가스압력 및 가스온도센서로 LPG 분사량을 보정 한다.

18 전자제어 압축천연가스(CNG) 자동차의 기관에서 사용하지 않는 것은?

① 연료 온도센서
② 연료펌프
③ 연료압력 조절기
④ 습도센서

해설 ▶▶ 압축천연가스(CNG)엔진은 LPG 엔진과 같은 원리로써, 봄베의 압력으로 연료를 공급하기에 연료펌프가 별도로 필요없다. 단, 인젝터 방식의 LPI 엔진에서는 봄베 내부에 연료펌프가 있다.

19 LP가스를 사용하는 자동차에서 차량전복 등 비상사태발생시 LP가스 연료를 차단하는 것은?

① 영구자석
② 긴급차단 솔레노이드 밸브
③ 체크 밸브
④ 감압 밸브

20 배출가스 저감 및 정화를 위한 장치에 속하지 않는 것은?

① EGR 밸브
② 캐니스터
③ 삼원촉매
④ 대기압 센서

해설 ▶▶ 삼원촉매는 HC, CO, NOx의 3가지 유해물질을 동시에 산화 및 환원시켜 정화하는 작용을 하는 촉매를 말한다.

21 연료 증발가스를 활성탄에 흡착 저장 후 엔진 워밍업 시흡기 매니폴드로 보내는 부품은?

① 차콜 캐니스터
② 풀로트 챔버
③ PCV장치
④ 삼원촉매장치

해설 ▶▶ 캐니스터는 엔진 정지 시 연료 증발 가스를 포집(흡착)하였다가 엔진 시동 및 워밍업 시에 흡기관으로 배출시켜 재연소시키는 역할을 한다.

정답 17 ④ 18 ② 19 ② 20 ④ 21 ①

22 촉매 컨버터 전·후방에 장착된 지르코니아 방식 산소센서의 출력 파형이 동일하게 출력된다면 예상되는 고장 부위는?

① 정상
② 촉매 컨버터
③ 후방 산소센서
④ 전방 산소센서

해설 ▶ 전·후방 산소센서 출력 파형이 같다면 촉매 작용이 되지 않는다는 것으로써, 삼원촉매의 기능 저하 및 산소 센서 불량으로 진단한다.
전방 산소센서는 피드백 제어(이론공연비)역할, 후방 산소센서는 촉매장치 상태 감시 역할을 하고, 촉매 컨버터의 촉매(산화) 작용에 의해 산소가 사용되기에 후방 산소센서는 산소가 부족한 농후 상태(0.6~0.7V)로 거의 일정한 출력 파형이 표출된다.

23 칼만 와류식 흡입공기량 센서를 적용한 전자제어 가솔린 엔진에서 대기압 센서를 사용하는 이유는?

① 고지에서의 산소 희박 보정
② 고지에서의 습도 희박 보정
③ 고지에서의 연료 압력 보정
④ 고지에서의 점화 시기 보정

해설 ▶ 고지에서는 산소밀도가 낮아져 산소량이 부족해져 연료분사량과 점화시기를 보정해야 한다. 대기압을 기초로 흡기 매니폴드의 압력을 측정하는 맵 방식과 달리 베인식과 칼만와류식은 고도 변화에 따른 산소량 변화를 검출하고자 대기압 센서를 별도로 사용한다.

24 LPI 기관에서 연료를 액상으로 유지하고 배관 파손 시 용기 내의 연료가 급격히 방출되는 것을 방지하는 것은?

① 릴리프 밸브
② 과류방지 밸브
③ 연료차단 밸브
④ 매뉴얼 밸브

해설 ▶ 리턴 밸브는 규정압력 이상일 때 LPG를 봄베로 리턴시켜 안정화 시키고, 릴리프 밸브는 LPG 공급라인의 압력을 액체 상태로 유지시켜 기관이 뜨거운 상태에서 재시동을 할 때 시동 성능을 향상시키는 역할을 한다.

25 자동차용 연료인 LPG에 대한 설명으로 틀린 것은?

① 기체 가스는 공기보다 무겁다.
② 연료의 저장은 가스 상태로 한다.
③ 연료는 탱크용량의 85%까지 충전한다.
④ 탱크 내 온도상승에 의해 압력상승이 일어난다.

해설 ▶ 엔진에 공급되는 용량이 같을 경우, 기체보다 액체 상태의 저장이 더 많은 연료를 충전할 수 있어, 액체로 약 85%까지 충전(충진)한다.

26 LPG 기관의 믹서에 장착된 메인듀티 솔레노이드밸브의 파형에서 작동구간에 해당하는 것은?

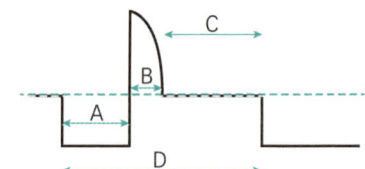

① A구간
② B구간
③ C구간
④ D구간

해설 ▶ A구간이 솔레노이드 ON 되는 구간이다.

27 최적의 점화시기를 의미하는 MBT(Minimum spark advance for Best Torque)에 대한 설명으로 옳은 것은?

① BTDC 약 10°~15° 부근에서 최대 폭발압력이 발생되는 점화시기
② ATDC 약 10°~15° 부근에서 최대 폭발압력이 발생되는 점화시기
③ BBDC 약 10°~15° 부근에서 최대 폭발압력이 발생되는 점화시기
④ ABDC 약 10°~15° 부근에서 최대 폭발압력이 발생되는 점화시기

해설 ▶ MBT는 최대 폭발압력(최대 토크)을 얻는 최소 점화시기로, 최적의 출력을 얻으려면 피스톤이 상사점 후(ATDC) 10~15° 부근 이여야 하고, 여기에 맞춰 점화시기를 결정한다.

28 전자제어 가솔린기관에서 연료 분사량을 결정하기 위해 고려해야 할 사항과 가장 거리가 먼 것은?

① 점화전압   ② 흡입공기 질량
③ 목표공연비 ④ 대기압력

해설 ▶ 기본 분사량 요소와 보정 요소는 결국 목표 공연비에 최적화를 위한 것으로, 흡입 공기 질량(질량유량검출), 대기압력 측정 MAP 센서, BPS 센서와 관계있다.

29 가솔린 자동차로부터 배출되는 유해물질 또는 발생 부분과 규제 배출가스를 짝지은 것으로 틀린 것은?

① 블로바이가스 - HC
② 로커암 커버 - NOx
③ 배기 가스 - CO, HC, NOx
④ 연료탱크 - HC

해설 ▶ 로커암 커버의 규제 배출가스는 HC이다.

30 다음 중 전자제어 가솔린엔진에서 EGR 제어 영역으로 가장 타당한 것은?

① 공회전시
② 냉각수온 약 65℃ 미만, 중속, 중부하 영역
③ 냉각수온 약 65℃ 이상, 저속, 중부하 영역
④ 냉각수온 약 65℃ 이상, 고속, 고부하 영역

해설 ▶ EGR(NOx 저감) 비작동 조건은 엔진 냉간 시(냉각수 온도 약 65℃ 이하), 공회전 및 시동 시, 고부하 시, 기타 엔진 관련 센서 고장 시이다.

31 삼원 촉매장치를 장착하는 근본적인 이유는?

① HC, CO, NOx를 저감하기 위하여
② CO_2, N_2, H_2O를 저감하기 위하여
③ HC, CO_2를 저감하기 위하여
④ H_2O, SO_2, CO_2를 저감하기 위하여

해설 ▶ 삼원 촉매장치는 환원작용에 의해 NOx를 N과 O_2로 전환시키고, O_2를 HC, CO와 결합하여 CO_2, H_2O로 전환 시킨다.

32 가솔린 기관에서 배출가스와 배출가스 저감 장치의 상호 연결이 틀린 것은?

① 증발가스 제어 장치 - HC 저감
② EGR 장치 - NOx 저감
③ 삼원 촉매 장치 - CO, HC, NOx 저감
④ PCV 장치 - NOx 저감

해설 ▶ PCV는 HC를 저감하기 위한 장치이다.

33 액상 LPG의 압력을 낮추어 기체 상태로 변화시켜 연료를 공급하는 장치는?

① 베이퍼라이저(vaporizer)
② 믹서(mixer)
③ 대시 포트(dash pot)
④ 봄베(bombe)

정답 27 ② 28 ① 29 ② 30 ③ 31 ① 32 ④ 33 ①

해설 ▶ 봄베에 저장된 가스는 고압으로 보관되어 있어, 베이퍼라이저는 연료 압력을 0.3kg/cm²로 감압 후 액체를 기체로 변환하여 믹서로 공급하는 역할을 한다.

34 LPI엔진의 연료장치에서 장시간 차량 정지 시 수동으로 조작하여 연료토출 통로를 차단하는 밸브는?

① 과류방지 밸브
② 매뉴얼 밸브
③ 리턴 밸브
④ 릴리프 밸브

해설 ▶ 과류방지밸브는 차량 전복 사고 등으로 인해 LPG 공급라인이 파손되었을 때 LPG 송출을 차단하는 밸브이며, 리턴 밸브는 규정압력 이상일 때 LPG를 봄베로 리턴시켜 안정화 시키고, 릴리프 밸브는 LPG 공급라인의 압력을 액체 상태로 유지시켜 기관이 뜨거운 상태에서 재시동을 할 때 시동 성능을 향상시키는 역할을 한다.

35 LPG(Liquefied Petroleum Gas) 차량의 특성 중 장점이 아닌 것은?

① 엔진 연소실에 카본의 퇴적이 거의 없어 스파크 플러그의 수명이 연장된다.
② 엔진 오일은 가솔린 엔진과는 달리, 연료에 의해 희석되므로 실린더의 마모가 적고 오일교환 기간이 연장된다.
③ 가솔린에 비해 쉽게 기화되므로 연소가 균일하여 엔진 소음이 적다.
④ 베이퍼록(vapor lock)과 퍼콜레이션 (percolation) 등이 발생하지 않는다.

해설 ▶ LPG는 비점이 낮아 거의 완전 기화되고, 첨가제가 불필요하고 카본이나 회분에 의해 오일 오염이 없다. 가솔린 엔진과 비교할 때 약 1.5배 정도 오일 교환시기를 연장할 수 있다.

36 자동차용 LPG의 장점이 아닌 것은?

① 대기오염이 적고 위생적이다.
② 엔진 소음이 정숙하다.
③ 증기 폐쇄(vapor lock)가 잘 일어난다.
④ 이론 공연비에 가까운 값에서 완전연소한다.

해설 ▶ LPG는 옥탄가가 높아 노킹이 적고, 기체 상태로 공기와 혼합 시 균일하고 이론공연비에 가까운 값으로 완전연소하여 연소효율이 좋다. 열에 의한 베이퍼록 또는 퍼컬레이션 등이 발생되지 않으며, 카본퇴적이 적어 연소실이 가솔린에 기관과 비교할 때 깨끗하고, 점화 플러그 수명 길고, 완전연소에 가까워 배기 계통 부식도 적다.

37 티타니아 산소센서에 대한 설명 중 거리가 가장 먼 것은?

① 센서의 원리는 전자 전도성이다.
② 지르코니아 산소센서에 비해 내구성이 크다.
③ 입력 전원 없이 출력 전압이 발생한다.
④ 지르코니아 산소센서에 비해 가격이 비싸다.

해설 ▶ 산소센서 티타니아 방식은 ECU의 공급전압(5V)를 받아 티타니아가 주위의 산소분압에 대응하여 산화·환원 작용으로 전기저항을 전압으로 바꿔 ECU에 보내는 원리이다.

38 전자제어 연료분사 엔진에서 수온 센서 계통의 이상으로 인해 ECU로 정상적인 냉각수온 값이 입력되지 않으면 연료 분사는?

① 엔진 오일 온도를 기준으로 분사
② 흡기 온도를 기준으로 분사
③ 연료 분사를 중단
④ ECU에 의한 페일 세이프 값을 근거로 분사

정답 34 ② 35 ② 36 ③ 37 ④ 38 ④

해설 ▶ 페일 세이프(fail safe)란 센서의 고장이나 오작동 시 측정 데이터값이 없거나 기준 범위에서 벗어날 경우, 해당 시스템의 기본 작동을 위해 ECU 롬(ROM)에 각 센서의 페일 세이프 값을 입력하여 이 값으로 기준으로 분사량 등을 계산하는 것을 말한다.
CAS의 경우 페일 세이프 모드가 없으므로(대체할 센서가 없음) 고장 시 곧바로 정지하며, CMPS가 대신하고, MAP. ATS, WTS, TPS, ABS 등은 고장 시 페일 세이프가 작동한다.

39 전자제어 엔진에서 크랭크각 센서의 역할에 대한 설명으로 틀린 것은?

① 운전자의 가속의지를 판단한다.
② 엔진 회전수(rpm)를 검출한다.
③ 크랭크축의 위치를 감지한다.
④ 기본 점화시기를 결정한다.

해설 ▶ 크랭크각 센서의 출력신호와 공기유량 센서의 출력신호 등으로 ECU의 신호에 의해 인젝터가 작동되고(기본 연료 분사량 결정), 크랭크의 회전 각도를 검출하여 ECU의 신호에 의해 점화코일 1차 전류를 ON-OFF하여 제어한다. (점화시기 제어)
또한, 크랭킹 신호와 수온센서 신호에 의해 연료 분사량을 보정한다. (분사량 보정)

40 전자제어 가솔린 기관에서 냉각 수온에 따른 연료증량 보정 신호로 사용는 엔진 냉각수 온도를 감지하는 부품은?

① 수온 스위치
② 수온 조절기
③ 수온 센서
④ 수온 게이지

해설 ▶ 센서와 단순 기계적 원리, 전기적 신호여부를 판단하여 구분한다.

41 전자제어 연료분사 장치 기관의 냉각수 온도 센서로 가장 많이 사용되는 것은?

① 정특성 서미스터
② 트랜지스터
③ 다이오드
④ 부특성 서미스터

해설 ▶ 정특성 서미스터(PTC)는 주로 발열 소자에 사용되며, 온도 변화에 대한 저항값이 큰 부특성 서미스터(NTC)를 사용한다.

42 전자제어 자동차에서 ECU로 입력되는 신호 중 디지털 신호가 아닌 것은?

① 홀센서 방식의 차속 센서 신호
② 에어컨 스위치 신호
③ 클러치 스위치 신호
④ 가속페달위치 센서 신호

해설 ▶ 디지털 신호란 데이터를 일련의 단순 0과 1의 값만 인식하는 비연속적인 이산 시간 신호 값들로 표현하기 위해 사용되는 신호를 말한다.

43 전자제어 엔진의 MAP 센서에 대한 설명으로 옳은 것은?

① 흡기 다기관의 절대 압력을 측정한다.
② 고도에 따르는 공기의 밀도를 계측한다.
③ 대기에서 흡입되는 공기 내의 수분 함유량을 측정한다.
④ 스로틀 밸브의 개도에 따른 점화 각도를 검출한다.

해설 ▶ MAP은 피에조 소자를 이용한 흡입다기관에 설치하여 흡입다기관의 절대압력(부압) 변화를 저항값으로 변화시킨 전압신호를 이용한다.

정답 39 ① 40 ③ 41 ④ 42 ④ 43 ①

44 전자제어 가솔린 기관에서 사용되는 센서 중 흡기온도 센서(ATS)에 대한 내용으로 틀린 것은?

① 온도에 따라 저항값이 보통 1~15kΩ 정도 변화되는 NTC형 서미스터를 주로 사용한다.
② 엔진 시동과 직접 관련되며 흡입공기량과 함께 기본 분사량을 결정하게 해주는 센서이다.
③ 온도에 따라 달라지는 흡입 공기 밀도 차이를 보정하여 최적의 공연비가 되도록 한다.
④ 흡기온도가 낮을수록 공연비는 증가된다.

해설 ▶ 흡입공기의 온도를 검출하는 부특성 서미스터(온도상승시 저항값 하락, NTC형)로써 온도에 따른 밀도 변화에 대응하는 연료 분사량을 보정한다. 흡기온도가 낮아지면 밀도가 높아져 흡입공기량이 증가하여 공연비 역시 증가한다.

45 전자제어 가솔린 분사장치의 기본 분사 시간을 결정하는데 필요한 변수는?

① 냉각수 온도와 흡입공기 온도
② 흡입공기량과 엔진 회전속도
③ 크랭크 각과 스로틀 밸브의 열린 각
④ 흡입공기의 온도와 대기압

해설 ▶ 디젤 커먼레일 기관의 기본 분사 시간의 결정은 가속페달 위치 센서(APS)와 엔진회전속도 신호(CKPS)가 결정한다.

46 전자제어 엔진의 연료분사장치 특징에 대한 설명으로 가장 적절한 것은?

① 연료 과다 분사로 연료소비가 크다.
② 진단장비 이용으로 고장수리가 용이하지 않다.
③ 연료분사 처리속도가 빨라서 가속 응답성이 좋다.
④ 연료 분사장치 단품의 제조원가가 저렴하여 엔진가격이 저렴하다.

해설 ▶ 전자제어 엔진 시스템은 기본적으로 연료장치와 점화장치, 흡기장치와 제어장치로 구성된다.

47 가솔린 엔진에서 노크 발생을 감지하는 방법이 아닌 것은?

① 실린더 내의 압력측정
② 실린더 블록의 진동 측정
③ 배기가스 중의 산소농도 측정
④ 폭발의 연속음 설정

해설 ▶ 산소센서(Oxygen Sensor)는 배기가스 중 산소(O_2)와 질소산화물(NOx)의 배출농도를 실시간으로 측정

48 가솔린 기관의 노크에 대한 설명으로 틀린 것은?

① 실린더 벽을 해머로 두들기는 것과 같은 음이 발생한다.
② 화염전파 속도를 늦추면 노크가 줄어든다.
③ 기관의 출력을 저하시킨다.
④ 억제하는 연료를 사용하면 노크가 줄어든다.

해설 ▶ 가솔린 기관에서는 화염속도를 빠르게 하면 말단가스가 자기발화를 일으키기 전에 화염 면으로 말단가스를 연소시켜 노크가 줄어들게 된다.

49 연료 옥탄가에 대한 설명으로 옳은 것은?

① 옥탄가의 수치가 높은 연료일수록 노크를 일으키기 쉽다.
② 옥탄가 90 이하의 가솔린은 4 에틸납을 혼합한다.
③ 노크를 일으키지 않는 기준연료를 이소옥탄으로 하고 그 옥탄가를 0으로 한다.
④ 탄화수소의 종류에 따라 옥탄가가 변화한다.

정답 44 ② 45 ② 46 ③ 47 ③ 48 ② 49 ④

해설 ▶
- 4-에틸납은 옥탄가 향상제(노킹억제)로써, 가솔린의 옥탄가가 55~65로 낮아, 4-에틸납을 첨가한 무연이 아닌 유연 휘발유이다.
- 가솔린은 CH(탄화수소)의 종류에 따라 옥탄가가 변하고, 옥탄가의 수치가 높을수록 노킹 발생률은 낮아진다.
- 노크를 일으키지 않는 기준 연료를 이소옥탄으로 하고, 그 옥탄가를 100으로 한다.

50 가솔린 엔진 제작 시 노크 발생을 억제하기 위하여 고려해야 할 사항에 속하지 않는 것은?

① 압축비를 낮춘다.
② 연소실 형상, 점화장치의 최적화에 의하여 화염전파 거리를 단축시킨다.
③ 급기 온도와 급기 압력을 높게 한다.
④ 와류를 이용하여 화염전파속도를 높이고 연소기간을 단축시킨다.

해설 ▶ (표안에 화살표를 글로 표현해 주세요, 점화시기(↓느리게, ↑빠르게), 나머지 항목은 모두 ↓낮게, ↑높게)

51 가솔린 기관이 폭발압력이 40kgf/㎠이고, 실린더 벽 두께가 4mm일 때 실린더 직경은? (단, 실린더 벽의 허용응력은 360kgf/㎠임)

① 62mm   ② 72mm
③ 82mm   ④ 92mm

해설 ▶ 실린더벽의 두께

$t = \dfrac{PD}{2\sigma}$ (P: 폭발압력, D: 실린더 직경, σ: 허용응력)

$4mm = \dfrac{40kgf/㎠ \times D}{2 \times 360kgf/㎠}$

$\rightarrow D = \dfrac{2 \times 360 \times 4}{40} = 72mm$

52 가솔린 전자제어 기관의 공기유량센서에서 핫 와이어(hot wire) 방식의 설명이 아닌 것은?

① 응답성이 빠르다.
② 맥동 오차가 없다.
③ 공기량을 체적유량으로 검출한다.
④ 고도 변화에 따른 오차가 없다.

해설 ▶ 핫 와이어 방식(핫 필름식)은 공기 질량유량을 측정하며, 체적유량 검출방식에는 베인식과 칼만와류 방식이 있다.

53 전자제어 가솔린 엔진에서 패스트 아이들(fast idle) 기능에 대한 설명으로 옳은 것은?

① 정차 시 시동 꺼짐 방지
② 연료 계통 내 빙결 방지
③ 냉간 시 워밍업 시간 단축
④ 급감속 시 연료 비등 활성

해설 ▶ 패스트 아이들(fast idle) 제어는 에어밸브가 패스트 아이들에 필요한 공기를 제어하고, 흡입된 공기는 스로틀밸브를 지나 서지탱크로 가는 것을 말한다.

54 가변 저항의 원리를 이용한 것은?

① 스로틀 포지션 센서
② 노킹 센서
③ 산소 센서
④ 크랭크각 센서

해설 ▶ 크랭크각 센서는 인덕티브 방식(자기유도작용)과 홀효과를 이용한 홀센서 방식이 있으며, 노킹센서는 압전소자를 이용한 기전력 발생 원리이다.

정답 50 ③ 51 ② 52 ③ 53 ③ 54 ①

55 전자제어 엔진에서 연료분사 시기와 점화시기를 결정하기 위한 센서는?

① TPS(throttle position sensor)
② CAS(crank angle sensor)
③ WTS(water temperature sensor)
④ ATS(air temperature sensor)

해설 ▶▶ CAS(크랭크각센서)는 크랭크축의 회전수 및 회전 각도를 검출하여 점화시기와 연료 분사 시기를 모두 결정한다. 나머지 TPS, WTS, ATS는 : 연료 분사량 보정 센서이다.

56 산소센서를 설치하는 목적으로 옳은 것은?

① 연료펌프의 작동을 위해서
② 정확한 공연비 제어를 위해서
③ 컨트롤 릴레이를 제어하기 위해서
④ 인젝터의 작동을 정확히 조절하기 위해서

해설 ▶▶ 산소센서의 역할은 이론공연비를 최대한 실현하기 위한 피드백 제어를 하기 위함이다.

57 전자제어 가솔린기관에서 엔진 부조가 심하고 지르코니아 산소(ZrO_2)센서에서 0.12V 이하로 출력되며 출력값이 변화하지 않는 원인이 아닌 것은?

① 인젝터의 막힘
② 계량되지 않는 흡입공기의 유입
③ 연료 공급량 부족
④ 연료 압력의 과대

해설 ▶▶ 혼합비가 희박할 때 지르코니아 산소센서의 출력값(기전력)도 낮아지고, 연료공급 부족 하거나 흡입 공기가 과다할 경우에 희박 신호(낮은전압)를 표출하게 된다.

58 LPG 자동차에 대한 설명으로 틀린 것은?

① 배기량이 같을 경우 가솔린 엔진에 비해 출력이 낮다.
② 일반적으로 NOx는 가솔린 엔진에 비해 많이 배출된다.
③ LP가스는 영하의 온도에서는 기화되지 않는다.
④ 탱크는 밀폐식으로 되어 있다.

해설 ▶▶ LP가스는 프로판과 부탄을 주성분으로 구성되어 있고, 특히 프로판의 비점은 -42°C, 부탄의 비점은 -0.5°C 로써 영하의 기온에서도 기화된다.
※ 비점 : 액체가 기화하기 시작하는 온도

59 LPG자동차의 연료장치에서 증기압력에 대한 설명으로 가장 적합한 것은?

① 프로판과 부탄의 혼합비율에 따라 압력이 변화한다.
② 온도가 상승하면 압력이 저하된다.
③ 부탄의 성분이 많으면 압력이 상승한다.
④ 액체 상태의 양이 많으면 압력이 저하된다.

해설 ▶▶ 증기압력이란 임의 온도에서 액체와 평형을 이루었을 때의 증기압력을 말하며, 프로판의 증기압은 대기압보다 높아 별도의 펌핑 작업없이 연소실로 바로 공급된다. 그러나 부탄은 비점이 높아 저온에서 압력이 저하 되어 시동 문제가 발생할 수 있어 겨울철 LPG 충진 시에는 프로판 비율을 30%까지 올려서 충진한다.

60 LPG 엔진에서 공전회전수의 안정성을 확보하기 위해 혼합된 연료를 믹서의 스로틀 바이패스 통로를 통하여 추가로 보상하는 것은?

① 아이들업 솔레노이드 밸브
② 대시포트
③ 공전속도 조절 밸브
④ 스로틀 위치센서

정답 55 ② 56 ② 57 ④ 58 ③ 59 ① 60 ③

해설 ▶ 공전속도 조절밸브(ISCV)는 공회전의 안정성 확보를 위해 스로틀 밸브의 바이패스 통로를 통해 추가 보상한다.

61 LPG 기관에 사용하는 베이퍼라이저의 설명으로 틀린 것은?

① 베이퍼라이저의 1차실은 연료를 저압으로 감압시키는 역할을 한다.
② 베이퍼라이저의 1차실 압력 측정은 압력계를 설치한 후 기관의 시동을 끄고 측정한다.
③ 베이퍼라이저의 1차실 압력 측정은 기관이 웜업된 상태에서 측정함이 바람직하다.
④ 베이퍼라이저에는 냉각수의 통로가 설치되어 있어야 한다.

해설 ▶ 압력 측정시 압력게이지를 설치한후 엔진 워밍업 상태(정상온도 상태)에서 압력을 측정하고, 베이퍼라이저의 1차실은 0.3kg/㎠으로, 2차실에는 대기압에 가깝게 감압되며, 감압으로 인한 겨울철 베이퍼라이저 밸브의 동결 방지를 위해 냉각수 통로를 설치하여 기화 시 필요한 열을 공급하도록 설계되어 있다.

62 LPG 자동차에 액상 분사 시스템(LPI)에 대한 설명 중 틀린 것은?

① 빙결 방지용 인젝터를 사용한다.
② 연료펌프를 설치한다.
③ 가솔린 분사용 인젝터와 공용으로 사용할 수 있다.
④ 액·기상 전환 밸브의 작동에 따라 분사량이 제어되기도 한다.

해설 ▶ LPI 엔진은 액체 상태 연료를 그대로 사용하기 때문에 액·기상 전환밸브라는 것이 없다.

63 LPG 기관과 비교할 때 LPI 기관의 장점으로 틀린 것은?

① 겨울철 냉간 시동성이 향상된다.
② 봄베에서 송출되는 가스 압력을 증가시킬 필요가 없다.
③ 역화 발생이 현저히 감소된다.
④ 주기적인 타르 배출이 불필요하다.

해설 ▶ LPI 기관은 봄베(연료탱크) 내에 설치된 연료펌프에 의해 고압으로 송출되는 액상 연료를 직접 인젝터로 분사한다.

64 전자제어 가솔린엔진에서 티타니아 산소센서의 경우 전원은 어디에서 공급되는가?

① ECU
② 축전지
③ 컨트롤 릴레이
④ 파워TR

해설 ▶ 지르코니아 방식은 자체 기전력(전압)이 발생하는 방식이고, 티타니아 방식은 ECU에서 공급된 전압을 받아 전자 전도체인 티타니아가 주위의 산소분압에 대응한 전기저항을 전압으로 변환시켜 ECU로 보내는 방식이다.

65 칼만 와류식 흡입공기량 센서를 적용한 전자제어 가솔린 엔진에서 대기압 센서를 사용하는 이유는?

① 고지에서의 산소 희박 보정
② 고지에서의 습도 희박 보정
③ 고지에서의 연료 압력 보정
④ 고지에서의 점화 시기 보정

해설 ▶ 고지에서는 산소밀도가 낮아져 산소량이 부족해져 연료분사량과 점화시기를 보정해야 한다. 대기압을 기초로 흡기 매니폴드의 압력을 측정하는 맵 방식과 달리 베인식과 칼만와류식은 고도 변화에 따른 산소량 변화를 검출하고자 대기압 센서를 별도로 사용한다.

정답 61 ② 62 ④ 63 ② 64 ① 65 ①

66 가솔린 기관의 유해 배출물 저감에 사용되는 차콜 캐니스터(charcoal canister)의 주 기능은?

① 연료 증발 가스의 흡착과 저장
② 질소산화물의 정화
③ 일산화탄소의 정화
④ PM(입자상 물질)의 정화

해설 ▶ 캐니스터는 엔진 정지 시 연료 증발 가스를 포집(흡착)하였다가 엔진 시동 및 워밍업 시에 흡기관으로 배출시켜 재연소시키는 역할을 한다. 질소산화물의 정화는 EGR과 삼원촉매장치가 하고, 일산화탄소의 정화는 삼원촉매장치만 해당된다. 또한 디젤기관의 PM(입자상 물질)의 필터링은 DPF(Diesel Particular niter)가 해당된다.

67 전자제어 가솔린 기관에서 EGR장치에 대한 설명으로 맞는 것은?

① 배출가스 중에 주로 CO와 HC를 저감하기 위하여 사용한다.
② EGR량을 많이 하면 시동성이 향상된다.
③ 기관 공회전 시, 급가속 시에는 EGR 장치를 차단하여 출력을 향상시키도록 한다.
④ 초기 시동 시 불완전 연소를 억제하기 위해 EGR량을 90%이상 공급하도록 한다.

해설 ▶ EGR 장치는 주로 NOx 저감을 위한 것이며, EGR량이 많으면 시동 및 출력이 감소되고, EGR 밸브는 고온에서 작동된다. 원활한 시동을 위해 초기 시동 시 EGR 밸브가 닫힘상태로 유지하여 배기가스를 차단한다.

68 산소센서 출력 전압에 영향을 주는 요소로 틀린 것은?

① 연료 온도
② 혼합비
③ 산소센서의 온도
④ 배출가스 중의 산소농도

해설 ▶ 많이 쓰이는 지르코니아 방식의 경우 대기 중의 산소농도와 배기가스의 산소농도 차에 의해 기전력의 발생 관계로 출력 전압이 변하면서 적정 혼합비를 제어한다. 배기가스의 열로 인한 산소센서의 온도가 약 400 ~ 800℃ 가 되었을 때, 적정온도로써 정상 작동한다.

69 산소센서의 피드백 작용이 이루어지고 있는 운전조건으로 옳은 것은?

① 시동 시
② 연료차단 시
③ 급감속 시
④ 통상 운전 시

해설 ▶ 최초 시동과 시동이 꺼져 있을 때, 급감속 시에는 산소센서 피드백이 이뤄지지 않거나, 원활하지 않다. 산소센서는 엔진이 워밍업된 후 정상 작동온도(400 ~ 600℃) 조건에서 매우 빠르게 작동되며, 온도가 너무 낮으면(약 300 ~ 350℃ 이하) 작동하지 않는다.

70 노크 센서를 사용하는 가장 큰 이유는?

① 최대 흡입공기량을 좋게 하여 체적효율을 향상시키기 위함이다.
② 노킹 영역을 검출하여 점화시기를 제어하기 위함이다.
③ 기관의 최대 출력을 얻기 위함이다.
④ 기관의 노킹 영역을 결정하여 이론공연비로 연소시키기 위함이다.

해설 ▶ 노크센서의 역할은 비정상적인 엔진 진동이 발생할 때 노크를 방지하고자 점화시기를 제어한다.

71 전자제어 가솔린 기관에서 수온센서의 신호를 이용한 연료분사량 보정이 아닌 것은?

① 인젝터 분사기간 보정
② 배기온도 증량 보정
③ 시동 후 증량 보정
④ 난기 증량 보정

정답 66 ① 67 ③ 68 ① 69 ④ 70 ② 71 ②

해설 ▶ 연료 분사량과 관계되는 배기계통과 연관된 부품은 산소 센서이다. 산소센서 값을 만드는데 수온센서를 이용하진 않는다.

72 냉각수 온도 센서의 역할로 틀린 것은?

① 기본 연료 분사량 결정
② 냉각수 온도 계측
③ 연료 분사량 보정
④ 점화시기 보정

해설 ▶ 기본 연료분사량 결정 : 공기유량센서. 크랭크 각센서

73 전자제어 가솔린 엔진의 공연비 제어와 관련된 센서가 아닌 것은?

① 흡입 공기량 센서
② 일사량 센서
③ 냉각수 온도 센서
④ 산소 센서

해설 ▶ 일사량 센서는 실내로 유입되는 일사량을 감지하며, 전자동 에어컨시스템에서 입력 센서로만 사용된다.

74 전자제어 기관의 기본 분사량 결정 요소는?

① 냉각수온
② 흡기온도
③ 흡기량
④ 배기량

해설 ▶ 기본 분사량은 흡입공기량(AFS)과 엔진회전수(CKP)에 의해 결정되고, 운전 상황에 따라 기본 분사량을 기준으로 WTS, ATS, O_2센서 등의 추가 입력값으로 연료량이 보정된다.

75 전자제어 가솔린 엔진에서 엔진의 점화시기가 지각되는 이유는?

① 노크 센서의 시그널이 입력되었다.
② 크랭크각 센서의 간극이 너무 크다.
③ 점화 코일에 과전압이 걸려 있다.
④ 인젝터의 분사시기가 늦어졌다.

해설 ▶ 크랭크각 센서 간극이 맞지 않으면 시동불량이 생기는 것이지 점화시기가 지각되는 것과는 관계가 없다. 노킹 발생 시 실린더 내 강한 압력파 진동음을 ECU에 보내, ECU는 점화시기를 지각시킨다.

정답 72 ① 73 ② 74 ③ 75 ①

PART 02

자동차 섀시 정비

02 자동차 섀시 정비

제1장 동력전달 장치(구동 시스템)

(동력전달경로) 엔진→ 클러치→ 변속기→ 추진축→ 종 감속 기어 & 차동 기어→ 액슬 축→ 바퀴

1. 구동축, 구동 액슬, 클러치, 차동기어

섀시(chassis)는 자동차 주행 안전성, 운전자·탑승자의 승차감과 관계되는 자동차의 주요 부분이나. 자동차 성능 및 안전과 관계된 장치들로써, 차체(body)를 제외한 자동차의 뼈대를 이루는 것이 섀시라고 보면 된다. 세부적으로 나눈다면 프레임, 동력전달·조향·현가·제동·휠 및 타이어로 구분할 수 있으며, 여기에 각각 전자제어 방식의 첨단 기술이 접목된 것이라 볼 수 있다. 차체는 PART 4 자동차 판금·도장에서 자세히 다루겠으나 간단히 승용차 차체를 구분한다면 다음 표와 같다.

구분	타입(type)	비고
세단(sedan)	해치백(hatch back)형	• 컷(cut back)형 이라고도 함 • 뒷좌석이 접혀 트렁크를 넓게 쓸 수 있음
	패스트(fast back) 형	• 루프가 트렁크까지 이어진 단일 곡선의 경사 형태 • 백(back)형이라고도 함
	노치(notch back) 형	• 일반적으로 가장 많은 형태 • 뒷 좌석과 트렁크가 분리되어 있으면서 외부에서 봤을 때 뒷유리와 트렁크가 단계별로 접합된 형태
컨버터블(convertible)	-	• 드롭 헤드(drop head)라고도 함 • 루프(지붕)를 임의로 제거할 수 있는 형태
쿠페(coupe)	하드탑(hard top)	• 센터필러(center pillar)가 없고 금속 재질 루프 • 뒷좌석이 좁고 앞좌석이 넓은 형태로 차고가 낮음
	소프트탑(soft top)	• 센터필러(center pillar)가 없고 천 재질 루프 • 뒷좌석이 좁고 앞좌석이 넓은 형태로 차고가 낮음
왜건(wagon)	-	• 슈팅 브레이크(Shooting brake), 스테이션왜건(station wagon)이라고도 함 • 루프와 트렁크 높이가 같게 이어진 형태
SUV(sport utility vehicle)	-	• 세단과 비교할 때 전고와 지상고가 높은 형태
MPV (multi purpose vehicle)	-	• 미니밴(mini van)이라고 함 • 해치백보다 넓어 탑승객을 늘릴 수 있는 형태

구분	타입(type)	비고
리무진(limousine)	-	• 뒷 좌석을 중요시하여 칸막이로 구분한 형태 • 동일 차종에서는 전장·전폭·전고를 확장한 형태

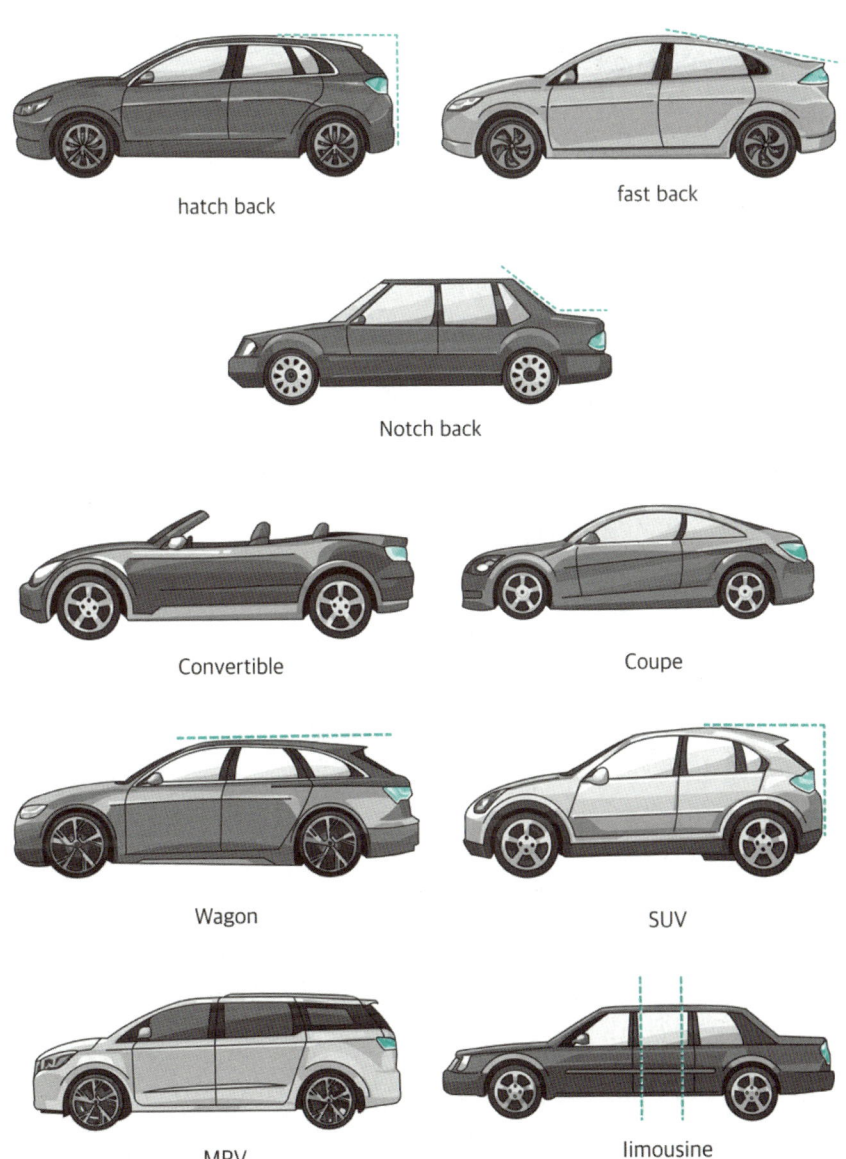

가. 구동축

구동축(drive shafts)는 동력을 전달하는 매개체로써, 각도와 길이를 적절하게 변화·유지하면서 엔진의 토크를 전달하는 장치이다. 각도 변화는 유니버셜조인트(universal joint, 십자베어링)로, 길이 변화는 슬립 조인트(slip joint)로 연결되어 그 역할을 담당한다.

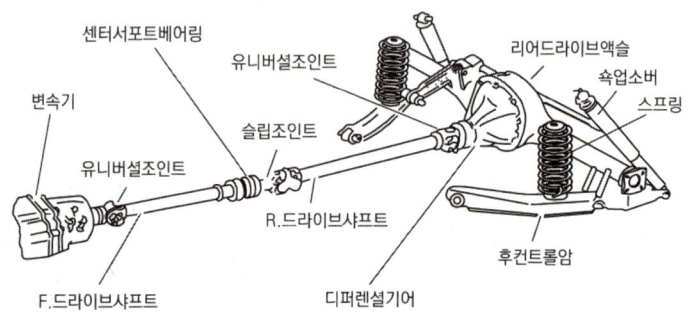

후륜구동방식 구동축, 유니버설조인트, 슬립조인트

구동축의 적용 형태별 명칭은 전륜구동 방식(FF방식)에서는 등속조인트, 드라이브 샤프트라고 하고, 후륜구동 방식(FR방식)에서는 프로펠러 샤프트(propeller shaft, 추진축)라고 한다. 이러한 여러 형태의 구동축은 엔진의 고속회전력을 변속기를 거쳐 구동륜에 전달하는 원리와 역할은 같으나, 전륜구동방식 승용자동차에는 주로 등속조인트(constant velocity joint, CV joint)라고 하며, 후륜 구동식 자동차에는 유니버설조인트(universal joint, 십자베어링)을 대신하여 버필드(birfield)형이 주로 쓰이는 프로펠러 샤프트(propeller shaft, 추진축)라고 한다. 버필드(birfield)형은 더블 오프셋(Double Offset) CV 조인트라고도 한다.

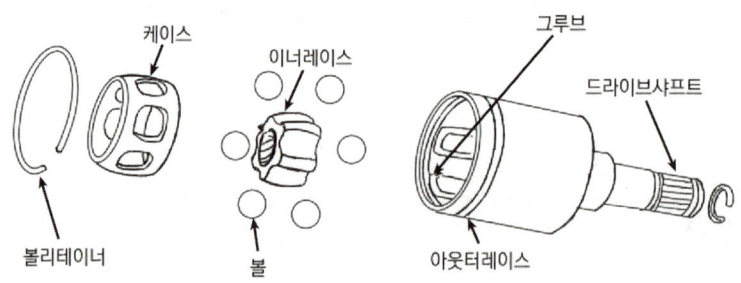

버필드 형, Double Offset CV joint

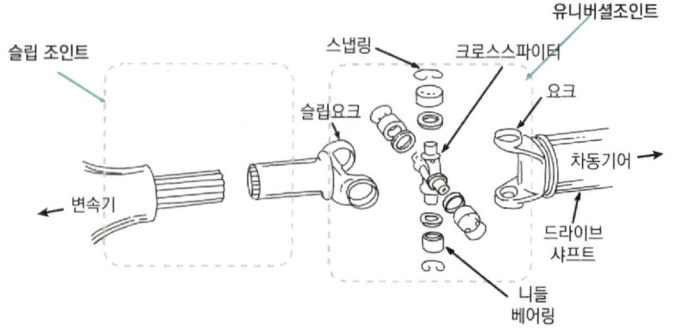

슬립 조인트(slip joint), 유니버설조인트(universal joint, 십자베어링)

(1) 슬립 조인트(slip joint, 슬립이음)

자동차가 고르지 않은 도로, 비포장 및 험로를 주행하거나, 적재 중량 및 탑승자 증가로 하중 변화가 있을 경우 변속기에서 뒤 차축까지의 각도와 길이는 변하게 된다. 또한 이러한 각도 변화에 따른 추진축의 길이를 적절하게 변화시켜주면서 추진축은 회전하여야 한다. 각도 변화에 대한 길이 변화를 유도하는 스플라인 구조로 된 것이 슬립 조인트이다.

(2) 유니버설 조인트(universal joint, 십자베어링, 자재이음)

회전하는 두 개의 축, 또는 각도 변화를 주어야 하는 두 개의 부품을 서로 연결하여 주고, 회전의 원활성을 기하면서 동력을 전달하기 위한 장치가 유니버설 조인트이다. 축의 회전 진동을 흡수하는 역할도 하는 유니버설 조인트는 여러 형태가 차종에 구분 없이 복합적으로 쓰이거나, 상호 적합한 형태로 교차 사용되고 있으나, 전륜구동 방식의 승용차에 주로 쓰이는 등속(CV) 조인트 방식과 주로 화물차, 대형차의 후륜구동 방식에서 주로 쓰이는 십자형(훅)·플렉시블·트러니언 조인트 방식이 있다. 특히 플렉시블 조인트(flexible joint)는 승용 및 대형 화물에 이르기까지 많이 쓰이는데 두 축의 경사각에 제한이 있어 경사각 7~10° 이상으로 제작하기에는 어려운 단점이 있으나, 여러 겹으로 겹쳐, 원판을 삽입하여 고정시키는 방식으로써 볼 베어링 방식과 비교할 때, 마찰부가 없고 회전 시 소음이 없는 장점이 있다.

플렉시블 조인트(flexible joint)

> **Tip.**
>
> flexible : 신축성 있는, 잘 구부러지는, 유연한

나. 구동 액슬

구동 액슬(drive axles)은 자동차의 중량을 지지하고 차동기어로부터 구동륜까지 엔진의 동력을 전달해 주는 것으로써, 액슬 하우징에서 차동기어가 분리되는 분리형과 분리되지 않는 일체형으로 구분된다. 분리형은 구동축과 액슬 축을 제거하면 차동기어를 앞으로 분해할 수 있고, 일체형은 반대로 차동기를 추진축 쪽이 아닌, 뒤쪽에서 분해가 가능하다.

구동 액슬 축(drive axle shaft)의 종류는 지지 형식에 따라 3가지 방식으로 구분할 수 있다.

> **Tip.**
> 액슬(drive axles) : (바퀴의) 차축, 운전석의 액셀러레이터(accelerator)페달을 약칭하는 액셀과는 다른 것

① 전 부동식 : 차축은 동력만 전달하며, 액슬 하우징이 하중 전부를 지지함(바퀴 탈거 없이 액슬축 분리 가능)
② 3/4 부동식 : 차축이 하중의 1/4을 지지함
③ 반 부동식 : 차축이 차량 하중의 1/2을 지지함

또한 액슬 하우징(axle housing) 형식에 따라 스플릿·벤조·빌드업 형으로 구분한다.

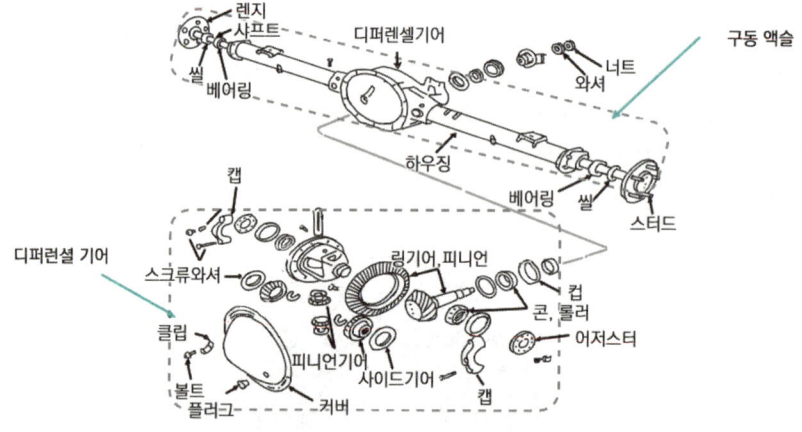

일체형 구동 액슬과 차동기어

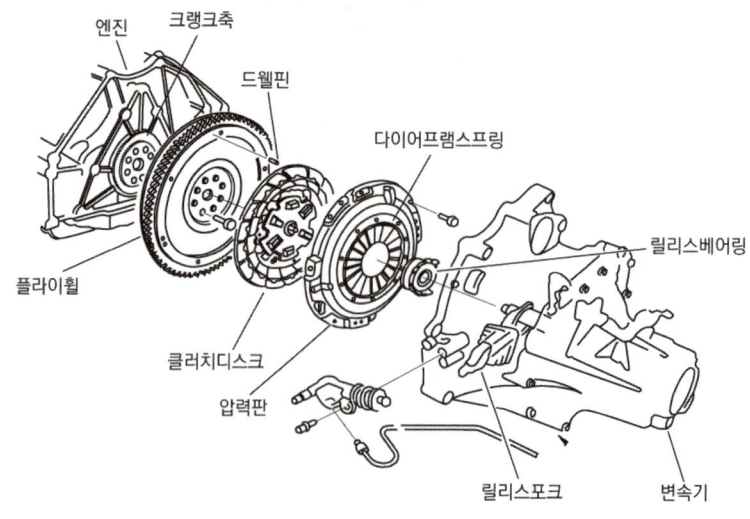

다이어프램식 클러치

다. 클러치

클러치(clutch)는 자동차의 엔진과 변속기 사이에 설치되어, 자동차의 주행 중 엔진의 동력 또는 관성주행으로 인한 엔진과 변속기의 동력 전달 체계를 차단하거나, 전달하게 하는 역할을 한다. 클러치는 구조 및 운전자의 조작 방식에 따라 분류되는데, 그 종류는 아래 표와 같다.

분류기준	종류	비고
구조 방식	마찰 클러치	다판 건·습식, 단판건식(코일스프링·다이어프램식)
	유체 클러치	유체클러치식, 토크 컨버터식
	전기 클러치	디스크식, 자성식
운전자 조작 방식	자동 클러치	유체식, 기계식, 전기식
	페달 클러치	유압식, 기계식(와이어식, 링크식)

(1) 구비 조건

① 엔진과 변속기의 연결·분리가 용이하고, 동력 차단이 신속하고 정확할 것
② 전달 시 충격이 없어야 하고, 전달 후 미끄러짐이 없을 것
③ 회전 부분의 평형이 좋을 것
④ 회전관성은 작고 회전 불균형은 없으며, 방열이 잘 될 것
⑤ 엔진 토크에 대응할 수 있는 클러치 용량을 구비 할 것
⑥ 구조가 간단하고 정비가 용이할 것
⑦ 진동, 소음이 적고 수명이 오래 갈 것
⑧ 클러치 페달 답력이 적을 것

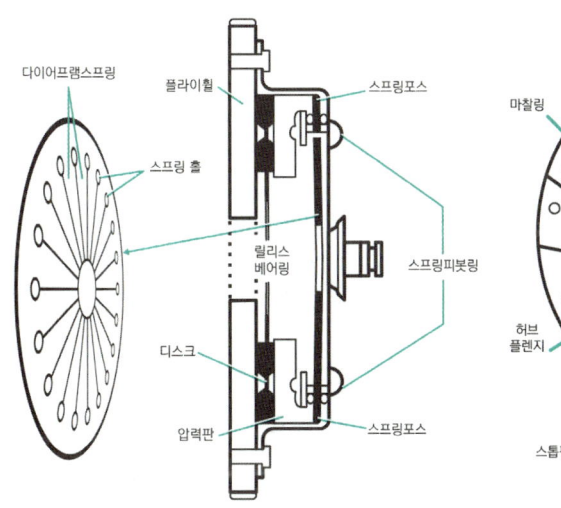

다이어프램 스프링과 클러치 연결 시

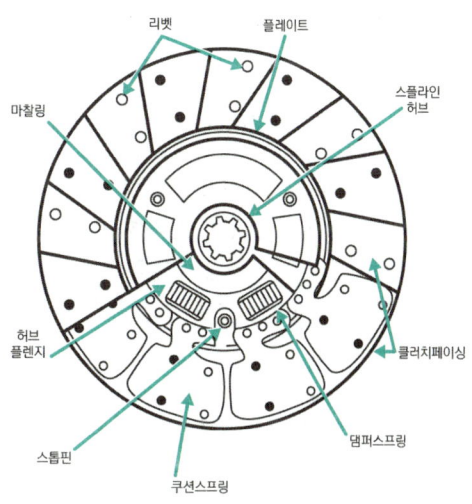

마찰 클러치 디스크

(2) 클러치가 미끄러지지 않는 조건

$$T \times f \times r \geq C$$
T : 스프링 장력, f : 클러치 마찰계수, r : 클러치판의 유효반경, C : 엔진 회전력

(3) 클러치 구성부품

① 클러치 디스크
- 변속기 입력축에 스플라인 형태로 설치되어, 디스크 마찰계수 0.2 ~ 0.3 정도로 리벳에 의해 강판에 고정되어 있다. 쿠션 스프링은 디스크 변형 방지, 편 마멸 방지, 파손 방지 역할을 하며, 비틀림 코일 스프링(댐퍼 스프링)은 압력판과 접속 시 회전 충격을 흡수한다.
- 리벳의 깊이, 판의 비틀림, 비틀림 코일스프링의 장력 상태를 점검하여 교환 여부를 판단한다.

② 압력판과 다이어프램 스프링
- 압력판은 클러치 디스크를 플라이휠에 압착시키는 역할을 하고, 다이어프램 스프링은 압력판을 클러치 디스크로부터 분리하는 역할을 한다.
- 다이어프램 스프링의 특징은
  - 구조가 간단하고 조작력이 작아도 되며,
  - 원심력에 의한 장력 변화가 없다는 것이고,
  - 압력판에 작용하는 압력이 균일하여 힘의 전달 한계가 매우 우수하다.

$$\text{다이어프램 스프링 점검 3요소} \triangleright \text{장력, 자유고, 직각도}$$

- 스프링 장력이 규정보다 크면 용량·수직 충격·조작력이 증가하고, 장력이 규정 값보다 작으면 반대로 용량 저하·미끄럼 발생 등으로 디스크 페이싱의 마모가 촉진된다.
- 클러치의 전달 토크

$$T \propto P \cdot \mu \cdot r$$
T : 전달토크(kgf·m) P : 클러치스프링 전압력(kgf) μ : 마찰계수 r : 클러치판 유효반경

③ 클러치 커버와 릴리스 베어링
- 클러치 커버는 엔진 플라이휠 쪽에 장착되어 있으며, 릴리스 베어링은 회전 중인 다이어프램 스프링을 눌러 엔진의 동력을 차단하는 역할을 한다. 릴리스 베어링은 볼베어링형, 앵귤러접촉형, 카본형이 있는데, 볼베어링형은 영구 주유 식으로 별도의 그리스 주유나 정비 시 세척 할 수 없다.

④ 릴리스 포크
- 페달의 조작에 의해 릴리스 베어링을 다이어프램 스프링 쪽으로 밀어주는 역할을 한다. 정비 시 이상 잡음을 방지하기 위해 포크와 릴리스 베어링 접촉부, 클러치 릴리스 실린더 로드와 포크 접촉부에 윤활유(그리스)를 도포하기도 한다.

⑤ 클러치 페달
- 운전자가 변속 시 밟는 페달로써, 페달 자유 유격(간극)은 릴리스 베어링이 다이어프램 스프링에 닿을 때까지 이동한 거리이며, 유격이 규정 값보다 크면 클러치 작동 지연과 클러치의 차단이

불량해진다. 또한 유격이 규정 값보다 작으면, 클러치 미끄럼 현상(슬립현상)으로 타는 냄새와 함께 디스크 마멸이 촉진되고 페달의 유격은 점점 커지게 된다.

⑥ 클러치 디스크가 미끄러지(슬립현상) 주요 원인
- 디스크의 마모가 심하거나,
- 디스크에 오일(엔진오일, 기어오일)이 유입된 경우,
- 클러치 페달 유격이 너무 작을 경우,
- 다이어프램 스프링의 장력이 약해졌거나 불량(고른 장력 불량)해진 경우이다.

라. 차동기어

차동기어(differential gear) 장치란 자동차가 선회(곡선 주행, 180° 유턴 등) 주행 시, 또는 직선 주행 중에도 노면 상태(요철, 험로)에 따라 좌우 바퀴의 회전속도를 다르게 하는 장치로써, 좌우 차축 사이에서 차동기어가 중심이 되어 회전속도를 다르게 하여, 타이어와 노면 간의 미끄러짐을 방지하고 원활한 주행이 가능하게 한 장치이다. 베벨기어, 스퍼기어가 있으며 주로 베벨기어가 사용되고, 만약 직진 주행 시 양 바퀴가 같은 마찰력과 동일 각도, 동일 속도로 주행한다면 차동기어는 작동하지 않는다.

> Tip.
> 베벨기어는 일반적으로 교차하는 두 축 사이에서 동력을 전달하는 원추형의 기어이다.

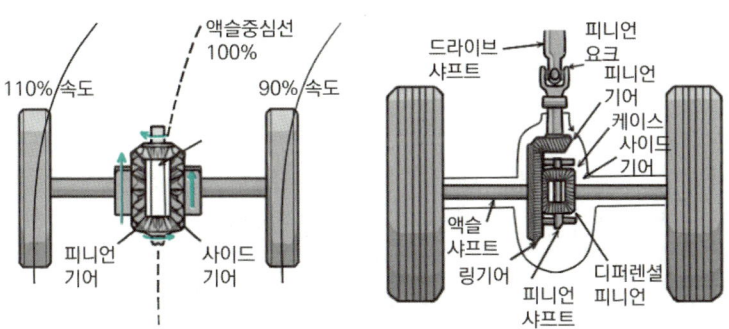

선회 주행시 차동기어 원리

차동기어는 차동기어의 속도를 100이라고 가정하면, 피니언 기어가 100이라는 속도의 약 80~90 정도의 느린 회전속도로 안쪽 구동륜에 전달하고, 바깥쪽 회전 반경의 구동륜에는 100보다 빠른 속도의 약 101~110의 회전속도를 전달하여 원활한 선회능력을 확보토록 해 준다.

좌우 바퀴의 적절한 회전량, 쉽게 말해 안쪽 구동륜은 느리게, 바깥쪽 구동륜은 빠르게 하여 선회 시 타이어의 이상 미끄럼 현상과 이상 마모를 방지하고 주행 성능을 향상시킨다.

(1) 차동기어의 기본 구조와 사용

차동기어는 전(前)엔진+후(後)구동(FR방식) 자동차의 뒤쪽 구동 액슬에 사용되어 랙과 피니언의 원리가 기본적인 원리이며, 현재는 전엔진+전구동(FF방식), 후엔진+후구동(RR방식)의 트랜스 액슬에 장착되어 형식에 상관없이 다양하게 장착되어 쓰이고 있다.

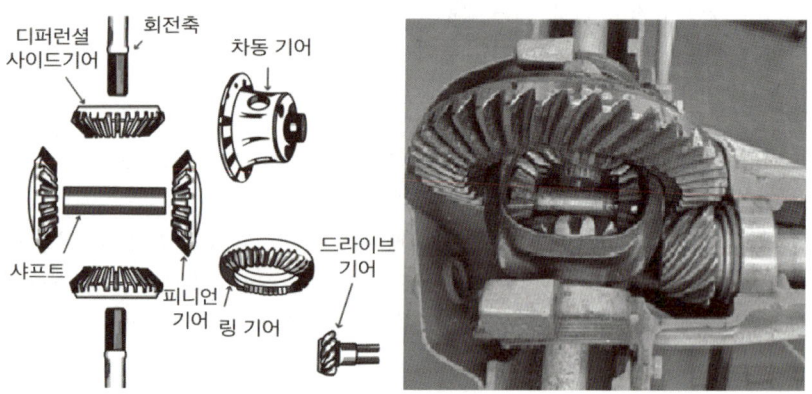

차동기어의 구조

① 케이스(case) : 링 기어와 같이 회전
② 피니언 기어(pinion gear) : 선회 시 자전하며 공전, 직진 시 공전하는 기어
③ 사이드 기어(side gear) : 좌우 액슬 축과 연결되는 기어

특히 4륜구동(4WD) 자동차의 앞, 뒤 구동 액슬 또는 트랜스퍼케이스에 장착되어 4륜구동(4WD) 자동차의 장점을 극대화하고, 주행 성능을 향상시키는 역할도 하고 있다.

(2) 슬립 제한 차동기어(LSD, Limited Slip Differential)

차동기어 내부에 클러치 또는 콘(cone)을 두어 한쪽 구동륜이 공회전(헛도는 현상)현상 발생 시 클러치 또는 콘이 케이스가 사이드 기어에 접속되게 하여 차동기어의 작동을 못하게 한다. 즉 좌우 액슬 축이 동일한 속도로 회전하게 하는 것을 말한다. 보통 자동차의 한쪽 구동륜이 웅덩이나 진흙 수렁에 빠졌을 경우 차동기어장치에 제한을 두어 구동력을 증대시키면서 악조건 상황의 이탈을 쉽게 한다.

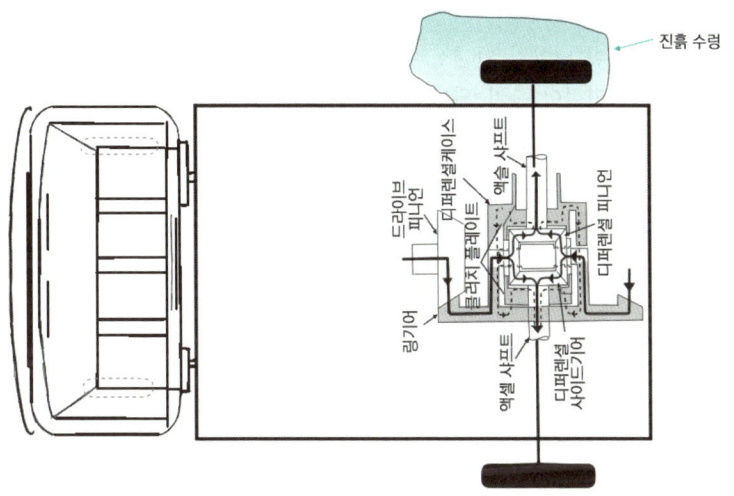

슬립제한 자동 기어의 동력(예)

> **Tip.**
>
> 비스커스 커플링식 LSD : 윤활유의 점성을 이용한 LSD, 원판의 회전수 차이가 생기면 윤활유의 점성으로 차동제한을 한다. 마치 자동변속기의 토크컨버터와 유사한 원리이며, 온도에 따라 윤활유의 점도가 변하면 차동 제한 성능도 변하고, 작동 시 조용한 편이다.

> **Tip.**
>
> 다판식 LSD : 여러개의 클러치판을 사용해서 차동제한을 한다. 좌·우 구동륜과 연결된 클러치판이 서로 접촉하고 있어 회전수 차이가 나면 마찰력으로 차동제한을 하는 원리로 확실한 차동제한 성능을 자랑하지만, 응답성이 느리고, 소음이 있다는 단점이 있다.

(3) 종감속 기어

종감속 기어(final reduction gear)는 구동 피니언 기어와 링기어로 구성되어 있으며, 추진축에서 받는 엔진 동력을 직각 또는 직각에 가깝게 뒤 차축에 전달하여 회전력 증대를 위한 최종적인 감속을 하는 장치를 말한다. 기어의 종류에는 총 4가지 있으나 주로 자동차의 중심이 낮아져 안전성을 향상시킬 수 있는 하이포이드 기어가 많이 쓰이고 있으며, 그 밖에도 웜과 웜·스퍼·스파이럴 베벨기어가 있다.

$$\text{종 감속비} = \frac{\text{링 기어의 잇수}}{\text{구동피니언 기어의 잇수}}$$

종 감속비가 크면 차량의 등판성능(토크)은 향상되나, 가속성능은 저하된다.

하이포이드 기어의 장점을 좀 더 살펴보면,

① 전고 및 차체 중심이 낮아져 안전성과 거주성이 향상된다.
② 기어 이면의 접촉 면적이 증가 되어, 강도 향상에 도움이 된다.
③ 기어 물림율이 많아져 회전 시 정숙하다.

또한 하이포이드 기어는 제작이 다소 어렵다는 단점과 기어 이의 접촉 압력이 커 두 개의 윤활면이 윤활유에 의해 분리되지 않는 극압 윤활유를 써야 한다는 어려움도 있다.

> 총감속비 = 변속비 × 종감속비

2. 수동 변속기

변속기란 자동차가 주행할 때 주행저항이 변하는 환경에 따라 엔진과 구동륜 사이에 장착되어 있으면서 수동 또는 자동으로 엔진 회전속도에 대한 구동륜의 회전속도를 적절하게 변화시켜주는 장치이다. 일반적으로 속도비에 따라 출발 시 1~2단 기어, 주행 시 3~6단 기어, 그리고 후진기어로 구성되어 있다.

다시 말하면, 변속기는 회전력 증대, 무부하 상태에서의 엔진 시동을 위해 필요한 장치이다.

수동 변속기의 종류는 점진 기어식과 선택기어식이 있다. 선택기어식은 다시 섭동 기어식, 상시 물림식, 동기 물림식으로 나뉜다. **점진 기어식**은 자전거 기어처럼 1단에서 3단 변속이 안 되고, 반드시 2단을 거쳐야 되는 방식을 말하며, 선택기어식의 **섭동 기어식**은 해당 기어가 축 방향으로 미끄러져 물리는 방식을 말한다.

가. 수동변속기 분류(종류)

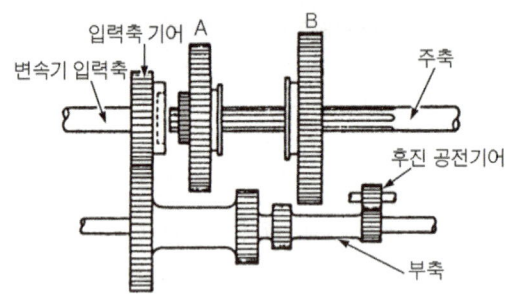

(1) 점진 기어식

1단에서 3단 변속이 바로 안 되며, 반드시 2단을 거쳐 3단으로 변속되는 방식

(2) 섭동 기어식

해당 기어가 축 방향으로 미끄러져 물리는 방식

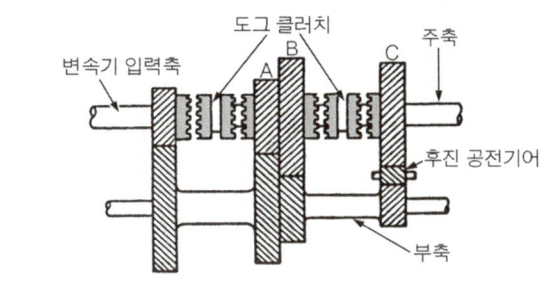

상시 물림식

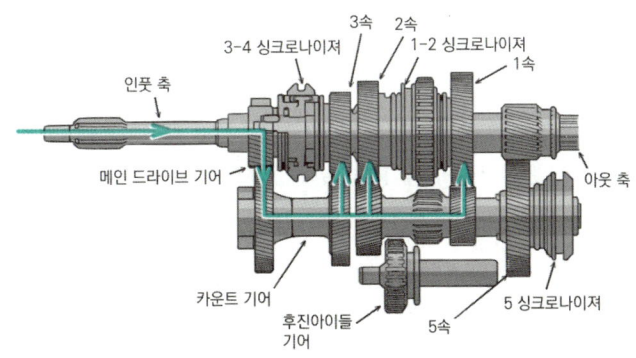

동기 물림식

상시 물림 식은 클러치 기어의 이동량이 적고 변속 조작이 비교적 쉬워 대형 트럭, 버스에 주로 쓰이는 방식으로 모든 기어가 상시 물려있고 클러치 기어(도그 클러치, dog clutch)가 결합 되어 기어만 변속되는 방식이며, **동기 물림 식**은 현재 수동 변속기라 볼 수 있을 만큼 가장 많이 쓰이는 방식으로 모든 기어가 항상 물려있고 싱크로메시 기구가 이동한 쪽의 기어만 변속되는 방식을 말한다.

나. 싱크로메시(synchromesh) 기구

① 구성부품 : 싱크로나이저 링, 클러치 허브, 슬리브, 싱크로나이저 키, 스프링
② 싱크로메시 기구 불량 시 변속이 잘 안 되며, 변속할 때 변속 소음이 발생한다.

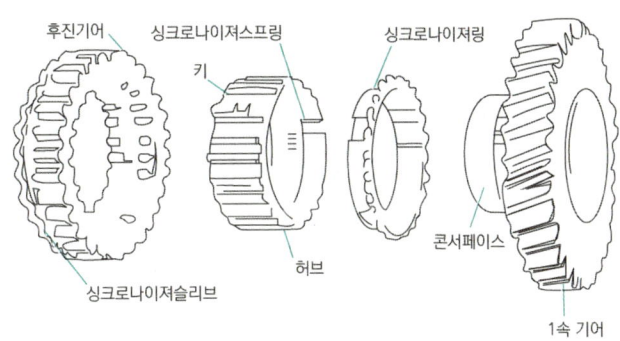

싱크로나이저 synchronizer

다. 수동 변속기 오조작 방지기구
① **인터록**(interlock) : 변속 시 단 한 개의 싱크로나이저만 움직이도록 하여 기어의 이중 물림을 방지한다.
② **록킹볼**(locking ball) : 기어가 자연적으로 빠지는 것을 방지하는 볼(ball)이다.

라. DCT(Double Clutch Transmission, 더블클러치 변속기)
자동변속기와 같이 운전자가 P-R-N-D 선택 레버로 변속되는 변속기로써, 더블클러치 즉, 클러치가 2개로 나뉜 형태이다. 홀수 단과 짝수 + 후진 단으로 나뉘어 각 축이 담당하는 클러치가 따로 있어 일반적인 자동변속기에 비하여 동력손실이 매우 적고 연비가 좋으며, 자동변속기의 편리성과 수동변속기의 장점을 결합한 형태이다. 엄밀히 말하면 수동변속기에 속한다.

비교적 무게가 무겁고, 고장 시 수리 비용이 많이 드는 단점이 있으나, 유체식 자동변속기와 비교할 때 연비 측면에서 뛰어나, 많이 장착되고 있다.

> **Tip.**
> 록킹 볼(locking ball) : 변속 레일 고정 홈을 눌러 고정하는 부품

3. 자동변속기

주행 속도에 따라 변속단 조정을 위해 클러치 계통을 작동할 때, 변속 충격·소음이 발생하는 수동변속기(MT, Manual Transmission)와는 달리 클러치 계통이 자동으로 변화되는 자동변속기 내부 구조는 다소 복잡하고 비용 측면에서 고가이나, 운전자의 조작이 간소화되어 조작하기에 아주 편한 것이 자동변속기(AT, Automatic Transmission)이다. 주행 시 기어 변속이 자동화되어 운전자가 변속에 신경 쓰지 않고 전방 주시 운전에 더욱 집중할 수 있어 사고율도 감소 시키는 장점이 있다. 자동변속기의 유압장치는 전자 제어화 되어 있으며, 승용자동차에서는 대부분 자동변속기를 선택하고 있다.

자동변속기의 특징은 운전자가 임의로 조작하는 기어 변속이 필요 없고, 진동과 충격 흡수로 내구성이 향상되었으며, 운전자의 변속 조작 미숙으로 인한 엔진이 정지되거나 배터리 방전 시 밀어서 시동되지 않는다. 또한 구조가 복잡하며, 가격이 비싸고, 수동변속기와 비교하여 연비는 저하된다.

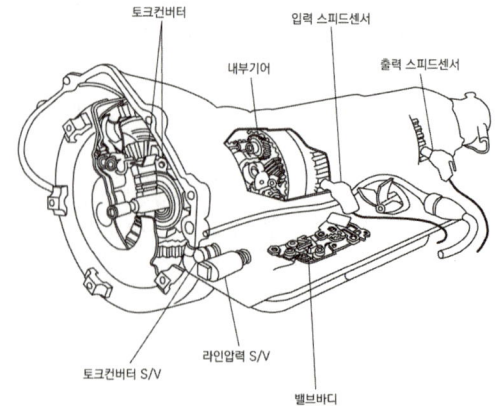

자동변속기 주요 부품

자동변속기의 기어 단수의 변경 시, 시프트 업과 시프트 다운의 변속 점에서 시간 차이를 두는 것을 **히스테리시스 현상(hysteresis)**이라 말하는데, 이는 일정 속도가 되면 자동으로 변속되는 자동변속기의 특성상 **빈번한 시프트 업·다운 현상을 방지**하기 위함이다.

자동차 추월 시 유용하게 쓰이는 주행 기법으로 가속 페달을 일정량 이상 깊게 밟았을 때 주행 단수에 비해 변속 단수를 급격히 낮추어 추월 성능을 높이는 것을 킥 다운(kick down) 기능이라 한다.

> **Tip.**
> 히스테리시스 현상(hysteresis) : 이력 현상(履歷現象)이라고도 하며, 물질이 거쳐 온 과거가 현재 상태에 영향을 주는 현상으로 어떤 물리량이 그 때의 물리조건만으로 결정되지 않고 이전에 그 물질이 경과해 온 과정에 의존(history-dependent)하는 특성을 말한다.

가. 자동변속기 구성요소

(1) 동력부

엔진에 의해 구동되는 오일펌프가 변속기 내에서 필요한 유압을 만든다.

(2) 작동부

클러치나 브레이크 작동에 따라 증속, 감속, 후진, 직결, 중립으로 변속이 된다.

(3) 제어부
① 매뉴얼 밸브 : 시프트레버(변속레버)의 선택 위치에 따라 작동
② 스로틀 밸브 : 흡기다기관 진공에 따라 스로틀 압력제어
③ 거버너 밸브 : 차속에 따라 오일 압력 형성
④ 시프트 밸브 : 차속과 페달을 밟는 정도에 따라 변속 유도(거버너와 스로틀 압력의 변화에 따라 작동)

나. 토크컨버터

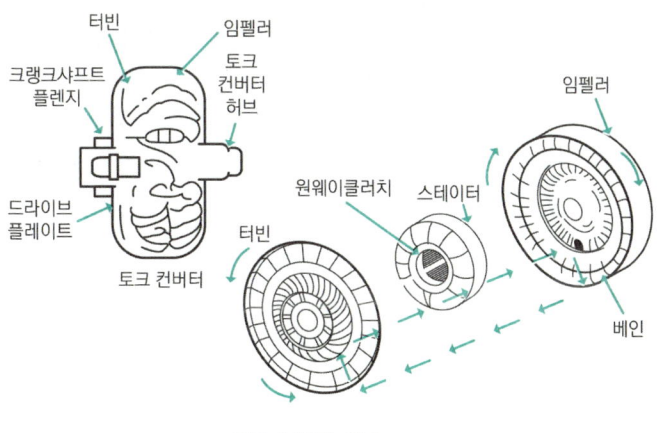

토크 컨버터 구조

토크컨버터(torque converters)는 엔진과 유성기어 사이에 있는 유체 커플링의 한 종류인데, 유체로 가득찬 원형의 하우징은 **임펠러**(impeller 또는 pump), **터빈**(turbine 또는 runner), **스테이터**(stator)로 구성되어 있다.

① **임펠러**는 크랭크축과 연결된 컨버터 하우징과 결합되어 엔진 회전속도와 함께 항상 회전하고 있으며,
② **터빈**은 토크컨버터 안에 있으면서 일반적으로 임펠러보다는 회전속도가 느리다.
③ **스테이터**는 원웨이클러치(일방향, 한쪽 방향으로만 회전)에 의해 컨버터 하우징에 지지되어 있으며, 터빈을 통과한 유체의 방향을 바꿀 수 있는 베인이 있어, 변속기 오일이 이동하면서 터빈의 회전력을 증가시키는 역할을 한다.

또한 **토크컨버터의 역할**은 다음과 같다.

① 토크의 변환에 대한 대응(토크 증대 역할)
② 토크 전달시 발생되는 충격과 크랭크축의 비틀림 현상에 대한 완충(플라이휠 역할)
③ 엔진 힘의 손실을 최소화하여 변속기에 전달(클러치 역할)

$$자동변속기\ 클러치\ 미끄럼률(\%) = \frac{펌프축\ 회전수 - 터빈축\ 회전수}{펌프축\ 회전수} \times 100$$

> **Tip.**
>
> 토크변환비
> ∵ 유체클러치 ▶ 1 : 1 (구성요소 : 펌프, 터빈)
> – 터빈의 회전속도 증가에 따라 0~100%에 가깝게 직선 변환한다.
> ∵ 토크컨버터 ▶ 2~3 : 1 (구성요소 : 펌프, 터빈, 스테이터)
> – 펌프 회전속도보다 터빈이 느리면 큰 회전력을 얻고, 터빈이 펌프 회전속도에 가까워졌을 때 효율이 증가하다가 클러치점을 지나서 저하되어 유체클러치 작동을 한다.

다. 수동 변속기와 비교한 자동변속기의 특징(장점, 단점)

① 동력 전달 시 충격과 소음이 적어 자동차의 수명이 길고, 승차감이 좋다.
② 클러치 조작이 없어 운전자의 피로가 감소 되고, 운행 중 전방에 집중할 수 있게 한다.
③ 저속 구동력이 커 등판 발진 성능이 우수하다.
④ 유압을 이용한 자동변속기의 경우 작동 지연이 발생할 수 있고, 연비 효율은 다소 떨어진다.
⑤ 전자 제어화된 발진 기능으로 오조작 및 전자제어부 고장으로 인한 발진 사고 우려가 있다.
⑥ 구조가 복잡하고 가격이 비싸다.

라. 유성기어의 구성

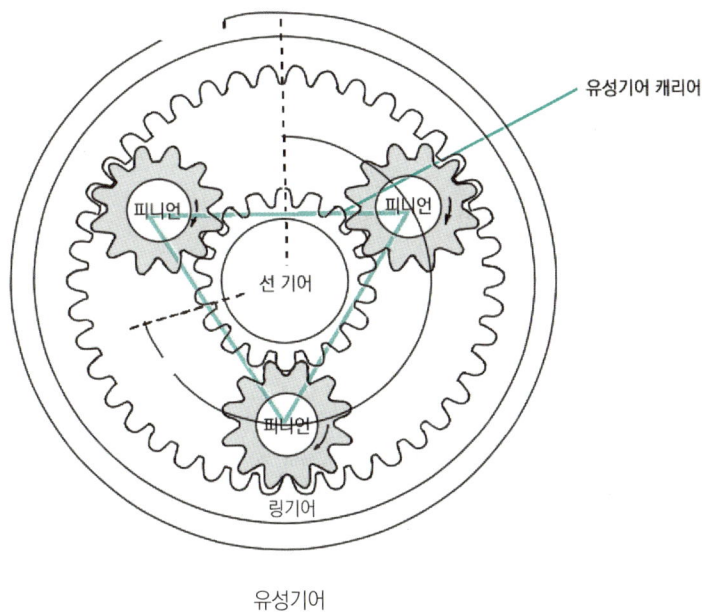

유성기어

그림에서와 같이 단순 유성기어는 선 기어, 피니언 기어, 링 기어, 캐리어로 구성되어 있으며, 그림은 싱글 피니언 방식이며, 여기에 피니언 기어만 2개로 되어 있는 더블피니언 방식도 있다.

유성기어는 여러 가지의 감속비를 얻을 수 있게 해주며, 동력의 차단 없이도 변속 조작이 가능케 하는 장치로써 자동변속기에서 매우 중요한 요소이다. 유성기어 장치는 여러 기어의 하중을 균등 분배하여 베어링에 가해지는 하중을 적게 할 수 있어 소음도 적다. 복합 유성기어로는 선 기어 2개와 링 기어, 유성기어 캐리어를 각각 1개씩 조합한 라비뇨 형식이 있으며, 선 기어 1개를 공통으로 사용하는 심프슨 형식이 있다.

마. 자동변속기 오일

자동변속기 오일(ATF, Automatic Transmission Fluid)은 토크컨버터 내에 동력을 전달하고, 변속 내 회전 기계장치의 윤활·냉각·충격완화 역할과 밸브, 클러치, 밴드브레이크 등의 유압 기구에서 작동유 역할을 한다. 기본적인 오일 점검 방법은 아래와 같다.

① 평탄한 곳에서 점검 차량을 주차하고 엔진 워밍업(냉각수 정상온도)을 실시한다.
② 오일을 정상 작동온도(약 70~80℃) 상태에서 선택 레버를 움직여 오일을 충분히 순환시킨 다음, 시동이 걸린 상태에서 점검한다.
③ 오일 레벨 게이지에 MIN과 MAX의 중간 부위에 체크 되면 정상이다.

또한 **자동변속기 오일의 구비조건**은 다음과 같다.

① 점도·마찰계수가 적당하고, 저온 유동성·윤활성·내열성·내산화성이 좋을 것
② 인화점·발화점이 높을 것
③ 청정 분산성·방청성이 있고, 기포 발생이 적을 것

④ 온도 변화에 따라 점도 변화가 적을 것(점도 지수가 커야 한다)
⑤ 오일 씰(Oil seal) 재료에 대한 안정성이 좋을 것

바. 자동변속기 전자제어장치(TCU)에 입력되는 센서 신호
① 스로틀 위치센서(TPS) : 스로틀 밸브의 열린 양을 계측하는 센서이며 변속을 결정하는 기초신호이다.
② 입력축 속도 센서(펄스제너레이터 A, PG-A)
③ 출력축 속도 센서(펄스제너레이터 B, PG-B)
④ 스포츠 모드 선택 스위치, 업&다운시프트 스위치
⑤ 차속 센서
⑥ 인히비터 스위치 : P나 N 레인지에서만 시동이 가능하도록 변속레버의 위치를 인식한다.
⑦ 오일온도(유온) 센서 : 오일의 온도를 검출하여 댐퍼클러치 제어에 활용한다.(부 특성 서미스터)

> **Tip.**
> 오버드라이브(over drive) : 일종의 증속장치로써, 중·고속 주행 시 연비향상과 소음 감소 목적으로 엔진의 여유 출력을 이용하여 변속기 입력회전수 보다, 출력회전수를 빠르게 하는 원리이다. 운전자가 O/D 스위치로 선택할 수 있다.

사. 자동변속기 스톨테스트(Stall test)
① 엔진 회전속도가 규정 값보다 낮게 나오면 엔진, 높게 나오면 변속기(클러치, 브레이크)쪽 불량으로 판정(시험 시간은 5초 이내에 실시)
② D나 R 레인지에서 엔진의 최대 회전 속도 측정, 자동변속기와 엔진의 종합적인 성능을 점검하는 시험으로 기계적 테스트를 하는 데 쓰임. 그러나 오히려 자동변속기의 내부 부품의 손상을 줄 수 있어 잘 활용하지 않고 있으며, 대부분 자기진단 테스트(컴퓨터시스템)로 성능을 점검하고 있음
※ 스톨 테스트를 하기 전 조건 : 냉각수 온도 워밍업 온도 유지, 변속기 오일 온도 최소 50~60℃, 오조작 급출발 방지를 위한 안전 조치(주차 브레이크, 안전 고임 쇠 설치 등)

아. 무단변속기(Continuously Variable Transmission)
벨트나 체인을 금속 풀리에 감아 단계 없이(변속 단에 따른 별도의 클러치 기구 없이) 연속적인 변속비를 얻을 수 있는 변속기로써, 강철 핀이 내장된 고무 스틸 벨트로 풀리를 회전시킨다. 자동차의 주행 속도에 따라 콘 모양의 풀 리가 다른 쪽 풀리의 움직임과 연동되어 회전하면서 무한대의 최고·최소 변속비를 가변하며 무단으로 변속을 하는 방식이다.

회전력의 차이가 없어 충격이 거의 없고, 일반 자동변속기와 비교할 때 부품 수가 적어 소형·경량화 되어 있으며, 연비와 가속 성능도 향상되었다. 또한 배기가스 저감 효과가 있는 반면, 큰 동력에 대한 어려움으로 주로 소형차종에 사용되고 있다.

종류로는 벨트 드라이브식과 트랙션 드라이브식, 유압모터·펌프 복합식이 있으며, 벨트 드라이브식은 벨트의 성질에 따라 고무 벨트식, 금속 벨트식, 금속 체인식으로 나뉜다.

연습문제 — 제1장 동력전달 장치(구동 시스템)

01 자동변속기 토크컨버터의 스테이터가 정지하는 경우는?

① 터빈이 정지하고 있을 때
② 터빈 회전속도가 펌프속도와 같을 때
③ 터빈 회전속도가 펌프속도 2배 일 때
④ 터빈 회전속도가 펌프속도 3배 일 때

해설 ▶▶ 터빈의 정지상태가 자동차가 정지된 상태이다. 자동차가 움직이지 않을 때, 스테이터가 정지된다.

02 전자제어 자동변속기의 댐퍼 클러치 작동에 대한 설명으로 옳은 것은?

① 댐퍼 클러치의 작동은 오버드라이브 솔레노이드 밸브의 듀티율로 결정된다.
② 페일세이프 모드에서 토크 확보를 위해 댐퍼 클러치를 동작시킨다.
③ 급가속 시 토크 확보를 위해 댐퍼 클러치 작동을 유지한다.
④ 스로틀 포지션 센서 개도와 차속 등의 상황에 따라 작동과 비작동이 반복된다.

해설 ▶▶ 댐퍼 클러치는 오버드라이브와는 무관하고, 페일세이프 모드와 급가속 시에서는 작동하지 않는다. 댐퍼 클러치의 작동조건 중 4단 이상에서의 고속 저부하(약 70km/h 이상)에 있어야 한다.

03 전자제어 자동변속기의 댐퍼 클러치 작동에 대한 설명 중 맞는 것은?

① 작동은 압력조절 솔레노이드의 듀티율로 결정된다.
② 급가속시는 토크 확보를 위하여 댐퍼 클러치 작동을 유지한다.
③ 페일세이프 상태에서도 댐퍼클러치는 작동한다.
④ 스로틀포지션 센서 개도와 차속의 상황에 따라 작동·비작동이 반복된다.

해설 ▶▶ 자동변속기 솔레노이드 밸브는 변속 제어를 위한 유압제어밸브로써 압력·변속·댐퍼클러치 제어용으로 나뉘고, 이 3가지 제어를 위한 솔레노이드 밸브는 TCU의 신호에 의해 제어한다.

04 자동변속기 차량에서 출발 시 충격이 발생하고 라인압력이 높은 상태이다. 고장원인으로 가장 적절한 것은?

① 오일펌프의 누유
② 릴리프 밸브의 막힘
③ 압력조절밸브의 마모
④ 스로틀포지션 센서의 고장

해설 ▶▶ 스포틀 포지션 센서가 고장났을 경우, 적정 시기에 변속이 이뤄지지 않으면서 변속 충격이 발생할 수 있다. 그러나 라인 압력이 높을 때라는 조건에서는 릴리프 밸브가 막히면 장치 내 압력이 높아지면서, 높은 라인 압력으로 변속기 충격이 발생할 수 있다.

05 무단변속기의 특징과 가장 거리가 먼 것은?

① 변속단이 있어 약간의 변속 충격이 있다.
② 동력성능이 향상된다.
③ 변속패턴에 따라 운전하여 연비가 향상된다.
④ 파워트레인 통합제어의 기초가 된다.

해설 ▶▶ 무단변속기는 변속단이 없이 속도 변화에 따라 변속비가 연속적으로 이루어지고, 운전조건에 맞게 변속비를 얻어 파워트레인을 통합제어(토크컨버터 등)한다.

정답 01 ① 02 ④ 03 ④ 04 ② 05 ①

06 무단변속기(CVT)의 제어밸브 기능 중 라인 압력을 주행조건에 맞도록 적절한 압력으로 조정하는 밸브로 옳은 것은?

① 변속 제어밸브
② 레귤레이터 밸브
③ 클러치 압력 제어밸브
④ 댐퍼 클러치 제어밸브

해설 ▶ 댐퍼클러치의 압력에 의해 전압으로 제어하는 것이 댐퍼 클러치 솔레노이드 밸브(DCCSV)이다. 변속 제어를 행하기 위해 시프트 컨트롤 밸브(SCV)에 작용하는 유압을 TCU의 ON, OFF 신호로 제어한다.

07 무단변속기(CVT)의 유압제어 기구에 사용하는 밸브가 아닌 것은?

① 프로포셔닝 밸브
② 클러치 압력 제어 솔레노이드 밸브
③ 변속 제어 밸브
④ 라인 압력제어 밸브

해설 ▶ 프로포셔닝 밸브는 제동장치에서 뒷 브레이크에 대한 브레이크액 압력을 줄이기 위한 구성품이다.

08 6속 더블 클러치 변속기(DCT)의 주요 구성품이 아닌 것은?

① 토크컨버터
② 더블 클러치
③ 기어 액추에이터
④ 클러치 액추에이터

해설 ▶ DCT는 클러치 액추에이터를 활용하여 1, 3, 5단의 축과 2, 4, 6단의 축에 각각의 클러치를 단속하여 변속단의 변화가 원활히 가능하게 한 것이다. 자동변속기의 단점인 유압 구동력의 손실이 낮아 연비면에서 효율이 더 좋은 것이 장점이다. 토크컨버터는 유압식 자동변속기의 부품이다.

09 듀얼 클러치 변속기(DCT)에 대한 설명으로 틀린 것은?

① 연료 소비율이 좋다.
② 가속력이 뛰어나다.
③ 동력 손실이 적은 편이다.
④ 변속단이 없으므로 변속 충격이 없다.

해설 ▶ 무단변속기는 변속단이 없이 속도 변화에 따라 변속비가 연속적으로 이루어져 변속 충격이 없다. 또한 엔진의 출력 활용도가 높고 운전자의 성향에 따라 필요한 구동력 구간에서 운전이 가능하다.

10 6속 DCT(double clutch transmission)에 대한 설명으로 옳은 것은?

① 클러치 페달이 없다.
② 변속기 제어 모듈이 없다.
③ 동력을 단속하는 클러치가 1개이다.
④ 변속을 위한 클러치 액추에이터가 1개이다.

해설 ▶ DCT는 클러치 액추에이터를 활용하여 1, 3, 5단의 축과 2, 4, 6단의 축에 각각의 클러치를 단속하여 변속단의 변화가 원활히 가능하게 한 것이다. 자동변속기의 단점인 유압 구동력의 손실이 낮아 연비면에서 효율이 더 좋은 것이 장점이다.

11 무단변속기(CVT)에 대한 설명으로 틀린 것은?

① 가속 성능을 향상시킬 수 있다.
② 변속단에 의한 기관의 토크변화가 없다.
③ 변속비가 연속적으로 이루어지지 않는다.
④ 최적의 연료소비곡선에 근접해서 운행한다.

해설 ▶ 무단변속기는 변속단이 없이 속도 변화에 따라 변속비가 연속적으로 이루어져 변속 충격이 없다. 또한 엔진의 출력 활용도가 높고 운전자의 성향에 따라 필요한 구동력 구간에서 운전이 가능하다.

정답 06 ② 07 ① 08 ① 09 ④ 10 ① 11 ③

12 전자제어 자동변속기에서 댐퍼 또는 록업 클러치가 공회전 시에 작동된다면 나타날 수 있는 현상으로 옳은 것은?

① 엔진 시동이 꺼진다.
② 1단에서 2단으로 변속이 된다.
③ 기어 변속이 안 된다.
④ 출력이 떨어진다.

해설 ▶▶ 크랭크각 센서 입력신호가 없으면 시동은 꺼지게 되는 원리로써, 공회전 시 댐퍼 클러치가 작동되면 정지된 변속기 축의 토크가 엔진 크랭크축과 연결된 토크컨버터 프런트 커버에 걸려 크랭크축의 회전이 멈추게 된다.

13 유성기어장치를 2조로 사용하고 있는 자동변속기에서 선기어 잇수 20, 링기어 잇수 80일 때 총 변속비는? (단, 제1유성기어 : 링기어구동, 선기어고정 제2유성기어 : 링기어고정, 선기어구동)

① 1.25 ② 5
③ 6.25 ④ 16

해설 ▶▶ 기어비는 피동기어 잇수÷구동기어 잇수이이고, 1기어비와 2기어비의 곱이 총 변속비(총기어비)로써, 계산식은 다음과 같다.

$$1기어비 = \frac{선기어잇수 20 + 링기어 잇수 80}{링이기잇수 80}$$
$$= 1.25$$
$$2기어비 = \frac{선기어잇수 20 + 링기어 잇수 80}{선이기잇수 20}$$
$$= 5$$
$$\therefore 총 기어비 = 1.25 \times 5 = 6.25$$

14 유체 클러치와 토크 변환기의 설명 중 틀린 것은?

① 유체 클러치의 효율은 속도비 증가에 따라 직선적으로 변화되나, 토크 변환기는 곡선으로 표시한다.
② 토크 변환기는 스테이터가 있고, 유체 클러치는 스테이터가 없다.
③ 토크 변환기는 자동변속기에 사용된다.
④ 유체 클러치에는 원 웨이 클러치 및 록업 클러치가 있다.

해설 ▶▶ 토크 컨버터의 스테이터에 의해 토크를 증대시키고, 록업 클러치(댐퍼 클러치)는 토크 컨버터 앞에 있으면서 클러치 점 이상의 속도에서도 유체의 마찰손실을 줄이는 역할을 한다.

15 토크 변환기의 펌프가 2800rpm이고 속도비가 0.6, 토크비가 4.0인 토크변환기의 효율은?

① 0.24 ② 2.4
③ 24   ④ 0.4

해설 ▶▶ 토크컨버터의 전달효율 = 속도비 × 토크비
$\therefore 0.6 \times 4 = 2.4$

16 자동변속기의 변속선도에 히스테리시스(hysteresis) 작용이 있는 이유로 적당한 것은?

① 변속점 설정 시 속도를 감속시켜 안전을 유지하기 위해서
② 변속점 부근에서 주행할 경우 변속이 빈번하게 일어나 불안정함을 방지하기 위해서
③ 증속될 때 변속점이 일치하지 않는 것을 방지하기 위해서
④ 감속시 연료의 낭비를 줄이기 위해서

해설 ▶▶ 히스테리시스(hysteresis, 이력현상)란, 증속시와 감속시의 변속점에 차이를 주어 변속단이 결정될 때, 시프트업과 시프트다운이 변속점 부근에서 빈번하게 변속되지 않도록 시프트업 변속점을 시프트다운보다 높게 설정하여 승차감 향상과 연비 향상을 얻도록 한 것을 말한다.

정답 12 ① 13 ③ 14 ④ 15 ② 16 ②

17 자동변속기 차량에서 토크컨버터 내부에 있는 댐퍼클러치의 접속 해제 영역으로 틀린 것은?

① 기관의 냉각수 온도가 낮을 때
② 공회전 운전 상태일 때
③ 토크비가 1에 가까운 고속주행 중일 때
④ 제동 중일 때

해설 ▶▶ 댐퍼클러치 접속 해제 영역이란 비작동 조건을 말하는데, 문제의 보기 외에, 급가속 및 급감속 시, 엔진 브레이크 작동 시, 1속과 후진 시, 변속 시, 자동변속기 오일(ATF)의 유온이 65°C 이하 시 작동하지 않는다.

18 자동변속기에서 고장코드의 기억소거를 위한 조건으로 거리가 먼 것은?

① 이그니션 키는 ON 상태여야 한다.
② 자기 진단 점검 단자가 단선되어야 한다.
③ 출력축 속도센서의 단선이 없어야 한다.
④ 인히비터 스위치 커넥터가 연결되어야 한다.

해설 ▶▶ 고장코드 기억소거 조건은 문제의 보기 외에도 페일 세이프가 검출되지 않아야 한다.

19 무단변속기(CVT)를 제어하는 유압제어 구성부품에 해당하지 않는 것은?

① 오일펌프
② 유압제어 밸브
③ 레귤레이터 밸브
④ 싱크로메시기구

해설 ▶▶ 싱크로메시기구는 동기물림식 수동변속기의 구성품에 속하고, 무단변속기도 토크컨버터(전자 클러치), 오일펌프, 유압제어 및 레귤레이터 밸브가 있다.

20 무단변속기(CVT)의 구동 풀리와 피동 풀리에 대한 설명으로 옳은 것은?

① 구동 풀리 반지름이 크고 피동 풀리의 반지름이 작을 경우 증속된다.
② 구동 풀리 반지름이 작고 피동 풀리의 반지름이 클 경우 증속된다.
③ 구동 풀리 반지름이 크고 피동 풀리의 반지름이 작을 경우 역전 감속된다.
④ 구동 풀리 반지름이 작고 피동 풀리의 반지름이 클 경우 역전 증속된다.

해설 ▶▶ 엔진의 구동력을 받아들이는 구동 풀리와 바퀴 쪽으로 구동력을 전달하는 피동 풀리는 엔진의 구동력이 커지는 증속 시(빠른 속도)에는 구동 풀리 반지름이 커지고, 피동 풀리 반지름은 작아진다.(감속 시는 반대로 작동한다.)
즉, 속도증가=엔진회전수증가=구동풀리확대(피동풀리축소)

정답 17 ③ 18 ② 19 ④ 20 ①

> 제2장 조향 장치(스티어링 시스템)

1. 조향 일반(개요, 조향기구, 조향각, 애커먼장토식, 최소회전 반경, 조향기어비)

조향 장치(steering system)는 운전자가 자동차의 주행 방향을 결정함에 따라 움직일 수 있도록 한 장치로써 조작·기어·링크 기구로 구성되어 있다.

조향기구는 조향휠, 조향축과 컬럼이고, 기어기구는 조향축의 회전 운동을 방향을 바꾸어 링크 기구에 전달하는 프레임에 고정된 기구를 말하고, 링크 기구는 피트먼 암, 드래그 링크, 너클 암, 타이로드 등으로 구성된 것으로써, 기어 기구의 움직임에 따라 좌우 구동륜의 전달함과 동시에 주행 중 구동륜의 위치를 바르게 유지 시키는 기구이다.

가. 조향 장치의 구비 조건

조향 장치는 먼저 ① 핸들 조작이 쉽고 운전자가 가려고 하는 방향대로 조작이 되어야 하며, ② 노면으로부터의 충격과 각종 조향에 영향을 주는 요소(험로, 노면 돌출부, 진흙 등)들에 대한 대응력이 좋고 안전성이 있어야 한다. 또한 ③ 회전 반경이 작아서 좁은 곳에서도 방향 변환이 원활하게 이루어져야 하며, ④ 주행 중 섀시 및 보디에 무리한 힘이 작용 되지 않으면서, 고속 주행에서도 조향 핸들이 안정되어 있어야 한다. 되도록 ⑤ 수명이 길고 정비가 쉬워야 하며, ⑥ 조향 핸들의 회전과 구동륜의 선회 차이가 크지 않아야 한다.

나. 조향기구

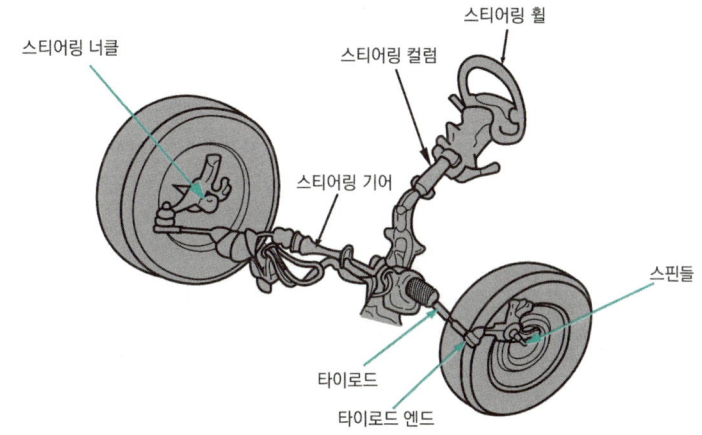

(1) 스티어링 휠(steering wheel, 조향 핸들)

조향 기구 중 주행 중 운전자의 손이 닿아 있는 곳으로써 운전자의 핸들 조작력을 조향 축(steering shaft)을 통해 조향 기어(steering gear), 타이로드(tie-rod assembly), 타이로드 엔드(tie-rod end), 스티어링 너클(steering knuckle)과 스핀들(spindle)을 통해 구동륜에 전달하여 주행 방향을 결정하게 한다. 충격 흡수 방식에 따라 스틸 볼식, 벨로우즈식, 메시식이 있다.

(2) 스티어링 샤프트(steering shaft, 조향 축, 컬럼 샤프트)

차 실내에 스티어링 휠에서 이어지는 축으로써, 승용차의 경우 일반적으로 약 25~35° 의 각도로 이루어져 있으며, 특히 충돌 사고시 운전자 보호를 위해 충격 흡수식(collapsible) 핸들과 함께 장착되도록 규정하고 있어 차량 충돌시 관성에 의해 앞으로 밀려나가는 운전자의 충격을 완화 시켜주는 역할을 한다. 차량의 충돌이 1차 충돌점이라면, 스티어링 휠과 샤프트(컬럼샤프트)는 2차 충돌점이 되는 것이다. 컬럼 튜브와 스티어링 샤프트를 2분할 하였으며, 핸들 바로 아랫 부분을 어퍼(upper), 스티어링 기어 박스로 이어지는 로어(lower)고 구분하여 충돌시 서로 겹쳐지면서 수축되어 충격을 흡수하게 되어 있다.

(3) 스티어링 기어(steering gear, 조향 기어)

조향 기어는 구동륜(타이어)에서 전해는 충격, 즉 노면의 충격을 가장 많이 흡수하는 기구로써, 운전자의 피로도가 결정될 만큼 충격 흡수 정도의 차이가 매우 중요하다. 충격이 핸들에 최대한 적게 전달되도록 제작되어, 운전자가 핸들 조작을 할 때 어렵지 않게 해야 한다.

가역식과 비가역식, 반가역식으로 분류할 수 있는데,

가역식은 앞 구동륜(타이어)으로 스티어링휠을 움직일 수 있는 방식으로 주행 중에 핸들을 놓치기 쉬운 단점은 있으나, 각 부의 마찰이 비가역식과 반가역식보다 적고, 앞차륜 복원성 향상에 도움이 된다는 장점이 있다.

비가역식은 스티어링휠로만 구동륜(타이어)을 움직일 수 있으며, 가역식의 장점(각 부의 마찰, 앞차륜 복원성 향상)은 갖고 있지 않으나, 구동륜의 충격이 스티어링휠로 전해지지 않아 험로 주행 시 운전자의 핸들링이 용이 하다.

반가역식은 가역식과 비가역식의 중간 정도의 장·단점을 가지고 있다고 보면 된다.

스티어링 기어의 **일정 기어비(constant ratio) 형식**에 속하는 **래크 피니언 형식**과 **볼 너트 형식, 웜 섹터 형식**이 있으며, 또한 일반적으로 대형 차량에 주로 쓰이는 **가변 기어비(Variable gear ratio) 형식**이 있다.

> **Tip.**
> 가변 기어비(Variable gear ratio) : 직진 주행 시 기어비를 낮춰 스티어링 반응성을 낮추고, 코너링·주차 시 일정 이상의 스티어링 조향 각도가 되면 기어비를 높여 반응성을 높이는 스티어링 기어 형식

(4) 타이로드(tie-rod assembly)와 타이로드 앤드(tie-rod end)

좌우 구동륜과 연결된 너클 암을 동시에 움직이게 하기 위한 장치로써, 로드 끝에는 타이로드 앤드가 볼 형식으로 연결·조립되어 있고, 타이로드 앤드는 암나사식으로, 타이로드는 수나사식으로 제작되어 로드와 앤드는 분리되며, 로드와 앤드의 체결상의 길이 조정으로 토인(toe-in) 조정이 가능하다.

(5) 너클(steering knuckle)과 스핀들(spindle)

구동륜을 허브, 타이로드 앤드와 함께 조립하여 스티어링 기어와 연결시켜 주는 장치로써, 좌우에 동일하게 설치되어 있다.

다. 애커먼 장토(Ackerman-Jantaoud)식

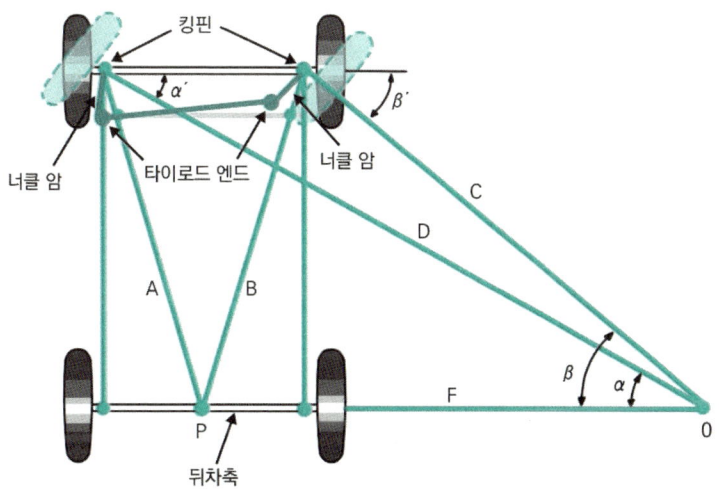

애커먼 장토식의 원리

자동차가 직진으로 주행할 때 킹핀과 타이로드를 뒤 차축에 연장선(A,B)을 그었을 때, 좌우가 서로 뒤 차축 중앙(P)에 만나는 한 점을 중심으로 동심원을 그리며 선회하게 된다. 조향 핸들을 돌려 선회 시 좌우 앞바퀴의 조향각의 차이($α'$, $β'$)가 생겨 각 바퀴가 옆으로 미끄러지는 것을 방지하게 되는 것을 애커먼 장토식이라 한다.

라. 최소 회전 반경(minimum radius of turning)

조향 각도를 최대로 조향하여 선회하였을 때, 바깥쪽 바퀴가 그리는 동심원의 반지름(반경)을 말한다. 즉 그려지는 최 외측 바퀴와 선회 중심과의 거리를 말하며, 그 길이가 길수록 최소 회전 반경은 커진다.

$$\text{최소회전 반경(R)} = \frac{L}{Sin\alpha} + r$$

L : 축거(m), a : 바깥쪽 바퀴의 최대 조향각도, r : 바퀴 접지면 중심과 킹핀과의 거리(m)

마. 조향기어비

$$\text{조향 기어 비} = \frac{\text{조향핸들의 회전각도}}{\text{피트먼 암(바퀴)의 회전각도}}$$

기어비가 적정하지 않고, 너무 크거나 작으면 고속 주행 중 선회 조향 불량으로 사고 발생이 있을 수 있다. 웜 섹터 형, 볼 너트 형, 랙 피니언형이 있으며, 조향 기어의 백래시(backlash)가 너무 커지면 조향 핸들의 유격이 커진다.

> **Tip.**
> 백래시(backlash) : 두 개의 기어 이가 서로 맞물려 있을 때, 기어 잇면(치면)과 잇면 사이의 간격

바. 조향 장치의 이상 유형

(1) 유형1. 조향 핸들의 한쪽으로 쏠림
  ① 좌, 우 타이어 압력 불균형
  ② 좌, 우 브레이크 간극 불균형
  ③ 한쪽 현가장치가 파손
  ④ 한쪽 허브베어링 마모
  ⑤ 휠 얼라인먼트 불량

(2) 유형2. 주행 중 조향 핸들의 무거움
  ① 구동 벨트의 슬립(파워벨트 불량)
  ② 타이어 공기압이 낮음
  ③ 볼 조인트 과도한 마모
  ④ 파워 스티어링 오일 부족
  ⑤ 조향 너클의 변형

사. 프론트 액슬(front axle)

프론트 액슬(front axle, 앞차축)은 안전한 조향 성능 확보와 자동차의 진행 방향을 결정하는데 매우 중요한 요소이기에 그 종류와 기능에 관해 간단히 설명한다.

프론트 액슬은 주행중 노면, 또는 기타 물체와 충돌시 그 충격을 견딜 수 있는 구조와 재질로 제작 되어야 한다. 특히 앞 엔진 구동 방식의 경우에는 엔진의 무게를 지지하는 것이 상당하기에 더더욱 견고히 제작 되어야 하며, 조향 성능에 많은 영향을 주고 있다. 승용차의 경우에는 대부분 독립식 앞차축을 사용고 있으며, 프론트 액슬 뿐만아니라, 리어 액슬도 독립식을 사용하는 경우가 많아지고 있다. 대형 트럭·버스의 경우에는 일체 단축식을 주로 사용하고 있으며, 두 개의 축으로 된 복축식을 쓰기도 한다.

다시 정리하면, 프론트 액슬(앞차축)은 구조적 측면에서 일체식(단축식,복축식), 독립식으로 구분하며, 동력전달 측면에서는 활축(live axle)과 사축(dead axle)으로 구분한다.

2. 동력 조향 장치

수동 조향 장치의 핸들 조작력을 가볍게 하기 위해, 기어비를 무작정 크게 할 수 없는 한계를 극복한 것이 동력 조향 장치(power steering system, 파워스티어링)이다. 수동 조향 장치에서 기어비를 무작정 크게 하여 핸들을 가볍게 할 경우, 운전자의 의지와 상관없이 핸들 오조작이 많아져 조향 안전성을 떨어트리게 되는데, 파워스티어링은 엔진의 동력을 이용하여 별도의 유압 오일펌프를 구동해 핸들 조작력을 쉽게 하면서 조향 안전성을 향상한 시스템이다.

가. 파워스티어링의 장점(특징)

① 핸들 조작력을 가볍게 할 수 있어 조향기어비 선정 범위가 넓다.
② 앞 구동륜의 시미현상(shimmy motion)을 방지한다.
③ 노면의 충격을 흡수하여 핸들에 전달되는 킥 백(kick back)을 방지한다.
①, ②, ③의 파워스티어링의 장점을 한마디로 표현한다면 「파워스티어링이 장착된 자동차는 조향 성능 향상으로 주행 안정성이 매우 우수하다.」로 요약할 수 있다.

나. 파워스티어링의 종류와 구성요소

파워스티어링의 종류는 기어 형식과 파워 실린더 및 밸브 배치에 따라 분리형, 일체형, 인테그럴형이 있다. 주요 구성요소는 다음과 같다.

(1) 동력부

유압을 발생시키는 장치로써 크랭크축 벨트에 의해 구동되며, 베인식 오일펌프와 유압 제한 릴리프 밸브, 유량제어 밸브 등으로 구성된다.

(2) 작동부

오일펌프에서 발생한 유압을 통해 피스톤을 움직여 조향 방향을 바꾸는 장치이다.

(3) 제어부

유압실린더로 들어가는 오일의 압력 또는 유량을 조절해주는 조절 밸브가 유압회로를 바꾸어 동력실린더의 작동 방향 및 배력을 제어한다. 또한 유압펌프 고장과 오일 누출 시 조향 핸들을 수동으로 조작할 수 있도록 안전 체크 밸브(safety check valve)가 부착되어 있다.

3. 전자제어 동력 조향 장치

정차되어 있던 자동차가 서서히 움직이기 시작할 때, 주행 중이던 자동차가 정차하려고 할 때 공회전과 저속 운행을 하게 된다. 이때 타이어의 접지력과 엔진의 무게, 차체 하중을 받고 있는 조향휠을 최대한 가볍게 해야 운전자의 피로가 적게 된다. 또한 자동차가 고속 주행을 할 때는 조향휠이 너무 가벼우면 조정 안전성이 매우 불량하게 되기 때문에 속도에 맞게 적절하게 무거운 조향휠로 바뀌어야 한다. 이러한 상황에 따른 조향휠의 무게감을 조절해 주는 것이 전자제어 동력조향장치(electric control power steering, EPS)이다.

EPS의 구성 요소는 EPS 컨트롤 유닛, 조향각 센서, 차속 센서, 스로틀 위치 센서(TPS), 유량제어 밸브, 오일펌프, 동력실린더 등이다.

가. 종류

전자제어 동력 조향 장치에는 크게 3가지로 구분할 수 있다.

① 일반 동력조향장치의 파워스티어링 펌프원리를 그대로 적용하면서 전자제어 개념이 들어간 방식
② 파워스티어링 펌프를 없애고, 그 펌프의 기능을 전기모터화 시킨 방식(motor driven power steering, MDPS)
③ 펌프 기능과 전기 모터 기능을 동시에 가지고 있는 복합식이 있다.

여기에서는 일반적인 전자제어 동력 조향 장치와 MDPS의 종류를 간략히 정리해 보고 가려고 한다.

(1) 차속 감응식

자동차의 주행 속도에 따라 조향력을 제하는 방식으로 차속도 센서, 솔레노이드 밸브, 파워스티어링 펌프, ECU로 구성된다.

(2) 전동 펌프식

직류 모터와 소형 펌프가 구동하게 하는 방식으로 차속, 스티어링 조향 정도를 판단하여 험로에서부터 포장된 고속도로에 이르기까지 최적화된 조향휠 제어를 가능하게 한다.

차속 감응식(속도 감응식)과 전동 펌프식 외에도 유압 반력 제어식, 밸브 장착 베인 펌프식, 실린더 바이패스 제어식 등이 있다.

EPS의 효과는 다음과 같이 정리할 수 있다.

① 저속에서는 조향휠의 조작력을 가볍게, 고속으로 갈수록 무겁게 한다.
② 엔진 회전수에 따라 조향력을 변화시키는 회전수의 감응식이 있다.
③ 조향휠을 노면에서 툭 치는 듯한 **킥백(kick back)현상**의 방지와 앞차륜의 **흔들림 현상**(시미(shimmy) 현상)을 감소 시킨다.
④ 일반 동력조향장치 구조를 그대로 유지하면서 EPS 시스템을 적용할 수 있다.
⑤ 고속 또는 급조향 선회 시, 조향휠의 회전각을 감지하여 조향 방향으로의 잡아당기는 듯한 **캐치업(catch up) 현상**을 보상하여 안정적인 선회를 할 수 있도록 한다.

> **Tip.**
> 캐치업(catch up) : (먼저 간 사람을) 따라잡다[따라 가다], (정도나 수준이 앞선 것을) 따라 잡다

(3) 순수 전동식(motor driven power steering, MDPS)

전동식은 모터가 어디에 장착되어 있느냐에 따라 일반적으로 3가지 종류로 구분한다. 컬럼(column)식, 피니언(pinion)식, 랙(rack)식이다. 추가적인 구성 요소로는 명칭과 같이 조향 기어박스 전동기와 전동기 회전각도 센서, 감속기구, 회전력 센서이다. 조향력이 매우 가볍고, 속도에 따른 조향력 제어 범위가 넓어 운전자가 매우 편리하고 안정적인 운전을 하도록 하고, 엔진과 완전히 분리된 시스템으로써 엔진의 회전속도와 관계없이 전기적 제어 시스템으로써 연비 향상에도 도움이 된다. 단점으로는 고장 시 파워펌프의 작동이 없어 핸들 조작력이 매우 무거워 조향이 불가할 정도이며, 컬럼식의 경우 실내에 장착되어 모터 소음이 있다는 것과 교환 수리 비용이 고가라는 것이다. 그러나 이러한 단점을 극복하는 기술 개발이 친환경 자동차 개발에 앞서 이뤄지고 있으며, 향후 친환경 자동차에는 모두 순수 전동식의 파워스티어링이 장착될 전망이다.

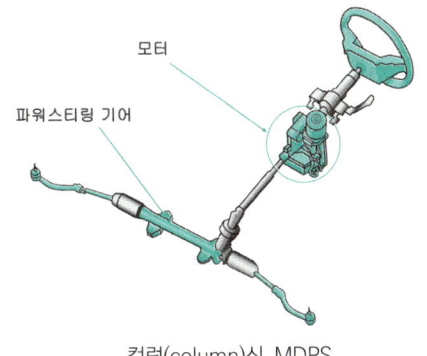

컬럼(column)식 MDPS

4. 4륜 조향(4 Wheel Steering)

일반적인 2WS(2 Wheel Steering) 방식에서 전륜의 방향 전환 시 발생할 수 있는 횡력의 요잉력과 그에 따른 자동차 주행 방향에 변화가 발생 된다. 이때 후륜은 자동차의 주행 방향과 같은 방향으로 횡력을 발생시키며 선회하게 되나 전륜보다는 횡력의 변화 즉 선회 시작점이 늦어져 조종성에 좋지 않은 영향을 주게 된다. 이러한 문제점을 개선하여 전륜과 후륜의 횡력을 동시에 발생시키면서 선회 주행 방향의 안정성을 부여하여 고감도의 조향 성능을 발휘하게 되는데, 이것이 4륜 조향(4 Wheel Steering)의 기본 핵심 원리이다. 특히 고속 주행 중 차로 변경과 저속(시속 약 35~50km/h이하) 도심 주행 중 U턴 할 때 선회 반경이 감소되어 운전자가 느낄 정도로 조정감이 향상된다. 또한 선회 주행뿐만 아니라, 고속 직진 주행 시에도 후륜 조향각을 제어하여 직진 안정성이 향상된다.

4륜 조향(4 Wheel Steering)의 제어 목적을 간략히 정리해 보면 다음과 같다.

가. 선회 및 고속 주행 안정성을 증대하기 위함이다.

나. 운전자가 요구하는 스티어링 응답성(response)을 실현한다.

다. 차선 변경 시 용이함을 더하고, 고속 직진 주행 성능을 향상시킨다.

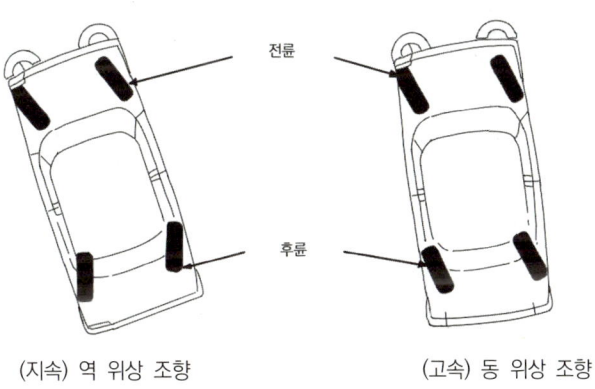

(지속) 역 위상 조향　　　　(고속) 동 위상 조향

4륜 조향(4 Wheel Steering) 기본 작동 원리

5. 차륜 정렬(휠 얼라인먼트)

휠 얼라인먼트(wheel alignment) 즉 차륜 정렬이란 주행 중 바퀴의 방향, 위치, 차륜 상호간의 성능 유지를 및 향상을 위한 약속된 정렬 상태를 의미하며, 특히 주행중 전륜의 직진성, 복원성, 방향성과 조향을 위한 조작력 경감이 목적이라 할 수 있다. 만약 정렬 상태가 불량할 경우, 타이어의 이상 마모로 인한 타이어 파손이 있을 수 있으며, 각종 서스펜션에 집중된 하중으로 인한 이상 소음과 고장을 가져 올 수 있다.

차륜 정렬의 주요 종류는 토인(toe-in), 캠버(camver), 캐스터(caster), 킹핀 경사각(kingpin inclination angle), 셋백(setback)이 있다.

차륜 정렬이 필요한 이유를 간략히 정리해 보면

- 핸들 조작력을 가볍게 하면서 조향 핸들의 조작을 확실하게 한다.
- 핸들 조작력을 가볍게 하고, 주행 안전성을 준다.
- 조향 핸들에 복원성을 줌과 동시에 직진성능을 향상 시킨다.
- 타이어 이상 마모를 방지하여 타이어 파손으로 인한 사고를 방지한다.

가. 토인(toe-in)

앞바퀴를 위에서 보았을 때, 앞바퀴의 앞쪽이 뒤쪽보다 안쪽으로 치우친 것을 말하며, 불량 시 좌, 우 타이로드의 길이를 가감하여 조정한다.

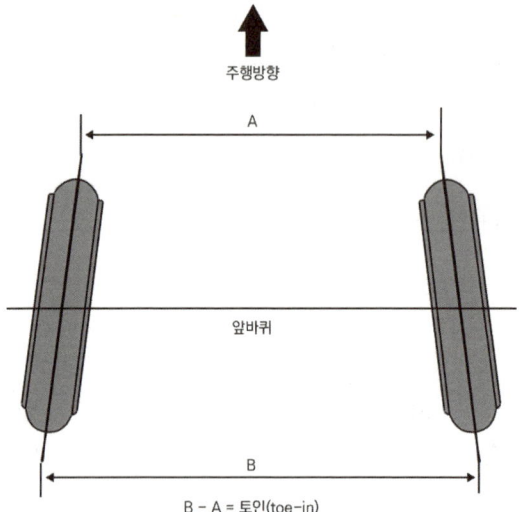

토인(toe-in)의 필요성은 다음과 같다.

① 앞바퀴를 평행하게 회전시킨다.
② 타이어의 편 마모와 사이드슬립을 방지한다.
③ 조향링키지 마멸에 의한 토 아웃(toe-out)을 방지한다.

> **Tip.**
> 컴플라이언스 스티어(compliance steer) : 타이어에 외력이 가해졌을 때 서스펜션의 차륜 연결부위 일부(암류)가 전후 방향으로 미세하게 움직이며 약간 조향 된 듯한 것(토 각도의 변화 현상)

나. 캠버(camber)

앞바퀴를 앞에서 보았을 때, 바퀴가 내·외측으로 기울어진 정도를 말하는데, 외측으로 기울진 경우를 정 캠버(양 캠버, positive camber), 내측으로 기울어진 경우를 부 캠버(음 캠버, negative camber)라고 한다. 즉, 바퀴의 중심선과 노면에 대한 수직선이 이룬 각을 말하며, 정 캠버가 정상으로써 수직하중에 의한 앞차축의 휨을 방지하고, 조향 핸들의 조작력을 가볍게 한다.

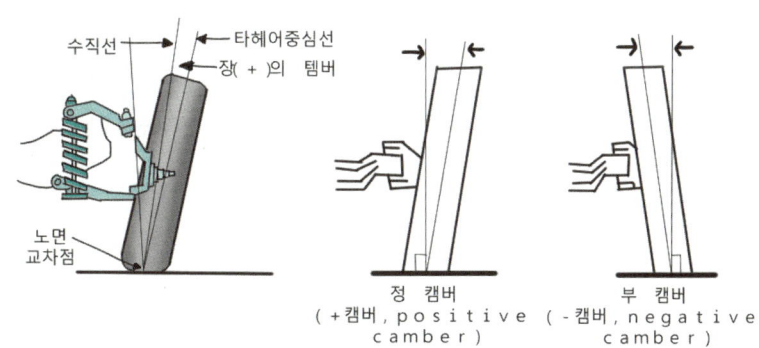

다. 캐스터(caster)

앞바퀴를 옆에서 보았을 때, 킹핀(조향축, kingpin)이 수직선에 대해 어떤 각도를 두고 있는 것으로, 일반적으로 약 0.5~1° 정도로 캐스터각(caster angle)을 이루고 있다.

캐스터각(주행축각, caster angle)의 필요성은 다음과 같다.

① 조향 시 직진 방향으로 복원력을 발생시킨다.
② 직진성능 좋게 하고 주행 중 앞 차축의 주행 안전성을 향상시킨다.

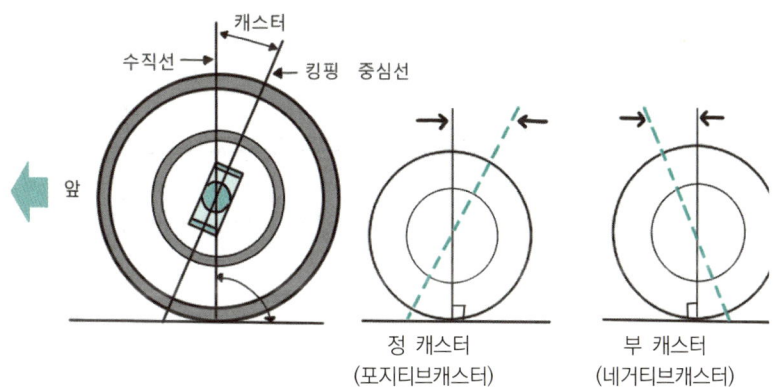

라. 킹핀 경사각(kingpin angle)

앞바퀴를 앞에서 보았을 때, 킹 핀 중심선(스러스트바 중심선, 앞 차축과 조향 너클의 연결 핀, 너클 볼 조인트 중심선)이 노면과의 임의의 수직선(타이어 중심 수직선이 아님)과 이루고 있는 각을 말하며, 캐스터와 같이 조향 바퀴의 방향 안전성과 복원성을 향상시키고, 너클핀을 중심으로 조향륜이 좌우로 회전하는 이상 진동 현상인 시미(shimmy) 현상을 방지한다.

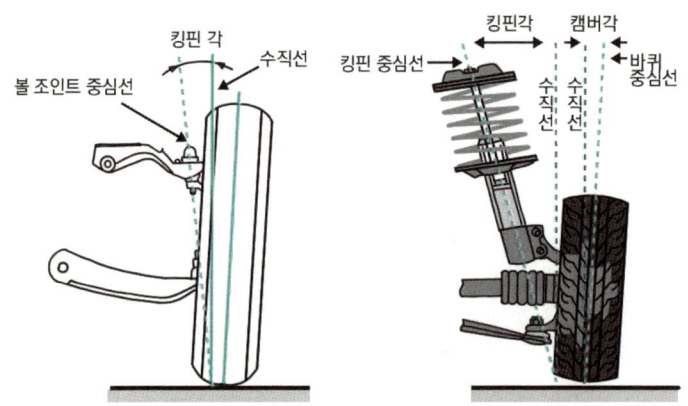

마. 셋백(setback)

자동차의 한쪽 바퀴가 반대쪽 바퀴와 비교할 때 뒤쪽으로 밀려난 상태로써 후륜의 양쪽 바퀴가 차축을 중심으로 일직선상에 있을 경우, 뒤쪽으로 밀려난 바퀴쪽의 휠베이스(wheelbase, 축거)는 짧고, 반대쪽 휠베이스가 길게 되는데, 이 두 휠베이스의 길이 차이를 말한다. 이러한 셋백은 자동차 제조 공정상의 문제로 발생되기도 하나, 충격 손상과 독립 현가장치의 오조립, 위치선정의 문제 등으로 발생 된다.

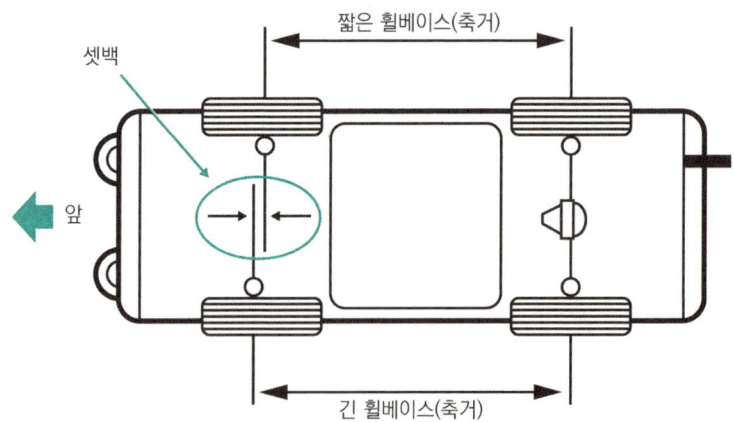

연습문제 — 제2장 조향 장치(스티어링 시스템)

01 차속 감응형 4륜 조향장치가 2륜 조향장치에 비해 성능을 향상시킬 수 있는 항목으로 가장 적절하지 않은 것은?

① 고속 직진 안전성
② 차선 변경의 용이성
③ 최소회전반경 단축
④ 코너링 포스 저감

해설 ▶ 전륜과 후륜의 횡력을 동시에 발생시키면서 선회 주행 방향의 안정성을 부여하여 고감도의 조향 성능을 발휘하는 것이 4륜 조향(4 Wheel Steering)이다. 문제의 보기 외에도 쾌적한 고속 선회와 일렬주차 편리, 유턴 용이성 등이 장점이다.

02 전동식 동력조향장치(MDPS)의 장점으로 틀린 것은?

① 전동모터 구동 시 큰 전류가 흐른다.
② 엔진의 출력 향상과 연비를 절감할 수 있다.
③ 오일 펌프 유압을 이용하지 않아 연결 호스가 필요 없다.
④ 시스템 고장 시 경고등을 점등 또는 점멸시켜 운전자에게 알려준다.

해설 ▶ 전동모터의 순간 최대 전류는 75 ~ 100A까지 상승할 수 있어, 작동 시 적절한 보상이 필요하다. 이러한 보상이 이루어지지 않을 때 핸들 무거움 현상이나, 고장 신호를 띠우게 된다. 발전기 불량으로 전동 모터까지 교환하는 오진단 정비 사례가 많다. (공회전 시 발전기 전류 약 55 ~ 75A)

03 전동식 동력조향장치의 입력 요소 중 조향 핸들의 조작력 제어를 위한 신호가 아닌 것은?

① 토크 센서 신호
② 차속 센서 신호
③ G센서 신호
④ 조향각 센서 신호

해설 ▶ 중력을 이용하여 물체의 움직임을 감지하는 G센서 신호는 주로 전자제어 조향과 현가장치, 자세제어 장치(VDC), 에어백에 사용된다.

04 유압식 전자제어 동력조향장치 중에서 실린더 바이패스 제어 방식의 기본 구성부품으로 틀린 것은?

① 유압 펌프
② 동력 실린더
③ 프로포셔닝 밸브
④ 유량제어 솔레노이드 밸브

해설 ▶ 프로포셔닝 밸브는 급 제동시 전륜보다 후륜의 제동력을 감소시켜 후륜의 조기 제동으로 인한 스핀을 방지하기 위한 것이다.

05 전자제어 파워스티어링 제어방식이 아닌 것은?

① 유량 제어식
② 실린더 바이패스 제어식
③ 유온 반응 제어식
④ 밸브 특성 제어식

해설 ▶ 전자제어 파워스티어링 제어 방식은 문제의 보기 외에 유압 반력 제어방식, 속도 감응식(유량 제어식)이 있다.

정답 01 ④ 02 ① 03 ③ 04 ③ 05 ③

06 **전자제어 동력조향장치의 특성에 대한 설명으로 틀린 것은?**

① 정지 및 저속 시 조작력 경감
② 급코너 조향 시 추종성 향상
③ 노면, 요철 등에 의한 충격 흡수 능력 향상
④ 중·고속 시 향상된 조향력 확보

해설 ▶ 조향장치에서의 충격 흡수 개념 컬럼과 조인트 부분이다. 일반적으로 노면과 요철에서 오는 차체로 전해지는 충격에 관한 대응은 현가장치 개념이다.

07 **유압식 동력조향장치의 장점으로 틀린 것은?**

① 작은 조작력으로 조향 조작을 할 수 있다.
② 조향 기어비를 조작력에 관계없이 선정할 수 있다.
③ 굴곡이 있는 노면에서의 충격을 흡수하여 조향 핸들에 전달되는 것을 방지할 수 있다.
④ 엔진의 동력에 의해 작동되므로 구조가 간단하다.

해설 ▶ 유압식 동력조향장치는 유압펌프, 제어밸브 등과 같은 유압장치가 추가 장착되어 구조가 복잡하다.

08 **자동차의 앞바퀴 윤거가 1500mm, 축간거리가 3500mm, 킹핀과 바퀴 접지면의 심거리가 100mm인 자동차가 우회전할 때, 왼쪽 앞바퀴의 조향 각도가 32°이고 오른쪽 앞바퀴의 향 각도가 40°라면 이 자동차의 선회 시 최소 회전반지름은?**

① 6.7m ② 7.6m
③ 8.7m ④ 9.6m

해설 ▶ $R = \dfrac{3.5}{\sin 32°} + 0.1 = 6.6 + 0.1 = 6.7m$

09 **전자제어 동력 조향장치의 특성으로 틀린 것은?**

① 공전과 저속에서 조향휠 조작력이 작다.
② 중속 이상에서는 차량속도에 감응하여 조향 휠 조작력을 변화시킨다.
③ 솔레노이드 밸브는 스풀밸브 오리피스를 변화시켜 오일 탱크로 복귀하는 오일량을 제어한다.
④ 동력 조향장치이므로 조향기어는 필요없다.

해설 ▶ 고속 주행 시 조향 휠이 너무 가벼우면 조정 안전성이 불량하게 되기에 속도에 맞게 적절하게 무거운 조향 휠로 바뀌어야 한다. 상황에 따른 조향 휠의 무게감을 조절해 주는 것이 전자제어 동력 조향장치(electric control power steering, EPS)이며, 조향기어가 없는 자동차 조향장치는 없다.

10 **전자제어 동력조향장치에 대한 설명으로 틀린 것은?**

① 고속 주행시 스티어링 휠의 조작을 가볍게 한다.
② 회전수 감응식은 기관 회전수에 따라서 조향력을 변화시킨다.
③ 차속 감응식은 차속에 따라서 조향력을 변화시 킨다.
④ 동력 스티어링의 조향력은 파워 실린더에 걸리는 압력에 의해 결정된다.

해설 ▶ 전자제어 동력조향장치의 기본 특성은 고속시 핸들을 무겁게, 저속시 핸들을 가볍게 하는 것이다.

정답 06 ③ 07 ④ 08 ① 09 ④ 10 ①

11 차속 감응형 전자제어 유압 방식 조향장치에서 제어 모듈의 입력 요소로 틀린 것은?

① 차속 센서
② 조향각 센서
③ 냉각수온 센서
④ 스로틀 포지션 센서

해설 ▶ 차속 감응형의 주요 입력 사항은 차속·스로틀위치·조향각이며, 냉각수 온도와 차속 감응형 제어와는 관계가 없다.

12 전동식 전자제어 동력조향장치의 설명으로 틀린 것은?

① 속도 감응형 파워스티어링의 기능 구현이 가능하다.
② 파워스티어링 펌프의 성능 개선으로 핸들이 가벼워진다.
③ 오일 누유 및 오일 교환이 필요 없는 친환경 시스템이다.
④ 기관의 부하가 감소되어 연비가 향상된다.

해설 ▶ 파워 펌프는 유압식 동력조향장치 구성품이며, 모터를 이용한 전동식 파워스티어링에는 펌프의 구동이 없어 기관에 부하를 감소 시켰다. 그러나 전동식과 유압식(펌프)을 동시에 적용한 형식도 있다.

13 전동식 전자제어 조향장치 구성품으로 틀린 것은?

① 오일 펌프
② 모터
③ 컨트롤 유닛
④ 조향각 센서

해설 ▶ 파워 펌프는 유압식 동력조향장치 구성품이며, 직류 모터를 이용한 전동식 파워 스티어링에는 펌프의 구동이 없어 기관에 부하를 감소 시켰다. 그러나 전동식과 유압식(펌프)을 동시에 적용한 형식도 있다.

14 바퀴 정렬의 토인에 대한 설명으로 옳은 것은?

① 정밀한 측정을 위해서 타이어 공기압은 규정보다 10% 정도 높여준다.
② 토인은 차량의 주행 중 조향 조작력을 감소시키기 위해 둔 것이다.
③ 토인의 조정은 양쪽 타이로드를 같은 양만큼 동일하게 조정해야 한다.
④ 토인은 앞바퀴를 정면에서 보았을 때 윗부분이 아래 부분보다 외측으로 벌어진 것을 의미한다.

해설 ▶ 토인의 목적은 토아웃 방지, 사이드 슬립, 편마모 방지로써, 측정시 자동차를 수평 상태, 규정 공기압, 직진 상태에서 측정한다.
토인(정상)은 앞바퀴를 위에서 봤을 때 양 바퀴의 거리가 앞쪽이 더 작다.

15 앞·뒤 바퀴 모두 정렬(all wheel alignment)할 필요성으로 거리가 먼 것은?

① 타이어의 마모가 최소가 되도록 한다.
② 주행 방향과 항상 올바르게 유지시켜 안정성을 준다.
③ 전·후륜이 역방향으로 되어 일렬주차 시 편리하다.
④ 조향 휠에 복원성을 향상시킨다.

해설 ▶ 전륜과 후륜의 횡력을 동시에 발생시키면서 선회 주행 방향의 안정성을 부여하여 고감도의 조향 성능을 발휘하는 것이 4륜 조향(4 Wheel Steering)이며, ③은 4륜 조향에 대한 설명이다.

정답 11 ③ 12 ② 13 ① 14 ③ 15 ③

16 앞바퀴 정렬 중 토인의 필요성으로 가장 거리가 먼 것은?

① 조향 시에 바퀴의 복원력을 발생
② 앞바퀴의 사이드 슬립과 타이어 마멸 감소
③ 캠버에 의한 토아웃 방지
④ 조향 링키지의 마모에 따라 토아웃이 되는 것을 방지

해설 ▶ 토인(toe-in)의 필요성은 다음과 같다.
- 앞바퀴를 평행하게 회전시킨다.
- 타이어의 편 마모와 사이드슬립을 방지한다.
- 조향링키지 마멸에 의한 토 아웃(toe-out)을 방지한다.

조향륜의 복원력은 캐스터 및 킹핀 경사각의 필요성에 속한다.

17 자동차의 앞 차축이 사고로 뒤틀어져서 왼쪽 캐스터 각이 뒤쪽으로 5~6°, 오른쪽 캐스터 각이 0°가 되었다. 주행 중 발생할 수 있는 현상은?

① 오른쪽으로 쏠리는 경향이 있다.
② 왼쪽으로 쏠리는 경향이 있다.
③ 정상적인 조향이 어렵다.
④ 쏠리는 경향에는 변화가 없다.

해설 ▶ 캐스터각(주행축각, caster angle)의 필요성은 조향 시 직진 방향 복원력 발생, 주행 중 앞 차축 주행 안전성 향상이다. 이 각이 틀어지면, 직진 복원력 사라져서 차체는 오른쪽으로 쏠린다.

18 자동차 앞바퀴 정렬 중 캐스터에 관한 설명은?

① 자동차의 전륜을 위에서 보았을 때 바퀴의 앞부분이 뒷부분보다 좁은 상태를 말한다.
② 자동차의 전륜을 앞에서 보았을 때 바퀴의 중심선의 윗부분이 약간 벌어져 있는 상태를 말한다.
③ 자동차의 전륜을 옆에서 보면 킹핀의 중심선이 수직선에 대하여 어느 한쪽으로 기울어져 있는 상태를 말한다.
④ 자동차의 전륜을 앞에서 보면 킹핀의 중심선이 수직선에 대하여 약간 안쪽으로 설치된 상태를 말한다.

해설 ▶ 캐스터(caster)는 앞바퀴를 옆에서 보았을 때, 킹핀(조향축, kingpin)이 수직선에 대해 어떤 각도를 두고 있는 것으로, 일반적으로 약 0.5~1° 정도로 캐스터각(caster angle)을 이루고 있다. ①은 토인, ②는 캠버, ④는 킹핀 경사각에 관한 설명이다.

19 조향 핸들을 2바퀴 돌렸을 때 피트먼 암이 90° 움직였다. 조향기어비는?

① 6:1   ② 7:1
③ 8:1   ④ 9:1

해설 ▶ 조향기어비
$$= \frac{조향핸들의 회전각도}{조향바퀴(피트먼암)의 회전각도}$$
$$= \frac{720}{90} = 8 \ (1바퀴 = 360°)$$

20 자동차의 바퀴에 캠버를 두는 이유로 가장 타당한 것은?

① 회전했을 때 직진방향의 직진성을 주기 위해
② 자동차의 하중으로 인한 앞차축의 휨을 방지하기 위해
③ 조향 바퀴에 방향성을 주기 위해
④ 앞바퀴를 평행하게 회전시키기 위해

해설 ▶ 캠버(camber)는 앞바퀴를 앞에서 보았을 때, 바퀴가 내·외측으로 기울어진 정도를 말하며, 수직하중에 의한 앞차축의 휨을 방지하고, 조향 핸들의 조작력을 가볍게 한다.
①은 캐스터. 킹핀 경사각에 관한 설명이고, ③은 캐스터, ④는 토인에 관한 것이다.

정답 16 ① 17 ① 18 ③ 19 ③ 20 ②

21 전동식 동력 조향장치(Motor Driven Power Steering) 시스템에서 정차 중 핸들 무거움 현상의 발생 원인이 아닌 것은?

① MDPS CAN 통신선의 단선
② MDPS 컨트롤 유닛측의 통신 불량
③ MDPS 타이어 공기압 과다 주입
④ MDPS 컨트롤 유닛측 배터리 전원공급 불량

해설 ▶▶ 타이어 공기압이 크면, 노면과의 마찰력이 감소하여 핸들이 가볍다. 나머지는 MDPS와 제어에 관한 것으로 맞는 이론이다.

22 유압식 동력조향장치의 오일펌프 압력시험에 대한 설명으로 틀린 것은?

① 유압회로 내의 공기빼기 작업을 반드시 실시해야 한다.
② 엔진의 회전수를 약 1000 ± 100pm으로 상승시킨다.
③ 시동을 정지한 상태에서 입력을 측정한다.
④ 컷오프 밸브를 개폐하면서 유압이 규정값 범위에 있는지 확인한다.

해설 ▶▶ 유압의 압력을 시험하는 어떤 시험이라도 유압이 작동되고 있을 때 측정하는 것이다. 즉, 파워 스티어링의 오일펌프는 엔진 동력으로 구동되고 있을 때 압력시험을 하는 것으로써, 시동이 걸린 상태에서 측정해야 한다.

23 전자제어 동력 조향장치에서 다음 주행 조건 중 운전자에 의한 조향 휠의 조작력이 가장 작은 것은?

① 40km/h 주행 시
② 80km/h 주행 시
③ 120km/h 주행 시
④ 160km/h 주행 시

해설 ▶▶ 저속으로 갈 수로 조작력이 가볍고, 고속으로 갈 수록 조작력은 무거워진다.

정답 21 ③ 22 ③ 23 ①

제3장 현가장치(서스펜션 시스템)

1. 현가 일반(개요, 스프링, 쇽업소버, 스테빌라이져, 볼 조인트, 토션바)

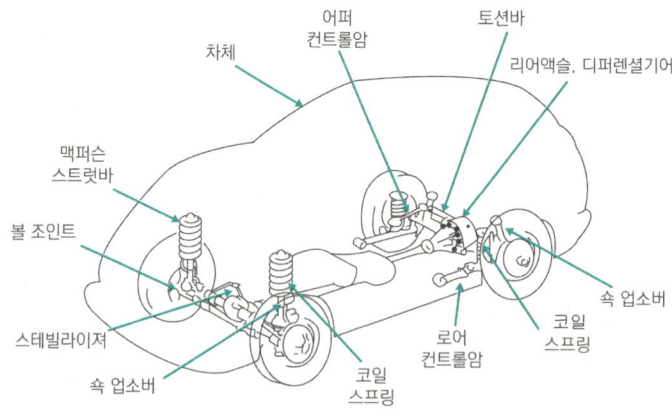

 자동차의 현가장치란 차체(body), 프레임(frame)과 차축(wheel axle) 사이에 위치하는 각종 완충장치로써 주행 중 노면으로부터 전해지는 진동, 충격을 완화하거나 차단하여 승차감을 향상시키는 장치를 말한다. 또한 주행 시 타이어와 노면 사이의 견인력(traction)을 확보하여 주행 안정성도 향상시키고, 엔진 구동력과 운전자가 정지하려는 제동력을 프레임에 전달하는 역할과 선회 시 원심력에 대한 차체의 쏠림 현상으로부터 평형을 유지하도록 도와주는 역할도 한다.

☐ 앞 현가장치의 구분

- 차축 현가 방식
  - 코일 스프링형
  - 공기 스프링형 (벨로우즈·다이프램·복합형)
  - 평행 리프 스프링형
  - 가로 놓인 리프 스프링형

- 독립 현가 방식
  - 맥퍼슨형
  - 위시본형 (코일 스프링식, 토션바 스프링식)
  - 트레일링 암형
  - 가로 놓인 리프 스프링형

☐ 좌, 우 차축이 일체형으로 되어 있는 차축식 현가장치

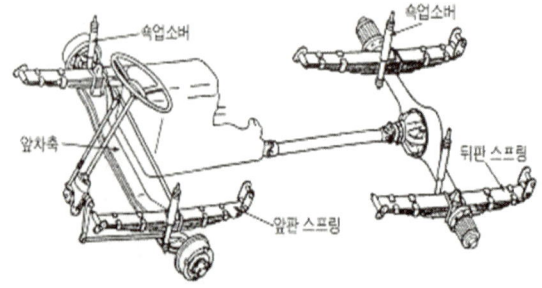

- 차축식 현가장치의 특징
  ① 구조가 간단하다.
  ② 하중 지지 능력은 우수하나 승차감이 불량하다.
  ③ 앞바퀴가 좌우로 흔들리는 시미(shimmy) 발생이 쉽다.

- 좌, 우 차축이 분할되어 독립적으로 움직이는 독립 현가식 현가장치
  독립 현가식(independent suspension system)은 차축 현가식(axle suspension type)과 비교할 때 차체 중심을 낮출 수 있어 차실내의 면적을 크게 사용할 수 있고 승차감이 좋다.

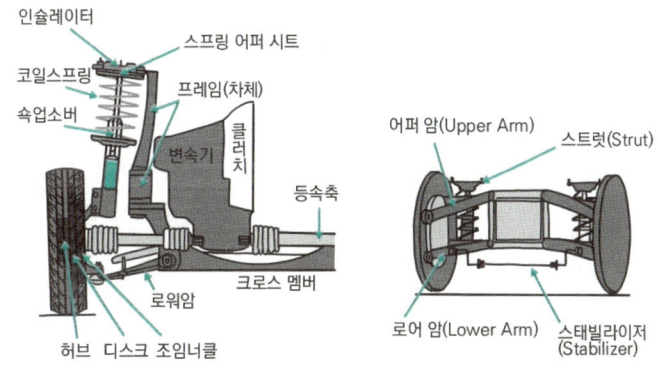

1) 특징
   ① 시미 현상이 적으며, 로드 홀딩 능력이 우수하여 승차감 좋다.
   ② 구조가 복잡하다.
   ③ 볼 이음부 마모 시 휠얼라인먼트가 틀어지기 쉽고, 타이어 편 마모가 크다.

2) 맥퍼슨 형식(Macpherson Type)
   ① 조향장치와 현가장치가 일체로 되어 있다.
   ② 아래 컨트롤 암만 있어 위시본 형식 대비 구조가 간단하다.
   ③ 위시본 형식 대비 엔진룸을 넓게 설계할 수 있다.
   ④ 로드 홀딩능력이 우수하다.

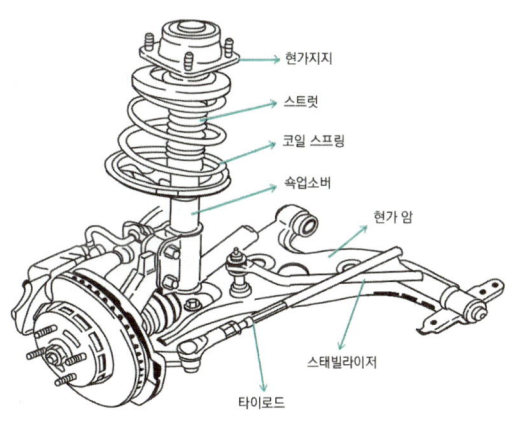

3) 위시본 형식(Wishbone Type, 위·아래 컨트롤 암 형식)

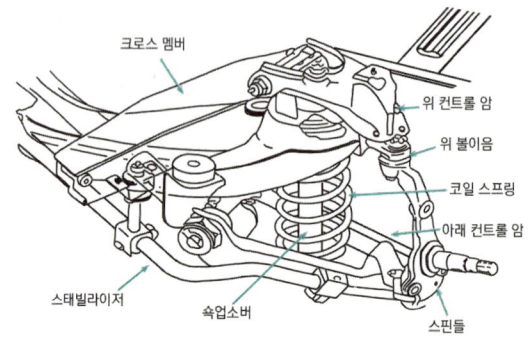

① 위, 아래 컨트롤 암의 길이가 같은 평행 사변 형식
② 위 컨트롤 암보다 아래 컨트롤 암이 긴 SLA 형식(스프링이 피로해지면 부의 캠버가 되기 쉽다.)

가. 스프링, 토션바, 쇽업소버

(1) 코일 스프링

맥퍼슨식 스트럿어샘블

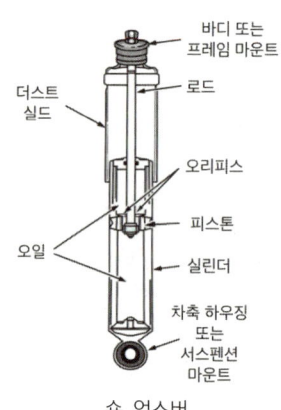
쇽 업소버

스프링은 크게 코일스프링(coil spring), 판 스프링(Leaf spring), 토션바(비틀림막대) 스프링, 고무 스프링, 공기스프링으로 나뉜다. 모두 기능은 각각 다르나 차량의 무게 및 하중을 지지하면서 지면으로부터의 충격을 흡수한다는 것은 같다.

> **Tip.**
> 토션바(비틀림막대) : 금속 막대(강봉)의 한 끝을 고정하고 다른 쪽 끝을 비틀어 제작된 부품으로써, 비틀림 변위(비틀림 탄성력)를 이용하는 일종의 막대식 스프링을 말한다.

(2) 판형 스프링(leaf spring)

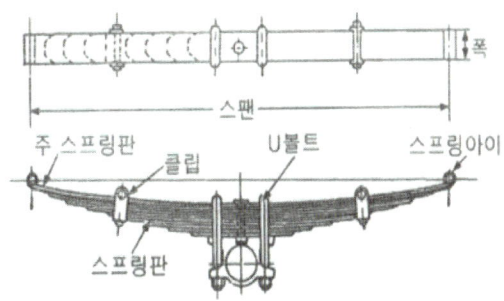

① 스팬(span) : 아이와 아이 사이의 거리
② 새클 핀 : 스프링이 압축과 인장될 때 길이 변화에 대응하는 장치
③ 스프링 아이(spring eye) : 스프링의 끝이 말아진 부분, 새클핀과 함께 차체에 설치
④ U볼트 : 여러 장의 판스프링을 함께 고정하는 볼트
⑤ 패드(pad) : 스프링 판 사이의 접촉부의 마모 및 소음 방지를 위한 고무

> **Tip.**
>
> **스프링 고유진동수** : 스프링마다 갖고 있는 고유의 진동 특성으로, 일정 시간 동안, 몇 번의 진동을 반복하느냐에 따른 특성을 말한다.
>
> **스프링 상수** : 스프링에 작용하는 힘과 스프링의 변형량의 비율로써, 스프링 장력의 세기를 말한다. 즉, 동일 하중에서 스프링의 변형량에 따라 상수가 크다·작다로 표현한다.

(3) 쇽업소버(shock absorbers)

종류는 통형 가스봉입식(드가르봉식), 레버식 베인 또는 로터리식, 피스톤 레버형, 회전 날개식 레버형 등 여러 형태가 있으나, 주로 쓰이는 것은 오일 또는 질소를 함께 사용하는 가스 봉입식 쇽업소버를 사용하고 있다. 제작 형태와 주입되는 물질(오일, 가스 등)은 다르나, 쇽 업소버는 스프링과 함께 장착되어 스프링의 진동을 감쇠시켜, 불필요한 스프링의 진동을 제한함과 동시에 바퀴와 지면과의 접지성을 유지한다는 것은 같다. 이러한 접지성(road holding) 향상 기능은 승차감을 높여줄 뿐만 아니라 엔진의 구동력이 효율적으로 쓰여지도록 하는 역할도 하기에 연비향상에도 도움이 되며, 타이어의 비정상 마모도 줄여주게 된다.

> **Tip.**
>
> **맥퍼슨(MacPherson Strut Suspension)** : 기초 개발은 피아트가 했고, 제너럴 모터스의 주임 개발자 얼 S. 맥퍼슨(Earle S. MacPherson)이 지금 같은 구조로 개량했다. 저렴하고 부품 수가 적어 가볍고, 공간을 적게 차지하여 많은 양산차에 쓰인다.

나. 스테빌라이져, 볼 조인트

스테빌라이져(stabilizer)는 토션바 스프링의 일종으로, 자동차가 주행 중 선회할 때 롤링(rolling)을 감소시키면서 평형을 유지하게 해준다. 특히 독립 현가장치 자동차에서 이런 롤링 현상이 많이 나타나기 때문에 대부분의 독립 현가식 자동차에는 스테빌라이져가 부착되어 있다.

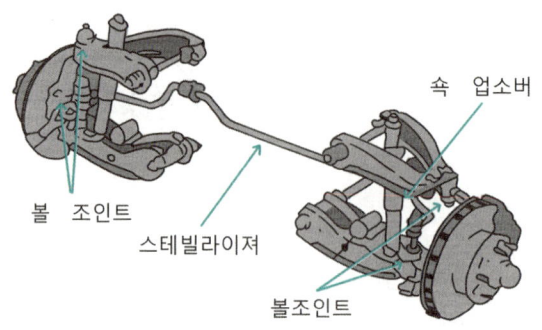

> **Tip.**
> 하이브리드 스태빌라이저 링크(Stabilizer Link) : 차량이 주행 할 때 원심력에 의한 차체 기울어짐을 감소시켜 차체의 좌우 기울어짐을 억제하고 차량의 평형을 유지 시켜주는 장치이다.

2. 공기식 현가장치

공기식 현가(Air suspension)장치는 공기탱크, 공기스프링, 서지탱크, 레벨링 밸브, 안전밸브 등으로 구성되어 있으며, 하중의 높고 낮음에 따라 차고 높이 조절이 가능하며, 고주파 진동을 잘 흡수하는 장점이 있다.

주요 구성부품	부품의 기능(역할)
공기스프링	급기·배기를 통해 공기가 공급·배출되면서 승차감이 조정됨
서지탱크	공기스프링 내부의 압력변화량 완화
공기압축기	엔진에 의해 구동되고 압축공기 생성
공기탱크	공기압축기에서 발생된 공기를 저장
압력 조절 밸브	일정한 라인 내 압력 유지
레벨링 밸브	차체 높이 일정하게 유지
안전밸브	배관라인에 설치되어 규정 이상의 압력 도달 시 강제 배출
체크 밸브	공기탱크 내 공기가 압축기로 역류하는 것을 방지
언로드 밸브	공기압축이 필요 없을 때 공기압축기를 무부하 운전토록 함

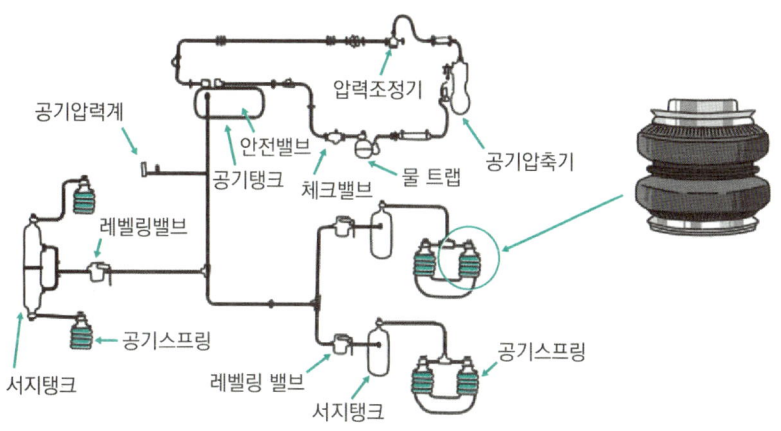

3. 전자제어식 현가장치

자동차의 현가장치는 운전자의 피로도를 경감시키고, 각각의 타이어가 지면과의 접지력이 유지 되도록 하면서 안정적인 주행을 하는 역할을 한다. 아래 그림에서와 같이 승용 자동차의 플로어패널 또는 차체가 없는 부분을 기준으로 운전자가 있는 곳을 상부, 운전자가 없는 자동차 하체 부분을 하부라고 했을 때, 상부를 현가 상(上)질량, 하부를 현가 하(下)질량이라고 한다. 운전자는 직접적으로 몸으로 느끼는 정도를 말하는 승차감은 저속 주행 중이거나, 도로 조건이 좋지 않을 때 많이 느끼게 되지만 승차감이 너무 좋으면(예. 침대의 쿠션감) 고속 주행에서 차가 진동하는 현상이 많아져 안정감이 저하 되게 된다. 또한 고속 주행 중 자동차의 안정감(다소 딱딱한 정도)만을 고려하여 자동차를 제작하다 보면 저속 및 험로 주행 시 운전자가 노면에서 오는 충격을 그대로 몸으로 느끼게 되어 피로감은 급격히 증가하게 된다.

다시 말해, 승차감을 향상시키면 주행 안정성이 저하 되고, 주행 안정성을 향상시키면 승차감이 떨어지게 되는 것이다. 즉, 승차감과 주행 안정성은 모두 만족시키는 것은 매우 어려운 문제로써 서로 컨플릭트(Conflict)한 관계인 것이다. 만약 우리가 주행하고 있는 도로의 상태가 내리막, 오르막, 굴곡, 커브, 아주 작은 요철도 없는 타이어에서 오는 충격이 최소화된다고 가정하면 주행 안정성에 대한 고려보다 승차감에 치중해도 될 것이다. 노면의 상태가 이렇다 하더라도 가속 시 발생하는 각종 저항(공기저항, 온도저항)과 진동(바운싱, 롤링, 휠 홉, 와인드업 등)이 자동차에 미치는 주행 안정성에 관한 문제를 모두 해결할 수 없을 것이다. 이러한 현가장치의 승차감과 주행 안정성을 최대한 만족시켜 컨플릭트(Conflict)한 관계를 해결하고자 개발한 것이 전자제어 현가장치(ECS, electronic control suspension system)인 것이다.

차체 진동에 관해서는 차륜정렬 부분에서 상세히 다루겠으나 먼저 간단히 정리하면,

바운싱(bouncing)	상, 하 진동
피칭(pitching)	앞, 뒤 진동
롤링(rolling)	좌, 우 진동
요잉(yawing)	회전 진동

ECS(electronic control suspension system), 용어에서 말해 주고 있듯이 전자제어 현가장치는 전기적 신호를 이용하여 현가장치들을 조정·통제하는 시스템이다.

가. ECS의 특징(장점)

① 승차감과 주행 안정성을 동시에 만족할 수 있도록 최상의 운전 조건을 재현한다.
② 급제동·급출발 시 앞쪽이 기울거나 뒤가 낮아지는 현상을 방지한다.
③ 급회전 시 원심력에 의해 차체 바깥쪽이 기울어지는 현상을 방지한다.
④ 도로 조건과 속도에 따라 노면으로부터 차량의 높이를 자동으로 조정한다.
⑤ 차량 중량의 증감 따라 차고 및 수평을 조절하여 승차감과 주행 안정성을 유지한다.

전자제어식 현가장치(ECS) 주요 입력 신호와 센서

차속센서	▶ 자세 변화의 정도 검출 센서
차고센서	▶ 차고 변화 감지 센서, 차축과 차체 사이에 설치
스로틀위치센서	▶ 가속, 감속을 검출 센서
G센서	▶ 롤 제어를 위한 센서, 차체 기울어진 방향과 정도 검출 센서
조향핸들 각 센서	▶ 롤링의 방향과 정도 검출, 조향 축에 설치
브레이크 스위치	▶ 브레이크 페달 작동 여부 검출

나. ECS의 종류

(1) 액티브 ECS

액티브(active) ESC는 차량의 자세 변화에 따른 대처는 물론이고, 차고 조절 및 감쇄력(damping force) 제어로 능동적 대처가 가능하다.

(2) 복합 ECS

복합 ECS는 쇽업소버 감쇄력을 소프트(soft), 하드(hard) 2단계로 제어하고 차의 높이는 3단계(low, normal, high)로 제어하여, 쇽업소버의 감쇄력과 차고 조절 기능을 모두 갖추었다.

(3) 감쇄력 가변 ECS

감쇄력 가변 ECS는 주로 중형차에 장착되어 쇽업소버의 감쇄력를 3단계(soft, medium hard)로 제어하는 것이 일반적이며, 쇽업소버의 감쇄력 변화를 다단계로 제어하는 시스템을 말한다.

(4) 전자제어 에어 현가장치(EAS, electronic self-leveling air suspension)

EAS는 쇽업버 감쇄력은 2단계(Auto mode, Sport mode)로 제어되며, 차고 조절은 Normal, High, 자동 차속 감응(120km/h부터 10초 이상 주행시 차고를 약 13~16mm로 낮춤)제어로 총 3단계에 걸쳐 제어한다. 고가이면서 구조가 복잡하여 일부 승용 대형 차종에 적용된다.

주요 구성 부품은 전·후 연속가변댐퍼(CDC, continuous damping control), 에어주입밸브, 에어필터, 에어탱크, 차고센서, G센서, 압력센서, 모드 선택 스위치로 구성된다. G센서는 전륜에 2개, 후륜에 1개가 장착되어 차량의 상하 가속도를 감지하며, 후륜에 부족한 1개의 G센서 값은 3개의 G센서 값을 계산하여 추정 계산한다.

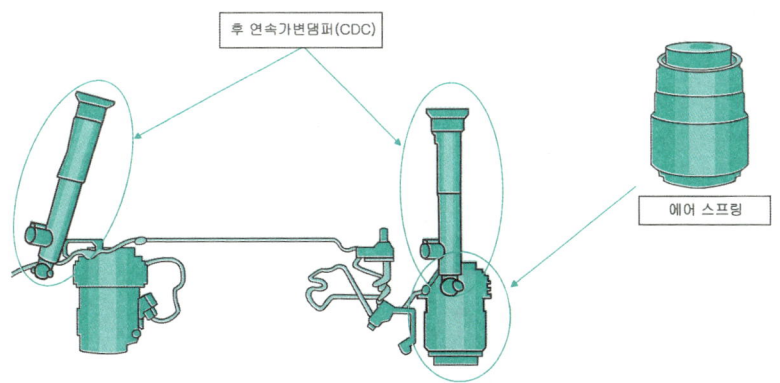

다. 자세제어의 종류

현가장체에서 발생하는 고유 진동과 각종 진동에 대항하여 쇽업소버에 액추에이터를 장착하여 감쇠력을 조정하는 등 다음과 같은 자세제어를 하게 된다.

① 안티 다이브 제어(Anti-dive control) : 급제동시 차체 앞쪽이 기우는 현상을 방지
② 안티 스쿼트 제어(Anti-squart control) : 급가속, 급출발 시 앞쪽이 들리고 뒤가 낮아지는 현상방지
③ 안티 바운싱 제어(Anti-bouncing control) : 차체 상,하진동 제어
④ 안티 피칭 제어(Anti-pitching control) : 요철구간 통과 시 차체의 앞뒤 진동방지
⑤ 안티 쉐이크 제어(Anti-shake control) : 사람이 승,하차시 차체의 흔들림 방지
⑥ 차속 감응 제어(vehicle speed control) : 저속시 Soft, 고속시 Hard모드로 변환
⑦ 안티 롤링 제어(Anti-rolling control) : 급선회 시 좌우방향의 흔들림 방지

> **Tip.**
>
> 셀프레벨라이저 쇽 업소버 : 차고 자동조절 장치로써, 뒷바퀴가 앞바퀴보다 낮아지는 현상을 방지해 험로에서도 주행 안정성을 향상시킨다. 전자제어식이 아닌 기계식으로써, 바디피칭·상하운동을 이용한 평형 유지 기술이다.

4. 스프링 위 무게 진동(바운싱, 피칭, 롤링, 요잉)과 스프링 아래 무게 진동(휠 홉, 휠 트램프, 포엔에프터 쉐이크, 사이드 쉐이크, 와인드업, 조)

> **Tip.**
>
> 휠 트램프(Wheel tramp) : 차축이 X축을 중심으로 회전운동을 하는 진동

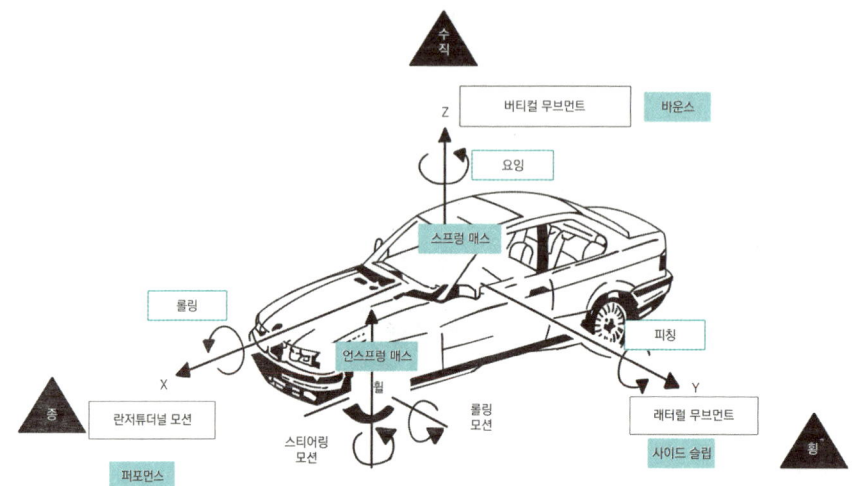

☐ 진동에 관한 구분

구 분	축	현가 上 질량 (차체, body)	현가 下 질량 (휠, 차축)	
			독립식	차축식
로테이션 진동 (rotation, 회전운동)	X	롤(roll)	camver change	tramp
	Y	피치(pitch)	caster change	wind-up
	Z	요(yaw)	toe change	jaw or steer
트랜슬레이션 진동 (translation, 병진운동)	X	종(performance)	scuff	scuff
	Y	횡(side-slip)	shake	shake
	Z	수직(bounce)	wheel-hop or jounce & rebound	wheel-hop or jounce & rebound

스프링 위·아래 무게 진동에 관하여는 위 그림과 표에 잘 정리해 보았다.

스프링 위 무게 진동은 승차감과 관계된 것으로써 차실내 탑승자가 차체 진동을 직접적으로 느낄 수 있는 정도를 의미한다. 바운싱, 피칭, 롤링, 요잉, 서징 등이 있다.

스프링 아래 무게 진동은 주행 안전성과 관계된 것으로서 바퀴를 중심으로 한 진동으로 볼 수도 있다. 휠홉, 휠 트램프, 포엔에프터 쉐이크(전후진동, for & after shake), 사이드 쉐이크(좌우진동, side shake), 와인드업(wind up), 조(jaw) 등이 있다.

그 밖에 휠 스티어링과 연관된 진동으로 휠 플러터(wheel flutter), 시미(shimmy)가 있는데, 휠 플러터는 주행 중 외부의 힘에 의한 킹핀 주변 조향륜에 발생하는 진동을 의미하고, 시미는 주행 중 킹핀 주변 조향륜이 트램프(tramp)를 동반한 진동을 말한다. 시미는 또 저속시미와 고속시미로 구분하기도 하는데, 저속시미는 허브 베어링의 마멸, 휠 볼트 불량, 타이어의 이상 변형(내부파손) 등 자동차 부품 고장으로 인하여 발생되는 경우이며, 고속 시미는 휠 밸런스, 휠 얼라인먼트 문제로 발생 되는 경우이다.

연습문제 제3장 현가장치(서스펜션 시스템)

01 자동차가 주행 중 휠의 동적 불평형으로 인해 바퀴가 좌·우로 흔들리는 현상을 무엇이라 하는가?

① 시미 현상　② 휠링 현상
③ 요잉 현상　④ 바운싱 현상

해설 ▶ 주행 중에 타이어의 관성축과 회전중심선이 불일치할 때 좌우로 흔들리(시미)는 동적 불평형이 나타난다.

02 일체식 차축 현가 방식의 특징으로 거리가 먼 것은?

① 앞바퀴에 시미 발생이 쉽다.
② 선회할 때 차체의 기울기가 크다.
③ 승차감이 좋지 않다.
④ 휠 얼라인먼트의 변화가 적다.

해설 ▶ 차축식 현가장치의 특징
① 구조가 간단하다.
② 하중 지지 능력은 우수하나 승차감이 불량하다.
③ 앞바퀴가 좌우로 흔들리는 시미(shimmy) 발생이 쉽다.

03 자동차의 독립현가장치 중에서 쇽업소버를 내장하고 있으며 상단은 차체에 고정하고, 하단은 로어 컨트롤 암으로 지지하는 형식으로 스프링의 아래 하중이 가볍고 안티 다이브 효과가 우수한 형식은?

① 맥퍼슨
② 위시본
③ 트레일링암
④ 멀티링크

해설 ▶ 맥퍼슨 형식(Macpherson Type)의 특징
① 조향장치와 현가장치가 일체로 되어 있다.
② 아래 컨트롤 암만 있어 위시본 형식 대비 구조가 간단하다.
③ 위시본 형식 대비 엔진룸을 넓게 설계할 수 있다.
④ 로드 홀딩능력이 우수하다.

04 현가장치에 사용되는 쇽업소버에서 오일이 상·하 실린더로 이동할 때 통과하는 구멍을 무엇이라고 하는가?

① 밸브 하우징
② 로터리 밸브
③ 오리피스
④ 스탭 구멍

해설 ▶ 오리피스는 구멍이 뚫린 얇은 판으로 보통 파이프나 튜브 내부에 설치되어, 유체가 이 구멍을 통과할 때 "오리피스" 전후에서 압력 차이가 발생한다. 쇽업소버와 같은 부품의 작동(길러지고, 짧아지고)에서 압력 튜브의 오일(작동유)이 오리피스를 통과하면서 저항이 커져 감쇠력이 발생한다.

05 공기식 현가장치에서 벨로스형 공기 스프링 내부의 압력 변화를 완화하여 스프링 작용을 유연하게 해주는 것은?

① 언로드 밸브　② 레벨링 밸브
③ 서지탱크　④ 공기압축기

해설 ▶ 레벨링 밸브는 차체 높이를 항상 일정하게 유지되도록 압축 공기를 자동으로 공기 스프링에 공급하거나 배출하는 장치이고, 서지탱크는 각 공기 스프링마다 설치되어, 탱크의 압력 변화로 스프링 작용을 유연하게 한다.

정답　01 ①　02 ②　03 ①　04 ③　05 ③

06 전자제어 현가장치에 관한 설명 중 틀린 것은?

① 급제동 시 노즈다운 현상 방지
② 고속 주행 시 차량의 높이를 낮추어 안정성 확보
③ 제동 시 휠의 록킹 현상을 방지하여 안전성 증대
④ 주행 조건에 따라 현가장치의 감쇠력을 조절

해설 ▶ 타이어의 로킹(잠김)현상을 억제시켜 각 상황에 따라 최대마찰력의 슬립률을 유지하고 제동 시 조정 능력을 최대화시키는 시스템을 전자제어 제동장치라 한다. (예. ABS 제동력의 안정성)

07 전자제어 현가장치(Electronic Control Suspension)의 구성품이 아닌 것은?

① 가속도 센서
② 차고 센서
③ 맵 센서
④ 스로틀 포지션 센서

해설 ▶ 전자제어 현가장치의 주요 구성품은 조향 휠 각도 센서, 가속도 센서, 차속 센서, 차고 센서, 스로틀 위치 센서, 브레이크 스위치, G센서이다.

08 전자제어 현가장치에서 자동차가 선회할 때 원심력에 의한 차체의 흔들림을 최소로 제어하는 기능은?

① 안티 롤 제어
② 안티 다이브 제어
③ 안티 스쿼트 제어
④ 안티 드라이브 제어

해설 ▶ 안티 다이브 제어는 제동 시 발생되는 노즈다운 제어를 말하고, 안티 스쿼트 제어는 급출발·급가속 시 노즈업 제어를 말한다.

09 공압식 전자제어 현가장치에서 컴프레셔에 장착되어 차고를 낮출 때 작동하며, 공기 챔버 내의 압축공기를 대기 중으로 방출시키는 작용을 하는 것은?

① 배기 솔레노이드 밸브
② 압력 스위치 제어 밸브
③ 컴프레서 압력 변환밸브
④ 에어 액추에이터 밸브

해설 ▶ 차고를 낮출 때만 작동하고 공기스프링(챔버) 내의 압축공기를 대기 중으로 방출시키는 것은 배기 솔레노이드 밸브이다. 반대로 차고를 높일 때는 에어 공급 솔레노이드 밸브와 차고 조절 에어 밸브 개방을 시작으로 공기챔버에 압축공기 공급하면, 쇽업소버의 길이가 증가하면서 차고가 높아지게 된다.

10 유압식 전자제어 현가장치에서 스캔 등을 이용하여 강제 구동할 경우에 대한 설명으로 옳은 것은?

① 고속 좌회전 모드로 조작하는 경우 좌측은 올리고 우측은 내리는 제어를 한다.
② 급제동하는 모드로 조작하는 경우 앞축과 뒤축은 모두 hard 쪽으로 제어한다.
③ high 모드로 조작하면 차고는 상향제어 되면서 감쇠력은 hard쪽으로 제어된다.
④ 차량속도가 고속모드인 경우 앞축과 뒤축 모두 차고를 올림 제어한다.

해설 ▶ 주행 상황을 연상하여 차고 조절과 관련한 문제로써, 눈길이나 험로의 경우 high 모드로 조작하면 차고는 상향 제어되고 감쇠력은 soft쪽으로 제어되고, 고속주행 시 차고를 낮춰 주행 안정성을 높여야 한다.

정답 06 ③ 07 ③ 08 ① 09 ① 10 ②

11 공압식 전자제어 현가장치에서 저압 및 고압 스위치에 대한 설명으로 틀린 것은?

① 고압 스위치가 ON 되면 컴프레서 구동 조건에 해당된다.
② 고압 스위치가 ON 되면 리턴 펌프가 구동된다.
③ 고압 스위치는 고압 탱크에 설치된다.
④ 저압 스위치는 리턴 펌프를 구동하기 위한 스위치이다.

해설 ▶▶ 고압 스위치는 고압탱크의 압력을 감지하고, 스위치가 ON되면 컴프레셔를 구동시켜 일정 압력을 유지시킨다. 쇽업소버에서 배출되는 공기를 저장하는 저압 탱크 압력이 높으면 쇽업소버의 공기 배출이 어려워 정밀한 자세제어가 어렵다. 그러므로 저압 스위치를 두어 리턴펌프를 구동시켜 고압실로 보내는 것이다.

12 복합식 전자제어 현가장치에서 고압 스위치 역할은?

① 공기압이 규정값 이하이면 컴프레서를 작동시킨다.
② 자세 제어 시 공기를 배출시킨다.
③ 쇽업쇼버 내의 공기압을 배출시킨다.
④ 제동시나 출발시 공기압을 높여준다.

해설 ▶▶ 고압 스위치는 고압탱크의 압력을 감지하고, 규정값 이하에서 스위치가 ON되면 컴프레셔를 구동시켜 일정 압력을 유지시킨다. 그러나 규정값 이상이 되면 OFF되어 적정 공기압을 유지시킨다.

13 전자제어 현가장치(ECS)의 감쇠력 제어 모드에 해당되지 않는 것은?

① Hard
② Soft
③ Super Soft
④ Height Control

해설 ▶▶ 감쇠력 제어 모드에는 「Super soft, Soft, Medium, Hard」가 있고, 차고 조정과 관련한 모드는 「Low, Normal, High, Ex-high」이다.

14 전자제어 현가장치는 무엇을 변화시켜 주행 안정성과 승차감을 향상시키는가?

① 토인
② 쇽업소버의 감쇠계수
③ 윤중
④ 타이어의 접지력

해설 ▶▶ 주행 안정성과 승차감은 주로 타이어와 현가 스프링, 쇽업소버의 감쇠력에 좌우되며, 주행중 변화 값을 줄수 있는 것은 쇽업소버로써 감쇠계수가 클수록 진동 주기가 길게 되고 감쇠(진폭)가 빨라지는 것을 이용한 것이다.

15 전자제어 현가장치의 자세제어 중 안티 스쿼트 제어의 주요 입력신호는?

① 조향 휠 각도 센서, 차속 센서
② 스로틀 포지션 센서, 차속 센서
③ 브레이크 스위치, G-센서
④ 차고 센서, G-센서

해설 ▶▶ 안티 스쿼트제어는 급출발·급가속 시 노즈업 제어로써, 입력신호로 사용되는 센서 신호에는 스로틀 위치 센서, 차속 센서가 있다. 안티 피칭, 안티 바운싱에는 차고 센서와 G센서가 사용된다.

정답 11 ② 12 ① 13 ④ 14 ② 15 ②

16 전자제어 현가장치 부품 중에서 선회 시 차체의 기울어짐 방지와 가장 관계있는 것은?

① 도어 스위치
② 조향 휠 각속도 센서
③ 스톱 램프 스위치
④ 헤드 램프 릴레이

해설 ▶ ECS의 조향 휠 각속도 센서는 선회 주행 상황에서 핸들의 조작 속도와 방향을 센싱하여 바깥쪽 바퀴의 공기는 급히후 압력을 높이고, 안쪽 바퀴의 공기는 배기후 압력을 낮추어 롤링(기울어짐)을 억제하도록 돕는다.

17 공기식 현가장치에서 공기 스프링 내의 공기 압력을 가감시키는 장치로서, 자동차의 높이를 일정하게 유지하는 것은?

① 레벨링 밸브   ② 공기 스프링
③ 공기 압축기   ④ 언로드 밸브

해설 ▶ 레벨링 밸브는 차체 높이를 항상 일정하게 유지되도록 압축 공기를 자동으로 공기 스프링에 공급하거나 배출하는 장치이다.

18 주행 중 차량에 노면으로부터 전달되는 충격이나 진동을 완화하여 바퀴와 노면과의 밀착을 양호하게 하고 승차감을 향상시키는 완충 기구로 짝지어진 것은?

① 코일스프링, 토션 바, 타이로드
② 코일스프링, 겹판스프링, 토션바
③ 코일스프링, 겹판스프링, 프레임
④ 코일스프링, 너클 스핀들, 스태빌라이저

해설 ▶ 프레임은 승차감 향상보다는 주행 안전성을 가져오는 차체 구조이며, 타이로드과 너클 스핀들은 조향장치에 관한 기구이다.

19 전자제어 현가장치의 제어 중 급출발 시 노즈업 현상을 방지하는 것은?

① 안티 다이브 제어
② 안티 스쿼트 제어
③ 안티 피칭 제어
④ 안티 롤링 제어

해설 ▶ 급출발·급가속 시 발생하는 노즈업 현상은 차체의 앞이 들리는 현상을 의미하는데, 이를 스쿼트(Squat)라고 한다. 반대로 급제동 시 차체의 앞이 지면으로 향하여 내려가는 현상을 다이브(dive)라고 한다.

20 자동차 바퀴가 정적 불평형일 때 일어나는 현상은?

① tramping   ② shimmy
③ standing wave   ④ hopping

해설 ▶ 시미(shimmy)란 동적 평형이 깨졌을 경우 발생되는 증상으로 바퀴가 옆으로 흔들리는 현상을 말하며, 정적 평형이란 타이어가 정지된 상태의 평형을 의미하는데, 타이어 편마모, 공기압 불균형으로 인해 평형 상태가 깨질 경우 주행 시 바퀴가 상하로 진동하는 트램핑(tramping) 현상 일어난다. 호핑(hopping)은 Z축 방향으로 상하운동을 하는 휠홉 현상을 말한다.

21 독립현가장치에 대한 설명으로 맞는 것은?

① 강도가 크고 구조가 간단하다.
② 타이어와 노면의 접지성이 우수하다.
③ 앞바퀴에 시미(shimmy)가 일어나기 쉽다.
④ 스프링 아래 무게가 커서 승차감이 좋다.

해설 ▶ 독립현가장치의 특징
① 시미 현상이 적으며, 로드 홀딩 능력이 우수하여 승차감 좋다.
② 구조가 복잡하다.
③ 볼 이음부 마모 시 휠얼라인먼트가 틀어지기 쉽고, 타이어 편 마모가 크다.

정답   16 ②   17 ①   18 ②   19 ②   20 ①   21 ②

22 전자제어 현가장치에서 노면의 상태 및 주행 조건에 따른 자세 변화에 대하여 제어하는 것과 거리가 먼 것은?

① 안티 롤 제어
② 안티 피치 제어
③ 안티 바운스 제어
④ 안티 트램핑 제어

해설 >> 노면의 상태 및 주행 조건에 따른 차체 자세제어의 종류로는 안티 롤, 안티 다이브, 안티 스쿼트, 안티 피칭, 안티 바운싱이 있다.

23 현가장치에서 드가르봉식 쇽업소버의 설명으로 가장 거리가 먼 것은?

① 질소가스가 봉입되어 있다.
② 오일실과 가스실이 분리되어 있다.
③ 오일에 기포가 발생하여도 충격 감쇠효과가 저하하지 않는다.
④ 쇽업소버의 작동이 정지되면 질소가스가 팽창하여 프리 피스톤의 압력을 상승시켜 오일 챔버의 오일을 감압한다.

해설 >> 드가르봉식 쇽업소버는 가스봉입식으로 쇽업소버의 작동이 정지되면 봉입된 질소 가스와 프리 피스톤의 작용에 의해 캐비테이션을 방지할 수 있다.

24 전자제어 현가장치에서 감쇠력 제어 상황이 아닌 것은?

① 고속 주행하면서 좌회전할 경우
② 정차 시 뒷좌석에 많은 사람이 탑승한 경우
③ 정차 중 급출발할 경우
④ 고속 주행 중 급제동한 경우

해설 >> 감쇠력 제어 상황은 선회 주행 시, 급출발·급제동 시이다.

25 전자제어 현가장치에서 안티 스쿼트(Anti-squat) 제어의 기준신호로 사용되는 센서는?

① 프리뷰 센서 신호
② G 센서 신호
③ 스로틀 위치 센서 신호
④ 브레이크 스위치 신호

해설 >> 프리뷰 센서는 : 차량 전방 노면의 돌기 및 단차를 검출하고, 안티 스쿼트 제어의 입력 신호는 차속센서와 스로틀 위치 센서(TPS)이다. 브레이크 스위치 신호로 안티 다이브 제어를 실행한다.

26 전자제어 현가장치(ecs) 중 차고 조절제어 기능은 없고 감쇠력만을 제어하는 현가방식은?

① 감쇠력 가변식과 세미 액티브 방식
② 감쇠력 가변식과 복합식
③ 세미 액티브 방식과 복합식
④ 세미 액티브 방식과 액티브 방식

해설 >> 복합식이란 감쇠력과 차고 조절을 함께 하는 방식을 말하고, 액티브 방식도 복합식과 같다.

정답 22 ④ 23 ④ 24 ② 25 ③ 26 ①

제4장 제동장치(브레이크 시스템)

1. 제동 일반(개요, 제동력, 제동거리, 베이퍼 록, 페이드 현상, 브레이크 오일)

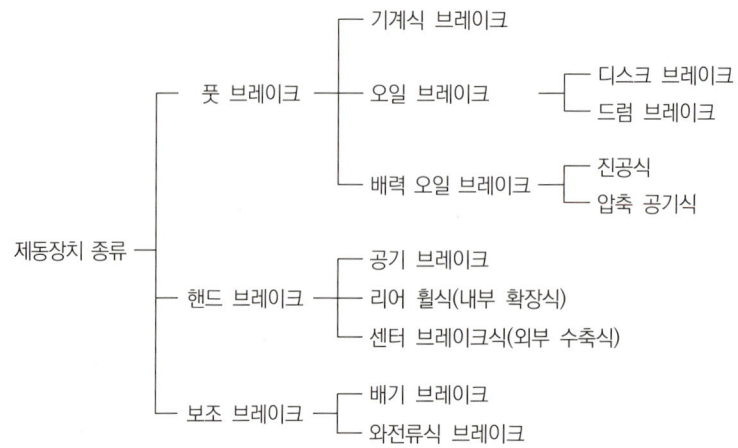

제동장치(Brake system)는 자동차를 멈추게 하거나, 멈추어 있는 자동차를 움직이지 않게 하는 것을 의미한다. 주행 중 감속을 하는 경우, 주행 중 신호 준수·주차를 위한 정지를 하는 경우, 경사 도로에서 중력에 의한 자동차의 이동을 막기 위한 경우, 기타 정비를 위해 차륜 회전이 되지 않도록 하기 위한 경우가 제동장치의 역할이다.

제동장치는 파스칼의 원리(Pascal's principle)에서 시작되었다. 파스칼의 원리란 유체 역학에서 밀폐된 용기 속에 담겨 있는 액체의 어느 한 부분에 가해진 압력은 면적의 변화와 관계없이 같은 크기로 유체의 각 부분에 그대로 전달된다는 법칙이다. 즉 작은 힘으로 큰 힘을 만들어 낸다는 것이다.

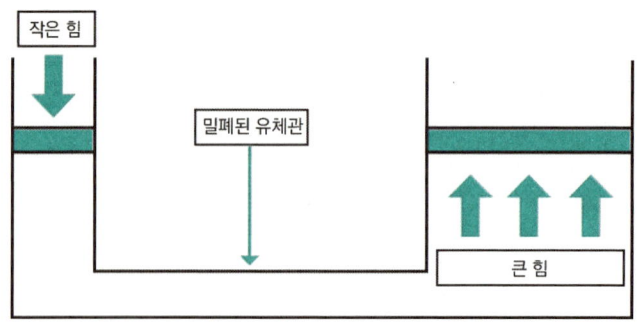

$$\text{밀폐된 파이프(관) 내에서 브레이크액(유체)의 작용하는 압력} = \frac{\text{작용하는힘}}{\text{단면적}}$$

제동장치는 작동이 확실하고 제동 효과가 양호하여야 하며, 점검 및 조정이 쉬워야 하고 신뢰성과 내구성이 좋아야 한다. 또한 제동 시 운전자에게 피로감을 주어서는 안 되도록 만들어져야 한다. 제동장치는 ① 주 브레이크(유압식, 배력식, 공기식), ② 주차 브레이크(센터 제동식, 뒷바퀴 제동식), ③ 보조 브레이크(배기식, 와전류식, 유체식)이 있으며, 주차 브레이크를 좀 더 세분화하면 기계식, 전자식, 에어식으로 나눌 수 있다.

제동력(制動力)은 어떤 운동을 조절하거나 멈추게 하는 힘을 말하고, 자동차에서 좌,우 제동력은 편차 없이 최대한 동일하여야 제동 시 안전하다. 제동 시 편차는 브레이크 라이닝의 재질 또는 브레이크 캘리퍼 실린더, 휠 실린더의 작동 압력 차로 많이 발생하며, 급제동 시 편차 발생으로 인한 차체의 회전, 전복 사고를 일으킬 수 있어 반드시 정비 및 수리 후 운행하여야 한다.

제동거리는 자동차 브레이크가 작동하는 동안 자동차가 움직인 거리를 말하며, 브레이크 힘이 일정하다고 가정할 때, 제동거리는 자동차 주행 속도의 제곱과 비례하게 된다. 즉, 주행 속도가 3배, 4배, 5배가 된다면 제동거리는 9배, 16배, 25배로 증가하게 되어 고속 주행 시 안전거리 확보가 반드시 되어야 하고, 사고가 나면 위험한 이유이기도 하다.

제동거리는 운전자가 정지 의지를 갖고 브레이크를 밟았을 때 브레이크 패드가 디스크(드럼)에 접촉하여 제동력을 발휘하기 시작하는 시점에서부터 차가 완전히 정지할 때까지의 거리를 말한다. 공주 거리는 운전자가 제동하려고 생각한 순간부터 브레이크 페달 작동 후 브레이크 패드가 디스크(드럼)에 접촉할 때까지의 거리를 말한다. 아래 식과 같이 <u>공주 거리(생각)</u>와 <u>제동거리(실제 제동)</u>를 <u>합한 것이 정지거리</u>이다.

$$정지거리 = 공주거리 + 제동거리$$
$$제동거리(S) = \frac{v^2}{2\mu g}$$
$[v : 제동초속도(m), \mu : 노면과의 마찰계수, g : 중격가속도(9.8 m/\sec^2)]$

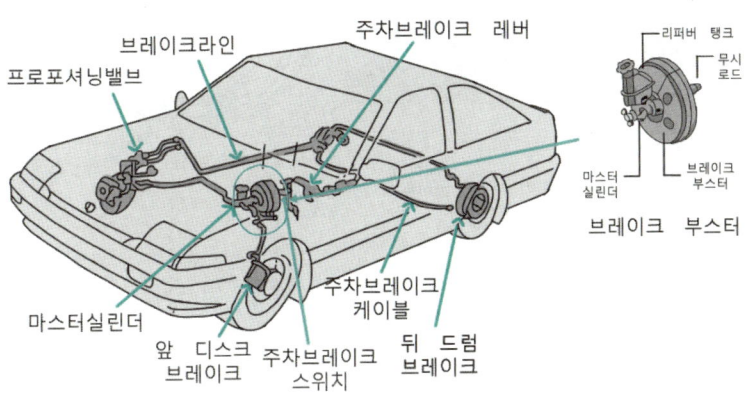

베이퍼록(Vapor Lock) 현상은 밀폐된 유체라인에서 고온으로 인한 일종의 증기폐쇄 현상으로써 브레이크의 마찰열 상승으로 브레이크액이 끓어올라 브레이크 라인 내에서 기포가 발생하면서 제동력이 급격히 떨어지는 현상을 말한다. 특히 여름철 무더위 속에서 아스팔트의 복사열과 산간 지대 장시간 내리막

길 운행 시 잦은 브레이크 조작으로 브레이크 장치를 가열시켜 베이퍼록 현상을 더욱 유발하기도 한다.

이러한 브레이크 과열 방지를 위한 운전자 조치사항으로는 잦은 브레이크 작동을 피하고, 엔진 브레이크나 보조 브레이크, 서행 운전으로 예방이 가능하고, 운행시간을 단축하여 자동차를 쉬어 가면서 움직이는 것도 한 방법이다.

페이드(fade) 현상은 베이퍼록 현상과 유사한 현상으로 브레이크 패드나 브레이크 로터 같은 제동 표면의 온도가 과도하게 높아져 마찰계수가 낮아지면서 브레이크 성능이 저하되는 현상을 말한다. 페이드 현상을 줄이는 가장 좋은 방법은 주행 시 서행 운전으로 브레이크 조작을 낮추거나, 횟수를 줄여 브레이크 냉각을 유도하는 것이다. 브레이크 조작 없이 약 10분 정도 서행만 하더라도 페이드 현상은 급격히 감소한다.

브레이크 오일(brake oil)은 에틸렌글리콜과 피마자유를 혼합하여 만들어진 것으로써 비등점이 높아 베이퍼록(Vapor Lock)을 일으키지 않아야 하고, 윤활성과 인화점이 높으면서 화학적으로 안정되어 있어야 한다. 또한 온도 변화에 대한 점도 변화가 적으면서 응고점은 낮아야 여름철 혹서기, 겨울철 혹한기에 제동력을 정상적으로 만들어 낼 수 있다.

2. 드럼식 브레이크와 디스크 브레이크

가. 드럼식 브레이크

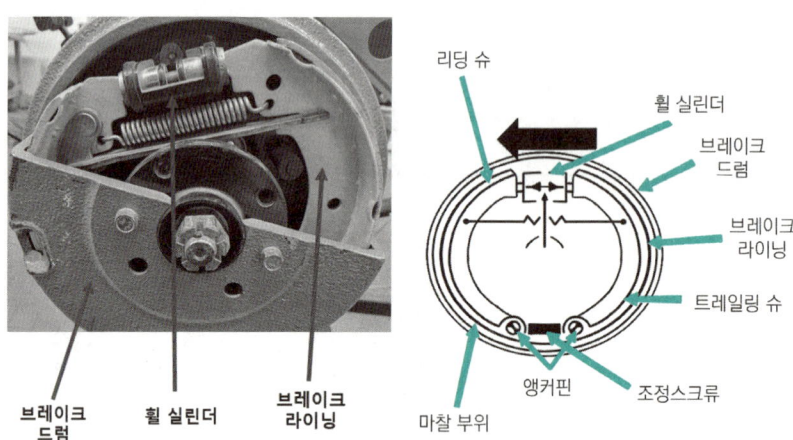

브레이크 드럼은 휠과 같이 회전하는 드럼을 브레이크 페달을 운전자가 밟으면 브레이크 마스터 실린더로부터 휠실린더로 전해지는 유체 압력에 의해 브레이크슈(brake shoe)와 라이닝(lining)이 드럼과의 마찰을 일으키며 제동되는 방식이다. 2개의 브레이크 슈 중에서 회전 중인 드럼에 브레이크를 작동하면 마찰력에 의해 드럼과 함께 확장력이 커지면서 마찰력이 증대되는 슈를 리딩슈(leading shoe)라 하고, 이러한 리딩슈의 현상을 자기 작동 작용(self-energizing action)이라 한다. 또한 리딩 슈와 반대로 반대쪽에 있는 슈의 경우에는 슈의 마찰력에 의해 드럼에서 떨어지려는 힘을 받아 확장력이 감소하게 되는데, 이러한 슈를 트레일링 슈(trailing shoe)라고 한다.

$$\text{브레이크토크}(T)[N{\cdot}m] = P{\cdot}\mu{\cdot}r$$
$[P: \text{드럼에 작용하는 힘}(N\,or\,kgf), \mu: \text{마찰계수}, r: \text{드럼반경}(cm \to m\,\text{환산})]$

〈 드럼식 브레이크의 종류 〉

구분	종류
리딩/트레일링 슈 방식	앵커핀 형식
	링크 형식
	슬라이딩 형식
2리딩 슈 방식	단동식
	복동식
서보 방식	유니 서보식
	듀오 서보식

여기서 자기 작동에 의한 브레이크 종류인 서보(servo) 방식을 간단히 설명하면 유니 서보식(uni servo brake)은 단동식 서보 브레이크라고 하며, 휠 실린더를 단동식(1개)만 사용하고 라이닝 면적에 비해 큰 제동력을 얻을 수 있다는 장점은 있으나, 좌우 제동력이 불균형해지기 쉬운 단점이 있다. 듀오 서보식(duo servo brake)은 전진과 후진 시 강한 제동력을 얻을 수 있고, 휠 실린더를 복식으로 사용하는 방식이다.

(1) 브레이크 슈(shoe)의 구비조건
- 내열성이 크고, 페이드 현상이 적을 것
- 기계적 강도 및 내 마멸성이 클 것
- 온도 변화에 따른 마찰계수의 변화가 적을 것

(2) 드럼의 구비 조건
- 회전 평형이 좋을 것
- 충분한 강성을 유지할 것
- 내마멸성이 있을 것
- 방열이 잘 될 것
- 가벼울 것
- 회전 관성이 적을 것

나. 디스크 브레이크

디스크 브레이크(disc brake)는 회전하는 원판(disc)을 양쪽의 캘리퍼 피스톤이 브레이크 패드를 밀면서 제동하는 방식으로 일종의 외부 강제 수축식 제동 방식이라고 보면 된다. 드럼에 덥혀 있는 내부에서 제동하는 드럼 브레이크와 비교할 때 이 방식은 회전하는 원판에 외부로 노출되어 있기 때문에 제동 시 열 방출이 매우 잘 되어, 잦은 제동으로 인한 베이퍼록 현상 및 페이드 현상을 방지하는 데 효과적이다.

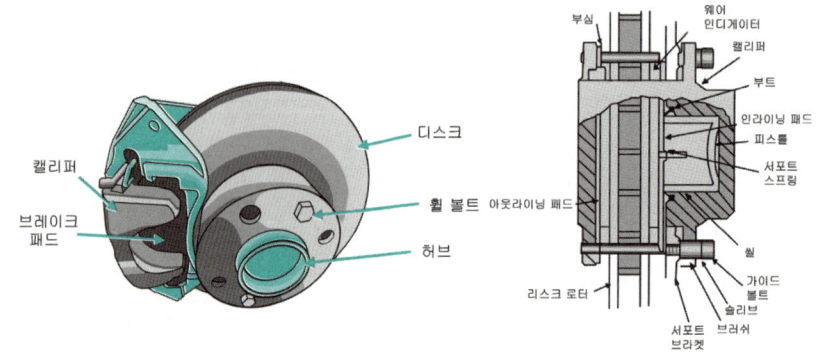

디스크(disc) 방식 브레이크 장점으로는

① 디스크가 대기에 노출되어 있어 방열성이 좋아 페이드 현상이 잘 일어나지 않는다.
② 자기 작동이 없어 제동력의 변화가 적어 제동 시 한쪽만 제동되는 편 제동 현상이 적다.
③ 물이나 진흙 등이 묻더라도 원심력에 의해 제동 효과 회복이 빠르다.
④ 구조가 간단하고 정비가 용이하나 가격이 다소 비싸다.
⑤ 패드는 큰 강도의 재질을 필요로 하고, 페달 조작력이 커야 한다.

$$\text{디스크브레이크 마찰력}(f)[N] = P \cdot \mu \cdot 2$$
$$[P: \text{패드를 누르는 힘}(N \text{ or } kgf), \mu: \text{패드 마찰계수}]$$

다. 브레이크 라인 공기(Air)빼기 작업요령

① 정정 공구를 사용하여 공기를 빼고자 하는 에어블리더(Air bleeder) 나사를 이완시킨다.
② 필요시 마스터 실린더에서 나가는 배관에서 공기를 뺀다.
  • 마스터실린더 상부 브레이크액 저당탱크의 오일을 모두 소진 시, 마스터실린더 교환 시 등
③ 마스터 실린더에서 제일 먼 곳부터 공기를 뺀다.
④ 마스터 실린더에 오일이 떨어지지 않도록 보충하면서 작업을 실시한다.
⑤ 2인 1조로 실시하고, 자동 브레이크 주입 장비를 활용할 경우 체결상태를 작업중에 수시 확인한다.

3. 유압식 브레이크와 공기식 브레이크

유압식 브레이크와 공기식 브레이크의 차이는 명칭에서와 같이 최단의 브레이크 패드에 힘을 전달하는 힘이 유체인가 공기인가이다. 즉, 유압식은 유체를 사용하고, 공기식 브레이크는 공기를 사용한 시스템인 것이다.

가. 유압식 브레이크

유압식은 파스칼의 원리를 이용하여 운전자가 브레이크 페달을 밟으면 브레이크 마스터 실린더와 진공 배력장치에서 발생한 유압을 유체로 가득한 브레이크 라인을 통해 휠실린더 및 캘리퍼 피스톤으로 전달되어 브레이크 슈 또는 패드를 드럼, 디스크에 압착시켜 제동하는 방식을 말한다.

주요 구성부품을 살펴보면 브레이크 페달에서부터 브레이크슈(드럼식) 또는 패드(디스크식)까지 아래와 같다.

(1) 부스터(booster)

제동 배력장치이며 하이드로 마스터(hydro master)라고도 하고, 진공 배력식과 공기 배력식이 있다.

(2) 브레이크 마스터 실린더(brake Master Cylinder)

브레이크 페달을 밟았을 때 유압을 발생하는 부품으로 탠덤 식이 주로 쓰인다.

① 탠덤 마스터 실린더(Tandem Master Cylinder)

피스톤을 2개 설치하여 각각 독립적으로 작용하는 2라인(two line) 유압회로 형식으로 어느 한 부분에 이상 발생 시 일부 브레이크는 작동되도록 하여 안정성을 높이기 위해 만들어졌다.

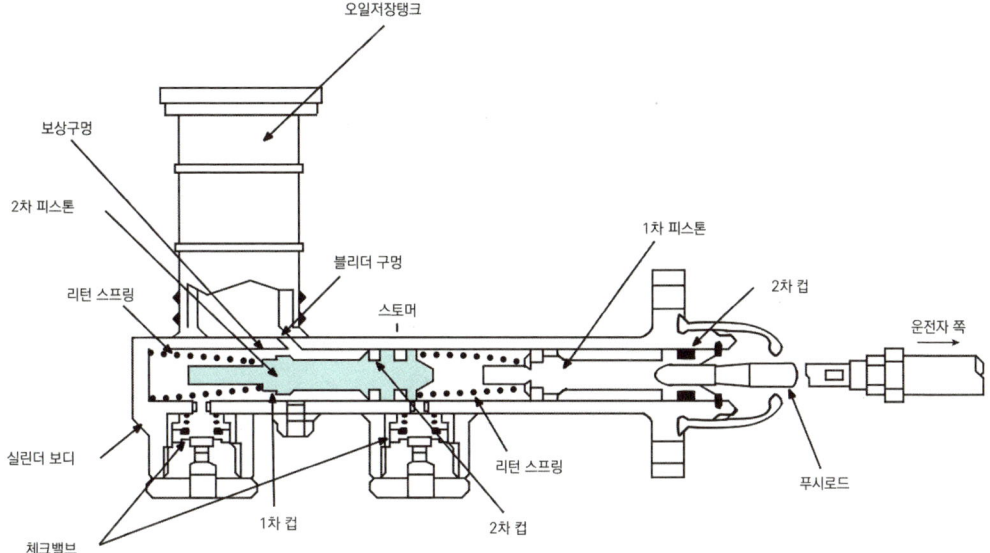

② 오일 저장 탱크(브레이크 오일 저장), 피스톤 1차 컵(유압 발생), 피스톤 2차 컵(오일 누유 방지)

③ 체크 밸브(check valve)

브레이크 해제 시 브레이크 라인 내 잔압을 유지하는 밸브로써 재작동 시 신속한 작동을 가능하게 하고 베이퍼록 현상을 방지하며, 휠 실린더의 오일 누유를 방지한다.

(3) 브레이크 파이프(강제(Steel) 파이프와 고무호스 사용한 오일 이동관), 휠 실린더(브레이크 슈 드럼 쪽으로 압착되도록 함)

(4) 캘리퍼(caliper, 실린더 피스톤과 함께 조립되어 패드를 디스크 쪽으로 압착되도록 함)

(5) 브레이크슈(brake shoe, 휠 실린더에 의해 드럼과 접촉하여 제동력 일으킴)

나. 공기식 브레이크

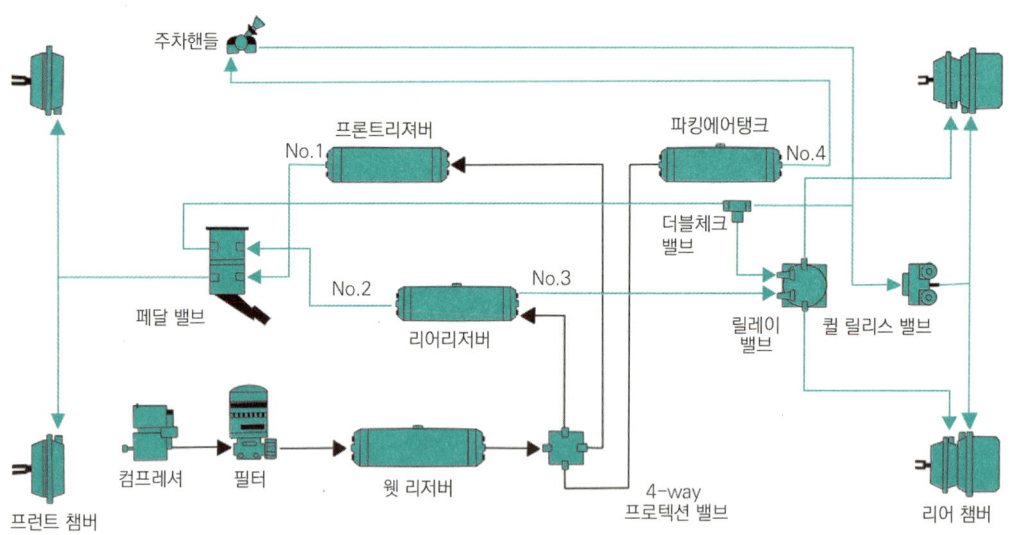

　공기식 브레이크는 주로 대형차(버스, 대형화물)에 쓰이는 제동 시스템으로써 브레이크슈를 압축공기 압력으로 드럼에 압착 시켜 제동하는 방식으로 운전자의 브레이크 페달 답력이 작아도 큰 제동력을 발생시킨다는 장점을 갖고 있다. 즉 차량 중량에 크기와 상관없이 제동력을 충분히 발생시킬 수 있으며, 유압브레이크에서 약간의 브레이크액의 누유만 있더라도 제동력 저하를 갖고 오는 반면, 공기식 브레이크 에서의 약간의 공기 누출은 제동력 저하를 갖고 오진 않는다. 그만큼 안전하다고 볼 수 있으나 비정상적인 에어 누출 발생시 대형차인 만큼 많은 재산과 인적 손실이 발생할 수 있다는 점을 고려하여 즉시 정비 절차에 들어가야 한다.

　또한 유입식에서 발생하는 베이퍼록 현상은 공기를 사용한 공기식 브레이크는 일어나지 않으며, 브레이크 페달의 밟는 양에 따라 제동력이 커져 조작이 매우 쉽고, 차량의 중량과 적재 중량에 따라 압축공기 압력을 높이면 더 큰 제동력을 확보할 수 있다.

　브레이크 페달에서부터 브레이크슈 사이의 공기 브레이크 식의 주요 부품을 살펴보면 아래와 같다.

① **브레이크 밸브**
　　제동 시 릴레이 밸브와 브레이크 챔버로 공기를 공급하는 밸브로써 브레이크 페달과 밸브가 직결된 스로틀형이 주로 쓰이고 있으며, 브레이크 페달이 장착된 마운팅 플레이트와 각 밸브를 내장하고 있다.
② **공기 압축기**(엔진 동력을 이용하여 공기를 압축), 공기 저장 탱크(압축된 공기 저장)
③ **압력 조절 밸브**(일정한 공기탱크 내 압력 유지)
④ **언로우드 밸브**(unload valve, 압력 규정 값 이상으로 상승 시 압축기를 무부하 운전토록 하는 기능)
⑤ **안전밸브**(탱크 내 압력이 규정 값 이상 상승 시 자동으로 열려 대기 중으로 방출하는 기능)

⑥ **릴레이 밸브**(압축공기를 뒤 브레이크 챔버로 공급), 퀵 릴리스 밸브(quick release valve, 브레이크 해제 시 챔버 내 공기 방출)
⑦ **브레이크 챔버**(chamber, 압축공기를 최종적으로 받아 캠을 구동함)
⑧ **캠**(cam, 회전하여 슈를 드럼에 압착 시키는 유압식의 휠 실린더 기능)

> **Tip.**
> 오토 슬랙 어저스터 : 브레이크 슈와 드럼의 간극을 일정하게 자동으로 조정·유지한다.

4. 제동 배력장치, 감속 제동

제동 배력장치(servo system)는 운전자가 적은 힘으로도 제동력을 얻기 위해 만들어진 보조 장치로써, 브레이크 페달의 힘이 더 크게 필요한 디스크식의 유압 제동장치 사용에 따라 필요하게 된 장이며, 브레이크 제동력 향상을 위해 추가적인 외부 에너지를 이용한 장치이다. 즉 브레이크 마스터 실린더의 유압을 높이기 위한 추가 보조 장치이며, 제동 부스터 장치(booster system) 또는 하이드로 마스터(hydro master)라고도 한다.

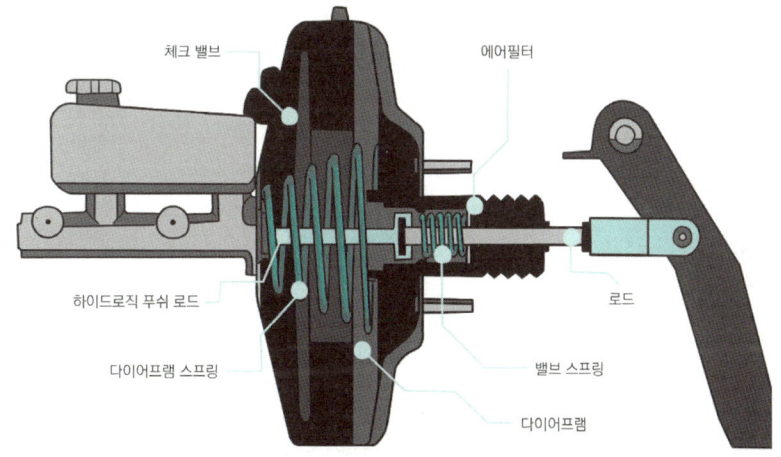

브레이크 부스터

일반적으로 브레이크 마스터 실린더와 배력장치는 분리되어 정비할 수 있도록 되어 있으나, 일체형으로 제작되 배력장치 고장 시 마스터 실린더와 함께 교환해야 하는 경우도 있다.

감속 제동장치(retarder)란 우리가 흔히 알고 있고, 겨울철 빙판길에서 주행중 정지할 때 브레이크 페달을 밟으면 브레이크가 들지 않고 미끄러지거나 심하면 차체가 회전하여 위험한 경우를 대비하여 엔진브레이크를 쓰는 경우가 있는데, 그러한 개념이다. 즉, 주차 브레이크를 제2 브레이크라고 한다면 제동 페달을 밟지 않는 일종의 제3 브레이크라고 보면 된다.

종류에는 배기식(exhaust retarder), 전기식(eddy current, electromagnetic retarder), 공기식(aerodynamic retarder), 유체식(hydrodynamic retarder), 엔진브레이크(engine brake)가 있다.

주로 많이 쓰이고 있는 배기식(exhaust retarder)은 기관의 회전 저항을 이용한 엔진 브레이크를 더욱 효과적으로 증대하기 위해 만들어진 방식으로써 배기 파이프 중간에 나비형 밸브 또는 슬라이드 밸브를 두어 밸브를 막아 이용하는 원리이다. 배기 브레이크는 전기식과 전기 공기식이 있으며, 디젤기관에서 연료 분사를 억제시키면서 밸브를 제어하도록 되어있다.

5. ABS : 전자제어 제동장치

ABS(Anti-lock Braking System)는 영어적 표현 그대로 풀이하면 「잠김 방지 제동 시스템」으로 제동이 되지 않게 한다는 뜻이다. 그러나 다시 말하면 운전자가 제동을 하기 위해 브레이크 페달을 밟으면 한 번에 제동력이 유지되지 않고 운전자의 의지와 상관없이 전자제어(ECU)적 측면에서 유압 제어장치가 가동되어 속도와 도로 조건에 따라 제동력을 풀었다 잠궜다를 수 초 동안에 나누어 제동되게 하여 운전자의 조향 능력을 잃지 않게 하면서 변화에 따라 제동하는 안전장치이다.

다시 정리하면 ABS(Anti-lock Braking System)는 바퀴의 미끄러짐이 없는 제동 효과를 얻을 수 있고, **차량의 방향 안정성, 조종성능을 확보**하면서, 전륜의 **조기 고착에 의한 조향 능력 상실 방지**와 **뒷바퀴 조기 고착으로 인한 스핀을 방지**한다. 또한 **타이어 미끄럼율(slip ratio, 슬립율)이 마찰계수 최대치를 초과하지 않도록** 하고, 노면의 상태가 변하여도 **최대의 제동효과**를 얻을 수 있게 한다.

$$슬립율(\text{slip ratio}) = \frac{미끄럼\ 속도(B)}{타이어\ 회전속도(A)} = \frac{구동바퀴\ 속도 - 차체\ 속도(실제\ 속도)}{구동바퀴\ 속도} \times 100$$

구성부품을 살펴보면 다음과 같다.

(1) <u>ABS ECU</u>

바퀴의 회전 상황을 파악하여 하이드로릭 유닛(hydraulic unit)의 솔레노이드 밸브를 제어한다.

(2) <u>휠 속도 센서</u>

바퀴와 함께 회전하는 톤 휠(tone wheel)의 회전수를 감지하여 ABS ECU로 속도 신호를 송출한다.

(3) <u>하이드로릭 유닛</u>(hydraulic unit)

ECU 신호를 받아 디스크 또는 드럼에 전달되는 유압을 조절한다.

(4) <u>어큐뮬레이터</u>(accumulator)

각 차륜 쪽에서 리턴된 브레이크 오일을 일시적으로 저장한다.

(5) <u>프로포셔닝</u>(proportioning) 밸브

앞·뒤 바퀴의 유압이 평형이 되도록 해주는 장치이며, ABS 고장이 발생하면 일반적인 제동장치 역할을 하고, 하이드로릭 유닛(hydraulic unit)내에 장착하여 급제동 시 후륜 잠김으로 인한 스핀을 방지하기도 한다.

(6) <u>딜레이</u>(delay) 밸브

뒤 휠 실린더 쪽으로 전달되는 유압을 지연시켜 차량의 쏠림을 방지한다.

6. EBD : 전자제어 제동력 배분 시스템

EBD(Electronic Brakeforce Distribution, 전자제어 제동력 배분 시스템)을 간단히 정의해 보면, 앞서 언급한 프로포셔닝(proportioning) 밸브는 앞·뒤 바퀴의 유압이 평형이 되도록 해주는 역할과 주행 중 앞 차륜 보다 뒷 차륜이 먼저 잠김으로 인한 스핀을 방지하는 역할을 기계적으로 한다고 한다면, EBD는 더욱 이상적인 제동력 배분을 하여 급제동 시 스핀 현상 및 제동성능을 향상시키기 위한 시스템이라 할 수 있다. 다시 말해 EBD는 주행중 자동차 브레이크 시스템 작동 시 승차인원 및 적재하중에 맞추어 적절하게 앞·뒤 바퀴에 자동으로 제동력을 배분함으로써 안정된 브레이크 성능을 향상시킨 것이다.

EBD시스템은 구성은 먼저 전륜, 후륜의 차축 속도 센서와 ABS, ECU가 기본 구성으로 되어 있으면서 ECU에서 입력된 속도 센서를 연산·분석하여 뒷 바퀴의 슬립율을 계산하고 슬립율이 앞바퀴와 비교할 때 항상 동일하거나 작도록 뒷바퀴 제동력을 제어한다. 만약 앞 바퀴보다 뒷바퀴가 먼저 제동되는 현상이 일어나며, 즉시 뒷바퀴로 공급하는 제동 유압을 차단하고, 다시 뒷바퀴가 회전하려고 하면 다시 유압을 공급한다.

EBD를 장착한 자동차는 미장착 자동차와 비교할 때 브레이크 페달 답력이 감소되고, 프로포셔닝 밸브를 사용하지 않아도 되며, 뒷바퀴 제동력을 향상시켜 제동거리가 단축되고, 좌·우 뒷바퀴의 유압을 독립적으로 제어하여 선회 중 제동 시, 보다 안정적으로 제동할 수 있게 한다.

7. TCS : 구동력 제어장치

TCS(Traction ControlSystem)의 기존 방식은 간단히 표현하면 ABS에 엔진 힘의 조절을 더한 것으로 평탄한 굴곡로(winding road)를 가상하여 엔진 출력을 제어하는 시스템이었다. 그러나 오늘날의 좀 더 발전된 TCS(Traction Control System) 개념은 차속, 조향각, 가속 페달의 개도량, 오르막과 내리막 등을 보정한 보다 첨단화된 시스템이다. 슬립컨트롤 기능은 가속성과 선회 안전성을 확보하였고, 트레이스 컨트롤 기능은 선회 가속 시 구동력 제어, 조향 성능 향상을 실현시켰다.

브레이크 제어 TCS 미장착 차량   브레이크 제어 TCS 장착 차량

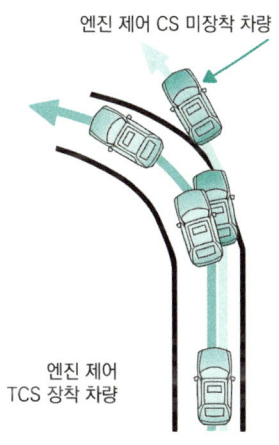

엔진 제어 CS 미장착 차량

엔진 제어 TCS 장착 차량

TCS 주요 제어 기능을 정리하면,

- **슬립(slip)컨트롤 기능** : 미끄러운 노면에서 가속 능력 및 선회능력을 향상하여 슬립을 제어한다.
- **트레이스(trace) 컨트롤 기능** : 언더스티어 및 오버스티어를 방지하여 조향 성능을 향상시킨다.

> **Tip.**
> 언더스티어링 : 선회 주행 시 운전자가 조향하려는 각도 보다 자동차의 선회 반경이 커지는(더 작게 꺾이는) 현상
> 오버스티어링 : 선회 주행 시 운전자가 조향하려는 각도 보다 자동차의 선회 반경이 작아지는(더 많이 꺾이는) 현상
> 뉴트럴스티어링 : 선회 주행 시 운전자가 조향하려는 각도와 자동차의 선회 반경이 일치하는 현상

8. 주차 브레이크(전자식, 기계식)와 보조 브레이크

주차 브레이크는 주행중 제동을 하는 브레이크와 별도로 정차시, 주차시 자동차의 움직임을 제한하기 위한 안전장치로써 일반적으로 제2 브레이크라고도 한다. 주로 핸드 브레이크는 기계식이며, 버튼형 스위치는 전자식에 속한다. 현재 신형 승용 차종은 주차 브레이크가 기계식이 아닌 전자식인 경우가 많다. 주차 브레이크는 뒷바퀴 잠금 방식이 일반적으로써, 뒷바퀴(휠)를 직접적으로 잠그는 휠 브레이크식과 후륜 추진축을 잠그는 센터 브레이크 형식으로 구분하며, 휠 브레이크식이 통상적이다.

보조 브레이크는 앞서 언급한 감속 제동장치(retarder)와 같은 의미로써 일종의 제3 브레이크라고 보면 된다. 종류에는 배기식(exhaust retarder), 전기식(eddy current, electromagnetic retarder), 공기식(aerodynamic retarder), 유체식(hydrodynamic retarder), 엔진 브레이크(engine brake)가 있다.

9. 기타 브레이크 제어 시스템

VDC (Vehicle Dynamic Control)는 요 모멘트·스핀·오버스티어·요잉·자동감속 제어 효과가 있는 시스템으로써, 차가 곡선 도로를 주행하다가 미끄러지게 되면 관성에 의해 운전자가 원하지 않는 엉뚱한 방향으로 차체가 밀리게 될 때 차체 자세제어 장치가 개입하여 각 차륜별로 제동력을 제어하면서 주행 중인 자동차의 차체를 바르게 유지토록 하는 시스템이다. 북미와 유럽에서는 ABS와 함께 의무적으로 장착하도록 하고 있는 시스템이다. 다른 말로 ESP(electronic stability program)라고도 부르며, 특히 주행 중 발생하는 스핀, 언더스티어링 제어에 매우 효과적이다.

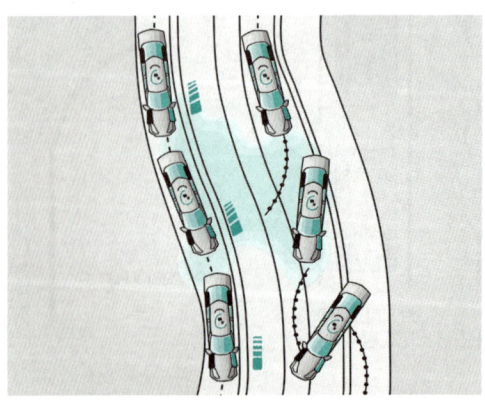

VDC (Vehicle Dynamic Control)

연습문제   제4장 제동장치(브레이크 시스템)

01 지름 30cm인 브레이크 드럼에 작용하는 힘이 600N이다. 마찰계수가 0.3이라 하면 이 드럼에 작용하는 토크는?

① 17N·m   ② 27N·m
③ 32N·m   ④ 36N·m

해설 ▶ 드럼에 작용하는 토그
$T = \mu Pr = 0.3 \times 600 \times 0.15 = 27[N·m]$
μ : 마찰계수, μ : 압력$[N]$, r : 드럼반경$[m]$
※ 이 공식은 토크=힘×반지름에서 유추할 수 있으며, 클러치의 전달회전력을 구하는 공식도 동일하다.

02 ABS의 장점이 아닌 것은?

① 급제동 시 방향 안정성을 유지할 수 있다.
② 급제동 시 조향성을 확보해 준다.
③ 타이어와 노면의 마찰계수가 클수록 제동거리가 단축된다.
④ 급선회 시 구동력을 제한하여 선회 성능을 향상시킨다.

해설 ▶ 제동시 슬립 방지로 조향 방향의 안전정을 유지하며, 급선회 시 구동력을 제한하여 선회 성능을 향상시키는 것은 TCS의 장점에 해당한다.

03 전자제어 제동장치의 목적이 아닌 것은?

① 미끄러운 노면에서 전자제어에 의해 제동거리를 단축한다.
② 앞바퀴의 고착을 방지하여 조향 능력이 상실되는 것을 방지한다.
③ 후륜을 조기에 고착시켜 옆 방향 미끄러짐을 방지한다.
④ 제동 시 미끄러짐을 방지하여 차체의 안정성을 유지한다.

해설 ▶ 프로포셔닝밸브는 후륜으로 공급되는 제동유압을 전륜에서보다 낮도록 조절하여, 제동 시 후륜의 조기 고착 현상을 예방한다. 후륜이 고착되면 옆 방향으로 오히려 슬립이 발생한다.

04 다음 중 전자제어 제동장치(ABS)의 구성부품이 아닌 것은?

① 하이드로릭 유닛
② 컨트롤 유닛
③ 휠 스피드 센서
④ 퀵 릴리스 밸브

해설 ▶ 퀵 릴리스 밸브(Quick Release Valve)는 공기식 브레이크 장치의 구성요소로써, 브레이크 페달에 발을 떼었을 때, 챔버의 공기를 신속하게 배출하여 제동력을 해제시키는 부품이다.

05 ABS 시스템과 슬립(미끄럼) 현상에 관한 설명으로 틀린 것은?

① 슬립(미끄럼) 양을 백분율(%)로 표시한 것을 슬립률이라 한다.
② 슬립률은 주행속도가 늦거나 제동 토크가 작을수록 커진다.
③ 주행속도와 바퀴 회전속도에 차이가 발생하는 것을 슬립현상이라고 한다.
④ 제동 시 슬립현상이 발생할 때 제동력이 최대가 될 수 있도록 ABS시스템이 제동압력을 제어한다.

해설 ▶ 슬립률은 차량 속도가 빠를수록, 제동력(제동토크)이 클수록 커진다. 즉, 자동차의 속도와 바퀴 속도에 대한 차이를 말한다.

정답   01 ② 02 ④ 03 ③ 04 ④ 05 ②

06 ABS(Anti-lock Brake System)가 설치된 차량에서 휠 스피드 센서의 설명으로 맞는 것은?

① 리드 스위치 방식의 차속센서와 같은 원리이다.
② 휠 스피드 센서는 앞바퀴에만 설치된다.
③ 휠 스피드 센서는 뒷바퀴에만 설치된다.
④ 차륜 속도를 감지하여 컨트롤 유닛으로 입력한다.

해설 >> 휠스피드 센서는 홀센서 방식의 속도센서와 같은 원리이며, 모든 바퀴에 설치되어 그 값을 ECU로 보낸다.

07 ABS 장착 차량에서 주행을 시작하여 차량 속도가 증가하는 도중에 펌프 모터 작동 소리가 들렸다면 이 차의 상태는?

① 오작동이므로 불량이다.
② 체크를 위한 작동으로 정상이다.
③ 모터의 고장을 알리는 신호이다.
④ 모듈레이터 커넥터의 접촉불량이다.

해설 >> 주행 중 미끄러운 노면에서 제동 시 느낄 수 있는 페달의 맥동(진동)은 정상이며, 주행 시 ABS ECU의 자기진단으로 스스로 체크하는 모터 소리도 들을 수 있다.

08 자동차에서 사용하는 휠 스피드 센서의 파형을 오실로스코프로 측정하였다. 파형의 정보를 통해 확인할 수 없는 것은?

① 최저 전압   ② 평균 저항
③ 최고 전압   ④ 평균 전압

해설 >> 휠 스피드 센서의 파형은 교류 파형으로 시간에 따른 전압과 부품의 불량으로 인한 심한 노이즈 등을 확인할 수 있으며, 오실로 스코프 파형으로는 주로 전압과 전류를 보는 것이며, 저항을 보진 않는다.

09 ABS 컨트롤 유닛(제어모듈)에 대한 설명으로 틀린 것은?

① 휠의 감속·가속을 계산한다.
② 각 바퀴의 속도를 비교·분석한다.
③ 미끄러짐비를 계산하여 ABS 작동 여부를 결정한다.
④ 컨트롤 유닛이 작동하지 않으면 브레이크가 전혀 작동하지 않는다.

해설 >> ABS 고장 시 페일 세이프 기능에 의해 모듈의 모터 전원이 차단되고, ABS는 작동하지 않으나, 일반 유압브레이크는 작동한다.

10 전자제어 제동 장치(ABS)에서 하이드로릭 유닛의 내부 구성부품으로 틀린 것은?

① 어큐뮬레이터
② 인렛 미터링 밸브
③ 상시 열림 솔레노이드 밸브
④ 상시 닫힘 솔레노이드 밸브

해설 >> 인렛 미터링 밸브(IMV, Inlet Metering Valve)는 전자제어 디젤엔진에서 고압 연료펌프에 장착된 밸브로써, 냉각수온, 배터리 전압, 흡기온도에 따라 레일의 연료 압력을 조정하는 역할을 한다.

11 전자식 제동분배(EBD, electronic brake-force distribution) 장치에 대한 설명으로 틀린 것은?

① 기존의 프로포셔닝 밸브에 비하여 제동거리가 증가된다.
② 뒷바퀴 제동압력을 연속적으로 제어함으로써 스핀현상을 방지한다.
③ 프로포셔닝 밸브를 설치하지 않아도 된다.
④ 뒷바퀴의 유압을 좌우 각각 독립적으로 제어가 가능하므로 선회하면서 제동할 때 안정성이 확보된다.

정답 06 ④ 07 ② 08 ② 09 ④ 10 ② 11 ①

해설 ▶ 전자식 제동분배는 기존 기계적 프로포셔닝 밸브와 달리 후륜 제동력을 독립적으로 제어한다. 제동거리 단축과 스핀 현상 방지 및 안정성에 매우 효과적인 시스템이다.

12 브레이크 페달을 밟았을 때 소음이 나거나 떨리는 현상의 원인이 아닌 것은?

① 디스크의 불균일한 마모 및 균열
② 패드나 라이닝의 경화
③ 백킹 플레이트나 캘리퍼의 설치 볼트 이완
④ 프로포셔닝 밸브의 작동 불량

해설 ▶ 특히 겨울철 주행 후 뜨거워진 브레이크 디스크에 세차를 하기 위한 찬물을 뿌렸을 때 디스크의 불균일 변형이 생겨 주행 중 떨림 현상이 나타날 수 있다. 프로포셔닝 밸브는 급제동 시 후륜의 조기 잠김으로 인한 스핀 방지하기 위해 후륜에 전달되는 유압을 지연하는 역할을 하며, 소음이나 진동의 직접적인 원인이라 할 수 없다.

13 ABS와 TCS(Traction Control System)에 대한 설명으로 틀린 것은?

① TCS는 구동륜이 슬립하는 현상을 방지한다.
② ABS는 주행 중 제동 시 타이어의 록(lock)을 방지한다.
③ ABS는 제동 시 조향 안정성 확보를 위한 시스템이다.
④ TCS는 급제동 시 제동력 제어를 통해 차량 스핀 현상을 방지한다.

해설 ▶ ABS와 EBD는 급제동 시 차량 스핀 현상을 방지하고, TCS는 제동 시 제어가 아니라 미끄러운 노면에서의 출발, 구동 성능, 선회 주행 추월 성능, 조향 안전 성능을 향상시킨 장치이다.

14 전자제어 제동장치에서 앞바퀴 유압 회로의 중간에 설치되어 있고, 제동 시 앞바퀴에 작용되는 유압의 상승을 지연시키는 밸브는?

① 로드센싱 프로포셔닝 밸브(load sensing proportioning valve)
② P밸브(proportioning control valve)
③ 미터링 밸브(metering valve)
④ G밸브(gravitation valve)

해설 ▶ 로드센싱 프로포셔닝 밸브는 차량의 하중에 따라 제동압력을 조절하고, G밸브는 로드센싱 프로포셔닝 밸브와 유사한 개념이나, 중력 변화에 따라 제동력을 제어한다는 차이점이 있다.

15 제동 안전장치 중 프레임과 리어 액슬 사이에 장착되어 적재량에 따라 후륜에 가해지는 유압을 조절하여 차량의 제동력을 최적화하는 밸브는?

① ABS밸브   ② G밸브
③ PB밸브   ④ LSPV밸브

해설 ▶ 적재하중에 따라 센서 출력값이 변하는 것은 하중감지 액압 조절장치 브레이크 밸브(LSPV, Load Sensing Pressure Valve)이다.

16 TCS(traction control system)의 특징과 가장 거리가 먼 것은?

① 슬립(slip) 제어
② 라인 압 제어
③ 트레이스(trace) 제어
④ 선회 안정성 향상

해설 ▶ 트레이스 제어란 선회 시 조향각으로부터 산출한 횡 가속도가 기준치보다 크면 전륜 슬립율을 감소하기 위해 엔진 출력을 제어하여 선회 안정성을 향상시키는 것을 말한다.

정답 12 ④ 13 ④ 14 ③ 15 ④ 16 ②

17 TCS(Traction Control System)의 제어 장치에 관련이 없는 센서는?

① 가속도 센서
② 아이들 신호
③ 후차륜 속도 센서
④ 가속페달포지션 센서

해설 ≫ TCS는 ABS의 개선된 시스템으로써, ABS 센서와 액추에이터를 함께 쓰며, 엔진 회전수와 목표 회전수를 비교하여 엔진 토크를 제어한다. 가속도 센서는 VDC와 관련된 센서이며, 가속 페달 위치 센서는 스로틀 밸브의 개도량을 제어한다.

18 VDC(vehicle dynamic control) 장치에 대한 설명으로 틀린 것은?

① 스핀 또는 언더 스티어링 등의 발생을 억제하는 장치이다.
② VDC는 ABS 제어, TCS 제어 기능 등이 포함되어 있으며 요모멘트 제어와 자동감속제어를 같이 수행한다.
③ VDC 장치는 TCS에 요레이트 센서, G센서, 마스터 실린더 압력센서 등을 사용한다.
④ 오버 스티어 현상을 더욱 증가시킨다.

해설 ≫ VDC는 차가 곡선 도로를 주행하다가 미끄러지게 되면 관성에 의해 운전자가 원하지 않는 엉뚱한 방향으로 밀리게 될 때, 차체 자세제어 장치가 개입하여 각 차륜별로 제동력을 제어하면서 주행 중인 자동차의 차체를 바르게 유지토록 하는 시스템이다.
또한 스핀 직전에는 자동감속 제어를 수행하고, 이미 시작된 스핀, 언더·오버 스티어링의 경우에는 휠 별로 제동력을 제어하여 사고를 예방한다.

19 차량의 안정성 향상을 위하여 적용된 전자제어 주행 안정장치 (VDC, EPS)의 구성요소가 아닌 것은?

① 횡 가속도 센서
② 충돌 센서
③ 마스터 실린더 압력센서
④ 조향 휠 각속도 센서

해설 ≫ 요레이트 센서, 횡가속도센서(G센서)는 차량의 상태를 파악하는 것이며, 조향 휠 각속도 센서, 가속페달위치 센서 등은 운전자의 의지를 파악하는 것으로 모두 VDC 입력 요소에 해당한다.

20 공기 브레이크의 특징으로 틀린 것은?

① 베이퍼록이 발생되지 않는다.
② 유압으로 제동력을 조절한다.
③ 기관의 출력이 일부 사용된다.
④ 압축공기의 압력을 높이면 더 큰 제동력을 얻을 수 있다.

해설 ≫ 공기 브레이크는 기관의 출력을 이용한 압축공기의 공기압을 이용하여 앞뒤 브레이크 챔버와 브레이크 캠에 의해 브레이크 슈가 드럼에 밀착되면서 제동되는 브레이크 이다.

21 제동력이 350kgf이다. 이 차량의 차량중량이 1000kgf이라면 제동저항 계수는? (단, 노면마찰계수 등 기타조건은 무시한다.)

① 0.25
② 0.35
③ 2.5
④ 4.0

해설 ≫ 제동저항 계수 $= \dfrac{제동력}{제동중량}$

$= \dfrac{350}{1000} = 0.35$

22 브레이크 라이닝의 표면이 과열되어 마찰계수가 저하되고 브레이크 효과가 나빠지는 현상은?

① 브레이크 페이드 현상
② 언더스티어링 현상
③ 하이드로 플레이닝 현상
④ 캐비테이션 현상

해설 ▶ 페이드(fade) 현상이란, 장시간 지속적인 브레이크 사용으로 인하여, 드럼과 브레이크슈·패드에 마찰열 축적으로 드럼이나 라이닝(패드)의 열 경화로 마찰계수가 저하되어 제동력이 떨어지는 것을 말한다.

24 브레이크 장치에서 전진 시와 후진 시에 모두 자기배력 작용이 발생되는 것으로 옳은 것은?

① 듀오서보 브레이크
② 리딩슈 브레이크
③ 유니서보 브레이크
④ 디스크 브레이크

해설 ▶ 자기배력 작용이란 주행중 브레이크를 밟았을 때 슈(라이닝+슈)는 마찰력에 의해 드럼과 함께 회전하려한다. 이때 회전 토크가 추가로 발생되, 확장력과 마찰력이 증대되는 것을 말한다. 유니서보는 전진 시에만 1, 2차 모두 자기배력 작용을 한다.

23 브레이크 페달에 수평 방향으로 150kgf의 힘을 가했을 때 피스톤의 면적이 10㎠라면 마스터 실린더에 형성되는 유압은(kgf/㎠)?

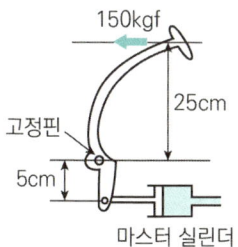

① 65
② 75
③ 85
④ 90

해설 ▶ 지렛대 원리를 이용하면
$150 kgf \times 25 = x \times 5$,
실린더에 작용하는 힘 $x = 750 kgf$
유압 $P = \dfrac{F}{A} = \dfrac{750}{10} = 75 [kgf/㎠]$

25 제동력을 더욱 크게 해주는 제동 배력장치 작동의 기본 원리로 적합한 것은?

① 동력 피스톤 좌우의 압력차가 커지면 제동력은 감소한다.
② 동일한 압력 조건일 때 동력 피스톤의 단면적이 커지면 제동력은 커진다.
③ 일정한 단면적을 가진 진공식 배력장치에서 기관 내부의 압축압력이 높아질수록 제동력은 커진다.
④ 일정한 동력 피스톤 단면적을 가진 공기식 배력장치에서 압축공기의 압력이 변하여도 제동력은 변하지 않는다.

해설 ▶ 좌우 압력 차가 커지면 제동 시 한쪽으로 쏠리는 현상이 일어나고, 제동력 감소와는 거리가 멀다. 또한 흡기 다기관의 진공과 대기압 차이(약 0.7kg/㎠)를 이용한 것이 진공식 배력장치이며, 공기식 배력장치는 압축공기와 대기압의 차이(약 5~7kg/㎠)를 이용한 것이다.

정답 22 ① 23 ② 24 ① 25 ②

26 브레이크 페달이 점점 딱딱해져서 제동 성능이 저하되었다면 그 원인은?

① 브레이크액 부족
② 마스터 실린더 누유
③ 슈 리턴 스프링 장력 변화
④ 하이드록 백 내부 진공 누설

해설 ▶ 브레이크 액이 정상에서 많이 부족하면, 잔압 유지가 되지 않아 브레이크 유격이 커지고, 제동거리도 늘어나게 된다. 하이드록 백, 마스터 백과 같은 진공 배력식은 진공이 누설되면 페달이 딱딱해지면서 제동 성능이 저하된다. 오일 누유 또는 슈리턴 스프링 장력의 불량은 브레이크가 밀리는 현상, 즉 제동이 되지 않는 심각한 고장 증상을 가져온다.

27 전자제어 제동장치(ABS)에 대한 설명으로 틀린 것은?

① 제동 시 차량의 스핀을 방지한다.
② 제동 시 조향 안정성을 확보해 준다.
③ 선회 시 구동력 과다로 발생되는 슬립을 방지한다.
④ 노면 마찰계수가 가장 높은 슬립율 부근에서 작동된다.

해설 ▶ ABS는 제동에 관하여 타이어의 고착(잠김)으로 인한 노면과의 미끄러짐(슬립)을 방지하는 것이며, 구동력과 속도에 관하여 직접적인 영향을 주는 것은 아니다.

28 다음에서 ABS(Anti-lock Braking System)의 구성부품으로 볼 수 없는 것은?

① 휠 스피드 센서(wheel speed sensor)
② 일렉트로닉 컨트롤 유닛(electronic control unit)
③ 하이드로릭 유닛(hydraulic unit)
④ 크랭크 앵글센서(crank angle sensor)

해설 ▶ ABS를 제어하는 전자제어 장치(ECU, Electronic control unit)는 전자제어 기관의 두뇌와 같은 것이다. 크랭크 앵글센서는 기본 분사량과 연료 분사 시기, 점화시기를 결정하는 센서이다.

29 ABS 장착 차량에서 휠 스피드 센서의 설명이다. 틀린 것은?

① 출력 신호는 AC 전압이다.
② 일종의 자기유도센서 타입 이다.
③ 고장시 ABS 경고등이 점등하게 된다.
④ 앞바퀴는 조향 휠이므로 뒷바퀴에만 장착되어 있다.

해설 ▶ 인덕티브 방식의 휠 스피드 센서는 영구자석과 코일을 이용한 자기유도형(패러데이 법칙)으로써, 발전기와 동일한 AC전압을 출력한다.

30 ABS(Anti-lock Brake System) 경고등이 점등되는 조건이 아닌 것은?

① ABS 작동 시
② ABS 이상 시
③ 자기 진단 중
④ 휠 스피드 센서 불량 시

해설 ▶ ABS 경고등은 자기진단중 이거나 센서 및 ABS 구성부품의 고장, 회로(배선) 불량일 때 점등된다.

31 제동 안전장치 중 프로포셔닝 밸브의 역할은 무엇인가?

① 앞바퀴와 뒷바퀴의 제동압력을 분배하기 위하여
② 앞바퀴의 제동압력을 감소시키기 위하여
③ 뒷바퀴의 제동압력을 증가시키기 위하여
④ 무게중심을 잡기 위하여

해설 ▶ 프로포셔닝 밸브(p밸브)는 급제동 시 후륜의 조기 잠김으로 인한 스핀 방지를 위해, 후륜에 전달되는 유압을 지연시켜 모든 바퀴의 제동압력을 균등하게 한다.

정답 26 ④ 27 ③ 28 ④ 29 ④ 30 ① 31 ①

32 브레이크 페달을 강하게 밟을 때 후륜이 먼저 로크되지 않도록 하기 위하여, 유압이 어떤 일정 압력이상 상승하면 그 이상 후륜 측에 유압이 상승하지 않도록 제한하는 장치는?

① 리미팅 밸브(Limiting Valve)
② 프로포셔닝 밸브(Proportioning Valve)
③ 이너셔 밸브(Inertia valve)
④ EGR 밸브

해설 ▶ 후륜 제어 장치는 프로포셔닝, 로드센싱 프로포셔닝, 리미팅 밸브가 있으며, 로드 센싱 밸브는 차량의 하중, 이너셔 밸브는 속도에 따른 제동력 배분을 한다.

33 기관 정지 중에도 정상 작동이 가능한 제동장치는?

① 기계식 주차 브레이크
② 와전류 리타더 브레이크
③ 배력식 주 브레이크
④ 공기식 주 브레이크

해설 ▶ 와전류 리타더 브레이크의 정상 작동하기 위해서는 배터리와 발전기가 정상 작동상태이어야 한다.

34 전자제어 제동장치인 EBD(electronic brake-force distribution) 시스템의 효과로 틀린 것은?

① 적재 용량 및 승차 인원에 관계 없이 일정하게 유압을 제어한다.
② 뒷바퀴의 제동력을 향상시켜 제동거리가 짧아진다.
③ 프로포셔닝 밸브를 사용하지 않아도 된다.
④ 브레이크 페달을 밟는 힘이 감소 된다.

해설 ▶ EBD는 차량의 하중에 따라 제동압력을 조절하는 로드센싱 프로포셔닝 기능을 추가하여 전·후륜의 제동력을 효율적으로 배분한 시스템이다.

35 VDC(vehicle dynamic control) 장치에서 고장 발생 시 제어에 대한 설명으로 틀린 것은?

① 원칙적으로 ABS의 고장시에는 VDC 제어를 금지한다.
② VDC 고장시에는 해당 시스템만 제어를 금지한다.
③ VDC 고장시 솔레노이드 밸브 릴레이를 OFF시켜야 되는 경우에는 ABS의 페일세이프에 준한다.
④ VDC 고장 시 자동변속기는 현재 변속단보다 다운 변속된다.

해설 ▶ VDC는 차가 곡선 도로를 주행하다가 미끄러지게 되면 관성에 의해 운전자가 원하지 않는 엉뚱한 방향으로 밀리게 될 때, 차체 자세제어 장치가 개입하여 각 차륜별로 제동력을 제어하면서 주행 중인 자동차의 차체를 바르게 유지토록 하는 시스템이다.
원칙적으로 ABS 고장 시 VDC·TCS 제어는 금지되고, VDC 고장 시 솔레노이드 밸브를 OFF시키는 경우 ABS의 페일세이프에 기준하여 제어한다. VDC 고장 시에는 정해진 변속단으로 고정되는 것이지 현재 변속단에서 다운 변속되는 것은 아니다.

36 차체 자세제어장치(VDC, ESP)에서 선회 주행 시 자동차의 비틀림을 검출하는 센서는?

① 차속 센서
② 휠 스피드 센서
③ 요 레이트 센서
④ 조향 핸들 각속도 센서

정답 32 ② 33 ① 34 ① 35 ④ 36 ③

해설 ▶ 차체의 앞뒤가 좌·우측, 내·외륜측으로 이동하려는 요(yaw) 모멘트를 측정하는 요 레이트 센서는 선회 시 내부의 진동자(플레이트 포크)의 진동 변화에 따라 발생되는 출력전압을 이용하여 회전 각속도로 검출한다. 이때 반대 방향으로 요-모멘트를 발생시켜 서로 상쇄하게 하여 주행 및 선회 안정성을 확보하는 것이 VDC이다. ESP는 스티어링휠의 각도를 분석해 운전자가 가고자 하는 방향과 차량의 진행 방향에 차이가 발생할 때(미끄러질 때) 개입하여, 차량의 진행 방향을 안정적인 주행 상황으로 조정해 주는 것이다.

37 전자제어 제동장치(ABS)에서 페일 세이프(fail safe) 상태가 되면 나타나는 현상은?

① 모듈레이터 모터가 작동된다.
② 모듈레이터 솔레노이드 밸브로 전원을 공급한다.
③ ABS 기능이 작동되지 않아서 주차브레이크가 자동으로 작동된다.
④ ABS 기능이 작동되지 않아도 평상시(일반) 브레이크는 작동된다.

해설 ▶ ABS 고장 시 페일 세이프 기능에 의해 모듈의 모터 전원이 차단되고, ABS는 작동하지 않으나, 일반 유압브레이크는 작동한다.

38 유압식 브레이크 계통의 설명으로 옳은 것은?

① 유압계통 내에 잔압을 두어 베이퍼록 현상을 방지한다.
② 유압계통 내에 공기가 혼입되면 페달의 유격이 작아진다.
③ 휠 실린더의 피스톤 컵을 교환했을 경우에는 공기빼기 작업을 하지 않아도 된다.
④ 마스터 실린더의 첵 밸브가 불량하면 브레이크 오일이 외부로 누유된다.

해설 ▶ 공기 혼입은 스펀지 작용에 의해 페달의 유격을 커지게 하고, 제동장치의 구성품 또는 오일 교환 시 공기빼기 작업은 반드시 해야 한다. 첵 밸브는 베이퍼록 방지와 브레이크 라인의 잔압 유지 역할을 하는 것이지 누유와는 직접적 관련이 있는 것은 아니다.

39 디스크 브레이크에 관한 설명으로 틀린 것은?

① 브레이크 페이드 현상이 드럼 브레이크보다 현저하게 높다.
② 회전하는 디스크에 패드를 압착시키게 되어 있다.
③ 대부분의 경우 자기 작동기구로 되어 있지 않다.
④ 캘리퍼가 설치된다.

해설 ▶ 디스크(disc) 방식 브레이크 장점으로는
- 디스크가 대기에 노출되어 있어 방열성이 좋아 페이드 현상이 잘 일어나지 않는다.
- 자기 작동이 없어 제동력의 변화가 적어 제동 시 한쪽만 제동되는 편 제동 현상이 적다.
- 물이나 진흙 등이 묻더라도 원심력에 의해 제동 효과 회복이 빠르다.
- 구조가 간단하고 정비가 용이하나 가격이 다소 비싸다.
- 패드는 큰 강도의 재질을 필요로 하고, 페달 조작력이 커야 한다.

40 배력식 브레이크 장치의 설명으로 옳은 것은?

① 흡기 다기관의 진공과 대기압의 차는 약 $0.1kg/cm^2$이다.
② 진공식은 배기 다기관의 진공과 대기압의 압력차를 이용한다.
③ 공기식은 공기 압축기의 압력과 대기압의 압력차를 이용한 것이다.
④ 하이드로 백은 배력장치가 브레이크 페달과 마스터 실린더 사이에 설치되어진 형식이다.

정답 37 ④ 38 ① 39 ① 40 ③

해설 ▶▶ 흡기 다기관의 진공과 대기압 차이(약 0.7kg/㎠)를 이용한 것이 진공식 배력장치이며, 공기식 배력장치는 압축공기와 대기압의 차이(약 5~7kg/㎠)를 이용한 것이다.
또한 하이드로 백은 배력장치가 마스터 실린더와 휠 실린더 사이에 설치된 형식이다.

41 전자제어 제동장치(ABS)에 대한 기능으로 틀린 것은?

① 제동 시 조향 안정성 확보
② 제동 시 직진성 확보
③ 제동 시 동적 마찰 유지
④ 제동 시 타이어 고착

해설 ▶▶ 동적 마찰계수는 운동 중일 때의 마찰계수이고, 정적 마찰계수는 멈췄을 때의 마찰계수로 동적 마찰이란 휠이 잠긴 상태에서 지면과 미끄러질 때의 마찰을 의미한다.
ABS는 제동 시 타이어의 고착(잠김)으로 인한 노면과의 미끄러짐(슬립)을 방지하는 것이다.

42 전자제어 제동장치(ABS)의 장점으로 틀린 것은?

① 안정된 제동 효과를 얻을 수 있다.
② 제동 시 자동차가 한쪽으로 쏠리는 것을 방지한다.
③ 미끄러운 노면에서 제동 시 조향 안정성이 있다.
④ 미끄러운 노면에서 출발 시 바퀴의 슬립을 방지한다.

해설 ▶▶ ABS의 장점 3가지는 방향 안정성 유지, 조향 안정성 확보, 제동 시 슬립 방지이다.
출발 시 바퀴 슬립, 주행 중 구동력 향상 등은 ABS 기능과는 거리가 멀다.

43 전자제어식 제동장치(ABS)에서 펌프로부터 토출된 고압의 오일을 일시적으로 저장 하고 맥동을 완화시켜 주는 것은?

① 모듈레이터
② 솔레노이드 밸브
③ 어큐뮬레이터
④ 프로포셔닝 밸브

해설 ▶▶ 어큐뮬레이터는 증압 시에는 휠 실린더로 오일을 공급하고, 감압 신호 시에는 일시적으로 펌프로부터 토출된 고압의 오일을 저장하고 맥동을 감소시키는 역할을 한다. 이는 ABS ECU에서 제어한다.

44 전자제어 제동장치(ABS)에서 휠 속도 센서에 대한 내용으로 틀린 것은?

① 마그네틱 방식과 액티브 방식 등이 있다.
② 출력 파형은 종류에 따라 아날로그 및 디지털 신호이다.
③ 적재하중에 따라 센서 출력값이 변한다.
④ 에어캡의 변화에 따라 출력값이 변한다.

해설 ▶▶ 휠 스피드 센서는 마그네틱 픽업 코일 방식(인덕티브 방식)과 홀센서 방식(액티브 방식)이 있으며, 인덕티브 방식은 자기유도 작용에 의한 코일의 자기장 변화에 따른 전압 발생으로 검출되는 아날로그 신호방식이다. 홀센서 방식은 디지털 신호를 사용하는 방식으로 홀소자를 영구자석 사이에 위치하고 전류를 공급하여 전압이 발생에 따라 속도를 검출한다.
적재하중에 따라 센서 출력값이 변하는 것은 하중감지 액압 조절장치 브레이크 밸브(LSPV, Load Sensing Pressure Valve)이다.

정답 41 ④ 42 ④ 43 ③ 44 ③

45 ABS(Anti-lock brake system)에서 휠 스피드 센서 파형의 설명으로 옳은 것은? (단, 마그네틱 픽업 코일 방식이다.)

① 직류 전압 파형이 점선으로 나타난다.
② 교류 전압 파형이다.
③ 에어캡이 적절하면 파형이 접지선과 일치한다.
④ 피크 전압은 최소 12V 이상이다.

해설 ▶ 마그네틱 픽업 코일 방식은 마그네틱과 코일로 된 휠스피드 센서로써, 발전기와 같이 자기 유도 작용에 의한 교류(AC) 전압이 발생된다.

46 일반적으로 ABS(Anti-lock Brake System)에 장착되는 마그네틱 방식 휠 스피드 센서와 톤 휠의 간극은?

① 약 3~5 mm   ② 약 5~6 mm
③ 약 0.2~1 mm ④ 약 0.1~0.2 mm

해설 ▶ 영구자석에서 발생하는 자속이 타이어 회전과 비례하여 톤 휠(0.2~1mm)의 회전에 의해 코일에 교류 전압이 발생한다.

47 적용 목적이 같은 장치와 부품으로 연결된 것은?

① ABS와 노크 센서
② EBD(electronic brakeforce distribution) 시스템과 프로포셔닝 밸브
③ 공기 유량 시스템과 요레이트 센서
④ 주행 속도 장치와 온도 센서

해설 ▶ EBD는 P밸브와 ABS의 기능을 모두 합친 개념으로, 일종의 전자식 프로포셔닝 밸브이다.

48 TCS(Traction Control System)에서 트레이스 제어를 위해 컴퓨터(TCU)로 입력되는 항목이 아닌 것은?

① 차고 센서
② 휠스피드 센서
③ 조향 각속도 센서
④ 액셀러레이터 페달 위치 센서

해설 ▶ 트레이스 제어란 선회 시 조향각으로부터 산출한 횡 가속도가 기준보다 크면 전륜 슬립율을 감소하기 위해 엔진 출력을 제어하여 선회 안정성을 향상시키는 것을 말한다. 차고센서는 전자제어 현가장치(ECS) 입력신호에 해당한다.

49 차체 자세제어장치(VDC, ESC)에 관한 설명으로 틀린 것은?

① 요레이트 센서, G센서 등이 적용되어 있다.
② ABS 제어, TCS 제어 등의 기능이 포함되어 있다.
③ 자동차의 주행 자세를 제어하여 안전성을 확보한다.
④ 뒷바퀴가 원심력에 의해 바깥쪽으로 미끄러질 때 오버 스티어링으로 제어를 한다.

해설 ▶ 선회 시 뒷바퀴가 바깥쪽으로 미끄러진다는 것은 오버 스티어링에 해당된다. 안정된 조향과 선회를 위해서는 언더 스티어링으로 제어해야 한다.

50 공기 브레이크에서 공기 압축기의 공기압력을 제어하는 것은?

① 언로더 밸브   ② 안전 밸브
③ 릴레이 밸브   ④ 체크 밸브

해설 ▶ 공기 압축기의 입구 밸브에 언로더 밸브가 설치되어, 규정 공기압 이상일 때 공기 압축기를 정지시켜 공기탱크 내의 압력을 일정하게 유지시킨다. (언로더밸브 + 압력조정기)

정답 45 ② 46 ③ 47 ② 48 ① 49 ④ 50 ①

제5장 휠 및 타이어

1. 휠 및 타이어 일반(개요, 구조, 기능)

주행 안전성과 승차감 모두 밀접한 관계에 있는 것이 휠(wheel)과 타이어(tire)이다. 또한 엔진의 구동력과 브레이크의 제동력을 노면과의 마찰을 통해 전달하고 있는 것이 휠과 타이어이다.

휠은 자동차가 주행 중 선회 시 발생하는 원심력에 대한 옆 방향 미끌림의 힘을 견딤과 동시에 자동차의 하중을 지지하는 역할을 하여야 하며, 주행 중 발생할 수 있는 전방 충격 시 견딜 수 있으면서 가벼운 구조로 제작되어야 한다.

가. 튜브리스 타이어(tubeless tire)의 특징
① 튜브타입과 비교할 때 중량이 가볍다.
② 펑크의 수리가 간단하다.
③ 못 같은 것이 박혀도 공기가 바로 새지 않고 일정 시간 타이어 압력을 유지한다.
④ 고속 주행을 하여도 타이어의 발열이 적다.
⑤ 유리 조각 등 손상범위가 넓은 손상은 수리가 어렵다.
⑥ 림(rim)이 변형되면 타이어와 밀착이 불량하여 공기 누출이 쉽다.

나. 레디얼 타이어(radial tire)
① 카커스(carcass) 코드가 타이어 반경 방향으로 배열된 타이어이다.
② 고속 주행 시 안정성이 있다.
③ 하중에 의한 변형이나 스탠딩웨이브 현상이 적다.
④ 다른 종류의 타이어와 비교할 때 타이어 수명이 비교적 길다.
⑤ 충격 흡수가 불량하여 승차감이 나쁘다.
⑥ 편평비를 크게 할 수 있어 접지 면적이 크다.

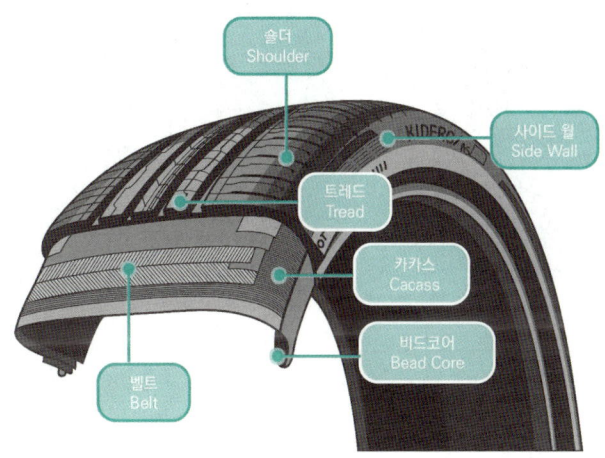

다. 타이어의 구조와 명칭

① 트래드(Tread) : 타이어가 도로의 지면과 만나는 부분으로 승용 자동차에는 진흙탕이나 눈길에서 접지력이 좋은 머드 & 스노우 타이어를 주로 사용한다. 머드 & 스노우 타이어라는 표기는 타이어 측면에 M+S 또는 M&S라고 새겨진 것을 보면 알 수 있다.
② 숄더(Shoulder) : 타이어의 모서리 부분
③ 사이드 월(Side wall) : 타이어에 대한 정보가 기록되어 있는 타이어의 옆 부분
④ 비드(Beed) : 플라이(Ply)를 고정시키며 타이어 조립 부품을 림(Rim)에 붙어 있도록 하는 기능
⑤ 카커스(carcass) : 타이어 뼈대 역할을 하는 철심 재질의 코드 층

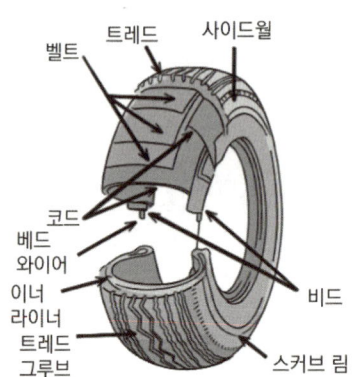 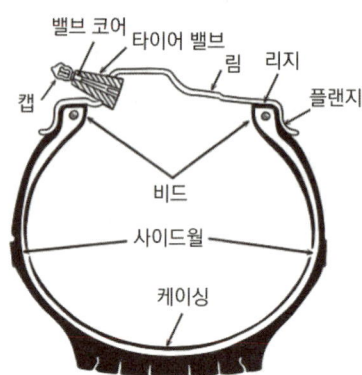

2. 타이어 표시·분류·수명

타이어는 노면과의 마찰에 있어 열을 잘 방출할 수 있고, 우천 주행 시 도로 표면의 물 고임도 잘 배출하는 구조여야 한다. 타이어의 주요 표시에 관한 의미는 아래와 같다.

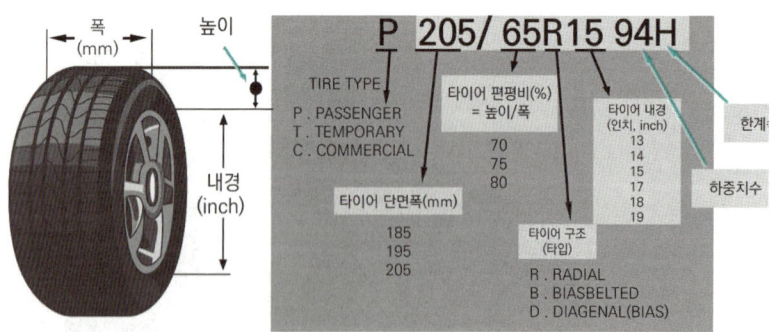

$$\text{타이어 편평비(ASPECT RATIO)} = \frac{\text{타이어 높이}}{\text{타이어 폭}} \times 100(\%)$$

계절별 용도에 따라 스노우 타이어, 스터디드 타이어, 비포장 도로용, 바이어스, 레디얼 타이어로 구분한다. 레디얼 타이어는 벨트부가 서로 평행하게 겹쳐져 제작된 것으로써, 선회 시 타이어의 미끄러짐이 감소 된 형태이다. 또한 기존의 바이어스 타이어의 경우 벨트부가 십자 무늬로 교차하는 형태로써 모든 방향에 대하여 강하나 벨트부가 서로 반대로 움직이려는 경향이 있어 고속 주행 시 열이 발생하고, 도로와 만나는 타이어 접지면이 서로 뒤틀어지는 모양도 나오게 된다. 이러한 단점을 보완한 것이 레디얼 타이어(Radial Tire)의 등장이고, 현재는 연비 면에서 향상된 레디얼 타이어(Radial Tire)를 대부분 장착하고 있다.

레디얼 타이어는 일반적인 레디얼 타이어와 스틸 레디얼 타이어(steel radial tire), TBS타이어(truck and bus steel radial tire)가 있으며, 그 밖에도 안전 타이어(captive air safety tire), 편평 타이어(aspect tire), 스노우 타이어, 스노우 스파크 타이어, 전기차 전용 타이어 등 특수 제작된 타이어도 있다. 이들은 도로 조건, 사용 용도, 계절에 따라 특별히 제작된 모두 특수 타이어라고 볼 수 있다.

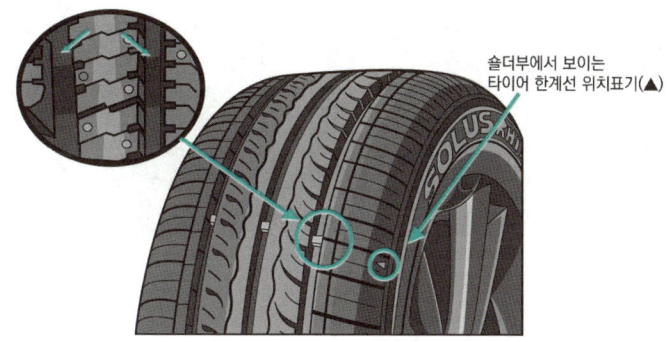

타이어의 수명은 운전자의 운전 습관, 도로 상태, 주행 킬로 수 등에 따라 다소 차이가 있으나, 보통의 경우 6년 또는 60,000km 주행 시 교환한다고 보면 된다. 마모한계선 접점과 관계없이 6년의 교환 주기를 두는 것은 고무가 주성분인 타이어가 탄성을 잃은 경화(딱딱해짐, 옆트임)되는 일반적인 경과 시간 타이어의 성질에 따라 달라질 수 있다. 수명 연한이 다다르지 않았음에도 일정 기간 내에 타이어를 교환하게 되는 경우는 정상적 마모 한계선 이하(1.6mm이하)로 마모되었을 때, 또는 비정상적 마모(편마모, 울퉁불퉁 이상 마모 등) 및 파손의 경우이다.

주행중 노면과의 접지로 인한 타이어가 일시적으로 이상 현상을 일으키는 두 가지 대표적인 현상이 있다. 스탠딩 웨이브(standing wave) 현상과 하드로플래닝(hadro planing, 수막현상)현상이다. <u>스탠딩 웨이브(standing wave) 현상</u>은 차체 하중이 타이어의 노면과의 접지된 타이어 부분을 변형시키고, 이어 고속 주행 중 접지부분의 변형상태가 타이어 탄성에 의해 회복되지 아니하고 그대로 진행되면서 발생되는, 마치 타이어가 물결치는 듯한 모양을 유지하는 것을 말한다. 이는 과거 타이어 생산기술이 떨어진 시기에는 일어났으나, 현재는 거의 모든 타이어에서 일어나지 않는다.

<u>하드로플래닝(hadro planing, 수막)현상</u>은 타이어 트레드의 마모가 심하거나, 폭우로 인한 빗물의 양이 과도한 주행중인 자동차 타이어 트레드가 도로의 물을 회전 방향 뒤쪽으로 배출하지 못하고, 마치 타이어와 지면 사이에 물을 경계로 한 수막 위에 떠 있는 상태를 말한다. 수막현상은 우천 시 고속 주행, 고속 선회 시 안전사고가 일어날 수 있는 매우 직접적인 현상으로써, 타이어 한계선을

준수한 적정 시기의 타이어 교체, 우천 시 서행 운전 등으로 예방할 수 있다.

3. 타이어 트래드 패턴의 종류

타이어는 트래드 패턴에 따라 리브 패턴, 러그 패턴, 리브러그 패턴, V형 패턴, 비대칭 패턴, 블록 패턴, 슬릭패턴, 혼합형 패턴이 있다.

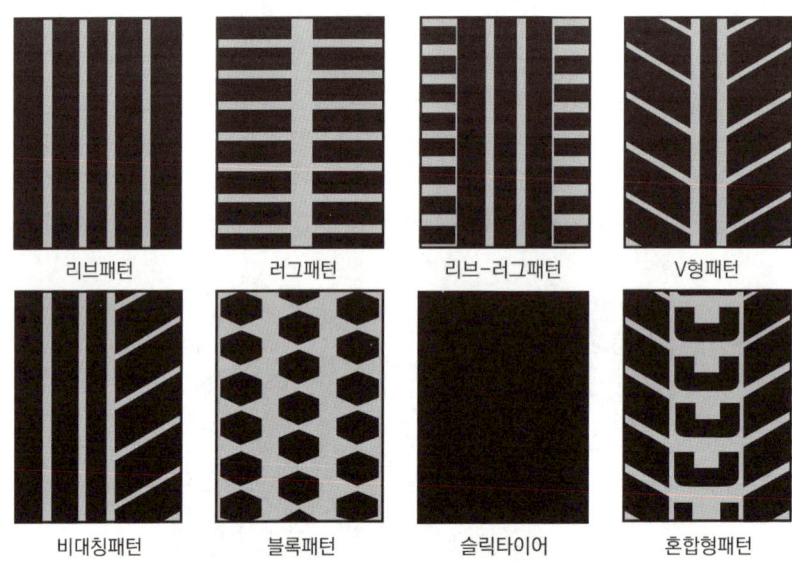

4. 휠 특성과 평형의 중요성

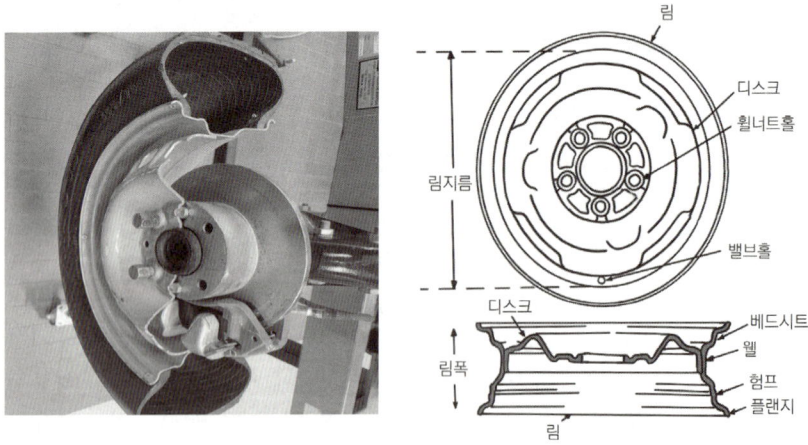

휠(wheels)은 위 그림과 같이 타이어 내경(중심원)에 장착되어 주행 중 타이어와 함께 회전하는 것으로써, 알루미늄 및 강철로 만들어진다. 현재 승용 차종에는 거의 알루미늄 휠이 쓰이고 있는데, 이는 알루미늄 특성상 가벼우면서 열 방출(노면과 타이어의 마찰열, 브레이크 작동 시 패드와 디스크의 마찰열 등)이 잘되어 타이어 성능은 물론이고 브레이크 성능도 향상시킬 수 있기 때문이다. 또한 강철

과 비교할 때 주행 중 노면의 요철 부위 충격으로 인한 변형이 없어 휠 밸런스 유지가 우수하다. 즉 휠의 평형 유지가 잘 된다는 것이다.

휠의 평형은 정적 평형(static balance)과 동적 평형(dynamic balance)으로 구분하여 말할 수 있는데, **정적 평형(static balance)**은 말 그대로 타이어가 정지된 상태에서 타이어 원형에서 어느 한 지점이 무거워 원형의 무게 평형이 깨진 상태를 말한다.

즉 회전하는 대형 원형 관람차에서 어느 한 부분에만 사람이 탑승해 있다고 가정해 보자, 그리고 이 관람차는 모터의 힘으로 회전하지만, 정차 시에는 외부의 어떤 제동력도 가해지지 않는다면 당연히 연형 관람차는 사람이 탑승해 있는 곳이 중력에 의해 탑승자가 있는 칸이 지면과 가장 가깝게(가장 아래로) 위치하게 될 것이다. 타이어의 원형 무게 중심이 이렇게 한쪽에 편중 되게 되면, 주행 중 어떤 현상이 발생 될지는 쉽게 상상할 수 있다. 바퀴가 회전하면서 상하 진동을 유발할 것이며, 시미 현상과 심하면 차체 진동의 트램핑(tramping) 현상이 나타나게 된다.

또한, **동적 평형(dynamic balance)**은 상하 진동을 하는 정적 평형과 달리 타이어를 앞에서 보면 마치 좌우로 흔들리는 것처럼 보이는 현상이다.

이렇듯 휠의 평형이 깨지는 주요 원인은 휠의 정렬 상태(wheels balance)가 불량한 것이 가장 큰 원인이며, 타이어 편마모, 림의 불량, 타이어의 이상 변형, 과대한 사이드 슬립 등이다.

휠은 디스크, 타이어, 브레이크 드럼, 허브 베어링, 휠 볼트와 함께 회전하기 때문에 휠의 불 평형은 조향 성능을 저하(핸들 떨림, 핸들 충격)시켜 운전자의 조향감을 떨어뜨리고, 쾌적한 운행을 하지 못하게 하면서 타이어의 이상 마모로 인한 타이어 수명도 단축시켜, 경제적 손실도 가져오기 때문에 휠 평형(wheels balance)은 매우 중요한 것이다.

5. 타이어와 구동력(주행성능)

가. 구동력

자동차가 주행저항을 이기고 굴러가게 하는 힘이다.

$$\text{타이어 구동력} = \frac{\text{타이어 회전력}}{\text{타이어 반경}}$$

나. 주행저항

자동차가 주행하는데 걸리는 저항이다.

① **공기저항** $= \mu a \times A \times V^2$ [μa : 공기저항계수 A : 투영면적(m²) V : 자동차 주행속도(km/h)]

② **구름저항** $= \mu r \times W$ [μr : 구름저항계수, W : 차량총중량]

③ **가속저항** $= \dfrac{W + \Delta W}{g} \times a$ [W : 차량총중량, ΔW : 회전부분 상당중량 g : 중력가속도(9.8m/s²)
 a : 가속도(m/s²)]

④ **구배저항** $= \dfrac{W \times G}{100}$ [R_g : 구배저항, W : 차량 총중량, G : 구배 율(%)]

⑤ **총 주행저항** = 구름저항 + 공기저항 + 구배저항 + 가속저항

> **Tip.**
>
> 구름저항 : 부하가 걸리는 동안 타이어가 소모하는 에너지
>
> 구배(Gradient) : 공간에 대한 기울기
>
> 공기저항 : 자동차의 정면 면적에 비례하고 자동차 속도의 제곱에 비례하는 것이 "공기저항"이다. 즉, 자동차가 운행 중 공기로부터 받는 저항이다.

연습문제   제5장 휠 및 타이어

01 노면과 직접 접촉은 하지 않으며, 주행 중 가장 많은 완충작용을 하는 부분으로써, 타이어 규격과 기타 정보가 표시된 부분은?

① 카커스 (carcass) 부
② 트레드(tread)부
③ 사이드월 (side wall)부
④ 비드(bead)부

해설 ▶ 타이어 정보는 타이어 옆면(사이드월)부분에 표기된다.

02 열에 의해 타이어의 고무나 코드가 용해 및 분리되는 현상은?

① 히트 세퍼레이션(heat separation) 현상
② 스탠딩 웨이브(standing wave) 현상
③ 하이드로 플래닝(hydro planing) 현상
④ 이상과열(over heat) 현상

해설 ▶ 히트 세퍼레이션 현상이란, 여름철 장시간 고속 주행 시 타이어 내부에서 이상 발열에 기인된 현상으로 발열이 급격히 상승하여 트레드 고무가 분리되는 현상을 일으키거나 심할 경우 고무가 녹으면서 타이어가 파열되는 것을 말한다.

03 타이어에 대한 설명으로 틀린 것은?

① 바이어스 타이어는 카커스의 코드가 사선 방향으로 설치되어 있다.
② 선회 시 원심력에 따른 코너링 포스를 발생시켜 토크 스티어 현상에 도움이 된다.
③ 레이디얼 타이어는 카커스의 코드 방향이 원둘레 방향의 직각 방향으로 배열되어 있다.
④ 스노우 타이어는 타이어의 트레드 폭을 크게 한 타이어다.

해설 ▶ 토크 스티어 현상이란, 드라이브 샤프트(Drive Shaft)의 절각 차이에 의해 발생되는 현상으로서 좌·우륜의 조향반력이 틀려짐으로써, 양 바퀴로 전해지는 에너지의 크기가 서로 달라지면서, 임의적으로 조향이 생기는 현상이다. 가속 시 차량 쏠림의 원인이 된다.

04 타이어 수명에 영향을 미치는 요인과 가장 거리가 먼 것은?

① 엔진의 출력
② 주행 노면의 상태
③ 타이어와 노면 온도
④ 주행 시 타이어 적정 공기압 유무

해설 ▶ 운전자의 습관도 있겠으나, 타이어 수명은 노면과의 관계와 타이어 공기압이 주로 관계된다.

05 어떤 자동차의 공차질량이 1510kg일 때 공차중량은?

① 약 14808 N   ② 약 14808 kg
③ 약 15100 N   ④ 약 15100 kgf

해설 ▶ 중량 W = m × g
[m : 질량(kg), g : 중력가속도(9.8.m/s²)]
∴ W = 1510kg × 9.8m/s²
≒ 14798 kg·m/s² ≒ 14798 N

06 어떤 자동차가 60km/h의 속도로 평탄한 도로를 주행하고 있다. 이때 변속비가 3, 종감속비가 2이고 구동바퀴가 1회전 하는데 2m 진행할 때, 3km 주행하는데 소요되는 시간은?

① 1분   ② 2분
③ 3분   ④ 4분

해설 ▶ 시속 60km 주행이란, 분당 1킬로 주행이란 뜻으로, 3km 주행 시에는 3분이 소요된다.

정답   01 ③   02 ①   03 ②   04 ①   05 ①   06 ③

07 앞바퀴 얼라이먼트 검사를 할 때 예비 점검 사항이 아닌 것은?

① 타이어 상태
② 차축 휨 상태
③ 킹핀 마모상태
④ 조향 핸들 유격 상태

해설 ▶▶ 휠얼라이먼트 점검 시 타이어 공기압, 타이어 마모상태, 휠 베어링 유격, 각종 볼조인트, 타이로드 앤드 등의 풀림 상태, 쇽업소버 및 현가장치 이상 유무, 조향 핸들의 유격, 차축과 프레임의 변형에 대한 점검이 선행되어야 한다.

08 내부에는 고탄소강의 강선(피아노선)을 묶음으로 넣고 고무로 피복한 링 상태의 보강 부위로 타이어를 림에 견고하게 고정시키는 역할을 하는 부품은?

① 카커스(carcass)부
③ 숄더(should)부
② 트레드(tread)부
④ 비드(bead)부

해설 ▶▶ 비드부는 타이어가 림에 접촉하는 부분으로 타이어가 림에서 빠지는 것을 방지한다.

09 타이어의 단면을 편평하게 하여 접지면적을 증가시킨 편평 타이어의 장점 중 아닌 것은?

① 제동성능과 승차감이 향상된다.
② 타이어 폭이 좁아 타이어 수명이 길다.
③ 펑크가 났을 때 공기가 급격히 빠지지 않는다.
④ 보통 타이어보다 코너링 포스가 15% 정도 향상된다.

해설 ▶▶ 편평 타이어란 트레드 폭이 넓은 것(편평비는 작음)을 말하며, 타이어 폭이 넓어 타이어 수명이 길고, 제동 성능과 승차감이 좋으며, 일반적인 타이어보다 코너링 포스가 15% 정도 향상되고, 펑크 시 급격한 공기 배출이 없는 것이 장점이다.

10 레이디얼 타이어의 장점이 아닌 것은?

① 타이어 단면의 편평율을 크게 할 수 있다.
② 보강대의 벨트를 사용하기 때문에 하중에 의해 트래드가 잘 변형된다.
③ 로드 홀딩이 우수하며 스탠딩 웨이브가 잘 일어나지 않는다.
④ 선회 시에도 트래드의 변형이 적어 접지면 적이 감소되는 경향이 적다.

해설 ▶▶ 레이디얼 타이어는 하중에 의한 트래드 변형이 적어 접지면적이 크고, 스탠딩웨이브 현상도 적으며, 회전저항 및 미끄럼이 적어 주행 안정성을 향상시켰다. 반면 승차감은 좋지 않다.

11 급격한 가속이나 제동 또는 선회 시에 타이어가 노면과의 사이에 미끄러짐이 발생하면서 나는 소음은?

① 럼블(Rumble)음
② 험 (Hum)음
③ 스퀼(Squeal)음
④ 패턴소음(Pattern Noise)

해설 ▶▶ 럼블음은 거친 노면을 주행할 때, 험음은 직진 주행 시 트레드 패턴에 같은 간격으로 배열된 피치가 노면 칠 때, 패턴소음은 트레드 홈에서 공기가 압축되어 방출될 때 발생되는 소음을 말한다.

12 타이어의 반경이 65cm이고 기관의 회전속도가 2500rpm일 때 총 감속비가 6 : 1이 면이 자동차의 주행속도는?

① 약 102 km/h
② 약 105 km/h
③ 약 108 km/h
④ 약 112 km/h

해설 ▶▶ $V = \dfrac{\pi \times (0.65 \times 2) \times 2500}{6} \times \dfrac{60}{1000}$
$= 102\,[km/h]$

정답 07 ③ 08 ④ 09 ② 10 ② 11 ③ 12 ①

13 고무로 피복된 코드를 여러 겹 겹친 층에 해당되며, 타이어에서 타이어 골격을 이루는 부분은?
① 카커스 부
③ 숄더 부
② 트레드 부
④ 비드 부

정답 13 ①

제6장　소음·진동·주행저항·동력성능

1. 소음

자동차에 이상 소음이 발생하는 것은 운전자에게 매우 불편한 것으로, 소음 때문에 운전 부주의를 가져올 수도 있고, 집중력을 떨어뜨려 안전 운전에 악영향을 준다. 또한 이런 이상 소음 문제가 발생되는 자동차는 제작 후 소비자 판매율로 현저하게 감소 시킬 수 있는 문제이다.

자동차의 소음은 제작 결함에서 오는 발생 되기도 하나, 운전자의 차량 관리 소홀 및 운전자의 예민도에 따라 나타날 수 있고, 이상 기온 변화(혹한, 혹서, 다습) 때문에 생기는 부품의 부피 변화, 미세 이음 발생 등으로 인한 원인을 찾기 힘든 경우의 소음 발생일 수도 있으며, 약 3 만여 개의 부품으로 만들어진 자동차 부품 간의 소음일 수도 있다. 또한 일정 기간 자동차가 주행한 후 각종 현가장치, 타이어, 부품의 마모로 인한 차량의 자세 불량으로 소음이 생길 수도 있고, 자동차 정비·수리·조정 후, 정비 불량으로 인하여 발생 될 수도 있다.

H사 NVH 진단장비 NVH - 100

I-Tube No.0811-F0035

소음의 종류는 NVH(Noise, Vibration, Harshness) 소음과 BSR(buss, squeak & rattle) 소음으로, 크게 두 가지로 분류해 생각 해 볼 수 있다. NVH는 지속적이고 완전히 없애거나 개선하기에는 다소 어려움이 있는 반면에 BSR 소음은 단발적으로 나는 소음으로써 소음 원인만 파악되면 언제든 해결할 수 있는 소음이다. 즉 NVH는 차량의 제작상의 문제인 경우가 많고, BSR 소음은 제작 후 없던 소음이 여러 이유로 만들어지는 경우가 많다.

이러한 자동차 소음은 실제 제작사로 접수되는 자동차 전체 클레임의 약 15%를 차지할 만큼 그 비중이 매우 높고, 부품의 분해로 일일이 확인해야 하는 어려움 때문에 소음의 문제를 해결하는 데 있어 정비사의 시간과 정비 비용이 상당히 높게 발생 된다.

자동차 소음은 진동을 동반한 소음인 경우가 많은데, 이런 불쾌한 소음이 발생되면, 기관·배기계통·타이어·동력 전달 계통·차체·불규칙한 노면 등 외부 요소에 의한 소음인지를 먼저 구분하고 시간을 두고 하나씩 접근해 나가면서 해결해야 한다.

> **Tip.**
>
> 보닛(bonnet) : 보닛이라는 명칭은 창이 없는 모자와 비슷한 것에서 유래한 영국식 영어 표현이며, 북미에서는 후드(hood) 또는 엔진후드(engine hood)라고 부른다. 우리가 흔히 말하는 본넷트(본넷뜨)는 잘못된 표현이다.

주행 중 가속이 충분히 되지 않은 상태에서 변속이 될 경우 엔진 출력이 따라 주지 못해 울컥거리는 경험을 해 본 적이 있을 것이다. 이런 현상을 스텀블(surmble)이라 하는데 일종의 기관 계통의 소음이라 할 수 있다. 엔진으로 인한 소음은 진동을 동반하는 경우가 많으며, 연소 시 발생하는 소음과 기계적 소음으로 나누어 생각해 볼 수 있다. 연소 시 소음은 실린더 내에서 연소 시 발생하는 진동을 동반한 소음으로써 실린더 블록과 실린더 내벽이 폭발 압력에 의해 발생하는 소음으로 심하게 발생하면 노킹이라 하여 엔진정비를 요한다.

가. 소리(sound)

소음(Noise, unwanted sound)은 「내가 원하지 않는 소리(듣기에 불쾌한 소리)」로써 소리의 한 형태인데, 소리는 「공기」속에서 「진동」을 일으키며 전달된다고 볼 수 있다. 공기가 매개채(매질)의 역할을 하면서 공기 중에 압력변화가 사람의 고막을 통해 뇌신경으로 전달되는 것이다. 즉 공기가 없는 상태의 진공 상태에서는 소리는 전달될 수 없고, 물리학적으로 「기체, 액체, 고체를 통한 밀도 변화인 음파(sound wave) 발생」으로 그 소리의 정도가 결정된다. 음파(sound wave)의 단위 시간당 파장 수를 헤르츠(Hz)라고 하고, 음파의 음폭(크기)을 데시벨(dB)이라고 한다. 또한 소리의 크기(진폭), 소리의 고저(높고·낮음), 음색(여러 악기의 소리가 다른 것)을 소리의 3요소라 한다.

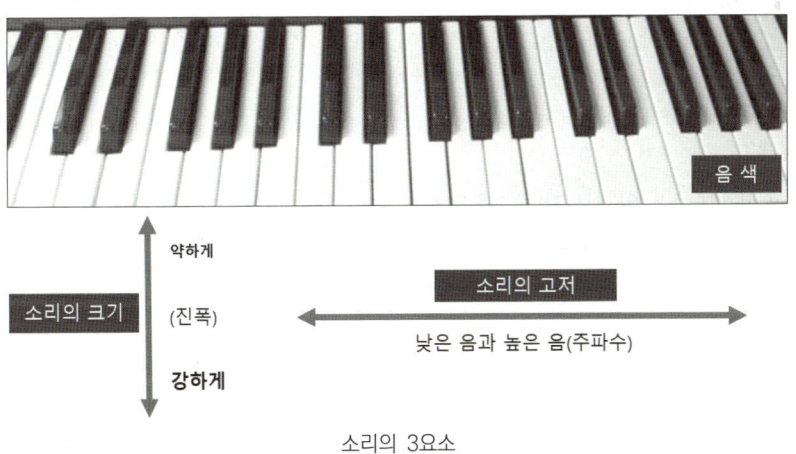

소리의 3요소

나. 소음의 전달

소음의 전달(transmission of noise) 경로는 진동의 전달 경로와 같고, 자동차에서는 주로 차체, 현가장치, 휠·타이어를 통해 전달된다.

소음의 전달 경로를 살펴보면 ① 최초 소음(진동) 발생, ② 소음의 증폭(공진계), ③ 소음의 전달(전달계), ④ 최종 소음 발생체, ⑤ 운전자 인지(공기의 압력변화에 의한 것)로써 5개 경로로 구분한다.

자동차의 **차외 소음** 중에서 가장 큰 비중을 차지하는 타이어 소음(tire noise)은 **치핑(chipping), 패턴 소음(pattern noise), 러프니스(roughness), 스퀄치(squealch)와 스퀄(squeal), 섬프(sump)**가 있다.

치핑(chipping)은 노면의 이물질(모래알, 작은 돌 등)이 휠 하우스 또는 로커 패널에 충돌하는 소리이고, **패턴 소음**(pattern noise)은 타이어 홈 속에 있는 공기가 타이어 회전하면서 노면과 접촉시 압축·방출을 반복하는 에어 펌핑(air pumping) 때문에 생기는 일종의 트레드 노이즈(tread noise)이다.

러프니스(roughness)란 거칠게 느껴지는 소음으로 주로 현가장치를 통해 진동과 함께 차실로 전해지는 타이어 불균일성이 주된 원인이다. **스퀄치**(squealch)는 트레드 숄더부와 노면이 접촉하는 소음으로 레디얼 타이어에서 발생하고 사람이 물을 밟을 때 나는 소리처럼 철썩 철썩 같은 소리를 의미한다. **스퀄**(squeal)은 급제동 또는 급선회 시 트레드와 노면사이에서 끼익하고 발생하는 소리인데, 고체의 마찰 면에서 고착과 미끄러짐이 반복하면서 나타나는 소리이다. 이를 스틱 슬립(stick slip) 소리라고 한다.

섬프(sump)는 진동을 동반한 시속 50km/h 이상에서 타이어 트레드의 부분적인 요철에 의해 타이어가 1회전 할 때 1회의 "탁탁"치는 듯한 소음을 말하며, 타이어의 위치 변경으로도 어느 정도 해소할 수도 있다.

마지막으로 자동차 주행 중 차체 주위에 흐르는 기류에 의해 발생되는 소음 전달로써, 차체 형태와 창문의 밀봉상태, 차체에 돌출된 부위에 의한 소음 전달이며, 차체공기소음(body air noise), 공력(空力)소음이라고 한다. 특히 차체 표면의 돌기부의 와류 현상으로 발생하는 풍절음(風折音)과 비슷한 윈드 노이즈(wind noise)는 창문 또는 차체의 작은 틈새로 공기가 누설되며 피리 소리 같은 2000~8000Hz의 고주파 소음으로 유선형으로 제작되어 나오는 오늘날의 자동차에서는 많이 해결된 소음이다.

2. 진동

진동(vibriation, oscillation)은 일정 시간마다 동일하게 반복하여 흔들리며 움직이는 현상을 말하며, 진동수(frequency)는 단위 시간당 같은 상태가 반복되는 횟수로 단위는 헤르츠(Hz)를 사용한다.

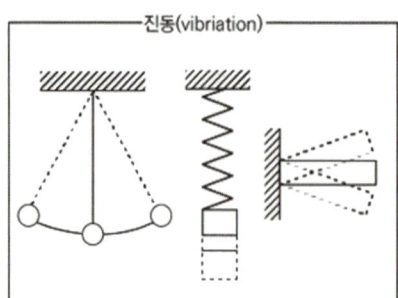
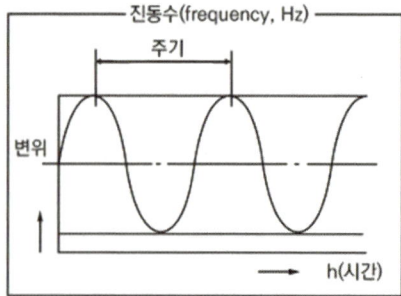

특정한 속도에서만 마치 윙윙하는 듯한 진동음을 <u>부밍노이즈</u>(booming noise)라고 하는데, 저속에서 나는 부밍 노이즈를 <u>와인드업(wind up) 현상</u>에 의한 것과 고속에서 현가장치와 함께 구동 계통의 휨 현상에 의한 것이 있다. 이러한 부밍 노이즈를 공진(resonance) 현상이라고도 한다.

공진(resonance) 현상은 공명(共鳴)이라고도 하는데, 어떤 질량의 물체가 스프링에 의해 지지되어 있을 경우, 외부 진동(음)이 가해졌을 때, 물체는 자신의 고유 진동수를 유지한 상태에서 진동(음) 현상이 일어나는 것을 말하며, 고유 진동수와 외부 진동수가 동일해졌을 때 가장 민감하게 공진한다. 이러한 공진 현상을 피하기위해 엔진의 진동수를 감안하여 엔진을 제작하고 있다. 진동은 승차감(ride confort)을 결정 짓는 중요한 것으로써 승차감은 다소 주관적 판단 요소가 있으나 각종 노면의 상태에 따른 스프링 위 질량(차체, 엔진, 변속기, 시트)과 스프링 아래 질량(휠, 타이어, 속업소버)에 영향을 주는 부품들의 전자제어적 개선을 통해 객관적 판단 요소로써 개발되고 있다.

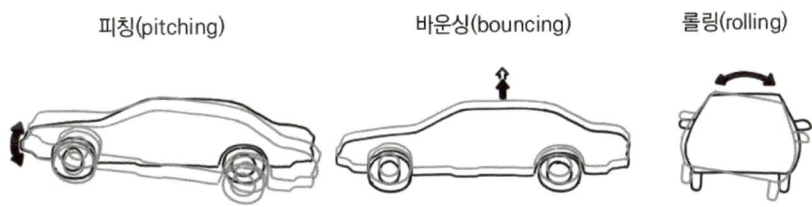

승차감(ride confort)에 영향을 주는 진동의 형태를 살펴보면 피칭(pitching), 바운싱(bouncing), 롤링(rolling)이 있는데, 주행 중 노면과 타이어가 접촉하여 회전 중 타이어에 충격이 가해졌을 때, 타이어를 통과한 충격을 현가장치가 흡수하지 못할 때 진동이 발생 된다고 할 수 있다.

3. 주행 안정성과 승차감, 동력성능

가. 주행 안정성과 승차감

주행 안정성과 승차감(ride confort)을 모두 만족시키기 어려운 컨플릭트(Conflict)한 관계는 제3장의 3. 전자제어 현가장치에서 현가장치의 승차감과 주행 안정성을 최대한 만족시켜 컨플릭트한 관계를 해결하고자 개발한 것이 전자제어 현가장치(ECS, electronic control suspension system)라고 정의하였다.

스프링 위 질량의 움직임에 관한 대표적인 것이 피칭(pitching), 롤링(rolling)이며, **스프링 아래 질량의 움직임**에 관한 대표적인 것이 와인드업(wind-up), 트램핑(tramping)이다.

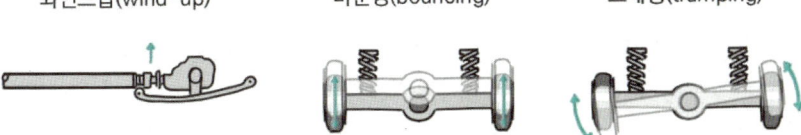

자동차 주행 성능의 기능적 만족을 위해서는 많은 문제점을 해결하거나, 최소화하는데 달려 있다. 특히 주행에 방해가 되는 주행저항은 노면과 타이어 접촉 간에 발생하는 구름 저항과 같이 운전자의 오감으로 느낄 수 있는 저항에서부터, 운전자도 느끼지 못하는 공기저항까지 다양하게 존재한다.

주행저항의 종류를 다시 한번 정리해 보면, 구름저항(rolling resistance), 가속저항(acceleration resistance), 구배저항(grade resistance), 공기저항(air resistance)으로 나눠지며, 이들 저항을 모두 합쳐 전 주행저항(total tractive resistance)이라 한다.

① **구름저항**(rolling resistance)이란 앞서 언급한 바와 같이 바퀴와 노면의 접촉으로 생기는 저항으로, 바퀴가 수평 노면을 회전하여 주행할 때 발생되는 저항을 말한다. 이러한 구름 저항이 발생되는 원인은 타이어 트레드(접촉부)의 변형, 노면이 평탄하지 않을 때 가장 많이 발생한다. 또한 노면이 모래에 덮혀 있거나 진흙으로 가득차 있는 노면의 경우에 노면이 변형되어 구름 저항이 일어났다고 보면 된다.

② **가속저항**(acceleration resistance)은 자동차가 정속 주행중 속도를 높이려고 하면 차체의 무게와 현 상태를 유지하려는 관성에 저항을 받게 되는데, 이 관성에 맞서 앞으로 나아가려는 힘을 가속력이라고 한다.

③ **구배저항**(grade resistance)은 수평에 받는 구름저항과 공기저항과는 달리 어떤 값의 경사 각도를 가지고 있는 도로를 주행할 경우, 아래 그림과 같이 주행 속도와는 무관하게 차량 총 중량과 「사면(斜面) 평행 분력(分力)」이 가해져 이 힘(W″)이 진행(등판)하려는 방향의 반대로 작용하여 마치 저항이 걸린 듯한 증상이 나타난다. 이것을 구배저항이라 하고 식으로 나타내면 W″= W sinθ와 같다.

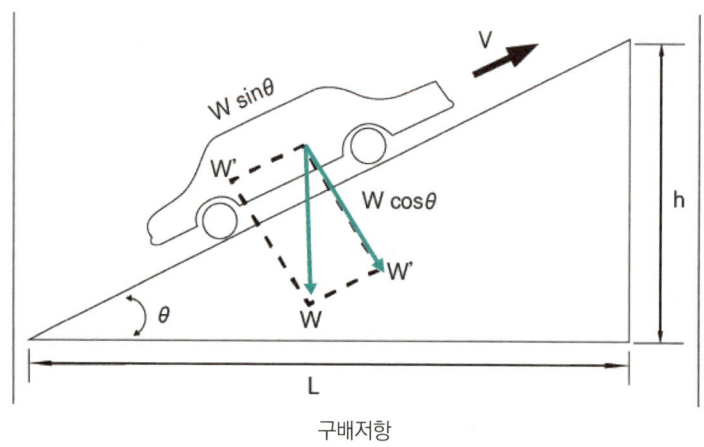

구배저항

④ **공기저항**(air resistance)은 이해하기 쉽다. 자동차가 달릴 때 마주쳐 오는 바람이라 생각하면 된다. 공기 속을 달리는 자동차에 주행 방향과 맞서 반대되는 공의의 힘이 공기저항이다. 즉 면적과 속도의 제곱배에 비례하고, 주행 중 앞유리 및 차체 루프에 공기저항을 최소화하기 위해 앞 유리 아랫부분(비가 오지 않는 평상시 와이퍼 브러쉬가 멈춰있는 부분)과 보닛(bonnet, hood 후드) 사이에 통풍구를 만들어 공기저항을 최소화 하는 데 노력하였다. 또한 이 통풍구는 우천 시 빗물 배출 통로로 만들어져 매우 유용한 장치이다. 를 만들어 공기저항을 줄이려고 노력하였다.

⑤ **총 주행저항**(total tractive resistance, 전(全) 주행저항)은 위 4개의 저항(구름·가속·구배·공기저항)을 모두 합친 주행저항이며, 여기서 공기저항을 제외한 3개의 저항(구름·가속·구배저항)은 차량 중량과 밀접한 관계가 있다. 즉, 같은 출력의 엔진을 부착한 자동차의 경우에는 차량의 무게를 경량화한 자동차가 연료소비율과 3개의 저항(구름·가속·구배저항)을 동시에 향상시키게 된다.

나. 동력성능

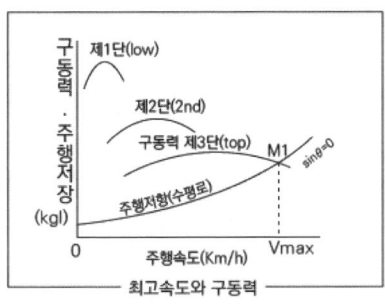
최고속도와 구동력

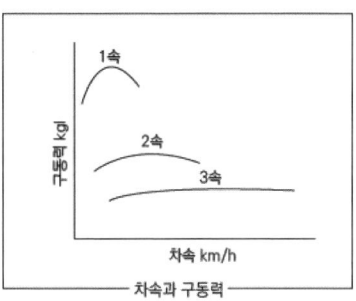
차속과 구동력

동력성능은 주행·가속·최고속도·등판·연료소비율에 관한 종합적인 자동차의 성능을 말한다. 주행 안정성과 승차감이 서로 만족시키기 어려운 컨플릭트(Conflict)한 관계에 있었다면, 동력성능에서는 최고 속도를 높이게 되면 연료소비율과 가속·등판 성능은 저하되는 컨플릭트(Conflict)한 관계에 있다.

자동차의 주행 최고속도는 바람의 영향이 없는 상태에서 평지에서 달릴 수 있는 최대 속도를 의미하고 연료소비율은 주행거리 대비 연료 소비량의 정도를 말하며, 가속 성능은 가속저항을 이겨내고 구동력을 발휘한 정도로써, 타이어의 슬립 없이 타이어와 노면의 접착력 최대가 될 때 가속 성능이 최대가 될 수 있다. 또한 등판 성능이란 변속기의 역할이 매우 큰 데, 그렇다고 무작정 변속기의 변속비를 크게 하면 급경사를 오르는 데에는 효과적이겠으나, 등판 속도가 나지 않아 실용성 면에서는 떨어지게 된다.

PART 03

자동차 전기·전자장치 정비

03 자동차 전기·전자장치 정비

제1장 기초 전기·전자

1. 자동차 전기의 특성

자동차에서의 전기란 전자들의 이동으로 생기는 에너지로써의 원리는 같으나, 가정에서 쓰는 전기와 같이 없으면 어둡고 불편하지만 잠시 비상용 전기로 대체할 수 있는 정도의 것이 아닌, 자동차가 생명이 끝난 것과 같이 아예 움직이지 못하게 되는 중요한 요소이다. 그 이동하는 전하를 전류라고 하는데, 기계적 요소들로 자동차를 움직여 왔던 과거 내연기관과는 달리 정밀한 시스템 구성과 제어를 차량에 적용케 한 주요 에너지원이다. 자동차에 먼저 도입된 전기장치 부품으로는 충전과 등화 장치였으며, 지금은 유해 배출 가스 저감을 위한 에너지로, 정밀한 섀시 제어(승차감과 주행 안전성 확보)로, 친환경 자동차(전기차, 하이브리드차, 수소차 등) 개발의 핵심 부품의 에너지원로도 빼놓을 수 없는 필수 요소이다.

자동차 전기는 DC(직류, direct current), AC(교류alternating current)를 모두 사용하고 있으며, 전기자동차 시스템에서는 고전압 3상 AC(3-phase alternating current)도 사용되고 있다.

자동차 전기는 사람과 비교해 보면 신경계와 같다. 자동차의 심장 엔진에서부터, 바디, 섀시, 심지어 타이어까지 전기·전자 에너지가 신호를 주고받으며 통신 제어를 통해 자동차를 기동하게 한다.

2. 전기의 3요소(전압, 저항, 전류)와 전기 일반

가. 전압

전기의 중요한 3요소는 전압, 저항, 전류이다. 전압(E)은 도체와 접지, 선과 선간의 전위 차이를 말하는데, 단위는 볼트(Volt)를 사용한다. 저항(R)은 전자의 흐름을 방해하는 정도로써, 단위는 옴(Ohm)을 사용하고, 전류(I)는 전자의 이동으로, 단위는 암페어(Ampere)를 쓴다.

정리하면,

구분	전압(E)	저항(R)	전류(I)
단위	볼트(V; Volt)	옴(Ω; Ohm)	암페어(A; Ampere)

전압(V), 전류(I), 저항(R) 사이의 관계를 설명하는 법칙을 옴의 법칙(Ohm's law)이라 한다. 그 관계식은 다음과 같다.

$$V(E) = I \times R, \quad I = \frac{E}{R}, \quad R = \frac{E}{I}$$

전압은 일정한 전기장 내에서 전하(electric charge)를 어느 일정 지점에서 다른 곳으로 이동시키는데 필요한 에너지로써, 전기회로 내에서 전류(Ampere)를 흐르게 하는 힘이라고도 말 할 수 있다.

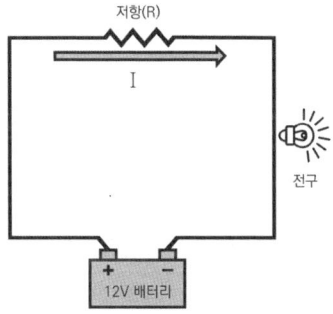

우리가 흔히 아는 막대자석의 원리를 보면, 같은 극은 서로 밀어내고(척력), 다른 극끼리는 서로 잡아당기는(인력) 현상이 있음을 잘 알고 있는데, 여기에는 양전하와 음전하가 존재한다. 이러한 양전하와 음전하가 존재하는 전자기장 내에서 전기현상을 일으키는 것을 전하(electric charge)라고 하며, 전하가 이동하는 현상을 전류(electric current)라고 한다. 전류와 전자의 흐름은 반대로써, 전류는 양(+)에서 음(-)으로 흐르고, 전자는 음(-)에서 양(+)으로 흐른다.

즉, 전류는 전하를 띤 입자들의 흐름으로써 물이 위에서 아래로 흐르듯이 전위가 큰 양(+)에서 전위가 낮은음(-)으로 흐른다고 생각하면 된다. 여기서 전위(electric potential)란 시간에 따라 변하지 않고 일정하게 유지되는 전기장에서 어느 한 점의 전하가 가지는 전기적 에너지를 말한다. 전류의 3대 중요 작용으로는 발열, 화학, 자기작용이 있다. 전류의 3대 작용과 관련하여 자동차에 적용되고 있는 대표적인 예로는 이렇다.

- **발열**작용 : 시트 열선, 예열플러그

$$발열량(H) = 0.24 \cdot I^2 \cdot R \cdot t \quad [0.24 : 1줄 = \frac{1}{4.186}, \quad I:전류, \quad R:저항, \quad t:시간]$$

- **화학**작용 : 고전압 배터리, 납산 배터리
- **자기**작용 : 시동모터(기동전동기), 발전기, 솔레노이드류

또한, 이 전류와 전하량(전기량), 시간의 관계식은 아래와 같다.

$$I = \frac{Q}{t}, \quad Q = I \cdot t$$
$$(I: 전류[A], \quad Q: 전하량[C], \quad t: 시간[s])$$

> **Tip.**
> 암페어의 유래 : 프랑스의 물리학자 앙드레마리 앙페르의 이름에서 유래(전하의 단위인 C(coulomb)은 프랑스 물리학자 쿨롱의 이름에서 유래)

다. 저항

저항은 물체의 고유 저항과 도체 길이에 비례하고 단면적에 반비례한다. 즉 도선의 길이가 길수록 저항값이 커져 전류가 흐르기 어렵고, 도선의 굵기가 클수록 저항값은 작아져 전류는 흐리기 쉽다. 이것을 식으로 나타내면 다음과 같다.

$$R = \rho \times \frac{L}{A}$$

ρ 고유저항, L 도체의 길이, A 도체의 단면적

① 직·병렬 합성저항

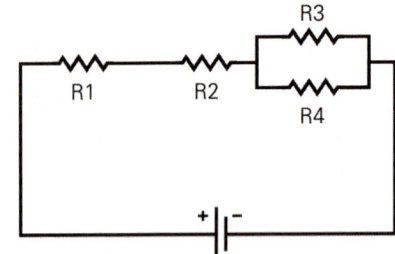

$$R_t = R1 + R2 + \frac{R3 \times R4}{R3 + R4}$$

② 직렬 합성저항

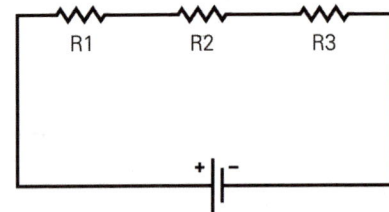

$$R_t = R1 + R2 + R3$$

(전체 저항 값이 증가)

③ 병렬 합성저항

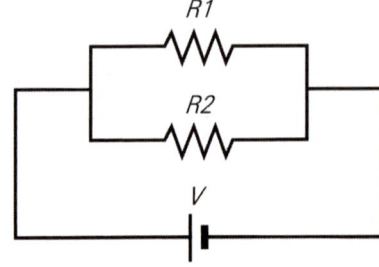

$$R_t = \frac{R_1 \times R_2}{R_1 + R_2}$$

(전체 저항값 감소)

옴의 법칙(Ohm's law)을 다시 정리해 보면,

① 전압(E) : 도체와 접지 사이 또는 선 사이의 전위 차이를 말한다. 단위는 볼트(Volt)
② 저항(R) : 전자의 흐름을 방해하는 요소이다. 단위는 옴(Ohm)
③ 전류(I) : 전자의 이동이다. 단위는 암페어(Ampere)

> **Tip.**
> 접촉 면적의 부식 및 밀착(압착, 체결)상태에 따라 저항값이 달라지는 것을 "접촉저항"이라 하고, 비전도체가 가지고 있는 저항을 "절연저항", 물질마다 가지고 있는 일정한 값의 저항을 "고유저항"이라 한다. 단 고유저항은 온도 및 형상(물질의 형태)이 일정할 때를 말한다.

라. 전력(P) : 전류가 단위 시간 동안 한 일의 양

$$P = E \times I = I^2 \times R = \frac{E^2}{R}$$

(1) 주파수(frequency) : 1초 동안에 진동한 횟수로 단위는 Hz(헤르츠)이다.

$$f = \frac{1}{T} \quad (f : 주파수, T : 주기)$$

(2) 축전기(콘덴서) : 전기를 일시적으로 정전기 형태로 저장하는 부품
 1) 정전용량

$$C = \frac{Q}{E} \quad (C : 정전용량, Q : 전하량, E : 전압)$$

 2) 축전기의 접속 방법에 따른 정전용량

  ① 직렬 연결 시 : $C = \dfrac{1}{\dfrac{1}{C_1} + \dfrac{1}{C_2} + \cdots + \dfrac{1}{C_n}}$

  ② 병렬 연결 시 : $C = C_1 + C_2 + \cdots + C_n$
  ③ 자동차에서 축전기는 일반적으로 병렬 연결 되어 있음.
  ④ 자동차 축전기 정전 용량은 보통 0.2~0.3μF
  ⑤ 정전용량 결정요소
   • 가해진 전압, 금속판의 면적, 금속판의 절연도에 비례
   • 금속판 사이의 거리에 반비례

> **Tip.**
> 인덕턴스 : 저항과 같이 전류의 흐름을 방해한다. 코일에 전류가 흐를 때, 기전력 발생으로 인해 저항과 같이 전류의 흐름을 방해하는 원리이다.

3. 배터리(축전지)

자동차의 배터리는 가장 기초적인 에너지 저장고이다. 자동차가 움직일 수 있는 에너지부터 운전자가 편리하게 쓸 수 있는 선택적 에너지까지, 사람의 신경계와 같이 자동차 내부에서 매우 다양하게 전기에너지가 움직일 수 있도록 전기의 충분한 용량을 보관하고, 전기적 트러블(trouble)을 안정화시키는 역할을 한다. 일반 내연기관 자동차에 주로 쓰이는 것은 납산 배터리이며, 충·방전이 가능한 2차전지에 속한다. 2차전지는 납축전지(산성계), 리튬이온 폴리머(리튬계), 알칼리계로 나눌 수 있다. 다시 말해, 우리가 실생활에 쓰고 있는 원통형 1.5V 건전지는 주로 전기를 쓰고 나면 버려야 하는 것으로써, 쓰기만 하는(방전만 가능) 전지를 1차 전지라고 한다. 마지막으로 연료전지(fuel cell)는 충·방전이 가능하고 2차전지 특성을 갖고 있으나 수소를 이용한 자체 전기 생산을 한다는 점에서 3차 전지로 구분하거나, 또는 연료전지라고 별도로 구분하기도 한다.

연료전지(fuel cell)는 연료와 산화제의 전기화학 반응으로 전기를 만드는 것으로써, 수소전기차가 있다. 수소전기차에서 수소(수소탱크에 저장된 연료)와 산소(대기 중에 있는 공기)의 전기화학 반응으로 운행 중에 지속적으로 전기를 생성해 낸다. 위에서 말한 2차전지는 주로 외부 전력으로 충전하는 방식인데, 연료전지는 그렇지 않다는 데에서 2차전지와는 다른 3차 전지이다.

정리해 보면 아래 표와 같다.

구분	1차전지	2차전지	연료전지(3차전지)
충전여부	충전불가	충전가능	수소(연료)+산소(산화제)로 충전가능
종류	가정용 건전지	• 리튬이온폴리머 • 납축전지 • 알칼리계	수소전지차 (스택 Stack)
배터리 기능	전원공급	• 기관 시동 시 전원공급 • 주행중 발전량에 대한 충전과 방전량에 대한 전력 보상 • 비상시(시동불가) 최소한의 전원 공급	

가. 납산 배터리의 구조와 역할

납산 배터리 구조는 (+)극판과 (-)극판이 격리 판을 사이에 두고 설치되어있고 음극판이 양극판보다 1장 더 많다. 셀 당 전압이 2.1~2.3V의 6개의 셀이 직렬로 연결되어 있다.

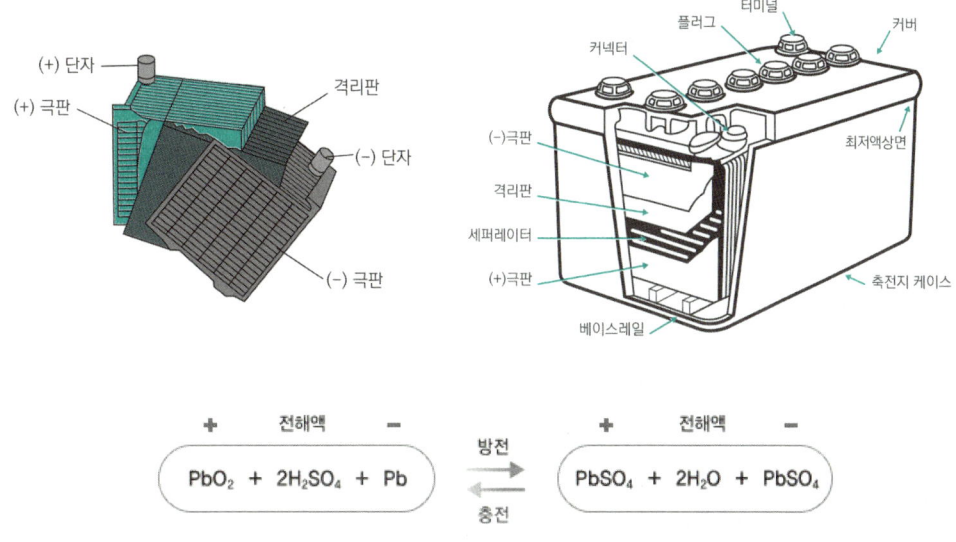

납축전지 구조와 충·방전 화학반응식

(1) 격리 판
  ① 양극판과 음극판의 단락을 방지한다.
  ② 격리 판의 구비조건
    • 전해액에 부식되지 않을 것
    • 비전도성일 것
    • 다공성이며 기계적인 강도가 있을 것
    • 전해액의 확산이 잘 될 것

(2) 터미널
  배터리의 단자이며 (+)와 (-)단자가 있으며 (+)단자가 더 굵다.

(3) 밴트 플러그
  전해액 보충이나 비중 측정 시 개봉하여 사용하며, 무보수(MF)배터리는 플러그가 없다.

(4) 전해액
  대체로 물 70% 정도와 황산 30%정도가 섞여 있는 묽은 황산($2H_2SO_4$)으로 충·방전 화학작용을 한다.
  ① 전해액 제조 시 주의사항
    • 질그릇을 이용한다.(철제 그릇 사용 불가)
    • 물에 황산을 조금씩 부어 가면서 혼합(황산이 물보다 비중이 큼)
    • 온도가 약 45℃ 이상 상승하지 않도록 주의한다.

② 완전 충전 시 전해액의 표준 비중은 1.260 ~ 1.280이며, 온도가 올라가면 비중은 떨어진다.

$$표준비중(S_{20}) = St + 0.0007(t - 20)$$
$$St : 측정\ 비중,\ t : 측정\ 시\ 온도$$

(5) 배터리 용량

용량을 결정하는 요소 : 극판의 크기, 극판의 수, 전해액의 양

나. 배터리 단위

① 20시간율 : 일정한 전류로 방전 시 방전 종지전압까지 방전할 수 있는 전류의 총량
② 25A율 : 25A의 전류로 연속 방전 시 방전 종지전압까지 도달할 때 소요된 시간
③ 냉간율 : 0°F에서 300A의 전류로 방전하여 셀 당 전압이 1V 강하하기까지 소요 시간

다. 방전종지 전압과 설페이션 현상

① 방전종지 전압 : 충전이 불가능해지는 방전 한계 전압이며, 1셀 당 전압이 1.7~1.8V
② 설페이션(sulfation) 현상 : 극판이 영구 황산납이 되는 현상으로 주요 원인은 내부 단락, 과다 방전, 전해액 부족이다.

라. 배터리 충전

(1) 충전 방법

① 정 전압 충전 : 일정 전압(V)으로 충전하는 방법(발전기에서 배터리로 충전)
② 정 전류 충전 : 배터리 용량의 약 10% 정도로 일정한 전류(A)로 충전하는 방법
③ 급속 충전 : 배터리 용량의 약 50%로 정도로 충전하는 방법(1시간 이내 충전 완료를 권함)

(2) 충전 시 주의사항

① 전해액 온도 45°c 이상 상승 금지
② 자동차에 장착 상태에서 충전 시 차량에 연결된 (+), (-)케이블 제거 후 실시
③ (-)극에서 수소가스 발생으로 인한 폭발 위험 주의
④ 환기가 잘 되는 곳에서 실시

마. 리튬이온 폴리머 고전압 배터리

친환경 자동차에 쓰이는 고전압 배터리는 리튬이온 폴리머 배터리이다. 크기와 에너지 밀도 등은 다르나 납산 배터리와 리튬이온 폴리머(Li-ion Polymer) 배터리의 공통점은 충전과 방전이 가능한 2차전지에 속한다는 것이다. 외부에서 충전하여 사용하기도 하지만, 내연기관과 같이 주행 중에 충전이 되는 회생제동 시스템이 적용되어 있다.

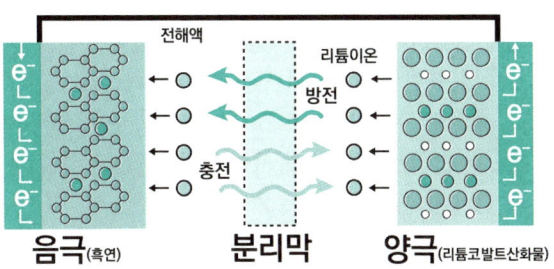

리튬이온 폴리머(Li-ion Polymer) 축전지 충·방전

4. 반도체

반도체(Semiconductor)란 전기가 흐르는 도체와 전기가 흐르지 않는 부도체의 중간 정도 물질을 총칭하는 것이다. 반도체는 저온에서는 부도체에 가깝다가 온도가 높아지면 전도성(傳導性)이 높아진다.

순물질로 규정된 것만으로 이루어진 진성반도체(intrinsic semiconductor)와 불순물이 함유된 외인성 반도체(extrinsic semiconductor)로 구별하고, 이 외인성 반도체를 다시 N형(Negative Type)반도체와 P형 반도체(Positive Type)로 구분한다. 불순물을 첨가한 외인성 반도체의 불순물을 도펀트(Dopant)라고 한다. 자동차에는 안전, 편의를 위한 전자 장치 제어를 위해 아주 다양하게 반도체가 사용되고 있으며, 자동차의 뜨거운 엔진 열과 빠른 속도로 주행하면서 사람의 안전이 확보되어야 하기에 고품질의 반도체가 요구된다.

> **Tip.**
> 도핑(doping) : 규소(Si) 같은 진성 반도체에 불순물(dopant)을 첨가하여 외인성 반도체(extrinsic semiconductor)로 만드는 것

반도체의 특징으로는

① 소형이며 가볍고 열에 약하다.
② 기계적으로 강하고 수명이 길다.
③ 예열시간이 필요 없다.
④ 높은 전압에서는 손상되기 쉽다.
⑤ 내부의 전력 손실이 적다.

> **Tip.**
> Thermistor(서미스터) : 온도변화에 따라 저항값의 변화가 생기는 반도체를 말하며, 온도가 높아질수록 저항값은 낮아지는 서미스터를 부특성 서미스터(NTC, Negative Temperature Coefficient)라 하는데, 대표적인 예로 냉각수와 에어콘 온도 센서가 있다.

자동차 한 대당 평균 200개 이상의 많은 반도체가 필요하고, 자동차의 센서, 제어, 구동장치 같은 핵심 부품에 주로 사용되고 있기에 컴퓨터 등에 쓰이는 것보다 훨씬 높은 수준의 내구성을 갖춘 반도체여야 한다. 자동차에 적용되는 반도체 중 안전과 관계된 시스템의 예를 들어보면, ABS(Anti-Lock Brake System), ACC(Active Cruise Control, 차량 거리 제어), TPMS(Tire Pressure Monitoring System, 타이어 압력 감지) 시스템이 있으면, 그 밖에도 고급형 차량에 적용되는 주차시 영상 패턴을 인식하고 신호를 계산하여 운전자에 주차 편의를 제공하고 있는 가이드라인 반도체, HUD(Head-Up Display, 차량전방표시장치) 등이 있다.

Head-Up Display

5. 다이오드와 트랜지스터

가. 다이오드

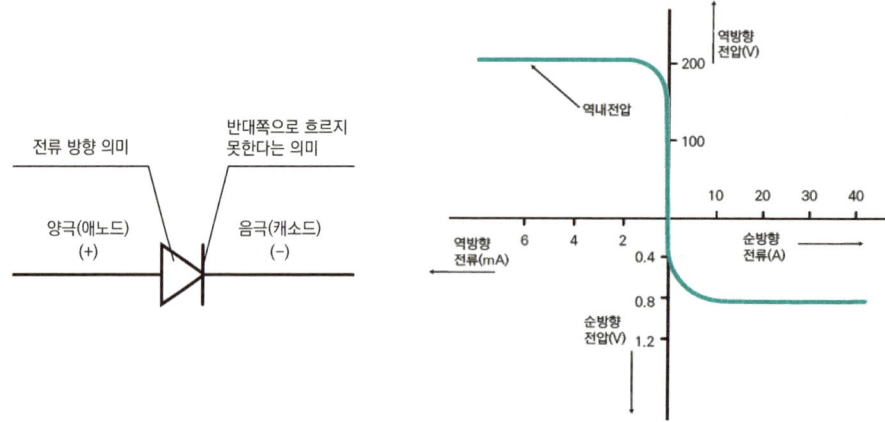

다이오드는 전류를 한쪽 방향으로만 흐르게 한다는 것이 가장 큰 특징이다. 다이오드는 순방향일 때 양단의 전압차가 약 0.7V 이상 되면 전류가 급격히 흐르고, 역방향일 때는 낮은 전압에서 전류가 흐르지 못하다가 전압이 상승하면서 급격하게 전류가 흘러(약 고전압에 도달) 다이오드가 파괴되는데,

이것을 항복 전압, 제너 전압이라 한다. 한쪽 방향으로만 전류가 흐르는 특성 때문에 주로 정류 회로나, 서지 방지 회로 등의 다양한 회로에 쓰이고 있다. 최초에 전자를 방출하는 캐소드(음극)와 전자를 흡수하는 애노드(양극)로 구성된 2개의 플레이트 전극을 가지고 있는 진공관을 뜻하는 것이였다. 토마스 에디슨이 백열전구 실험을 하다가 필라멘트에서 금속판(플레이트)으로 전류가 흐르는 것을 보고 발견한 에디슨 효과를 이용하여 탄생한 최초의 형식이 다이오드의 시작 진공관 개념이다.

우리가 생각하는 자동차용 다이오드는 정류기(rectifier)라고도 부르는 반도체 다이오드와 발광다이오드(LED, Light Emitting Diode)일 것이다.

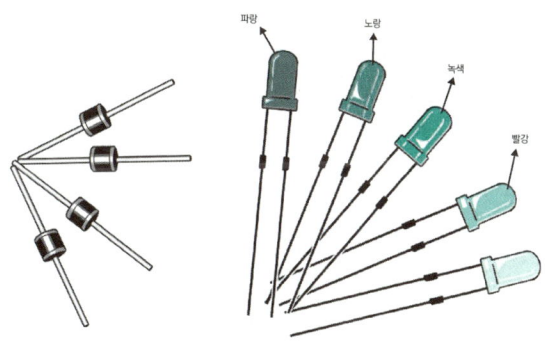

반도체다이오드와 발광다이오드

반도체다이오드는 2극 정류관과 같이 양극(anode)에서 음극(cathode)으로만 전류가 흐르는 소자를 뜻하며, 구조가 반도체로 되어있는 것이다.

또한 발광다이오드(LED)는 자동차 분야뿐만 아니라 형광등과 같은 조명 시장에 매우 중요한 부품으로 쓰이고 있으며, 작은 전류로 오랜 수명을 유지한다는 장점이 있다. 전기 효율이 백열등보다 몇 배 이상 높아 형광등보다 훨씬 효율적이며, PN 접합 구조로 만들어져 사용하는 원소의 종류, 에너지의 양의 차에 따라 빛의 파장 길이와 색을 달리 할 수 있다. 빨간색은 주로 갈륨비소(GaAs), 초록색과 파란색은 주로 질화갈륨(GaN)를 기반으로 한다. 초록색은 갈륨인(GaP)으로 만들지만 실제로는 질화갈륨(GaN)에 알루미늄(Al)이나 인듐(In) 등의 도핑을 다르게 해서 사용하는 경우가 많다.

그 밖에 교류를 직류 전기로 변환하고 정류작용을 하는 「실리콘 다이오드」와 역방향 전압이 브레이크 다운(brake down) 전압이 되면 역방향으로도 전류를 흐르게 하는 「제너다이오드(zener diode)」, 발광다이오드와는 반대 개념인 빛을 받으면 전기를 발생시키는 「포토다이오드」가 있다.

나. 트랜지스터(Transistor=Trans+Resistor)

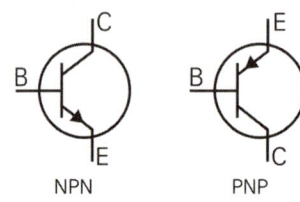

NPN   PNP

※ 베이스(Base) – 단자제어, 이미터(Emitter) – 접지, 컬렉터(Collector) – 전원입력

N형 반도체와 P형 반도체를 PNP 또는 NPN 형태로 접합한 구조의 반도체 소자이다. 전류의 흐름 등을 조장할 수 있어 자동차 회로 구성에 있어서 중요한 반도체 소자이다. 주요한 세 가지 기능은 스위칭, 발진, 증폭 기능으로써 모든 전자 시스템에 여러 가지 형태로 사용된다.

(1) 트랜지스터의 3대 기능
① 스위칭 기능 : 전원을 차단·연결하는 기능
② 발진 기능 : 흐르고 있는 전류를 지속시키는 기능
③ 증폭 기능 : 미세한 신호를 큰 신호로 증폭시켜주는 기능

게이트	기호	의미
AND	A, B → Y	입력신호가 모두 1일 때 1 출력
OR	A, B → Y	입력신호 중 1개만 1이어도 1 출력
NOT	A → Y	입력신호 정보를 반대로 변환하여 출력
BUFFER	A → Y	입력신호 정보를 그대로 출력
NAND	A, B → Y	NOT + AND, 즉, AND의 부정
NOR	A, B → Y	NOT + OR, 즉 OR의 부정
XOR	A, B → Y	입력신호가 모두 같으면 0, 한 개라도 틀리면 1 출력
XNOR	A, B → Y	NOT + XOR, 즉 XOR의 부정

논리회로

(2) 전계 효과 트랜지스터(FET, Field Effect Transistor)

FET(Field effect transistor, 전계효과트랜지스터)는 일반 접합 트랜지스터와 외관은 유사하나 내부 구조와 동작 원리는 전혀 다르다. FET는 각종 고급 전자 기계와 측정 장비, 자동 제어회로 등에 이용되며, FET를 구조에 의해 분류하면 J-FET와 MOS-FET의 두 종류가 있다.

P형 반도체로 된 P 채널 형은 정공이 전류를 운반하는 것으로 PNP형 트랜지스터와 비슷하고, N 채널형은 전자가 전류를 운반하는 것으로 NPN형의 트랜지스터와 유사하다.

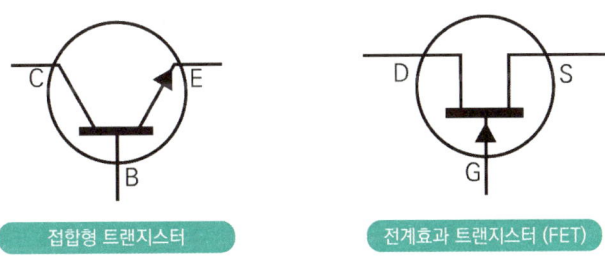

※ 게이트(Gate), 드레인(Drain), 소스(Source)

(3) 포토트랜지스터(photo transister)
① 빛을 받으면 컬렉터에서 이미터 쪽으로 전류를 흐르게 한다.
② 빛에 의하여 컬렉터의 전류가 제어되며, 빛을 측정하는 소자로 사용된다.
③ 포토다이오드와 비교할 때, 빛에는 더욱 민감하나 반응속도는 느리다.

(4) 다링톤 트랜지스터(darlington transister)
- 2개 이상의 트랜지스터를 연결해 증폭 효과를 내는 데 사용(작은 베이스 전류로 큰 전류를 제어한다.)

(5) 사이리스터(thyrister)
- PNPN 또는 NPNP의 4층 구조로 된 반도체
- A(애노드, 전원 단자), G(게이트, 제어 단자), C(캐소드, 접지 단자)
- 3개 이상의 PN접합 구조
- 교류 발전기의 과전압 보호, 직·교류 제어 소자와 고전압 축전기 점화장치(HEI)로 사용

연습문제   제1장 기초 전기·전자

01 단면적 0.002cm², 길이 10m인 니켈-크롬선의 전기저항(Ω)은? (단, 니켈-크롬선의 고유저항은 110 μΩ·cm 이다)

① 45   ② 50
③ 55   ④ 60

해설 ▶ 도체에 작용하는 저항 $R = p\dfrac{l}{A}$

$R = 100 \times 10^{-6} \times 10^{-2} [\Omega \cdot m]$
$\times \dfrac{10[m]}{2 \times 10^{-3} \times 10^{-4} [m^2]}$
$= 110 \times 10^{-1} \times 5 = 55 [\Omega]$

p : 고유저항, 저항률[Ω·m]
※ $1\mu\Omega = 10^{-6}\Omega$
l : 도체의 길이[m]
A : 도체의 단면적[m²]

02 그림과 같은 회로에서 전구의 용량이 정상일 때 전원 내부로 흐르는 전류는 몇 A인가?

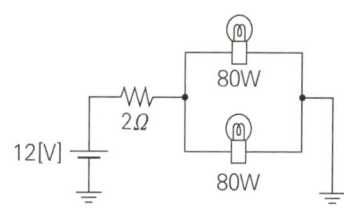

① 2.14   ② 4.13
③ 6.65   ④ 13.32

해설 ▶ 전구의 저항은 전체 합성회로에서 구하는 것이 아니라 정격전압, 정격용량인 12V, 80W에서 구해야한다. (15번 문제 참고)

전력 $P[W] = VI = \dfrac{V^2}{R}$,

전구의 저항 $R = \dfrac{12^2}{80} = 1.8[\Omega]$

전체 합성저항 $R_t = 2 + \dfrac{1.8}{2} = 2.9$

∴ 전류 $= \dfrac{12}{2.9} = 4.13[A]$

03 다음 직렬회로에서 저항 R1에 5mA의 전류가 흐를 때 R1의 저항값은?

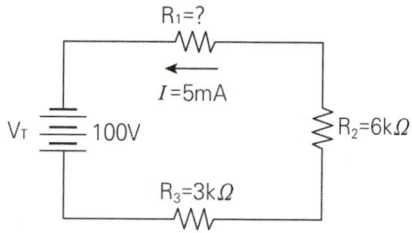

① 7[kΩ]
② 9[kΩ]
③ 11[kΩ]
④ 13[kΩ]

해설 ▶ 직렬 저항 회로에서는 어느 지점에서든 전류가 같고, 병렬 저항 회로에서는 어느 지점에서든 전압이 같다.

$V = I \times R_T, R_T = \dfrac{100}{0.005}$
$= 20000[\Omega] = 20[k\Omega]$
$R_T = R_1 + R_2 + R_3 = R_1 + 3 + 6$
$= 20[k\Omega], R_1 = 11[k\Omega]$

04 12V-0.3μF, 12V-0.6μF의 축전기를 병렬로 접속하였다. 두 개의 축전기에는 얼마의 전기량이 축전되는가?

① 0.9 μC   ② 10.8 μC
③ 13.3 μC   ④ 60 μC

해설 ▶ 콘덴서의 병렬접속 정전용량은 $C_1 + C_2 = 0.3 + 0.6 = 0.9$ μF 이다.
전하량(Q, 전기량) = 정전용량(C) × 전압(E) 으로, 0.9 [μF] × 12 [V] = 10.8 [μC]

정답   01 ③   02 ②   03 ②   04 ②

05 시정수(시상수)가 2초인 콘덴서를 충전하고자 한다. 충전 종료까지 예상되는 소요시간은?

① 3초   ② 6초
③ 8초   ④ 10초

해설 ▶ 시상수(time constant, 또는 시정수)란, 외부 변화에 대한 물체의 응답이 나타나는 데 걸리는 시간을 뜻하며, 콘덴서의 충전 시간을 나타내는 척도로써, 콘덴서의 충전 전압이 전원전압의 63.2%까지 충전되는 시간이다. 콘덴서의 100% 충전은 시정수의 5배의 시간이 걸리는 것을 감안하여 시상수가 2초라면, 충전 종료까지 10초가 걸린다.

06 자동차의 파워 트랜지스터에 관한 내용 중 틀린 것은?

① 파워 TR의 베이스는 ECU와 연결되어 있다.
② 파워 TR의 컬렉터는 점화 1차 코일의 (-) 단자와 연결되어 있다.
③ 파워 TR의 이미터는 접지되어 있다.
④ 파워 TR은 PNP형이다.

해설 ▶ 차체 (-)전원으로 공통으로 사용하고, 베이스에 (+)전압을 보내는 스위칭 작용을 통해 컬렉터에서 이미터로의 고전압 흐름을 제어하여 증폭시키는 자동차용 파워 TR은 일반적으로 NPN형이다.

07 반도체 소자로서 이중접합(PNP)에 적용되지 않는 것은?

① 사이리스터   ② 포토트랜지스터
③ 가변용량 다이오드 ④ PNP트랜지스터

해설 ▶ 사이리스터(Thyristor)란, 제어 단자(G, 게이트)로부터 음극(K, 캐소드)에 전류를 흐르게 한 것으로 양극(A, 애노드)과 음극(K) 사이를 도통시킬 수 있는 3단자 반도체 소자로써, P-N-P-N접합 4층 구조, 즉 다중 접합 반도체이다.

08 발광 다이오드(LED : Light Emitting Diode)에 대한 설명으로 틀린 것은?

① 소비전력이 작다.
② 응답속도가 빠르다.
③ 전류가 역방향으로 흐른다.
④ 백열전구에 비하여 수명이 길다.

해설 ▶ 발광 다이오드는 순방향으로 전류가 흐르면 빛이 나는 반도체 소자이고, 포토 다이오드, 제너 다이오드는 역방향으로 전류가 흐른다. 발광 다이오드를 LED(Light Emitting Diode)라 부른다.

09 다이오드 종류 중 역방향으로 일정 이상의 전압을 가하면 전류가 급격히 흐르는 특성을 가지고 회로보호 및 전압조정용으로 사용되는 다이오드는?

① 스위치 다이오드
② 정류 다이오드
③ 제너 다이오드
④ 트리오 다이오드

해설 ▶ 제너 다이오드는 전류가 변화되어도 전압이 일정하다는 특징을 이용하여 정전압 회로에 사용되거나, 서지 전류 및 정전기로부터 IC 등을 보호하는 보호 소자로서 사용된다. 일반적인 다이오드는 순방향으로 사용되나, 제너다이오드는 역방으로 사용된다. 역방향으로 일정값 이상의 항복 전압(제너전압. 브레이크다운 전압)이 가해졌을 때 전류가 흐르는 특성을 이용하여 과전압으로부터 회로를 보호한다.(정전압·과충전 방지 회로에 사용)

정답 05 ④ 06 ④ 07 ① 08 ③ 09 ③

10 다음 회로에서 저항을 통과하여 흐르는 전류는 A, B, C 각 점에서 어떻게 나타나는 가?

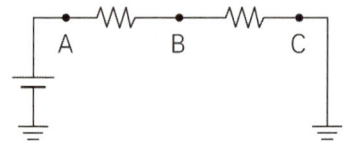

① A에서 가장 전류가 크고, B, C로 갈수록 전류가 작아진다.
② A, B, C의 전류가 모두 같다.
③ A에서 가장 전류가 작고 B, C로 갈수록 전류가 커진다.
④ B에서 가장 전류가 크고 A, C는 같다.

해설 ▶ 직렬 저항 회로에서는 어느 지점에서든 전류가 같고, 병렬 저항 회로에서는 어느 지점에서든 전압이 같다. 그러나 전압의 크기는 A(전원전압) 지점에서 가장 크고, 그다음 B, 마지막 C 지점에서 약 0V

11 전류의 자기작용을 응용한 예를 설명한 것으로 틀린 것은?

① 스타터 모터의 작용
② 릴레이의 작동
③ 시거라이터의 작동
④ 솔레노이드의 작동

해설 ▶ 자기작용이란 자석의 같은 극끼리는 서로 밀어내고, 다른 극끼리는 끌어당기는 작용을 말한다. 시거 라이터는 전류의 발열작용에 해당한다.

12 누설전류를 측정하기 위해 12V 배터리를 떼어내고 절연체의 저항을 측정하였더니 1MΩ 이었다. 누설전류는?

① 0.006mA   ② 0.008mA
③ 0.010mA   ④ 0.012mA

해설 ▶ $I = \dfrac{V}{R} = \dfrac{12}{10^6} = 1.2 \times 10^{-5}[A]$
$= 0.012[mA]$
※ $1M\Omega = 10^6 \Omega$

13 전기회로에서 전압강하의 설명으로 틀린 것은?

① 불완전한 접촉은 저항의 증가로 전장품에 인가되는 전압이 낮아진다.
② 저항을 통하여 전류가 흐르면 전압강하가 발생하지 않는다.
③ 전류가 크고 저항이 클수록 전압강하도 커진다.
④ 회로에서 전압강하의 총합은 회로에 공급 전압과 같다.

해설 ▶ V=IR의 기본 원리를 적용하여 생각해 본다. 또한 전압강하란 저항의 영향이 있을 때마다 발생한다.

14 반도체의 장점이 아닌 것은?

① 극히 소형이고 가볍다.
② 내부 전력 손실이 적다.
③ 수명이 길다.
④ 온도 상승 시 특성이 좋아진다.

해설 ▶ 반도체는 열과 고전압에 약하고, 정격전압값이 초과되면 파손되기 쉽다.

15 증폭률을 크게 하기 위해 트랜지스터 1개의 출력 신호가 다른 트랜지스터 베이스의 입력 신호로 사용되는 반도체 소자는 무엇인가?

① 다링톤 트랜지스터
② 포토 트랜지스터
③ 사이리스터
④ FET

정답 10 ② 11 ③ 12 ④ 13 ② 14 ④ 15 ①

해설 ▶ 다링톤 트랜지스터(파워 TR)는 트랜지스터를 2개를 연결하여 증폭 효과를 가져온 것 반도체 소자이다. FET(field effect transistor, 전계효과 TR)는 게이트(G)에 전압을 걸어 발생하는 전기장에 의해 전자(-) 또는 양공(+)을 흐르게 하는 원리로써, 전류를 증폭시키는 일반 TR과 달리 전압을 제어하여 증폭시켜 스위칭 속도가 빠르다.

해설 ▶ 전류가 흐르는 전선에는 원자(입자)가 전선을 통해 이동하는 자유전자와 충돌하여 에너지를 전달받고 열 진동과 저항으로 인한 열이 발생한다. 열 에너지의 발생을 줄열(joule heating)이라 한다.

16 반도체 접합 중 이중 접합의 적용으로 틀린 것은?

① 서미스터 ② 발광 다이오드
③ PNP 트랜지스터 ④ NPN 트랜지스터

해설 ▶ 서미스터는 무접점이며, 제너다이오드(PN 접합)는 일반적인 접합구조이고, 발광·포토 다이오드, 전계효과 TR이 이중 접합(PNP, NPN TR)이다. 그 밖에 사이리스터, 트라이악(TRIAC)같은 다중 접합(PNPN 접합)이 있다.

19 멀티미터를 이용하여 다이오드 순방향의 점검 방법으로 옳은 것은? (아날로그와 디지털 멀티미터에 따라 구분할 때)

① 아날로그 멀티미터 :
  (+)프로브 - N극, (-)프로브 - P극
② 디지털 멀티미터 :
  (+)프로브 - N극, (-)프로브 - P극
③ 아날로그 멀티미터 :
  (+)프로브 - E극, (-)프로브 - B극
④ 디지털 멀티미터 :
  (+)프로브 - E극, (-)프로브 - B극

해설 ▶ 다이오드의 순방향은 'P → N'이며, 아날로그 멀티 미터는 (+) 프로브에 N형, (-) 프로브에 P형을 접속하며, P형 반도체와 N형 반도체를 붙인 것을 P-N접합이라 하고, 이 접합으로 만든 소자를 다이오드라 한다. (다이오드의 순방향 : P → N)

17 20시간율 45Ah, 12V의 완전 충전된 배터리를 20시간율의 전류로 방전시키기 위해 몇 와트(W)가 필요한가?

① 21 W ② 25 W
③ 27 W ④ 30 W

해설 ▶ 45Ah의 20시간율 = 45/20 [A]
전력(W) = 전류(A) × 전압(V)
∴ (45/20)×12 = 27[W]

18 저항의 도체에 전류가 흐를 때 주행 중에 소비되는 에너지는 전부 열로 되고, 이 때의 열을 줄열(H)이라고 한다. 이 줄열 (H)을 구하는 공식으로 틀린 것은? (단, E는 전압, I는 전류, R은 저항, t는 시간이다.)

① $H = 0.24EIt$ ② $H = 0.24E^2It$
③ $H = 0.24\dfrac{E^2}{R}t$ ④ $H = 0.24I^2Rt$

정답 16 ① 17 ③ 18 ② 19 ①

제2장 자동차 전기회로

1. 회로 일반

제1장 자동차 전기의 특성과 제2장 전기의 3요소에서 자동차는 DC(직류, direct current), AC(교류 alternating current)를 사용하고, 전압(E)의 단위는 볼트(Volt)를, 저항(R)의 단위는 옴(Ohm)을 사용하고, 전류(I)는 전자의 이동으로, 단위는 암페어(Ampere)로 한다고 배웠다.

이러한 전기적 요소들이 우리 자동차에 무수히 많이 적용되어 각종 신호를 주고 받거나, 기계적 작동을 하게 하고 부품을 작동하도록 전기가 움직이는 길(경로)을 만들어주는 것을 전기회로(electrical circuit)라 한다. 다양한 전기적 소자들이 전기 전도체인 전선을 통해 연결되어, 폐회로 상에서 공급 전원(배터리, 발전기), 전선, 저항, 작동부품으로 나란히 연결된 것이 전기회로의 가장 기본적인 예이다.

공급되는 전기가 교류이냐 직류이냐에 따라 교류회로, 직류회로라 말 할 수 있으며, 친환경 자동차에서는 고전압 회로라는 새로운 용어가 나오고 있다.

□ 전기회로의 구성
　① 전원부 : 전원이 공급되는 부위로 배터리, 퓨즈가 있다.
　② 스위치부 : 전기장치를 작동시키는 스위치이다.
　③ 작동부 : 전원을 공급받아 작동하는 장치이다.

> **Tip.**
> 회로 구성에서 마이너스(-) 접지가 차체에 연결된 배선 방식을 「단선식」이라 하고, 마이너스(-)접지와 플러스(+) 본선을 배터리로 모두 연결한 회로 구성 방식을「복선식」이라한다. 「단선식」은 실내등과 같은 주로 낮은 전압을 사용하는 장치에 사용되고,「복선식」은 시동모터, 전조등과 같이 높은 전압의 부품에 사용된다.

가. 회로도와 전기회로

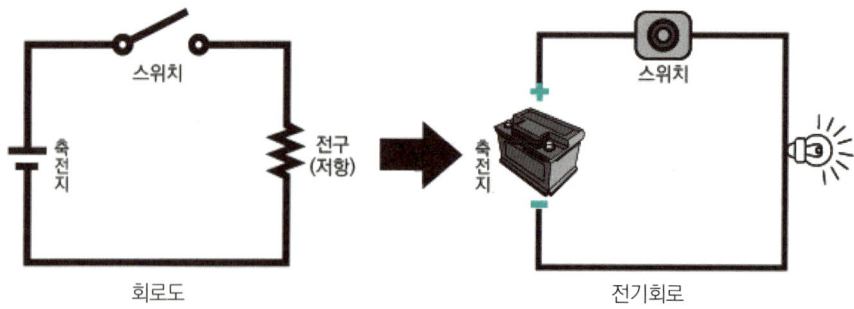

회로도란 각 부품 및 소자들을 약속된 표준 기호를 사용하여 표현한 도면으로, 전기의 흐름과 각 부품의 명칭, 통신체계 등의 체계를 쉽게 볼 수 있도록 한 것이다.

나. 저항 읽기

띠 색상	첫째숫자	둘째숫자	셋째숫자	허용오차(%)	
검정색	0	0	1Ω		
갈색	1	1	10Ω	± 1%	(F)
빨간색	2	2	100Ω	± 2%	(G)
주황색	3	3	1KΩ		
노란색	4	4	10KΩ		
초록색	5	5	100KΩ	±0.5%	(D)
파란색	6	6	1MΩ	±0.25%	(C)
보라색	7	7	10MΩ	±0.10%	(B)
회색	8	8		±0.05%	
흰색	9	9			
금색			0.1	± 5%	(J)
은색			0.01	± 10%	(K)

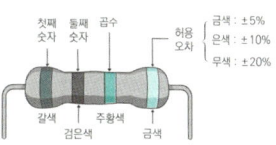

(저항값 계산) 갈색1 × 검정색10 × 주황색1,000 → 10,000Ω ± 5% → 10 kΩ

2. 전압 강하

전압 강하란 동일한 전원의 특성을 가진 전기회로(배선)에서 임의의 어느 점에서 또 다른 임의의 점까지 나타나는 전압의 차이이다.

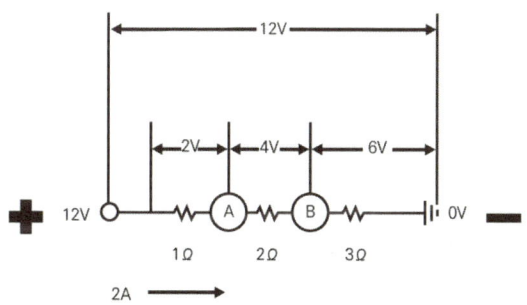

위 그림에서와 같이 전압 강하는 좌측 12V(+)에서 출발하여 우측 접지 0V(-)로 흐르면서 전력 손실이 생기는 현상이다. 저항을 거치면서 전압이 약해지는 것이다. 직렬로 연결된 합성저항은 모두 6Ω이므로, 좌에서 우로 흐르는 전류(A)의 값은 2A(V=I×R, 12=I×6Ω)이다. 1Ω, 2Ω, 3Ω의 저항을 거치면서 2A 전류는 그대로 흐르지만 전압 손실은 2V, 4V, 6V로 순차적으로 전압 강하가 생기는 것이다.

> **Tip.**
>
> 암전류(Parasitic current) : 자동차가 엔진 작동을 멈추고, 운행을 모두 멈춘 상태. 즉 모든 탑승자가 자동차에서 내린 후 마지막 도어가 닫히고 공차상태에 있더라도 최소한의 전류(도난방지를 위한 신호, 시계, ECU, 블랙박스 등 각종 대기 전력)가 필요하다. 이러한 최소한으로 소모되는 전류를 말한다.

3. 키르히호프의 법칙

가. 키르히호프의 법칙

(1) 제1법칙

회로 내에서 임의의 한 점으로 입력되는 전류의 총합은 출력되는 전류의 총합과 같다.

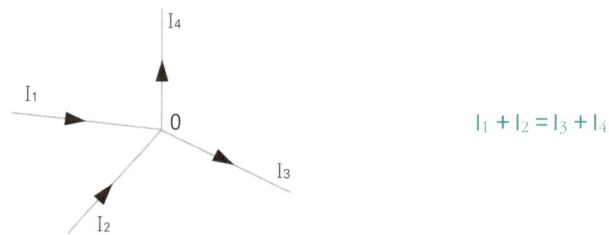

$$I_1 + I_2 = I_3 + I_4$$

(2) 제2법칙

임의의 폐회로에서 기전력과 전압 강하의 총합은 같다.

※ 전압은 저항을 거치면 전압의 크기가 낮아(down)진다.

> **Tip.**
> 키르히호프 : 독일의 물리학자 구스타프 키르히호프(Gustav Kirchhoff, 1824~1887)이름에서 만들어진 이 법칙으로 키르히호프는 전하량 보존 및 에너지 보존에 기초하여 유도된다는 것을 정립하였다.

나. 앙페르의 오른나사의 법칙

전류의 단위 암페어(A)는 앙페르의 이름에서 온 것이다. 프랑스 물리학자 앙페르(André-Marie Ampère, 앙드레마리 앙페르 1775.1.20.~1836.6.10.)는 「전자기 유도 현상」과 「전기 역학」연구에 공헌하였다. 자동차공학에서는 전류의 방향을 오른나사의 죄임 방향(진행 방향)과 일치 시키면 자력선의 방향은 나사가 회전하는 방향으로 작용한다는 「앙페르의 오른나사 법칙」이 만들어졌다.

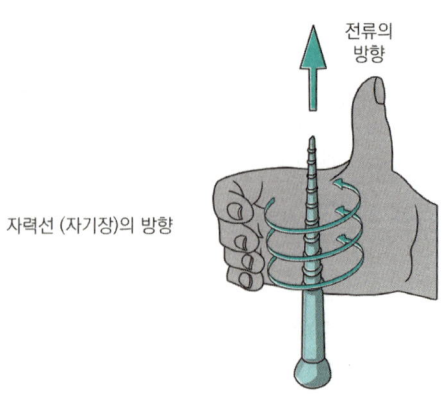

4. 회로 기호

전기 배선 표시 예(0.85L/Y)

① 0.85 : 배선의 단면적이 $0.85mm^2$이다.
② L/Y : 바탕색이 L(BLUE)이며 줄 무늬색이 Y(Yellow)이다.

구분	심볼	내용	구분	심볼	내용
구성부품	(실선 사각형)	실선으로 표시된 구성부품은 전체 해당 구성품을 의미한다.	커넥터	수커넥터/암커넥터 (M05-2)	구성 부품위치 색인표 상에서 참조용으로 각 커넥터의 이름을 나타낸다. 해당단자의 번호가 표시된다. (해당 회로도에서 관계되는 단자만 표시된다.)
	(점선 사각형)	점선으로 표시된 구성부품은 해당되는 필요 부분만 표시 된 것을 의미한다.		R/YL (E35)	점선은 각각의 두개의 와이어가 동일한 커넥터(E35)상에서 접속됨을 의미한다.
	(화살표 직결)	커넥터가 구성 부품에 직접 연결	와이어	B	물결무늬 선은 끊어져 있지만 이전 또는 다음 페이지에 연결 되어 계속된다.
	(리드선 연결)	구성 부품에 커넥터가 리드선으로 연결		Y/R	노란 바탕의 적색 줄무늬 선. (2가지 색 이상으로 피복된 선)
	(스크류 단자)	구성 부품 자체의 스크류 단자를 의미함.		좌측 페이지에서 A / 우측 페이지에서 A	전류 흐름이 내부에 같은 문자를 갖는 같은 페이지 혹은 다른 페이지의 화살표로 연결됨. 화살표 방향 전류 흐름의 방향임.
	(접지 심볼)	이 접지 심볼은 부품의 하우징이 직접 차량의 금속 부위에 붙혀진다는 의미.		R 회로도 이동	다른 회로와 공유하는 부분임을 표시함. 화살표가 지시하는 회로에 서 와이어가 다시 나타남
	(장착용 스위치 P.12 C.10-2)	구성 부품의 명칭: 상단부에는 해당 구성 부품의 이름을 나타낸다. 구성 부품 위치도의 사진 번호와 커넥터 정보 페이지를 나타낸다.		자동변속기 G / 수동변속기 G	선택사양 혹은 다른 차종에 대한 와이어의 흐름을 표시한다. (해당 사양에 기준한 회로를 판별토록 지시한다.)
			와이어 조인트	L / L	조인트는 선에 점을 찍어서 나타 내며 차량에서의 실제적인 위치와 연결은 변화 할 수 있다
			접지	G06	이는 차량의 금속 부분에 접속되는 와이어의 끝선을 나타냄.

제2장 자동차 전기회로 | 233

구분	심볼	내용	구분	심볼	내용
실드 와이어		와이어에 전파 차단 보호막에 둘러싸여 있는 것을 나타내며, 항상 접지 상태에 둔다. (주로 엔진 및 T/M을 컨트롤 하는 센서측에 사용된다.)	램프		더블 필라멘트 싱글 필라멘트
조인트 커넥터		커넥터 내부에서 와이어가 조인되는 커넥터임.	다이오드		다이오드 -한 방향으로만 전류를 통과 시킨다. 발광 다이오드 -전류가 흐를 때 빛을 발생한다. 발광 다이오드 -역방향으로 한계이상의 전류를 흘리면 순간적으로 도통한다.
슬로우 블로우		전원 공급 상태 명칭 용량	TR		스위칭 또는 증폭작용을 한다.
퓨즈		전원이 이그니션 OMF 상태에서 공급되는 것을 의미함. 다른 퓨즈와 연결되어 있다는 뜻 퓨즈 명칭 퓨즈 용량	일반 부품 심볼		스위치(2개) -연결된 점선으로 스위치는 동시에 작동되며 가는 점선은 스위치 사이의 기계적 관계를 나타낸다. 스위치(1개 접점)
파워 커넥터		배터리 상시 전원 제어			히터

구분	심볼	내용	구분	심볼	내용
일반부품심볼		센서	일반부품심볼		콘덴서
		센더			스피커
		인젝터			혼, 경음기, 부제, 사이렌
		솔레노이드	릴레이		코일을 통한 전류의 흐름이 있을때 스위치가 접속됨.
		모터			코일을 통한 전류의 흐름이 없을 때의 릴레이를 나타냄. 코일을 통해 전류가 흐르면 스위치는 점속됨.
		배터리			다이오드 내장 릴레이
					저항 내장 릴레이

제2장 자동차 전기회로 | 235

연습문제 — 제2장 자동차 전기회로

01 차량 전기 배선의 색 표기 방법으로 틀린 것은?
① Y - 노랑
② B - 갈색
③ W - 흰색
④ R - 빨강

해설 ▶▶ "B"는 Black을 의미한다.

02 디지털 오실로스코프에 대한 설명으로 틀린 것은?
① AC 전압과 DC 전압 모두 측정이 가능하다.
② X축에서는 시간, Y축에서는 전압을 표시한다.
③ 빠르게 변화하는 신호 판독이 편하도록 트리거링할 수 있다.
④ UNI(Unipolar) 모드에서 Y축은 (+), (-) 영역을 대칭으로 표시한다.

해설 ▶▶ 오실로스코프의 화면설정에 관한 내용으로, UNI(unipolar)는 0레벨을 기준으로 (+) 영역만 출력된다. 트리거링(triggering)이란, '방아쇠'라는 의미로써, 불특정한 파형 신호를 점검자(정비사)가 원하는 특정 파형(신호)을 찾으면 파형을 고정시켜, 파형분석이 편리하게 한 기능이다. 0레벨을 기준으로 (+). (-) 영역으로 출력하는 것은 BI(bipolar) 화면설정이다.

03 테스트 램프를 이용한 12V 전장 회로 점검에 대한 설명으로 틀린 것은?
① 60W 전구가 장착된 테스트 램프로 (+)전원을 이용하여 전동냉각팬 작동 시험이 가능하다.
② 다이오드가 장착된 테스트 램프는 (+)전원을 이용하여 전동냉각팬 작동 시험이 불가능하다.
③ 동일한 규격의 테스트 램프를 연결하여 6V 전원을 만들 수 있다.
④ 60W 전구가 장착된 테스트 램프로 (+)전원을 ECU에 인가 시 ECU가 손상되지 않는다.

해설 ▶▶ 전구식 테스트 램프로 ECU 출력단을 점검하게 되면, 수백 mA 정도밖에 되지 않는 TR의 컬렉터 전류 한계로 인해 TR 고장이 발생하기 때문에, 반드시 LED식 테스트 램프를 사용하여야 한다.

04 퓨즈와 릴레이를 대체하여 단선, 단락에 따른 전류값을 감지함으로써 필요시 회로를 차단하는 것은?
① BCM(body control module)
② CAN(controller area network)
③ LIN(local interconnect netwokk)
④ IPS(intelligent power switching device)

해설 ▶▶ IPS, 즉 지능형 파워 스위치는 기존 릴레이(relay) 방식에서 반도체로 대체하고자 개발된 반도체 소자로써, 대전류 부하제어 기능, 과전류 보호 기능, 다채널 제어, 자기진단, 고장 코드 지원 등의 기능을 추가한 스위치이다.

05 전기회로의 점검 방법으로 틀린 것은?
① 전류 측정 시 회로와 병렬로 연결한다.
② 회로가 접촉 불량일 경우 전압강하를 점검한다.
③ 회로의 단선 시 회로의 저항 측정을 통해서 점검할 수 있다.
④ 제어모듈 회로 점검 시 디지털 멀티미터를 사용해서 점검할 수 있다.

해설 ▶▶ 전류 측정은 회로와 직렬, 전압 측정은 회로와 병렬로 연결하여 점검한다.

정답 01 ② 02 ④ 03 ④ 04 ④ 05 ①

제3장 조명과 계기 장치

1. 조명과 계기 일반

자동차의 조명은 야간 주행 중 반드시 필요한 기능이다. 특히 헤드라이트(전조등)는 야간 주행 시 없어서는 안 될 기능으로 많은 헤드라이트의 신기술들이 접목되어 출시 되고 있다. 조명용으로 쓰일 뿐 아니라, 신호 및 지시, 각종 표시용으로 전기의 기본 회로 구성에 안전과 간헐적 제어를 위한 릴레이도 추가하여 장착된다. 계기판(計器板) 또는 우리가 흔히 말하는 클러스터(cluster)는 자동차 실내에서 운전자 바로 앞에 위치하여 차량 운전의 조작 및 제어 현황을 계기판을 통해 운전자에게 알림으로써, 자동차 고장 시 각종 경고 메시지를 띄워 안전 확보를 위한 위험한 상황을 사전에 예고하고, 자동차의 주행 속도와 유량 및 엔진 온도 등 사전에 지식을 습득한 운전자가 각종 정보를 확인할 수 있도록 한다.

대시보드(dashboard)는 클러스터를 포함한 실내 전면부를 일컫는데, 영어 'dashboard'는 원래 말을 모는 사람을 흙이나 기타 잔해로부터 보호하기 위해 만들어진, 나무나 가죽으로 된 장벽을 가리켰다.

오늘날의 계기판에는 측정기 및 정보, 기후 제어, 엔터테인먼트 시스템도 있어 운전자의 눈에는 보이지 않는 계기판 뒤에는 무수히 많은 전선과 컨넥터, 조명들로 가득 차 있다. 이런 복잡한 배선의 간소화를 위해 계기판에 인쇄기판을 적용하여 다양한 표시등과 표시에 공급되는 전류를 되도록 간결하게 연결하고 있다. 마치 하나의 컴퓨터 기판과 같이 연결돼있는 것이다.

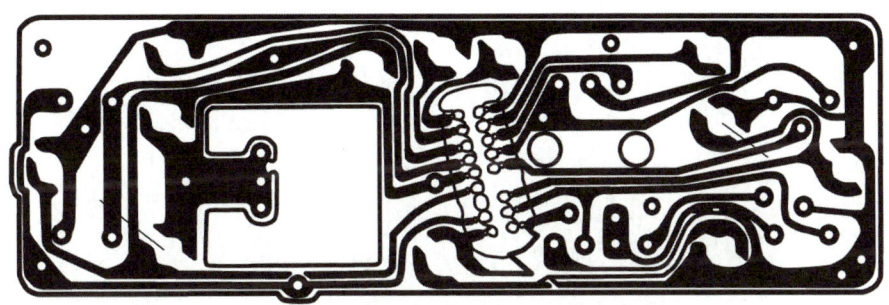

인쇄기판으로 연결된 계기판 후면

가. 보안·계기 장치

(1) 보안장치

　도난 경보 장치, 블랙박스, 사고기록장치 등

(2) 계기장치

　① 속도계
　② 주행거리계(총주행거리계, 구간 주행거리계)

③ 온도 게이지(엔진의 냉각수 온도 측정)
④ 경고등(여러 센서 고장 신호를 운전자에게 표출)
⑤ 연료 잔량 게이지
⑥ RPM 게이지(엔진의 분당 회전수)

(3) 속도계

1) 속도계 편차 측정

① 차량에 설치된 속도계와 실제 속도의 편차를 측정하기 위함이다.
② 편차 기준 값은 정 25%, 부 10% 이내이다.

2) 속도계 편차 측정 요령

① 타이어는 표준공기압, 바퀴나 시험기 롤러에 이물질이 없도록 한다.
② 공차상태로써 운전자 1인이 승차하고 구동 바퀴를 섀시 다이나모 위에 위치 시킨다.
③ 서서히 가속하여 속도계가 40km/h를 지시할 때 시험기의 값을 읽는다.

2. 감광식 룸 램프

제어방식에 따라 일반형 룸램프와 감광식 룸램프로 분류하는데, 룸램프는 자동차의 실내를 조명하는 장치로써, 할로겐 전구와 LED 전구를 사용하여 대부분 실내 천장에 위치하고, On·Off 자동 조명(Auto lighting) 기능이 있다.

자동차 룸램프는 운전자의 스위치 설정에 따라 차 문 개·폐시 자동으로 작동하며, 일반 룸램프 기능에 운전자가 편리하게 내리고 탈 수 있도록 룸램프의 밝기가 단계별 밝기로 서서히 꺼지도록 한 기능이다. 탑승자의 시각을 더욱 편하게 한 장치가 감광식 룸램프인데, 안전과 시야 확보의 편의를 제공하는 취지로 개발되었으며 도어가 열릴 때 점등되어 도어가 닫힐 때 즉시 75% 감광한 뒤 서서히 감광하여 4~6초 뒤에 완전히 소등되는 것이 일반적이다.

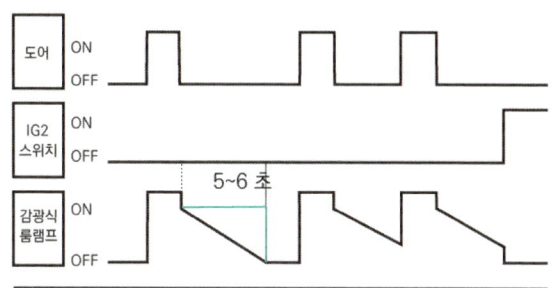

① 감광식 룸 램프 작동 곡선
- 도어 열림시 램프 점등, 도어 닫힘시 약 75% 감광 후 5~6초간 서서히 감광되다가 완전 꺼짐
- 감광식 램프 작동 중에도 운전자가 시동 스위치2(IG2) ON의 경우 룸램프는 바로 꺼짐

3. 오토 헤드라이트

오늘날 도시 환경은 각종 조명시설이 뛰어나 운전자가 야간 주행 상황 시 주변의 밝기를 고려하지 못하여 헤드라이트를 끄고 다니는 경우가 종종 발생한다. 이는 타 차량과의 접촉사고를 유발할 수 있는 아주 위험한 것이다. 또한 주간에도 터널 진입 시 헤드라이트를 켜지 않아 앞차와의 거리 유지 판단이 어렵고, 선행 차량으로 하여금, 후방 차량에 대한 시야 확보가 어려워 부득이한 차선 변경 시 추돌사고로 이어질 수도 있다. 이러한 여러 상황들을 고려하여 자동차에 내장된 오토 라이트 기능은 주변에 밝기에 따라 자동으로 헤드라이트를 점등, 소등하여 운전자의 편의를 향상시키고, 안전사고 예방에도 기여하고 있다.

가. AHLS(Auto Head-lamp Leveling System, 오토 헤드램프 레벨링 시스템)

야간 주행시 맞은 편 교행 차량의 헤드라이트로 시야가 좁아지고, 주변 상황이 다소 어두운 도심 외곽지역의 운행에는 어려움이 많다. 특히 코너링에서의 시야 확보는 어려워 이러한 문제점을 보완하여 코너링 시에도 내 차가 가고자 하는 방향으로 헤드라이트 각도가 변하여 비춰주는 안전장치이다. 특히 차체의 기울기에 변화에 따라 헤드램프 빔의 상하 각도 변화에 따라 보상해 주는 것이 AHLS의 특징이다.

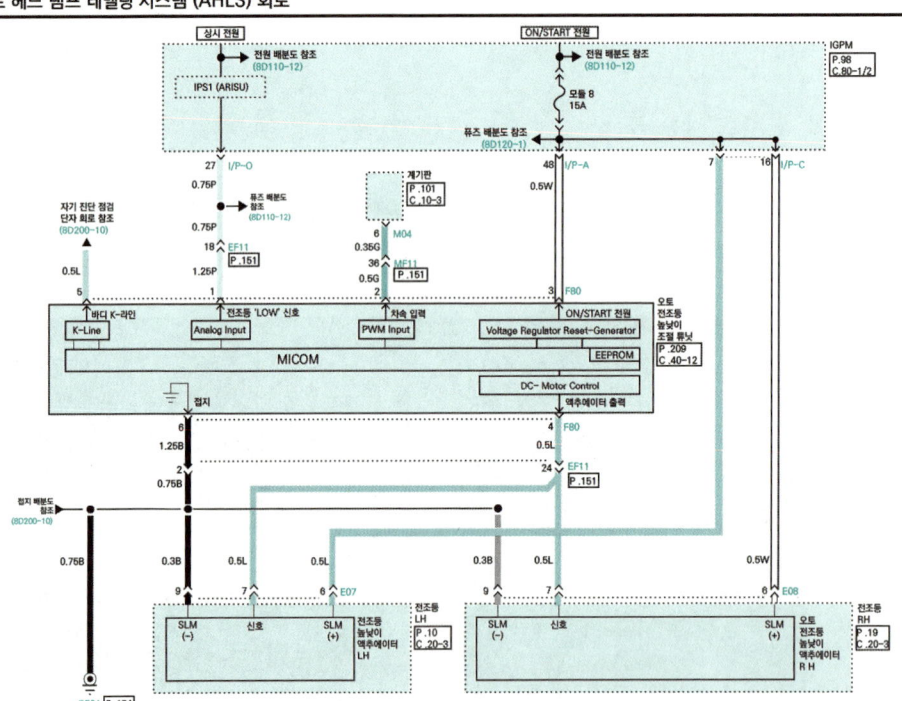

나. DBL(dynamic bending light, 다이나믹 밴딩 라이트)

헤드램프의 좌우 각도를 조장하여 진행 방향의 시야를 확보해 주는 오토 라이트 시스템으로써, 스태틱 코너링의 한계를 극복한 것이다.

자동차의 부하 변화에 따라 서스펜션의 각도 역시 변화하고, 이 변화량에 따라 적장한 신호를 헤드램프 레벨링 디바이스에 보내어 오토 라이트 액추에이터를 구동하여 코너링 주행 시야를 확보하게 된다.

다. AFLS(adaptive front lighting system, 가변형 전조등)

AHLS와 DBL 합쳐 놓은 형태라고 보면 된다. 가변형 전조등이라는 이름에 걸맞게 상하, 좌우의 각도 변화가 이뤄지면서 가장 넓은 시야 확보를 하는 오토 라이트이다. 핸들 방향과 조작 속도에 따라 헤드라이트를 좌우로 조장하며, 주행 시 급 브레이크 작동으로 인한 차체의 노즈다운(nose down) 현상, 승차 인원 및 화물의 적재 시 차체의 기울기에 따라 헤드라이트를 상하 각도를 조장하며 주행 안정성을 한 차원 높게 끌어 올렸다.

라. 스태틱 밴딩 라이트(코너링 램프)

헤드램프 옆에 또 다른 보조 헤드램프를 장착하여 운전자의 스티어링 휠의 회전방향에 따라 점등되는 방식으로 다이나믹 밴딩 라이트와 비교할 땐 한 단계 아래인 오토라이트 시스템이다. 스태틱 밴딩 라이트는 주행 속도에 따라 점등 조건이 달라지기도 하는데, 저속(10km/h이하) 에서는 스티어링 휠의 코너링 각도가 커야 작동하고(약 100도 일 때), 그 외 속도(10km/h이상)에서는 스티어링 휠의 코너링 각도가 작아도(약 35도 일 때) 작동한다.

4. 방향지시등, 제동등, 후진등

자동차가 좌우 진행 방향을 알리는 방향지시등과 정지하려고 할 때 알리는 제동등, 후진하고자 할 때 알리는 후진등에 관한 법률적 규칙에 관한 것은 자동차 안전기준에 관한 규칙 제44조 방향지지등, 제43조 제동등, 제39조 후진(퇴)등 명시되어있다. 방향지시등, 제동등 후진등은 우리가 모르는 바가 아니다. 그러나 주행 중 안전사고에 많은 영향을 주는 규칙은 법에 어느 부분에 있는지는 알고 있어야 한다. 다시 정리해 보면 이렇다. 자동차 안전기준에 관한 규칙 > 제2장 자동차 및 이륜자동차의 안전기준 > 제1장 자동차의 안전기준 > 제44·43·39조에 명시되어있다. 내용은 아래와 같다.

가. 방향지시등

> 제44조(방향지시등) 자동차에는 다음 각호의 기준에 적합한 방향지시등을 설치하여야 하며, 보조 방향지시등을 설치할 수 있다.
> 1. 자동차의 앞·뒷면(피견인자동차의 경우에는 앞면을 제외한다) 양쪽 또는 옆면에 차량중심선을 기준으로 좌우대칭이 되고, 등화의 중심점은 공차상태에서 지상 35센티미터 이상 200센티미터 이하의 높이가 되게 할 것. 다만, 옆면에 보조 방향 지시등을 설치 할 경우에는 길이가 600센티미터 미만의 자동차에 있어서는 자동차의 가장 앞에서 200센티미터 이내, 길이가 600센티미터 이상의 자동차에 있어서는 자동차의 가장 앞에서 자동차 길이의 60퍼센트 이내의 위치에 설치하여야 한다.
> 2. 차량중심선과 평행한 등화의 중심점을 기준으로 자동차 외측의 수평각 45도에서의 1등당 투영 면적이 12.5제곱센티미터 이상일 것 (이하 생략)

나. 제동등

> 제43조(제동등) ① 자동차의 뒷면 양쪽에는 다음 각호의 기준에 적합한 제동 등을 설치하여야 한다.
> 1. 제15조 제8항 및 제9항에 따라 작동될 것
> 2. 등광색은 적색으로 할 것 (이하 생략)

제동등

다. 후진등

> 제39조(후퇴등) 자동차의 뒷면에는 다음 각호의 기준에 적합한 후퇴등을 설치하여야 한다.
> 1. 2개 이하로 설치할 것
> 2. 등광색은 백색 또는 황색으로 하고, 등화의 중심점은 공차상태에서 지상 25센티미터 이상 120센티미터 이하의 높이에 설치할 것(이하 생략)

5. 계기 장치(연료계, 온도계, 엔진 경고등, 속도계)

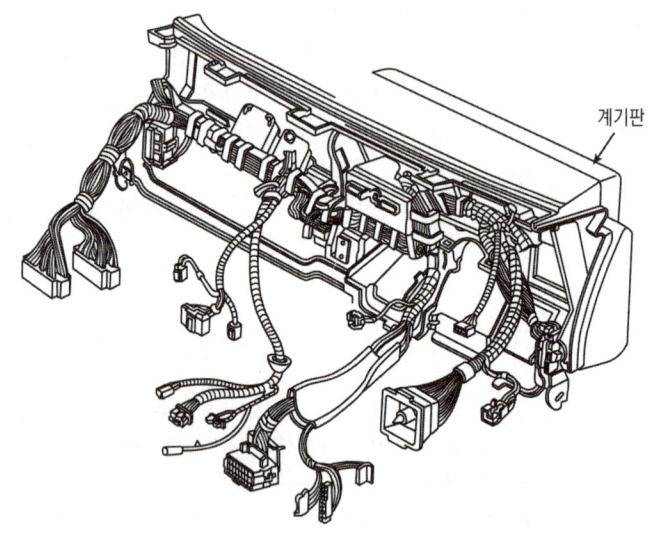

계기판

계기 장치는 조명과 계기 일반에서 언급한 바와 같이 운행 중 운전자에게 자동차의 상태 정보를 제공하는 장치로써, 운전자 안전 확보에 도움을 주고 차량 고장 징후 시 신속한 정비 조치를 하여 더 큰 고장이 발생 예방할 수 있는 장치이다.

그중 가장 중요한 정보는 연료계, 온도계, 엔진 경고등, 속도계 정보 표시로써 연료의 충만 상태와 주입된 연료로 주행 가능한 거리 산출 등을 알려 주는 것이 **연료계**이다.

또한 엔진 및 변속기, 기타 부품들의 적정 온도 유지의 중요성은 전반적인 열효율을 극대화하고, 과다 열로 인한 부품 손상을 방지하고, 심각한 화재 사고 예방을 지원하는 것이 **온도계**이다.

엔진 경고등은 전반적인 자동차 상태를 모니터링하고 고장 진단 결과를 표출하는 것으로써, 종합 컨트롤 타워의 메시지라고 볼 수 있다.

마지막으로 주행 상황에서 도로 여건과 악천후 시 안전 속도를 유지하고, 적정 변속단에 따른 속도 변화를 운전자가 판단할 수 있도록 하는 **속도계**가 있다.

연습문제 — 제3장 조명과 계기 장치

01 릴레이 내부에 다이오드 또는 저항이 장착된 목적으로 옳은 것은?

① 역방향 전류 차단으로 릴레이 점검 보호
② 역방향 전류 차단으로 릴레이 코일 보호
③ 릴레이 접속 시 발생하는 스파크로부터 전장품 보호
④ 릴레이 차단 시 코일에서 발생하는 서지전압으로부터 제어 모듈 보호

해설 >> 릴레이 코일에 다이오드 또는 저항을 병렬로 연결하여 서지전압이 코일로 순환하게 한다. 일종의 전자석인 릴레이로 흐르는 전류를 차단하면서 자기장이 급격히 무너지면서 발생되는 유도전압(역기전력)이 역방향으로 흘러 전기회로상에서 고장이 발생되지 않도록 한다.

02 자동에어컨(FATC) 작동 시 바람은 배출되나 차갑지 않다. 점검해보니 컴프레셔 스위치의 작동음이 들리지 않는다. 고장원인으로 거리가 가장 먼 것은?

① 컴프레셔 릴레이 불량
② 트리플 스위치 불량
③ 블로우 모터 불량
④ 써머 스위치 불량

해설 >> 바람이 배출되므로 블로워 모터 불량은 아니며, 컴프레셔가 작동하지 않는 원인들이다. 보기외에도 냉매가 부족한 경우, 운전석 A/C 스위치 불량 등도 원인이 될 수 있다.

03 계기판의 주차 브레이크 등이 점등되는 조건이 아닌 것은?

① 주차브레이크가 당겨져 있을 때
② 브레이크액이 부족 할 때
③ 브레이크 페이드 현상이 발생 했을 때
④ EBD 시스템에 결함이 발생 했을 때

해설 >> 페이드 현상 드럼과 라이닝 간 마찰열로 인해 제동 효과가 떨어지는 현상이며 페이드 현상에 대한 경고등은 없다.

04 계기판의 엔진 회전계가 작동하지 않는 결함의 원인에 해당되는 것은?

① VSS(Vehicle Speed Sensor) 결함
② CPS(Crankshaft Position Sensor) 결함
③ MAP(Manifold Absolute Pressure Sensor) 결함
④ CTS(Coolant Temperature Sensor) 결함

해설 >> 계기판의 엔진 회전계의 신호는 차속센서(VSS)로부터 나온다.

05 자동차의 앞면에 안개등을 설치할 경우에 해당되는 기준으로 틀린 것은?

① 비추는 방향은 앞면 진행방향을 향하도록 할 것
② 후미등이 점등된 상태에서 전조등과 연동하여 점등 또는 소등 할 수 있는 구조일 것
③ 등광색은 백색 또는 황색으로 할 것
④ 등화의 중심점은 차량중심선을 기준으로 좌우가 대칭이 되도록 할 것

해설 >> 안개등은 다른 등화와 별개로 점등 또는 소등 할 수 있는 구조이어야 한다.

정답 01 ④ 02 ③ 03 ③ 04 ② 05 ②

06 아날로그 미터의 장점과 디지털 미터의 장점을 살린 전자 제어 방식의 계기판은?

① 교차코일식 계기
② 바이메탈식 계기
③ 스텝모터식 계기
④ 서미스터식 계기

해설 ▶ 스탭모터식 계기는 디지털의 정확성과 아날로그의 지시각도 시인성의 장점을 반영한 계기이다. 디지털 미터는 아날로그값(V,A,Ω)을 직류로 변환하여, A/D 컨버터로 10진수로 변환 후, 디지털 수로 표시하게 된다.

07 차량의 전기배선 방식에서 복선식 사용에 대한 내용으로 틀린 것은?

① 접촉 불량 방지
② 전압 강하량 증가
③ 큰 전류가 흐르는 회로에 사용
④ 전조등 회로에 사용

해설 ▶ 복선식, 단선식 전기배선 방식이란, 회로 구성에 있어 전류의 흐름을 고려한 것으로써, 복선식은 접지 전선 사용으로 접지를 강화한 방식으로써, 비교적 큰 전류가 필요한 회로에 사용한다.(예. 전조등) 반면에 단선식은 회로의 한쪽 끝을 차체에 접지하는 방식으로 주로 작은 전류의 회로에 사용되고 접촉이 불량 시 전압 강하량이 증가하게 된다.

08 온도에 따라 전기 저항이 변하는 반도체 소자로 온도센서, 연료잔량 경고등 회로에 쓰이는 것은?

① 피에조 압전 소자   ② 다이오드
③ 트랜지스터   ④ 서미스터

해설 ▶ 서미스터는 온도와 저항과의 관계를 이용한 음의 온도계수(negative temperature coefficient)를 가진 소자이다.

09 스마트 정션 박스(Smart Junction Box)의 기능에 대한 설명으로 틀린 것은?

① Fail Safe Lamp 제어
② 에어컨 압축기 릴레이 제어
③ 램프 소손 방지를 위한 PWM 제어
④ 배터리 세이버 제어

해설 ▶ 스마트 정션 박스는 IPS(인텔리전트 파워스위치), 전자장비의 제어 및 고장진단, 과부하방지, 전원관리 등의 기능을 추가한 진화된 전원관리 장치를 말한다.

10 계기판의 속도계가 작동하지 않을 때 고장부품으로 옳은 것은?

① 차속 센서
② 흡기매니폴드 압력 센서
③ 크랭크 각 센서
④ 냉각수온 센서

해설 ▶ 계기판의 속도계는 차속 센서로부터 나온다.

11 주행 계기판의 온도계가 작동하지 않을 경우 점검을 해야 할 곳은?

① 공기유량센서
② 냉각수온센서
③ 에어컨 압력센서
④ 크랭크포지션센서

해설 ▶ 계기판의 온도계는 냉각수의 온도를 나타내며, 냉각 수온 센서로부터 나온다.

정답 06 ③ 07 ② 08 ④ 09 ② 10 ① 11 ②

제4장 시동·점화·충전 장치

1. 시동 전동기 구조와 명칭

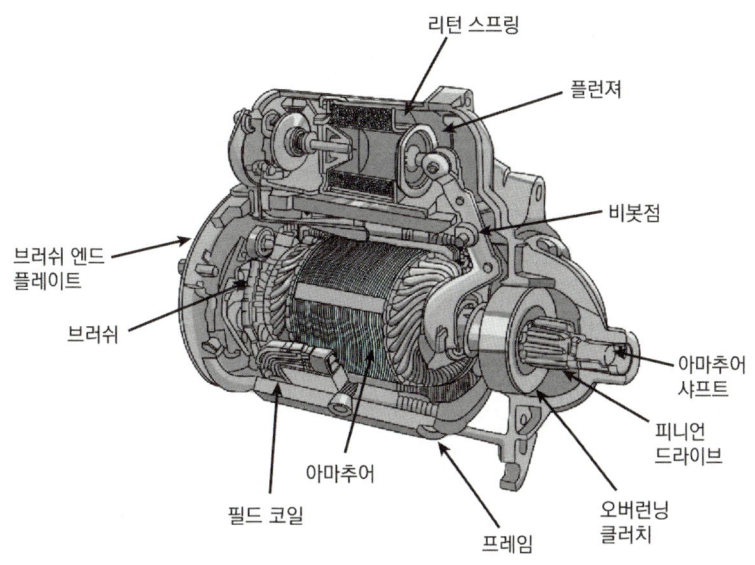

- 하우징(Housing) : 모터의 외형을 감싸는 부품
- 전기자(armature)코일과 계자코일 : 전류를 주면 자기장이 상호작용으로 회전하는 부품
- 계철(Yokes) : 코일의 고정, 자력 손실 방지
- 정류자(commutator) : 전류의 방향을 일정하게 유지 시키는 역할
- 브러시(brush) : 정류자에 접촉되어 코일에 전류 공급
- 오버 러닝(over running) 클러치 : 엔진 동력의 전달, 단속 시 시동모터 보호(무부하 유지)
- 피니언 기어(Pinuon gear) : 전기자의 회전을 엔진 플라이휠에 전달
- 솔레노이드 스위치(Solenoid switch)
  ① 내부 : 플런저와 리턴 스프링, 풀인 코일(Pull-in)과 홀드인(Hold-in) 코일
  ② 외부 : 스타팅 신호 S단자, 배터리 (+)전원 B단자, 모터의 브러쉬와 연결된 M단자
  ③ 점화스위치를 돌리면 S단자를 통해 풀인·홀드인 코일에 전류가 흐르고, 플런저가 뒤로 당겨지면서 B단자와 M단자가 연결(풀인코일 전류는 단락, 홀드인 코일 전류 유지)되어 모터가 회전하게 된다. 점화스위치를 Key ON 상태로 되돌리면 코일 전류 차단(자력으로 유지되던 홀드인 코일의 전류 차단)되고 리턴스프링에 의해 플런저 원위치로 복귀, 피니언기어와 플라이휠 링기어는 분리된다.

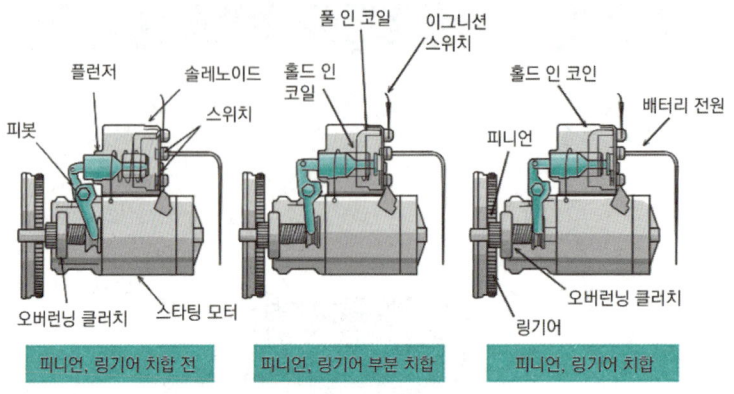

시동모터(기동전동기)의 작동원리를 추가 설명하면, 전류의 자기작용에 의한 전자력을 이용한 **플레밍의 왼손법칙***이 응용된 것으로써 시동모터 주단자에 전류가 흐르면 계자권선과 브러시를 통해 정류자(commutator)로 흐르고, 브러시는 정류자와 맞닿아 전류를 주고받으며 전기자(아마추어, armature) 축과는 전류가 흐르지 않는 절연 상태이다. 링 모양의 구리 막대로 구성된 정류자는 전기자를 둘러싸고 있는 굵은 권선 다발과 연결되어 권선과 그라운드에 맞닿은 브러시 전류를 통해 회전하고, 전류는 다시 배터리로 보내지게 된다.(*발전기는 플레밍의 오른손 법칙 원리 적용)

시동모터는 정지되어있는 엔진이 스스로 회전할 수 없는 상태에서 배터리로부터 오는 전기적 힘을 모터의 회전력으로 변환시켜 크랭크축을 강제 회전시키고 엔진을 작동시키는 장치이다.

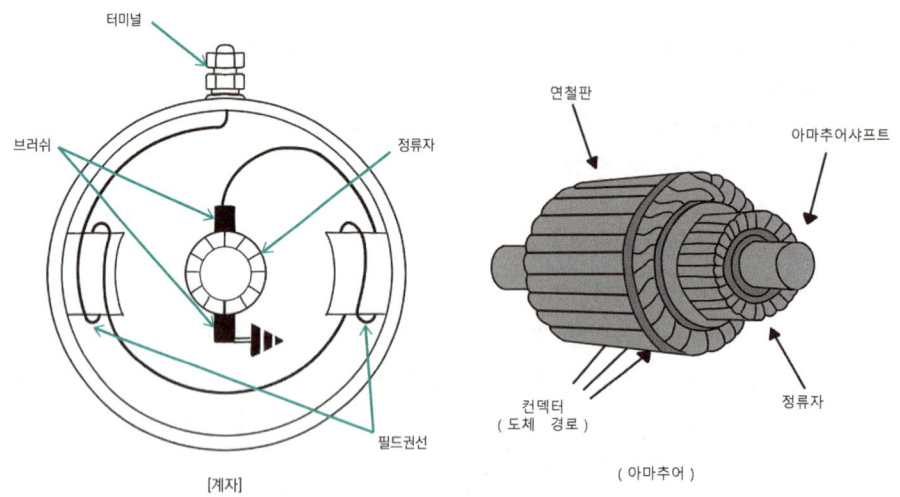

계자(field-frame assembly)와 전기자(armature)

2. 직류 직권 전동기

자동차에 쓰이는 모터의 종류는 직권식(직렬), 분권식(병렬), 복권식(직·병렬)이 있다. 기동전동기에 사용되는 것은 회전력이 크고 회전속도의 변화가 큰 직권식(직류 직권식 모터)을 사용한다.

이 모터의 종류를 구분하는 원리는 계자코일과 전기자코일의 연결 방식이 직렬 또는 병렬 여부에 따라 구분한다. 전동기의 종류별 특징과 시동 전동기에 요구되는 조건을 살펴보면 다음과 같다.

가. 전동기(모터)의 종류별 특징

- 직권식(직렬) : 회전력이 크고 회전속도 변화가 큼(기동전동기)
- 분권식(병렬) : 회전속도가 일정하고 회전력이 비교적 작음(파워 윈도우 모터, 팬 모터)
- 복권식(직·병렬 혼합) : 초기 회전력이 크고 후기 속도가 일정(와이퍼 모터)

나. 시동 전동기(모터)의 요구조건

시동 전동기는 최초 엔진의 시동 시에만 사용되고 평시 운행 중에는 사용되지 않고 자동차에 부착되어 운행된다. 고장 시 작업의 용이성과 차체 경량화, 저렴한 부품가 실현을 위해 되도록 **작고 가벼워야** 하며, 엔진과 함께 장착되어 있으나 주로 변속기와 엔진의 연결라인 차체 하부에 장착되기 때문에 주행 시 빗물, 노면의 불순물로부터 보호되도록 최소한의 **방수, 방진성**을 갖추어 제작되어야 한다. 또한 **작은 배터리 용량으로도 작동**이 잘되도록 내부구조가 효율적으로 설계되어야 한다.

$$\text{시동 전동기의 회전력} = \text{크랭크축 회전력} \times \frac{\text{피니언 기어 잇수}}{\text{링기어 잇수}}$$

다. 시동 전동기 점검

그로울러 시험기로 전기자코일의 단선, 단락, 접지 상태를 점검하고 무부하 상태에서 시험 방법은 다음과 같다.

(1) 무 부하 시험 요령

① 전류계 직렬 연결
② 전압계 병렬 연결
③ 회전계 설치
④ 배터리 (-) 연결
⑤ 배터리 (+)전원 공급

3. 점화장치(Ignition System)

가. 점화장치 일반

점화장치에서 에너지의 증폭 기능을 하는 점화코일은 12V의 배터리 전원을 1만V 이상의 고전압으로 만든다.

(1) 자기유도작용

1차 코일에 흐르는 전류를 변화시키면 이 변화를 방해하려는 방향으로 기전력이 유도되는 현상을 말한다. 여기서 렌츠의 법칙이 적용되는데, 렌츠의 법칙은 자력선을 변화시키면 유도기전력이 코일의 자속의 변화를 방해하는 방향으로 생기는 것이다.

(2) 상호유도작용

1차 코일에 흐르는 전류 방향을 변화시키면 2차 코일에도 기전력이 유도되는 현상으로써, 2차 코일에 유도되는 전압은 코일의 권수비에 비례하여 발생한다.

$$E_2 = E_1 \times \frac{N_2}{N_1} \quad \cdot E_1 : 1차\ 코일\ 유도전압 \quad \cdot N_1 : 1차\ 코일\ 권수$$
$$\cdot E_2 : 2차\ 코일\ 유도전압 \quad \cdot N_2 : 2차\ 코일\ 권수$$

(3) 고강력 점화 방식(HEI : High Energy Ignition)

고강력 점화 방식(HEI : High Energy Ignition)은 유도 작용에 의해 생성되는 자속이 외부로 방출되지 않고, 1차 코일의 굵기를 크게 하여 큰 전류가 통과할 수 있다.(1차 코일과 2차 코일은 서로 연결됨)

(4) 파워 트랜지스터

① ECU의 제어 신호에 의해 점화 1차 코일에 흐르는 전류를 단속하는 역할을 한다.(스위칭 작용)
② 베이스 : ECU에 접속되어 컬렉터 전류를 단속한다.
③ 컬렉터 : 점화 코일 ⊖ 단자에 접속되어 있다.
④ 이미터 : 차체에 접지되어 있다.
⑤ 점화 신호가 ECU에 입력되면 베이스 전류를 차단한다.

(5) 배전기(Distributor)

점화 순서에 맞추어 점화플러그에 고전압을 분배해주는 장치이며, 좌우로 돌려 점화시기를 진각 또는 지각시킬 수 있다.

전압 강하와 누전 등의 에너지 손실이 발생하기도 하며, 배전기가 없는 방식을 무배전기(DLI, Distributor Less Ignition) 방식이라 하는데, 무배전 방식은 배전방식처럼 좌우로 돌려 점화시기를 조정할 수는 없다.

> **Tip.**
> 패러데이의 전자기 유도 법칙(Faraday's law of induction) : 1831년 영국의 물리학자 마이클 패러데이가 발견한 것으로써, "어떤 닫힌회로의 유도 기전력은 그 회로를 통과하는 자기선 속에 대한 시간 변화율의 음수와 같다." 즉, 유도 기전력의 방향은 유도 효과가 그 효과를 유발하는 자속의 변화를 방해하는 방향이라는 것이다.

나. 점화플러그(spark plug)

점화 플러그는 절연된 중심 전극과 차체로 접지된 접지 전극으로 두 개의 전극이 간극을 이루고 있으며, 엔진 연소실에 설치되어 점화 2차 코일에서 만들어진 고전압을 실린더 내부의 공기와 연료 혼합 기체에 점화(spark)를 발생시킨다.

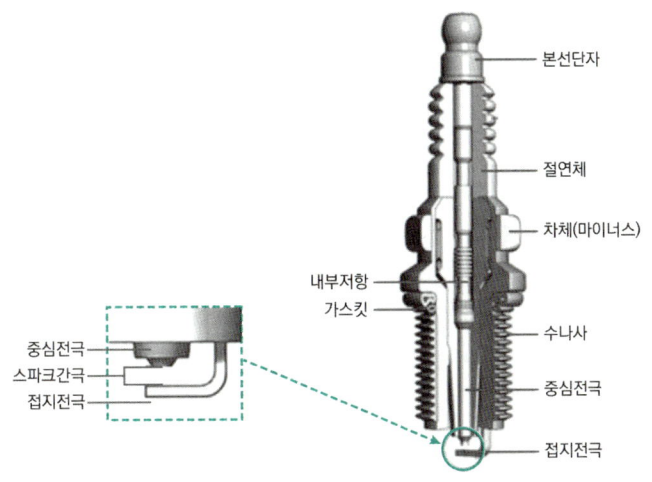

점화플러그(spark plug)

(1) 점화 플러그 구비조건
- 내열성능, 내부식성능, 기계적인 강도가 클 것
- 강력한 불꽃이 발생하여 점화 성능이 좋을 것
- 열 전도성이 좋을 것
- 절연성이 양호할 것
- 자기청정온도를 유지할 것

(2) 자기 청정 온도(self cleaning temperature)
- 노출된 절연체와 전극을 깨끗하게 해주는 온도(보통 약 450~600°C 정도)
- 자기청정온도 이하가 되면 카본 발생으로 인해 실화가 일어나기 쉽고, 반대로 자기청정온도 이상이 되면 조기점화가 발생하여 노킹 현상이 나타나기 쉽다.

(3) 열가(heat range)
- 점화 플러그의 열 방출 정도를 나타낸 것으로 숫자가 클수록 냉형에 속하며, 냉형은 냉각 능력이 커서 고속·고부하 자동차 엔진에 사용된다.

다. 트랜지스터 방식 점화장치

자동차의 점화장치는 제1장 기초 전기·전자에서 트랜지스터에 관하여 언급한 바와 같이, 트랜지스터(TR)는 N형 반도체와 P형 반도체를 PNP 또는 NPN 형태로 접합한 구조의 반도체 소자로써, 전류의 흐름을 조장할 수 있는 주요한 스위칭, 발진, 증폭 기능을 가지고 점화장치에 적용되고 있다. 이것은 배전기의 접점을 사용하여 1차 전류를 개폐하던 과거 접점 방식의 점화장치와 대조되는 것으로써 현재 많은 자동차에 적용되는 점화 방식이며, 「무 접점식 트랜지스터 점화방식」이라고도 한다. 간단히 말하면 점화장치의 성능 향상을 위해 1차 전류를 TR신호와 연동하여 점화시기를 제어하는 것이다.

트랜지스터(TR, transistor)는 트랜스퍼(transfer, 신호전달)와 레지스터(resistor, 저항기)의 합성어로 수십~수백 볼트의 전압으로 작동되는 진공관(전구의 필라멘트)과는 달리 트랜지스터는 1.5~3V 정도의 낮은 전압으로도 작동된다. 트랜지스터는 낮은 에너지로도 작동되고, 수명도 길다. 진공관이나 트랜지스터나 똑같이 전자가 작용하고, 그것으로 일을 하고 있으나 진공관은 공간이라는 환경에서, 트랜지스터는 고체(solid state)라는 환경에서 일을 하고 있어, 트랜지스터가 훨씬 안정적이고, 수명도 길다.

트랜지스터 방식 점화장치의 장점은 아래와 같다.

① 고전압의 안정화
② 고속 운전 시 차단 전류 감소 적음
③ 저·고속 성능 향상
④ 정확한 점화시기 조장이 쉽고, 점화장치 신뢰성 향상
⑤ 점화 코일의 권수비 최소화 가능

4. 전자 배전 점화장치(DLI)

DLI(Distributor Less Ignition) 방식과 「무 접점식 트랜지스터 점화방식」은 모두 TR을 사용하고 접점식 배전기가 없는 방식이라는 것에서 같다. 그러나 「전자 배전 점화방식(DLI)」은 접점식 배전기가 없는 방식만을 말하는 것이 아니고, 점화시기를 전자적으로 계산하여 이를 ECU에 입력 후, 점화시기 등을 고려한 최상의 점화장치 구현을 한다는 것에서 다른 것이다. 즉 기계식 진각장치가 필요 없어 그 구조가 매우 간단하고, 점화코일과 점화플러그를 직접 연결하여 ECU에서 점화 제어를 하는 것이 특징이다. 전자 배전 점화방식의 종류로는 크게 코일 분배식과 다이오드 분배식으로 나눌 수 있으며, 코일 분배식은 다시 동시점화 방식(점화코일 2개, 1개 코일이 2개 점화플러그 연결)과 독립 점화 방식(점화코일 4개, 1개 코일이 1개 점화플러그 연결)으로 나눌 수 있다. 다이오드 분배식은 동시 점화 방식으로만 분류한다.

가. 코일 분배식(Coil Distributor type)

(1) 동시 점화 방식

점화코일 2개가 각 2개씩 점화플러그(실린더 2개)와 연결되어 동시에 불꽃 점화를 일으키게 한 방식으로 압축 상사점에 있는 실린더만 점화(유효점화) 시키고, 나머지 실린더의 점화는 무효방전 시키도록 한 방식이다. 2개 실린더에 점화한다고 하여, 듀얼 점화 방식(dual ignition type)이라고도 한다.

(2) 독립 점화 방식

점화코일 4개가 각 1개씩 점화플러그(실린더 4개)와 연결되어 실린더 수만큼 점화 코일이 독립적으로 직접 점화하는 방식이며, 점화플러그로 연결되는 고전압 배선이 삭제된 무 배선 타입이다. 고전압 배선으로 발생되는 전파 소음이 확연히 감소 되었다는 장점과 실린더별로 점화시기를 ECU가 제어할 수 있어 점화 에너지 손실이 가장 적고 신뢰성이 가장 좋다.

나. 다이오드 분배식(Diode Distributor type)

(1) 동시 점화 방식

다이오드에 의해 고전압 전류의 방향을 제어하는 방식으로 TR 제어장치 부분과 각 실린더에 고전압의 다이오드를 내장하여 전류의 방향을 제어하면서 고전압을 배분하는 점화 방식이다. 점화코일 2개가 각 2개씩 점화플러그(실린더 2개)와 연결되어 동시에 불꽃 점화를 일으키게 한 방식으로 코일 분배식의 동시 점화 방식과 같다.

5. 교류(AC)발전기

가. 발전기 일반

자동차에 쓰이는 발전기든, 산업용 발전기든 원리는 같다. 플레밍의 오른손 법칙을 응용하고, 도체 주위에 움직이는 막대자석은 도체 내부에 흐르는 전자의 흐름을 유도하는 것이 발전기의 원리다. 자동차 엔진이 가동되고, 엔진 크랭크축 풀리와 발전기 풀리가 벨트로 연결되어 전기를 만들고 자동차에 필요한 전기를 공급한다. 발전기 내부에는 정류장치, 전기 발생 부품, 역류 방지 장치, 발전량 조정장치 등이 있는데 교류발전기와 직류발전기가 다르다. 자동차에서는 교류발전기가 주로 사용되고 있다.

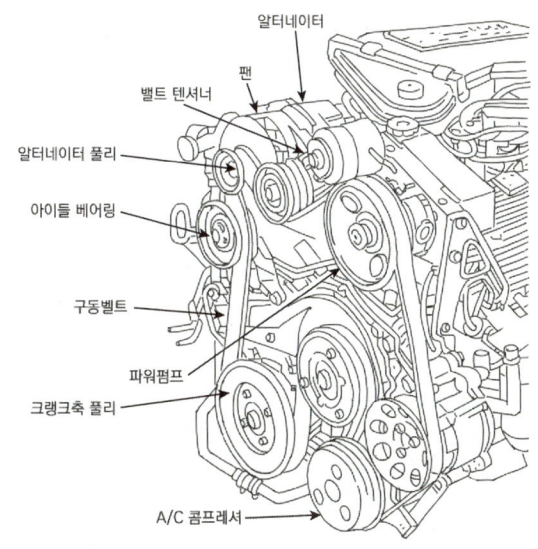

구분	교류(AC)발전기	직류(DC)발전기
정류	실리콘 다이오드	정류와 브러시
전기 발생	스테이터(stator) 코일, 철심	전기자 코일, 철심
소음	작다	크다
부피/중량	작다/가볍다	크다/무겁다
역류 방지	실리콘다이오드	컷아웃 릴레이

발전량 조정	전압조정기	전압 조정기, 전류 제한기, 컷아웃 릴레이
여자방법	타여자	자여자
저속 충전 성능	좋다(양호)	좋지 않다(불량)

위 표에서 보듯이 교류발전기가 직류발전기에 비하여 성능이 우수하다. 이를 다시 정리해 보면,

- 저속에서 충전 성능이 우수하고,
- 정류자가 없기 때문에 브러시 수명이 길며,
- 우수한 실리콘 다이오드 정류 특성을 보유하고 있으며,
- 정비성이 좋고, 차량 경량화 실현에 부합하여 가벼우면서 소형화 되어 있고,
- 출력은 크고 소음은 줄어들었다.

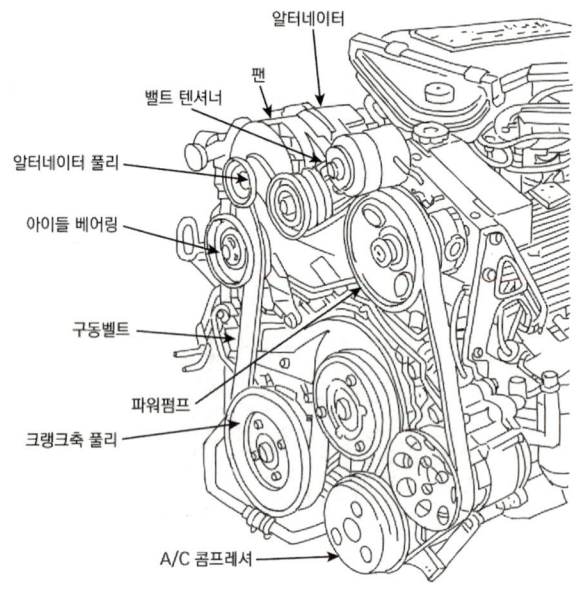

발전기는 자동차 엔진 본체에 장착되어 있으며, 대부분 자동차에서 구동 벨트와 연결된 엔진 크랭크축의 회전력으로 회전하며 전기를 만들게 되어있다. 발전기와 축전지가 연결된 (+)본선의 체결상태와 발전기 하우징(몸체)과 엔진 본체와의 (-)접지선의 체결상태는 발전기 효율에 아주 중요한 역할을 한다. 만약 이 두 개의 주요 선의 체결상태가 불량할 경우 발전기 수명을 단축시킬 뿐만 아니라, 각종 전자제어 센서들에 적정 전류를 공급하지 못하여 심각한 차량 결함이 발생할 수도 있다.

나. 충전 원리

발전기의 충전상태 점검 시 극성을 바꾸거나 역전압을 가하면 내부 다이오드가 손상될 수 있으므로 주의하여야 하고, 발전기의 충전(출력량)을 결정하는 요소는 **로터 회전수, 로터코일의 권수, 로터의 세기, 자극의 수**이다. 충전 불량의 원인을 살펴보면 아래 7가지로 정리할 수 있다.

① 충전회로에 높은 저항이 걸릴 경우

② 발전기 조정 전압이 낮을 때
③ 다이오드가 단선 또는 단락 되었을 때
④ 발전기 R 단자 회로의 단선
⑤ 발전기의 슬립링 또는 브러시 마모
⑥ 스테이터 코일의 단선
⑦ 발전기 구동 벨트 장력 불량

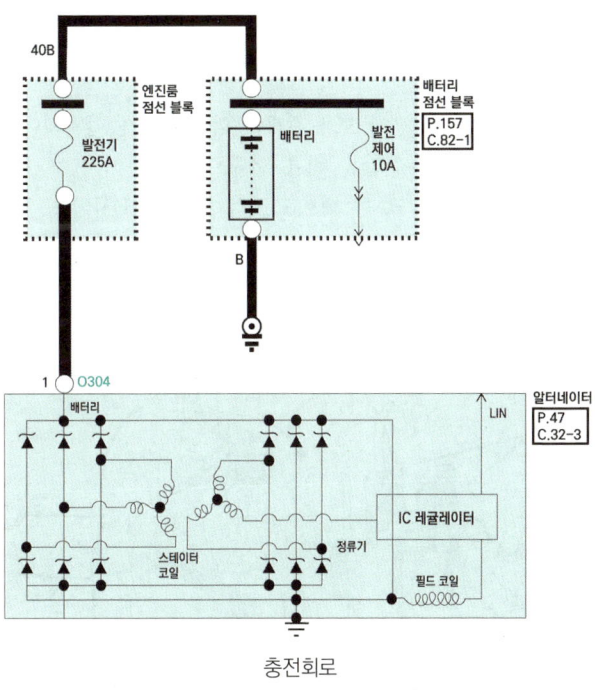

충전회로

다. 교류발전기 각부의 명칭과 특징

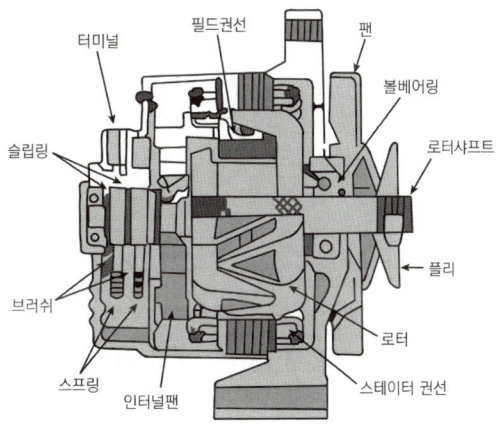

(1) 스테이터(stator)

직류(DC)발전기의 전기자에 해당하는 것으로 3상의 교류 전기가 유도

① **Y(스타)결선 방식** : **전압**(V)을 이용하기 위한 결선 방식으로 저속 회전 시 높은 전압 발생과 중성점의 전압을 이용할 수 있으며, 각 코일의 한 끝을 중성점에 접속하고 다른 한 끝 셋을 끌어낸 방식으로 선간 전압은 각 상전압(V)의 $\sqrt{3}$ 배가 되어, 높은 선간 전압으로 자동차에 많이 사용되고 있다

② **삼각(델타)결선** 방식 : 선간 **전류**는 상전류(A)의 $\sqrt{3}$ 배이고, 3개의 코일을 2개씩 차례로 접속점으로 끌어내는 방식이다

(2) 정류기(실리콘 다이오드)

① (+)다이오드 3개, (-)다이오드 3개 모두 6개의 다이오드가 설치되어 있다.
② 스테이터 코일에서 유도된 교류전압을 직류 전압으로 변환시키는 역할을 한다.
③ 다이오드가 장착된 홀더(히트싱크)는 다이오드의 열을 감소시키는 역할을 한다.

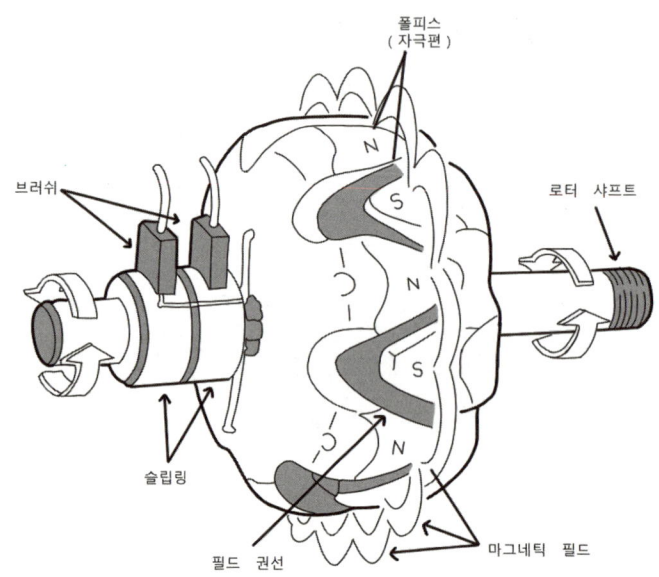

(3) 로터(roter)

직류발전기의 계자 코일과 계자철심에 해당되며 내부에 코일을 감싸고 있으며 코일에 전류가 흐르면 전자석이 된다.

(4) 슬립 링(slip ring)

브러시와 접촉되어 있으며 로터 코일에 일정한 방향으로 전류가 흐르도록 한다

(5) 브러시(brush)

슬립 링과 연결되어 로터 코일에 축전지 전류를 공급하는 역할을 한다

라. 교류발전기의 냉각

구동 벨트로 구동되는 발전기 풀리 뒤에는 팬(fan)이 부착되어 풀 리가 회전할때 같이 회전하면서 발전기 내부 통풍구로 찬 공기를 순환시켜 정류 다이오드의 열을 흡수, 냉각시킨다. 다이오드 특성상 과열 되면 특성이 저하되어 다이오드로 흐르는 전류가 높아지거나 손상될 수 있다.

마. 교류발전기 출력 요소와 충전 불량

교류발전기의 출력 양을 결정 짓는 중요 요소로는 로터(roter)라고 할 수 있다. 로터(roter)의 회전수, 로터에 감긴 코일의 권수 등은 발전기 출력 용량을 구분하는 기준이 된다. 또한 충전이 원활치 못한 경우나 불량한 경우는 아래 사항의 고장을 의심해 볼 수 있다. 그러나 발전기 점검 시 극성을 바꾸거나 정적 전압 이상의 전압을 가하게 되면 다이오드의 손상이 초래될 수 있으므로 주의하여야 한다.

- 구동 벨트 장력이 느슨하거나 미끄러지는 경우
- 스테이터 코일, 다이오드의 단선·단락
- 발전기 풀리 불량으로 인한 구동 벨트 간헐적 정지 현상
- 충전회로 상에 선간 전압이 크거나, 높은 저항이 걸릴 경우
- 발전기 조정 전압이 불량하여 낮을 경우
- 발전기 R 단자 회로의 단선, 슬립링 또는 브러시 마모가 심할 경우

연습문제 — 제4장 시동·점화·충전 장치

01 전자력에 대한 설명으로 틀린 것은?

① 전자력은 자계의 세기에 비례한다.
② 전자력은 자력에 의해 도체가 움직이는 힘이다.
③ 전자력은 도체의 길이, 전류의 크기에 비례한다.
④ 전자력은 자계방향과 전류의 방향이 평행일 때 가장 크다.

해설 ▶ 전자력(electromagnetic force)이란 자기장 내에 있는 도체에 전류가 흐르면, 도체에 작용하는 힘을 말한다.
전자력 $[F] = BLI\sin\theta$ [N]
[B : 자속밀도(자기의 세기), L : 도체의 길이, I : 도체에 흐르는 전류의 세기, θ : 자속과 전류가 이루는 각도, sin90 = 1(직각)일 때 최대]

02 자동차 교류 발전기에서 가장 많이 사용되는 권선의 결선방법은?

① Y 결선
② 델타 결선
③ 이중 결선
④ 독립 결선

해설 ▶ • Y(스타)결선 방식 : 전압(V)을 이용하기 위한 결선 방식으로 저속 회전 시 높은 전압 발생과 중성점의 전압을 이용할 수 있으며, 각 코일의 한 끝을 중성점에 접속하고 다른 한 끝 셋을 끌어낸 방식으로 선간 전압은 각 상전압(V)의 $\sqrt{3}$ 배가 되어, 높은 선간 전압으로 자동차에 많이 사용되고 있다
• 삼각(델타)결선 방식 : 선간 전류는 상전류(A)의 $\sqrt{3}$ 배이고, 3개의 코일을 2개씩 차례로 접속점으로 끌어내는 방식이다

03 충전장치에서 점화스위치를 ON(IG1) 했을 때 발전기 내부에서 자석이 되는 것은?

① 로터
② 스테이터
③ 정류기
④ 전기자

해설 ▶ 발전기는 배터리 전원이 로터에 인가되면 로터에 자속이 발생하게 된다. 전기자에서 로터의 자속을 끊어 유기 기전력을 발생시켜 정류자(AC 기전력을 DC로 변환)로 보내어 배터리 충전 및 전장 부품에 전원을 공급하게 된다.

04 정류회로에 있어서 맥동하는 출력을 평활화하기 위해서 쓰이는 부품은?

① 다이오드
② 콘덴서
③ 저항
④ 트랜지스터

해설 ▶ 평활회로란, 교류(AC)를 직류(DC)로 바꾸는 여러 과정 가운데 맥류를 완전한 직류로 바꾸는 것으로써, 다이오드는 교류전류를 반파 또는 전파 정류를 통해 맥류로 변환, 콘덴서는 이 맥류를 직류에 가까운 평활회로에 이용한다.

05 교류 발전기에서 최대 출력전압이 나올 때 발전기 하우징과 축전지 (−) 터미널간의 전압은?

① 약 0~0.2V
② 약 1~3V
③ 약 3~5V
④ 약 12.5~14.5V

해설 ▶ 발전기 하우징은 접지(−) 이므로 축전지 (−) 터미널 간의 전위차는 0V에 가까워야 한다.

정답 01 ④ 02 ① 03 ① 04 ② 05 ①

06 자동차의 직류직권 기동전동기를 설명한 것 중 틀린 것은?

① 기동 회전력이 크다.
② 부하를 크게 하면 회전속도가 낮아지고 흐르는 전류는 커진다.
③ 회전속도 변화가 작다.
④ 계자코일과 전기자코일이 직렬로 연결되어 있다.

해설 ▶ 전기자 코일과 계자코일이 직렬로 연결된 구조로써, 회전력(토크)은 부하가 크면 커지고, 회전속도 변화도 크다.

07 그로울러 시험기의 전기자 코일 시험 항목으로 틀린 것은?

① 단선시험
② 단락시험
③ 접지시험
④ 저항시험

해설 ▶ 그로울러 시험기의 시험 항목은 전기자(아마추어)의 단선, 단락, 접지 항목이다.

08 점화장치에서 마그네틱코어 픽업 코일과 로터가 일직선으로 정렬되어 있을 때 점화코일의 상태를 설명한 것으로 가장 맞는 것은?

① 1차 전류가 흐르고 있는 드웰 구간
② 1차 전류가 단속되는 구간
③ 2차 전류가 흐르고 있는 구간
④ 2차 전류가 단속되는 구간

해설 ▶ 마그네틱 코어 픽업코일은 코일과 로터의 돌출부가 일직선상에 있을 때, TR에 1차 전류를 단속하여 기전력이 발생하게 된다.

09 점화플러그의 규격 표기가 BKR6E 일 때 숫자 6의 의미는?

① 열가
② 나사지름
③ 저항 내장형 종류
④ 간극

해설 ▶ B : 플러그의 나사 지름(14mm), K : 구조(돌출형), R : 저항타입(P : 절연체, 돌출타입), 6 : 열가, E : 플러그 나사 길이(19mm)

10 점화코일의 시험 항목으로 틀린 것은?

① 압력시험
② 출력시험
③ 절연 저항시험
④ 1·2차코일 저항시험

해설 ▶ 점화 케이블 단자 사이의 절연저항과 기밀시험, 불꽃 검사, 저항시험이 점화 코일의 검사 항목이며, 엔진 압축 압력 시험은 점화 코일을 제거한 곳을 통해 압축압력 프로브를 설치하여 시험하는 것이다.

11 가솔린 엔진에서 기동전동기의 소모전류가 90A이고, 축전지 전압이 12V일 때 기동 전동기의 마력은?

① 약 0.75PS
② 약 1.26PS
③ 약 1.47PS
④ 약 1.78PS

해설 ▶ 전력(P) = V·I
12V × 90A = 1080[W] = 1.08[kW],
1kw = 1.36[PS]
∴ P = 1.08 × 1.36 = 1.4688[PS]

정답 06 ③ 07 ④ 08 ② 09 ① 10 ① 11 ③

12 점화장치에서 점화 1차코일의 끝부분 (-) 단자에 시험기를 접속하여 측정할 수 없는 것은?

① 노킹의 유무
② 드웰 시간
③ 엔진의 회전속도
④ TR의 베이스 단자 전원공급 시간

해설 ▶ 엔진의 노킹 유무에 관한 정보는 실린더 블록에 부착된 노크 센서에 의해 측정되어 ECU로 송출한다.

13 점화플러그에 대한 설명으로 틀린 것은?

① 열형플러그는 열방산이 나쁘며 온도가 상승하기 쉽다.
② 열가는 점화플러그의 열방산 정도를 수치로 나타내는 것이다.
③ 고부하 및 고속 회전의 엔진은 열형플러그를 사용하는 것이 좋다.
④ 전극 부분의 작동온도가 자기청정온도보다 낮을 때 실화가 발생할 수 있다.

해설 ▶ 고속, 고부하 엔진에는 냉형플러그를 사용하여 열방출 경로가 짧게 하여야 유리하다.

14 저항 점화플러그와 보통 점화플러그가 다른 점은?

① 불꽃이 강하다.
② 플러그의 열 방출이 우수하다.
③ 라디오의 잡음을 방지한다.
④ 고속 엔진에 적합하다.

해설 ▶ 저항 점화플러그는 중심 전극에 고저항을 설치하여 자동차 라디오 수신, 양방향 라디오, 휴대폰 주파수, 엔진 ECU 작동을 방해할 수 있는 전기 간섭(전기 노이즈)을 방지한다.

15 기동전동기의 피니언기어 잇수가 9, 플라이휠의 링기어 잇수가 113, 배기량 1500cc인 엔진의 회전저항이 8 kgf · m일 때 기동전동기의 최소 회전토크는?

① 약 0.48 kgf·m
② 약 0.55 kgf·m
③ 약 0.38 kgf·m
④ 약 0.64 kgf·m

해설 ▶ 최소 회전토크[kgf·m]
$= 엔진회전저항 \times \dfrac{기동전동기 피니언 잇수}{플라이휠 링기어 잇수}$

최소 회전력
$= 8[kgf \cdot m] \times \dfrac{9}{113} = 0.637[kgf \cdot m]$

16 자동차용 기동전동기의 특징을 열거한 것으로 틀린 것은?

① 일반적으로 직권전동기를 사용한다.
② 부하가 커지면 회전력은 작아진다.
③ 상시작동보다는 순간적으로 큰 힘을 내는 장치에 적합하다.
④ 부하를 크게 하면 회전속도가 작아진다.

해설 ▶ 자동차용 직류직권 전동기는 부하가 커지면 회전력은 커지고 회전속도는 작아진다.

17 교류발전기에서 정류 작용이 이루어지는 곳은?

① 아마추어
② 계자 코일
③ 실리콘 다이오드
④ 트랜지스터

해설 ▶ 실리콘 다이오드는 극성을 가지고 전류를 한 방향으로 흐르게(역류방지) 하면서, 스테이터 코일에서 발생한 교류전류를 직류전류로 변환하고, 직류의 컷아웃 릴레이 역할을 가지고 있어 배터리에서 발전기로 전류가 흐르지 않게 한다.

정답 12 ① 13 ③ 14 ③ 15 ④ 16 ② 17 ③

18 교류 발전기의 전압 조정기에서 출력전압을 조정하는 방법은?

① 회전속도 변경
② 코일의 권수 변경
③ 자속의 수 변경
④ 수광 다이오드를 사용

해설 >> 전압 조정기는 회전속도가 증가하여 과전압이 발생하면 로터 전원을 차단시켜 계자 전류를 감소시킨다.(자속감소) 그리고 다시 회전속도가 감소하면 자속을 증가시켜 기전력을 일정하게 유지 시키게 한다.

19 전자유도에 의해 발생된 전압의 방향은 유도 전류가 만든 자속이 증가 또는 감소를 방해하려는 방향으로 발생하는데 이 법칙은?

① 플레밍의 오른손법칙
② 렌츠의 법칙
③ 플레밍의 왼손법칙
④ 자기유도법칙

해설 >> 자기유도법칙이란, 코일 주위에서 자석과 코일의 상대적인 운동으로 인하여, 코일 내부를 지나는 자속이 변화할 때, 코일에 전류가 발생하는 법칙이다.

20 전압 24V, 출력전류 60A인 자동차용 발전기의 출력은?

① 0.36kW
② 0.72kW
③ 1.44kW
④ 1.88kW

해설 >> P= V·I = 24 × 60 = 1440[W] = 1.44[kW]

21 직류 발전기보다 교류 발전기를 많이 사용하는 이유가 아닌 것은?

① 크기가 작고 가볍다.
② 내구성이 있고 공회전이나 저속에서도 충전이 가능하다.
③ 출력전류의 제어 작용을 하고 조정기의 구조가 간단하다.
④ 정류자에서 불꽃 발생이 크다.

해설 >> 교류발전기의 장점은
- 저속에서 충전 성능이 우수하고,
- 정류자가 없기 때문에 브러시 수명이 길며,
- 우수한 실리콘 다이오드 정류 특성을 보유하고 있으며,
- 정비성이 좋고, 차량 경량화 실현에 부합하여 가벼우면서 소형화 되어 있고,
- 출력은 크고 소음은 줄어들었다.

22 교류발전기에서 스테이터의 결선 방법에 따른 전압 또는 전류에 대한 내용으로 틀린 것은?

① Y결선의 선간전압은 상전압의 $\sqrt{3}$ 배이다.
② Δ결선의 선간전류는 상전류의 $\sqrt{3}$ 배이다.
③ Y결선의 선간전류는 상전류와 같다.
④ Δ결선의 선간전압은 상전압의 3배이다.

해설 >> 삼각(델타)결선 방식의 선간 전류는 상전류(A)의 $\sqrt{3}$ 배이고, Y(스타)결선 방식의 선간전압은 상전압(V)의 $\sqrt{3}$ 배이다.

23 교류발전기에서 생성되는 기전력의 크기와 관계가 없는 것은?

① 로터코일의 회전속도
② 스테이터 코일의 권수
③ 제너다이오드 전류의 세기
④ 로터코일에 흐르는 전류의 세기

정답 18 ③ 19 ② 20 ③ 21 ④ 22 ④ 23 ③

해설 ▶ 제너다이오드는 서지 전류 및 정전기로부터 IC 등을 보호하는 보호 소자로 사용되는 다이오드로써, 정전압을 유지 시키킨다. 도체에 전류가 흐르도록 하는 기전력 크기와는 무관한다.

24 자동차용 발전기 점검 사항 및 판정에 대한 설명으로 틀린 것은?

① 스테이터 코일 단선 점검 시 시험기의 지침이 움직이지 않으면 코일이 단선된 것이다.
② 다이오드 점검 시 순방향은 ∞Ω 쪽으로 역방향은 0Ω 쪽으로 지침이 움직이면 정상이다.
③ 슬립링과 로터 축 사이의 절연 점검 시 시험기의 지침이 움직이면 도통된 것이다.
④ 로터 코일 단선 점검시 시험기의 지침이 움직이지 않으면 코일이 단선된 것이다.

해설 ▶ 아날로그 멀티테스터기로 다이오드 점검 시 순방향은 0Ω, 역방향은 ∞Ω으로 지침이 움직이고, 단선 시에는 지침이 움직이지 않는다. 또한 단락의 경우에는 지침이 올라가서 고정되고 내려오지 않는다.

25 충전장치 정비 시에 안전에 위배 되는 것은?

① 급속충전기로 충전을 하기 전에 점화스위치를 OFF하고 배터리 케이블을 분리한다.
② 발전기 B단자를 분리한 후 엔진을 고속회전 하지 않는다.
③ 발전기 출력전압이나 전류를 점검할 때는 메거옴 테스터를 한다.
④ 접지 극성에 주의한다.

해설 ▶ 메거(megger)옴 테스터는 절연저항 측정 시 사용하는 것으로써, 절연저항, 즉 전선의 누전상태를 측정하는 쓰이는 테스터기이다.

26 직류 직권식 기동 전동기의 계자 코일과 전기자 코일에 흐르는 전류에 대한 설명으 로 옳은 것은?

① 계자 코일 전류가 전기자 코일 전류보다 크다.
② 전기자 코일 전류가 계자 코일 전류보다 크다.
③ 계자 코일의 전류와 전기자 코일의 전류가 같다.
④ 계자 코일 전류와 전기자 코일 전류가 같을 때도 있고 다를 때도 있다.

해설 ▶ 직류 직권식은 계자와 전기자가 직렬로 연결되어 있어, 전동기의 어느 지점이든 전류는 같다.

27 플레밍의 왼손법칙에서 엄지손가락 방향으로 회전하는 기동전동기의 부품은 어느 것인가?

① 로터   ② 계자 코일
③ 전기자 ④ 스테이터

해설 ▶ 기동 전동기는 플레밍의 왼손법칙, 발전기는 플레밍의 오른손법칙이 적용 되는데, 엄지-힘(회전. 토크), 검지-자기장, 중지-전류에 해당한다. 즉, 계자 코일에서 만든 자속을 끊어 힘(토크)을 발생시키는 것은 전기자이다.

28 점화장치에 대한 설명으로 틀린 것은?

① 무접점식 점화장치에서 점화펄스 발생기로 주로 홀센서 또는 유도센서 가 사용된다.
② 홀 반도체에 작용하는 자속밀도가 무시해도 좋을 만큼 낮을 때, 홀 전압은 최대가 된다.
③ 유도센서에서 펄스 발생용 로터와 스테이터를 형성하는 철심이 마주 볼 때의 공극은 대략 0.5mm 정도이다.
④ CDI(축전기 방전식 점화장치)에서 축전기에 충전되는 에너지 수준은 충전전압의 제곱에 비례한다.

정답 24 ② 25 ③ 26 ③ 27 ③ 28 ②

해설 ▶ 자속밀도(B)는 홀전압에 비례한다. [홀전압(V)
= k·I·B (k:홀상수, I:전류, B:자속밀도)]

29 전자 점화장치 (HEI : High energy ignition)의 특성으로 틀린 것은?

① HC 가스가 증가한다.
② 고속성능이 향상된다.
③ 최적의 점화시기 제어가 가능하다.
④ 점화성능이 향상된다.

해설 ▶ HEI 전자 점화장치는 높은 전압과 넓은 영역을 커버하는 강한 불꽃을 제공하여 저·고속 영역에서 안정된 점화 실현과 특히 고속성능이 향상되었다.

정답 29 ①

제5장 안전·신호·통신·정보제어

1. 에어백, 레인 센서, 후진 경보음

가. 에어백(air bag)

에어백 시스템은 차량 충돌사고 시 탑승자를 보호하기 위한 것으로서, 반드시 안전벨트를 착용했을 때 안전 효과를 볼 수 있다. 주요 구성 부품으로는 에어백 모듈, 에어백, 클럭스프링, 인플레이터, 전방에 있는 2~4개의 임팩트 센서와 ECU 내부에 있는 안전 센서가 있다. 에어백은 안전 센서와 임팩트 센서가 동시에 ON되어야만 전개 되게 되어있다. 둘 중 하나만 ON되면 에어백은 전개되지 않는다. 또한 ECU 내부에는 안전센서와 함께 충돌 감시 센서가 내장되어 있는데, 충돌감지 센서는 차량 충돌 발생 시 전기적으로 충돌을 감지하는 센서로서 충돌감지 센서와 안전센서가 동시에 ON(작동)되어야 에어백에 점화가 된다.

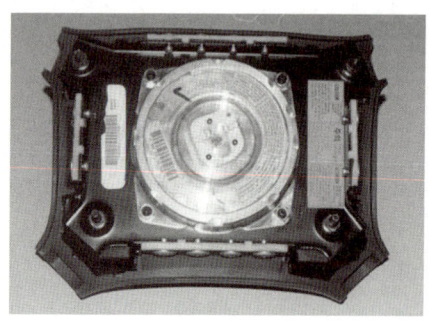 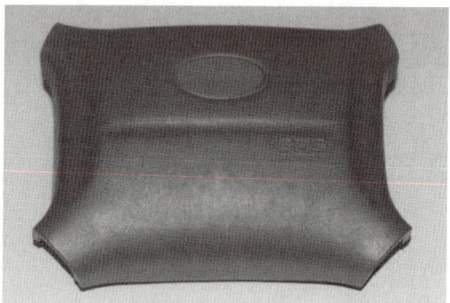

(1) 에어백 핵심 부품 3가지
① 에어백(air bag, 충돌 시 질소 가스에 의해 팽창하는 공기주머니)
② 인플레이터(inflater, 충돌감지 시 내부 점화제 점화, 질소가스 생성)
③ 클럭스프링(에어백과 조향축 간의 전원 연결, 핸들 스위치 작동 배선 보호)

에어백 모듈은 패트 커버와 인플레이터가 고정되어 스티어링 중앙에 설치되어 있으며, 절대로 분해하면 안 된다. 패트 커버는 에어백 전개시 힌지부(에어백 모듈의 지지점) 중심으로 전개하며 튀어나와 팽창하는데, 그물망 구조로 되어있어, 전개 시 파편 손상 방지 역할을 한다. 인플레이터는 화약과 점화제를 담아 알루미늄 용기에 넣어, 에어백 모듈 하우징에 장착, 점화 전류가 산화제와 연료를 연소하여 열에 의해 질소 가스가 발생되고, 질소 가스가 에어백 안으로 채워져 에어백이 전개되게 된다.

인플레이터의 질소 가스로 인해 팽창된 에어백은 운전자가 에어백에 충돌 후 질소가스가 배출 공을 통해 배출되어 2차 피해(에어백으로 인한 질식, 충격)를 방지하게 된다.

에어백의 종류는 운전석, 승객석, 앞 측면, 뒤 측면, 커튼, 뒤 에어백이 있으며, 승객 부상을 최소화하기 위해 안전벨트 프리텐셔너(SPT, seat belt pretensioner) 기능을 두었으며, 에어백은 후방 추돌·충돌, 경미한 충돌 등에는 작동하지 않을 수 있다.

SRS (Supplemental Restraint System) 에어백이란 충돌시 조건에 따라 전개되는 보조 장치로써, 운전자 및 탑승자의 안전을 향상시키기 위해, 일정 수준의 충격으로도 에어백 전개가 되는 초기 에어백 시스템과 안전벨트를 착용하지 않거나, 장착하지 않으면 에에백 전개가 되지 않는 것이라 보면 된다.

에어백의 전개 과정을 요약해 보면 충돌, 검출(안전벨트 프리텐셔너 작동), 인플레이터 작동(점화), 점화제 연소, 가스 발생제 연소, 가스발생, 에어백 전개, 승객 보호, 에어백 가스 방출, 시계확보 순서이다.

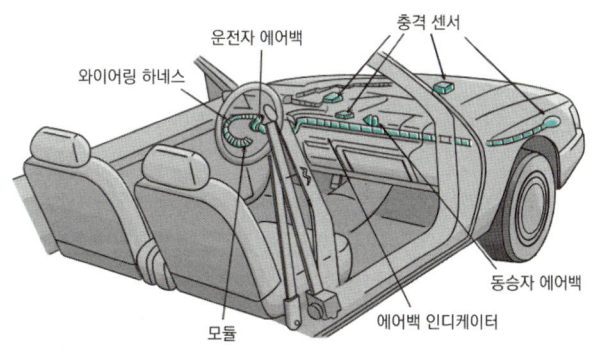

에어백 시스템이 부품들

> Tip.
> key Reminder(키리마인더) : 실내에 스마트키가 있는 상태에서 잠기는 것을 방지하기 위한 편의 기능

나. 레인 센서

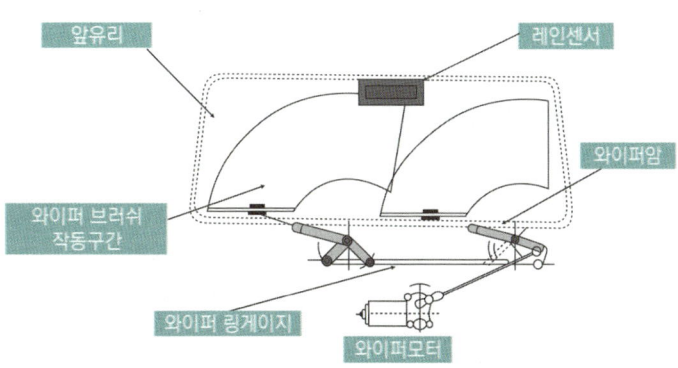

레인 센서는 차량 안에서 LED 빛을 유리창에 비스듬하게 쏘아 반사되어 돌아오는 빛을 감지하는 「전반사 현상」을 이용한 원리로써, 비가 내리면 빗물과 접촉한 유리창 경계면에서 전반사 조건이 틀어지고 반사광 세기가 줄어들게 되며, 빗물이 많이 내릴수록 전반사되는 영역이 줄어들어 반사광 세기는 더 약해지는데, 레인 센서는 이를 감지하여 와이퍼 속도를 조장한다.

다기능 스위치를 Auto에 위치했을 경우, 우천시 빗물이 앞유리창에 부딪치는 우적 감시 센서가 작동하면서 그 신호를 BCM으로 송신하여 와이퍼의 속도(INT, Low, High)를 자동으로 제어하는 시스템이다. 레인센서 작동을 위한 구성 부품은 다음과 같다.

구성요소	역할
레인센서	빗물량 감지(전반사 현상)
BCM	와이퍼 릴레이 전원 제어
와이퍼 스위치	운전자의 와이퍼 작동 의지 입력
와이퍼 모터	와이퍼 작동

다. 후진 경보음

2017년 1월 조사된 보험개발원의 전체 차량 사고율을 살펴보면 주행 중(전진시) 사고 46.2%에 비하여 후진 사고가 53.8% 많게 나타났다. 후방 주차 충돌 방지 보조(PCA : Reverse parking Collision-Avoidance assist)에 관한 후진 시 후방 보행자, 장애물과의 충돌 방지를 목적으로 한 주차 안전 시스템이다. 충돌 예상 시 운전자에게 계기판을 통해 시각적 경고와 경고음으로 청각적 경고를 하는 제동 보조 시스템으로 후방 카메라와 Lin통신을 이용한 후방 초음파센서가 적용된다.

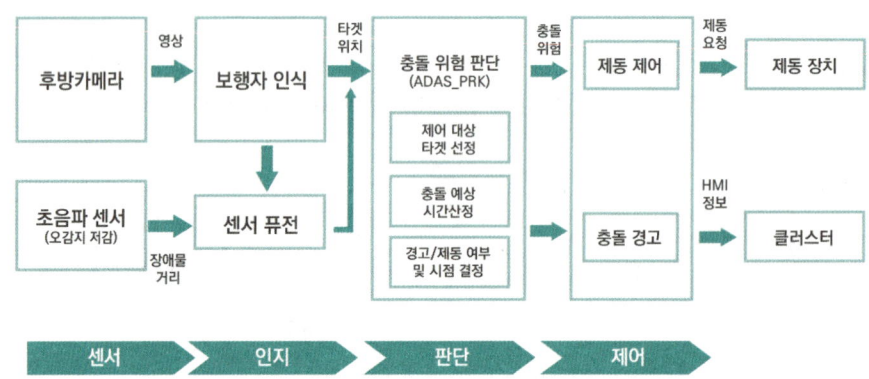

다음과 같은 환경에서는 후방 주차 충돌 방지 보조 경고음은 미작동 된다.

- 초음파센서, 후방카메라 렌즈 표면에 이물질이 묻거나 손상됨
- 외부의 힘에 의하여 후방 카메라, 후방 초음파 센서의 장착 위치 및 각도에 변화됨
- 경사로 후진, 주행 중 미끄러짐
- 초음파센서에 수직으로 부는 바람, 풍속 21 KPH 이상의 강한 바람
- 저조도(16Lux이하), 눈, 비, 안개 등 큰 조도 변화

2. ADAS(Advanced Driver Assistance System)

ADAS(Advanced Driver Assistance System, 첨단 운전자 보조 시스템) 시스템은 자동차의 외부 환경은 물론, 운전자의 상태까지 분석하여 주행 시 위험으로부터 안전을 위한 경고와 제어를 제공해

주는 것을 말한다. 주차 시 카메라를 통한 화면 제공하는 것, 좌우 측면의 초음파센서가 감지하여 경보음으로 안전한 주차를 돕는 것도 ADAS 시스템에 속한다.

ADAS 시스템은 자율주행 자동차와 밀접한 관계가 있다. 자동차 산업이 발전하면서 자동차는 단순한 이동 수단이 넘어, 운행 중 편의 공간 제공과 첨단기술들이 접목된 더욱 안전하고, 좀 더 신속하고 정확한 목적지 주행 서비스로 이어지고 있다. 과거 기계공학적 측면의 자동차에서 기계공학은 기본이고, 전자화, IT화 되어가고 있다. 이러한 자율주행 자동차에 그대로 탑재되어 자율주행의 원리를 반영하고 운전자의 첨단 보조 시스템이 되는 것이 ADAS 시스템이기에 자율주행 자동차와는 밀접한 관계성이 있는 것이다.

ADAS 시스템은 인지, 판단, 제어기능으로 크게 3가지로 분류한다.

첫째, 주행 중 차선, 주변 차량, 보행자를 인지하는 기술과
둘째, 주행 상황(주간, 야간, 우천시, 폭설시, 도로조건 등)을 판단하여 적장한 주행 경로를 설정하고,
셋째, 자동차의 구동과 제동 시스템을 제어한다.

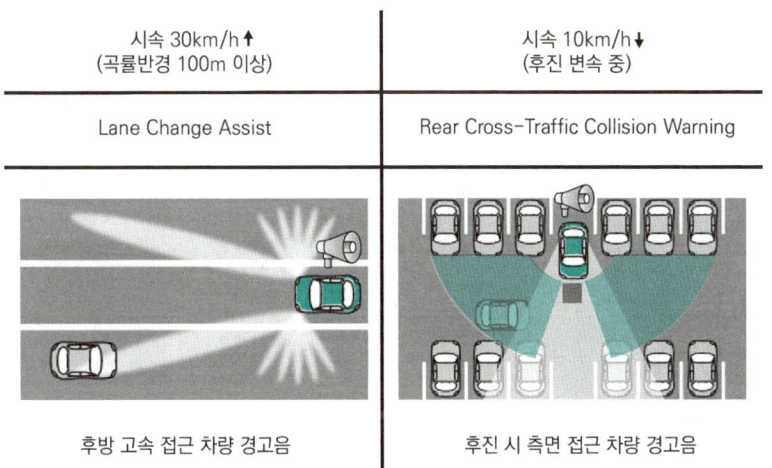

ADAS 시스템 기술적 측면을 살펴보면, 우리가 많이 알고 있는 정속주행을 자동으로 실행해 주는 스마트 크루즈 컨트롤(SCC), 전방 충돌 경고(FCW), 차선 이탈 경고(LDW), 차선 변경 보조(LCA), 고속도로 주행시 보조(HDA) 등 주행시 안전사고(사상의 정도가 큰 사고)에 관한 ADAS 기술이 있다. 그리고 경미한 안전사고 및 주차 편의를 돕는 기술로써 후방 교차 충돌 경고(RCCW), 주차 충돌 방지 보조(PCA), 원격 스마트 주차 보조(RSPA), 스마트 주차 보조(SPA) 기술이다.
이러한 ADAS 시스템 약어를 정리하면 아래 표와 같다.

약어	영문	국문 명칭
SCC	smart cruise control	스마트 크루즈 컨트롤
FCW	forward collision warning	전방 충돌 경고
LDW	lane departure warning	차선 이탈 경고

LCA	lane change assist	차선 변경 보조
HDA	highway driving assist	고속도로 주행시 보조
RCCW	rear cross traffic collision warning	후방 교차 충돌 경고
PCA	parking collision avoidance assist	주차 충돌 방지 보조
RSPA	remote smart parking assist	원격 스마트 주차 보조
SPA	smart parking assist	스마트 주차 보조

그 밖에 ADAS 시스템과 자율주행 레벨에 관하여 살펴 볼 수 있는데, 이 부분은 PART 5 미래 친환경 자동차 제5장 자율주행 자동차 부분에서 다루기로 한다.

3. 자동차 통신 제어(K-Line, LIN, CAN, FlexRay)

자동차 통신은 오늘날 현대 사회에서 시작된 것이 아니라, 인간이 사회를 형성한 이후부터 시작된 것이다. 가까이 있는 사람에게 말하고 몸짓으로 설명하는 것에 한계가 있는 원거리 통신 방식으로, 과거 우리는 연기, 깃발, 빛 반사로 전달하는 통신 방식을 써왔다. 정보를 전달하는 오늘날의 통신에는 인터넷, 모바일, 유선전화 등이 있다.

1866년의 모스

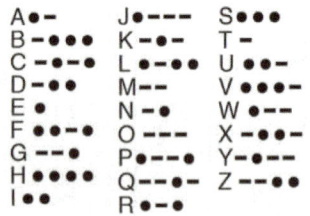
모스 부호 (Morse Code)

모스 전신기

미국의 발명가 새뮤얼 핀리 브리즈 모스(Sanuel Finley Breese Morse)가 고안하였으며, 1844년 최초로 미국의 볼티모어와 워싱턴 D.C. 사이 전신 연락에 사용되었고, 초기에는 숫자만 전송하려 했으나, 앨프리드 베일이 일반 문자와 특수 문자를 포함하여 발전시켰다. 이는 전기를 이용하여 짧은 전류(·)와 긴 전류(-)를 적절히 조합·발신하여 알파벳과 숫자를 표기한 것으로 오늘날 자동차 통신의 시초라 볼 수 있다.

오늘날 음성을 전달하는 통신 방법이 3G, 5G, LTE 등으로 변화된 것과 같이 자동차에서 부품과 부품끼리, 운전자와 기기 사이에 필요한 정보를 전달하고 받는 통신방법에는 전송 속도에 따라 구분되는데, 그것이 바로 K-Line, LIN, CAN, FlexRay 인 것이다.

수많은 통신 용어 중에서 BUS(버스)와 Protocol(프로토콜)의 의미를 살펴보면, BUS는 말 그대로 도시에서 운행 되고 있는 대중교통 버스를 생각해 보면 이해가 쉽다. 버스가 운행하며 정류장에서 사람을 내리고 태우는 것을 정보의 전송이라 보면 되고, 2개의 배선을 사용하여 정보를 전달하는 CAN 통신의 경우를 「CAN BUS」라고 한다.

Protocol(프로토콜)은 하나의 통신 규약으로 컴퓨터와 컴퓨터 간의 원활한 통신을 하기 위해 미지 정해 놓은 약속과 같은 것으로써, 서로 다른 제어기 사이에서 정보 송신을 했을 때 빠르고 정확하게 이해하기 위한 것이다. 제조사 별로 약간의 차이는 있다.

가. K-Line, LIN, FlexRay 통신

K-Line 통신은 **직렬(Serial)통신**으로써 OBD 차량의 진단을 위한 통신이며, 12V 기준 1개의 선으로 통신하고 과거 차량에 많이 적용된 통신 방식이다.

LIN 통신은 CAN통신 보다 속도는 낮고 K-Line 통신과 같이 12V 기준 1개의 선으로 통신하고 마스터(Master), 슬레이브(Slave) 제어기로 구분한다.

FlexRay 통신은 버스를 관찰하다 버스의 유효 상태에서 전송하는 CAN 통신과는 달리, 고정된 시간에 메시지를 전송하는 방식으로 CAN 통신 보다 10배나 빠른 속도로 데이터를 전송한다.

통신의 종류별로 1회 전송 데이터와 최대 전송 속도(bps), 설치 비용도 각기 다르다. 정리해 보면 아래 표와 같다.

구분	Most	Ethernet	FlexRay	CAN	LIN
최대 전송 속도(bps)	150M	100M	10M	1M	19.2K
1회 전송 데이터(byte)	~1,008	~1,500	~254	~8	~8
설치비/선로 특성	높다./광섬유	높다./UTP	높다./꼬인2개선	중간/꼬인2개선	낮다./1개의 단선
시스템 설치	오디오 인포테인먼트	카메라 멀티미디어 인포테인먼트	섀시 안전 파워트레인	섀시안전 바디 파워트레인 편의장치	저가 센서류 바디 편의장치

> **Tip.**
>
> UTP : 언실드 트위스트 와이어 (Unshield Twist Wire)
>
> bps : 1초 동안 비트(Bit)를 보낼 수 있는 량(bit per second)을 나타내는 최대 전송 속도로써, CAN은 1초에 1,000,000개의 Bit를 보낼 수 있다

구분	Ethernet	CAN			LIN	K-Line
		CAN FD	HS CAN	FTLS CAN		
통신라인		2선(High/Low)			1선	
기준전압	-1V, 0V, +1V	2.5V	2.5V	0V. 5V	12V	
통신주체	마스터/슬레이브	멀티 마스터			마스터/슬레이브	
통신속도	100Mbit/s 1Gbit/s	2Mbit/s	500Kbit/s	100Kbit/s	20Kbit/s	4.8Kbit/s
적용	영상류 전송	섀시제어, 파워트레인, 바디전장		멀티미니어 바디전장	후진거리경보 배터리충전	이모빌라이저인증

이러한 통신을 자동차에 적용 시 배선의 수가 간소화되어 차체가 더욱 가벼워진다. 통신의 센서 신호 및 스위치와 명령을 통신 제어기 시스템에서 정보를 공유하기 때문에 배선의 수가 많이 감소되고, 자동차의 무게도 감소하여 경량화 실현과 연비 및 시스템 신뢰성도 향상된다. 또한 시스템을 구축하는 데 있어 유리하고, 네트워크상의 보안 체계도 쉽게 강화 시킬 수 있으며, 차량 통신 고장 및 통신제어 부품 고장 발생 시 진단 장비를 활용하여 세부 부품에 관한 진단도 하는 데 매우 유리하다.

- **통신 적용으로 인한 장점**을 정리하면 5가지로 정의 할 수 있다.
  ① 자동차의 경량화 실현
  ② 시스템 신뢰성 향상
  ③ 시스템 구축 유리
  ④ 네트워크 보안 강화
  ⑤ 진단 장비 활용 용이

나. CAN 통신

CAN(Controller Area Network)은 설치비가 비교적 높지 않고, 최대 전송 속도 역시 파워 트레인 장치와 편의장치 적용에 적합하여 자동차에 가장 많이 사용되는 통신 방법이다. CAN 통신은 메시지 기반 세계 자동차 기술자 협회(SAE, Society of Autonotive Engineers)에서 정한 전자 장비들의 통신 규약(프로토콜, Protocol)「J1939」으로 정하고, 차량 구성 요소 간 통신과 진단에 사용되고 있다. 자동차에 적용될 뿐만아니라 의료용 장비, 자동화 산업기기에도 쓰이고 있다.

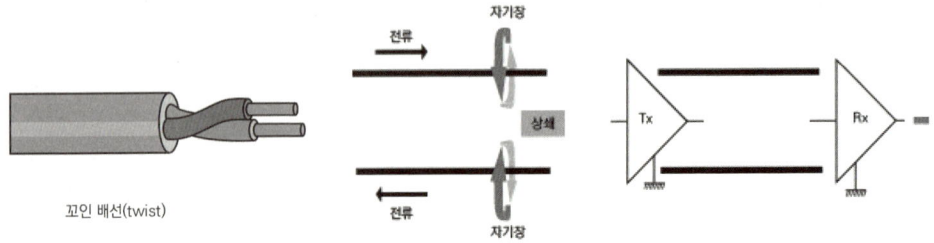

꼬인 배선(twist)

CAN 통신의 배선은 꼬인 배선(twist pair wire)을 사용하는데, 이는 배선이 인접하게 되면 자기장 방향으로 상쇄되는 효과로 노이즈 역시 동일한 크기의 차동 증폭기 원리로 사라지게 된다. CAN 통신

배선 양 끝단에 120Ω의 저항을 두는데 이것을 「종단저항」이라고 하는데, 신호의 반사파 현상을 억제하고, 노이즈에도 강하여 CAN 배선에 일정하고 안정적인 전류가 순환되도록 하는 중요한 역할을 한다. 또한 종단저항 값의 측정만으로도 CAN 통신선의 단선·단락을 찾아내기 쉽게 하고, 인접 연결 부품의 고장 여부를 확인하는 데에도 도움을 준다.

종단저항 120Ω   종단저항 120Ω

(1) 명칭과 시스템

CAN 통신 그룹의 명칭과 시스템 적용을 살펴보면 일반적으로 다음과 같이 구분할 수 있다.

명칭	시스템 적용	적용부품·장비	비고
P-CAN	파워 트레인	ECU, AWD, TCU	고속 CAN
C-CAN	섀 시	ADAS, ESC	고속 CAN
D-CAN	고장 진단	진단기, 게이트웨이	고속 CAN
B-CAN	바디 제어	BCM	저속 또는 고속 CAN
M-CAN	미디어	비디오, 오디오, HUD	저속 CAN
I-CAN	보 안	AVN, 게이트웨이	고속 CAN

고속 CAN은 출력전류가 25mA 이상 이여야 하고, 저속 CAN은 1mA 이하여야 적정하다. 그러나 전달되는 메시지의 개수도 고속 CAN은 약 30~50개, 저속 CAN은 250~350개로 저속 CAN이 더 많다.

CAN 통신의 고장 코드는 BUS OFF, TIME OUT, MASSAGE ERROR 크게 3가지로 나누어 볼 수 있으며, 자동차에 가장 많이 쓰이는 <u>CAN 통신의 장점</u>은 곧 통신의 장점과도 같아 내용은 비슷하나 다시 정리해 보면 이렇다.

- <u>시스템 구축 용이</u>(많은 제어기능을 효율적으로 수행)
- <u>배선의 경량화</u>(2개의 배선을 통한 네트워크로 배선수 감소, 차량 경량화 효과)
- <u>시스템 신뢰성 향상</u>(배선수 감소로 커넥터 접촉점 감소)
- <u>진단장비 사용</u>(통신라인으로 차량 진단 가능, D-CAN 적용 보안 강화)

(2) 열성과 우성

통신은 통상적으로 전압이 존재 여부에 따라 전압이 존재하지 않는 열성을 「1」, 전압이 존재하는 우성 「0」으로 표현하는 이진법을 기본적으로 사용한다. 열성(1) 상태에서는 제어기가 인가한 풀 업(Pull-Up)

전압이 유지되고, 반대로 풀업 전압을 특정 제어기가 접지시켜 0V로 전위가 변하는 것은 우성(0) 상태이다.

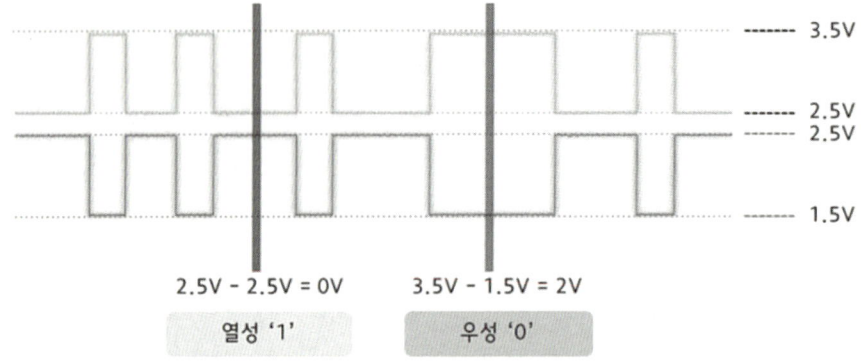

> **Tip.**
> 풀 업(Pull-Up) 전압 : 어떤 회로에서 스위치 OFF 상태에서 입력핀에 High 전압(5V)이 인가 되어 대기하고 있다가 스위치가 ON 되면 입력핀의 전압이 Low 전압(0V)으로 변화하는 것을 말한다.
> 풀 다운(Pull-Down) 전압 : 풀 업 전압과 반대로 스위치 OFF 상태에서 입력핀에 Low 전압(0V)이 인가되어 있다가 스위치가 ON 되면 High 전압(5V)으로 바뀌는 것을 말한다.
> 플로팅(Floating) 상태 : High·Low전압 여부를 알 수 없는 상태로써, 디지털 신호 구분이 안 되는 상태이다. 스위치 ON·OFF가 특정 전압의 구별과 상관없는 것을 말한다. 예를 들어 스위치 OFF 시 5V 대기 전압이 스위치 ON 시 어떤 저항을 거쳐, 바로 접지로 흐르게 될 경우, 입력핀의 전압에 대한 통제가 없는 상태를 말한다. 즉 디지털 신호 구분을 할 수 없는 것이다.

(3) CAN 데이터 프레임(Data Frame)

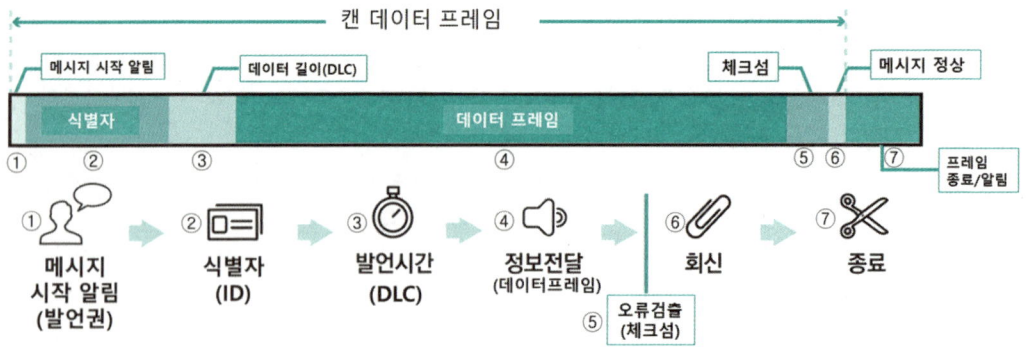

4. 기타 안전·편의·등화 장치

가. 안전벨트 프리텐셔너
차량 충돌 시 안전 벨트를 순간적으로 고정 시켜 보호하는 장치

나. 추돌 경고 장치
전, 후진 시 장애물을 감지해 운전자에게 알려주는 장치

다. ETACS(Electronic Time & Alarm Control System)
각종 시간 기능과 알람 기능을 ECU로 제어하는 시스템으로 주요 기능은 아래와 같다.
① 속도 감지 간헐 와이퍼
② 와셔 연동 와이퍼
③ 디포거(defogger) 타이머
④ 시동키 삽입 상태에서의 도어 잠김 방지
⑤ 시동키 홀 조명
⑥ 감광 식 룸램프
⑦ 시트 벨트 경고
⑧ 센터 도어로크 등이 있다.

라. 냉·난방장치
냉매는 운전자가 에어컨을 작동시킬 경우, 압축기 → 응축기 → 건조기 → 팽창밸브 → 증발기(다시 압축기)순으로 순환하게 되는데 이를 냉동 순환 사이클이라 한다.

(1) 구성 부품
   ① 압축기(compressor, 고온 고압 냉매 가스로 변환, 응축기로 보냄)
   ② 응축기(condenser, 고온 고압 냉매를 냉각하여 액체 냉매로 변환시킴)
   ③ 건조기(receiver dryer, 액체 냉매 속 수분·불순물 여과 역할)
   ④ 팽창밸브(expansion valve, 고압 액체 냉매를 저압 액체 냉매로 감압)
   ⑤ 증발기(evaporator, 주위 공기 열 흡수, 기체 냉매로 변환)
   ⑥ 블로우 모터(blow motor, 내·외기 흡입 후 증발기로 통과, 실내로 송풍)

(2) 자동 에어컨 관련 센서
   ① 내기온도 센서 : 실내 온도를 검출한다.
   ② 외기온도 센서 : 자동차의 외부 온도를 검출한다.
   ③ 일사센서 : 태양의 일사량을 검출한다.
   ④ 핀 서모 센서(증발기 온도 센서) : 증발기 코어 핀의 온도를 검출한다.
   ⑤ 냉각수 온도 센서 : 엔진의 냉각수 온도를 검출한다.

(3) 신 냉매(R134a)

① 무색, 무취, 무미의 냉매
② 화학적으로 안정되고 내열성 좋음
③ 불연성, 독성 없음
④ 오존 파괴지수 0, 구냉매(R-12) 대비 온난화 지수 낮음
⑤ 오존층 파괴 염소 성분 없음

> **Tip.**
> **HFO 탄화불화올레핀계 냉매(R1234yf)**
> 신냉매(R134a)보다 지구 온난화 지수가 낮고, 독성이 없는 친환경 냉매이며, 신냉매와 유사하여 취급과 설계 변경 없이 쉽게 적용·가능하다.

(4) 차량의 열부하
① 환기 부하(자연 또는 강제의 환기 포함)
② 관류 부하(차실 벽, 바닥 또는 창문으로부터의 열 이동)
③ 복사 부하(직사 일광, 복사열)
④ 승원 부하(승차원의 발열)

(5) PTC 히터

PTC 히터(Positive Temperature Coefficient Heater)는 자동차의 냉각수 온도가 일정 온도까지 도달하기 전에 강제로 별도의 전기 발열을 하여 난방을 작동하게 하는 것을 말한다. 축전지(배터리) 방전을 예방하고자 반드시 엔진 시동이 걸린 상태를 기본으로 하여 작동시간은 최대 1시간 정도로 제한하는 것이 보통의 시스템이다. PTC 히터가 작동하기 위한 조건은 다음과 같다.

① 냉각수 온도가 약 70℃이하 이거나, 흡기온도가 5℃이하일 경우
② 배터리 전압이 약 12.5V 이상일 경우
③ 엔진 회전수가 약 700RPM 이상일 경우
④ 블로우모터 스위치가 ON 상태일 경우

마. 등화 장치

빛을 밝히는 전구가 적용되어 작동되는 모든 장치를 말하는데, 몇 가지 예만 들어 본다.
예 전조등, 미등, 제동 등, 방향지시등, 번호판 등, 실내등, 비상등

광도란 빛의 세기로써 단위는 **칸델라(Cd)**를 사용하며, **조도**란 빛의 밝기로 단위는 **룩스(Lux)**를 사용한다. 또한 조도(Lux) 는 아래 식과 같이 광도에 비례하고, 광원으로부터 거리의 제곱에 반비례한다.

$$조도(Lux) = \frac{광도(cd)}{(거리)^2}$$

(1) 전조등(Head Light)
① 전구, 렌즈, 반사경으로 구성

② 전구, 렌즈, 반사경이 일체로 된 것(실드 빔 방식), 분리 된 것(세미 실드 빔 방식)
③ 좌, 우 전조등은 안전을 위해 병렬로 연결
④ 전구는 할로겐, HID(크세논 가스 방전 등), LED 형식이 있음

(2) 전조등 광도 · 광축 시험 시 주의사항
① 수평 지면에 차량을 정차한다.
② 엔진 워밍업이 된 공차상태 자동차에 운전자 1인이 승차한 상태
③ 자동차 엔진은 공회전 상태
④ 타이어 공기압은 표준공기압
⑤ 자동차의 축전지는 완전한 충전한 상태
⑥ 측정하지 아니하는 등화에서 발산하는 빛은 차단(측정할 빔만 켜고 실시)

운전석 전조등 단품

(3) 크세논 가스 방전등의 특징
① 전구의 가스 방전 실에는 크세논 가스가 봉입되어 있다.
② 파장은 자외선 영역부터 가시광선 영역까지 균등하다.
③ 발광색은 자연 주광과 비슷하고 광원은 점등과 동시에 광 출력이 안정된다.
④ 전원은 12~24V를 사용하며, 기존의 전구에 비해 광도가 약 2배 정도이다.
※ 자동 헤드라이트 장치는 조도 센서가 외부 빛의 신호에 따라 헤드라이트를 자동으로 ON/OFF 시켜주는 장치이다.

(4) 기타 등화 장치
① 방향지시등 : 자동차의 선회 방향을 도로 상황에서 상대 차와 보행자에게 알리는 등
② 비상등 : 비상시 앞뒤 4개의 모든 방향지시등이 동시에 점등되는 등
③ 미등 : 라이트 점등 스위치를 1단으로 하면 점등되고, 차폭을 표시하는 등
④ 제동등 : 브레이크 페달을 밟을 때만 점등
⑤ 안개등 : 안개 도로 주행 상황에서 운전자의 근거리 시야를 확보하는 등

연습문제 | **제5장 안전·신호·통신·정보제어**

01 자동차용 컴퓨터 통신 방식 중 CAN(controller area network) 통신에 대한 설명으로 틀린 것은?

① 일종의 자동차 전용 프로토콜이다.
② 전장회로의 이상상태를 컴퓨터를 통해 점검할 수 있다.
③ 차량용 통신으로 적합하나 배선 수가 현저하게 많다.
④ 독일의 로버트 보쉬사가 국제특허를 취득한 컴퓨터 통신방식이다.

해설 ≫ CAN 통신은 여러 모듈을 하나의 버스 라인에 병렬로 연결하는 차량용 프로토콜로써, 배선 수를 줄여 경량화를 실현하고 정비의 용이성을 기하였다.

02 자동차 CAN 통신 시스템의 특징이 아닌 것은?

① 양방향 통신이다.
② 모듈간의 통신이 가능하다.
③ 싱글 마스터(single master) 방식이다.
④ 데이터를 2개의 배선(CAN-HIGH, CAN-LOW)을 이용하여 전송한다.

해설 ≫ CAN 통신은 멀티 마스터(다중, multi) 방식이다.

03 전동식 동력조향장치의 자기진단이 안 될 경우, 점검 사항으로 틀린 것은?

① CAN 통신 파형 점검
② 컨트롤 유닛 측 배터리 전원 측정
③ 컨트롤 유닛 측 배터리 접지 여부 점검
④ KEY ON 상태에서 CAN 종단저항 측정

해설 ≫ 자동차 측정하는 멀티 스터기는 전지 전원을 이용한 측정으로, 통신라인 점검시에는 반드시 KEY OFF 상태에서 측정하여야 하며, KEY ON 상태에서는 CAN 버스에 약 2.5V가 전압이 흐르고 있어, 오히려 종단저항 측정 시 고장을 발생시킬 수 있다. 저항값을 측정할 때는 흐르는 전류를 차단하고 측정하여야 해당 저항의 저항값을 측정할 수 있는 원리이다.

04 자동차에 적용된 이모빌라이저 시스템의 구성품이 아닌 것은?

① 외부 수신기
② 트랜스 폰더 키
③ 안테나 코일
④ 이모빌라이저 컨트롤유닛

해설 ≫ 이모빌라이저 컨트롤 유닛의 정보와 트랜스폰더 내의 차량 암호코드가 일치되었을 때 시동이 되게 하여, 차량의 도난을 방지한다. 그리고 안테나 코일은 트랜스 폰더에 에너지를 공급하고 암호화된 코드를 이모빌라이저 컨트롤 유닛에 전송한다. 외부 수신기는 이모빌라이저 구성품과 관계 없다.

05 에어백 시스템을 설명한 것으로 옳은 것은?

① 충돌이 생기면 무조건 전개되어야 한다.
② 프리텐셔너는 운전석 에어백이 전개된 후에 작동한다.
③ 에어백 경고등이 계기판에 들어와도 조수석 에어백은 작동된다.
④ 에어백이 전개되려면 충돌감지 센서의 신호가 입력되어야 한다.

해설 ≫ 프리텐셔너(pre-tensioner)는 안전벨트에 부착되어 안전벨트의 결점을 보완해 주는 안전장치로 에어백 장치와는 별도로 차량의 감속도를 기계적으로 감지하여 가스발생기의 작동에 의해 벨트를 감아 운전자가 앞으로 튀어나가는 것을 방지한다.

정답 01 ③ 02 ③ 03 ④ 04 ① 05 ④

06 TXV 방식의 냉동사이클에서 팽창밸브는 어떤 역할을 하는가?

① 고온 고압의 기체 상태의 냉매를 냉각시켜 액화시킨다.
② 냉매를 팽창시켜 고온 고압의 기체로 만든다.
③ 냉매를 팽창시켜 저온 저압의 무화상태 냉매로 만든다.
④ 냉매를 팽창시켜 저온 고압의 기체로 만든다.

해설 ▶ TXV형(Thermo Expansion Valve)이란 냉매의 팽창과 증발을 팽창밸브로 조절하는 방식으로 팽창밸브는 고온고압의 냉매를 저온저압의 무화상태로 변한다.

07 고속 CAN High, Low 두 단자를 자기진단 커넥터에서 측정 시 종단 저항값은? (단, CAN 시스템은 정상인 상태이다.)

① 60 Ω
② 80 Ω
③ 100 Ω
④ 120 Ω

해설 ▶ 고속 CAN High, Low 두 단자를 자기진단 커넥터에서 측정 시 종단저항 값은 0Ω(High, Low 단락), 60Ω(정상 또는 단락), 120Ω(한 선 또는 두 선의 단선)으로 우선 판단하고, 점차적으로 또 다른 문제를 해결해 나간다.

08 전자제어 디젤 차량의 PTC (positive-temperature coefficient) 히터에 대한 설명으로 틀린 것은?

① 공기 가열식 히터이다.
② 작동시간에 제한이 없는 장점이 있다.
③ 배터리 전압이 규정치보다 낮아지면 OFF 된다.
④ 공전속도(약 700 rpm) 이상에서 작동된다.

해설 ▶ PTC히터는 난방보조장치로 엔진이 예열되기 전에 전기 발열로 공기를 가열하여 실내로 유입시키는 pre-heating 장치로써, 최대 1시간으로 제한되고, 냉각수 온도가 적정온도(약 70 ~ 85℃) 이상에서 작동을 멈춘다.

09 전자동 에어 컨디셔닝 시스템의 구성부품 중 응축기에서 보내온 냉매를 일시 저장하고 항상 액체 상태의 냉매를 팽창밸브로 보내는 역할을 하는 것은?

① 익스텐션 밸브
② 리시버 드라이어
③ 컴프레서
④ 이베퍼래이터

해설 ▶ 리시버 드라이어(건조기)는 냉매속의 기포를 분리하여 액체 냉매만 증발기로 보내고, 적정 냉매 저장, 냉매의 수분 및 이물질을 제거한다.

10 에어컨 냉매(R-134a)의 구비조건으로 옳은 것은?

① 비등점이 적당히 높을 것
② 냉매의 증발 잠열이 작을 것
③ 응축 압력이 적당히 높을 것
④ 임계 온도가 충분히 높을 것

해설 ▶ 냉매는 비등점이 적당히 낮아야 상온에서 쉽게 기화할 수 있으며, 증발 잠열이 커야 더 많은 열을 뺄 수 있고, 응축 압력와 응고 온도는 낮아야 쉽게 액화할 수 있다. 또한, 임계온도가 상온보다 높아야 한다.

11 에어컨 시스템에 사용되는 에어컨 릴레이에 다이오드를 부착하는 이유로 가장 적절한 것은?

① ECU 신호에 오류를 없애기 위해
② 서지 전압에 의한 ECU 보호
③ 릴레이 소손을 방지하기 위해
④ 정밀한 제어를 위해

정답 06 ③ 07 ① 08 ② 09 ② 10 ④ 11 ②

해설 ▶▶ 전류가 on-off 될 때 역기전력이 발생되어 릴레이에 과전류를 보낼 수 있어, 이를 예방하기 위한 회로 보호 차원에서 반대 극성의 다이오드를 병렬로 연결한다.

12 에어컨 압축기 종류 중 가변용량 압축기에 대한 설명으로 옳은 것은?

① 냉방 부하에 따라 냉매 토출량을 조절한다.
② 냉방 부하에 관계 없이 일정량의 냉매를 토출한다.
③ 냉방 부하가 작을 때만 냉매 토출량을 많게 한다.
④ 냉방 부하가 클 때만 작동하여 냉매 토출량을 적게 한다.

해설 ▶▶ 압축기는 토출용량 제어방식에 따라 고정식과 가변용량식으로 구분된다. 가변용량식은 공조 시스템 요구사항을 충족시키기 위해 용량을 조절함에 따라 에너지 소비량을 절감할 수 있다. 또한 고정 용량 압축기와 비교했을 때 비교적 일정한 습도 유지가 가능하다.

13 차량 속도가 증가되면 엔진온도가 하강하고 실내 히터에 나오는 공기가 따뜻하지 않 은 원인으로 옳은 것은?

① 엔진 냉각수양이 적다.
② 방열기 내부의 막힘이 있다.
③ 서모스탯이 열린 채로 고착되었다.
④ 히터 열 교환기 내부에 기포가 혼입되었다.

해설 ▶▶ 서모스탯이 열린 채 고착된 상태에서 주행 시 냉각수가 지속적으로 라디에이터로 보내져 냉각되므로 실내 히터 코어상의 냉각수 온도가 상승하지 못한다.

14 에어컨 시스템이 정상 작동 중일 때 냉매의 온도가 가장 높은 곳은?

① 압축기와 응축기 사이
② 응축기와 팽창밸브 사이
③ 팽창밸브와 증발기 사이
④ 증발기와 압축기 사이

해설 ▶▶ 고온고압 기체 상태의 압축기와 응축기 사이가 온도가 가장 높다.

15 공기조화장치에서 저압과 고압 스위치로 구성되어 있으며, 리시버 드라이어에 주로 장착되어 있는데 컴프레셔의 과열을 방지하는 역할을 하는 스위치는?

① 듀얼 압력 스위치
② 콘덴서 압력 스위치
③ 어큐물에이터 스위치
④ 리시버 드라이어 스위치

해설 ▶▶ 듀얼 압력 스위치는 고압측 리시버 드라이어에 설치되어, 두 개의 압력 설정치를 갖고 냉매가 없거나 외기온도가 0℃ 이하일 때 스위치가 꺼져 압축기 전원을 차단하여 압축기 과열을 방지한다.

16 차량으로부터 탈거된 에어백 모듈이 외부 전원으로 인해 폭발(전개)되는 것을 방지하는 구성품은?

① 클럭스프링
② 단락바
③ 방폭콘덴서
④ 인플레이터

해설 ▶▶ 프리 텐셔너의 커넥터 내부에 단락바를 설치하여 전원 커넥터 분리 시 점화 회로를 단락시켜 에어백 모듈 정비 시 오작동으로 인한 전개를 예방한다.

정답 12 ① 13 ③ 14 ① 15 ① 16 ②

17 공기정화용 에어 필터에 대한 내용으로 틀린 것은?

① 공기 중의 이물질만 제거 가능한 형식이 있다.
② 필터가 막히면 블로워 모터의 소음이 감소된다.
③ 필터가 막히면 블로워 모터의 송풍량이 감소 된다.
④ 공기 중의 이물질과 냄새를 함께 제거 가능한 형식이 있다.

해설 ▶ 공기 정화 필터가 막히면 공기 순환이 되지 않아 소음이 커진다.

18 냉방장치에 대한 설명으로 틀린 것은?

① 응축기는 압축기로부터 오는 고온 냉매의 열을 외부로 방출시킨다.
② 건조기는 저장, 수분제거, 압력조정, 냉매량 점검, 기포 발생의 기능이 있다.
③ 팽창밸브는 냉매를 무화하여 증발기에 보내며 압력을 낮춘다.
④ 압축기는 증발기에서 저압기체로 된 냉매를 고압으로 압축하여 응축기로 보낸다.

해설 ▶ 리시버 드라이어(건조기)는 냉매속의 기포를 분리하여 액체 냉매만 증발기로 보내고, 적정 냉매 저장, 냉매의 수분 및 이물질을 제거한다.

19 자동차의 에어컨 중 냉방효과가 저하되는 원인으로 틀린 것은?

① 압축기 작동시간이 짧을 때
② 냉매량이 규정보다 부족할 때
③ 냉매 주입 시 공기가 유입되었을 때
④ 실내 공기 순환이 내기로 되어 있을 때

해설 ▶ 실내 공기 순환이 외부 공기 순환 모드로 되어 있을 때, 외부온도가 유입되어 냉방효과가 떨어진다. 냉매량이 부족하거나, 핀서모 센서의 불량으로 인한 압축기 작동을 멈추게 하는 경우, 냉방효과가 급격히 떨어진다.

20 자동온도 조절장치(FATC)의 센서 중에서 포토다이오드를 이용하여 변환 전류로 컨트롤하는 센서는?

① 일사량 센서   ② 내기온도 센서
③ 외기온도센서 ④ 수온센서

해설 ▶ 포토 다이오드는 빛에너지를 전기에너지로 변화시켜 전압을 발생시키는 것으로써, 일사량 센서가 해당된다.

21 냉방 사이클 내부의 압력이 규정치보다 높게 나타나는 원인으로 옳지 않은 것은?

① 냉매의 과충전
② 컴프레서의 손상
③ 냉각팬 작동불량
④ 리시버 드라이어의 막힘

해설 ▶ 컴프레셔(압축기)는 고온고압의 기체로 만들어 응축기로 보내는 데, 컴프레셔가 고장나면 압력이 규정치보다 낮아 응축기로 냉매를 보내는 것이 어려워진다.

22 전자제어 에어컨 장치(FATC)에서 증발기를 통과하여 나오는 공기(outlet air)의 온 도를 제어하기 위한 센서가 아닌 것은?

① 실내온도 센서 ② 외기온도 센서
③ 일사량 센서   ④ 흡입온도 센서

해설 ▶ 전자동 에어컨(FATC, Full Automatic Temperature Control)은 실내·외기온도 센서, 일사량 센서, 핀서모 센서. 냉각수온 센서, 온도조절 액추에이터 위치센서, AQS센서 등이다.

정답 17 ② 18 ② 19 ④ 20 ① 21 ② 22 ④

23 코일에 전류를 인가했을 때 즉시 자력을 형성하지 못하고 지체되면서 전류의 일부가 열로 방출되는 현상이 무엇이라고 하는가?

① 자기이력 현상
② 자기포화 현상
③ 자기유도 현상
④ 자기과도 현상

해설 ▶ 자기이력현상은 다른 말로 히스테리시스라고 하는데, 철심 코일에 전류 인가 시 코일의 저항성분때문에 코어에 히스테리시스(자기이력)와 와전류에 의한 전류 손실이 발생하면서 열이 발산되는 현상을 말한다. 또한 자기포화 현상은 외부 자계를 계속 인가하여도, 자성은 더 이상 커지지 않는 현상을 말한다.

24 에어백 시스템에서 화약, 점화제, 가스 발생제, 필터 등을 알루미늄 용기에 넣은 것으로 에어백 모듈 하우징 내측에 조립되어 있는 것은?

① 인플레이터
② 디퓨저 스크린
③ 에어백 모듈
④ 클럭 스프링 하우징

해설 ▶ 인플레이터(팽창기)는 질소가스, 점화를 위한 회로가 내장되어 점화장치 역할을 하는 곳이다.

25 바디 컨트롤 모듈(BCM)에서 타이머 제어를 하지 않는 것은?

① 파워 윈도우
② 후진등
③ 감광 룸램프
④ 뒷 유리열선

해설 ▶ 도어록, 차임벨 제어, 내·외부 조명, 보안 기능, 와이퍼, 방향 표시등, 전원관리를 포함한 다양한 차량 기능들을 관리하는 것이 BCM이다. 후진등은 BCM 제어대상이 아니다.

26 버튼 엔진 시동 시스템에서 주행 중 엔진정지 또는 시동 꺼짐에 대비하여 FOB 키가 없을 경우에도 시동을 허용하기 위한 인증 타이머가 있다. 이 인증 타이머의 시간은?

① 10초
② 20초
③ 30초
④ 40초

해설 ▶ 30초간은 실내 FOB키 유무 상관없이 재시동이 가능하고, 주행 중 속도가 있는 상태에서 브레이크를 페달링 없이 버튼을 눌러도 시동은 가능하다.

27 전자제어 모듈 내부에서 각종 고정 데이터나 차량 제원 등을 장기적으로 저장하는 것은?

① IFB (Inter Face Box)
② ROM (Read Only Memory)
③ RAM (Random Access Memory)
④ TTL (Transistor Transistor Logic)

해설 ▶ IFB는 LPG 연료장치 인터페이스 박스이며, TTL은 반도체를 이용한 논리회로이다. RAM은 휘발성 메모리로 저장된 정보 로딩, 데이터 일시 저장 등에 사용되고, ROM은 비휘발성 메모리로, 데이터를 저장한 후 전원이 꺼져도 지속적인 데이터 사용이 가능하다.

28 기관과 파워트레인 시스템에서 네트워크 신호 라인의 점검에 대한 내용으로 옳은 것은?

① IG OFF 상태에서 CAN 라인의 저항을 측정한다.
② IG ON 상태에서 CAN 라인의 저항을 측정한다.
③ CAN 버스 라인의 저항은 240Ω이 나타나면 정상이다.
④ CAN 버스 라인의 저항은 0Ω이 나타나면 단선이다.

해설 ▶ IG 전원을 OFF한 상태에서 멀티 테스트기로 CAN_H, CAN_L 라인 사이의 저항값은 60Ω일 때 정상으로 판단한다.

정답   23 ①   24 ①   25 ②   26 ③   27 ②   28 ①

29 자동차의 오토 라이트 장치에 사용되는 광전도 셀에 대한 설명 중 틀린 것은?

① 빛이 약할 경우 저항값이 증가한다.
② 빛이 강할 경우 저항값이 감소한다.
③ 황화카드뮴을 주성분으로 한 소자이다.
④ 광전소자의 저항값은 빛의 조사량에 비례한다.

해설 ▶ 광전소자의 저항값은 광량에 반비례하며, 외부 빛의 조사량이 크면 저항값이 낮아져 라이트가 꺼지는 원리로써, 외부 빛의 변화에 따른 전기적 변화를 이용한다.

30 자동차 에어컨에서 팽창밸브(expansion valve)의 역할은?

① 냉매를 팽창시켜 고온 고압의 기체로 만든다.
② 냉매를 급격히 팽창시켜 저온 저압의 무화 상태로 만든다.
③ 냉매를 압축하여 고압으로 만든다.
④ 팽창된 기체상태의 냉매를 액화시킨다.

해설 ▶ 고온·고압의 액체 냉매를 급냉시켜 저온·저압의 무화 상태로 바꾸어 주며, 증발기로 가는 냉매량을 조절한다.

31 자동차 냉방시스템에서 CCOT(Clutch Cy-cling Orifice Tube) 형식의 오리피스 튜브와 동일한 역할을 수행하는 TXV(Thermal Expansion Valve) 형식의 구성부품은?

① 컨덴서   ② 팽창밸브
③ 핀센서   ④ 리시버 드라이버

해설 ▶ 냉매의 팽창방식에 따라 TXV와 CCOT 방식이 있고, CCOT 방식은 오리피스 튜브, TXV는 팽창밸브에서 냉매를 팽창시킨다.

32 냉방장치의 구성품으로 압축기로부터 들어온 고온고압의 기체 냉매를 냉각시켜 액체로 변환시키는 장치는?

① 증발기   ② 응축기
③ 건조기   ④ 팽창 밸브

해설 ▶ 에어컨 순환과정은 압축기 → 응축기 → 팽창밸브 → 증발기 그리고 다시 압축기로 순환한다.

33 에어컨 구성품 중 핀서모 센서에 대한 설명으로 옳지 않은 것은?

① 에버포레이터 코어의 온도를 감지한다.
② 부특성 서머스터로 온도에 따른 저항이 반비례하는 특성이 있다.
③ 냉방 중 에버포레이터가 빙결되는 것을 방지하기 위하여 장착된다.
④ 실내온도와 대기온도 차이를 감지하여 에어컨 컴프레셔를 제어한다.

해설 ▶ ④는 실내 온도센서와 외기 온도센서를 이용한 전자동 에어컨(FATC, Full Automatic Temperature Control)에 대한 설명이다.

34 에어컨에서 냉방효과가 저하되는 원인이 아닌 것은?

① 냉매량이 규정보다 부족할 때
② 압축기 작동시간이 짧을 때
③ 압축기의 작동시간이 길 때
④ 냉매 주입시 공기가 유입되었을 때

해설 ▶ 에어컨이 시원하지 않는 고장 원인 들을 나열한 것으로, 압축기 작동시간은 에어컨의 작동 되는 것과 비례한 것이며, 냉방효과와는 무관하다.

정답 29 ④ 30 ② 31 ② 32 ② 33 ④ 34 ③

35 에어컨 시스템에서 저압 측 냉매 압력이 규정보다 낮은 경우의 원인으로 가장 적절한 것은?

① 팽창밸브가 막힘
② 콘덴서 냉각이 약함
③ 냉매량이 너무 많음
④ 시스템 내에 공기 혼입

해설 ▶ 팽창밸브는 고온고압의 액체 냉매를 저온저압의 기체로 상변화 하여, 저압측에 속하는 증발기로 보내는데, 저압측 냉매의 압력이 낮다면 팽창밸브의 막힘이 가장 적당하다.

36 실내온도 센서(NTC특성) 점검 방법에 관한 설명으로 옳지 않은 것은?

① 센서 전원 5V 공급 여부
② 실내온도 변화에 따른 센서 출력값 일치 여부
③ 에어 튜브 이탈 여부
④ 센서에 더운 바람을 인가했을 때 출력값이 상승되는지 여부

해설 ▶ NTC 서미스터는 온도와 저항·전압이 반비례한다.

37 에어컨 자동온도조절장치(FATC)에서 제어모듈의 출력요소로 틀린 것은?

① 블로어 모터
② 에어컨 릴레이
③ 엔진 회전수 보상
④ 믹스 도어 액추에이터

해설 ▶ FATC의 출력요소는 문제의 보기 외에도 내·외기 도어 액추에이터, 풍향 도어 액추에이터 등으로 각종 센값의 입력요소와 확연히 다르다.

38 자동 공조 장치에 대한 설명으로 틀린 것은?

① 파워 트랜지스터의 베이스 전류를 가변하여 송풍량을 제어한다.
② 온도 설정에 따라 믹스 액추에이터 도어의 개방 정도를 조절한다.
③ 실내 및 외기온도 센서 신호에 따라 에어컨 시스템의 제어를 최적화한다.
④ 핀서모 센서는 에어컨 라인의 빙결을 막기 위해 콘덴서에 장착되어 있다.

해설 ▶ 증발기 온도를 검출하는 센서가 핀서모 센서이다. 증발기 온도가 너무 낮으면 빙결 현상으로 냉각효과가 저하되는 것을 방지한다. 핀서모 스위치가 OFF되면 콘덴서(압축기) 작동은 멈추게 된다.

39 냉·난방장치에서 블로워모터 및 레지스터에 대한 설명으로 옳은 것은?

① 최고 속도에서 모터와 레지스터는 병렬 연결된다.
② 블로워모터 회전속도는 레지스터의 저항값에 반비례한다.
③ 블로워모터 레지스터는 라디에이터 팬 앞쪽에 장착되어 있다.
④ 블로워모터가 최고속도로 작동하면 블로워 모터 퓨즈가 단선될 수 있다.

해설 ▶ 블로어모터의 속도는 전류량에 비례하고, 용량이 다른 4 이상의 가변저항 중 하나에 직렬로 연결되어 모터의 속도를 조절한다.

정답 35 ① 36 ④ 37 ③ 38 ④ 39 ②

memo

PART 04

친환경 자동차 정비

04 친환경 자동차 정비

미래 친환경 자동차(future eco-friendly car, green vehicle, green car)는 기계식 내연기관의 기본원리와 전자제어를 병합하여 제작되어온 자동차에 디바이스(device) 개념을 추가한 자동차 융합과학의 결과물이라 할 수 있다. 특히 지구 온난화 현상, 대기오염에 관한 세계적 관심사인 기후변화에 대응하고자 하는 산업계에서 반드시 실행해 옮겨야 하는 기술 발전의 핵심으로 대두되고 있는 것이 바로 미래 친환경 자동차 생산 기술이다.

세계 여러 선진국 들은 이미 자동차 유해가스로부터 대응 방안을 무공해 자동차(zero emission vehicle, ZEV)로의 전환이라 확정하고, 정부 차원에서 미래 친환경 자동차로의 전환을 공론화하고 있다. 친환경 자동차의 종류를 살펴보면 전기 자동차(Electric Vehicle, EV), 하이브리드 자동차(Hybrid Electric Vehicle, HEV), 플러그인 하이브리드 자동차(Plug-in Hybrid Electric Vehicle, PHEV), 연료전지자동차(Fuel Cell Electric Vehicle, FCEV, 수소차)가 대표적이다.

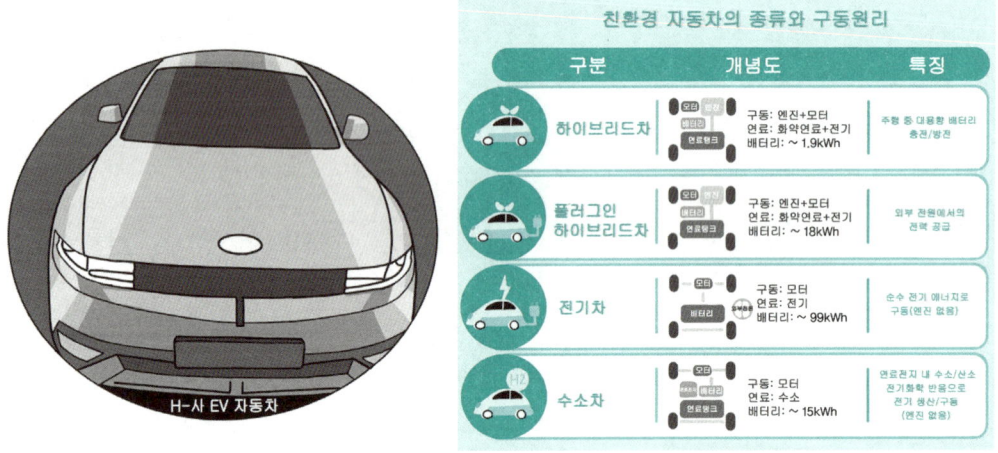

자율주행 자동차는 이러한 친환경성을 기본으로 하면서, 운전자의 손과 눈이 자동차가 주행하는 데 전혀 불필요하고 스스로 도로를 안전하게 운전하는 최종 단계에 있는 자동차를 말한다. 그러나 이러한 완전 자율주행 자동차까지 가는 데에는 많은 연구와 시간이 필요하고, 시행착오 또한 많이 발생하게 되는데, 시행착오는 곧 인명 손실로 이어지기 때문에 단계별로 구분하여 연구·발전시켜 나가고 있다.

자율주행 차량에는 수많은 센서들이 장착되지만, 대표적인 것은 카메라, 레이더, 라이다 센서이다.

카메라 센서는 이미지 처리 알고리즘을 위한 센서로써, 가시광선이나 적외선 영역의 빛을 감지하여 이미지화하는 센서이며, 가격이 저렴하여 많이 사용되고 있으나, 날씨와 주변 밝기(역광조건)에 따라 측정치가 불확실할 수 있다는 단점이 있다.

이러한 인식률의 저하를 해소하기 위해 많은 딥러닝 학습 기법을 발달시키고 있으며, 좀 더 빠르게 처리하는 프로세서를 개발해 나가고 있다. 차선 이탈 방지, 보행자 감시 시스템에 쓰이고 있다.

> **Tip.**
> 딥러닝(Deep Learning) 학습
> 머신 러닝의 한 방법으로, 학습 과정 동안 인공 신경망으로서 예시 데이터에서 얻은 일반적인 규칙을 독립적으로 구축(훈련)한다. 특히 머신 비전 분야에서 신경망은 일반적으로 데이터와 예제 데이터에 대한 사전 정의된 결과와 같은 지도 학습을 통해 학습된다.

레이더 센서는 전자파를 이용(도플러 효과)하여 목표물의 진행 속도와 정밀 측정이 가능하며, 카메라 센서와 비교할 때 날씨와 주변 환경 조건에 많은 영향을 받지 않는다.

> **Tip.**
> 도플러 효과
> 만약 발사된 초음파가 움직이고 있는 물체에 부딪히게 되면, 부딪힌 물체의 움직이는 속도와 방향에 따라 변화가 생긴다. 이러한 변화를 도플러 효과라한다.

라이다 센서는 물체까지의 거리를 측정하는 센서로써, 라이다의 광원에서 레이저 빔이 여러 방향으로 동시 발사가 가능하고, 레이저가 도달하는 모든 지점의 거리를 동시에 측정한 것이 가능하다.

자율주행 단계 정의

제1장 전기 자동차

1. 전기차 일반

전기자동차(Electric Vehicle, EV)는 화석연료를 사용하는 내연기관보다 먼저 개발되어 1834년에 미국 토마스 다벤포트가 직류모터를 최초로 발명하면서 처음 운행되었다. 전기자동차(Electric Vehicle, EV)란 엔진을 필요로 하지 않는 순수하게 전기를 동력으로 하여 움직이는 자동차를 말한다. 엔진이 장착된 내연기관 자동차에는 자동차마다 일정한 연료(1 l)로 갈 수 있는 최대의 주행거리(km), 즉 열효율를 연비(fuel efficiency, fuel mileage)라 하지만, 전기자동차에서는 같은 개념이긴 하나 전기 용량에 다른 효율적 측면을 말하여 전비(electric car efficiency, electric efficiency-rating)라 하고 단위는 km/kWh로 표기한다. 그러나 우리 법령에는 전기차 전비를 연비로 표현하고 있으니, 연비라고 해도 틀린 말이 아니다.

<u>전기차의 기본 구조는 ① 고전압 배터리, ② 고전압 정션박스, ③ 구동모터와 감속기, ④ 완속 충전기(OBC), ⑤ 전력제어장치(EPCU)</u>로 구분할 수 있으며, 시스템별로 구분한다면 **전력변환, 구동, 제동, 공조 시스템**으로 구분한다.

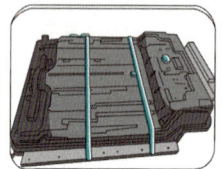

①고전압 배터리

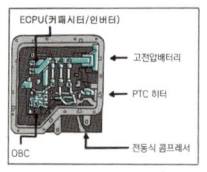

②고전압 정션박스

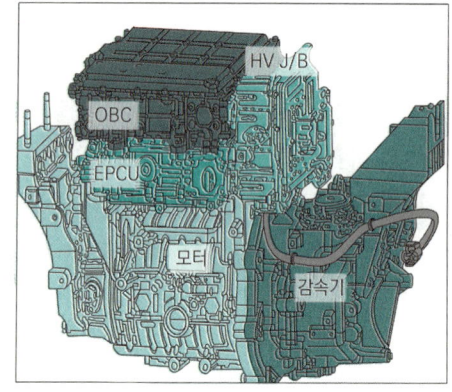

③구동모터와 감속기 ④완속 충전기(OBC) ⑤전력제어장치(EPCU)

가. 전기자동차의 장점

- 운행 시 유해 가스 배출이 없다.
- 내연기관 자동차와 비교하여 유지비가 저렴하다.
- 전기 에너지로 모터를 구동하기 때문에 엔진 소음이 없어 정숙한 주행이 가능하다.
- 오일 교환과 같은 주기성 교환 품목이 간소화되었다.
- 일부 차량의 경우에는 충전 포트에서 가정용 220V 전원 사용이 가능하다.
- 강력한 토크의 모터 구동으로 가속력이 매우 우수하다.

나. 전기자동차의 단점

- 동급 차종의 내연기관과 비교할 때 가격이 비싸다.
- 엔진 소음이 없어 보행자가 자동차의 접근을 알 수 없어 사고 위험이 있다.
  보행자 보호를 위해 특정 음을 임의적으로 만들어 적용하였다.(VESS, virtual engine sound system)
- 혹한기(온도 급강하 겨울철), 혹서기(온도 급상승 여름철)에 따라 배터리 성능이 저하된다.
- 주유 시설과 비교할 때 충전시설이 많지 않다.
- 주유 시간보다 충전 시간이 길다.

2. 전력 변환 시스템

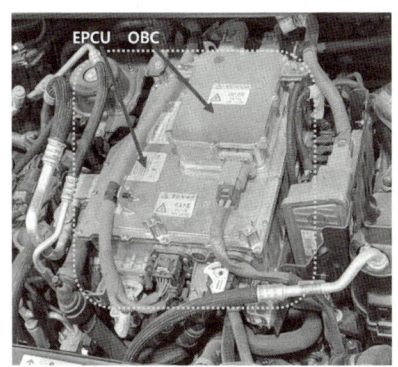

EPCU	OBC
인버터	파워보드
LDC 컨버터	AC 입력필터
제어보드	제어보드
커패시터	다이오드보드
변압기	변압기
고전압컨넥터	고전압컨넥터
전류센서, 온도센서	승압인덕터 출력인덕터

전력변환 시스템 구성

전력변환 시스템은 EPCU(electric power control unit)와 OBC(on-board charger)로 구성된 시스템으로써, 전기자동차의 고전압을 12V로 전환시켜 주는 LDC(Low DC-DC converter), 고전압 직류를 교류를 전환시켜 구동모터를 작동시키는 인버터를 내장하고 있는 EPCU(electric power control unit)와 완속 충전을 위한 외부 220V 교류 전압을 고전압 직류 전압으로 변환시켜 충전을 하는 OBC(on-board charger) 시스템을 말한다.

전력변환과 관계있는 주요 부품에 대한 명칭을 간단히 정리하면
LDC는 DC 고전압을 저전압 DC로 전환, **인버터**는 DC를 AC로 전환, **OBC**는 AC를 DC로 전력을 변환하여 전기자동차에 사용된다.

이러한 전력변환 시스템은 고전압 배터리를 에너지원으로 사용하고 있는 전기자동차의 특성 때문인데, 여기서 고전압 배터리는 2차전지에 해당하는 전지로써, 충전과 방전이 모두 이뤄지는 배터리이다. 고전압 배터리는 제4장에서 상세히 설명하기로 한다.

3. 구동 시스템

전기자동차의 구동 시스템은 고전압 배터리의 전압이 에너지 동력원이 되어 모터를 구동하여 감속기에 전달된 후 차륜을 회전하여 구동하는 것으로써 아래 표와 같이 매우 간단히 설명될 수 있다. **감속기**는 파킹기어를 포함한 5개의 기어가 있으며, 일정한 감속비가 고정되어 토크를 증대시켜 차축으로 전달

하는 원리이다. **전진·차동·파킹** 기능은 있으나 **후진 기능은 없으며**, 후진은 구동 모터의 전원을 직접 역으로 공급하면서 역회전(후진)을 하게 한다. 파킹 기능은 별도의 액추에이터가 감속기에 장착되어 P 또는 not P를 인식하여 액추에이터가 구동하면서 파킹 ON/OFF 기능을 한다.

또한 전진 시 모터로부터 구동력을 받아 너무 빠르게 회전하게 되면 모터의 속도를 낮추면서 토크를 높이는 역할을 하며, 전기차에서 냉각수를 제외한 유일하게 오일이 주입되는 감속기 내부에는 자동변속기 오일류가 들어가고, 무교환 또는 10만km마다 교환을 원칙으로 하는 것이 일반적이다.

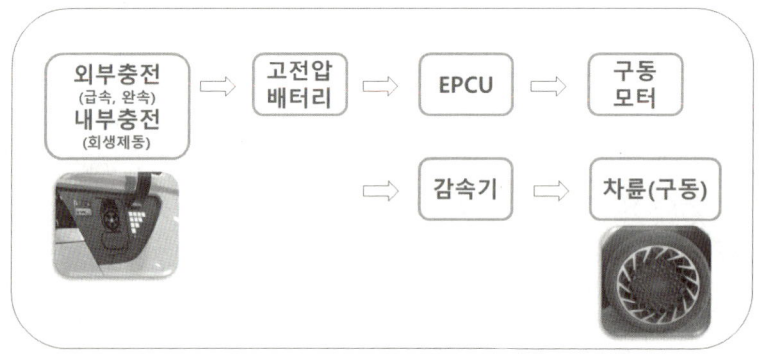

전기자동차 구동 시스템 도면

감속기의 원리와 구동 시스템의 원리는 그렇게 복잡하거나 이해하기 어려운 시스템이 아니나 운전자의 구동 의지와 관련한 EPCU(electric power control unit) 제어 방법에 관한 기술을 살펴보면 그리 간단하지 않다.

구동 시스템의 EPCU 제어를 좀 더 살펴보면 두 가지인데,
① 운전자의 의지 및 주행상황과 고전압 배터리의 상태에 따라 종합적으로 판단하여 제어하는 **VCU(vehicle control unit)의 통합 제어**와 ② 구동모터의 회전자 위치 인식을 위한 레졸버 센서(위치센서)의 학습 값으로 구동 모터의 토크와 속도를 제어하는 **MCU(Motor Control Unit) 모터제어**가 있다.

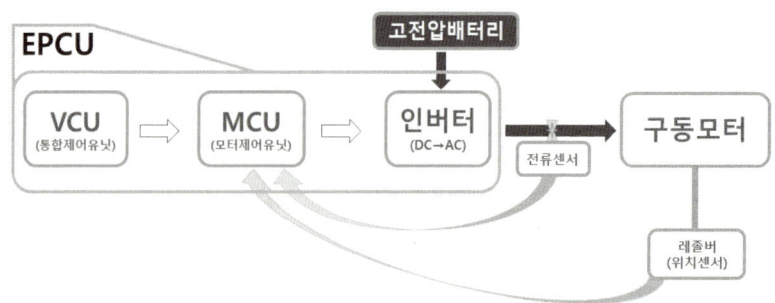

EPCU의 VCU, MCU와 구동모터 체계

구동모터의 역할은 자동차를 주행하게 하는 역할 뿐만 아니라 감속 시 발생하는 에너지를 재활용하는 역할도 하고 있다. 구동모터가 발전기 역할을 하여 회전하는 운동에너지를 감속 시 전기 에너지로 변환시켜 배터리를 충전하는 회생제동 시스템의 주요 역할을 담당한다.

> **Tip.**
>
> VCU 주요제어
> ① 구동모터 제어:구동모터의 가용 토크 및 고전압 배터리 가용 파워와 운전자 요구 사항을 판단하여 모터를 제어한다.
> ② 회생제동 제어:모터의 충전 토크를 연산하여 회생제동을 한다.
> ③ 공조 부하 제어:고전압 배터리 정보와 전자동 에어컨(FATC, Full Automatic Temperature Control)의 요구 파워를 사용한 가능 에너지 제어한다.

4. 제동 시스템

전기자동차의 제동은 내연기관의 진공을 이용한 브레이크 부스터와 마스터 실린더의 힘으로 제동하는 것으로는 부족하여 구동 모터제어와 감속기를 이용하여 제동력을 확보하는 시스템으로 되어있다.

먼저 내연기관의 변속기에 속하는 감속기는 모터의 입력을 적절히 받아 감속비로 속도는 줄이고, 토크는 증대시키면서 감속하게 된다. 구동 모터는 단순히 구동모터의 전력 제어와 동시에 고유압식 브레이크 시스템이 적용되기도 하나, 제동시스템의 발전으로 요즘은 특화된 AHB(active hydraulic booster)을 적용하여, 고압으로 유압을 제어(PSU, pressure source unit)함과 동시에 각 구동 휠의 전달되는 제동력을 통합적으로 제어하는 통합 브레이크 엑츄에이션 유닛(iBAU, integrated brake actuation unit)으로 제동 시스템이 구성되고 있다.

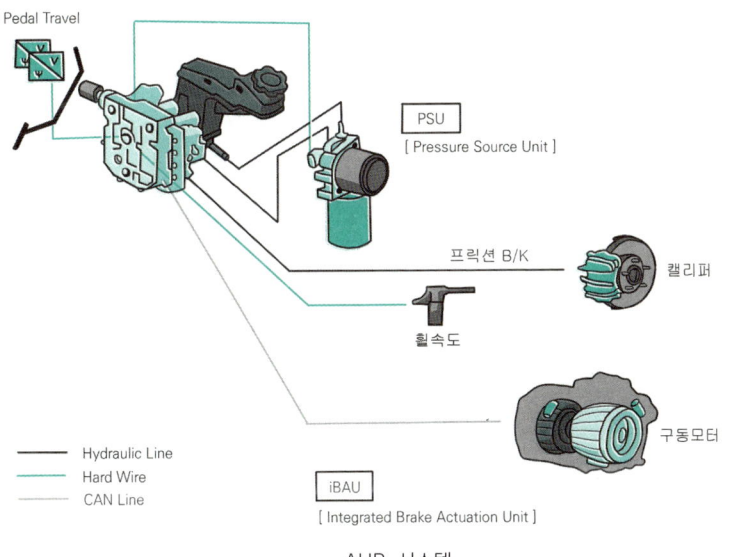

AHB 시스템

지금 설명한 AHB 시스템이 전기자동차의 전자식 제동장치 2세대라 하고, 별도 설명은 하지 않았으나, PSU와 iBAU를 일체형으로 만든 **통합형 전동 제동장치(IEB, integrated electronic brake)**를 3세대라 하고 있다. 그러나 2세대든, 3세대든 내연기관의 브레이크 시스템과는 다르고, 더욱 특화된 브레이크 시스템과 전자식 제동장치 원리를 적용하고 있다는 것은 같다. 현재는 거의 대부분의 국내 전기차는 3세대 개념을 쓰고 있으나, 전자식 브레이크 원리를 설명하기 위해 AHB 시스템을 설명하였다. 3세대 개념의 IEB를 부연 설명하자면 회생제동 브레이크 시스템을 구성하는 고유압 공급라인과 압력을 제어하는 제어부가 하나로 통합된 것이다. 즉, <u>자동 긴급제동 시스템(AEB), 차체 자세제어 시스템(ESC), 안티록 브레이크 시스템(ABS)</u> 등 첨단 제동 시스템을 모두 구현할 수 있는 것으로써, 반드시 그 원리를 이해하고 알고 있어야 한다.

> **Tip.**
> IEB(Integrated Electronic Brake)
> 고장 시 회생제동은 되지 않으나 유압 제동력은 작동하며, 일종의 진공배력 장치를 대신하는 전동식 진공배력장치로써, 전동모터를 활용하여 제동에 필요한 압력을 공급한다.

5. 공조 시스템

자동차에서 공조(空調) 시스템이란 실내의 온·습도, 기류, 청정도를 조절하는 일련의 장치들을 말하며, 보통의 경우에는 냉방장치로 이해하는 경우가 많다. 여기에서는 냉·난방 시스템에 관한 부분을 모두 다루기로 한다.

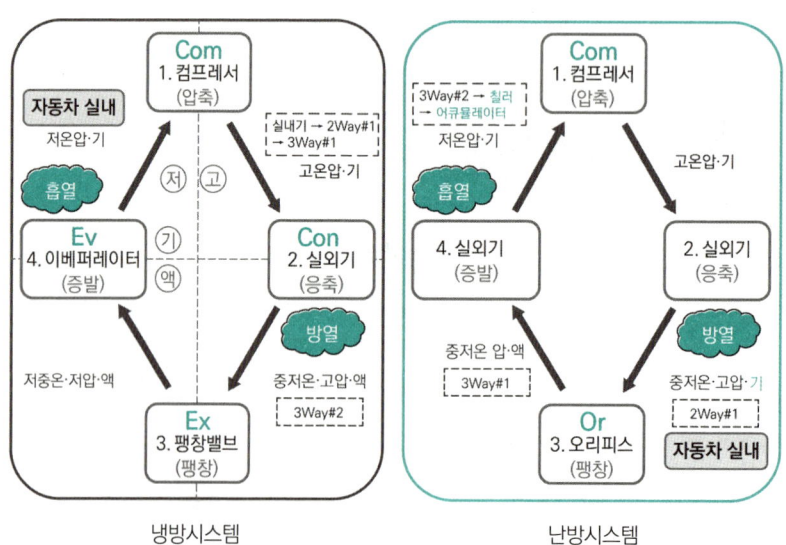

냉방시스템 　　　　　난방시스템

전기자동차의 냉·난방 시스템은 내연기관과 원리는 같으나 약간의 차이가 있다. 위 그림에서와 같이 특히 난방 시스템은 확연한 차이가 있다. 난방장치에는 우리가 흔히 쓰는 전기스토브와 같은 별도의 개별 난방을 하는 PTC(Positive Temperature Coefficient) 히터라는 것이 있는 데, 내연기관에서는 12V 축전지 와 발전기의 에너지를 사용하여 작동한다면, 전기자동차는 추가 발전 없이 고전압 배터리의 에너지만을 공급받아 작동하게 된다. 냉방 시스템 역시 전기자동차는 고전압 배터리의 에너지로 냉방시스템이 가동된다.

가. 냉방 시스템

가장 기본적인 냉방 싸이클은 아래와 같다.

① **컴프레서(압축)** : 고전압 배터리의 전력으로 전동식 컴프레셔가 냉매를 압축한다. [고온·고압 기체]
② **콘덴서(응축)** : 냉매 응축 작업을 하면서 고온의 냉매가 냉각된다. [저온·고압 액체]
③ **팽창밸브(팽창)** : 압력이 낮아지면서 저압의 액체로 변한다. [저온·저압 액체]
④ **이베퍼레이터(증발)** : 증발기라고도 하며, 주변 열을 흡수하면서 냉매는 기체화된다. [저온·저압 기체]

또한, 전기차에 추가된 장치들은 다음과 같다.

- 2way 밸브와 오리피스 밸브 : 실외 콘덴서로 바이패스 하고, 2way 밸브는 증발기로 냉매를 흐르게 함
- 3way 1. 밸브 : 냉매를 실외 콘덴서로 흐르게 함
- 3way 2. 밸브 : 냉매를 팽창밸브로 흐르게 함

나. 난방 시스템

① **컴프레서(압축)** : 고전압 배터리의 전력으로 전동식 컴프레셔가 냉매를 압축하여 실내 컨덴서로 보낸다. [고온·고압 액체]
② **실내기 컨덴서(응축)** : 고온 냉매가 저온의 실내공기와 접촉하면서 열을 방출한다. [저온·고압 기체]
③ **오리피스밸브(팽창)** : 오리피스 압력이 낮아지면서 저압의 액체로 변한다. [저온·저압 액체]
④ **실외기 컨덴서(증발)** : 주변 열을 흡수하면서 냉매는 기체화된다. [저온·저압 기체]

이러한 전기자동차에서 여름철과 겨울철에 냉·난방으로 소모되는 전력량을 줄이고, 주행거리 감소를 최소화하면서 전비 효율을 향상하기 위하여 개발된 것이 「**히트펌프(heat pump) 시스템**」이다. 전기자동차의 PTC(전기히터) 방식과 비교할 때 구조가 복잡하고, 구성부품이 많아 작동 원리 역시 어렵고 복잡하다는 단점은 있으나, 여름철과 겨울철의 냉·난방 시스템 가동 기간이 미가동 시간보다 현저히 많아 전비(연비) 효율 향상을 위해서는 선택에 여지가 없이 전기자동차 전반에 적용되고 있는 시스템이다. PTC와 비교할 때, 히트펌프 시스템은 열효율이 크기 때문에 에너지 소비를 줄일 수 있으며, 난방 시 소비 전력을 줄일 수 있어 고전압 배터리의 전력 소비가 적어 주행거리는 늘어나게 된다. 또한 EPCU 등 고전압 부품의 폐열 활용으로 극저온 상에서 히트펌프 시스템 구현이 가능하다.

<u>히트펌프(heat pump) 시스템의 원리</u>를 간단히 정리해 보면 다음과 같다.

- <u>냉매의 순환 과정</u>을 통해 냉방과 난방을 지원하는 시스템
- **콤프레셔(압축기)**를 이용, 냉매에 고온고압을 가하여 <u>액상 냉매를 기체화</u>시켜 <u>이베퍼레이터(증발기)</u>를 이용하여 열 흡수-<u>냉방</u>

- 콘덴서(응축기)를 이용, 고온의 기체 냉매가 액체화되면서 열 방출-**난방**

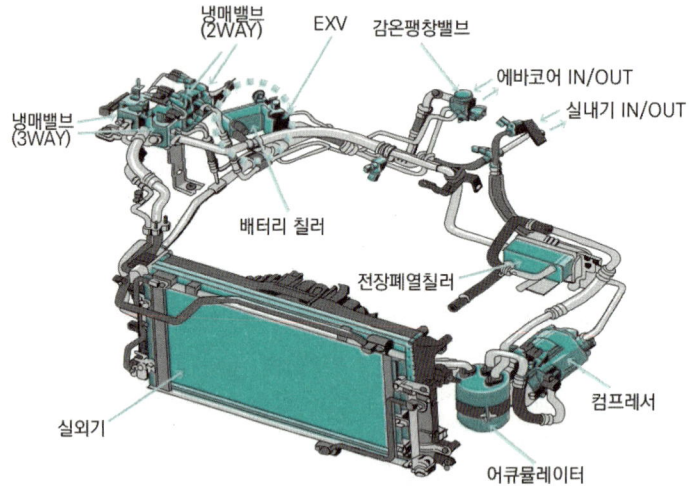

히트펌프 시스템

「배터리칠러(chiller)」는 **증발 작용**의 원리를 이용하여 액체의 열을 제거한다. 전기자동차에서 배터리 열관리 시스템의 핵심 냉각부품으로써, 고전압 배터리를 냉각시켜 배터리 성능을 향상시키는 역할도 한다. 또한 「2WAY」밸브는 냉·난방 시 냉매 순환계통을 제어하고, 「3WAY」 밸브는 2WAY 밸브와 실외기 콘덴서 사이에서 콘덴서의 빙결 시 출구 쪽으로 냉매를 바이패스(by-pass)시키거나, **TXV(Thermal Expansion Valve, 감온 팽창밸브)**와 실외기 콘덴서 사이에 설치되어 냉방 시 TXV 쪽으로, 난방 시 칠러(chiller) 쪽으로 냉매의 흐름을 전환시키는 역할을 한다.

> **Tip.**
>
> PTC(Positive Temperature Coefficient) 히터
> 양(+)의 온도 상수를 갖는 전기저항 반도체 소자 티탄산바륨($BaTiO_3$)을 이용한 히터로써, 반도체 소자의 저항이 온도와 비례하여 상승하는 원리를 이용한 히터이다. 즉 정상 발열 상태를 유지하기 위해 저항과 온도를 조정하여 전류량을 증감시킨다.(여기에서 전압·저항·온도와 전류는 반비례)

연습문제 — 제1장 전기 자동차

01 전기자동차의 장점으로 옳지 않은 것은?

① 운행 시 유해 가스 배출이 없다.
② 오일 교환과 같은 주기성 교환 품목이 간소화되었다.
③ 동급 차종의 내연기관과 비교할 때 가격이 저렴하다.
④ 강력한 토크의 모터 구동으로 가속력이 매우 우수하다.

해설 ▶ 고전압 배터리의 가격이 매우 높아 동급 차종의 내연기관과 비교할 때 가격이 비싸고, 엔진 소음이 없어 보행자가 자동차의 접근을 알 수 없어 사고 위험이 있다.

02 다음 중 전기자동차의 단점으로 가장 적당한 것은?

① 오일 교환과 같은 주기성 교환 품목이 많다.
② 주유 시간보다 충전 시간이 짧다.
③ 혹서기에 배터리 성능이 저하된다.
④ 운행 시 유해 가스 배출이 조금은 발생한다.

해설 ▶ 전기자동차의 단점
- 동급 차종의 내연기관과 비교할 때 가격이 비싸다.
- 엔진 소음이 없어 보행자가 자동차의 접근을 알 수 없어 사고 위험이 있다.
- 혹한기(온도 급강하 겨울철), 혹서기(온도 급상승 여름철)에 따라 배터리 성능이 저하된다.
- 주유 시설과 비교할 때 충전시설이 많지 않다.
- 주유 시간보다 충전 시간이 길다.

03 전기자동차의 고전압 배터리는 어떤 전지로 분류 되는가?

① 1차전지　　② 2차전지
③ 3차전지　　④ 연료전지

해설 ▶ 고전압 배터리는 2차전지에 해당하는 전지로써, 충전과 방전이 모두 이뤄지는 배터리를 말한다.

04 전기자동차의 완속 충전 제어 박스로 가장 적절한 것은?

① IEB　　② ICCB
③ HPCU　④ LDC

해설 ▶ 전기자동차의 완속 충전 제어 박스는 ICCB(In-Cable Control Box)이며, IEB(Integrated Electronic Brake)는 통합형 전동 브레이크, HPCU(Hybrid Power Control Unit)는 하이브리드 자동차의 HCU, MCU, LDC 통합 제어기이고, LDC(Low Voltage DC-DC Converter)는 직류 변환기 장치(고전압 저전압-12V)이다.

05 전기자동차의 배터리칠러(chiller)에 대한 설명으로 틀린 것은?

① 포집 작용의 원리를 이용하여 액체의 열을 제거한다.
② 배터리 열관리 시스템의 핵심 냉각부품이다.
③ 고전압 배터리 성능을 향상시킨다.
④ 칠러 내부에는 냉매와 냉각수가 동시에 존재한다.

해설 ▶ 배터리 칠러는 증발 작용의 원리를 이용하여 액체의 열을 제거하고, 고전압 배터리를 냉각시켜 배터리 성능을 향상한다

06 전기자동차의 고장 시 회생제동은 되지 않으나 유압 제동력은 작동하며, 일종의 진공배력 장치를 대신하는 전동식 진공배력장치로 옳은 것은?

① SOC　　② SBW
③ COD　　④ IEB

정답　01 ③　02 ③　03 ②　04 ②　05 ④　06 ④

해설 ▶ SBW(Shift-By-Wire)는 전자식 변속레버 시스템이며, COD(Cathode Oxygen Depletion)는 수소차의 스택 냉각수 가열과 에너지 소진 기능을 말하고, IEB(Integrated Electronic Brake)는 통합형 전동 브레이크이다.

해설 ▶ '저속전기자동차'란 최고속도가 60km/h를 초과하지 않고, 차량 총중량이 1,361 kg을 초과하지 않는 전기자동차를 말한다.(「자동차관리법」 제35조의2 및 「자동차관리법 시행규칙」 제57조의2)

07 전기자동차에서 냉·난방으로 소모되는 전력량을 줄이고, 주행거리 감소를 최소화하면서 전비 효율을 향상하기 위하여 개발된 것은?

① 히트펌프 ② 2way 밸브
③ 콘덴서 ④ 감속기

해설 ▶ 히트펌프(heat pump) 시스템은 전기자동차의 PTC(전기히터) 방식과 비교할 때 구조가 복잡하고, 구성부품이 많아 작동 원리 역시 어렵고 복잡하다는 단점은 있으나, 여름철과 겨울철의 냉·난방 시스템 가동 기간이 미가동 시간보다 현저히 많아 전비(연비) 효율 향상을 위해서는 선택에 여지가 없이 전기자동차 전반에 적용되고 있는 시스템이다.

08 전기자동차의 엔진 소음이 없어 보행자가 전기 자동차 접근을 몰라 사고 위험이 발생하는 것을 예방하기 위한 장치로 맞는 것은?

① VESS ② OBC
③ EPCU ④ EWP

해설 ▶ 보행자 보호를 위해 특정 음을 임의적으로 만들어 적용한 장치는 VESS(virtual engine sound system)이다.

09 자동차관리법상 저속전기자동차의 최고속도 (km/h) 기준은?(단, 차량 총중량이 1361kg을 초과하지 않음)

① 20 ② 40
③ 60 ④ 80

10 전기자동차의 기본 구조에 해당하지 않는 것은?

① 고전압 정션 박스
② OBC(On-Board Charger)
③ 구동모터
④ 제어유닛

해설 ▶ 전기차의 기본 구조는 고전압 배터리, 고전압 정션박스, 구동모터와 감속기, 완속 충전기(OBC), 전력제어장치(EPCU)로 구분할 수 있다.

11 전기자동차의 전력변화 시스템에서 EPCU (electric power control unit)의 구성과 관계 없는 것은?

① AC 입력필터
② 변압기
③ 고전압 컨넥터
④ 제어보드

해설 ▶ AC 입력필터는 완속 충전을 위한 외부 220V 교류 전압을 고전압 직류 전압으로 변환시켜 충전을 하는 OBC(on-board charger) 시스템에 속한다. 나머지 ②, ③, ④는 OBC와 EPCU에 모두 적용된다.

정답 07 ① 08 ① 09 ③ 10 ④ 11 ①

12 전기자동차의 구동 시스템 중 감속기에 대한 내용으로 옳은 것은?

① 감속기는 고전압 배터리 팩에 장착된 고전압 부품이다.
② 감속기 내부에는 엔진 오일이 소량 주입되어 있다.
③ 감속기는 모터의 전원을 직접 받아 구동된다.
④ 감속기에는 전진·차동·파킹 기능은 있으나 후진 기능은 없다.

해설 ▶▶ 감속기는 파킹기어를 포함한 5개의 기어가 있으며, 일정한 감속비가 고정되어 토크를 증대시켜 차축으로 전달한다. 전진·차동·파킹 기능은 있으나 후진 기능은 없으며, 후진은 구동 모터의 전원을 역으로 공급하면서 역회전(후진) 한다. 파킹 기능은 별도의 액추에이터가 감속기에 장착되어 P 또는 not P를 인식하여 액추에이터가 구동하면서 파킹 ON/OFF 기능을 한다.
감속기 내부에는 자동변속기 오일류가 들어가고, 무교환 또는 10만km마다 교환을 원칙으로 하는 것이 일반적이다.

13 외부충전에서 차륜의 구동에 이르기까지 전기자동차의 구동 시스템에 속하지 않는 것은?

① 회생제동
② 고전압 배터리
③ 구동모터와 감속기
④ HCU

해설 ▶▶ HCU(Hybrid Control Unit)는 하이브리드 자동차 최상위 제어기로써 전기차 구동 시스템과는 관계가 없다.

정답 12 ④ 13 ④

제2장　하이브리드 자동차

1. 하이브리드 일반(개요, HEV, PHEV, 병렬형, 동력분기형)

하이브리드(Hybrid, HEV)란 단어의 의미는 동·식물의 혼종을 말하는데, 즉 두 가지 이상의 이질적인 것이 합쳐진 것을 뜻한다. 자동차에서는 가솔린, 디젤, LPG, 전기, 바이오디젤, 태양광 등 자동차의 동력을 위한 에너지원이 한 대의 자동차에서 두 가지 이상의 에너지원이 쓰이는 경우에「하이브리드 자동차」라고 부른다.「하이브리드」라는 용어 자체가 대중에게 쓰이기 시작한 것이「하이브리드 자동차」때문이라 해도 과언이 아닐 만큼, 우리는 현재 "하이브리드"라는 말만 들어도 자동차를 뜻하는 것으로 인식한다.

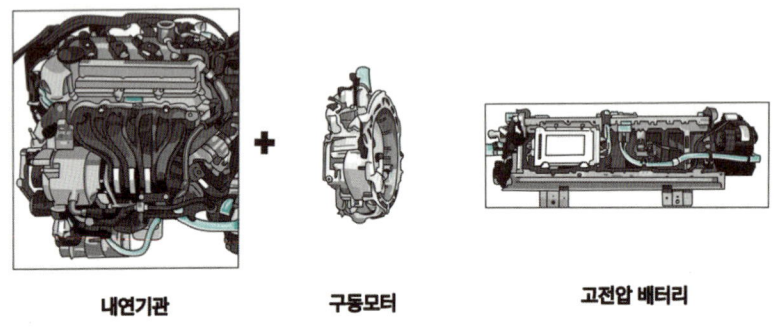

내연기관　　　　구동모터　　　　고전압 배터리

하이브리드(Hybrid) 자동차는 위 그림과 같이 내연기관과 고전압 배터리의 전기 에너지를 기반으로 한 구동되는 모터가 자동차의 주행 조건에 따라 적절히 상호 변환되면서 동력을 발생시켜 연비를 극대화시킨다.

주요 구성품은 **내연기관(엔진), 구동모터(전기모터), 고전압 배터리(축전지), 인버터와 컨버터, 하이브리드 컨트롤 유닛(HCU), 배터리 메니지먼트 시스템(BMS), 로우 전압 DC-DC 컨버터(LDC)**이다. 고전압 배터리의 직류 전원을 교류전원으로 변환시키는 인버터는 순수 전기자동차와 같은 원리로써 교류로 회전하는 구동 모터에 적정 전압을 공급한다. 또한 컨버터는 주행중 정차시 회생제동 기능으로 발생되는 전기를 다시 직류 전압으로 변환하여 고전압 배터리에 충전하는 기능을 한다.

플러그인 하이브리드(PHEV)란 간단히 말해서, 고전압 배터리를 외부에서 충전하는 하이브리드를 말한다. 순수 전기차의 고전압 배터리 충전과 같은 방식이다. 즉, 주행 중 충·방전을 하는 일반적인 하이브리드 차량보다 고전압 배터리 용량을 증대하여 전기 모드에서의 주행거리를 연장한 것으로써, 연료 소비는 줄어든다. 그러나 별도의 충전시설을 이용해야 한다는 점에서 불편하다는 인식도 있다.

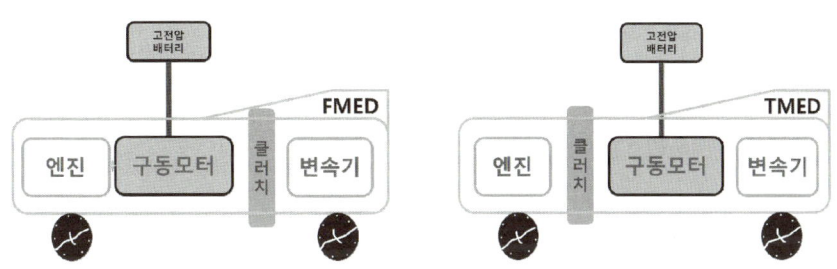

| 엔진 플라이휠 쪽에 모터가 장착된 병렬형 | 변속기 쪽에 모터가 장착된 병렬형 |

병렬형 하이브리드 타입은 구동 모터가 어디에 위치하고 있느냐에 따라 크게 2가지 개념으로 나뉜다. 하나는 구동 모터가 엔진 플라이휠(flywheel) 쪽에 있어 별도의 구동 모터만으로 주행할 수 있는 EV모드가 불가능하고 소프트 타입이라고도 부르는 **FMED**(flywheel mounted electric device)형이고, 다른 하나는 구동 모터가 변속기 쪽에 있어 클러치의 단속(斷續) 기능을 활용하여 별도의 구동모터만으로 EV모드 주행이 가능한 **TMED**(transmission mounted electric device)형이다. TMED형은 하드 타입이라 부르기도 한다.

동력분기형(power split type, **복합형** 하이브리드 타입)은 병렬형 하이드 브리드 타입과 같이 구동모터가 엔진쪽에 있느냐, 변속기쪽에 있느냐, EV모드가 가능 여부와는 관계없이, 엔진과 구동모터의 동력 연결·분배를 자동변속기의 유성기어 방식을 이용하여 EV모드 주행이 가능한 형식을 말한다. 즉 선기어, 캐리어, 링기어를 적용하여 엔진과 구동모터의 단속(斷續) 기능을 활용한 것이며, 현재 여러 제작사에서 많이 쓰이고 있는 하이브리드 자동차 방식이다.

> **Tip.**
> 직렬방식 : 발전기에서 만들어진 전기 에너지로 구동 모터를 구동, 변속기 불필요, 가속성 저하
> 병렬방식 : 출발 시 구동모터, 일정 속도 도달 주행시 엔진으로 주행, 변속기 필요, FMED 또는 TMED고 구분

2. 하이브리드 동력(모터, 엔진)의 흐름

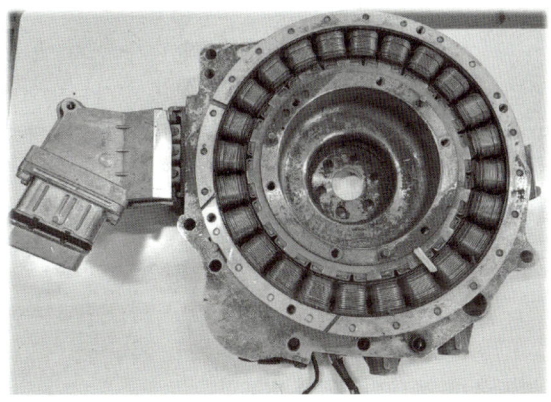

하이브리드 고전압 모터

하이브리드 동력 흐름의 3가지 방식(병렬형 2가지, 동력분기형)을 이미 설명하였고, 하이브리드 차량에서 빼 놓을 수 없는 센서가 구동모터와 함께 장착되어있는 레졸버(resolver) 센서이다. 레졸버 센서는 모터 위치 센서로써, 엄밀히 말하면 구동 모터용과 HSG용으로, 두 종류로 나뉜다. **레졸버 센서의 역할과 특징**을 정리하면 다음과 같다.

① 구동 모터 회전자의 위치를 검출한다.
② 회전자 위치·속도 검출후 MCU의 효과적 모터제어를 하도록 돕는다.
③ 광대역 온도 범위 사용이 가능하고 내구성이 우수하다.
④ 소형화된 부품 제작이 가능하다.
⑤ 구동모터 분해·교환·정비시 진단장비를 사용하여 보정이 필요하다.
⑥ 기타 주요 부품(엔진,인버터,HSG) 수리 시 보정 작업이 필요하다.

> **Tip.**
>
> 구동모터 단품 점검
> • 구동모터 절연 측정 : U-V-W상의 내전압과 절연저항을 측정
> • 구동모터 저항 측정 : U-V, U-W, V-W상의 선간전압 측정
> • 온도센서와 레졸버 저항 측정

주행 시 엔진과 모터의 에너지 흐름에 관한 주행 패턴은 아래 그림과 같다.

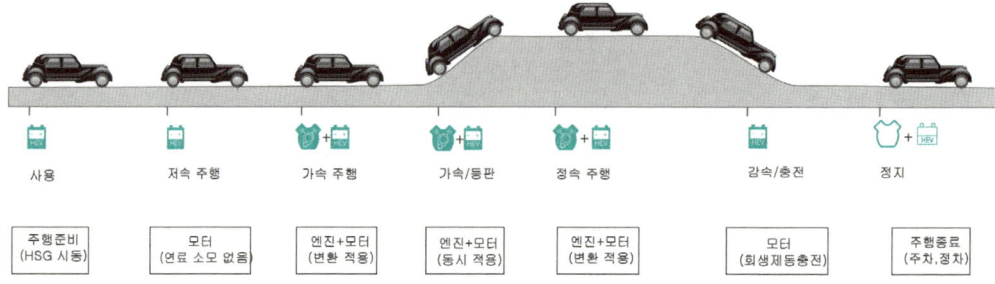

HEV Energy flow

하이브리드 자동차의 동력이 되는 모터와 엔진은 고전압 전기와 석유계(가솔린, 디젤, LPG, CNG)의 에너지원을 함께 사용하는 것으로 완전한 무공해 제로 에미션 자동차(zero emisson vehicle, ZEV)는 아니다. 그러나 아직 완전한 내연기관 자동차의 운행을 제한하는 데 한계가 있어, 무공해 자동차(ZEV)로의 전환에 있어 하이브리드 자동차의 내연기관의 운영 체제는 결코 무시할 수 없는 것이다. 순수 EV 자동차로의 변화가 마치 세계 추세인 듯 보이나 사실은 그렇지 않다.

미국 시장 조사 분석 전문 회사 프로스트 앤 설리번(Frost&Sullivan)의 조사 자료에 따르면 2030년까지 세계 친환경 그린카 시장에서 순수 전기차는 약 1,010만대 증가를 보일 전망이고, 그와 달리 하이브리드 자동차는 5,270만대 증가를 예상하고 있어, 순수 전기차의 약 5배 이상이라고 조사·분석을 자료를 내놓은 바 있다. 물론 2017년 2월에 발표한 국토교통부 자동차 정책 기본계획으로써 현재 순수 전기차 생산과 고전압 배터리 개발은 눈부신 속도로 발전을 거듭하고 있어 조사·분석 결과는

다소 달라졌을 것으로 예상되나, 하이브리드 자동차의 세계화 증가 속도는 순수 전기차와 비교할 때 훨씬 우월한 위치에 있다고 보아도 될 것이다.

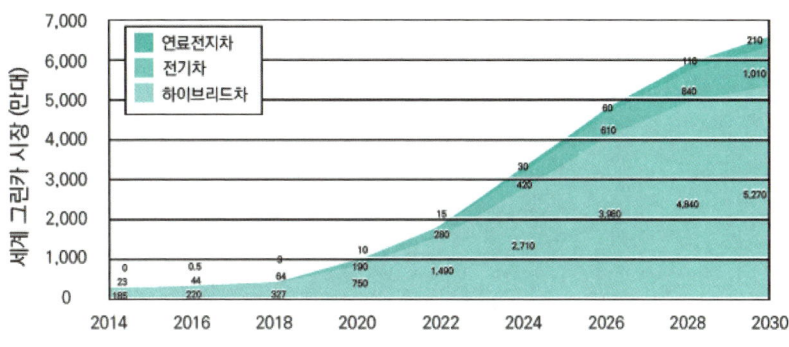

친환경차 시장 구성 전망(Frost&Sullivan자료)

> **Tip.**
>
> **전동식 오일 펌프(OPU, Oil Pump Unit)**
> 엔진이 가동되는 것과 관계없이 전기적 신호로 작동되는 오일펌프로써, 모터 주행 구간에서 오일 순환을 위해 반드시 필요한 장치이다. 하이브리드 자동차뿐만 아니라, 내연기관 차량에서도 주행 중 연비 효율 향상을 위한 정차 시 작동하는 오토스탑(ASG, Auto Stop and Go) 기능 작동중에도 사용된다. 다른 말로 공회전 제한 장치(Idle Stop&Go), 즉 ISG라고도 많이 부른다.

3. HSG(Hybrid Starter Genertor)

하드타입(엔진과 모터가 클러치에 의해 단속(斷續)되는 타입)의 하이브리드 자동차는 일반적인 내연기관 자동차의 변속기를 그대로 장착하여 사용할 수 있는 이점은 있으나, 주행 중에 엔진과 모터의 클러치 단속(斷續) 시 충격 방지와 원활한 연결을 위해 엔진과 모터 회전 속도를 비슷하게 맞추어야 변속기에 무리도 가지 않고 부드러운 주행 지속이 가능하다. 이렇게 엔진의 회전속도를 주행상황에 맞게 조절(빠르게, 늦게)하는 역할을 하는 것이 하이브리드 스타터 제너레이터(HSG, hybrid starter generator)이다.

또한 최초 시동 시 일반 내연기관의 시동모터 역할을 하기에 하이브리드 자동차에서 HSG가 없으면 시동이 불가하다. HSG는 고전압(약270V) 라인에 있는 부품으로써, 정비작업 시 반드시 고전압 차단 절차를 실시하고 작업하여야 하며, 고전압 배터리 이상 시 작동되지 않게 된다. 일종의 3상 교류 전동기로써, 크랭크축 풀리와 구동벨트로 연결되어 엔진 시동을 하게 된다. 마치 발전기 풀리가 크랭크축 회전력에 의해 회전하는 것과 반대의 원리라 보면 된다. 고전압으로 회전하는 HSG는 냉각라인이 형성되어 있어, 냉각수가 흐르게 되어있어, 냉각수에 의해 냉각되어 적정온도를 유지한다.

HSG의 주요 제어 기능 4가지를 정리하면,
① **시동** 제어 기능 : HEV 모드로 전환할 때 엔진을 시동하는 기능이다.
② **엔진 속도** 제어 기능 : 클러치로 모터와 엔진을 연결할 때 충격과 진동을 줄여주는 원리로써, 모터 주행 중 엔진 속도를 빠르게 하여 모터 속도와 엔진 속도를 동기화 시키는 기능이다.
③ **발전** 제어 기능 : 고전압 배터리의 SOC(state of charge)가 저하될 경우, 엔진을 강제 시동하여 HSG가 전기를 발생시켜 고전압 배터리를 충전하는 기능이다.
④ **소프트 랜딩** 제어 기능 : 주행 종료 후 시동을 끌 때 엔진의 진동을 줄이는 엔진 회전수 제어 기능이다.

> **Tip.**
>
> HSG와 구동 모터의 온도센서
> 고전압 부품의 적정온도는 성능에 많은 영향을 주는 요소이다. 온도가 너무 높으면, 영구자석의 성능저하가 발생하게 된다. 이러한 현상을 방지하기 위해 별도의 온도센서를 장착하여 온도에 따라 토크 값과 속도를 조정한다.

연습문제 — 제2장 하이브리드 자동차

01 병렬형(Parallel) TMED(Tranmission Mounted Electric Device) 방식의 하이브리드 자동차(HEV)에 대한 설명으로 틀린 것은?

① 모터가 변속기에 직결되어 있다.
② 모터 단독 구동이 가능하다.
③ 모터가 엔진과 연결되어 있다.
④ 주행 중 엔진 시동을 위한 HSG가 있다.

해설 ▶ TMED(transmission mounted electric device)형은 하드 타입이라 하는데, 구동 모터가 변속기 쪽에 있어 클러치의 단속(斷續) 기능을 활용하여 별도의 구동 모터만으로 EV모드 주행이 가능하다

02 하이브리드 자동차(HEV)에 대한 설명으로 거리가 먼 것은?

① 병렬형(Parallel)은 엔진과 변속기가 기계적으로 연결되어 있다.
② FMED(Flywheel Mounted Electric Device) 방식은 모터가 엔진 측에 장착되어 있다.
③ 병렬형(Parallel)은 구동용 모터 용량을 크게 할 수 있는 장점이 있다.
④ TMED(Transmission Mounted Electric Device)방식은 모터가 변속기 측에 장착되어 있다.

해설 ▶ 병렬형 모터는 보조 동력으로 사용하여 에너지 손실이 적어 용량을 크게 할 필요가 없다.

03 하이브리드 자동차에서 회생제동의 시기는?

① 출발할 때 ② 정속주행할 때
③ 급가속할 때 ④ 감속할 때

해설 ▶ 회생제동 시스템은 브레이크를 밟으며 감속 또는 제동 시, 내리막 길을 주행 시 모터의 저항을 이용하여 운동 에너지를 전기에너지로 변환하여 고전압 배터리를 충전하는 것을 말한다.

04 주행 중인 하이브리드 자동차에서 제동 및 감속 시 충전불량현상이 발생하였을 때 점검이 필요한 곳은?

① 회생제동 장치
② LDC 제어 장치
③ 발진제어 장치
④ 12V용 충전 장치

해설 ▶ 회생제동 장치(감속모드)는 감속 시 모터의 저항을 이용하여 운동 에너지를 전기에너지로 변환하여 고전압 배터리를 충전한다.

05 하이브리드자동차의 고전압 배터리 시스템 제어 특성에서 모터 구동을 위하여 고전압 배터리가 전기에너지를 방출하는 동작 모드로 맞는 것은?

① 제동모드
② 방전모드
③ 정지모드
④ 충전모드

해설 ▶ 충전·회생·제동모드는 고전압 배터리에서 소모된 전기에너지를 회생제동 시스템을 통해 회수·충전하는 것을 말한다.

정답 01 ③ 02 ③ 03 ④ 04 ① 05 ②

06 하이브리드 자동차는 감속 시 전기에너지를 고전압 배터리로 회수(충전)한다. 이러한 발전기 역할을 하는 부품은?

① AC 발전기
② 스타트 모터
③ 하이브리드 모터
④ 모터 컨트롤 유닛

해설 ▶ 회생제동이란 하이브리드 자동차가 감속 혹은 제동을 할 때, 모터의 저항을 이용하여 운동 에너지를 전기에너지로 변환하여 고전압 배터리를 충전하는 것을 말한다.

07 하이브리드 차량의 정비 시 전원을 차단하는 과정에서 안전 플러그를 제거 후 고전 압 부품을 취급하기 전에 5~10분 이상 대기시간을 갖는 이유 중 가장 알맞은 것은?

① 고전압 배터리 내의 셀의 안정화를 위해서
② 제어 모듈 내부의 메모리 공간의 확보를 위해서
③ 저전압(12V) 배터리에 서지 전압이 인가되지 않기 위해서
④ 인버터 내의 콘덴서에 충전되어있는 고전압을 방전시키기 위해서

해설 ▶ 인버터 내의 콘덴서는 직류 차단과 반복적인 충·방전으로 교류신호만 통과시켜 DC를 AC로 변환하는 역할을 하기때문에, 고전압 무력화(안전 플러그 제거) 후에도 일정시간이 경과 되어야 완전한 방전 상태가 된다.

08 병렬형 하드 타입의 하이브리드 자동차에서 HEV 모터에 의한 엔진 시동 금지조건 인 경우, 엔진 시동은 무엇으로 하는가?

① HEV 모터
② 블로워 모터
③ 기동 발전기(HSG)
④ 모터 컨트롤 유닛(MCU)

해설 ▶ EV모드 주행이 가능한 하드 타입의 하이브리드 자동차는 모든 전기시스템이 정상일 경우 모터를 이용해 엔진 시동을 한다. 그러나 고전압 배터리 충전량이 18% 이하이거나, 엔진 냉각 수온이 −10°C 이하, 고전압 배터리 온도가 약 −10°C 이하 또는 45°C 이상일 경우, HCU는 모터로 엔진 시동을 금지하고, HSG를 작동시켜 엔진을 시동 건다.

09 하이브리드 자동차의 전기장치 정비 시 반드시 지켜야 할 내용이 아닌 것은?

① 절연장갑을 착용하고 작업한다.
② 서비스플러그(안전플러그)를 제거한다.
③ 전원을 차단하고 일정 시간이 경과 후 작업한다.
④ 하이브리드 컴퓨터의 커넥터를 분리하여야 한다.

해설 ▶ 하이브리드 자동차의 정비 시 점화스위치를 OFF, 보조 배터리(12V) 케이블 분리, 고전압 안전 플러그 분리하여 고전압 차단 후 정비하여야 한다.

10 다음은 하이브리드 자동차에서 사용하고 있는 커패시터(Capacitor)의 특징을 나열한 것이다. 틀린 것은?

① 충전 시간이 짧다.
② 출력 밀도가 낮다.
③ 전지와 같이 열화가 거의 없다.
④ 단자 전압으로 남아있는 전기량을 알 수 있다.

해설 ▶ 하이브리드 자동차에 쓰이는 초고용량 커패시터는 짧은 충방전 시간과 에너지 밀도, 출력밀도(고출력)가 높다.

11 하이브리드 자동차 계기판에 있는 오토스톱(Auto Stop)의 기능에 대한 설명으로 옳은 것은?

① 배출가스 저감
② 엔진오일 온도 상승 방지
③ 냉각수 온도 상승 방지
④ 엔진 재시동성 향상

해설 ▶ 오토스톱(Auto Stop)기능은 공회전 제한 장치(ISG, Idle Stop&Go) 또는 스톱 앤 고라고 하며, 주행중 차량이 멈췄을 때 자동으로 엔진을 정지하여 공회전으로 인한 배출가스를 줄이고, 연비를 극대화 한 시스템이다.

12 하이브리드 고전압 장치 중 프리차저 릴레이와 저항의 기능이 아닌 것은?

① 메인 릴레이 보호
② 타 고전압 부품 보호
③ 메인 퓨즈, 버스바, 와이어하네스 보호
④ 배터리 관리시스템 입력 노이즈 저감

해설 ▶ 돌입전류로 인한 부품보호를 위해 프리차지(Pre-Charge) 릴레이와 저항을 두었다. 프리차지 릴레이는 최초 시동 시 작동되었다가 캐퍼시터에 충전이 완료되어 고전압 안정이 된 후 작동을 멈추게 된다.

13 하이브리드 자동차에서 저전압(12V) 배터리가 장착된 이유로 틀린 것은?

① PTC 히터 작동
② 등화장치 작동
③ 오디오 작동
④ 하이브리드 모터 작동

해설 ▶ 하이브리드 모터는 고전압 AC를 이용하여 구동한다.

14 하이브리드 자동차 고전압 배터리 충전상태(SOC)의 일반적인 제한영역은?

① 20~80%   ② 55~86%
③ 86~110% ④ 110~140%

해설 ▶ 최적 SOC 영역은 약 55~65% 사이이며, 하이브리드 컨트롤 유닛(HCU)은 배터리 보호를 위해 80~90% 이상 과충전을 방지하고, 20% 이하로 과방전되는 것을 제어한다.

15 하이브리드 자동차에서 모터 내부의 로터 위치 및 회전수를 감지하는 것은?

① 레졸버   ② 커패시터
③ 액티브 센서 ④ 스피드 센서

해설 ▶ 레졸버 센서의 목적은 최대의 출력 토크 실현으로써, 회전자계와 회전자의 영구자석의 상호작용으로 회전자가 회전하고, 회전자는 회전자계의 속도와 동일한 속도로 회전하는 PMSM(영구자석 동기모터)에 사용된다. 레졸버는 로터, 스테이터, 회전트랜스로 구성되어 있으며, 로터(회전자)의 회전속도 및 위치를 판단하여 로터와 스테이터 간의 오차를 최소화 한다.

16 하이브리드 자동차의 동력제어 장치에서 모터의 회전속도와 회전력을 자유롭게 제어 할 수 있도록 직류를 교류로 변환하는 장치는?

① 컨버터   ② 레졸버
③ 인버터   ④ 커패시터

해설 ▶ 부품의 특성에 맞는 필요한 교류전압으로 변환하는 것을 인버터라 한다.

17 주행 중인 하이브리드 자동차에서 제동 시에 발생된 에너지를 회수(충전)하는 제어모드는?

① 시동 모드   ② 회생제동 모드
③ 발전 모드   ④ 가속 모드

정답 11 ① 12 ④ 13 ④ 14 ① 15 ① 16 ③ 17 ②

해설 ▶▶ 회생제동 시스템은 브레이크를 밟으며 감속 또는 제동 시, 내리막 길을 주행 시 모터의 저항을 이용하여 운동 에너지를 전기에너지로 변환하여 고전압 배터리를 충전하는 것을 말한다.

18 병렬형(Parallel) TMED(Transmission Mounted Electric Device)방식의 하이브리드 자동차의 HSG(Hybrid Starter Generator)에 대한 설명 중 틀린 것은?

① 엔진 시동 기능과 발전 기능을 수행한다.
② 감속 시 발생되는 운동에너지를 전기에너지로 전환하여 배터리를 충전한다.
③ EV 모드에서 HEV(Hybrid Electric Vehicle) 모드로 전환 시 엔진을 시동한다.
④ 소프트 랜딩(Soft Landing) 제어로 시동 ON 시 엔진 진동을 최소화하기 위해 엔진 회전수를 제어한다.

해설 ▶▶ HSG의 주요 제어 기능 4가지
- 시동 제어 : HEV 모드로 전환할 때 엔진을 시동하는 기능이다.
- 엔진 속도 제어 : 클러치로 모터와 엔진을 연결할 때 충격과 진동을 감소시킨다. 모터 주행 중 엔진 속도를 빠르게 하여 모터와 엔진 속도를 동기화 한다.
- 발전 제어 : 고전압 배터리의 SOC(state of charge)가 저하될 경우, 엔진을 강제 시동하여 HSG가 전기를 발생시켜 고전압 배터리를 충전한다.
- 소프트랜딩 제어 : 주행 종료 후 시동을 끌 때 엔진의 진동을 줄이는 엔진 회전수 제어 기능이다.

19 병렬형(Parallel) TMED(Transmission Mounted Electric Device) 방식의 하이브리드 자동차(HEV)의 주행패턴에 대한 설명으로 틀린 것은?

① 엔진 OFF시에는 EOP(Electric Oil Pump)를 작동해 자동변속기구동에 필요한 유압을 만든다.
② 엔진 단독 구동시에는 엔진클러치를 연결하여 변속기에 동력을 전달한다.
③ EV모드 주행 중 HEV 주행 모드로 전환할 때 엔진동력을 연결하는 순간 쇼크가 발생할 수 있다.
④ HEV 주행 모드로 전환할 때 엔진 회전속도를 느리게 하여 HEV모터 회전속도와 동기화 되도록 한다.

해설 ▶▶ HSG(Hybrid Starter Genertor)의 주요 제어 기능 중에서 "엔진 속도 제어기능"은 클러치로 모터와 엔진을 연결할 때 충격과 진동을 줄여주는 원리로써, 모터 주행 중 엔진 속도를 빠르게 하여 모터 속도와 엔진 속도를 동기화 시키는 기능이다.

20 하이브리드 시스템에 대한 설명 중 틀린 것은?

① 직렬형 하이브리드는 소프트타입과 하드타입이 있다.
② 소프트타입은 순수 EV(전기차) 주행 모드가 없다.
③ 하드타입은 소프트타입에 비해 연비가 향상된다.
④ 플러그-인 타입은 외부 전원을 이용하여 배터리를 충전한다.

해설 ▶▶ 소프트 타입과 하드 타입의 분류는 병렬형 하이브리드이고, 소프트 타입이라고도 부르는 FMED(flywheel mounted electric device)형은 구동 모터가 엔진 플라이휠(flywheel) 쪽에 있어 별도의 구동 모터만으로 주행할 수 있는 EV모드가 불가능하다.
TMED(transmission mounted electric device)형은 하드 타입이라 하는데, 구동 모터가 변속기 쪽에 있어 클러치의 단속(斷續) 기능을 활용하여 별도의 구동 모터만으로 EV모드 주행이 가능하다.

정답 18 ④ 19 ④ 20 ①

21 병렬형 하드 타입 하이브리드 자동차에 대한 설명으로 옳은 것은?

① 배터리 충전은 엔진이 구동시키는 발전기로만 가능하다.
② 구동모터가 플라이휠에 장착되고 변속기 앞에 엔진 클러치가 있다.
③ 엔진과 변속기 사이에 구동모터가 있는데 모터만으로는 주행이 불가능하다.
④ 구동모터는 엔진의 동력보조 뿐만 아니라 순수 전기모터로도 주행이 가능하다.

해설 ▶ TMED(transmission mounted electric device)형은 하드 타입이라 하는데, 구동 모터가 변속기 쪽에 있어 클러치의 단속(斷續) 기능을 활용하여 별도의 구동 모터만으로 EV모드 주행이 가능하다

22 병렬형 하이브리드 자동차의 특징을 설명한 것 중 거리가 먼 것은?

① 모터는 동력 보조만 하므로 에너지 변환손실이 적다.
② 기존 내연기관 차량을 구동장치의 변경 없이 활용 가능하다.
③ 소프트 방식은 일반 주행 시에는 모터 구동만을 이용한다.
④ 하드 방식은 EV 주행 중 엔진 시동을 위해 별도의 장치가 필요하다.

해설 ▶ FMED(flywheel mounted electric device)형인 소프트 방식은 구동 모터가 엔진 플라이휠(flywheel) 쪽에 있어 별도의 구동 모터만으로 주행할 수 있는 EV 모드가 불가능하다.
④는 HSG(Hybrid Starter Generator)에 대한 설명으로 HSG는 고전압(약270V) 라인에 있는 부품으로써, 최초 시동 시 일반 내연기관의 시동모터 역할과 엔진의 회전속도를 주행 상황에 맞게 조절(빠르게, 늦게)하는 역할을 한다.

23 하이브리드 자동차의 보조 배터리가 방전으로 시동 불량일 때 고장원인 또는 조치 방법에 대한 설명으로 틀린 것은?

① 단시간에 방전이 되었다면 암전류 과다 발생이 원인이 될 수도 있다.
② 장시간 주행 후 바로 재 시동시 불량하면 LDC 불량일 가능성이 있다.
③ 보조 배터리가 방전되었어도 고전압 배터리로 시동이 가능하다.
④ 보조 배터리를 점프 시동하여 주행 가능하다.

해설 ▶ 소프트 타입인 FMED 타입 하이브리드는 HSG에 의해 시동되는 TMED 방식과 달리 일반 기동 전동기로 시동을 걸기 때문에 12V 보조 배터리가 방전되면 시동이 걸리지 않는다.

24 하드 타입 하이브리드 구동 모터의 주요 기능으로 틀린 것은?

① 출발 시 전기모드 주행
② 가속 시 구동력 증대
③ 감속시 배터리 충전
④ 변속 시 동력 차단

해설 ▶ TMED(transmission mounted electric device)형은 하드 타입이라 하는데, 구동 모터가 변속기 쪽에 있어 클러치의 단속(斷續) 기능을 활용하여 별도의 구동 모터만으로 EV모드 주행이 가능하고 회생 제동 장치를 이용한 고전압 배터리 충전이 가능하다.

25 하이브리드 자동차에서 모터의 회전자와 고정자의 위치를 감지하는 것은?

① 레졸버
② 인버터
③ 경사각 센서
④ 저전압 직류 변환장치

정답 21 ④ 22 ③ 23 ③ 24 ④ 25 ①

해설 ▶ 레졸버는 모터의 회전각 및 회전속도를 감지하여, MCU로 측정값을 보낸다. 이 레졸버 신호에 의해 모터를 최대출력 토크로 제어하고, 소형이면서 내구성이 뛰어나 넓은 온도 범위에서 사용이 가능하다.

26 하이브리드 자동차에서 HSG(hybrid starter & generator)의 교환 방법으로 틀린 것은?

① 안전 스위치를 OFF하고, 5분 이상 대기한다.
② HSG 교환 후 반드시 냉각수 보충과 공기 빼기를 실시한다.
③ HSG 교환 후 진단 장비를 통해 HSG 위치 센서(레졸버)를 보정한다.
④ 점화 스위치를 OFF하고, 보조배터리의 (-)케이블은 분리하지 않는다.

해설 ▶ HSG 탈거시 반드시 12V 보조 배터리의 (-)케이블을 제거하여, 시스템이 작동되지 않도록 해야 한다.

27 하이브리드 자동차의 보조배터리가 방전으로 시동 불량일 때 고장원인 또는 조치방법에 대한 설명으로 틀린 것은?

① 단시간에 방전이 되었다면 암전류 과다 발생이 원인이 될 수도 있다.
② 장시간 주행 후 바로 재 시동시 불량하면 LDC 불량일 가능성이 있다.
③ 보조배터리가 방전이 되었어도 고전압 배터리로 시동이 가능하다.
④ 보조배터리를 점프 시동하여 주행 가능하다.

해설 ▶ 보조배터리가 방전되게 되면 BMS의 메인 릴레이를 작동시키는 HPCU가 작동되지 못해 고전압 배터리에 의한 시동이 불가하다. 이런 문제점을 보완하고자 보조배터리의 과방전 대비 차원에서 배터리 보호 기능과 비상시 12V 배터리 리셋 버튼을 두어 긴급 충전 후 시동이 원활하도록 하였다.

28 하이브리드 시스템을 제어하는 컴퓨터의 종류가 아닌 것은?

① 모터 컨트롤 유닛(Motor Control Unit)
② 하이드로릭 컨트롤 유닛(Hydaulic Control Unit)
③ 배터리 콘트롤 유닛(Battery Control Unit)
④ 통합제어 유닛(Hybrid Control Unit)

해설 ▶ 하이드로릭 컨트롤 유닛은 ABS 시스템의 유압 제어 모듈이다.

29 다음은 하이브리드 자동차 계기판(Cluster)에 대한 설명이다. 틀린 것은?

① 계기판에 'READY' 램프가 소등(OFF)시 주행이 안 된다.
② 계기판에 'READY' 램프가 점등(ON)시 정상 주행이 가능하다.
③ 계기판에 'READY' 램프가 점멸(blinking)시 비상모드 주행이 가능하다.
④ EV램프는 HEV(Hybrid Electric Vehicle) 모터에 의한 주행 시 소등된다.

해설 ▶ EV 램프는 회생제동 시, 엔진 작동과 관계없이 모터로 주행 시 점등된다. EV 모드 주행시에는 엔진 소음이 없어, ACC ON 및 구동 준비 상태 여부를 표시하기 위해 READY 램프를 점등한다.

30 하이브리드 자동차에서 엔진정지 금지조건이 아닌 것은?

① 브레이크 부압이 낮은 경우
② 하이브리드 모터 시스템이 고장인 경우
③ 엔진의 냉각수 온도가 낮은 경우
④ D레인지에서 차속이 발생한 경우

해설 ▶ 최초 시동 후 엔진의 워밍업(냉각수 온도가 적정 온도에 도달한 상태)이 안된 경우, 하이브리드 구동 모터 동력이 원활하지 않을 경우 엔진이 가동된다. 브레이크 부압은 제동배력장치에 해당한다.

정답 26 ④ 27 ③ 28 ② 29 ④ 30 ④

제3장 수소 연료전지 자동차

1. 수소 연료전지 자동차 정의

세계 자동차 시장에서의 친환경차는 보다 강화되는 환경 규제로 인한 대응책이라고 말한바 있다. 이러한 강화된 환경규제 대응에 관한 가장 우수한 성능의 친환경차가 수소 연료전지 자동차(FCEV, FuelCell Electric Vehicle)이다.

수소 연료전지 자동차(FCEV)에 대하여 간단히 정의 해 보면 이렇다.

연료전지(Stack, 스택)라는 특수한 장치에서 <u>수소(H_2)와 산소(O_2)의 화학 반응</u>(산화·환원 반응)을 통해 직접 전기 에너지를 생산하고, 생산과정에서 발생하는 물은 음용(飮用, 먹을 수 있는)할 수 있을 만큼 정화된 상태로 배출되기 때문에 환경오염을 일으키지 않는다. 이 스택에서 발생되는 약 250~450V 전기 에너지를 사용하여, 3상 교류 전압으로 전환 후 구동 모터를 돌려 주행하는 자동차가 수소 연료전지 자동차이다.

지구가 존재하는 한 무한하게 쓸 수 있는 공기와 '물의 근원'이라는 불리고, 우주에서 가장 흔한 원소에 속하는 수소 연료를 이용하여 전기를 만든다. 이러한 연료전지에서 생산된 전기는 인버터를 통해 모터로 공급되는데, 스택(Stack)에서 생산된 전기의 충·방전을 보조하기 위해 별도의 고전압 배터리가 적용되고 있으며, 충·방전 과정 중에 유일하게 배출되는 물질은 마셔도 될 만한(인체에 해롭지 않으나, 권장하지는 않는) 수증기이다. 배출된 수증기를 모아서 일부 특수 작업용(예 폐자원 수거차량)으로 운행되는 연료전지 화물자동차에서는 간단한 손을 씻는 용도로도 쓰이고 있다.

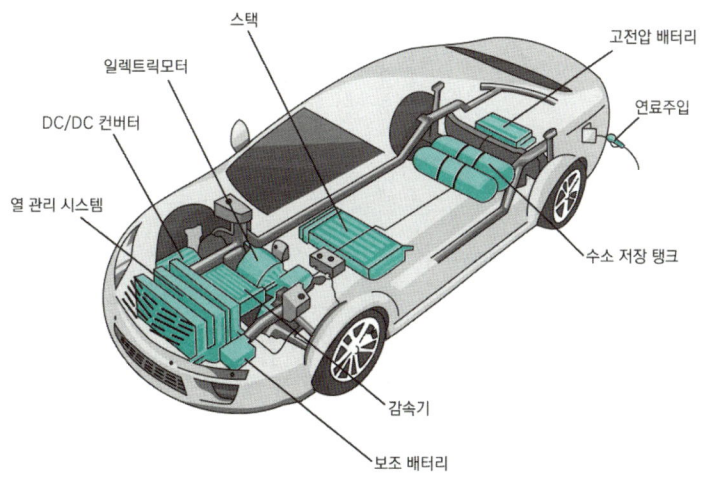

Fuel Cell Electric Vehicle Basics

수소 연료전지 자동차(FCEV)의 특징을 정리하면 다음과 같다.
• 별도의 외부 전기 충전이 필요 없다.

- 고전압 리튬이온 배터리와 비교할 때 에너지 밀도가 높다.
- 스택의 산화환원 반응으로 주행 중에 전기 에너지를 직접 생산한다.(에너지 효율, 발전 효율 극대화)
- 환경친화적 공기정화 기능이 뛰어나고 공해가 발생하지 않는다.
- 수소 충전이 고압으로 이뤄져, 충전 시간이 짧다.
- 상온 화학 반응으로 위험성이 낮고, 사용되지 않은 수소는 재순환된다.
- 작동온도에 민감하여 별도의 충전구 적외선 센서 등 모니터링 할 수 있는 안전장치가 필요하다.
- 수소 충전과 보관 시 폭발에 주의가 필요하다.
- 수소 생산단가가 다소 높다.

2. 주행 특성(등판주행, 평지주행, 강판 주행)

등판(오르막) 주행 시에는 스택에서 만들어진 전기와 고전압 배터리의 전기가 동시에 사용되어 강한 구동력을 만들어 낸다. 평지주행 시에는 스택의 문제가 없고, 수소 충전량에 제한이 없는 한 고전압 배터리의 전기는 쓰지 않고 그대로 유지하면서, 오로지 스택에서 만들어지진 전기 에너지로 구동모터를 회전하게 한다. 마지막으로 강판(내리막) 주행 시에는 스택과 고전압 배터리 전기 에너지를 쓰지 않고, 오히려 구동모터가 충전기 역할을 하는 회생제동 충전 시스템이 가동되어 고전압 배터리를 충전시킨다. 이때 스택으로는 회생제도 충전 전압이 전해지지 않으며, 스택의 작동은 멈춘 상태가 되어, 전비(electric car efficiency, electric efficiency-rating)가 향상되게 된다.

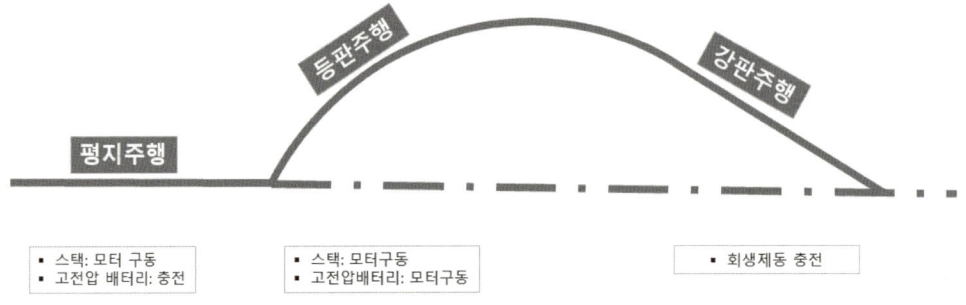

3. 연료전지 스택(Fuel Cell Stack)의 원리와 구성·기능

연료전지 스택(Fuel Cell Stack)의 원리는 수백 개의 셀(Cell)이 직렬로 연결하여 인클로저(Enclosure)로 묶어진 셀의 집합체인 스택은 수소와 산소가 만나 전기와 물을 생성하는 원리로써, 화학에너지를 전기 에너지로 변환하여 높은 효율을 만들게 된다. 전기 에너지가 만들어지면서 생성되는 것은 오로지 물(water)로써, 유해 배기가스란 있을 수 없다.

연료전지 스택(Fuel Cell Stack) **셀(Cell)의 구성**은 다음과 같다.

- **MEA**(막전극접합체, Membrane-Electrode Assembly)
  수소와 산소를 공급받아 전기와 열에너지를 발생시키는 전해질로 구성된 얇은 막
- **분리막**(separator) : 전류·냉각수·수소·산소 이동 통로, 셀을 지지하는 역할

- **기체확산층**(GDL, Gas Diffusion Layer)
  반응 가스의 원활한 공급과 촉매 층으로 가는 통로제공, 분리판으로 열을 전도하여 열을 제거하는 역할(전극에 균일한 연료 공급, 발생한 물을 외부로 방출하는 통로)

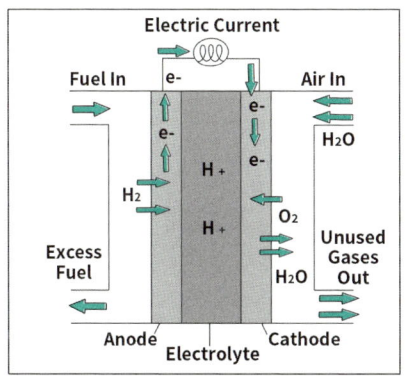

수소와 산소의 전기화학 반응

위 그림에서 볼 수 있듯이 화학반응식은 이렇다.

Anode (에노드, - 극) : $H_2 \rightarrow 2H^+ + 2e^-$ (수소의 산화반응)

Cathode (캐소드, + 극) : $\frac{1}{2}O_2 + 2H^+ + 2e^- \rightarrow H_2O$ (산소의 환원반응)

$O_2 + H_2 \rightarrow H_2O$(물) + 전기

$$연료전지의 효율(\eta) = \frac{연료 1mol이 생성하는 전기}{생성된 연료의 총에너지}$$

위 식에서 생성된 연료의 총에너지를 엔탈피라 하는데, 이는 스택의 화학 반응에서 발생 되는 발열량을 측정한 연료의 엔탈피이다.

> **Tip.**
>
> **1몰(mol)** : 아보가드로 수라 불리는 6.02×10^{23}를 1몰이라 하는데, 어떤 원자, 이온, 물질 등의 입자 개수를 표현한 것
>
> **워터트랩** : 스택의 공기극과 연료극 이동 구간에서 화학 반응 후, 발생되는 물을 포집하고 저장하는 장치로써, 별도의 인위적인 펌프 시스템 없이 중력에 의해 배출되면서 저장된다.

수소탱크에 충전된 수소와 공기 중의 산소를 결합할 때 발생되는 이온이 전력으로 변환되어 쓰는 스택의 원리는 필요한 산소는 대기 중에 얻고, 산소를 정화하는 별도의 공기정화 필터를 거쳐 불순물이 제거된 순수한 산소인, 미세먼지를 99.9% 제거한 산소만 수소와의 화학 반응에 사용한다. 수소차가 "도로 위를 달리는 공기 청정기"라는 말이 여기에서 나온 것이다.

일부 사람들은 수소차의 화학식을 논하는 것을 듣고 수소폭탄을 연상하기도 한다. 그러나 수소폭탄의 수소와 사용되는 원자식이 전혀 다른 것으로써, 폭탄의 반응 원리인 핵분열과 핵융합 화학식이 적용되는 수소폭탄의 '삼중수소'와 '중수소' 화학반응식에 반해, 수소차는 산소와 수소만의 단순 화학 반응으로 폭발이 발생하지 않는다. 또한 수소 누출시 오히려 LPG보다 확산이 빨라, 극히 폐쇄된 공간이 아니라면 누출된 수소가 고여서 정체되어있는 현상이 없어, 폭발사고 발생 확률은 더 적은 것인데도, 수소 저장소 관리 부실로 발생한 폭발사고 사례가 아직 까지는 수소가스에 대해 불안하게 하는 요소가 되고 있는 것으로 보인다.

> **Tip.**
> 인클로저(Enclosure) : 수소차에서 연료전지 스택을 감싸 외부 충격으로부터 스택의 셀을 보호하는 역할을 한다.

4. 수소 연료 탱크와 감지 센서

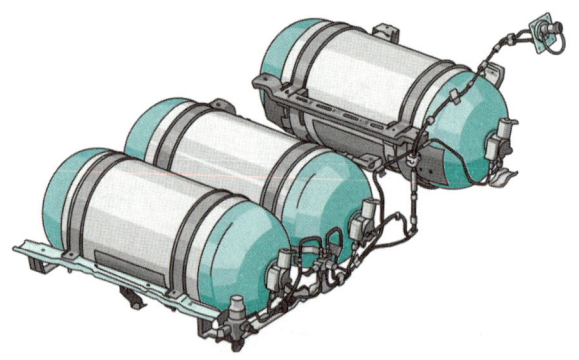

수소 연료 탱크

현재 우리나라에서 생산되고 있는 H사의 연료전지 자동차에는 3개의 장착되며, H사의 설명에 따르면 탱크의 내피는 수소의 투과를 최소화하는 얇은 폴리아미드 라이너(나일론 소재)로 만들어졌고, 외피는 700bar의 높은 압력을 유지하는 20~25mm 두께의 탄소섬유 강화 플라스틱(탄소섬유 + 에폭시 소재)으로 만들어졌다고 한다. 탱크의 재질과 두께는 총을 쏴도 뚫리지 않는 강도와 강성이 매우 뛰어난 것으로써, 다시 말해 자동차 충돌사고 시 수소 저장 탱크의 파손은 불가한 것이다. 현재 수소 저장 탱크는 제조일로부터 15년/5,000회 충전 이후에는 재사용할 수 없어 교환하는 것으로 되어 있으나, 수소 1회 충전에 600km 주행이 가능하여, 5,000회면 약 3,000,000km 가까이 주행할 수 있어 반영구적으로 사용한다는 것과 다름이 없다. 단 제조일로부터 15년이라는 설정이 좀 맞지 않아 연도 폐기 일정을 조정(연장)할 필요가 있다고 보고 있는 것이 현실이다.

연료전지 자동차에는 수 많은 센서들이 장착되어 있는데, 우선 수소 연료 탱크와 관련된, 즉 수소와 직접적으로 관련된 센서는 레귤레이터 후단 중압 감지 센서, 고압 라인 압력센서, 수소저장시스템 수소 누출 감지 센서, 충전소와 적외선 통신을 하는 적외선 이미터 센서, FPS(fuel processing system) 수소 누출 감지 센서가 있다.

파워트레인 연료전지(powertrain fuel cell) 자동차의 시스템은 크게 3가지고 구성된다. 하나는 우리 지금까지 얘기해온 스택에 **수소를 공급하는 FPS**(fuel processing system), **공기를 공급하는 시스템 APS**(air processing system), 스택을 냉각시키는 **열관리 시스템 TMS**(thermal management system)이다.

이 세 가지 연료전지 시스템의 주변 장치를 연료전지의 운전장치라 하고, BOP(Balance of Plant)라고 한다. 즉, <u>BOP = FPS + APS + TMS</u> 이다.

5. 공급 시스템(수소 공급과 산소 공급)

FPS(fuel processing system)에 속하는 **수소 공급 시스템**은 수소 충전에서 스택에 공급까지의 제어 시스템으로써, 약 700bar 압력을 약 17bar로 감압하여 공급한다. 수소 공급 시 수소의 순도가 떨어지면 퍼지 밸브를 구동하여 대기로 배출하고, 수소층에서 발생된 생성수는 수소 워터 트랩에 모아졌다가 드레인 밸브를 통해 외부로 배출된다. 안전장치로는 수소 차단밸브가 각 탱크에 부착되어 있고, 온도 감응 밸브, 고압·중압 감지 센서 등이 있으며, 감압 장치로는 고압 레귤레이터가 약 700bar의 수소탱크 압력을 약 17bar로 감압하며, 충전장치로는 적외선 이미터가 적용되어 충전 데이터(탱크 압력, 온도)를 충전관리 시스템에 전송한다. 시스템 고장 시 수소 충전이 불가능할 수 있으며, 일반적으로는 저속 충전이라도 충전이 되도록 되어있다.

산소 공급 시스템은 APS(air processing system)라고도 하는데, 공기를 압축·냉각하여 스택에 공급하는 것으로써 **공기 압축기 펌프 제어기**(blower pump control unit, BPCU)가 공기량을 제어한다. 이때 압축된 공기의 온도는 약 80℃를 유지하면서 **공기 압축기**는 최대 10만 RPM으로 회전하며 스택으로 공기를 밀어 넣는다. **스택**으로 들어가는 공기는 압축전에 이미 **고효율 에어 필터**를 통과한 정화된 공기로써 공기정화 기능이 이루어진 공기만이 사용된다. 약 80℃의 공기는 **공기 쿨러**에서 약 30~40℃로 냉각되어 **가습기**를 거쳐 수분을 보충(흡수)하고 습한 공기 상태로 **공기 차단기의 inlet**을 통해 스택으로 공급된다. 스택을 지난 공기는 다시 **공기 차단기의 outlet**을 통해 가습기로 돌아가고 **공기압력밸브**를 지나 대기로 배출된다.

> **Tip.**
>
> 리셉터클(receptacle) : 수소 연료 주입 커넥터로 충전 건의 노즐과 연결되는 부위, 체크밸브 및 필터 내장, 충전시 수소탱크의 내부 변화(온도상승여부)를 감지하는 적외선 통신(IR_infrared 이미터)을 한다.
>
> 감압밸브(PRV, pressure reducing valve) : 저장된 수소를 감압하여 적정 압력으로 스택에 공급하는 밸브로써, 과압시 압력을 해소하는 기능을 한다.

6. 냉각 시스템

열관리 시스템(thermal management system, TMS)에 속하는 냉각 시스템은 고전압 배터리를 장착한 친환경 자동차에서는 매우 중요하게 다뤄지는 시스템이다. 수소 연료 전지 자동차에 역시 중요한 시스템으로써, 여기서는 수소 연료전지 자동차에서 특징적 부분만 다루어 본다. 자세한 것은 제4장 고전압 배터리에서 언급하기로 한다.

열관리 시스템(thermal management system, TMS)의 주요 구성부품은 스택 냉각수 펌프, COD 히터, 이온필터, 스택 우회 밸브, 스택 냉각수 온도제어 밸브, 스택 냉각수 온도센서, 라디에이터가 있다.

여기서 COD(cathode Oxygen depletion) 히터란, 연료전지 셀의 내구성 향상을 위해 시동을 끄고 난 후, 스택에 남아있는 잔류 전류를 강제 반응시켜 소모하는 기능을 하는 장치로써, 시동시 냉각수 온도를 높여 시동성을 향상시키는 기능과 회생제동 기능, 차량 충돌 사고 시 고전압 시스템 차단 및 급속 고전압 소진기능도 하고 있어 수소 연료 자동차에 특화된 냉각 시스템이라 할 수 있다.

이온 필터는 스택 전용 냉각수를 이온 필터링 하는 장치로써, 전기 전도도를 일정 수준으로 유지하여 운전자 감전 방지 및 절연 저항을 유지하여 전기 안전성을 확보하는 기능을 한다.

수소 연료전지 자동차는 라디에이터가 2개이다. 일반적으로 우리가 아는 라디에이터가 있고, 스택 전용 라디에이터가 있다. 일반적인 라디에이터를 전장 라디에이터라 하는데, 전장 라디에이터와 스택 라디에이터, 컨덴서는 일체로 구성되어 있다.

7. 전력 변환과 구동·제동 시스템

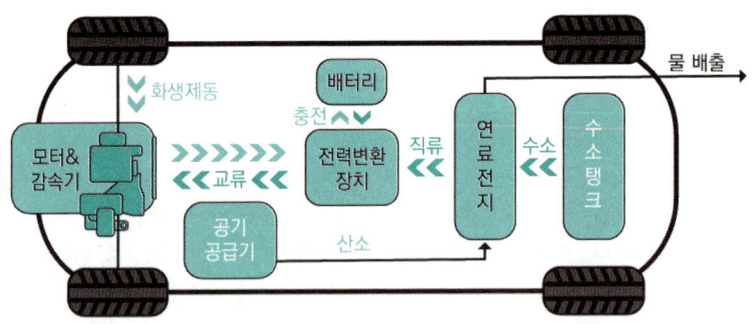

수소차 전력 흐름

위 그림은 다소 간단하게 그려져 있으나, 우리가 이해하고 숙지하기에는 유익하다 생각된다. 여기서 전력 변환 장치(MCU, LDC, BHDC, 고전압 정션박스)와 배터리(저전압, 고전압)를 세분화하면 보다 상세한 전력 변환 흐름도가 된다.

위 그림에서 표현되어 있지 않으나 전력변환장치에 속해 있는 MCU(인버터)는 구동모터를 제어하면서 회생제동 충전 토크를 제어 하는 역할을 하며, LDC(컨버터)는 저전압 12V전원을 공급과 보조배터리 충전을 담당한다. 또한 BHDC(컨버터, Bi directional High voltage DC-DC Convertet) 양방향 고전압 직류 변환장치는 고전압 배터리 전력 제어를 하는 장치로써 시동 시 고전압 공급과 스택에서 생성된 전기와 회생제동에 의해 만들어진 고전압 전기를 강하시켜 고전압 배터리로 충전하기도 하고, 고전압 배터리의 전압을 증폭시켜 모터 제어 장치(MCU)에 전력을 전송하여 구동 모터에 전원을 공급하기도 한다.

수소차의 구동 시스템(동력전달)은 전기차와 크게 다를 것이 없다. 다만 전기차에서는 고전압 배터리의 전력만을 의지했으나, 수소차는 주행 중 스택에서 만들어진 전기를 고전압 배터리의 전력을 이용하지 않고도 그대로 사용한다는 것이다.

굳이 구동 시스템을 되짚어 본다면 ① 운전자의 가속페달, ② 스택 가동, ③ 구동 모터 작동, ④ 감속기 회전 토크 증대, ⑤ 휠(주행) 이라고 할 수 있다.

제동 시스템은 유압브레이크 제동과 회생 제동 시스템을 생각하면 된다. 유압브레이크는 내연기관 유압브레이크 방식과 같은 것인데, 회전하는 모터의 전원을 차단하고, 회전력에 따른 모터의 토크에 따라 유압의 적정 배분을 한다는 점에서 조금 차이는 있다. 회생제동(regenerative braking)은 감속 및 제동 시 구동 모터가 발전기 역할을 하면서 운동에너지를 전기 에너지로 바꾸어 고전압 배터리를 충전하는 것을 말한다. 수소 연료전지차의 제동력은 유압 제동력에 모터의 부하라고 보면 된다. 여기에 모터가 발전기로 전환되어 충전한다는 것이다.

수소 연료전지 자동차뿐만 아니라 구동 모터가 장착된 친환경 자동차의 경우에는 유압 제어와 모터제어가 동시에 적용된다. 유압 제어는 감압으로, 구동 모터는 회생제동과 모터 회전력 감소로 제동을 하게 된다. 2가지 제동 제어 시스템이 모두 적용되는 것인데, 이런 것을 협조 제어 시스템이라고 한다.

8. 환경 보존과 수소 연료전지 자동차

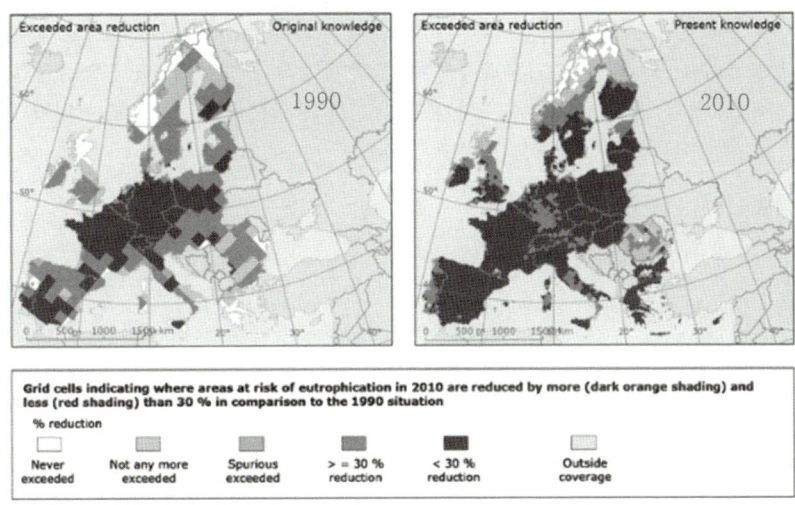

대기환경 오염 및 건강에 관한 Grid cells

온실가스에 의한 지구 온난화, 그리고 여름철 폭우, 겨울철 한파 등 이상 기온 현상과 전에는 없던 감염병 유행은 유해 배기가스로 인한 것이라는 것은 이제 누구나 알고 있다. 그러나 이러한 사회 인식에도 불구하고 우리 실생활에서 사라져야 할 플라스틱, 비닐 등은 배달문화, 1회용품 생활에 힘입어 더더욱 많아지고 있는 건 어쩔 수 없는 현실로 받아들여지고 있다. 이렇게 사용하지 않으면 생산을 안 할 플라스틱과 비닐은 재활용(recycling)을 100% 하지 못하더라도 일부는 재활용하는데 우리는 동참하고 있다.

위 그림은 유럽 환경청에서 발표한 자료에서 발췌한 것으로써, 1990년 상황과 비교하여 20년 후 2010년에 토양의 부영양화 위험 지역(30% 미만 적색 음영)이 증가하는 것을 연구한 것이다. 즉, 대기로 방출되는 이산화황, 질소 산화물, 암모니아 배출량이 너무 많아져 초원과 식물, 호수에서 나타나는 과도한 양의 질소 발생을 의미하는 것으로써 대기 오염에 의한 지구 온난화로 물과 토양이 산성화되었다는 것이다. 즉 대기오염 물질에 노출된 상태(적색)가 매우 심각하다는 것을 말하는 것이다. 이미 2010년에 발표한 자료라 이렇다면 10년이 훌쩍 넘어선 지금의 우리 지구는 어떤 상태일까? 적색 음영이 많아졌을까? 적어졌을까? 이런 질문 자체가 이상하다. 당연히 부영양화된 토양의 정도가 더욱 넓어졌을 것이다.

그럼 우리 자동차는 어떨까? 자동차에서 뿜어져 나오는 유해 배출가스는 과거에 비해 자동차 생산 대수는 증가하였고, 유해 배출가스도 증가하고 있다. 이러한 온실가스로 인한 지구온난화 현상을 지연시키고, 근본적인 해결책을 찾아 몸살을 앓고 있는 지구의 대기 환경을 개선하기 위해, "친환경 자동차"라는 용어가 나왔고, 우리뿐만 아니라 전 세계가 함께 친환경 자동차 생산에 동참하고 있다.

친환경 자동차는 순수 전기차, 하이브리드차, 수소차 등 다소 다양한 종류로 구성되어 있다. 그러나 100% 친환경 자동차라는 것은 제작 공장에서의 생산 전부터 생산 후 도시에 나와 도로에서 주행하기까지 단 1%도 친환경에 반하지 않을 수 없다. 그러자면 돌과 나무로 자동차를 만들어야 한다.

수소 연료전지 자동차는 어떤 친환경 자동차 종류보다도 가장 친환경적인 특성을 지닌 자동차이다.

주행 중 대기 속에 있는 산소를 받아들여 고효율의 정화 기능을 거쳐 스택으로 옮겨진 후, 전기를 생산하고 결국 수소와 반응하여 인체에 무해 한 물만 배출해 내게 된다. 도심 속 오염물질을 정화하고, 인체에 무해 한 물을 만들어 내는 수소차가 가장 친화적이라는 것은 누구도 부인할 수 없는 것이다.

> **연습문제**　　제3장 수소 연료전지 자동차

01 수소차의 주행 특성에 관한 내용으로 옳은 것은?

① 등판주행, 평지주행, 강판주행으로 구분할 수 있다.
② 등판 주행에서 고전압 배터리의 전기를 쓰지 않는다.
③ 평지주행에서는 스택에서 만들어져 충전된 고전압 배터리의 전기를 쓴다.
④ 수소차는 전기를 생산하는 스택이 있어 회생제동은 하지 않는다.

해설　• 평지주행 시에는 스택의 문제가 없고, 수소 충전량에 제한이 없는 한 고전압 배터리의 전기는 쓰지 않는다.
• 오로지 스택에서 만들어진 전기 에너지로 구동모터를 회전하게 한다.
• 강판(내리막) 주행 시에는 스택과 고전압 배터리 전기 에너지를 쓰지 않고, 오히려 구동모터가 충전기 역할을 하는 회생제동 충전 시스템이 가동되어 고전압 배터리를 충전시킨다. 이 때 스택으로는 회생제도 충전 전압이 전해지지 않는다.

02 수소차에서 수소의 산화·산화 반응 식으로 옳은 것은?

① $H_2 \rightarrow 2H^+ + 2e^-$
② $O_2 + 2H^+ + 2e^-$
③ $H_2 \rightarrow H^+ + 2e^-$
④ $HO_2 + 2H^+ + 2e^-$

해설　• Anode(에노드, -극)
　　$H_2 \rightarrow 2H^+ + 2e^-$ (수소의 산화반응)
• Cathode(캐소드, +극)
　　$\frac{1}{2}O_2 + 2H^+ + 2e^- \rightarrow H_2O$ (산소의 환원반응)
　　$O_2 + H_2 \rightarrow H_2O$(물) + 전기

03 수소 연료전지 자동차에서 수소 충전부터 수소 저장탱크의 출구까지 적용된 장치에 해당하지 않는 것은?

① 중압 감지 센서
② BOP(Balance of Plant) 센서
③ 적외선 이미터 센서
④ FPS(fuel processing system) 누출 감지 센서

해설　연료전지 자동차에는 수 많은 센서들이 장착되어 있는 데, 우선 수소 연료 탱크와 관련된, 즉 수소와 직접적으로 관련된 센서는 레귤레이터 후단 중압 감지 센서, 고압 라인 압력센서, 수소저장시스템 수소 누출 감지 센서, 충전소와 적외선 통신을 하는 적외선 이미터 센서, FPS(fuel processing system) 수소 누출 감지 센서가 있다. BOP(Balance of Plant)는 연료 전지의 운전장치(FPS + APS + TMS)를 말한다.

04 수소차의 연료전지 스택(Fuel Cell Stack) 운전 장치 중에서 수고 공급 시스템(FPS, fuel processing system)에 해당하는 장치로써, 최초 수소 충전 시작점과 가장 거리가 먼 것은?

① 리셉터클
② 충전 건
③ 감압밸브
④ IR_infrared 이미터

해설　리셉터클(receptacle)는 수소 연료 주입 커넥터로 충전 건의 노즐과 연결되는 부위이며, 적외선 통신(IR_infrared 이미터)은 충전 시 수소탱크의 내부 변화(온도상승여부)를 감지한다. 감압밸브는 수소탱크 내의 약 700bar 압력을 약 17bar로 감압하여 스택에 공급한다.

정답　01 ①　02 ①　03 ②　04 ③

05 수소차의 열관리 시스템(thermal management system, TMS)의 COD(cathode Oxygen depletion) 히터의 기능이 아닌 것은?

① 주행 중 스택의 불필요한 전류를 소모하여 부품을 보호한다.
② 최초 시동 시 냉각수 온도를 높여 준다.
③ 고전압 시스템을 차단한다.
④ 급속으로 고전압을 소진시킨다.

해설 ▶ COD(cathode Oxygen depletion) 히터란,
- 연료전지 셀의 내구성 향상을 위해 시동을 끄고 난 후,
- 스택에 남아있는 잔류 전류를 강제 반응시켜
- 소모하는 기능을 하는 장치로써, 시동 시 냉각수 온도를 높여 시동성을 향상시키는 기능과 회생제동 기능, 차량 충돌 사고 시 고전압 시스템 차단 및 급속 고전압 소진기능도 하고 있어 수소 연료 자동차에 특화된 냉각 시스템이라 할 수 있다.

06 수소차의 수소 저장탱크 교환 주기로 맞는 것은?

① 15년 또는 2000회 충전 이후 교환한다.
② 15년 또는 3000회 충전 이후 교환한다.
③ 15년 또는 4000회 충전 이후 교환한다.
④ 15년 또는 5000회 충전 이후 교환한다.

해설 ▶ 수소 저장탱크는 제조일로부터 15년/5,000회 충전 이후에는 재사용할 수 없어 교환하여야한다.

07 수소차의 열관리 시스템(thermal management system, TMS)의 주요 구성부품에 해당하지 않는 것은?

① 적외선 이미터
② 이온필터
③ 스택 냉각수 펌프
④ COD 히터

해설 ▶ 연료전지차의 충전 중에 충전소와 적외선 통신을 하는 적외선 이미터 센서는 수소저장시스템 내부의 온도 및 압력 데이터를 송신하는 송신기의 전원을 자동 공급·차단하는 역할을 한다. 열관리 시스템(thermal management system, TMS)의 주요 구성부품은 스택 냉각수 펌프, COD 히터, 이온필터, 스택 우회 밸브, 스택 냉각수 온도제어 밸브, 스택 냉각수 온도센서, 라디에이터가 있다.

08 수소차에서 연료전지 스택을 감싸 외부 충격으로부터 스택의 셀을 보호하는 역할을 하는 것은?

① 스트럿 어셈블
② 버스 바
③ 코너링 포스
④ 인클로저

해설 ▶ 인클로저(Enclosure)는 수소차에서 연료전지 스택을 감싸 외부 충격으로부터 스택의 셀을 보호하는 역할을 한다. 스트럿 어셈블(Strut Assembly)은 쇽업소버와 스프링을 결합한 부품을 말한다.

09 수소차의 연료전지 운전 장치(BOP, Balance of Plant)에 해당하지 않는 것은?

① 수소 공급 시스템
② 공기 공급 시스템
③ 열 관리 시스템
④ 고전압 관리 시스템

해설 ▶ BOP(Balance of Plant)는 스택에 수소를 공급하는 FPS(fuel processing system), 공기를 공급하는 시스템 APS(air processing system), 스택을 냉각시키는 열관리 시스템 TMS(thermal management system)이다.

정답 05 ① 06 ④ 07 ① 08 ④ 09 ④

10 수소 연료전지 자동차(FCEV)의 특징으로 맞지 않는 것은?

① 별도의 외부 전기 충전이 필요 없다.
② 환경친화적 공기정화 기능이 뛰어나고 공해가 발생하지 않는다.
③ 고전압 리튬이온 배터리와 비교할 때 에너지 밀도가 높다.
④ 수소 충전이 고압으로 이뤄져 충전 시간이 길다.

해설 ▶ 수소 연료전지 자동차(FCEV)는 수소 충전이 고압으로 이뤄져 충전 시간이 짧고, 스택의 산화환원 반응으로 주행 중에 전기 에너지를 직접 생산한다.

11 연료전지 스택(Fuel Cell Stack)에서 셀(Cell)의 구성 요소 중 셀을 지지하는 역할을 하는 것은?

① MEA(Membrane-Electrode Assembly)
② GDL(Gas Diffusion Layer)
③ EER(electric efficiency-rating)
④ 분리막(separator)

해설 ▶ 분리막(separator)은 전류·냉각수·수소·산소의 이동 통로이면서, 셀을 지지하는 역할을 한다.

12 수소 연료전지 자동차(FCEV)에 대한 설명으로 맞지 않는 것은?

① 최종 배출되는 것은 물뿐이다.
② 수소(H_2)와 수산화리튬(LiOH)의 화학 반응으로 전기를 생산한다.
③ 스택에서 발생된 전기에너지는 3상 교류로 전환되어 모터로 간다.
④ 생산과정에서 발생하는 물은 비상시 음용해도 된다.

해설 ▶ 수소차는 연료전지(Stack, 스택)에서 수소(H_2)와 산소(O_2)의 화학 반응을 통해 직접 전기 에너지를 생산한다.

13 연료전지 스택(Fuel Cell Stack)에서 셀(Cell)의 구성이 아닌 것은?

① 막전극접합체
② 분리막
③ 인클로저
④ 기체확산층

해설 ▶ 수백 개의 셀(Cell)이 직렬로 연결하여 인클로저(Enclosure)로 묶어진 셀의 집합체가 스택이다. 셀의 구성은 MEA(막전극접합체, Membrane-Electrode Assembly), 분리막(separator), 기체확산층(GDL, Gas Diffusion Layer)이다.

정답 10 ④ 11 ④ 12 ② 13 ③

제4장 고전압 배터리

1. 고전압 개요(위험성, 감전영향, 화학 전지의 구분)

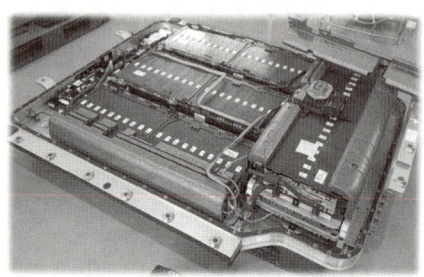
배터리 팩 오픈 상태

배터리 팩 오픈전 어셈블리 상태

대기환경 오염 및 건강에 관한 Grid cells

고전압 배터리가 위험하다는 것은 문득 피부로 와 닿지는 않으나 왠지 위험할 것 같은 생각이 든다. 현장에서 정비하는 정비사들은 가솔린 점화 플러그의 고압 배선에서 전해 오는 감전을 느껴본 적이 있어 그 찌릿함을 익히 알고 있기에 전기의 기본적인 상식이 없더라도 고전압의 위험과 인체에 전해지는 데미지(damage)를 충분히 이해하고도 남는다.

감전(electric shock)이란 사람의 몸 일부 또는 전체에 전류가 흐르는 현상으로 전류(A)의 크기, 시간, 경로에 따라 그 강도가 달라진다. 표에서와 같이 대체적으로 남성보다 여성의 최소 감지 전류가 작아, 작은 감전으로도 남성보다 데미지(damage)가 크다. 이러한 감전 사고를 예방하기 위해서 우리 생활에서는 누전 차단기를 설치하고 있고, 무엇보다 안전전압 이하로 사용하면서 감전 거리를 최대한 이격하여 유지하는 것이 바람직하다.

일반적인 순수 전기자동차의 고전압 배터리는 보통 400V 이상이다. 전류는 전압을 저항으로 나눈 값으로써, $V=I \times R$ 이라는 옴의 법칙에서 알 수 있다. 400V 이상의 고전압 배터리가 일반 12V 저전압 배터리와 비교할 때 얼마나 위험한지 한번 생각해 보자. 감전 전류가 얼마나 위험한가를 바로 알 수 있는 것으로, 예를 들어 고전압 배터리와 저전압 배터리를 만진 같은 시간, 장소, 환경 조건에서의 남성이 가지고 있는 신체의 저항은 5000Ω이라 가정 해 보았다. (5000Ω은 인체가 습하거나 물이 묻은 상태를 가정한 수치)

저전압 12V 배터리를 만졌을 때 이 남성에게 전해지는 전류는 0.0024A(12÷5000)이고, 고전압 400V 배터리를 만졌을 때는 0.08A(400÷5000)남성에게 전해진다. 즉 고전압 배터리를 만졌을 때 저전압 배터리보다 무려 약 33배(0.08÷0.0024=33.33….)가 넘는 전류가 인체에 더 많이 전해지게 되어 전압이 높을수록 감전에 더욱 취약해지면서 위험하다는 것을 알 수 있다.

전류(A)와 인체에서 느끼는 감전 영향				
구 분	직류(A) -		교류(A) 60(Hz)	
감전의 영향	남자	여자	남자	여자
느낄 수 있음(최소 감지 전류)	0.0052	0.0035	0.0011	0.0007
고통이 없는 쇼크, 근육은 자유로움	0.009	0.006	0.0018	0.0012
고통이 있는 쇼크, 근육은 자유로움(가수 전류)	0.062	0.041	0.009	0.006
고통이 있는 쇼크, 이탈한계(불수 전류)	0.074	0.05	0.016	0.0105
고통이 격렬한 쇼크, 근육경직, 호흡곤란	0.09	0.06	0.023	0.015
심실 세동의 가능성(통전시간 0.03초)	1.3	1.3	1.0	1.0

고전압 배터리를 탑재한 친환경 자동차의 정비를 할 때는 반드시 아래의 개인 보호장비 및 절연 처리가 된 특수 공구와 시설을 갖추고 작업에 임하여야 한다.

고전압 정비를 위한 개인 보호 장비

고전압 정비를 위한 장비 및 시설

화학 전지는 크게 1차, 2차전지로 구분하고, 약간의 의미가 다른 화학에너지 반응이 전기 에너지로만 변화되는 연료전지가 추가된다. 1차 전지는 쉽게 말해 방전(전기를 쓰는 것)은 되나 재충전하여 사용할 수 없는 것을 말하고, 2차전지는 충·방전이 모두 가능한 전기차와 수소차, 하이브리드차의 고전압 배터리(리튬이온의 리튬계, 니켈수소의 알칼리계)와 12V 저전압 리튬·알칼리계 배터리, 그리고 일반 내연기관의 12V 납산 배터리(산성계)를 말한다.

연료전지 같은 경우에는 수소 연료와 산소(산화제)가 만나 전기화학 반응을 일으켜 전기에너지를 생성하여 고전압 배터리를 충전하고 구동 모터를 회전시킨다. 그러나 감속 시 구동 모터의 회생제동 발전 전기에너지는 스택에서 받지 않는다. 이러한 점에서 연료전지는 조금은 다른 개념으로 생각해야 한다.

> **Tip.**
>
> 산화 : 산소를 얻거나 빼앗는 반응을 말하며, 전기 에너지 생산을 하는 연료전지(스택)이 산화환원 반응을 하는 예이다.

리튬이온 배터리

친환경 자동차의 고전압 배터리 뿐만 아니라 생활 가전제품(무선청소기, 핸드폰, 비상랜턴, 충전식 전동공구 등)에도 많이 쓰이고 있는 리튬이온 배터리는 다른 배터리 소재에 비해 가볍고 높은 에너지 밀도와 고용량, 고효율 구현이 가능하다.

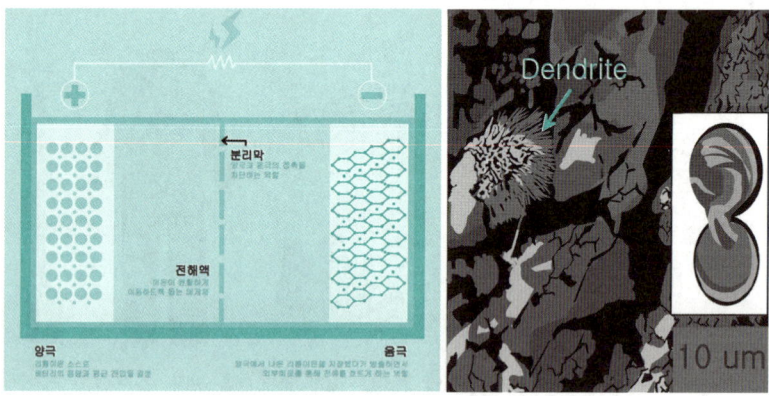

리튬이온 배터리 구성요소와 덴드라이트 현상

리튬이온 배터리는 위 그림에서와 같이 **양극, 음극, 전해액, 분리막**으로 크게 **4개의 구성요소**가 있다. 필수요소라고 해도 될 만큼 빠져서는 안 될 요소들이다.

4개 구성요소를 다시 간단히 설명하면,

리튬이온 배터리의 용량과 전압을 결정하는 '양극'과 양극에서 나온 리튬이온을 가역적으로 흡수·방출하면서 외부회로를 통해 전류를 흐르게 하는 역할을 하는(전자를 도선으로 내보내는) 음극 활 물질인 '음극', 리튬이온만을 이동시키는 '전해액', 그리고 양극과 음극이 서로 섞이지 않도록 물리적으로 막아주는 역할을 하는 것이 '분리막'이다.

양극은 방전 시 리튬이온이 전자를 받아 **환원**하고, **음극**은 방전 시 전자를 받아 **산화**한다. **전해액**은 원활한 전기화학 반응이 이뤄지도록 **이온의 이동**을 하게 하는 매개체 역할을 하며, **분리막**은 전기적 **단락 방지**는 물론 **셀의 지지역할**(기둥역할)을 하게 된다.

> **Tip.**
>
> 고전압 리튬이온 배터리 구조
> - 셀(Cell) : 리튬이온 배터리의 가장 기초가 되는 단위로써, 양극·음극·전해액·분리막으로 구성된 사각 형태의 최소 단위 케이스
> - 모듈(Module) : 여러 개의 배터리 셀을 연결하여 하나의 프레임에 넣어 만든 것으로써, 일종의 배터리 조립체((Assembly)
> - 배터리팩(Battery Pack) : 여러 개의 배터리 모듈이 모여서 만들어진 고전압 배터리의 완성체로써, 내부 바닥에 냉각수 라인이 있고, 밀폐된 덮개가 씌워져 있어 기밀 유지가 된 조립체

리튬이온 배터리의 가장 큰 단점을 들자면, 열에 대한 것이다. 내부에서의 열폭주는 배터리 폭발로 이어지기도 하고, 많은 재산 및 인명 손실이 발생할 수도 있다.

덴드라이트(Dendrite·수지상결정)는 리튬 배터리의 충전 과정에서 음극 표면에 쌓이는 나뭇가지 모양의 결정체를 말한다. 이는 리튬의 이동(음극→양극)을 방해해 배터리 성능을 저하 시키고, 분리막을 훼손시켜 배터리 수명과 안전성을 떨어트리는 문제와 전지의 양극에 뿌리를 두고 무작위로 자라나며 너무 크게 자라면 양극과 음극을 분리하는 전극 사이의 디바이더를 뚫고 단락을 일으키고, 내부 단락이 일어난 전지는 기전력을 잃게 된다. 또한 전지를 가로질러 흐르는 전류가 급격히 증가하여 화재의 원인이 되기도 한다.

이러한 고전압 배터리의 위험으로부터, 보다 안전을 위한 모니터링과 제어 시스템이 BMS(Battery Management System)이다. <u>BMS의 주요 기능과 특징</u>을 살펴보면 다음과 같다.

- 특히 고전압 배터리 **냉각제어**는 BMS 중 제어 중 매우 중요한 제어로써, 최적의 배터리 작동 온도를 유지하기 위하여 냉각팬을 이용한 배터리 온도 유지 시스템이다.
- **셀 밸런싱** 기능은 배터리의 에너지 효율과 사용 가능한 에너지 용량 및 배터리 수명을 향상시키고자 충·방전 시 발생하는 각 셀 간의 전압 편차를 동일한 전압으로 만들어 주는 기능이다.
- **고전압 릴레이 제어**는 고전압을 사용하는 부품의 전원을 통합 제어하여 고전압 고장으로 인한 안전사고를 예방하는 기능을 한다.
- 배터리 사용 가능 용량을 나타내는 SOC(%)양을 계산하여 **적정 SOC영역 관리** 기능을 한다.
- 차량 측 제어 계통 이상, 전지 열화 등 배터리 **시스템 고장을 진단**하는 진단기능이 있다.

$$SOC(\%) = \frac{\text{방전가능 전류량}}{\text{배터리 정격 용량}} \times 100$$

$$SOH(\%) = \frac{\text{현재 용량}}{\text{최초 용량}} \times 100$$

> **Tip.**
>
> SOC(State of Charge) : 배터리의 사용가능 에너지 충전상태
> SOH(State of Health) : 배터리 노화 상태(성능수준)

2. EV와 HEV의 고전압 흐름도

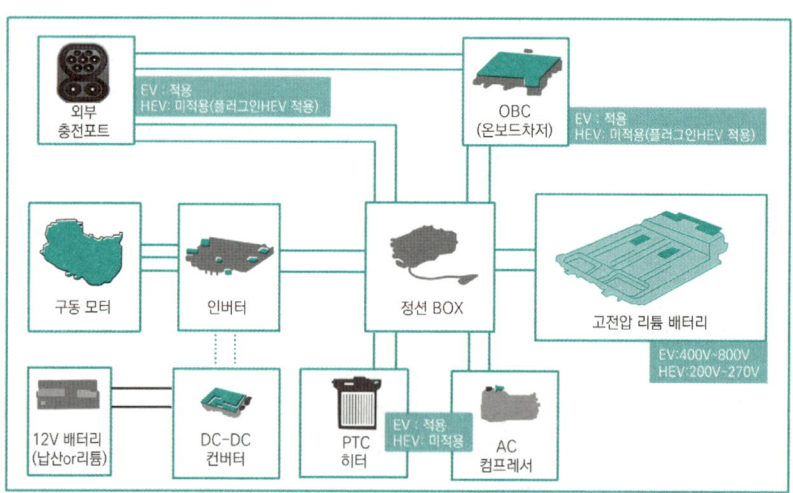

EV 고전압 흐름도 + HEV 고전압 흐름도

EV(순수 전기차)와 HEV(하이브리드 전기차)의 가장 큰 특징은 내연기관이 있고 없고 차이다. 내연기관이 있는 하이브리드 전기차는 에어컨과 히터가 기존의 내연기관 방식과 같아 EV에 적용되는 방식을 따를 필요가 없다. 외부 완속 충전 시 사용되는 OBC(on board charger)의 경우에도 별도의 외부 충전을 필요로 하는 EV와 PHEV(플러그인 하이브리드 전기차)에만 필요하고 주행과 감속기 충전하는 HEV에는 필요치 않다. 그 외 인버터, 컨버터, 구동모터 등으로 흐르는 고전압 라인은 같다. 또한 여기 그림에는 없으나 HEV의 HSG(hybrid starter generator)에도 고전압이 흐른다는 것을 추가하면 된다.

고전압의 흐름은 회로를 예기치 않게 손상시킬 수 있다. 다시 말해 시동 키(key)를 ON했을 때, 한 번에 쏟아지는 고전압은 전기회로상에 무리한 전원 공급으로 부하를 줄수도 있고, 각종 부품의 손상을 가져올 수도 있다. 그래서 고전압으로 인한 회로 보호와 안전한 공급을 위해 릴레이와 별도의 캐패시터를 둔 시스템이 <u>PRA(Power Relay Assembly)</u>와 여기에 내장된 각종 릴레이 및 센서이다. <u>메인릴레이는 (+), (−)</u>를 각각 따로 두어 2개로 구성되어 있으며, 고전압 배터리의 전원을 MCU(Motor Control Unit)로 보내는 역할을 한다.

또한, <u>돌입전류</u>로 인한 부품보호를 위해 <u>프리차지(Pre-Charge) 릴레이</u>와 저항을 두었다. 프리차지 릴레이는 최초 시동 시 작동되었다가 <u>캐퍼시터에 충전이 완료되어 고전압 안정이 된 후 작동을 멈추게 된다.</u>

> **Tip.**
> 고전압 배터리 전류센서 : PRA에 통합 장착되어 충·방전 시 전류량·SOC 측정에 쓰임
> 고전압 배터리 온도센서 : 배터리팩 안에 장착되어, 모듈 온도 측정

3. 고전압 차단(고전압 무력화)

정비 또는 사고 발생 시 고전압을 차단하는 절차는 2차, 3차 사고를 방지하기 위해 매우 중요하다. 고전압 무력화 절차는 다음 5단계로 이뤄진다.

① 시동키 또는 시동 버튼을 끈다. (점화스위치 off)
② 12V 저전압 보조배터리의 마이너스(-) 단자를 분리한다.
③ 절연 장갑 등 개인 보호 장비를 착용한다.

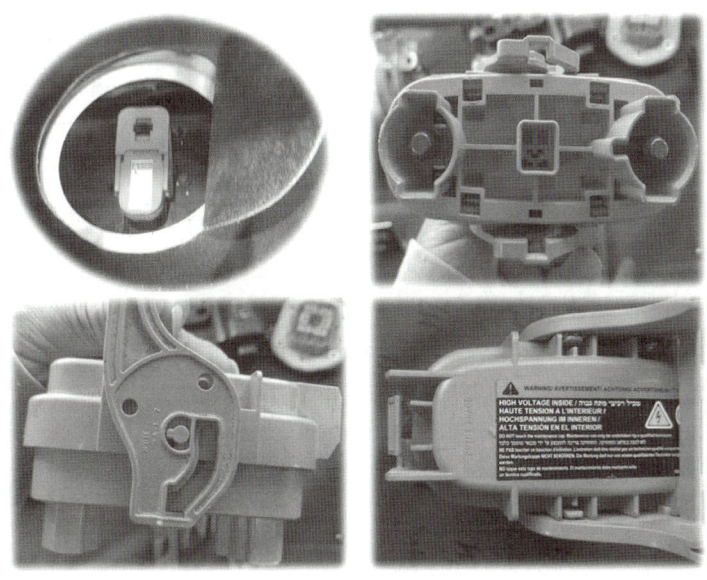

고전압 차단 세이프티 플러그

④ 고전압 차단 세이프티 플러그를 제거한다. (탈거 후 차량에 보관하지 않고 작업자가 별도 보관)
⑤ 잔류 전압의 방전(커패시터 방전)을 위해 정비작업에 들어가기 전에 5분 이상 기다린다.

> **Tip.**
>
> 고전압 차단(무력화)후 잔류 전압 점검
> • 30V이하 정상(30V 초과 시 고전압 회로 이상)
> • 인버터 단자 간 잔류 전압 측정(커패시터 방전 확인, 안전플러그 제거후 5분 경과 후 측정)

4. 고전압 배터리 교환(셀밸런싱, 냉각라인·배터리팩 기밀 테스트, 냉각수 보충·후 공기빼기)

고전압 배터리 교환작업 전, 고전압 주의를 알리는 경고 팻말 설치부터 각종 개인 보호 장구와 절연 공구 등을 갖춘 후, 반드시 고전압 차단 무력화 단계를 실시(잔류 전압 소멸 5분 대기시간 포함)하고 교환작업에 들어가야 한다. 고전압 배터리팩의 세이프티 플러그와 PE(Power train Electronics, 모터룸)룸에 있는 서비스 인터록 커넥터도 제거한 후 작업에 들어간다.

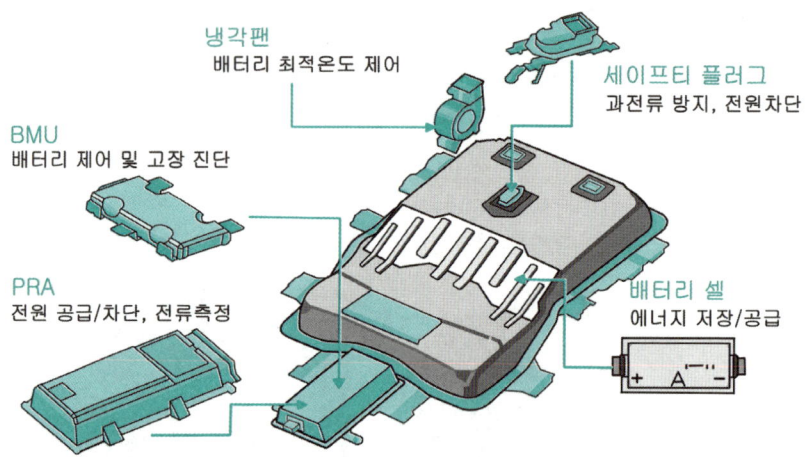

고전압 배터리 시스템 구성

고전압 배터리 교환 작업순서 중 먼저 탈거 순서를 정리하면,

① 작업자 안전 대책(안전 보호구 착용, 절연 공구 및 화재진압 장비 준비)
② 고전압 차단 세이프티 플러그 및 서비스 인터록 커넥터 제거
③ 리어 고전압 정션 블록(Junction Block) 커넥터 제거
④ 전면 저전압 커넥터 제거
⑤ 접지 볼트 제거
⑥ 프론트 고전압 정션블록 커넥터 제거
⑦ 냉각수 배출
⑧ 배터리 하단 중앙 관통볼트 제거
⑨ 고전압 배터리 운반·제거용 테이블 리프트 설치
⑩ 배터리팩과 차체 연결 외곽 볼트 제거
⑪ 테이블 리프트 하강하여 배터리팩 분리·이동

배터리팩을 탈거하여 안전한 작업 공간으로 이동 후 배터리팩 커버를 제거하고, 고장이 발생한 셀의 배터리 모듈을 교체한다.

모듈 교체 후에는 각 셀의 전압을 동일하게 맞춰주는 **셀 밸런싱 작업**이 필요하며, 모듈 교체가 없이 배터리팩 전체를 교환 할 경우에는 셀 밸런싱 작업이 불필요하다. 셀 밸런싱 작업이 필요한 모듈 교체형 고전압 배터리 교환작업은 추가적으로 냉각라인 및 배터리팩 기밀 테스트와 배터리 장착 후 냉각수 보충 및 공기 빼기 작업이 필요하다.

고전압 배터리 교환 후 냉각수 공기빼기 작업

고전압 배터리팩은 이렇게 기밀 유지가 되어 있어 빗길 운행 및 차량의 침수 발생 시 외부에서 물이 침투하지 못하게 되어 있다. 이러한 방수 기능 외에서 외부 불순물이 유입되지 못하도록 방진 기능도 함께 갖고 있다. 이것은 전기·전자 기기의 방진·방수 기술 규격인 IP(ingress protection) 등급과 같은 것으로써, 한국 산업기술연구원 및 미국 전기공업회에서 정한 기준이다.

우리나라의 H사 전기차의 경우 <u>IP 6 7 K</u> 라고 등급을 정하였다면 여기서 "6"은 방진등급을 의미하며, "7"은 방수 등급을 의미한다. 방진 등급은 0~6까지, 방수 등급은 0~9까지이며, 또한 "K"는 영상 80℃까지의 고온과 100bar까지의 고압의 물을 분사하는 조건에서 약 30초간 방수가 가능하다는 뜻이다.

> **Tip.**
>
> 미국전기공업회(NEMA, National Electrical Manufacturers Association)
> 미국 워싱턴에 소재한 규정 제정 조직으로써, 기술 표준 번호를 공지하는 협회이다. 1926년에 미국 최대의 전기 장비 제조업체 무역협회이고, 전기 장비의 안전, 효과, 호과성 보장을 위해 전지 제품의 표준을 공지한다. 현재 미국 가정용 전기 콘센트, 플러그 형태는 NEMA에서 지정한다.

5. 고전압 충전(완속충전, 급속충전, 회생제동 충전)

고전압 배터리 충전에는 주행 중 충전과 외부 충전으로 나눌 수 있고, 주행 중 충전(자동차 자체 충전 기술)에는 하이브리드 자동차의 HSG(hybrid starter generator)를 통한 충전과 수소 차량의 연료전지 스택(fuel cell stack)에 의한 전기 에너지 발생, 그리고 대부분의 친환경 자동차에 적용되고 있는 감속 시 구동 모터의 회생제동 충전을 말 할 수 있다.

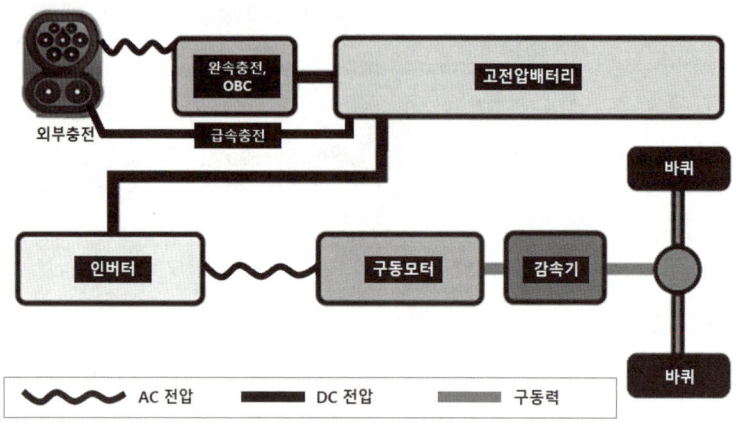

고전압 AC, DC 전력의 흐름

외부 충전은 우리가 흔히 아는 휴게소 및 관공서, 공공 기관 주차장 등에 비치된 급속충전과 아파트 주거지에서 볼 수 있는 완속 충전으로 나누어 볼 수 있다.

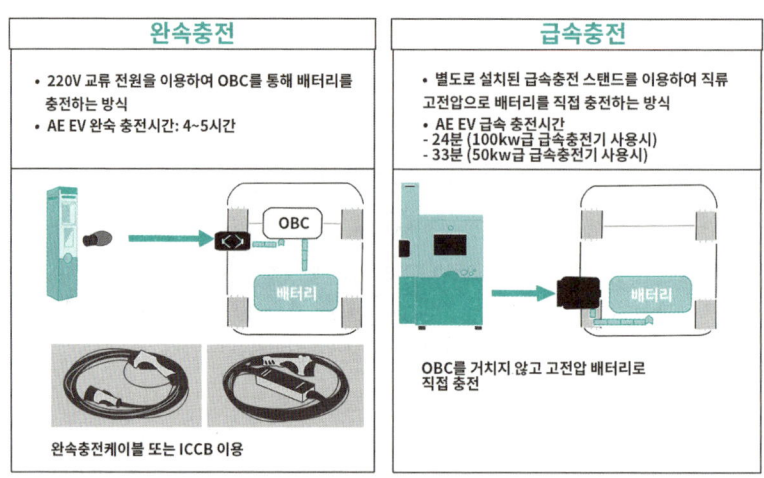

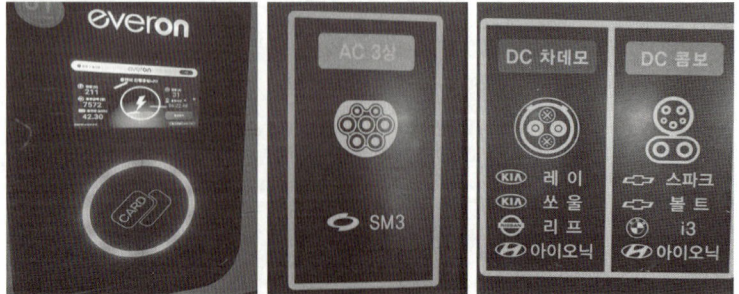

아파트 주거지역 완속 충전기

급속충전은 외부 충전 기기에서 DC 전압으로 충전되어 고전압 배터리로 바로 충전되는 것이며, 완속 충전은 외부 220V AC 전압이 OBC(on board charger)에서 DC 전압으로 변환하여 고전압 배터리로 충전되는 것으로써 충전 시간은 급속충전보다 길지만, 급속충전이 약 80% 충전 한계가 있는 것에 반해 많은 양의 전기(약100%)를 담을 수 있다는 장점이 있다. 아파트 및 주거지역에서 완속 충전기는 많이 볼 수 있다.

완속충전 방식		급속충전 방식		
Type 1 (단상)	Type2 (3상)	DC combo(Type 1)	DC combo(Type 2)	CHAdeMO
	유럽	북미	유럽	북미, 유럽, 내수
AC 240V 16/32A	AC 230V 16/32/63A	120A(50kw) 172A(100kw)		
CP(Control pilot)		PLC(Powe Line communication)		CAN(Controller Area Network)

충전기의 종류

연습문제 | **제4장 고전압 배터리**

01 하이브리드 자동차에서 고전압 배터리 제어기(Battery Management System)의 역할 설명으로 틀린 것은?
① 충전상태 제어
② 파워 제한
③ 냉각 제어
④ 저전압 릴레이 제어

해설 ▶▶ BMS의 주요 기능과 특징을 살펴보면 다음과 같다.
- 특히 고전압 배터리 냉각제어는 BMS 중 제어 중 매우 중요한 제어로써, 최적의 배터리 작동온도를 유지하기 위하여 냉각팬을 이용한 배터리 온도 유지 시스템이다.
- 셀 밸런싱 기능은 배터리의 에너지 효율과 사용 가능한 에너지 용량 및 배터리 수명을 향상시키고자 충·방전 시 발생하는 각 셀 간의 전압 편차를 동일한 전압으로 만들어 주는 기능이다.
- 고전압 릴레이 제어는 고전압을 사용하는 부품의 전원을 통합 제어하여 고전압 고장으로 인한 안전사고를 예방하는 기능을 한다.
- 배터리 사용 가능 용량을 나타내는 SOC(%)양을 계산하여 적정 SOC영역 관리 기능을 한다.
- 차량 측 제어 계통 이상, 전지 열화 등 배터리 시스템 고장을 진단하는 진단기능이 있다.

02 하이브리드 자동차에서 직류(DC) 전압을 다른 직류(DC) 전압으로 바꾸어 주는 장치는 무엇인가?
① 캐패시터
② DC-AC인버터
③ DC-DC 컨버터
④ 리졸버

해설 ▶▶ 같은 직류이긴 하나, 부품의 특성에 맞는 저전압 또는 고전압 직류로 변환하는 것을 컨버터라 한다.

03 하이브리드 자동차의 고전압 배터리 관리시스템에서 셀 밸런싱 제어의 목적은?
① 배터리의 적정온도 유지
② 상황별 입출력 에너지 제한
③ 배터리 수명 및 에너지 효율 증대
④ 고전압 계통 고장에 의한 안전사고 예방

해설 ▶▶ 배터리 수명과 에너지 효율 증대를 목적으로, 특정 배터리 셀의 방전 및 과충전을 예방하기 위해 각 셀 간의 전압 차를 없애는 것을 셀 밸런싱 이라 한다.

04 친환경 자동차의 고전압 배터리로 인한 감전(electric shock)에 대한 내용으로 옳지 않은 것은?
① 사람의 몸 일부로 흐르는 현상으로 전류(A)의 크기에 따라 강도가 달라진다.
② 대체로 여성보다 남성이 최소 감지 전류가 작다.
③ 안전전압 이하로 사용하면서 감전 거리를 최대한 이격한다.
④ 누전 차단기를 설치하여 감전사고를 예방할 수 있다.

해설 ▶▶ 사람의 몸 일부 또는 전체에 전류가 흐르는 현상으로, 전류(A)의 크기, 시간, 경로에 따라 그 강도가 달라지고, 대체적으로 남성보다 여성의 최소 감지 전류가 작아, 작은 감전으로도 남성보다 데미지(damage)가 크다.

정답 01 ④ 02 ③ 03 ③ 04 ②

05 전기자동차 BMS(Battery Management System) 주요 기능에 해당하지 않는 것은?

① 다스(DAS) 제어
② 냉각제어
③ 고전압 릴레이 제어
④ 셀 밸런싱

해설 ▶ BMS의 주요 기능과 특징
- 냉각제어는 최적의 배터리 작동 온도를 유지하기 위하여 배터리 온도 유지 시스템
- 셀 밸런싱 기능은 충·방전 시 발생하는 각 셀 간의 전압 편차를 동일한 전압으로 만들어 주는 기능
- 고전압 릴레이 제어는 고전압 부품의 전원을 통합 제어하여 고전압 고장으로 인한 안전사고를 예방하는 기능
- 배터리 사용 가능 용량을 나타내는 SOC(%) 양을 계산하여 적정 SOC영역 관리 기능
- 차량 측 제어 계통 이상, 전지 열화 등 배터리 시스템 고장을 진단하는 진단기능
- DAS(Disconnector Actuator System)란, 전기차의 구동모터와 구동축을 주행 상황에 따라 전기적 부하를 최소화하면서 분리하거나 연결하는 장치로써, 전기차의 연비를 극대화 4WD 기술이다.

06 전기자동차 정비시 고전압 무력화에 관한 내용으로 적당하지 않은 것은?

① 저전압 보조 배터리의 고전압쪽 (+)단자를 분리한다.
② 절연 장갑 등 개인 보호 장비를 착용한다.
③ 고전압 캐패시터를 분리한다.
④ 시동키 또는 시동 버튼을 끈다.

해설 ▶ 캐패시터(콘덴서)는 전하를 정해진 용량만큼 저장하고 다시 이 전하를 방출하는 기능을 함으로써 직류 차단과 축전지, 필터 등의 기능을 하는 장치로써, 고전압 차단이 후 약 5~10 이상 경과 시 방전된다. 굳이 부품을 분리할 필요는 없다.

07 친환경자동차의 고전압 배터리 충전에 관한 내용으로 옳지 않은 것은?

① 주행 중 충전기술은 회생제동과 연료전지 스택 작동이다.
② 급속충전은 외부 급속 충전건을 연결하면, 바로 고전압 배터리로 충전된다.
③ 완속충전은 3상 AC 전압이 OBC를 거쳐 고전압 배터리로 충전된다.
④ 하이브리드 자동차는 HSG(hybrid starter generator)를 통해 충전된다.

해설 ▶ 완속 충전은 외부 220V 단상 AC 전압이 OBC (on board charger)에서 DC 전압으로 변환하여 고전압 배터리로 충전된다. 충전 시간은 급속 충전보다 길지만, 급속충전이 약 80% 충전 한계가 있는 것에 반해 완속 충전은 많은 양의 전기(약 100%)를 충전하고 배터리 수명 연장에도 좋은 영향을 준다는 장점이 있다.

08 전기자동차의 배터리의 노화 상태를 나타내는 용어로 옳은 것은?

① SOC
② SOH
③ SCC
④ SCH

해설 ▶ SOC(State of Charge)는 배터리의 사용 가능한 에너지 충전상태를 말하고, SOH(State of Health)는 배터리 노화 상태. 즉 배터리 성능 수준을 나타낸다.

09 고전압 배터리 모듈을 교환한 후 반드시 실시해야 할 검사(테스트)에 해당하지 않는 것은?

① 셀 밸런싱 테스트
② 냉각수 기밀 테스트
③ 배터리 팩 기밀 테스트
④ 방수·방진 테스트

정답 05 ① 06 ③ 07 ② 08 ② 09 ④

제4장 고전압 배터리 | 329

해설 ▶ 냉각수 기밀 테스트는 냉각수 공기 배기 작업 후 냉각라인의 압력을 측정하여 압력 누출(냉각수 누수)여부로 확인한다. 방수·방진 테스트는 배터리 팩 기밀 테스트와 같은 원리이며, 방수·방진 테스는 별도로 하지 않으며, 방수 테스트의 경우, 방수"K"는 영상 80℃까지의 고온과 100bar까지의 고압의 물을 분사하는 조건에서 약 30초간 방수가 가능하다는 뜻이다.

10 BMS(Battery Management System)에서 제어하는 항목과 제어내용에 대한 설명으로 틀린 것은?

① 고장 진단 : 배터리 시스템 고장 진단
② 컨트롤 릴레이 제어 : 배터리 과열 시 컨트롤 릴레이 차단
③ 셀 밸런싱 : 전압 편차가 생긴 셀을 동일한 전압으로 매칭
④ 충전상태(state of charge) 관리 : 배터리의 전압, 전류, 온도를 측정하여 적정한 작 동영역 관리

해설 ▶ 배터리 과열 등 배터리 안전사고 방지를 위한 제어는 메인 릴레이 제어이며, 고전압 배터리와 관련 시스템으로의 전원을 ON/OFF한다.

11 전기자동차의 고전압 리튬이온 배터리 어셈블리(assembly)의 구조에 해당하지 않는 것은?

① 배터리팩(Battery Pack)
② 셀(Cell)
③ 고전압 버스바(high voltage busbar)
④ 모듈(Module)

해설 ▶ 버스바는 전기차 배터리팩 내부에서 전기적 연결을 한 전도체이다. 플라스틱 오버몰딩을 사용하여 버스바의 절연성을 확보하였고, 고압 전류를 안전하게 분배한다.

12 하이브리드 자동차의 고전압 메인 릴레이(PRA)의 역할이 아닌 것은?

① 고전압 배터리의 과전류 흐름 방지
② 고전압 배터리의 기계적 회로 차단
③ 고전압 정비 작업자를 위한 안전 스위치
④ 고전압 배터리의 냉각

해설 ▶ 시동 키(key)를 ON했을 때, 한 번에 쏟아지는 고전압은 전기회로상에 무리한 전원 공급으로 부하 주면서 각종 부품의 손상을 가져올 수 있다. 이러한 고전압으로 인한 회로 손상에 대비하고, 안전한 공급을 위해 일반 저전압 릴레이들과 별도의 릴레이 그룹 및 캐패시터를 둔 시스템이 PRA(Power Relay Assembly)이다.

13 하이브리드 자동차의 동력제어 장치에서 모터의 회전속도와 회전력을 자유롭게 제어 할 수 있도록 직류를 교류로 변환하는 장치는?

① 컨버터   ② 레졸버
③ 인버터   ④ 커패시터

해설 ▶ 같은 직류이긴 하나, 부품의 특성에 맞는 저전압 또는 고전압 직류로 변환하는 것을 컨버터라 한다.

14 하이브리드 자동차의 고전압 배터리의 충·방전 과정에서 전압 편차가 생긴 셀을 동 일 전압으로 제어하는 것은?

① 충전상태 제어
② 셀 밸런싱 제어
③ 파워 제한 제어
④ 고전압 릴레이 제어

해설 ▶ 배터리 수명과 에너지 효율 증대를 목적으로, 특정 배터리 셀의 방전 및 과충전을 예방하기 위해 각 셀 간의 전압 차를 없애는 것을 셀 밸런싱 이라 한다.

정답 10 ② 11 ③ 12 ④ 13 ③ 14 ②

15 리튬이온 고전압 배터리 셀(Cell)의 주요 구성 요소에 해당하지 않는 것은?

① 양극 ② 분리막
③ 모듈 ④ 전해질

해설 ≫ 양극은 방전 시 리튬이온이 전자를 받아 환원하고, 음극은 방전 시 전자를 받아 산화한다. 전해액은 원활한 전기화학 반응이 이뤄지도록 이온의 이동을 하게 하는 매개체 역할을 하며, 분리막은 전기적 단락 방지는 물론 셀의지지 역할(기둥 역할)을 하게 된다. 모듈(Module)은 여러 개의 배터리 셀을 연결하여 하나의 프레임에 넣어 만든 것으로써, 일종의 배터리 조립체(Assembly)를 말한다.

16 고전압 배터리 팩을 탈거·분해 작업을 할 경우, 반드시 실시해야 하는 작업순서에 해당하지 않는 것은?

① 배터리 팩 접지 볼트 제거
② 냉각수 배출
③ 배터리 팩 기밀 테스트
④ 셀 밸런싱 테스트

해설 ≫ 셀 밸런싱 테스트는 배터리 팩을 분해하기 전, 어떤 셀과 해당 모듈이 고장인지 확인하고, 해달 셀이 속한 교환 모듈을 사전에 준비한다. 또한 모듈 교체가 없이 배터리팩 전체를 교환 할 경우에는 셀 밸런싱 작업이 불필요하다. 배터리 팩 기밀 테스트는 배터리 조립시 실시하는 검사로써, 굳이 탈거 시에 반드시 점검할 필요는 없다.

정답 15 ③ 16 ③

제5장 자율주행 자동차

1. 자율주행 자동차 일반(개요, 단계 정의, 필요성, 동향)

자율주행(autonomous)의 역사는 20세기 초 미국에서 시작하여 군에서 군사 목적으로 자율 이동 수단 연구에 참여하면서 지속적으로 연구하는 계기가 되었다. 2016년 10월, 미국 콜로라도 주에서는 자율주행 트럭이 시속 88km로 50,000개의 캔맥주를 성공적으로 운반하였고 같은 해 스웨덴의 볼리덴 광산에서는 볼보사의 무인 트럭이 운행을 시작했었다. 자동차 부품 제조업체인 콘티넨탈과 마그나 사의 자율주행 자동차 2대는 2017년 7월 31일 미국 일리노이, 위스콘신, 미시간, 오하이호 주 지역과 캐나다 온타리오 주에서 482km를 운행한 기록이 있다. 국내에서는 서울대학교에서 자율주행 자동차 '스누버'를 2015년에 개발하여 학교 안에서 20,000km 이상 시험 운행을 했었다. 2023년 8월부터는 미국 캘리포니아의 샌프란시스코에서 자율주행 무인 로보택시가 24시간 운행하고 있다.

또한 **자동차관리법 제2조(정의) 제1호의3에서는 「"자율주행자동차"란 운전자 또는 승객의 조작 없이 자동차 스스로 운행이 가능한 자동차를 말한다.」라고 명시되어 있다.**

사회 전반에 걸쳐 연결된 디바이스의 공통적인 네트워크와 클라우드 간의 통신을 쉽게 만드는 사물인터넷(IoT)을 시작으로 인공지능(AI), 빅데이터(Bigdata), 모바일(Mobile), 스마트카(Smart Car) 등의 관심이 쏟아지는 현대 사회는 그야말로 IT 천국이라 할만하다. 4차산업 기술 발전을 뛰어넘어 5차 산업 혁명으로 나아가는 현실에서 자율주행 자동차(autonomous vehicle)의 개발과 생산은 당연한 것으로 여겨지고 있다. 원치 않은 주행중 자동차 사고 발생 시 운전자의 의지로 사고 회피를 했던 다소 수동적인 기술에서 벗어나 첨단 기술에 힘입어 사고를 미연에 방지하고, 불가피한 사고 발생 시 탑승자와 보행자를 가장 안전하고, 보다 더 적은 손상을 주는 것을 자율주행 자동차 개발의 가장 중요 핵심 이유이다.

또한 평상시에는 첨단화되어가는 세계 추세에 발 맞추어 자동차에서 운전자를 포함한 탑승자 모두가 안전한 여가 생활을 즐길 수 있는 공간 창조의 목적과 대형 화물차량의 운송 시 발생하는 운전자 졸음운전 사고 예방, 원하는 시간, 원하는 장소에 모두가 정확히 도착하는 편안함을 자율주행 자동차는 추구하고 있다.

자율주행 자동차(autonomous vehicle) 발전 단계에 관해서는 앞서 이번 PART-05를 시작하는 도입 부분에서 아래 그림과 함께 언급한 바 있다.

자율주행 단계 정의

자율주행 단계를 다시 정리하면,

- 0단계 : 자율주행이 없는 단계
- 1단계 : 속도 및 제동 등을 일부 제어하는 단계로써, 스마트크루즈 컨트롤을 예로 들 수 있다. (운전자 보조)
- 2단계 : 속도와 방향을 함께 제어하는 단계로써, 고속도로 주행 보조 및 원격 스마트 주차 보조를 예로 들 수 있다. (부분 자동화, 발을 뗄 수 있음)
- 3단계 : 운전자 개입이 줄고 도로 상황에 맞게 스스로 제어하는 단계로써, 스스로 차로 변경 및 혼잡한 교통상황 시 자동으로 저속주행이 가능하다. (조건부 자동화, 손을 뗄 수 있음)
- 4단계 : 일정 구간에서 운전자가 목적지만 설정하면 운전자 개입 없이 자율주행 되는 단계로써, 시스템이 정해진 도로 조건하에서 자율주행 되는 것을 말한다. (고도 자동화, 눈을 감을 수 있음)
- 5단계 : 운전자의 개입 없이 시스템 자체가 100% 완전 자율주행 단계로써, 모든 도로와 조건에서 자율주행 되는 것을 말한다. (완전 자동화)

현재 세계는 자율주행·통신 기술을 기반으로 자동차 산업의 경계가 서비스 산업까지 확장되고 있고, 도심항공교통(UAM)을 비롯한 새로운 이동 수단이 출현하는 '모빌리티 혁명'이 일어나고 있다.

또한 차량의 주요 기능이 소프트웨어를 통해 구동되고, 자동차의 가치와 핵심 경쟁력이 하드웨어가 아닌 소프트웨어에 의해 결정되는 '소프트웨어가 중심인 차'(SDV, Software Defined Vehicle)로의 전환되고 있어 자율주행 자동차 개발 속도는 매우 빠르게 진행될 것으로 보고 있다.

얼마 전 정부에서는 2027년 완전자율주행(레벨 4) 상용화를 목표로 자율주행 차량 개발을 추진하고, 모빌리티 혁명에 대응하여 자율주행·커넥티드 기반 신산업을 창출한다고 발표한 바 있다. (2022. 9. 28. 산업자원부 "자동차 산업 글로벌 3강 전략")

2. 자율주행 자동차 구성 요소와 동작 원리(라이다, 레이더, 카메라, 초음파, V2X)

자율주행 자동차(autonomous vehicle)에 장착되는 대표적인 센서는 카메라, 레이더, 라이다 센서라고 앞서 이번 PART-05를 시작하는 도입 부분에서 언급한 바 있다.

다시 한번 주요 센서에 관해 정리해 보면,

카메라 센서는 이미지 처리 알고리즘을 위한 센서로 날씨와 주변 밝기에 따라 측정치가 불확실할 수 있다는 단점이 있고, 레이더 센서는 전자파를 이용(도플러 효과)하여 목표물의 속도와 정밀 측정이 가능하여 날씨와 주변 환경 조건에 많은 영향을 받지 않는다. 또한 라이다(LiDAR, Light Detection and Ranging) 센서는 물체까지의 거리를 측정하는 센서로써 라이다의 광원에서 레이저 빔이 여러 방향으로 동시 발사가 가능하여 모든 지점의 거리를 동시에 측정하는 것이 가능하다.

자율주행 V2X의 개념

V2X(Vehicle to Everything communication, V2X communication)란, 자율주행 자동차가 유·무선망을 통해 다른 차량 및 도로 등 인프라가 구축된 사물과 서로 통신하며 정보를 교환하는 기술을 말하는데, V2X 기술은 자율주행 주요 센서들의 제약 조건에 대한 보완이 가능하다. 즉, 시야 제약 조건에 구애받지 않는 360° 인식 능력을 제공하고 있어 시야 확보가 어려운 교차로나 기상 악화상황에서도 더 멀리 볼 수 있도록 한다.

이렇듯 자율주행 자동차를 운행하기 위한 요소 기술은 매우 많으나 주요 내용을 다시 정리하면 다음과 같다.

항속 시스템(ASCC), 차선 유지 보조 시스템(LKAS), 자동 긴급 제동시스템, 주차보조시스템(자동 주차), 첨단운전자보조시스템, 지능형 교통 시스템(ITS), LiDAR(Light Detection and Ranging), 영상인식, 초음파센서, 3D 지도맵핑, IoT, V2X로 정리된다.

3. 인지·판단·제어 기술

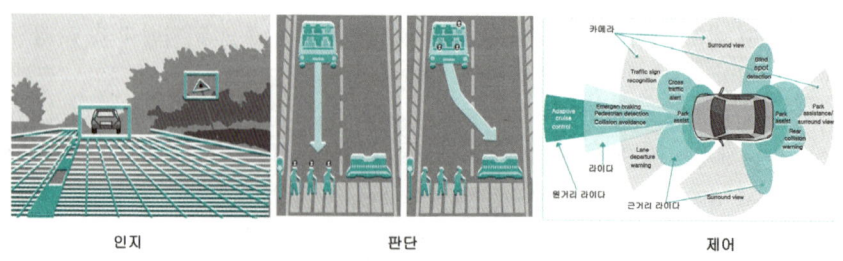

자율주행 인지, 판단, 제어 기술

자율주행 자동차를 위한 핵심기술인 **인지·판단·제어 기술**은 사람의 눈, 두뇌, 손으로 비유될 수 있다. 마치 사람이 눈을 이용해서 주변 사물을 인지하고, 두뇌를 이용해서 주변 상황을 판단하고, 손의 움직임을 통해서 물건을 옮기고 원하는 장소로 이동시키는 제어와 같기 때문이다.

이러한 자율주행 자동차의 인지·판단·제어 기술은 자동차에 에너지가 공급되는 순간부터 에너지 공급이 멈출 때까지 쉬지 않고 지속적으로 반복·수행해야 한다. 만약 인지·판단·제어 기술이 주행 중 멈추거나 불량이 생긴다면 바로 사고로 이어지게 될 것이다.

인지 기술은 카메라, 레이더, 라이다 및 여러 개의 센서 데이터를 종합한 센서 융합기술로 주변 환경을 인지하는 기술을 말하는데, 단순히 센서를 통해 데이터를 얻는 것만이 아닌 어떤 물체가 어떤 상태인지까지 인지하는 것으로써, 전방에서 달려오는 자동차의 시속까지 알아낸다. 또는 카메라 센서를 이용하여 교통 표지판, 차선을 인식하는 것도 인지 기술에 해당 된다.

자율주행 자동차를 위한 인지 기술은 하나의 센서만을 이용하기보다는 여러 개의 센서 데이터를 통합하여 인지 기술의 정확도 및 성능을 높인다는 것이다.

주행 중인 자율주행 자동차의 현재 위치는 인공위성으로부터 신호를 받아 인식하는데, 이러한 기술을 GNSS(Global Navigation Satellite System)이라 하며, 내비게이션의 위치 기반인 GPS 센서가 대표적이다.

이렇듯 자율주행 자동차가 주위 환경이나 상황을 인식하는 인지 기능은 크게 4가지로 구분하여 아래와 같이 정리할 수 있다.

① 도로 환경 인식 기능
② 상황인식(신호등, 표지판) 기능
③ 동적 물체에 대한 정보 분류 기능
④ 자율주행 자동차의 위치 인식 기능

판단 기술은 목적지까지의 최단 경로를 결정하거나 주행 중 장애물 발견 시 정지, 차선변경 등을 결정하기 위해서 다양한 인공지능 알고리즘을 사용한다. 또한 그런 결정을 시기적절하게 수행하는 주요 판단기능은 다음과 같다.

① 긴급 상황 대처 기능(주행 중 돌발 상황 대처)
② 경로 설계 기능(주변 교통상황에 따라 차선변경 및 차량주행)
③ 차량 상태 판단기능(오류 발생 조치, 안전 부품의 기능 점검, 유사시 비상 정지)
④ 운전자 상태 판단기능(자율주행 지속 불가 시 운전자에게 주행 제어권 넘기기 위한 운전자 상태)

제어 기술은 상황에 따라 스티어링 휠, 가속, 제동 계통 등을 통제함으로써 자동차의 주행 경로 및 속도를 제어하는 기능인데, 주행 중 우회전을 하기 전에 적절한 속도 유지와 앞 차량과 거리 유지를 위해서 어느 정도로 감속해야 하는지를 판단하고 정확한 제어를 해야 한다.

제어 기술을 4단계로 구분하여 정리해 보면 다음과 같다.

1단계 제어는 제동·조향과 같은 단위 부품의 제어이며,
2단계 제어는 일정 수준의 속도나 가속도를 유지하는 기능제어,
3단계 제어는 경로 기반 제어와 통합 제어,
4단계 제어는 경로 설계, 상황 대처 기능과 같은 의사결정을 동반하는 제어이다.

자율주행 자동차의 레벨1 제어는 적응형 순항 제어시스템과 차선 유지 시스템이 있고, 레벨2 제어는 고속도로 주행 지원 시스템이다. 레벨 3 이상의 제어는 위의 4단계까지 모두 제어가 가능한 시스템이다.

4. 사이버 보안

자율주행차 및 커넥티드카(connected car, 인터넷 연결 자동차)의 미래 자동차의 사이버보안은 우리가 쓰는 개인 PC의 보안과 같은 개념이다. 즉, 각종 바이러스와 해킹으로부터 피해를 볼 수 있는 자동차가 점점 현실화 되어 가고 있다는 것이다.

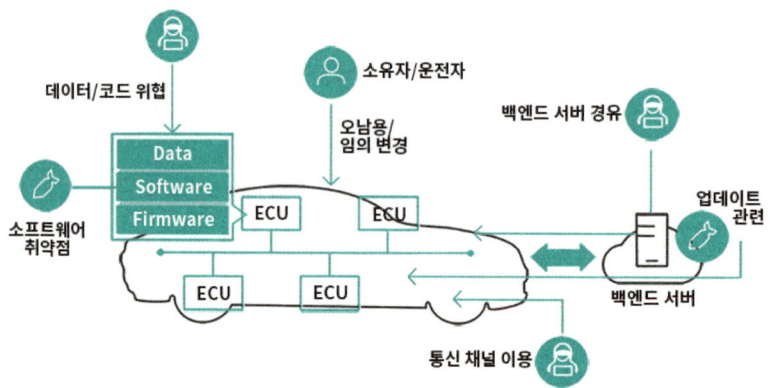

사이버보안 위협의 예

첨단 장치를 장착한 미래형 자동차는 AI 등 무선 센서(블루투스, 기타 통신)들의 송수신을 기반으로 만들어지기 때문에 보안을 무시할 수 없는 것이다. 만약 누군가 내가 운전하는 자율주행차와 커넥티드카 등 미래형 자동차를 운행 중에 핸들을 임의로 조작해서 내가 원치 않는 목적지로 주행하게 한다고 가정해 보면 끔찍한 일이 아닐 수 없다. 또한 내가 창문을 열지 않았음에도 우천시 누군가가 원격으로 창문을 열어 장난을 치거나, 주차 후에 내 자동차를 원격으로 조정하여 가지고 간다면 어떨까? 이런 황당한 사건들이 사이버 보안이 이뤄지지 않았을 때 얼마든지 발생할 수 있는 것이다.

실제 2012년 7월, 영국에서 당시 신형 BMW 자동차가 절도범에게 해킹돼 3분 만에 도난당했다. 절도범은 차량의 자가 진단장치(OBD-Ⅱ)에 스마트폰과 노트북을 연결해 스마트키를 복제한 후 자동차를 훔친 것이다.

2013년에는 네덜란드와 영국의 과학자들이 폴크스바겐, 포르쉐, 람보르기니 등 여러 자동차 브랜드를 해킹할 수 있는 방법을 보여주는 학술논문을 발표했다. 영국 고등법원은 이 논문을 읽어보면 무선으로 차량을 해킹해 잠금해제하는 방법이 너무 쉽기 때문에, 즉시 이 논문의 추가 출판을 중단하라는 명령을 내렸다고 한다.

2015년 8월에 개최된 블랙햇 USA(Black Hat USA) 학술대회에서 미국 화이트해커 찰리 밀러(Charlie Miller)와 크리스 볼로섹(Chris Valasek) 등 두 사람은 피아트-크라이슬러사의 중형 SUV '지프 체로키(Jeep Cherokee)' 해킹을 시연했다. 두 사람은 지프 체로키에 탑재된 디지털 시스템을 해킹해 차량의 제어권을 탈취하고, 원격제어에 성공했다. 이 사건으로 피아트-크라이슬러는 해당 모델 140만대를

리콜하는 수모를 겪어야 했다.

2017년에는 현대자동차 블루링크 애플리케이션에 해커가 보안되지 않은 와이파이를 통해 침입, 사용자의 정보를 탈취하고 원격으로 시동을 걸 수 있는 취약성이 포함된 것이 드러난 바 있다.

2022년 1월에는 독일 사업가 데이비드 콜롬보(David Colombo)가 미국 테슬라의 전기차 25대를 원격으로 해킹했다. 콜롬보는 자신의 트위터에서 "전 세계 25대의 테슬라 자동차를 원격으로 해킹했다"고 밝혔다. 콜롬보는 이어 "테슬라 시스템의 소프트웨어 결함을 발견, 열쇠 없이 문과 창문을 열고, 자동차를 움직일 수 있다"며 "보안 시스템의 비활성화가 가능하고, 운전자 유무 확인, 음향시스템과 헤드라이트의 조작도 가능하다"고 언급했다.

[2022. 9.27 보안뉴스_자동차 해킹 사례와 미래차의 보안위협 유형 분석 기사 발췌]

이러한 사이버 보안에 대한 대책으로 국토교통부는 자동차 보안센터, 자동차 보안 지원 및 대응 시스템, 자동차 보안 시험·평가 장비, 자동차 보안 전문 기구 등을 구축하는 사업을 추진 중에 있다.

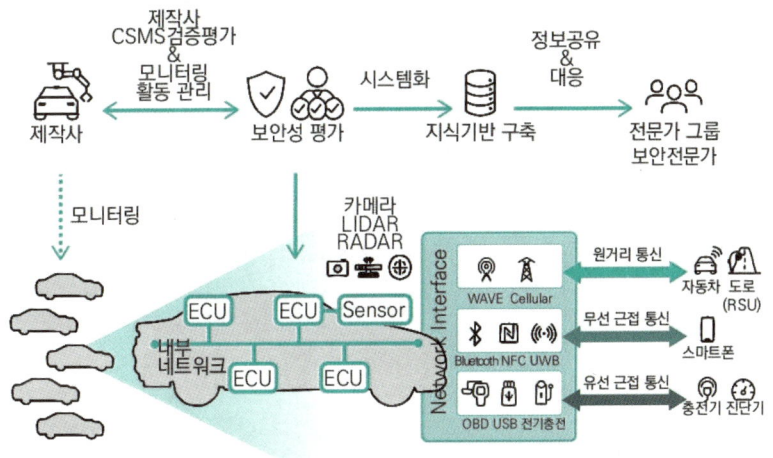

사이버보안 위협의 예

자동차의 스마트키(SMK, smart key) 모듈은 무선에 의한 스마트기 인증이 있어야 작동을 하게 하는 일종의 보안 시스템이다. 도어 핸들 내부의 열고/닫힘 버튼, 브레이크 페달, 내·외부 안테나, SMK 등의 이상 발생시 경고 출력 제어를 하는 스마트키 모듈은 CAN통신을 통한 타 모듈과 정보를 공유하면서 정상적인 무선 인증의 경우에만 원활한 작동이 되도록 한다. 여기에 스마트키, 시동버튼, ESCL(electronic steering column lock, 전자식 조향핸들 잠금 장치) 등의 부수 장치들이 스마트키 모듈의 보안 체계를 뒷받침하여 보안 시스템을 구성하고 있는 것이다.

하나 더 예로 들자면 자동차 도난 방지 장치인 이모빌라이저다. 스마트키 ECU, 스마트키, 시동 버튼, 실·내외 안테나, 도어 버튼으로 구성된 이모빌라이저 시스템은 스마트키 모듈로 전송된 키 신호를 수신받아 인증 후 전원 공급이 이뤄지고, 시동 버튼 신호에 따라 전원 릴레이를 제어한다.

5. ADAS 종류(스마트 크루즈 컨트롤, 전방 충돌방지 보조, 차로 중앙 주행 보조, 고속도로 주행 보조, 차로 이탈 방지 보조)

ADAS(Advanced Driver Assistance System, 첨단운전보조장치)는 자율주행 자동차의 제작과 운행에 앞서 개발되어야 할 기술로써 자동차 주행과 관련한 편의 및 안전 시스템이다.

아래 그림과 같이 자동차가 충돌 위험에 직면했을 때, 운전자의 시각에 들어온 후 인지하고 브레이크 페달을 밟고 회피하려는 능동 안전(active safety) 구간과 운전자의 의지와 상관없이 사고로 이어지는 수동 안전(passive safety) 구간이 있다. 이러한 상황별 안전도에 관한 사항을 첨단 IT, 카메라, 라이다, 초음파센서 등을 이용하여 탑승자 상해를 최소화하는 것이 ADAS(Advanced Driver Assistance System, 첨단운전보조장치)이다.

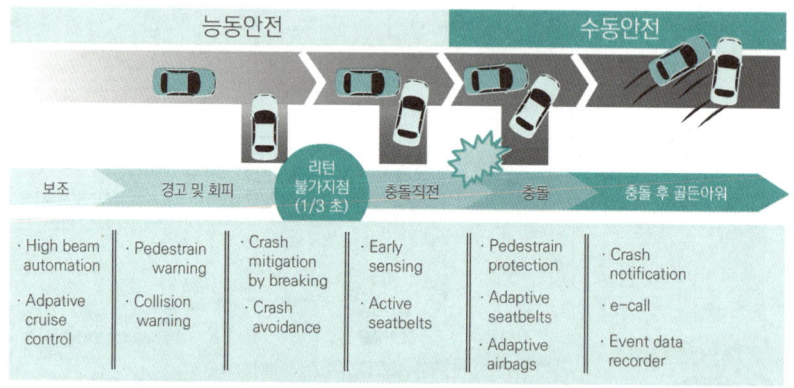

충돌위험 상황별 자동차 안전도 관련 운전자 대응

수많은 ADAS 기능을 모두 소개하는 것은 어려운 일이다. 여기서는 스마트 크루즈 컨트롤(SCC), 전방 충돌방지 보조(FCA), 차로 중앙 주행 보조(LFA), 고속도로 주행 보조(HDA), 차로 이탈 방지 보조(LKA)

가. 스마트 크루즈 컨트롤(SCC, smart cruise control)

스마트 크루즈 컨트롤은 주행 중에 전방 차량을 인식, 거리 유지, 설정 속도 유지 주행의 운전자 보조 ADAS 기능이다. SCC에서 SCC w/S&G(SCC with smart cruise control with stop&Go)로 발전하여 현재는 선행 차량이 정차하거나 재출발 시, 추돌 없이 거리를 유지하며 주행하는 것까지 기술 개발이 되어있다. 주요 센서는 전방 레이더와 카메라가 쓰이고 있으며, 룸미러 앞부분에 카메라, 그릴 또는 번호판 아래 범퍼 안쪽 중앙에 레이더 센서를 장착한다. 차간거리는 총 4단계로 설정되고 CAN통신이 적용되어 있다.

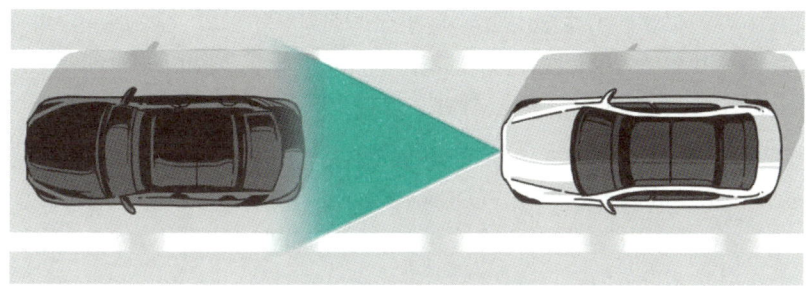

스마트 크루즈 컨트롤 ADAS

나. 전방 충돌 방지 보조(FCA, forward collision-avoidance assist)

전방 보행자 및 자전거, 차량, 기타 물건 등의 상해와 손상을 최소화하는 장치로써, SCC와 동일하게 전방 레이더와 카메라를 통해 인식하고 브레이크 제동을 하게 된다.

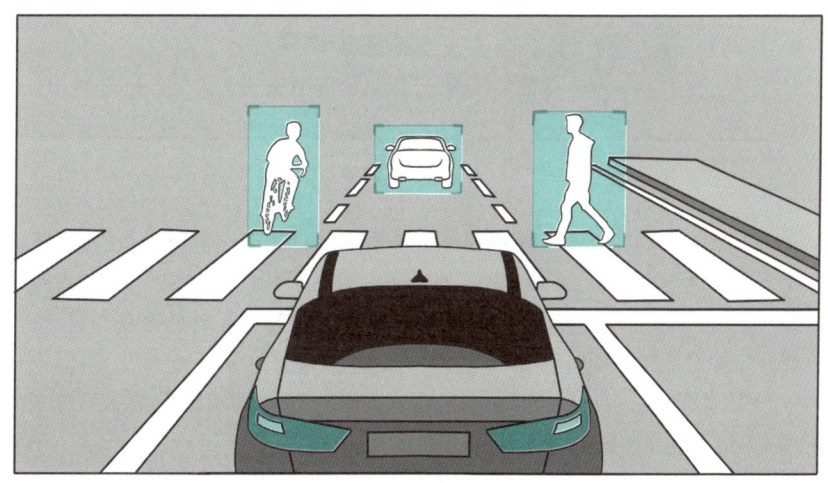

전방 충돌 방지 보조 ADAS

FCA는 충돌 위험 상황에 따라 3단계(시각, 청각인식 → 부분제동 → 급제동)로 경고와 브레이크 제어 동작을 실행하며, 1차 전방주의, 2차 추돌주의, 3차 긴급제동 순서로 계기판 화면에 경고상황이 표출되어 운전자가 인식할 수 있도록 이뤄진다. FCA 작동 중에는 ABS와 협조제어가 이뤄질 수 있으며, 전방에 차량과 충돌 방지 제어를 살펴보면, 80km/h를 기준으로 80km/h 이하까지는 급제동 되며, 80km/h 이상부터는 부분 제동으로 감속하면서 충돌 방지 시간을 확보하게 된다. 또한 전방에 차량이 아닌, 보행자와의 충돌이 예상될 경우에는 조금 더 낮은 속도에서 FCA제어가 작동하게 되는데, 65km/h이하 또는 66~85km/h, 그리고 85km/h 이상 시 단계별 브레이크 제어 상황이 다르다. 65km/h 이하에서는 경보와 급제동을 실시하고, 66~85km/h 에서는 시각 및 청각의 경보만 실행하고 2·3단계는 제어를 하지 않고 충돌 회피하도록 하게한다. 85km/h 이상 시에는 모든 단계의 경고 및 제동 제어를 하지 않고 무조건 충돌 회피를 하도록 한다.

FCA 시스템 작동에는 주변 도로와 교통 환경, 스티어링휠의 임의 조향 또는 조향하지 않는 경우, 안개 또는 태양 빛의 역광으로 인한 카메라의 작동 불가 상황, 레이더 커버의 불순물 오염 등 한계 상황이 있을 수 있어 이에 대한 기술 개발도 끊임없이 연구되고 있다.

FCA 기술은 점차 진화해 가고 있으며, FCA-JT(junction turning, 교차로에서 마주오는 차), -JC(junction crossing, 교차 차량), -LO(lane change/oncoming 추월 시 마주 오는 차), -LS(lane change side, 측 방향 접근차) 기술을 추가 적용하여 전방뿐만 아니라 여러 상황에서의 충돌 방지 시스템을 갖추어 가고 있다.

다. 차로 중앙 주행 보조(LFA, lane following assist, 차로 유지 보조)

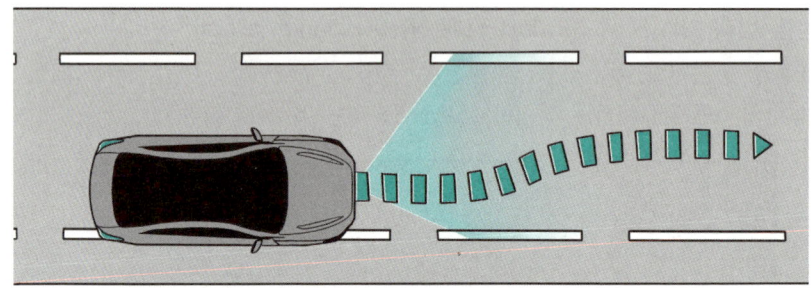

차로 중앙 주행 보조 ADAS

차선이 그려진 도로에서 차로 중앙에 주행하는 자동차가 유지되도록 제어하는 시스템으로써 양 차선을 모두 인식하여 차선 중앙에 주행하도록 제어하는 것은 기본이고, 도로 여건에 따라 차선이 흐리게 그려져 있거나, 노면위의 불순물(먼지, 물, 오염물질)로 인한 1개 차선만 인식할 경우에는 다른 쪽 차선을 가상의 차선으로 인식하면서 제어한다. 또한 양 차선을 모두 인식할 수 없을 때는 선행하는 자동차를 따라 제어하는 기능을 갖추었다. 이 시스템은 전방 카메라와 전동식 전자제어 조향장치(MDPS)를 주요 구성부품으로 장착하여 실행된다.

라. 고속도로 주행 보조(HDA, Highway Driving Assist)

자동차 전용도로 및 고속도로 주행 시 전방 차량과 차선을 동시에 인식하고 선행 차량과의 안전거리, 운전자가 설정한 속도를 유지하면서 차로 중앙으로 주행하도록 하는 시스템이다.

주요 시스템 구성은 전방 카메라, 전방 레이더, MDPS, ADAS Map(내비게이션)으로써, 고속도로 진입 시 현재 주행 중인 도로의 제한 속도를 인식하는 것이 기본 설정되어 있으며, 고속도로 제한 속도가 변경될 경우, SCC(smart cruise control)가 자동으로 속도를 변경하여 제어하게 된다.

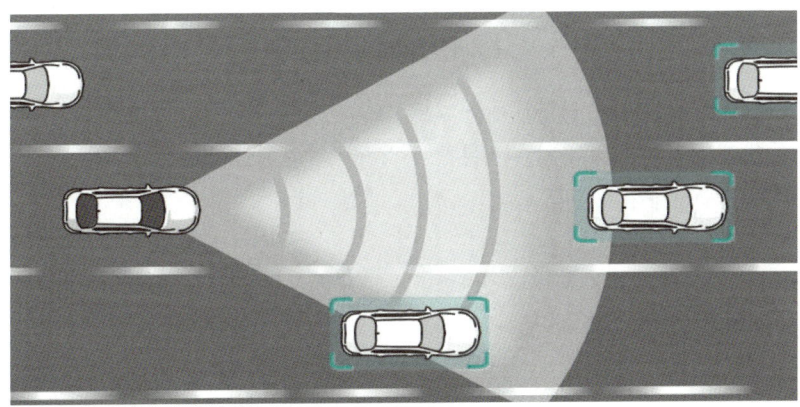

고속도로 주행 보조 ADAS

HDA 해제를 하기 위한 조건은 휴게소를 들어가거나, 톨게이트 500m 전·후 지점에서 경보음과 함께 클러스터에 안내 문자가 나오면서 해제된다. 일반적인 해제 조건(브레이크 페달 작동 시, 운전자가 직접 조향하여 차선변경 시, 운전자가 직접 방향지시등 점등 시)은 동일하다.

마. 차로 이탈 방지 보조(LKA, lane keeping assist)

차로 이탈 방지 보조 ADAS

LKA(lane keeping assist) ADAS 시스템은 전방 카메라, MDPS, 클러스터이며, 주행 중 차선 이탈 시 경고음 또는 조향 보조 지원 CAN통신을 하여 안전 주행을 하도록 돕는 ADAS이다.

비슷하나 조향 보조가 빠진 이탈 시 경고만 하는 보조 시스템 LDW(lane departure warning, 차로 이탈 경고)와 구분하여야 한다. LKA에서 보다 발전된 시스템이 LKA-R, LKA-L 인데, 여기서 -R, -L은 언뜻 보면 오른쪽, 왼쪽으로 오인하기 쉬우나, 여기서 -R, -L은 Road edge(인도와 도로의 경계부 황색 실선), Lane(도로 노면 위 점선 또는 실선)을 의미한다. 그러나 커브 길에서 LKA는 일정 이상의 곡률 반경 보다 크게 되면 작동이 되지 않으며, 차량의 속도가 빠를수록 감지할 수 있는 차선의 곡률 반경 범위도 좁아지게 된다.

연습문제 제5장 자율주행 자동차

01 차로 이탈 방지 보조장치(LKA)에 대한 구성요소에 대한 설명으로 맞지 않는 것은?

① MDPS 조향각에 대한 값을 인식·제어
② 라이다 센서로 3차원 환경을 제어
③ 클러스터를 통해 운전자에게 작동 상태 알림
④ 카메라를 이용하여 도로 라인을 인식·제어

해설 ▶ LKA(lane keeping assist) ADAS 시스템은 전방 카메라, MDPS, 클러스터가 주요 구성 요소이며, 주행 중 차선이탈 시 경고음 또는 조향 보조 지원 CAN통신을 하여 안전 주행을 하도록 돕는다.

02 SCC(smart cruise control) 주요 센서와 장착 위치로 맞는 것은?

① 라이다 – 전방 범퍼
② 카메라 – 전방 루프 패널
③ 레이더 – 전방 범퍼
④ 카메라 – 전방 범퍼

해설 ▶ SCC 주요 센서는 전방 레이더와 카메라가 쓰이고 있으며, 룸미러 앞부분에 카메라, 그릴 또는 번호판 아래 범퍼 안쪽 중앙에 레이더 센서를 장착한다.

03 다음 중 주행 보조 안전장치로 옳지 않은 것은?

① 스마트 크루즈 컨트롤(SCC)
② 차로 이탈 방지 보조(LKA)
③ 차로 이탈 경고(LDW)
④ 운전자세 메모리 시스템(IMS)

해설 ▶ 운전자세 메모리 시스템(IMS)는 편의장치에 해당한다.
운전 자세 메모리 시스템(IMS, Integrated Memory System)은 간단한 버튼 조작 및 도어 열림 시 자동제어로 운전석, 실외 사이드미러 및 운전석 위치 조정을 자동으로 조절하는 편의장치이다.

04 전방 충돌 방지 보조(FCA, forward collision-avoidance assist) 장치의 작동과 관련하여 가장 거리가 먼 것은?

① 충돌 위험 상황에 따라 시·청각인식 → 부분제동 → 급제동 3단계로 실행한다.
② 1차 전방주의, 2차 추돌주의, 3차 긴급제동 순으로 계기판에 경고상황을 표출한다.
③ FCA 작동 중에는 안전을 감안하여 ABS와 협조제어가 정지한다.
④ 약 80km/h 이상부터는 부분 제동으로 감속하면서 충돌 방지 시간을 확보한다.

해설 ▶ FCA 작동 중에는 ABS와 협조제어가 이뤄질 수 있으며, 전방에 차량과 충돌 방지 제어를 살펴보면, 80km/h를 기준으로 80km/h 이하까지는 급제동 되며, 80km/h 이상부터는 부분 제동으로 감속하면서 충돌 방지 시간을 확보하게 된다.

05 진단 장비를 활용한 전방 레이더 센서 보정 방법으로 틀린 것은?

① 바닥이 고른 공간에서 차량을 수평 상태로 한다.
② 주행모드 지원이 없을 경우 레이저, 리플렉터, 삼각대 등 보정용 장비가 필요하다.
③ 메뉴는 전방 레이터 센서 보정(SCC/FCA)으로 선택한다.
④ 주행모드가 지원이 있을 경우 수평계, 수직계, 레이저, 리플렉터 등 별도의 보정 장비가 필요하다.

정답 01 ② 02 ③ 03 ④ 04 ③ 05 ④

해설 ▶ 주행 모드가 지원되는 경우 수직·수평계를 제외한 별도의 보정 장비는 불필요하고, 교통 상황이나 도로에 인식을 위한 가드레일 등 도로에 설치된 고정물이 필요하다.

06 다음 중 고속도로 주행 보조(HDA, Highway Driving Assist)의 주요 구성 시스템 또는 부품이 아닌 것은?

① 전방 레이더
② 내비게이션
③ 후방 카메라
④ 전동식 조향장치(MDPS)

해설 ▶ HDA의 주요 시스템과 부품 구성은 전방 카메라, 전방 레이더, MDPS, ADAS Map(내비게이션)으로써, 고속도로 진입 시 현재 주행 중인 도로의 제한 속도를 인식하는 것이 기본 설정되어 있다. 또한 고속도로 제한 속도가 변경될 경우, SCC(smart cruise control)가 자동으로 속도를 변경하여 제어하게 된다.

07 전방 충돌 방지 보조(FCA)가 발전되어 교차로에 마주오는 차에 대한 충돌 방지 시스템으로 옳은 것은?

① FCA-JT
② FCA-JC
③ FCA-LO
④ FCA-LS

해설 ▶ 여러 상황에서의 충돌 방지 시스템을 갖춘 FCA 기술을 발전시킨 것은 다음과 같다.
• FCA-JT(junction turning) : 교차로에서 마주 오는 차와 충돌 방지
• FCA-JC(junction crossing) : 교차 차량와 충돌 방지
• FCA-LO(lane change/oncoming) : 추월 시 마주 오는 차와 충돌 방지
• FCA-LS(lane change side) : 측 방향 접근 차와 충돌 방지

08 주차 보조장치에서 차량과 장애물의 거리 신호를 컨트롤 유닛으로 보내주는 센서는?

① GPS 센서
② 레이저 센서
③ 레이더 센서
④ 적분 센서

해설 ▶ 레이더 센서(Radar Sensor)는 전자기파를 이용하여 물체의 위치, 속도, 방향을 파악한다.

09 차로 이탈 경고 장치(LDW, Lane Departure Warning)에 주로 적용되는 통신 네트워크는?

① KW2000
② LIN
③ K-line
④ CAN

해설 ▶ 가격과 속도에서 유리한 CAN통신이 주로 쓰인다.

10 스마트 크루즈 컨트롤(SCC, smart cruise control) 시스템의 기능이 아닌 것은?

① 정차 후 거리 유지 출발
② 전방 차량 인식
③ 일정 거리 유지 정속 주행
④ 설정 속도 유지 주행

해설 ▶ SCC w/S&G(SCC with smart cruise control with stop&Go)로 발전하여 현재는 선행 차량이 정차하거나 재출발 시, 추돌 없이 거리를 유지하며 주행하는 것까지 기술 개발이 되어있다.

정답 06 ③ 07 ② 08 ③ 09 ④ 10 ①

11 차로 중앙 주행 보조(LFA, lane following assist) 시스템에 대한 설명으로 틀린 것은?

① 양 차선을 인식하여 차로 중앙 주행이 유지된다.
② 양 차선 모두 인식 불가시 선행 차에 따라 제어한다.
③ 노면위의 불순물(먼지, 오염물질)로 인해 1개 차선만 인식할 경우 작동이 정지된다.
④ 주요 구성부품은 전방 카메라와 전동식 전자제어 조향장치(MDPS)이다.

해설 ▶▶ 노면위의 불순물(먼지, 물, 오염물질)로 인한 1개 차선만 인식할 경우에는 다른 쪽 차선을 가상의 차선으로 인식하면서 제어한다.

12 고속도로 주행 보조(HDA, Highway Driving Assist) 장치가 해제 되는 조건으로 틀린 것은?

① 휴게소 진입시 또는 톨게이트 약 500m 전·후
② 브레이크 페달 작동 시
③ 운전자가 직접 방향지시등을 점등했을 경우
④ 운전자가 핸들에서 손을 떼었을 경우

해설 ▶▶ HDA 해제를 하기 위한 조건은 휴게소를 들어가거나, 톨게이트 500m 전·후 지점에서 경보음과 함께 클러스터에 안내 문자가 나오면서 해제되며, 일반적인 해제 조건은 브레이크 페달 작동 시, 운전자가 직접 조향하여 차선 변경 시, 운전자가 직접 방향지시등 점등시이다.

13 차량 주차를 마치고 후측방 차와의 충돌 위험을 방지하기 위한 장치로 가장 적당한 것은?

① 안전 하차 보조
② 전방 충돌 방지 보조
③ 차로 이탈 경고 장치
④ 차로 이탈 방지 보조장치

해설 ▶▶ 안전 하차 보조(SEA, Safety Exit Assist) 장치는 차량 주차 후 하차 시 전자식 차일드 락 또는 파워 슬라이딩 도어를 누르면 후측방에서 다가오는 차가 있을 경우, 경고음과 함께 도어 잠금 상태를 유지하는 기능이다.

14 주차 보조 시스템인 후진 경보장치에서 물체에 부딪혀 되돌아오는 원리를 이용하여 장애물과의 거리를 측정하는 센서와 주로 사용되는 통신 방식으로 옳은 것은?

① 초음파 센서 - LIN
② 초음파 센서 - CANFD
③ 적외선 센서 - KW2000
④ 적외선 센서 - K-Line

해설 ▶▶ 차량의 뒷 범퍼 중앙, 좌·우 측면에 장착된 후방 감지 센서는 초음파 센서로써, 압전소자를 이용하여 전류가 흐르면 초음파(20㎑ 이상 주파수)가 발생한다.

제6장 친환경 자동차 용어

친환경 자동차 용어는 제작사마다 상이한 경우가 많다. 여기에 수록된 내용을 외우기 보다는 약어의 뜻과 기능에 대한 것에 집중하여, 용어가 생소하지 않으면 된다. 다시 말해 이 약어가 전세계 공통어가 아니고, 법에서 정하여 꼭 그렇게 써야 하는 것도 아니다. 그러나 약어에 대한 이해와 익숙함을 갖고 있어도 시험에 많은 도움이 된다. 뜻이 같아도 약어가 다른 경우에도 내용에 넣었다.

순번	약어(명칭)	원어	기능(역할)
1	AAF	Active Air Flap	엔진 및 부품 냉각시 open, 일정속도이상시(외부공기유입불필요시) close • 공기저항감소(연비저감개선)
2	AC	Alternating Current(voltage)	교류(전압)
3	AER	All Electric Range	1회 충전후 주행 가능 거리
4	APT	Automotive Pressure Transducer	에어컨 압력 변환 센서
5	BMS	Battery Management System	고전압 배터리 제어 시스템 (고전압배터리의모니터링및제어)
6	BMU	Battery Management Unit	고전압 배터리 제어 유닛
7	HVBS	High Voltage Battery System	고전압 배터리 시스템(HEV)
8	CCM	Charge Control Module	충전 제어 모듈
9	CDM	Charge Door Module	충전 도어 모듈
10	CLUM	Cluster Module	계기판(모듈)
11	CMU	Cell Monitoring Unit	셀 전압센싱(모니터링), 셀 밸런싱 제어 유닛
12	CSC	Concentric Slave Cylinder	유압 작용으로 클러치의 결합,해제를 하게 하는 실린더
13	DC	Direct Current(voltage)	직류(전압)
14	DTE	Distance to Empty	주행 가능 거리
15	EMS	Engine Management System	엔진 관리 시스템(ECU와 같음)
16	EOP	Electric Oil Pump	전동식 변속기 오일 공급 펌프
17	EPCU	Electric Power Control Unit	전기차 통합 전력 제어 유닛
18	ESC	Electronic Stability Control	차량 자세 제어
19	EV	Electric Vehicle	전기 자동차
20	EV 모드	Electric Vehicle Mode	전기차 모드(엔진은 정지된 상태) : 전기모터의힘만으로차량구동
21	EVSE	Electric Vehicle Supply Equipment	전기차 충전 장치
22	EEWP	Engine Electric Water Pump	전동식 엔진 냉각수 순환 장치

순번	약어(명칭)	원어	기능(역할)
23	EWP	Electric Water Pump	전동식 물 펌프(워터펌프): 고전압 계통 부품, 제어기냉각을위한 냉각수순환장치
24	AEWP	Auxiliary Electric Water Pump	보조 전동식 냉각수 순환 장치; EV모드 엔진정지 시, 난방 위해 엔진 냉각수 열원 사용
25	EXT AMP	Exterior Amplifier	외장 오디오 앰프
26	FATC	Full Automatic Temperature Control	전자식 공조 온도 조절 장치
27	FCEV	Fuel Cell Electric Vehicle	수소전기차
28	HCU	Hybrid Control Unit	하이브리드 자동차 최상위 제어기
29	HEV	Hybrid Electric Vehicle	하이브리드 전기 자동차
30	HEV 모드	Hybrid Electric Vehicle Mode	하이브리드 전기차 모드, 차량 주행을 위해 엔진과 전기 모터가 동시에 구동되는 상태
31	HPCU	Hybrid Power Control Unit	HCU, MCU, LDC 통합 제어기
32	HPU	Hydraulic Pressure Unit	제동 유압 발생, 회생제동 협조 제어 유닛
33	HSG	Hybrid Starter Generator	고전압 엔진 시동장치, 발전장치(HEV)
34	HV BOX	High Voltage distribution BOX	고전압 분배 박스
35	HVAC	Heating, Ventilation, Air conditioning	자동차 공조장치
36	BAU	Brake Actuation Unit	유압 제어, 전달 / 페달 답력 발생 장치
37	IBAU	Integrated Brake Actuation Unit	제동 시의 제동 유압 제어, 전달 장치(ESC 기능 병행)
38	ICCB	In-Cable Control Box	완속 충전 제어 박스
39	IEB	Intergrated Electronic Brake	통합형 전동 브레이크
40	iEB	Integrated Electronic Brake	통합형 전동 브레이크
41	IGPM	Integrated Gateway Power Control Module	통합형 게이트웨이 파워 컨트롤 모듈
42	IPM	Interior Permanent Magnet(Type)	영구자석 내부 매입 타입(형식)
43	LDC	Low Voltage DC-DC Converter	직류 변환기 장치 (고전압 저전압-12V)
44	LTR	Low Temperature Radiator	저온 라디에이터(고전압 PE부품 냉각용)
45	MCU	Motor Control Unit	모터 제어기(HEV : 구동모터-HSG제어기 전력 변환기 포함 (인버터포함)
46	MDPS	Motor Driven Power Steering	모터 제어 파워 스티어링
47	MTC	Manual Temperature Control	수동식 온도 조절 공조 장치
48	MWP	Mechanical Water Pump	기계식 냉각수 순환 장치(HEV)
49	OBC	On Board Charger	탑재형 배터리 충전기(완속충전시 사용)
50	OPD	Overvoltage Protection Device	과충전 보호 장치(HEV 사용)
51	VPD	Voltage Protection Device	과충전 보호 장치(배터리 부풀었을때 S/W 눌러 작동)

순번	약어(명칭)	원어	기능(역할)
52	MOP	Mechanical Oil Pump	기계식 변속기 오일 공급 펌프
53	OPU	Oil Pump Unit	전동식 변속기 오일 공급 펌프(EOP) 구동 위한 전원 공급 장치
54	PD	Proximity Detection	OBC와 충전케이블 연결상태 확인(=PD선)
55	PE	Power Electronics	고전압 부품 계통의 통칭(PE룸=모터룸)
56	PHEV	Plug-in Hybrid Electric Vehicle	플러그인 하이브리드 자동차
57	PLC	Power Line Communication	전력선의 통신
58	PRA	Power Relay Assembly	전력 차단 장치(고전압배터리전원연결/차단릴레이모듈)
59	PSU	Pressure Source Unit	제동 위한 유압 생성 유닛(장치)
60	PTC	Positive temperature coefficient heater	보조히터
61	PTS	Pedal Travel Sensor	페달 위치 감지 센서
62	PWM	Pulse width modulation	듀티사이클(Hi,Low) 신호폭(펄스폭)을 변조하는 방식 (DC전력, 모터제어 기술에 쓰임)
63	SBW	Shift-By-Wire	전자식 변속레버 시스템
64	SCU	SBW Control Unit	전자식변속레버시스템(SBW) 제어 장치
65	SOC	State Of Charge	현재 배터리의 충전량(% 단위로 표기)
66	SOH	State Of Health	현재 배터리의 양호한 정도
67	SPM	Surface Permanent Magnet	표면 영구자석 방식
68	TCO	Total Cost of Ownership	총 보유비용
69	VCU	Vehicle Control Unit	차량 통합 제어 유니트
70	VESS	Virtual Engine Sound System	가상 엔진 사운드 시스템: 저속 주행 시 모터 구동음과 유사한 소리 발생(보행자 보호 장치)
71	VPD	Voltage Protection Device	과충전 보호 장치(배터리 부풀었을때 S/W 눌려 작동)
72	MCT	Multi Cycle Test	국내/북미의 주행거리 능력(연비) 평가 기준
73	WLTP	Worldwide harmonised Light Vehicle Test Procedure	주행거리 능력(연비) 유럽 평가 기준
74	AHB	Active Hydraulic Booster	하이브리드 자동차의 제동 시스템: 제동에 필요한 압력을 별도 모터 이용해 만드는 것(엔진진공 안씀)
75	스테이터	Stator	고정자, 전기 모터에 고정된 권선 코일로 자기유도 발생 부품
76	레졸버	Resolver	구동 모터, HSG에서 로터의 현재 위치 검출을 위한 위치 센서
77	페일세이프	Fail Safe	시스템 문제 발생 시, 승객과 차량 보호를 위한 제어 로직
78	프리차지 릴레이	Pre-Charge Relay	메인 릴레이 이전에 잠시 연결되어 PRA내부돌입전류방지를 위한 릴레이
79	회생제동	Regenerative Braking	주행 중 제동 시 차량의 관성 에너지를 전기에너지로 변환 하는것
80	회전자(로터)	Rotor	전기 모터에서 자기유도에 의해 회전하는 부품

순번	약어(명칭)	원어	기능(역할)
81	ACP	Air Compressor	공기 압축기
82	AIS	Air Intake Silencer	공기 흡입에 따른 공명음(소음)을 없애는 레조네이터 거치는 것
83	APS	Air Processing System	공기 공급 시스템
84	BHDC	Bi directional High voltage DC-DC Convertet	양방향 고전압 직류 변환장치
85	BPCU	Blower Pump Control Unit	공기 블로어 제어 장치
86	CBV	Coolant Bypass Valve	냉각수 바이패스 밸브
87	COD	Cathode Oxygen Depletion	스택 냉각수 가열, 에너지 소진 기능
88	CPP	Coolant PE Pump	냉각수 파워 일렉트릭 펌프
89	CSP	Coolant Stack Pump	스택 냉각수 펌프
90	CTV	Coolant Temperature Control Valve	냉각수 온도제어 밸브
91	EXV	Electronic Expansion Valve	냉매 유량의 능동적 제어를 통한 연비개선
92	FPS	Fuel Processing System	수소 공급 시스템
93	GDL	Gas Diffusion Layer	가스 확산층
94	MEL	Membrane Electrode Assembly	전극, 촉매, 고분자 전해질막
95	PFC	Powertrain Fuel Cell	수소차의 전기 생산 및 전체적인 구동 모듈
96	SVM	Stack Voltage Monitor	스택 전압 감시 장치
97	TMS	Thermal Management System	열관리 시스템
98	TXV	Thermal Expansion Valve	감온팽창밸브, 응축기에서 액화된 고온, 고압 냉매를 교축작용으로 증발 압력까지 감압
99	2WAY 밸브		양방향 제어 밸브, 냉·난방 시 냉매 순환계통 제어
100	3WAY 밸브		삼방향 제어 밸브 • 컨덴서빙결시출구쪽으로냉매를바이패스(by-pass) • 냉방시TXV쪽으로, 난방시칠러(chiller)쪽으로 냉매흐름 전환 역할
101	배터리칠러	Battery chiller	고전압 배터리를 냉각시켜 배터리 성능을 향상 시키는 역할
102	스택	Stack	연료전지, 수소(H_2)와 산소(O_2)의 화학 반응 통해 전기생산

연습문제 | **제6장 친환경 자동차 용어**

01 다음 중 친환경 자동차 용어에 관한 내용과 설명으로 옳지 않은 것은?

① EPCU : 전기차 통합 전력 제어 유닛
② EOP : 전동식 변속기 오일 공급 펌프
③ EWP : 전동식 물 펌프(워터펌프)
④ DTE : 현재 배터리의 충전량(% 단위로 표기)

해설 ▶ 현재 배터리의 충전량(% 단위로 표기)은 SOC(State Of Charge)라고 한다. DTE(Distance to Empty)는 전기차에서 현재 고전압 배터리 에너지로부터 주행가능거리를 추정·연산 값을 말한다.

02 친환경 자동차의 직류 변환기 장치로써, 고전압을 주로 저전압 12V로 변화하는 장치를 무엇이라 하는가?

① LDC   ② LTR
③ MCU   ④ MTC

해설 ▶ LDC(Low Voltage DC-DC Converter)에 대한 지문이며, LTR(Low Temperature Radiator)은 저온 라디에이터(고전압 PE부품 냉각용), MTC(Manual Temperature Control)는 수동식 온도 조절 공조 장치를 뜻한다.

03 다음 중 친환경 자동차 고전압 배터리의 모니터링 및 제어 부품으로 옳은 것은?

① BMS   ② CCM
③ CLUM ④ CMU

해설 ▶ BMS(Battery Management System)는 고전압 배터리 제어시스템으로써 고전압 배터리의 모니터링 및 제어를 담당한다. CLUM는 계기판 모듈을 뜻한다.

04 다음 중 친환경 자동차 고전압 배터리가 열 및 이상 증상으로 부풀었을 때 안전 S/W 눌려 작동함으로써, 안전에 대비한 장치로 옳은 것은?

① MOP   ② OPU
③ PTC   ④ VPD

해설 ▶
• MOP(Mechanical Oil Pump) : 기계식 변속기 오일 공급 펌프
• OPU(Oil Pump Unit) : 전동식 변속기 오일 공급 펌프(EOP) 구동 위한 전원 공급 장치
• PTC(Positive temperature coefficient heater) : 보조히터
• VPD(Voltage Protection Device) : 과충전 보호 장치(배터리 부풀었을때 S/W 눌려 작동)

05 HPCU(Hybrid Power Control Unit)에 관한 설명으로 옳은 것은?

① 하이브리드차의 공조장치이다.
② 제동 유압 발생, 회생제동 협조 제어 유닛이다.
③ HCU, MCU, LDC 통합 제어기이다.
④ 완속 충전 제어 박스이다.

해설 ▶ 제동 유압 발생, 회생제동 협조 제어 유닛은 HPU(Hydraulic Pressure Unit)이고, 완속 충전 제어 박스는 ICCB(In-Cable Control Box)이다.

정답 01 ④ 02 ① 03 ① 04 ④ 05 ③

제7장 신재생 에너지와 바이오·에탄올·천연가스 자동차

1. 신재생 에너지

1830년대 말 농촌 지주계급 평균수명은 50~52세, 맨체스터/리버풀 공업도시 노동자 평균수명은 15~19세였고 임금을 낮추려고 어린이와 여성을 고용하는 공장 늘어나 비위생적 환경속에서 콜레라, 이질 등의 전염병 발생이 빈번했다. 농업사회의 필요 에너지는 동물, 풍력, 수력 등 자연의 힘이었고, 공업사회의 필요 에너지는 석탄, 석유 같은 화석연료에 있어 대기환경 오염과 함께 인간 생활 속 전염병도 커져 같던 것이다. 그로부터 거의 200년에 가까운 시간이 흐른 지금, 우리는 다시 자연의 힘을 얻어 보다 친환경적이고, 무한 에너지 환경으로 변화시키기 위해 정부와 사회가 공동 연구하고 있다.

「신재생에너지」란 신에너지와 재생에너지의 합성어로써, 관계 법령에는 「**신에너지 및 재생에너지 개발·이용·보급 촉진법**(약칭 : **신재생에너지법**)」이 있으며, 제2조(정의)에 신에너지와 재생에너지에 관하여 아래와 같이 명시되어있다.

> "**신에너지**"란 기존의 화석연료를 변환시켜 이용하거나 수소·산소 등의 화학 반응을 통하여 전기 또는 열을 이용하는 에너지로서 다음 각 목의 어느 하나에 해당하는 것을 말한다.
> 가. 수소에너지
> 나. 연료전지
> 다. 석탄을 액화·가스화한 에너지 및 중질잔사유(重質殘渣油)를 가스화한 에너지로서 대통령령으로 정하는 기준 및 범위에 해당하는 에너지
> 라. 그 밖에 석유·석탄·원자력 또는 천연가스가 아닌 에너지로서 대통령령으로 정하는 에너지
>
> "**재생에너지**"란 햇빛·물·지열(地熱)·강수(降水)·생물유기체 등을 포함하는 재생 가능한 에너지를 변환시켜 이용하는 에너지로서 다음 각 목의 어느 하나에 해당하는 것을 말한다.
> 가. 태양에너지
> 나. 풍력
> 다. 수력
> 라. 해양에너지
> 마. 지열에너지
> 바. 생물자원을 변환시켜 이용하는 바이오에너지로서 대통령령으로 정하는 기준 및 범위에 해당하는 에너지
> 사. 폐기물에너지(비재생폐기물로부터 생산된 것은 제외한다)로서 대통령령으로 정하는 기준 및 범위에 해당하는 에너지
> 아. 그 밖에 석유·석탄·원자력 또는 천연가스가 아닌 에너지로서 대통령령으로 정하는 에너지

충주 청풍호 수상 태양광 에너지   보령 수상 태양광 에너지

경기시흥 시화 조력 발전소

2. 바이오 자동차

옥수수나 사탕수수 등 생물자원을 연료로 활용하는 것을 '바이오연료'라고 하며, 휘발유를 대체할 수 있는 것을 바이오 알코올이라 한다. 그리고 이러한 바이오 연료를 사용하여 주행하는 자동차를 바이오 자동차라 한다.

바이오에너지의 성장과 시장 전망은 매우 밝다. 우크라이나 전쟁으로 에너지 안보에 대한 중요성이 부각 되면서 석유 대체 바이오 에너지에 대한 관심도 높아지고 있다. 바이오에너지는 우리 일상생활과 불가분의 관계에 있는 에너지다. 또한 차세대 연료인 **수첨 바이오 연료**(HVO, Hydrotreated Vegetable Oil)는 2011년에 비해 36% 증가한 95억 리터로 가장 빠르게 성장하고 있으며, HVO는 식물성 유지(콩기름, 팜유 등)를 수소화 반응으로 전환하여 지속적으로 얻어지는 디젤과 유사한 연료이다.

바이오 연료 상업비행 성공한 스웨덴 브라텐스(BRA)의 항공기

실제 스웨덴 지역 항공사인 브라텐스(BRA)의 항공기가 2022년 6월 21일에 바이오 연료로 만들어진 지속가능한 항공연료(SAF)만으로 상업비행에 성공한 사례도 있다.

또한 세계 최초로 연간 약 4만톤 규모의 생활폐기물을 바이오에너지로 전환하는 사업에 미국 네바다 주에 위치한 펄크럼 회사가 선도적으로 투자에 나선 바 있다. 생활폐기물 기반 합성원유생산 플랜트 사업에 우리나라의 일부 회사도 지분을 투자하는 등 바이오에너지 활용 가치는 날로 증가하고 있는 추세다.

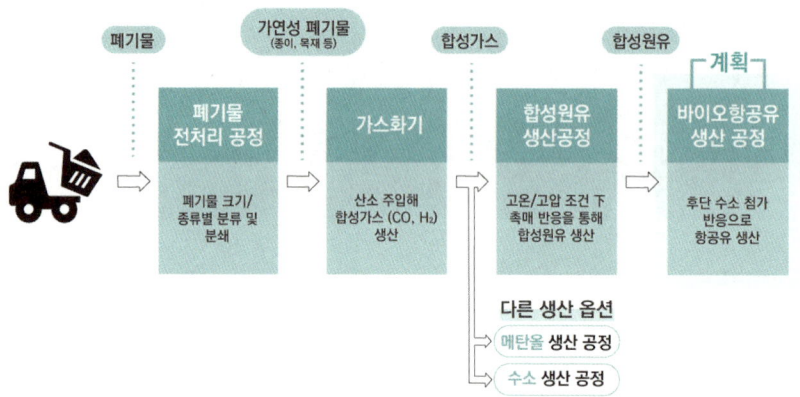

미국 펄크럼 생활 폐기물 시반 합성원유 바이오에너지 생산공정

3. 에탄올 자동차

에탄올 자동차(alcohol vehicle)의 에탄올은 풍부한 천연가스와 석탄, 나무로 제조할 수 있으며, 옥탄가가 매우 높기 때문에 고압축 기관의 자동차로 적합하다. 그러나 옥탄가가 높아 가솔린과 비교할 때 2배 이상의 연료가 소비되고, 저온 시동성도 떨어지고, 연료 계통의 부품을 부식시키는 단점이 있다.

에탄올 디젤의 경우, 국내에서 자급이 가능한 바이오매스 자원과 폐식용유를 활용한다면, 석유계 연료를 대체할 수 있으며, PM, HC, CO 같은 대기오염 물질과 지구온난화 주 유해 배기가스인 이산화탄소를 크게 줄일 수 있다.

4. 천연가스 자동차

천연가스 자동차(NGV : Natural Gas Vehicle)는 메탄을 주성분으로 하는 석유계 연료 중에서 탄소량이 가장 적어 환경친화적 연료로써, 천연가스를 사용하는 자동차는 매연이 배출되지 않으며, 반응성 탄화수소(NMHC) 뿐만 아니라 일산화탄소(CO)의 배출량도 매우 낮다. 메탄은 비점이 -162℃로 낮기때문에 상온에서 기체 상태로 존재하며 옥탄가는 높으나 세탄가는 낮아 디젤 사이클보다 가솔린 오토사이클에 적합하다.

천연가스 자동차의 기본 구조는 내연기관 자동차(가솔린, 경유)와 같고, 연료 계통만 조금 다를 뿐이다. 연료인 천연가스는 고압($200kg/cm^2$)으로 압축저장 후, 압축된 가스는 연료 배관을 거쳐 감압밸브에서 사용압력으로 적절하게 감압 된 후, 공기와 혼합되 엔진의 연소실로 공급된다.

천연가스 자동차는 연료의 사용 형태에 따라
① 압축된 천연가스를 사용하는 압축천연가스(CNG)자동차,
② 액화 상태를 사용하는 액화 천연가스(LNG)자동차,
③ 천연가스를 연료 용기에 흡착·저장하였다가 사용하는 흡착천연가스(ANG)자동차로 구분된다.

압축천연가스(CNG)는 기체 상태로 봄베(저장탱크, 가스통)에 고압 충전하여 사용하고, 액화천연가스(LNG)는 -162℃의 액상으로 충전하여 사용한다는 점이 서로 다르다.

압축천연가스(CNG)의 단점으로는 용적이 커 봄베 장착에 따른 차체 중량이 증가하여 연비효율이 가솔린의 1/2 정도로 짧다는 것이다.

연습문제 — 제7장 신재생 에너지와 바이오·에탄올·천연가스 자동차

01 메탄을 주성분으로 하는 석유계 연료 중에서 탄소량이 가장 적어 환경친화적 연료 자동차로 가장 적당한 것은?

① 하이브리드 자동차
② 에탄올 자동차
③ 연료전지 자동차
④ 천연가스 자동차

해설 천연가스 자동차(NGV : Natural Gas Vehicle)는 메탄을 주성분으로 하는 석유계 연료 중에서 탄소량이 가장 적어 환경친화적 연료로써, 천연가스를 사용하는 자동차는 매연이 배출되지 않으며, 반응성 탄화수소(NMHC) 뿐만 아니라 일산화탄소(CO)의 배출량도 매우 낮다.

02 친환경 에너지에서 생물자원을 변환시켜 이용하는 바이오에너지로서 대통령령으로 정하는 기준 및 범위에 해당하는 에너지로 맞는 것은?

① 신에너지
② 원자력 에너지
③ 환경 에너지
④ 재생에너지

해설 "재생에너지"란 햇빛·물·지열(地熱)·강수(降水)·생물유기체 등을 포함하는 재생 가능한 에너지를 변환시켜 이용하는 에너지를 말한다.

03 친환경 신에너지에 해당하지 않는 것은?

① 수소에너지
② 연료전지
③ 태양에너지
④ 중질잔사유(重質殘渣油)를 가스화한 에너지

해설 신에너지 및 재생에너지 개발·이용·보급 촉진법(약칭:신재생에너지법)이 있으며, 제2조(정의)에 신에너지는 다음과 같다. 또한 태양에너지, 풍력, 수력 등은 재생에너지에 속한다.
"신에너지"란 기존의 화석연료를 변환시켜 이용하거나 수소·산소 등의 화학 반응을 통하여 전기 또는 열을 이용하는 에너지로서 다음 각 목의 어느 하나에 해당하는 것을 말한다.
가. 수소에너지
나. 연료전지
다. 석탄을 액화·가스화한 에너지 및 중질잔사유(重質殘渣油)를 가스화한 에너지로서 대통령령으로 정하는 기준 및 범위에 해당하는 에너지
라. 그 밖에 석유·석탄·원자력 또는 천연가스가 아닌 에너지로서 대통령령으로 정하는 에너지

04 친환경 천연가스 자동차(NGV : Natural Gas Vehicle)의 종류로 옳지 않은 것은?

① CNG
② LNG
③ ING
④ ANG

해설 천연가스 자동차는 연료의 사용 형태에 따라 다음과 같이 구분한다.
- 압축된 천연가스를 사용하는 압축천연가스(CNG)자동차
- 액화 상태를 사용하는 액화 천연가스(LNG)자동차
- 천연가스를 연료 용기에 흡착·저장하였다가 사용하는 흡착천연가스(ANG)자동차

05 다음 중 압축 천연가스(CNG) 자동차에 관한 설명으로 틀린 것은?

① 연비효율은 가솔린의 2배 정도로 좋다.
② 차체 중량이 증가한다.
③ 기체 상태로 봄베에 고압 충전한다.
④ 친환경 연료로 분류된다.

정답 01 ④ 02 ④ 03 ③ 04 ③ 05 ①

해설 ▶ 압축천연가스(CNG)의 단점으로는 용적이 커 봄베 장착에 따른 차체 중량이 증가하여 연비효율이 가솔린의 1/2 정도로 짧다는 것이다.

06 친환경 자동차 연료 중 풍부한 천연가스와 석탄, 나무로 제조할 수 있으며, 옥탄가가 매우 높기 때문에 고압축 기관의 자동차에 적합한 성분으로 옳은 것은?

① 에틸렌클리콜
② 에탄올
③ 메탄
④ 가솔린

해설 ▶ 에탄올 자동차(alcohol vehicle)의 에탄올은 풍부한 천연가스와 석탄, 나무로 제조할 수 있으며, 옥탄가가 매우 높기 때문에 고압축 기관의 자동차로 적합하다.

07 차세대 연료인 수첨 바이오 연료(HVO)와 관계 없는 것은?

① HVO는 식물성 유지를 활용한다.
② HVO는 가솔린과 유사한 연료이다.
③ HVO는 팜유을 사용하여 만든다.
④ HVO는 수소화 반응으로 전환하여 만든다.

해설 ▶ 차세대 연료인 수첨 바이오 연료(HVO, Hydro-treated Vegetable Oil)는 2011년에 비해 36% 증가한 95억 리터로 가장 빠르게 성장하고 있으며, HVO는 식물성 유지(콩기름, 팜유 등)를 수소화 반응으로 전환하여 지속적으로 얻어지는 디젤과 유사한 연료이다.

정답 06 ② 07 ②

PART 05

관계법령

05 관계법령

관계법령은 우리 교재 모든 파트에 걸쳐 골고루 출제되고 있다. 적게는 2문항, 많게는 4문항이상 출제되고 있으며, 앞으로 출제빈도는 더더욱 많아질 것으로 예상된다.

관계법령 문제가 나오면, 아예 모르거나, 아니면 알아도 정확치 않게 알거나, 기타 실기 작업시 외워 두었던 수치들을 가지고 대입하여 풀어 보려 한다. 산업기사에서 합격과 불합격의 선을 긋는 것이 계산 문제다라는 인식은 우리 산업기사를 보는 수험생이라면 누구나 생각하고 있다. 관계법령도 마찬가지라는 것을 유념하고 우리 교재에서 완벽하진 않아도 문제를 풀수 있는 수준으로 학습하기로 한다.

관계 법령은 너무나 많은 범위에 걸쳐져 있어, 가장 기준이 되는 2023년 9월 22일부로 새롭게 시행(개정)된 「자동차 및 자동차부품의 성능과 기준에 관한 규칙(약칭:자동차규칙)」을 시작으로 법률, 시행규칙, 법규, 규정, 고시 등의 중요 항목들을 수록하였다. **반드시 알아야 하는 체계와 내용 위주로 기록**하였고, **다소 복잡하고 불필요하다 판단되는 문구는 삭제하였다.**(번호, 문장이 잘 못 인쇄 된 것이 아니라, 일부러 삭제한 것임), 즉 여기에 기록한 것은 모두 읽어봐야 한다. 그러나 수험생의 부담을 조금이라도 덜어주기 위해, 필자가 임으로 밑줄과 굵은 글씨 처리를 해 보았다. 이는 어디까지나 참고용이며, 수험생 능력에 맞게 새롭게 정리해 보길 바란다. 또한 실기시험장에 처러지는 **간단한 연산·수치에 관한 규정 값**은 별도로 법령 이론에 수록하지 않았으며, **문제에 수록**하여, 법령의 학습량을 최대한 줄이면서, 연산에 관한 문제 역시 놓치지 않도록 연구·수록 하였다.

관계 법령을 인용한 문제는 **기출 문제 위주로 선정**하여 수록하였고, **별도의 해설은 최대한 간소화 하여 일부만 해설하였다.** 해설이 없는 부분은 문제만으로 파악하면 되고, 많은 양의 형식적인 해설보다는 기본 관계 법령 이론을 바탕으로 학습을 넓게 하여야 어떤 관계 법령 문제가 나오더라도 문제 해결이 될 것이라 판단해서다.

이미 기출된 문제중 생소한 문제는 다시 출제 된다고 보기 어려워, **반드시 전반적인 법령을 한번 보는 것**이 득점에 도움이 될 것이다. 게다가 법령에 관한 내용은 6개월에 한 번씩 개정되는 경우가 많아, 시중 서적들도 바뀐 법령을 오인하여 출판하는 경우가 많다.

앞서 언급한 바와 같이 수십여 개의 법령들을 모두 수록할 수 없고(책만 두꺼워 짐), 모두를 수록하는 것보다 **어떤 법령을 인용하는지, 법령의 출제 경향**을 알게 하고, 일반적인 주요 내용을 숙지해 나가는 것이 중요하다. 혹여 부족한 부분 또는 더 자세히 알고 싶은 법령이 있다면, 온라인에 공개된 **"국가 법령정보 센터"**를 활용하길 바란다.

01 「자동차 및 자동차부품의 성능과 기준에 관한 규칙(약칭:자동차규칙)」

제1절 자동차의 안전기준

제4조(길이·너비 및 높이)

① 자동차의 길이·너비 및 높이는 다음의 기준을 초과하여서는 아니된다.
1. **길이 : 13m**(연결자동차의 경우에는 16.7m를 말한다)
2. **너비 : 2.5m**
3. **높이 : 4m**

제5조(최저지상고)

공차상태의 자동차에 있어서 접지 부분외의 부분은 **지면과의 사이에 10cm 이상**의 간격이 있어야 한다.

제6조(차량총중량등)

① 자동차의 차량총중량은 **20톤**(승합자동차의 경우에는 30톤, 화물자동차 및 특수자동차의 경우에는 40톤), **축하중은 10톤, 윤중은 5톤**을 **초과하여서는 아니된다.**
② 차량총중량·축하중 및 윤중은 연결자동차의 경우에도 또한 같다.
③ **초소형승용자동차**의 경우 **차량중량은 600kg**, 초소형화물자동차의 경우 차량중량은 750kg을 초과하여서는 아니 된다.

제7조(중량분포)

① 자동차의 **조향바퀴의 윤중의 합**은 차량중량 및 차량총중량의 각각에 대하여 **20% 이상**이어야 한다.

제8조(최대안전경사각도)

자동차(연결자동차를 포함한다)는 다음 각 호에 따라 좌우로 기울인 상태에서 전복되지 아니하여야 한다.
1. **승용자동차** 승차정원 **10명 이하**인 승합자동차: **공차상태**에서 **35도**(차량총중량이 차량중량의 1.2배 이하인 경우에는 30도)
2. 승차정원 **11명 이상**인 승합자동차: **적차상태**에서 **28도**

제9조(최소회전반경)

① 자동차의 최소회전반경은 **바깥쪽 앞바퀴**자국의 중심선을 따라 측정할 때에 **12m**를 초과하여서는 아니된다.

제11조(원동기 및 동력전달장치)

③ 경유를 연료로 사용하는 자동차의 조속기(연료 분사량 조정기를 말한다)는 **연료의 분사량을 임의로 조작할 수 없도록** 봉인을 해야 하며, 봉인을 임의로 제거하거나 조작 또는 훼손해서는 안 된다.
④ **초소형자동차**의 최고속도가 **매시 80Km를 초과하지 않도록** 원동기 및 동력전달장치를 설계·제작하여야 한다.

제12조(주행장치)

③ 자동차(승용자동차를 제외한다)의 바퀴 뒤쪽에는 **흙받이**를 부착하여야 한다.
④ 승용자동차와 차량총중량 3.5톤 이하의 승합(피견인자동차로 한정한다)·화물·특수자동차에 장착되는 **휠**은 기준에 적합하여야 하고, **브레이크라이닝 마모상태를 휠의 탈거(脫去) 없이 확인**할 수 있는 구조이어야 한다. 다만, 초소형자동차는 제외한다.

제12조의2(타이어공기압경고장치)

① **승용자동차**와 차량총중량이 **3.5톤 이하**인 **승합·화물·특수자동차**에는 타이어 공기압 경고장치를 **설치하여야 한다**. 다만, **복륜(複輪)**인 자동차, 피견인자동차 및 **초소형자동차**는 **제외**한다.
② 타이어 공기압 경고장치는 다음 각 호의 기준에 적합해야 한다.
   1. 최소한 **시속 40Km부터** 해당 자동차의 **최고속도까지**의 범위에서 **작동될 것**
   2. 경고등은 다음 각 목의 기준에 적합할 것
      가. 시동장치의 열쇠가 원동기 작동 위치에 있는 상태에서 점등되고 정상상태 시 소등될 것
      나. 운전자가 낮에도 운전석에서 **맨눈으로 쉽게 식별**할 수 있을 것

제13조(조종장치등)

① 운전자가 좌석안전띠를 착용한 상태에서 쉽게 조작 및 식별할 수 있도록 배치하여야 한다.
③ 자동변속장치는 기준에 적합하여야 한다.
   1. 중립위치는 전진위치와 후진위치 사이에 있을 것
   4. **조종레버가 전진 또는 후진 위치에 있는 경우 원동기가 시동되지 아니할 것**. 다만, 다음 각 목의 어느 하나에 해당하는 자동차의 경우에는 **그러하지 아니하다.**
      가. **하이브리드자동차**
      나. **전기자동차**

제14조(조향장치)

① 자동차의 조향장치의 구조는 다음 각 호의 기준에 적합해야 한다.
   1. 조향장치의 각부는 조작시에 차대 및 차체등 자동차의 다른 부분과 접촉되지 아니하고, 갈라지거나 금이 가고 파손되는 등의 손상이 없으며, 작동에 이상이 없을 것
   2. 조향장치는 **조작 시에 운전자의 옷이나 장신구 등에 걸리지 아니할 것**
   7. 조향장치의 결합구조를 조절하는 장치는 잠금장치에 의하여 고정되도록 할 것
③ 조향**핸들의 유격**(조향바퀴가 움직이기 직전까지 조향핸들이 움직인 거리를 말한다)은 당해 자동차의 **조향핸들지름의 12.5%** 이내이어야 한다.
④ 조향**바퀴의 옆으로 미끄러짐**이 1m 주행에 좌우방향으로 각각 **5mm 이내**이어야 하며...

제14조의2(차로이탈경고장치)

승합자동차(경형승합자동차는 제외한다) 및 **차량총중량 3.5톤을 초과**하는 화물·특수자동차에는 차로이탈경고장치를 **설치하여야 한다**. 다만, 다음 각 호의 어느 하나에 해당하는 자동차는 **그러하지 아니하다.**
   2. 피견인자동차

3. 덤프형 화물자동차
4. 자동차제원표에 입석정원이 기재된 자동차
5. 차로이탈경고장치를 설치하기가 곤란하거나 불필요하다고 인정하는 자동차

제15조(제동장치)
① 자동차(초소형자동차 및 피견인자동차를 제외한다)에는 주제동장치와 주차 중에 주로 사용하는 제동장치...
  1. 주제동장치와 주차제동장치는 각각 독립적으로 작용할 수 있어야 하며, 주제동장치는 모든 바퀴를 동시에 제동하는 구조일 것
④ 자동차(초소형자동차 및 피견인자동차는 제외한다)의 주제동장치에는 제동액의 기준유량(공기식의 경우에는 기준공기압을 말한다)이 부족할 경우 등 제동기능의 결함을 운전자에게 알려주는 경고장치를 설치하여야...
  1. 경고장치에 사용되는 경고음 또는 경고등은 다른 경고장치의 경고음 또는 경고등과 구별이 될 수 있을 것.
  3. 경고장치의 경고음은 운전자의 귀의 위치에서 측정할 때에 승용자동차의 경우에는 65dB 이상, 그 밖의 자동차의 경우에는 75dB 이상일 것. 다만, 경유를 연료로 사용하는 승용자동차의 경우에는 70dB 이상이어야 한다.
⑪ 전기회생제동장치를 갖춘 승용자동차의 제동장치는 다음 각 호의 기준에 적합하여야 한다.
  1. 전기회생제동장치가 바퀴잠김방지식 주제동장치의 작동에 영향을 주지 아니할 것
  2. 전기회생제동장치가 주제동장치의 일부로 작동되는 경우에는 다음 각 목의 기준에 적합한 구조를 갖출 것
    가. 주제동장치 작동 시 전기회생제동장치가 독립적으로 제어될 수 있는 경우에는 자동차에 요구되는 제동력(이하 이 호에서 "요구제동력"이라 한다)을 전기회생제동력과 마찰제동력 간에 자동으로 보상하는 구조일 것
    나. 전기회생제동력이 해제되는 경우에는 마찰제동력이 작동하여 1초 내에 해제 당시 요구제동력의 75% 이상 도달하는 구조일 것

제16조(완충장치)
① 자동차는 노면으로부터의 충격을 흡수할 수 있는 스프링 기타의 완충장치를 갖추어야 한다.

제17조(연료장치)
① 자동차의 연료탱크·주입구 및 가스배출구는 다음 각호의 기준에 적합하여야 한다.
  1. 연료장치는 자동차의 움직임에 의하여 연료가 새지 아니하는 구조일 것
  2. 배기관의 끝으로부터 30cm 이상 떨어져 있을 것(연료탱크를 제외한다)
  3. 노출된 전기단자 및 전기개폐기로부터 20cm 이상 떨어져 있을 것(연료탱크를 제외한다)
② 수소가스를 연료로 사용하는 자동차는 다음 각 호의 기준에 적합하여야 한다.
  1. 자동차의 배기구에서 배출되는 가스의 수소농도는 평균 4%, 순간 최대 8%를 초과하지 아니할 것
  2. 차단밸브(내압용기의 연료공급 자동 차단장치를 말한다. 이하 이 조에서 같다) 이후의 연료장치

에서 수소가스 누출 시 승객거주 공간의 공기 중 **수소농도는 1% 이하**일 것

제18조(전기장치)
자동차의 전기장치는 다음 각호의 기준에 적합하여야 한다.
1. 자동차의 전기배선은 모두 **절연물질로 덮어씌우고, 차체에 고정시킬 것**
2. 차실안의 전기단자 및 전기개폐기는 적절히 절연물질로 덮어 씌울 것
3. 축전지는 자동차의 진동 또는 충격등에 의하여 이완되거나 손상되지 아니하도록 고정시키고, 차실 안에 설치하는 축전지는 절연물질로 덮어 씌울 것

제18조의2(고전원전기장치)
자동차의 고전원전기장치는 별표 5의 고전원전기장치 절연 안전성 등에 관한 기준에 적합하여야 한다.

제18조의3(구동축전지)
자동차의 구동축전지는 다음 각 호의 기준에 적합하여야 한다.
1. 차실과 벽 또는 보호판 등으로 격리되는 구조일 것
2. 설계된 범위를 초과하는 **과충전을 방지**하고 **과전류를 차단**할 수 있는 기능을 갖출 것
3. 국토교통부장관이 고시하는 물리적·화학적·전기적 및 열적 충격조건에서 발화 또는 폭발하지 아니할 것

제19조(차대 및 차체)
① 자동차의 차대 및 차체는 다음 각호의 기준에 적합하여야 한다.
1. 차대(차대가 없는 구조의 자동차는 차체를 말한다)는 안전운행을 확보할 수 있는 견고한 구조이어야 하며, 차체는 차대에 견고하게 붙여져서 진동 또는 충격등에 의하여 이완되지 아니하도록 할 것
2. 차체의 가연성 부분은 배기관과 접촉되지 아니하도록 할 것
3. 자동차의 가장 뒤의 차축 중심에서 차체의 뒷부분 끝(범퍼 및 견인용 장치를 제외한다)까지의 수평거리("**뒤 오우버행**"을 말한다)는 가장 앞의 차축중심에서 가장 뒤의 차축중심까지의 수평거리의 **2분의 1 이하**일 것. 다만, 다음 각 목의 경우에는 각 목에서 정하는 기준에 적합하여야 한다.
    가. 경형 및 소형자동차의 경우에는 20분의 11 이하일 것
    나. 승합자동차, 화물자동차(화물을 차체밖으로 나오게 적재할 우려가 없는 경우에 한정한다), 특수자동차의 경우에는 3분의 2 이하일 것. 다만, 차량총중량 3.5톤 이하인 센터차축

③ 차량총중량이 **8톤 이상**이거나 최대**적재량이 5톤 이상**인 ...적합한 **측면보호대를 설치**하여야 한다.
1. 측면보호대의 양쪽 끝과 앞·뒷바퀴와의 간격은 각각 400mm 이내일 것.
2. 측면보호대의 **가장 아랫부분과 지상과의 간격은 550mm 이하**일 것
3. 측면보호대의 가장 윗부분과 지상과의 간격은 950mm 이상일 것.
4. 측면보호대 가장 바깥쪽 면은 차체의 가장 바깥쪽 면보다 안쪽에 위치하여야 하며, 그 간격은 150mm 이하일 것.

④ 차량총중량이 3.5톤 이상인 화물자동차 및 특수자동차는 포장노면 위에서 공차상태로 측정하였을 때에 다음 각 호의 기준에 적합한 후부안전판을 설치하여야 한다.

1. **후부안전판**의 양 끝 부분은 뒷차축 중 가장 넓은 차축의 좌·우 최외측 타이어 바깥면(지면과 접지되어 발생되는 타이어 부풀림양은 제외한다) 지점을 초과하여서는 아니 되며, 좌·우 **최외측 타이어 바깥면 지점부터의 간격은 각각 100mm 이내**일 것
2. **가장 아랫부분과 지상과의 간격은 550mm 이내**일 것
3. 차량 수직방향의 단면 최소높이는 100mm 이상일 것
4. 좌·우 측면의 곡률반경은 2.5mm 이상일 것
5. 지상부터 2m 이하의 높이에 있는 차체 후단부터 차량길이 방향의 안쪽으로 400mm 이내에 설치할 것

⑧ **어린이운송용 승합**자동차의 색상은 **황색**이어야 한다.

제22조(도난방지장치)

① 승용자동차와 차량총중량 4.5톤 이하의 승합·화물·특수자동차에는 다음 각 호의 어느 하나 이상의 기능을 갖춘 도난방지장치를 설치하여야 한다.
1. 자동차의 **조향**기능을 억제하는 기능
2. 자동차의 **변속**기능을 억제하는 기능
3. 자동차 변속장치의 **위치조작**을 억제하는 기능
4. 자동차 차축 또는 **바퀴에 제동력이 작동**하여 자동차의 움직임을 억제하는 기능
5. 전자적으로 동력원의 **시동**을 방지하는 기능

제25조(승객좌석의 규격 등)

① 자동차(어린이운송용 승합자동차는 제외한다)의 승객좌석 규격은 다음 각 호의 기준에 적합하여야 한다. 다만, 구급자동차·소방자동차 및 특수구조의 자동차등 국토교통부장관이 해당 자동차의 제작목적상 좌석의 설치가 곤란하다고 인정하는 자동차의 경우에는 그러하지 아니하다.
1. 승용자동차의 경우에는 별표 5의32 제2호에 따른 **5% 성인여자 인체모형이 착석 가능**할 것
2. 승합·화물·특수자동차의 경우에는 **가로·세로 각각 40cm**(23인승 이하의 승합자동차와 좌석의 수보다 입석의 수가 많은 23인승을 초과하는 승합자동차의 좌석의 세로는 35cm) 이상일 것
3. 승합·화물·특수자동차의 경우에는 앞좌석등받이의 뒷면과 뒷좌석**등받이**의 앞면간의 거리는 **65cm**(승합자동차에 설치되는 마주보는 좌석등받이의 앞면 간의 거리는 130cm) 이상일 것

⑤ 자동차에는 옆면을 향한 좌석을 설치해서는 안 된다. 다만, 다음 각 호의 자동차는 제외한다.
1. 승차정원이 16인 이상인 승합자동차
2. 긴급자동차

제25조의2(접이식좌석)

① 통로에 설치하는 접이식좌석은 **30인승 이하의 승합자동차에 한하여** 이를 설치할 수 있다.
② **어린이운송용** 승합자동차에 제1항 본문의 규정에 의하여 접이식좌석을 설치함에 있어서는 **외부에서 이를 조작할 수 있도록** 하여야 한다.

제26조(머리지지대)-헤드레스트(headrest)

자동차의 앞좌석(중간좌석을 제외한다)에는 추돌시 승차인의 머리부분의 충격을 감소시킬 수 있는

머리지지대를 설치하여야 한다
1. 승용자동차(초소형승용자동차는 제외한다)
2~4. 차량총중량 4.5톤 이하의 승합, 화물, 특수자동차

제27조(좌석안전띠장치등)
① 자동차의 좌석에는 안전띠를 설치하여야 한다. 다만, 다음 각 호의 어느 하나에 해당하는 좌석에는 이를 설치하지 아니할 수 있다.
　1. 환자수송용 좌석 또는 특수구조자동차의 좌석 등 국토교통부장관이 안전띠의 설치가 필요하지 아니하다고 인정하는 좌석
　2. 「여객자동차 운수사업법 시행령」제3조제1호의 규정에 의한 노선여객자동차운송사업에 사용되는 자동차로서 자동차전용도로 또는 고속국도를 운행하지 아니하는 시내버스·농어촌버스 및 마을버스의 승객용 좌석

제34조(창유리 등)
① 자동차의 앞면창유리는 접합유리 또는 유리·플라스틱 조합 유리로, 그 밖의 창유리는 강화유리, 접합유리, 복층유리, 플라스틱 유리 또는 유리·플라스틱 조합 유리 중 하나로 하여야 한다.

제35조(소음방지장치)
자동차의 소음방지장치는 「소음·진동관리법」제30조 및 제35조에 따른 자동차의 소음허용기준에 적합하여야 한다.

제36조(배기가스발산방지장치)
자동차의 배기가스발산방지장치는 「대기환경보전법」제46조에 따른 배출허용기준에 적합하여야 한다.

제37조(배기관)
① 자동차 배기관의 열림방향은 자동차의 길이방향에 대해 왼쪽 또는 오른쪽으로 45도를 초과해 열려 있어서는 안 되며, 배기관의 끝은 차체 외측으로 돌출되지 않도록 설치해야 한다.

제38조(전조등)
① 자동차(피견인자동차를 제외한다)의 앞면에는 전방을 비출 수 있는 주행빔 전조등을 다음 각 호의 기준에 적합하게 설치하여야 한다.
　1. 좌·우에 각각 1개 또는 2개를 설치할 것. 다만, 너비가 130cm 이하인 초소형자동차에는 1개를 설치할 수 있다.
　2. 등광색은 **백색**일 것

제38조의2(안개등)
① 자동차(피견인자동차는 제외한다)의 **앞면에 안개등**을 설치할 경우에는 다음 각 호의 기준에 적합하게 설치하여야 한다.
　1. 좌·우에 각각 1개를 설치할 것. 다만, 너비가 130cm 이하인 초소형자동차에는 1개를 설치할 수 있다.

2. 등광색은 **백색** 또는 **황색**일 것

② 자동차의 **뒷면에 안개등**을 설치할 경우에는 다음 각 호의 기준에 적합하게 설치하여야 한다.
1. 2개 이하로 설치할 것
2. 등광색은 **적색**일 것

제38조의5(코너링조명등)

자동차의 앞면 또는 옆면의 앞쪽에 코너링조명등을 설치하는 경우에는 다음 각 호의 기준에 적합하게 설치하여야 한다.
1. 좌·우에 각각 1개를 설치할 것
2. 등광색은 **백색**일 것

제39조(후퇴등)

자동차(차량총중량 0.75톤 이하인 피견인자동차는 제외한다)에는 다음 각 호의 기준에 적합한 후퇴등을 설치해야 한다.
1. 자동차의 뒷면에는 다음 각 목의 구분에 따른 개수를 설치할 것. 다만, 나목의 경우에는 뒷면 후방에 2개 또는 양쪽 측면 후방에 각각 1개를 추가로 설치할 수 있다.
   가. 길이 **6m 이하 자동차: 1개 또는 2개**
   나. 길이 6m 초과 자동차: 2개
2. 등광색은 **백색**일 것

제41조(번호등)

자동차의 뒷면에는 다음 각 호의 기준에 적합한 번호등(番號燈)을 설치하여야 한다.
1. 등광색은 **백색**일 것

제42조(후미등)

자동차의 뒷면에는 다음 각 호의 기준에 적합한 후미등을 설치하여야 한다.
1. 좌·우에 각각 1개를 설치할 것. 다만, 다음 각 목의 자동차에는 다음 각 목의 구분에 따른 기준에 따라 후미등을 설치할 수 있다.
   가. 끝단표시등이 설치되지 않은 다음의 어느 하나에 해당하는 자동차 : 좌·우에 각각 1개의 후미등 추가 설치 가능
      1) 승합자동차
      2) 차량 총중량 3.5톤 초과 화물자동차 및 특수자동차(구난형 특수자동차는 제외한다)
   나. 구난형 특수자동차: 좌·우에 각각 1개의 후미등 추가 설치 가능
   다. 너비가 130cm 이하인 초소형자동차: 1개의 후미등 설치 가능
2. 등광색은 **적색**일 것

제43조(제동등)

① 자동차의 뒷면에는 다음 각 호의 기준에 적합한 제동등을 설치하여야 한다.
1. 좌·우에 각각 1개를 설치할 것. 다만, 다음 각 목의 자동차는 다음 각 목의 구분에 따른 기준에

따라 제동등을 설치할 수 있다.
　　　가. 너비가 130cm 이하인 초소형자동차 : 1개의 제동등 설치 가능
　　　나. 구난형 특수자동차 : 좌·우에 각각 1개의 제동등 추가 설치 가능
　2. 등광색은 **적색**일 것

제44조(방향지시등)
자동차의 앞면·뒷면 및 옆면(피견인자동차의 경우에는 앞면을 제외한다)에는 다음 각 호의 기준에 적합한 방향지시등을 설치하여야 한다
1. 자동차 앞면·뒷면 및 옆면 좌·우에 각각 1개를 설치할 것. 다만, 승용자동차와 차량총중량 3.5톤 이하 화물자동차 및 특수자동차(구난형 특수자동차는 제외한다)를 제외한 자동차에는 2개의 뒷면 방향지시등을 추가로 설치할 수 있다.
2. 등광색은 호박색일 것

제51조(창닦이기 장치등)
① 자동차의 앞면창유리(천정개방2층대형승합자동차의 위층 앞면창유리는 제외한다)에는 시야확보를 위한 자동식창닦이기·세정액분사장치·서리제거장치 및 안개제거장치를 설치하여야 하며, 필요한 경우 뒷면 및 기타 창유리의 경우에도 창닦이기·세정액분사장치·서리제거장치 또는 안개제거장치 등을 설치할 수 있다.
② 자동차(초소형자동차는 제외한다)의 앞면창유리에 설치하는 창닦이기는 다음 각호의 기준에 적합하여야 한다.
　1. 작동주기의 종류는 2가지 이상일 것
　2. 최저작동주기는 매분당 20회 이상이고, 다른 하나의 작동주기는 매분당 45회 이상일 것
　3. 최고작동주기와 다른 하나의 작동주기의 차이는 매분당 15회 이상일 것
　4. 작동을 정지시킨 경우 자동적으로 최초의 위치로 복귀되는 구조일 것

제53조(경음기)
자동차의 경음기는 다음 각 호의 기준에 적합해야 한다.
1. 일정한 크기의 경적음을 동일한 음색으로 연속하여 낼 것
2. 자동차 전방으로 **2m** 떨어진 지점으로서 지상**높이**가 **1.2±0.05m**인 지점에서 측정한 경적음의 최소크기가 **최소 90dB(C) 이상**일 것

제53조의3(저소음자동차 경고음발생장치)
하이브리드자동차, 전기자동차, 연료전지자동차 등 동력발생장치가 전동기인 자동차(이하 "저소음자동차"라 한다)에는 별표 6의33의 기준에 따른 **경고음 발생장치를 설치하여야 한다.**
[본조신설 2018. 7. 11.]

제54조(속도계 및 주행거리계)
① 자동차에는 제110조에 따른 속도계와 통산 운행거리를 표시할 수 있는 구조의 주행거리계를 설치하여야 한다.

② 다음 각 호의 자동차(「도로교통법」 제2조제22호에 따른 긴급자동차와 당해 자동차의 최고속도가 제3항의 규정에서 정한 속도를 초과하지 아니하는 구조의 자동차를 제외한다)에는 최고속도제한장치를 설치하여야 한다.
  1. 승합자동차(제2조제32호에 따른 어린이운송용 승합자동차를 포함한다)
  2. 차량총중량이 3.5톤을 초과하는 화물자동차·특수자동차(피견인자동차를 연결하는 견인자동차를 포함한다)
  3. 「고압가스 안전관리법 시행령」 제2조의 규정에 의한 고압가스를 운송하기 위하여 필요한 탱크를 설치한 화물자동차(피견인자동차를 연결한 경우에는 이를 연결한 견인자동차를 포함한다)
  4. 저속전기자동차

제58조(경광등 및 사이렌)

① 「도로교통법」 제2조제22호에 따른 긴급자동차에는 다음 각 호의 기준에 적합한 경광등 및 사이렌을 설치할 수 있다.
  1. 경광등은 다음 각목의 기준에 적합할 것
     가. **1등당 광도는 135칸델라 이상 2천5백 칸델라 이하일 것**
     나. 등광색은 다음 기준에 적합할 것

구분	등광색
(가) 경찰용 자동차중 범죄수사·교통단속 그밖의 긴급한 경찰임무 수행에 사용되는 자동차 (나) 국군 및 주한국제연합군용 자동차중 군내부의 질서유지 및 부대의 질서있는 이동을 유도하는데 사용되는 자동차 (다) 수사기관의 자동차중 범죄수사를 위하여 사용되는 자동차 (라) 교도소 또는 교도기관의 자동차중 도주자의 체포 또는 피수용자의 호송·경비를 위하여 사용되는 자동차 (마) 소방용 자동차	적색 또는 청색
(가) 전신·전화의 수리공사등 응급작업에 사용되는 자동차와 우편물의 운송에 사용되는 자동차중 긴급배달우편물의 운송에 사용되는 자동차 (나) 전기사업·가스사업 그밖의 공익사업 기관에서 위해방지를 위한 응급작업에 사용되는 자동차 (다) 민방위업무를 수행하는 기관에서 긴급예방 또는 복구를 위한 출동에 사용되는 자동차 (라) 도로의 관리를 위하여 사용되는 자동차중 도로상의 위험을 방지하기 위하여 응급작업에 사용되는 자동차 (마) 전파감시업무에 사용되는 자동차 (바) 기타자동차	황색
구급차·혈액 공급차량	녹색

  2. **사이렌음**의 크기는 자동차의 전방으로부터 **20m 떨어진** 위치에서 **90dB(C) 이상 120dB(C) 이하**일 것

제3장 제작자동차등의 안전기준
제2절 장치 등의 안전기준

제88조의2(타이어)
승용자동차(초소형승용자동차는 제외한다)가 **시속 97Km**의 속도로 직선 주행하는 상태에서 그 자동차의 타이어를 파열시켜 급속하게 공기를 빠지게 하고, 동시에 자동차의 제동장치를 작동하여 바퀴의 잠김없이 일정한 감속도로 정지시킬 경우 정지할 때까지 파열된 **타이어가 타이어림에서 이탈되지 아니하여야 한다.**

제88조의3(타이어공기압경고장치)
제12조의2에 따라 설치된 타이어공기압경고장치의 성능·경고표시 및 표기기준 등은 별표 6의 기준에 적합하여야 한다.

제89조(조향장치)
① 승용자동차와 차량총중량이 4.5톤 이하인 승합자동차·화물자동차 및 특수자동차의 조향장치의 충격 흡수능력은 다음 각 호의 기준에 적합해야 한다.
  1. 조향핸들에 몸체모형을 매시 24.2Km의 속도로 충돌시킬 경우 몸체모형에 의하여 조향장치에 전달되는 충격하중이 1천분의 3초 이상 연속적으로 1천130kg을 초과하지 아니하는 구조일 것. 다만, 조향축의 수평면에 대한 설치각도가 35도를 초과하는 조향장치를 설치한 자동차의 경우에는 그러하지 아니하다.
  2. 자동차(전방조종자동차를 제외한다)를 매시 48.3Km의 속도로 고정벽에 정면충돌시킬 경우 조향기둥과 조향핸들축 위끝의 후방변위량이 자동차길이 방향으로 127mm 이하일 것

제89조의2(차로이탈경고장치)
승합자동차(경형승합자동차는 제외한다)와 차량총중량 3.5톤 초과 화물·특수자동차에 설치되는 차로이탈경고장치는 별표 6의29의 기준에 적합하여야 한다.

제90조(제동장치)
자동차의 제동능력은 다음 각 호의 기준에 적합하여야 한다.
1. 승용자동차의 제동능력은 별표 7의 기준에 적합할 것. 다만, 초소형승용자동차의 제동능력은 별표 51의 기준에 적합할 것

제90조의3(비상자동제동장치)
자동차(경형승합자동차 및 초소형자동차는 제외한다)에 설치되는 비상자동제동장치는 다음 각 호의 구분에 따른 기준에 적합해야 한다.
1. 승합자동차 및 차량총중량 3.5톤 초과 화물·특수자동차에 설치되는 비상자동제동장치: 별표 7의8의 기준
2. 승용자동차 및 차량총중량 3.5톤 이하 화물·특수자동차에 설치되는 비상자동제동장치: 별표 7의9의 기준

[전문개정 2022. 10. 26.]

제91조(충돌 시의 인화성액체연료장치 안전성)

인화성액체를 연료로 사용하는 승용자동차, 차량총중량 4.5톤 이하인 승합자동차 및 차량총중량 3.5톤 이하인 화물자동차의 연료장치는 별표 10의 인화성액체자동차의 연료장치 충돌시험기준에 적합해야 한다.
[전문개정 2022. 10. 26.]

제91조의2(충돌 시의 가스연료장치 안전성)

① 액화석유가스를 연료로 사용하는 승용자동차·차량총중량 4.5톤 이하인 승합자동차 및 차량총중량 3.5톤 이하인 화물자동차는 별표 11의 액화석유가스자동차의 연료장치 충돌시험기준에 적합해야 한다.
② 천연가스를 연료로 사용하는 승용자동차, 승합자동차 및 차량총중량 3.5톤 이하인 화물자동차는 별표 11의2의 천연가스자동차의 연료장치 충돌시험기준에 적합해야 한다. 다만, 천연가스를 연료로 사용하면서 차량총중량 4.5톤을 초과하는 승합자동차 중 다음 각 호에 해당하는 자동차는 그렇지 않다.
  1. 마을버스운송사업에 사용되는 자동차
  2. 입석정원이 적힌 자동차
  3. 2층 대형승합자동차
  4. 천연가스용 내압용기가 차실 바닥보다 아래쪽에 설치된 승합자동차
③ **수소가스**를 연료로 사용하는 승용자동차, 승합자동차 및 차량총중량 3.5톤 이하인 화물자동차는 별표 11의3의 수소가스자동차의 연료장치 충돌시험기준에 적합해야 한다. 다만, 수소가스를 연료로 사용하면서 차량총중량 4.5톤을 초과하는 승합자동차 중 다음 각 호에 해당하는 자동차는 그렇지 않다.
[본조신설 2022. 10. 26.]

제91조의3(충돌 시의 고전원전기장치 안전성)

하이브리드자동차, 전기자동차 및 연료전지자동차로서 다음 각 호의 어느 하나에 해당하는 자동차는 별표 11의4의 고전원전기장치의 충돌시험기준에 적합해야 한다.
1. 승용자동차
2. 차량총중량 4.5톤 이하인 승합자동차
3. 차량총중량 3.5톤 이하인 화물자동차
[본조신설 2022. 10. 26.]

제91조의4(전복 시의 연료장치 안전성)

인화성액체를 연료로 사용하거나 고전원전기장치를 사용하는 자동차로서 제91조의3 각 호의 어느 하나에 해당하는 자동차는 충돌시험을 한 후에 별표 11의5 **정적(靜的) 전복시험기준을 충족해야 한다.**
[본조신설 2022. 10. 26.]

제3절 자율주행시스템의 안전기준 〈신설 2019.12.31.〉

제111조(자율주행시스템의 종류)

자율주행시스템의 종류는 다음 각 호와 같이 구분한다.

1. **부분 자율주행**시스템: 지정된 조건에서 자동차를 운행하되 작동한계상황 등 **필요한 경우 운전자의 개입**을 요구하는 자율주행시스템
2. **조건부 완전자율주행시스템**: 지정된 조건에서 운전자의 개입 없이 자동차를 운행하는 자율주행시스템
3. **완전 자율주행**시스템: **모든 영역에서 운전자의 개입 없이** 자동차를 운행하는 자율주행시스템

[본조신설 2019. 12. 31.]

02 자동차 및 자동차부품의 성능과 기준에 관한 규칙 [별표 1의2] 〈개정 2021.8.27.〉

자동차 및 이륜자동차의 공기압타이어 표기·구조 및 성능 기준

1. 공기압타이어 표기 기준

가. 공기압타이어(이하 이 표에서 "타이어"라 한다) 트레드 부분에는 **트레드 깊이가 1.6mm**까지 마모된 것을 표시하는 트레드 마모지시기를 표기할 것

나. 타이어 사이드월에는 다음의 사항이 모두 표기되어 있을 것
  1) 제작사명 또는 제작사를 표시하는 기호
  2) 제작번호 또는 그에 상당하는 기호
  3) 타이어의 호칭(다음 사항을 말하며, 세부표기방법은 국토교통부장관이 정하는 방법에 따른다)
    가) 타이어 공칭 단면너비
    나) 공칭 편평비(타이어 너비에 대한 높이의 비율을 말한다)
    다) 타이어를 구성하는 내부 구조
    라) 공칭 림 지름(인치 단위로 표기할 경우에는 100 이하의 숫자 표기를 사용하며, mm 단위로 표기하는 경우에는 100 이상의 숫자 표기)
    마) **하중지수(LI)**

LI	최대허용 하중	LI	최대허용 하중	LI	최대허용 하중	LI	최대허용 하중	LI	최대허용 하중	LI	최대허용 하중
0	45	43	155	86	530	129	1,850	172	6,300	215	21,800
1	46.2	44	160	87	545	130	1,900	173	6,500	216	22,400
2	47.5	45	165	88	560	131	1,950	174	6,700	217	23,000
3	48.7	46	170	89	580	132	2,000	175	6,900	218	23,600
4	50	47	175	90	600	133	2,060	176	7,100	219	24,300
5	51.5	48	180	91	615	134	2,120	177	7,300	220	25,000

LI	최대허용하중	LI	최대허용하중	LI	최대허용하중	LI	최대허용하중	LI	최대허용하중	LI	최대허용하중
6	53	49	185	92	630	135	2,180	178	7,500	221	25,750
:	:	:	:	:	:	:	:	:	:	:	:
40	140	83	487	126	1,700	169	5,800	212	20,000	255	69,000
41	145	84	500	127	1,750	170	6,000	213	20,600	256	71,000
42	150	85	515	128	1,800	171	6,150	214	21,200	257	73,000

주) "하중지수(LI : Load Index)"란 타이어의 최대허용하중을 나타내는 지수를 말한다.

바) 속도기호

속도 기호	최대 허용속도(km/h)
B	50
C	60
.	.
.	.
H	210
V	240
W	270
Y	300 또는 300 초과속도

주) "속도기호"란 타이어의 최대 허용속도를 나타내는 기호를 말한다.

4) 타이어의 종류

구 분	사이드월의 표기	비 고
레이디얼 타이어	RADIAL	1. 영문자는 대문자 또는 소문자로 표기할 수 있다. 다만, 응급용 타이어 및 T타입 응급용 타이어의 경우에는 대문자(단위 표기는 제외한다)로 한다. 2. 호칭 또는 제품명 등으로 명확하게 타이어의 종류를 구분할 수 있는 경우에는 표기를 생략할 수 있다.
튜브리스 타이어	TUBELESS	
강화 타이어 (추가하중 타이어)	REINFORCED 또는 EXTRA LOAD	
스노우 타이어	M+S, M.S 또는 M&S	
소형승합자동차 또는 소형화물자동차 타이어	LIGHT TRUCK 또는 그 약칭	

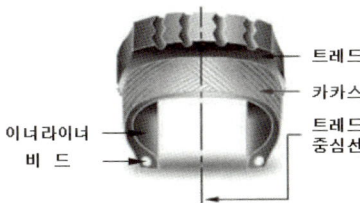

5) 제품명
6) 제작시기[제작하는 주(週)와 년도]: 해당 "주"와 "제작년도"를 각각 두자리의 숫자로 순차적으로 표기한다. 예) 4012: 2012년 40번째 주
7) 제작국명

2. 타이어 구조 기준

가. 타이어에 작용되는 적차상태의 하중은 해당 타이어의 제작사가 표시하는 최대 허용하중의 범위 이내 일 것
나. 타이어의 최대 허용속도가 표기되어 있을 것
다. 타이어의 최대 허용속도는 해당 자동차의 최고 속도 이상일 것. 다만, 다음 어느 하나에 해당하는 타이어는 그러하지 아니하다.
  1) 응급용 타이어
  2) 스노우 타이어
  3) 험로주행 등 특수한 사용 조건하에서 성능을 발휘할 수 있도록 설계된 트레드 패턴을 가진 타이어
라. 금이 가고 갈라지거나 코드층이 노출될 정도의 손상이 없어야 하며, 트레드 깊이가 1.6mm 이상 유지될 것
마. 타이어의 용도를 알 수 있는 타이어 제원에 대한 정보가 외부에서 보기 쉬운 곳에 지워지지 않도록 양각 또는 음각으로 표기되어 있을 것

03 자동차 및 자동차부품의 성능과 기준에 관한 규칙 [별표 5] 〈개정 2022.10.26.〉

고전원전기장치 절연 안전성 등에 관한 기준(제18조의2 및 제18조의4제1항제3호 관련)

1. 고전원전기장치 활선도체부는 다음 각 호의 기준에 적합하여야 한다.
   가. **활선도체부의 보호기구는 공구를 사용하지 아니하면 개방·분해·제거되지 않는 구조**이어야 한다.
   나. 승객거주 또는 수화물 공간의 활선도체부는 IPXXD 접근 시 직접 접촉되지 말아야 한다.
   다. 나목을 제외한 활선도체부는 IPXXB 접근 시 직접 접촉되지 말아야 한다.
   라. 승객거주 공간이 없는 이륜자동차의 경우에는 다목에도 불구하고 활선도체부는 IPXXD 접근 시 직접 접촉되지 말아야 한다.

2. 고전원전기장치의 커넥터(전기자동차 충전 접속구를 포함한다)는 제1호 각 호의 기준에 모두 적합하여야 한다. 다만, 다음 각 목의 어느 하나의 경우에 해당하는 커넥터는 제1호가목의 기준을 적용하지 아니한다.
   가. 커넥터가 분리된 상태에서 제1호나목 또는 다목에 적합한 경우
   나. 커넥터가 차체 외부바닥면에 위치하고 잠금장치가 있는 구조인 경우

다. 커넥터에 잠금장치가 있고 커넥터를 분리하기 위해서는 별도의 보호기구가 공구로 제거될 수 있는 구조인 경우

라. 커넥터를 분리한 후 1초 이내에 전압이 **직류 60볼트** 또는 **교류 30볼트** 이하로 떨어지는 경우

3. 고전원전기장치의 점검·수리를 위한 고전압회로 차단장치가 공구 없이 개방·분해·제거될 수 있는 구조인 경우에는 IPXXB 접근 시 직접 접촉되지 말아야 한다.

4. 고전원전기장치의 외부 또는 보호기구에는 다음 각 목의 기준에 적합하게 경고표시를 하여야 한다. 다만, 고전압 커넥터 및 차체 외부 바닥면에 위치하거나 쉽게 접근·개방·제거되지 않도록 보호기구가 있는 경우에는 그러하지 아니하다.

   가. 경고표시는 다음과 같다.

   색상 : **바탕은 노란색**, 그림·외곽선은 **검정색**

   나. 경고표시는 식별이 가능하도록 표시하고 쉽게 변색되거나 지워지지 않아야 한다.

   다. 구동축전지의 경우는 상부 또는 주변에 경고표시를 부착하여야 한다.

5. 고전원전기장치 간 전기배선(보호기구 내부에 위치하는 경우는 제외한다)의 피복은 주황색이어야 한다.

6. 고전원전기장치 보호기구의 노출 전기전도부는 전기적샤시와 배선, 용접 또는 볼트 등의 방법으로 전기적으로 접속되어야 하고, 노출 전기전도부와 전기적 샤시 사이의 저항은 0.1Ω 미만이어야 한다.

7. 고전원전기장치 활선도체부와 전기적 샤시 사이의 절연저항은 다음 각 호의 기준에 적합하여야 한다.

   가. 직류회로 및 교류회로가 독립적으로 구성된 경우 절연저항은 각각 <u>100Ω/V(DC), 500Ω/V(AC) 이상이어야 한다.</u>

   나. 직류회로 및 교류회로가 전기적으로 조합되어 있는 경우 절연저항은 500Ω/V 이상이어야 한다.
   다만, 교류회로가 다음 각 호의 어느 하나를 만족할 경우에는 100Ω/V 이상으로 할 수 있다.
   1) 고전원전기장치의 보호기구 내부에 이중 이상의 절연체로 절연되어 있고 제6호를 만족하는 경우
   2) 구동전동기 하우징, 전력 변환장치 겉상자 및 커넥터 등이 기계적으로 견고하게 장착된 구조일 경우

   다. 연료전지자동차의 고전압 직류회로는 절연저항이 100Ω/V 이하로 떨어질 경우 운전자에게 경고를 줄 수 있도록 절연저항 감시시스템을 갖추어야 한다.

라. 전기자동차 **충전 접속구**의 활선도체부와 전기적 샤시 사이의 절연저항은 **최소 1MΩ 이상**이어야 한다.
마. 고전원전기장치의 활선도체부가 전기적 샤시와 연결된 자동차는 활선도체부와 전기적 샤시 사이의 **전압이 교류 30볼트 또는 직류 60볼트 이하의 경우에는 절연저항기준은 적용하지 아니한다.**

8. 전기자동차의 구동축전지를 충전하기 위하여 외부 전원(충전 전압 및 전류)이 들어오기 전에 자동차 및 외부 충전장치의 접지가 우선 연결되어야 하고 외부 전원이 분리될 때까지 유지되어야 하며 구동축전지를 충전하는 동안에는 자동차가 구동되지 않아야 한다.

주) 1. IPXXB : 국제보호등급(International Protection) 코드(IEC 60529)에서 규정한 **손가락** 접근 안전성을 확인하기 위한 손가락 모형
2. IPXXD : 국제보호등급(International Protection) 코드(IEC 60529)에서 규정한 **철사** 접근 안전성을 확인하기 위한 철사 모형
3. 전기적 샤시 : 자동차 차체 중 전기가 통하는 전기 전도부를 말한다.

04 자동차 및 자동차부품의 성능과 기준에 관한 규칙 [별표 6의18] 〈개정 2022.10.26.〉

옆면표시등의 설치 및 광도기준

1. 옆면표시등의 설치기준

가. 설치

1) SM1 형식의 옆면표시등은 모든 자동차에 설치 가능하며, SM2 형식의 옆면표시등은 승용자동차에 설치할 것
2) 길이 6m 이하인 자동차로서 다음의 어느 하나에 해당하는 자동차에 별표 6의11 제1호나목3) 및 별표 6의14 제1호나목3)을 적용하는 경우에는 옆면표시등을 설치할 것
   가) 승용자동차
   나) 차량총중량 3.5톤 이하 화물·특수자동차

나. 설치위치

1) 높이 방향
   옆면표시등의 발광면은 공차상태에서 지상 250mm 이상 1,500mm 이하일 것. 다만, 차체구조상 불가능한 경우에는 2,100mm 이하에 설치할 수 있다.
2) 길이 방향
   가) 1개 이상의 옆면표시등을 자동차 길이 방향으로 3등분하여 중앙부에 설치하고, 자동차의 가장 앞에서 3,000mm 이하에 설치할 것
   나) 인접하는 2개의 옆면표시등 간 거리는 3,000mm 이하일 것. 다만, 차체구조상 불가능한 경우

4,000mm 이하에 설치할 수 있다.
다) 가장 뒷부분에 설치되는 옆면표시등은 자동차의 가장 뒷부분에서 1,000mm 이하에 설치할 것
라) 다음의 자동차별 구분에 따른 길이 방향 기준에 따를 것
    (1) 길이 6m 이하 자동차: 자동차 길이 방향(x축)으로 3등분하여 앞부분, 뒷부분 또는 앞뒤 부분 중 선택하여 설치할 수 있다.
    (2) 길이 6m 초과 7m 이하 승용자동차: 자동차의 가장 앞으로부터 3,000mm 이하에 옆면표시등 1개를 설치해야 하고, 자동차 길이 방향(x축)으로 3등분하여 뒷부분에 다른 옆면표시등 1개를 설치할 수 있다.

다. 관측각도

1) 수평각
   가) 길이 6m 초과 자동차에 설치하는 옆면표시등의 발광면은 앞측 45도·뒷측 45도 이하에서, 길이 6m 이하인 자동차에 설치하는 옆면표시등의 발광면은 앞측 30도·뒷측 30도 이하에서 각각 관측 가능할 것
   나) 별표 6의11 제1호나목, 별표 6의14 제1호나목 및 별표 6의17 제1호다목의 관측각도를 만족시키기 위해 옆면표시등을 설치하는 경우 옆면표시등의 발광면은 앞측 및 뒷측 45도, 자동차 중심 방향에서 30도 이하 어느 범위에서도 관측될 것
2) 수직각
   옆면표시등의 발광면은 상측 10도·하측 10도 이하 어느 범위에서도 관측될 것. 다만, 등화의 기준축이 지상에서 750mm 미만인 경우에는 발광면은 하측 5도 이하 어느 범위에서도 관측되어야 한다.

라. 옆면표시등의 비추는 방향은 자동차 옆면일 것

마. 작동조건

1) 길이 6m 이하인 승용자동차와 총중량 3.5톤 이하 화물자동차 및 특수자동차에 설치된 호박색 옆면표시등은 같은 측면의 방향지시등과 동시에 점멸할 수 있다.
2) 승합자동차와 차량총중량 3.5톤 초과 화물·특수 및 피견인자동차에 설치된 호박색 옆면표시등은 같은 측면의 방향지시등과 동시에 점멸할 수 있다. 다만, 별표 6의17 제1호가목에 따라 카테고리-5의 방향지시등이 추가로 설치된 경우에는 그렇지 않다.

바. 표시장치

작동상태를 알려주는 표시장치를 설치할 수 있다. 다만, 차폭등과 후미등의 표시장치로 대체할 수 있다.

사. 그 밖의 기준

1) 옆면표시등이 후미등과 결합되거나, 뒷면안개등 또는 제동등과 상호 결합되어 점등된 경우 뒷면안개등 또는 제동등이 작동하는 동안 옆면표시등의 광학적 특성은 변경될 수 있다
2) 뒷부분 옆면표시등이 방향지시등과 동시에 점멸하는 구조인 경우 해당 등화장치의 등광색은 호박색일 것

2. 옆면표시등의 광도기준

가. 측정점 및 측정구역의 최대광도

구 분	측정점 및 측정구역(각도)	광도(cd)
SM1 형식	10U~10D-45L~45R	25 이하
SM2 형식	10U~10D-30L~30R	25 이하

나. 측정점 및 측정구역의 최소광도

구 분	측정점 및 측정구역(각도)	광도(cd)
SM1 형식	H-V	4 이상
	10U~10D-45L~45R	0.6 이상
SM2 형식	H-V	0.6 이상
	10U~10D-30L~30R	0.6 이상

주) 양산자동차 옆면표시등의 광도기준은 ±20% 이하의 편차를 가질 수 있다. 다만, 4개의 시험품 중 1개 이상은 위 표의 광도기준에 적합하여야 한다.

05 자동차 및 자동차부품의 성능과 기준에 관한 규칙 [별표 28의2] 〈개정 2014.6.10.〉

어린이운송용 승합자동차 표시등의 광도기준

1. 각 측정점에서의 최소광도가 다음 표의 최소광도 이상일 것

측정점		최소광도(칸델라 : cd)	
		적색	황색
10U	5L	20	50
	V	50	125
	5R	20	50
:	:	:	:
10D	5L	40	100
	V	40	100
	5R	40	100

2. 각 측정점에서의 최소광도의 합이 다음 표의 최소광도의 합 이상일 것(각 측정점에서의 최소광도가 위 표에 의한 최소광도의 60% 이상이어야 한다)

구역	측정점(도)		최소광도의 합(칸델라 : cd)	
			적색	황색
1	H	30L	590	1475
	5D	30L		
	5U	20L		
	H	20L		
	5D	20L		

06 자동차관리법 시행규칙 [시행 2023.10.31.]

제68조(정밀도검사의 대상·기준등)

① 법 제40조제1항의 규정에 의한 정밀도검사를 받아야 하는 기계·기구는 다음 각호와 같다.
  1. 제동시험기
  2. 전조등시험기
  3. 사이드슬립측정기
  4. 속도계시험기
  5. 택시m주행검사기
  6. 가스누출감지기

② 제1항 각호의 1에 해당하는 기계·기구를 제작·조립 또는 수입하여 판매하는 자는 당해기계·기구를 설치한 날부터 30일이내에 정밀도검사(이하 "최초정밀도검사"라 한다)를 받아야 한다. 이 경우 당해 기계·기구에는 그 형식·제작번호 및 제작일자를 표시하여야 한다.

③ 제1항 각호의 기계·기구를 사용하는 자는 제2항의 규정에 의한 최초정밀도검사 또는 제4항의 규정에 의한 구조변경정밀도검사를 받은 날부터 12월이 되는 날이 속하는 달마다 정밀도검사(이하 "정기정밀도검사"라 한다)를 받아야 한다. 다만, 시·도지사는 천재지변 기타 부득이한 사유로 인하여 필요하다고 인정하는 때에는 그 기간을 조정할 수 있다. 〈개정 1998. 5. 26.〉

④ 최초정밀도검사 또는 정기정밀도검사를 받은 기계·기구를 사용하는 자가 당해기계·기구의 구조 또는 장치를 변경하여 사용하고자 하는 때에는 변경된 구조 또는 장치에 대한 정밀도검사(이하 "구조변경정밀도검사"라 한다)를 받아야 하며, 그 설치위치를 변경하여 사용하고자 하는 때에는 다시 최초정밀도검사를 받아야 한다.

⑤ 법 제40조제2항의 규정에 의한 정밀도검사의 기준및 방법은 별표 12에 의한다.

07 자동차관리법 시행규칙 [별표 12] 〈개정 2021.8.27.〉

기계·기구의 정밀도검사기준 및 검사방법(제68조제5항관련)

1. 검사기준
가. 제동시험기
(1) 형식의 구분
   (가) 측정방식에 의한 구분
   1) **롤러**구동형 : 시험기의 롤러위에 자동차의 바퀴를 올려놓고 롤러를 구동시킨 상태에서 자동차 바퀴를 제동할 때에 발생하는 회전력의 반력을 검출하여 제동력을 측정하는 제동시험기(이하 "롤러구동형 제동시험기"라 한다)
   2) **차륜**구동형 : 시험기의 롤러위에 자동차의 바퀴를 올려 놓고 바퀴의 구동에 의하여 롤러를 회전시켜 일정속도에서 제동할 때의 롤러의 감속도를 검출하여 각 바퀴의 제동력을 측정하거나 적합여부를 판정하는 형식
   3) **복합**형 : 롤러구동형 제동시험기 중 속도계시험기와 복합하여 동일한 롤러에서 자동차의 제동력을 측정하는 형식
   (나) 판정방식에 의한 구분
   1) **단순**형 : 롤러구동형 제동시험기 중 각 바퀴의 제동력만을 측정하는 형식
   2) **판정**형 : 각 바퀴의 제동력을 측정하여 합계 및 차이를 지시하거나 실제 측정한 자동차의 축하중 또는 차량중량에 대한 제동력의 비율로 지시하여 제동능력의 적합여부를 판정하는 형식(차륜구동형 포함)

(2) 구조·장치의 작동 및 설치상태에 대한 검사기준
   (가) 지시계 : 제동력 등 각 지시값은 과도한 변동이 없는 상태일 것
   (나) 롤러
   1) 롤러는 기준직경의 2% 이상 과도하게 손상 또는 마모된 부분이 없을 것
   2) 롤러는 2개 이상으로 구성되어야 하고 롤러의 직경은 100mm 이상이어야 하며, 롤러의 안쪽 폭은 850mm 이하(허용축하중 3톤 이하는 650mm 이하), 바깥쪽 폭은 2,850mm 이상(허용축하중 3톤 이하는 2,400mm 이상)이어야 한다(차륜구동형 제외).
   3) 전·후 롤러 중심축의 간격은 다음 식에 의해 계산된 최소값과 최대값 이내이어야 한다.
   롤러 중심축 간격(mm) = $(619.13 + D) \times \sin 31.5° \sim 37.5°$
   여기서, D : 롤러의 직경(mm)
   (다) 제동력전달장치 : 감속기와 전동기는 구동중 심한 이상음 또는 진동이 없을 것
   (라) 판정장치 : 판정형 및 차륜구동형 제동시험기의 제동력 판정장치는 작동에 이상이 없을 것
   (마) 기록장치
   1) 자동차검사에 사용되는 기기는 기록장치의 작동에 이상이 없을 것
   2) 자동차검사에 사용되는 기기는 판정 즉시 그 결과를 제80조제1항 단서에 따른 전산정보처리조직에 실시간 전송할 것

(바) 중량설정장치 : 판정형 제동시험기의 중량설정장치는 작동 및 기능에 이상이 없을 것
(사) 기타 장치 및 표시
1) 리프트 또는 롤러고정장치등 자동차의 입·퇴출용 장치의 작동에 이상이 없을 것
2) 자동차바퀴의 이탈방지장치는 손상이 없고 그 작동에 이상이 없을 것
3) 제동시험기의 형식, 제작번호, 허용축하중(중량), 제작일자 및 제작회사가 확실하게 표시되어 있을 것
(아) 제동시험기는 자동차의 점검·정비 또는 검사를 원활히 수행할 수 있도록 설치되어 있을 것

(3) 정밀도에 대한 검사기준
(가) 제동력지시 및 중량설정지시의 정밀도는 설정하중에 대하여 다음의 허용오차 범위 이내일 것
1) 좌·우 제동력 지시 : **±5%** 이내(차륜구동형은 ±2%이내)
2) 좌·우 합계 제동력지시 : **±5%** 이내
3) 좌·우 차이 제동력지시 : **±5%** 이내
4) 중량설정지시 : ±5% 이내
(나) **판정정밀도는 축하중**에 대하여 다음의 허용오차 범위이내일 것
1) 좌·우제동력합계 판정 : **±2%** 이내
2) 좌·우제동력차이 판정 : ±2% 이내

나. 전조등시험기

(1) 형식의 구분
(가) **측정방식에 의한 구분**
1) **집광식** : 전조등의 빛을 수광부 중앙의 집광렌즈로 모아 광전지에 비추어 광도 및 광축을 측정하는 방식
2) **투영식** : 수광부 중앙의 집광렌즈와 **상·하·좌·우 4개의 광전지**, 또는 **카메라**를 설치하여 투영스크린에 전조등의 모양을 비추어 광도 및 광축을 측정하는 방식
(나) 판정방식에 의한 구분
1) 수동형
가) 단순형 : 사람의 힘으로 전조등시험기를 전조등의 정면에 위치하도록 하여 광도 및 광축을 측정하는 형식
나) 판정형 : 사람의 힘으로 전조등시험기를 전조등의 정면에 위치하도록 하여 광도 및 광축을 자동 측정·판정하는 형식
2) 자동형 : 전조등시험기가 전조등의 광축을 스스로 이동하여 광도 및 광축을 자동측정, 판정하는 형식

(2) 구조·장치의 작동 및 설치상태에 대한 검사기준
(가) 지시계 : 광도 및 광축 지시값은 과도한 변동이 없는 상태일 것
(나) 정대장치 : 차량을 정면으로 조준하기 위한 조준기등의 기능에 이상이 없을 것
(다) 수광부지지대 및 이동장치 : 지주와 레일은 견고하게 설치되고 상하좌우로 원활하게 이동할 수 있을 것. 다만, 수평을 유지하는 장소에 설치되었거나 수평을 유지할 수 있는 다른 장치가 설치된

경우에는 레일을 설치하지 아니 할 수 있다.
- (라) 판정장치 : 자동형기기는 판정장치의 작동에 이상이 없을 것
- (마) 기록장치
    1) 자동차검사에 사용되는 기기는 기록장치의 작동에 이상이 없을 것
    2) 자동차검사에 사용되는 기기는 판정 즉시 그 결과를 제80조제1항 단서에 따른 전산정보처리조직에 실시간 전송할 것
- (바) 형식등 표시 : 전조등시험기의 형식·제작번호·제작일자 및 제작회사가 확실하게 표시되어 있을 것
- (사) 전조등시험기는 자동차의 점검·정비 또는 검사를 원활히 수행할 수 있도록 설치되어 있을 것

(3) 정밀도에 대한 검사기준

전조등시험기의 광도지시·광축편차 및 판정정밀도는 설정값에 대하여 다음의 허용오차 범위이내일 것

- (가) **광도지시 : ±15%** 이내
- (나) **광축편차 : ±29/174mm(1/6도)** 이내
- (다) 판정정밀도
    1) **광도 : ±1,000칸델라** 이내
    2) 광축 : ±29/174mm(1/6도) 이내

다. 사이드슬립측정기

(1) 형식의 구분

- (가) 측정방식에 의한 구분
    1) 답판 연동형 : 자동차의 조향바퀴를 연동하는 양쪽 답판위에 통과시켜 주행에 의하여 발생되는 옆미끄럼량을 측정하는 형식
    2) 단일 답판형 : 자동차의 한쪽 조향바퀴만을 답판위에 통과시켜 주행에 의하여 발생되는 옆미끄럼량을 측정하는 형식
- (나) 판정방식에 의한 구분
    1) 단순형 : 자동차의 옆미끄럼량을 측정하여 지시 또는 지시 및 판정하는 형식
    2) 자동형 : 제동시험기 및 속도계시험기와 복합하여 자동차의 옆미끄럼량을 측정하여 지시 및 판정하는 형식

(2) 구조·장치의 작동 및 설치상태에 대한 검사기준

- (가) 답판 : 답판의 윗면은 자동차바퀴와의 사이에 적당한 마찰계수를 가져야 하며, 수평을 유지하여야 하고, 답판의 이동에 소요되는 작동력은 다음의 허용오차 범위이내일 것
    1) 작동시작점 : 4킬로그램 이내
    2) 5mm점 : 8킬로그램 이내
    3) 답판의 크기 : 답판(이동식 검사장비인 답판은 제외한다)의 가로와 세로는 각각 1,000mm 이상(허용축하중 3톤 이하는 880mm 이상)
    4) 답판의 폭 : 답판(단일 답판형은 제외한다)의 안쪽 폭은 850mm 이하(허용축하중 3톤 이하는 650mm 이하), 바깥쪽 폭은 2,850mm 이상(허용축하중 3톤 이하는 2,400mm 이상)이어야 한다.

(나) 지시계 : 지시값의 과도한 떨림이 없이 옆미끄럼량을 인(IN) 또는 아웃(OUT)으로 확실하게 나타내며 최소눈금값은 0.1mm 이내일 것(아날로그 방식 제외)
(다) 판정장치 : 자동형기기는 판정장치의 작동에 이상이 없을 것
(라) 기록장치
   1) 자동차검사에 사용되는 기기는 기록장치의 작동에 이상이 없을 것
   2) 자동차검사에 사용되는 기기는 판정 즉시 그 결과를 제80조제1항 단서에 따른 전산정보처리조직에 실시간 전송할 것
(마) 형식등 표시 : 사이드슬립측정기의 형식·제작번호·제작일자 및 제작회사가 확실하게 표시되어 있을 것
(바) 사이드슬립측정기는 자동차의 점검·정비 또는 검사를 원활히 수행할 수 있도록 설치되어 있을 것

(3) 정밀도에 대한 검사기준
미끄럼량의 지시 및 판정에 대한 정밀도는 다음의 허용오차 범위 이내일 것

(가) 0점 지시 : ±0.2mm/m(m/km) 이내
(나) 5mm 지시 : ±0.2mm/m(m/km) 이내
(다) 판정정밀도 : ±0.2mm/m(m/km) 이내

라. 속도계시험기
(1) 형식의 구분
   (가) 측정방식에 의한 구분
      1) 차륜구동형(표준형) : 자동차바퀴의 구동에 의하여 롤러를 회전시켜 측정하는 형식
      2) 롤러구동형(자력식) : 시험기롤러의 구동에 의하여 자동차의 바퀴를 회전시켜 측정하는 형식
      3) 복합형 : 속도계시험기 중 롤러구동형 제동시험기와 복합하여 동일한 롤러에서 자동차의 속도를 측정하는 형식
   (나) 판정방식에 의한 구분
      1) 단순형 : 자동차의 주행속도를 측정하여 지시 또는 지시 및 판정하는 형식
      2) 자동형 : 제동시험기 및 사이드슬립측정기와 복합하여 자동차의 주행속도를 측정하여 지시 및 판정하는 형식

(2) 구조·장치의 작동 및 설치상태에 대한 검사기준
   (가) 지시계 : 속도지시값은 과도한 변동이 없는 상태일 것
   (나) 롤러
      1) 롤러 등 회전부는 지시계가 지시하는 최고속도에 상당하는 회전수로 작동하는 경우라도 과도한 진동 및 이음이 없을 것
      2) 롤러는 기준직경의 2% 이상 과도하게 손상 또는 마모된 부분이 없을 것
      3) 롤러는 2개 이상으로 구성되어야 하고 롤러의 직경은 100mm 이상이어야 하며, 롤러의 안쪽 폭은 850mm 이하(허용축하중 3톤 이하는 650mm 이하), 바깥쪽 폭은 2,850mm 이상(허용축하중 3톤 이하는 2,400mm 이상)이어야 한다. 다만, 롤러구동형 롤러 및 이동식 검사장비인 롤러는 그러하지 아니하다.

4) 전·후 롤러 중심측의 간격은 다음 식에 의해 계산된 최소값과 최대값 이내이어야 한다.
롤러 중심축 간격(mm) = (619.13 + D) × Sin 31.5° ~37.5°
여기서, D : 롤러의 직경(mm)

(다) 판정장치 : 자동형기기는 판정장치의 작동에 이상이 없을 것

(라) 기록장치
1) 자동차검사에 사용되는 기기는 기록장치의 작동에 이상이 없을 것
2) 자동차검사에 사용되는 기기는 판정 즉시 그 결과를 제80조제1항 단서에 따른 전산정보처리조직에 실시간 전송할 것

(마) 롤러고정장치 : 자동차를 롤러에 안전하게 진입 및 퇴출시킬 수 있는 롤러고정장치의 작동상태에 이상이 없을 것

(바) 바퀴이탈방지장치 : 바퀴이탈방지장치는 손상이 없는 상태에서 이상 없이 작동할 것

(사) 리프트 : 자동차의 입·퇴출용 리프트의 작동에 이상이 없을 것

(아) 형식 등 표시 : 속도계시험기의 형식·제작번호·허용축하중(중량)·제작일자 및 제작회사가 확실하게 표시되어 있을 것

(자) 속도계시험기는 자동차의 점검·정비 또는 검사를 원활히 수행할 수 있도록 설치되어 있을 것

(3) 정밀도에 대한 검사기준

(가) 지시 : 설정속도(매시 35km 이상)의 ±3% 이내

(나) 판정 : 판정기준값의 1km 이내

2. 검사방법

가. 제동시험기

(1) 좌·우제동력

(가) 단순형 및 판정형 제동시험기는 최대제동력 지시값의 **10% 이상**에서 좌측 및 우측에 대하여 세가지 이상의 하중을 설정하여 측정할 것

(나) 차륜구동형 제동시험기는 전·후·좌·우 롤러 각각에 대하여 세가지 이상의 압력을 주어 해당제동력을 측정할 것

(2) 좌·우합계제동력

최대제동력 지시값의 10% 이상에서 좌측 및 우측에 대하여 세가지 이상의 하중을 설정하여 좌·우 합계 지시값을 측정할 것

(3) 좌·우차이 제동력

최대제동력차이 지시값의 10% 이상에서 좌·우 각각에 대하여 한가지 이상의 편하중을 설정하여 측정할 것

(4) 중량설정

자동중량설정장치가 있는 경우에는 100킬로그램 이상의 하중으로 세가지 이상의 값을 설정하여 측정할 것

(5) 합계제동력 판정점

좌·우합계제동력 지시값을 설정중량에 대하여 주제동력 및 주차제동판정으로 나누어 각각 측정할 것. 다만, 판정점 기억방식은 판정기준값 설정상태의 적합성 확인으로 이에 갈음할 수 있다.

(6) 차이제동력 판정점

좌·우제동력차이 지시값을 설정중량에 대한 차이 판정값으로 나누어 측정 할 것. 다만, 판정점 기억방식은 판정기준값 설정상태의 적합성 확인으로 이에 갈음할 수 있다.

(7) 구조·장치의 작동상태

각 구조·장치의 작동상태가 검사기준에 적합한지의 여부를 감각기관으로 확인할 것

나. 전조등시험기

(1) 교정기의 상하좌우향 광축을 각각 0(영)mm로 설정한 상태에서 교정기의 광도를 다음과 같이 측정할 것

  (가) **주행빔(상향등)**의 경우 교정기의 광도를 **1만칸델라, 2만칸델라 및 3만칸델라** 등 세가지 이상의 광도로 측정할 것

  (나) **변환빔(하향등)**의 경우 교정기의 광도를 **2천칸델라, 5천칸델라, 8천칸델라 및 1만칸델라** 등 네가지 이상의 광도로 측정할 것

(2) 광축 편차지시

  (가) 주행빔(상향등)의 경우 광도변화에 따른 광축의 편차는 2만칸델라의 광도기준값이 상·하·좌·우 광축을 각각 0(영)mm로 조정한 상태에서 광도를 1만칸델라 및 3만칸델라로 각각 변화시켜 광축지시의 편차를 측정할 것

  (나) 주행빔(상향등)의 경우 각도변화에 따른 광축의 편차는 광도를 2만칸델라로 설정하여 좌·우·하향 174mm(1도) 및 348mm(2도), 상향 174mm(1도)에서 각각 측정할 것

  (다) 변환빔(하향등)의 경우 광도변화에 따른 광축의 편차는 8천칸델라의 광도기준값이 상·하·좌·우 광축을 각각 0(영)mm로 설정한 상태에서 8천칸델라 미만 광도 및 8천칸델라 초과 광도로 각각 변화시켜 광축지시의 편차를 측정할 것

  (라) 변환빔(하향등)의 경우 각도변화에 따른 광축의 편차는 광도를 8천칸델라로 설정하여 상·하·좌·우향 0(영)mm, 하·좌·우향 174mm(1도) 및 상향 87mm(0.5도)에서 각각 측정할 것

(3) 판정점

안전기준에서 정한 광도 및 광축의 기준에 대한 적정 판정여부를 확인할 것. 다만, 판정점 기억방식은 판정기준값 설정상태의 적합성 확인으로 이에 갈음 할 수 있다.

(4) 구조·장치의 작동상태

각 구조·장치의 작동상태가 검사기준에 적합한지의 여부를 확인할 것.

다. 사이드슬립측정기

(1) 0(영)mm점 지시

검출장치 부착측 답판을 내측 및 외측으로 3mm 밀었다가 놓은 후 답판의 복원성 및 0(영)mm점 지시를 확인할 것

(2) **5mm점 지시**

답판에 대하여 내측 및 외측으로 각각 5mm를 밀어 그때의 지시값을 측정할 것(답판의 길이는 1m를 기준으로 하여야 한다)

(3) 판정점

지시검출측 답판을 인(IN) 및 아웃(OUT)으로 5mm 밀어 판정점을 확인할 것. 다만, 판정점 기억방식은 판정기준값 설정상태의 적합성 확인으로 이에 갈음 할 수 있다.

(4) 구조·장치의 작동상태

각 구조·장치의 작동상태가 검사기준에 적합한지의 여부를 확인할 것

라. 속도계시험기

(1) 속도지시

매시 30km이상 매시 100km이하의 속도에서 두가지 이상의 값으로 측정할 것

(2) 판정점

매시 40km의 속도에서 **정 25%**점과 **부 10%**점에서 정상판정여부를 확인할 것. 다만, 판정점 기억방식은 판정기준값 설정상태의 적합성 확인으로 이에 갈음할 수 있다.

(3) 구조·장치의 작동상태

각 구조·장치의 작동상태가 검사기준에 적합한지의 여부를 확인할 것

08 자동차관리법 시행규칙 [별표 4의2] 〈개정 2023.5.25.〉

안전검사시설기준(제38조관련)

시설품명	세부기준
1. 중량계	• 측정범위 : 0~5톤 이상, 최소지시값 : 1kg/ton 이하
2. 최대안전경사각도 시험기	• 측정각도 : 35° 이상 • 측정하중 : 40톤 이상
3. 사이드슬립 측정기	• 미끄럼양의 지시 및 판정에 대한 허용오차 범위 　• 0점 지시 : ±0.2mm/m(m/km) 이내 　• 5mm 지시 : ±0.2mm/m(m/km) 이내 　• 판정정밀도 : ±0.2mm/m(m/km) 이내
4. 제동시험기	• 설정하중에 대한 제동력지시 및 중량설정지시의 허용오차 범위 　• 좌우제동력지시 : ±5% 이내(차륜구동력은 ±2% 이내) 　• 좌우합계제동력지시 : ±5% 이내 　• 좌우차이제동력판정 : ±25% 이내 　• 중량설정지시 : ±5% 이내 • 축하중에 대한 판정정밀도의 허용오차 범위 　• 좌우제동력합계 판정 : ±5% 이내 　• 좌우제동력차이지시 : ±2% 이내
5. 전조등시험기	• 설정값에 대한 허용오차 범위 　• 광도지시 : ±15% 이내 　• 광도편차 : ±1/6도 이내 　• 광도 : ±1000칸델라 이내 　• 광축 : ±1/6도 이내
6. 소음 및 매연 측정기	• 소음계 　• 측정범위 : 24~120dB 　• 최소지시값 : 0.1dB 이내 • 매연측정기 　• 지시계 : 0%~100% 지시, 최소눈금치 1% 이하
7. 일산화탄소 측정기	• 지시범위 　• CO : 지시범위는 0~5% 이상 10% 이하, 최소 눈금치 0.2% 이하 　• HC : 지시범위는 0ppm~1000ppm 이상 10000ppm 이하, 최소눈금치 20ppm 이하
8. 가스누출 측정기	• 정밀도 : 폭발 하한값(LEL) 20% 이내에서 감지
9. 가시광선투과율 측정기	• 측정범위 : 0~100% • 정밀도 : 측정값의 ±3% 이내
10. 공기과잉율 측정기	• 측정범위 : 0.5~1.6 이상, 최소눈금치 0.01 이하

주) 1. 검사시설은 자동식 또는 반자동식이어야 한다.
　　2. 자동차제작자등은 제작하려는 자동차의 구조 및 사용연료 등에 따라 필요한 시설을 선택하여 설치할 수 있다.
　　　　예 피견인자동차의 경우 : 중량계, 최대안전경사각도시험기, 제동시험기
　　3. 검사시설의 정밀도는 별표 12에 따른다.

09 자동차관리법 시행규칙 [별표 15] 〈개정 2023. 8. 11.〉

자동차검사기준 및 방법(제73조 관련)

1. 일반기준 및 방법

가. 자동차의 검사항목 중 제원측정은 공차(空車)상태에서 시행하며 그 외의 항목은 공차상태에서 운전자 1명이 승차하여 시행한다. 다만, 긴급자동차 등 부득이한 사유가 있는 경우 또는 적재물의 중량이 차량중량의 20퍼센트 이내인 경우에는 적차(積車)상태에서 검사를 시행할 수 있다.

나. 자동차의 검사는 이 표에서 정하는 검사방법에 따라 검사기기·계측기·감각기관 또는 서류확인 등에 의하여 시행하여야 한다. 다만, 자동차의 상태 등을 고려하여 감각기관·서류 등으로 식별하는 것이 적합하다고 판단되는 다음의 경우에는 검사기기 또는 계측기에 의한 검사를 생략할 수 있다.
  1) 자동차의 제원측정 시 구조 및 제원이 자동차등록증, 자기인증(제원표) 또는 튜닝승인 내용과 변동이 없는 경우
  2) 타이어 요철형 무늬의 깊이, 배기관의 열림방향, 경적음, 배기소음 및 타이어공기압이 안전기준에 적합하다고 인정되는 경우
  3) 삭제〈2021. 10. 14.〉
  4) 「소방기본법」, 「계량에 관한 법률」이나 그 밖의 다른 법령의 적용을 받는 부분에 대하여 관계서류를 제시할 때 그 항목을 확인하는 경우
  5) 검사시설이 없는 지역의 출장검사인 경우
  6) 특수한 구조로 검차장의 출입이나 검사기기로 측정이 곤란한 자동차인 경우
  7) 전자제어장치 등의 장치가 없거나 전자장치진단기와 통신이 되지 아니하여 각종 센서를 진단할 수 없는 경우

2. 신규검사 및 정기검사

가. 비사업용 자동차

항목	검사기준	검사방법
1) 동일성 확인	자동차의 표기와 등록번호판이 자동차등록증에 기재된 차대번호·원동기형식 및 등록번호가 일치하고, 등록번호판 및 봉인의 상태가 양호할 것	자동차의 차대번호 및 원동기 형식의 표기 확인 등록번호판 및 봉인상태 확인
2) 제원측정	제원표에 기재된 제원과 동일하고, 제원이 안전기준에 적합할 것	길이·너비·높이·최저지상고, 뒤 오우버행(뒤차축중심부터 차체후단까지의 거리) 및 중량을 계측기로 측정하고 제원허용차의 초과 여부 확인
3) 원동기	가) 시동상태에서 심한 진동 및 이상음이 없을 것	공회전 또는 무부하 급가속상태에서 진동·소음 확인
	나) 원동기의 설치상태가 확실할 것	원동기 설치상태 확인
	다) 점화·충전·시동장치의 작동에 이상이 없을 것	점화·충전·시동장치의 작동상태 확인

항목	검사기준	검사방법
3) 원동기	라) 윤활유 계통에서 윤활유의 누출이 없고, 유량이 적정할 것	윤활유 계통의 누유 및 유량 확인
	마) 팬벨트 및 방열기 등 냉각 계통의 손상이 없고 냉각수의 누출이 없을 것	냉각계통의 손상 여부 및 냉각수의 누출 여부 확인
4) 동력 전달 장치	가) 손상·변형 및 누유가 없을 것	• 변속기의 작동 및 누유 여부 확인 • 추진축 및 연결부의 손상·변형 여부 확인
	나) 클러치 페달 유격이 적정하고, 자동변속기 선택 레버의 작동상태 및 현재 위치와 표시가 일치할 것	클러치 페달 유격 적정 여부, 자동변속기 선택레버의 작동상태 및 위치표시 확인
5) 주행장치	가) 차축의 외관, 휠 및 타이어의 손상·변형 및 돌출이 없고, 수나사 및 암나사가 견고하게 조여 있을 것	• 차축의 외관, 휠 및 타이어의 손상·변형 및 돌출 여부 확인 • 수나사·암나사의 조임 상태 확인
	나) 타이어 요철형 무늬의 깊이는 안전기준에 적합하여야 하며, 타이어 공기압이 적정할 것	타이어 요철형 무늬의 깊이 및 공기압을 계측기로 확인
	다) 흙받이 및 휠하우스가 정상적으로 설치되어 있을 것	흙받이 및 휠하우스 설치상태 확인
	라) 가변축 승강조작장치 및 압력조절장치의 설치위치는 안전기준에 적합할 것	가변축 승강조작장치 및 압력 조절장치의 설치위치 및 상태 확인
6) 조종장치	조종장치의 작동상태가 정상일 것	시동·가속·클러치·변속·제동·등화·경음·창닦이기·세정액분사장치 등 조종장치의 작동 확인
7) 조향장치	가) 조향바퀴 옆미끄럼량은 1m 주행에 5mm 이내일 것	조향핸들에 힘을 가하지 아니한 상태에서 사이드슬립측정기의 답판 위를 직진할 때 조향바퀴의 옆미끄럼량을 사이드슬립측정기로 측정
	나) 조향 계통의 변형·느슨함 및 누유가 없을 것	기어박스·로드암·파워실린더·너클 등의 설치상태 및 누유 여부 확인
	다) 동력조향 작동유의 유량이 적정할 것	동력조향 작동유의 유량 확인
8) 제동장치	가) 제동력 (1) 모든 축의 제동력의 합이 공차중량의 50퍼센트 이상이고 각축의 제동력은 해당 축하중의 50퍼센트(뒤축의 제동력은 해당 축하중의 20퍼센트) 이상일 것 (2) 동일 차축의 좌·우 차바퀴 제동력의 차이는 해당 축하중의 8퍼센트 이내일 것 (3) 주차제동력의 합은 차량 중량의 20퍼센트 이상일 것	주제동장치 및 주차제동장치의 제동력을 제동시험기로 측정
	나) 제동계통 장치의 설치상태가 견고하여야 하고, 손상 및 마멸된 부위가 없어야 하며, 오일이 누출되지 아니하고 유량이 적정할 것	제동계통 장치의 설치상태 및 오일 등의 누출 여부 및 브레이크 오일량이 적정한지 여부 확인

항목	검사기준	검사방법
8) 제동장치	다) 제동력 복원상태는 3초 이내에 해당 축하중의 20퍼센트 이하로 감소될 것	주제동장치의 복원상태를 제동시험기로 측정
	라) 피견인자동차 중 안전기준에서 정하고 있는 자동차는 제동장치 분리 시 자동으로 정지가 되어야 하며, 주차브레이크 및 비상브레이크 작동상태 및 설치상태가 정상일 것	피견인자동차의 제동공기라인 분리 시 자동 정지 여부, 주차 및 비상브레이크 작동 및 설치상태 등 확인
9) 완충장치	가) 균열·절손 및 오일 등의 누출이 없을 것	스프링·쇼크업소버의 손상 및 오일 등의 누출 여부 확인
	나) 부식·절손 등으로 판스프링의 변형이 없을 것	판스프링의 설치상태 확인
10) 연료장치	작동상태가 원활하고 파이프·호스의 손상·변형·부식 및 연료누출이 없을 것	가) 연료장치의 작동상태, 손상·변형·부식 및 조속기 봉인상태 확인 나) 가스를 연료로 사용하는 자동차는 가스누출감지기로 연료누출 여부 확인 및 가스저장용기의 부식상태 확인 다) 연료의 누출 여부 확인(연료탱크의 주입구 및 가스배출구로의 자동차의 움직임에 의한 연료누출 여부 포함)
11) 전기 및 전자장치	가) 전기장치 (1) 축전지의 접속·절연 및 설치상태가 양호할 것 (2) 전기배선의 손상이 없고 설치상태가 양호할 것	가) 축전지와 연결된 전기배선 접속단자의 흔들림 여부 확인 나) 전기배선의 손상·절연 여부 및 설치상태를 육안으로 확인
	나) 고전원전기장치 (1) 고전원전기장치의 접속·절연 및 설치상태가 양호할 것	가) 고전원전기장치(구동축전지, 전력변환장치, 구동전동기, 충전접속구 등)의 설치상태, 전기배선 접속단자의 접속·절연상태 등을 맨눈으로 확인
	(2) 고전원 전기배선의 손상이 없고 설치상태가 양호할 것	나) 구동축전지와 전력변환장치, 전력변환장치와 구동전동기, 전력변환장치와 충전접속구 사이의 고전원 전기배선의 절연 피복 손상 또는 활선 도체부의 노출여부를 맨눈으로 확인
	(3) 구동축전지는 차실과 벽 또는 보호판으로 격리되는 구조일 것	다) 구동축전지와 차실 사이가 벽 또는 보호판 등으로 격리여부 확인
	(4) 차실 내부 및 차체 외부에 노출되는 고전원전기장치간 전기배선은 금속 또는 플라스틱 재질의 보호기구를 설치할 것	라) 맨눈으로 확인이 가능한 고전원 전기배선 보호기구의 고정, 깨짐, 손상 여부 등을 확인
	(5) 「자동차 및 자동차부품의 성능과 기준에 관한 규칙」 별표 5 제1호가목에 따른 고전원전기장치 활선도체부의 보호기구는 공구를 사용하지 않으면 개방·분해 및 제거되지 않는 구조일 것	마) 고전원전기장치 활선도체부의 보호기구 체결상태 및 공구를 사용하지 않고 개방·분해 및 제거 가능 여부 확인. 다만, 차실, 벽, 보호판 등으로 격리된 경우 생략 가능

항목	검사기준	검사방법
11) 전기 및 전자장치	(6) 고전원전기장치의 외부 또는 보호기구에는 「자동차 및 자동차부품의 성능과 기준에 관한 규칙」 별표 5 제4호에 따른 경고표시가 되어 있을 것	바) 고전원전기장치의 외부 또는 보호기구에 부착 또는 표시된 경고표시의 모양 및 식별가능성 여부를 맨눈으로 확인
	(7) 고전원전기장치 간 전기배선(보호기구 내부에 위치하는 경우는 제외한다)의 피복은 주황색일 것	사) 맨눈으로 확인 가능한 구동축전지와 전력변환장치, 전력변환장치와 구동전동기, 전력변환장치와 충전접속구에 사용되는 전기배선의 색상이 주황색인지 여부 확인
	(8) 전기자동차 충전접속구의 활선도체부와 차체 사이의 절연저항은 최소 1㏁ 이상일 것	아) 절연저항시험기를 이용하여 충전접속구 각각의 활선도체부(+극 및 -극)와 차체 사이에 충전전압 이상의 시험전압을 인가하여 절연저항 측정
	(9) 구동축전지, 전력변환장치, 구동전동기, 연료전지 등 고전원전기장치의 절연상태가 양호할 것	자) 전자장치진단기로 고전원전기장치의 절연저항 관련 고장진단코드를 확인. 다만, 전자장치진단기로 진단되지 않는 경우에는 계기장치의 고장경고등 점등 여부 확인
	(10) 구동축전지, 전력변환장치, 구동전동기, 연료전지 등 고전원전기장치의 작동에 이상이 없을 것	차) 전자장치진단기로 고전원전기장치의 고장진단코드를 확인. 다만, 전자장치진단기로 진단되지 않는 경우에는 계기장치의 고장경고등 점등 여부 확인
	다) 전자장치 (1) 원동기 전자제어 장치가 정상적으로 작동할 것 (2) 바퀴잠김방지식 제동장치, 구동력제어장치, 전자식차동제한장치, 차체자세제어장치, 에어백, 순항제어장치, 차로이탈경고장치 및 비상자동제동장치 등 안전운전 보조 장치가 정상적으로 작동할 것	가) 전자장치진단기로 각종 센서의 정상 작동 여부를 확인. 다만, 차로이탈경고장치가 전자장치진단기로 진단되지 않는 경우에는 맨눈으로 설치 여부 확인
	(3) 저소음자동차의 경고음발생장치가 정상적으로 작동할 것	나) 전자장치진단기로 경고음발생장치의 고장진단코드를 확인. 다만, 전자장치진단기로 진단되지 않는 경우에는 주행상태에서 경고음 발생 여부 확인
	(4) 후방보행자 안전장치가 정상적으로 작동할 것	다) 후방보행자 안전장치의 작동상태 확인
12) 차체 및 차대	가) 차체 및 차대의 부식·절손 등으로 차체 및 차대의 변형이 없을 것	차체 및 차대의 부식 및 부착물의 설치상태 확인
	나) 후부안전판 및 측면보호대의 손상·변형이 없을 것	후부안전판 및 측면보호대의 설치상태 확인
	다) 최대적재량의 표시가 자동차등록증에 기재되어 있는 것과 일치할 것	최대적재량(탱크로리는 최대적재량·최대적재용량 및 적재품명) 표시 확인

항목	검사기준	검사방법
12) 차체 및 차대	라) 차체에는 예리하게 각이 지거나 돌출된 부분이 없을 것	차체의 외관 확인
	마) 어린이운송용 승합자동차의 색상 및 보호표지는 안전기준에 적합할 것	차체의 색상 및 보호표지 설치 상태 확인
13) 연결장치 및 견인장치	가) 변형 및 손상이 없을 것	커플러 및 킹핀의 변형 여부 확인
	나) 차량 총중량 0.75톤 이하 피견인자동차의 보조 연결장치가 견고하게 설치되어 있을 것	보조연결장치 설치상태 확인
14) 승차장치	가) 안전기준에서 정하고 있는 좌석·승강구·조명·통로·좌석안전띠 및 비상구 등의 설치상태가 견고하고, 파손되어 있지 아니하며 좌석수의 증감이 없을 것	좌석·승강구·조명·통로·좌석안전띠 및 비상구 등의 설치상태와 비상탈출용 장비의 설치상태 확인
	나) 머리지지대가 설치되어 있을 것	승용자동차 및 경형·소형 승합자동차의 앞좌석(중간좌석 제외)에 머리지지대의 설치 여부 확인
	다) 어린이운송용 승합자동차의 승강구가 안전기준에 적합할 것	승강구 설치상태 및 규격 확인
15) 물품적재장치	가) 적재함 바닥면의 부식으로 인한 변형이 없을 것 나) 적재량의 증가를 위한 적재함의 개조가 없을 것 다) 물품적재장치의 안전잠금장치가 견고할 것 라) 청소용 자동차등 안전기준에서 정하고 있는 차량에는 덮개가 설치되어 있어야 하고, 설치상태가 양호할 것	가) 물품의 적재장치 및 안전시설 상태 확인(변경된 경우 계측기 등으로 측정) 나) 청소용 자동차등 안전기준에서 정하고 있는 차량의 덮개 설치여부를 확인
16) 창유리	가) 접합유리 및 안전유리로 표시된 것일 것	유리(접합·안전)규격품 사용 여부 확인
	나) 「자동차 및 자동차부품의 성능과 기준에 관한 규칙」제94조제3항에 따른 어린이운송용 승합자동차의 모든 창유리의 가시광선 투과율 기준에 적합할 것	창유리의 가시광선 투과율을 가시광선투과율 측정기로 측정하거나 선팅 여부를 맨눈으로 확인
17) 배기가스 발산방지 및 소음 방지장치	가) 배기소음 및 배기가스농도는 운행차 허용기준에 적합할 것	배기소음 및 배기가스농도를 측정기로 측정
	나) 배기관·소음기·촉매장치의 손상·변형·부식이 없을 것	배기관·촉매장치·소음기의 변형 및 배기계통에서의 배기가스누출 여부 확인
	다) 측정결과에 영향을 줄 수 있는 구조가 아닐 것	측정결과에 영향을 줄 수 있는 장치의 훼손 또는 조작 여부 확인
18) 등화장치	가) 변환빔의 광도는 3천칸델라 이상일 것	좌·우측 전조등(변환빔)의 광도와 광도점을 전조등시험기로 측정하여 광도점의 광도 확인
	나) 변환빔의 진폭은 10m 위치에서 다음 수치 이내일 것 설치높이 ≤ 1.0m : −0.5% ~ −2.5% 설치 높이 > 1.0m : −1.0% ~ −3.0%	좌·우측 전조등(변환빔)의 컷오프선 및 꼭지점의 위치를 전조등시험기로 측정하여 컷오프선의 적정 여부 확인

항목	검사기준	검사방법
18) 등화장치	다) 컷오프선의 꺾임점(각)이 있는 경우 꺾임점의 연장선은 우측 상향일 것	변환빔의 컷오프선, 꺾임점(각), 설치상태 및 손상여부 등 안전기준 적합 여부를 확인
	라) 정위치에 견고히 부착되어 작동에 이상이 없고, 손상이 없어야 하며, 등광색이 안전 기준에 적합할 것	전조등·방향지시등·번호등·제동등·후퇴등·차폭등·후미등·안개등 및 비상점멸표시등과 그 밖의 등화장치의 점등·등광색 및 설치상태 확인
	마) 후부반사기 및 후부반사판의 설치상태가 안전기준에 적합할 것	후부반사기 및 후부반사판의 설치상태 확인
	바) 어린이운송용 승합자동차에 설치된 표시등이 안전기준에 적합할 것	표시등 설치 및 작동상태 확인
	사) 안전기준에서 정하지 아니한 등화 및 안전 기준에서 금지한 등화가 없을 것	안전기준에 위배되는 등화설치 여부 확인
19) 경음기 및 경보장치	경음기의 음색이 동일하고, 경적음·싸이렌음의 크기는 안전기준상 허용기준 범위 이내일 것	• 경적음이 동일한 음색인지 확인 • 경적음 및 싸이렌음의 크기를 소음측정기로 확인 (경보장치는 신규검사로 한정함)
20) 시야확보장치	가) 후사경은 좌·우 및 뒤쪽의 상황을 확인할 수 있고, 돌출거리가 안전기준에 적합할 것	후사경 설치상태 확인
	나) 창닦이기 및 세정액 분사장치는 기능이 정상적일 것	창닦이기 및 세정액 분사장치의 작동 및 설치상태 확인
	다) 어린이운송용 승합자동차에는 광각 실외후사경이 설치되어 있을 것	광각 실외후사경 설치 여부 확인
21) 계기장치	가) 모든 계기가 설치되어 있을 것	계기장치의 설치 여부 확인
	나) 속도계의 지시오차는 정 25퍼센트, 부 10퍼센트 이내일 것	매시 40킬로m의 속도에서 자동차속도계의 지시오차를 속도계시험기로 측정
	다) 최고속도제한장치, 운행기록장치 및 주행기록계의 설치 및 작동상태가 양호할 것	최고속도제한장치, 운행기록장치 및 주행기록계의 설치상태 및 정상작동 여부 확인
22) 소화기 및 방화장치	소화기가 설치위치에 설치되어 있을 것	소화기의 설치 여부 확인
23) 내압용기	용기 등이 관련 법령에 적합하고 견고하게 설치되어 있으며, 용기의 변형이 없고 사용연한 이내 일 것	용기 등이 「자동차관리법」에 따른 합격품인지 여부, 설치상태 및 변형·손상 여부 및 사용연한 확인
24) 기타	어린이운송용 승합자동차의 색상 및 보호표지 등 그 밖의 구조 및 장치가 안전기준 및 국토교통부장관이 정하는 기준에 적합할 것	그 밖의 구조 및 장치가 안전기준 및 국토교통부장관이 정하는 기준에 적합한지를 확인

3. 튜닝검사

가. 법 제34조에 따른 자동차 튜닝과 관련된 검사항목(튜닝승인 내용대로 변경하였는지 등)은 신규검사의 기준 및 방법에 따라 실시한다. 다만, 「자동차안전기준에 관한 규칙」 제6조 및 제8조에 따른 자동차의 중량 측정 및 최대안전경사각도의 측정은 필요한 경우만 실시한다.

나. 법 제2조제4호의2에 따른 내압용기(액화석유가스를 사용하는 내압용기는 제외한다)를 설치하거나 교체하는 경우에는 국토교통부장관이 정하는 바에 따라 내압용기장착검사를 추가로 시행한다.

다. 고전원전기장치가 장착된 자동차(전기자동차, 하이브리드자동차 및 연료전지자동차를 포함한다)로 튜닝하려는 경우에는 가목에 따른 검사 외에 다음의 검사를 추가로 실시하여야 한다.

항목	검사기준	검사방법
1) 고전원전기장치의 활선도체부의 직접 접촉가능 여부 확인	차실내부 또는 수화물 공간의 활선도체부는 철사 접근방지 보호등급(IPXXD) 접근시 직접 접촉되지 말아야 하며, 그 외의 공간 및 고전압 회로 차단장치는 손가락 접근방지 보호등급(IPXXB) 접근 시 직접 접촉되지 않을 것	손가락 접근방지 보호등급(IPXXB) 및 철사 접근방지 보호등급(IPXXD) 시험방법을 적용하여 통전(通電) 여부 확인. 다만, 통전 여부의 확인을 위하여 일부 부품을 개방·분해·제거가 필요한 경우는 제외
2) 고전원전기장치의 절연저항 확인	고전원전기장치의 활선도체부와 차체 사이의 절연저항은 100Ω/V(DC), 500Ω/V(AC) 이상일 것	절연저항시험기를 이용하여 고전원전기장치의 활선도체부와 차체 사이의 절연저항 측정

4. 임시검사

제2호에 따른 신규검사 및 정기검사의 검사항목(정비명령과 임시검사 명령을 같이 받은 자동차의 경우에는 정비명령과 관련된 검사항목으로 한정한다), 기준 및 검사방법에 따라 실시한다.

5. 수리검사

가. 제2호에 따른 신규검사 및 정기검사의 검사항목, 기준 및 검사방법에 따라 실시한다.
나. 가목에 따른 **검사 외에 다음의 검사를 추가로 실시**하여야 한다.

항목	검사기준	검사방법
1) 자동차 하부의 연결부위 확인	자동차 하부의 연결부위에 유격, 체결상태 불량이 없고 연결부위의 장치나 부품이 변형되거나 손실되지 않을 것	연결부위의 유격, 체결상태 불량 또는 연결부위의 장치나 부품의 변형, 손실 여부 확인
2) 차축의 뒤틀림 여부 및 좌우대칭 확인	차축의 뒤틀림이 없고 좌우대칭 상태가 양호할 것	가) 자동차 앞 부분과 뒷 부분의 각각 4개 이상 지점의 가로, 세로 및 대각선 길이를 계측자 등으로 측정 나) 자동차의 축간거리 및 윤간거리를 계측자 등으로 측정 다) 휠얼라인먼트 측정결과와 사이드슬립 측정값의 비교 (휠얼라인먼트 측정 결과를 제출받은 경우에 한정한다)
3) 각종 오일의 유량 및 오염 여부 확인	엔진오일 등 각종 오일의 유량이 적정하고 오염되지 않았을 것	엔진오일 등 각종 오일의 유량 및 오염 여부 확인(확인이 불가능한 경우에는 그러하지 아니하다)

다. 고전원전기장치가 장착된 자동차(전기자동차, 하이브리드자동차 및 연료전지자동차를 포함한다)의 경우에는 가목 및 나목에 따른 검사 외에 다음의 검사를 추가로 실시하여야 한다.

항목	검사기준	검사방법
1) 고전원전기장치의 활선도체부의 직접 접촉가능 여부 확인	차실내부 또는 수화물 공간의 활선도체부는 철사 접근방지 보호등급(IPXXD) 접근 시 직접 접촉되지 말아야 하며, 그 외의 공간 및 고전압회로 차단장치는 손가락 접근방지 보호등급(IPXXB) 접근 시 직접 접촉되지 않을 것	손가락 접근방지 보호등급(IPXXB) 및 철사 접근방지 보호등급(IPXXD) 시험방법을 적용하여 통전 여부 확인. 다만, 통전 여부의 확인을 위하여 일부 부품을 개방·분해·제거가 필요한 경우는 제외
2) 고전원전기장치의 절연저항 확인	고전원전기장치의 활선도체부와 차체 사이의 절연저항은 <u>100Ω/V(DC), 500Ω/V(AC) 이상</u>일 것	절연저항시험기를 이용하여 고전원전기장치의 활선도체부와 차체 사이의 절연저항 측정

6. 정기검사 중 환경 관련 항목에 대하여는「대기환경보전법 시행규칙」제78조 및 제87조와「소음·진동관리법 시행규칙」제40조 및 제44조에 따른 기준 및 방법에 따라 실시한다.

10 자동차관리법 시행규칙 [별표 26] 〈개정 2020.10.16.〉

자동차<u>전문정비업</u>의 <u>작업제한범위</u>(제131조제1항제3호 관련)

장치명	제한되는 작업 범위
1. 원동기 장치	• 엔진 교환, 엔진 분해정비 중 <u>실린더 블록의 분해정비 및 엔진 탈·부착</u>(엔진 밑에 있는 기기나 장치의 정비를 위해 부득이한 경우의 엔진 단순 탈·부착은 제외한다) • 디젤분사펌프(코먼레일형식은 제외한다)의 탈·부착, 정비
2. 연료 장치	• 법 제2조제4호의2에 따른 내압용기 및 내압용기에 부착된 용기 부속품의 탈·부착, 정비
3. 조향 장치	• <u>조향기어</u>의 탈·부착(변속기, 크로스멤버 등 조향기어 <u>주변의 기기나</u> 장치의 정비를 위해 조향기어 고정 볼트를 풀고 조이는 것은 제외한다) • 조향기어의 정비
4. 제동 장치	• <u>ABS 및 ASR모듈레이터 탈·부착</u>, 정비 • <u>브레이크 챔버</u> 탈·부착, 정비 • <u>분리식 배력장치</u> 탈·부착, 정비(일체식 배력장치는 제외한다)
5. 완충 장치	• 없음
6. 전기·전자 장치	• <u>전조등 탈·부착</u>, 정비(전구교환 및 전조등 하부에 부착기기나 장치의 정비를 위해 부득이한 경우의 단순 탈·부착은 제외한다)
7. 기타 장치	• 차체, 차체 구성품 및 프레임의 <u>판금·용접·도장</u>

주) 자동차전문정비업자가 <u>전조등시험기를 갖춘</u> 때에는 위 표 제6호의 작업을 할 수 있다.

11 자동차관리법 시행규칙 [별표 26의2] 〈개정 2019.4.23.〉

주요 정비 작업(제133조제4항 관련)

정비업종		작업항목
정비업 공통 (종합·소형·전문 정비업)	교환	엔진오일
		오토미션 오일
		브레이크 오일
		부동액
		팬벨트
		브레이크 앞 패드
		발전기
		시동모터
		디젤연료 필터
		에어컨가스 보충
		타이어펑크(간이식)
		타이어펑크(탈착식)
		구동축전지
		전력변환장치
		구동전동기
		연료전지
		감속기
종합·소형 정비업	교환 및 탈부착	범퍼(앞/뒤)
		후드
		펜더(흙받기)
		도어(앞/뒤)
		슬라이딩 도어(옆)
		트렁크리드
		패널(앞/뒤)
		루프패널
	판금·도장 작업	범퍼(앞/뒤)
		후드
		펜더(흙받기)(앞/뒤)

정비업종	작업항목
종합·소형 정비업	판금·도장 작업

작업항목
도어(앞/뒤)
도어(슬라이딩)
루프 패널
루프 사이드패널
트렁크리드
윈도 필러
사이드 스텝패널
센터 필러
사이드 미러
패널(앞/뒤)
패널 외측 방청 도장
조색

12 자동차의 에너지소비효율 및 등급표시에 관한 규정 [시행 2023.9.1.] [산업통상자원부고시]

제3조(정의)

이 고시에서 사용하는 용어의 뜻은 다음과 같다.

① "에너지소비효율(연비)"이라 함은 자동차에서 사용하는 단위 연료에 대한 주행거리(km/L, km/kWh, km/kg 등)를 말한다.

② "동일차종"이라 함은 자동차의 구조 및 특성에 따라 에너지소비효율이 비슷할 것으로 예상되는 자동차군을 말하며, 다음 각 호의 사항이 변경되는 경우에는 동일차종으로 보지 않는다.

 1. 차종
 2. 배기량, 과급기, 흡기냉각방식 등
 3. 원동기형식, 연료공급방식
 4. 변속기 형식(수동·자동), 기어단수 및 구동방식(전륜·후륜·사륜구동 등)
 5. 공차중량이 5% 이상 변경되는 경우
 6. 기타 산업통상자원부장관이 별도로 분류할 필요성이 있다고 인정하는 자동차의 경우

③ "자동차"라 함은 자동차관리법 제3조, 동법 시행규칙 제2조 별표1의 규정 중에 다음 각 호의 승용자동차, 승합자동차, 화물자동차를 말한다.

 1. "승용자동차"는 일반형, 승용겸화물형, 다목적형, 기타형
 2. "승합자동차"는 총중량 3.5톤 미만인 자동차 중, 15인승 이하의 일반형 승합자동차와 밴형 화물자동차

3. "화물자동차"는 특수용도형을 제외한 경형 및 소형

④ "전기자동차"라 함은 제3항 각 호에 해당하는 자동차 중 「환경친화적 자동차의 개발 및 보급 촉진에 관한 법률」 제2조제3호에 따른 자동차를 말한다.

⑤ "자동차제작자(이하 "제작자"이라 한다)"라 함은 법 제15조, 제16조, 제17조에서 규정한 국내에서의 판매를 목적으로 자동차를 제작(수입을 포함한다)하거나 판매하는 자를 말한다.

⑥ "자동차의 효율관리시험기관(이하 "시험기관"이라 한다)"이라 함은 법 제15조제2항 및 제5항의 규정에 따라 자동차의 에너지소비효율을 측정하는 시험기관을 말한다.

⑦ "측정시험"이라 함은 자동차의 에너지소비효율을 측정하는 시험을 말한다.

⑧ "측정설비"라 함은 자동차의 에너지소비효율을 측정하는데 필요한 차대동력계, 배출가스 분석계 등을 말한다.

⑨ "양산차"라 함은 제작자가 에너지소비효율을 측정받은 후 시장에 양산·출시한 자동차를 말한다.

⑩ "공회전제한장치"라 함은 자동차 정차 중 시동을 자동으로 정지시켜주는 장치를 말한다.

⑪ "공차중량"이라 함은 자동차에 연료, 윤활유 및 냉각수를 최대용량까지 주입하고, 예비타이어와 표준부품을 장착하며, 50% 이상 장착되는 선택사양 중 원동기의 동력을 사용하는 에어컨, 동력핸들 등을 포함한 무게를 말한다.

⑫ "차량총중량"이라 함은 「자동차 및 자동차부품의 성능과 기준에 관한 규칙」 제2조제7호의 규정에 의한 차량총중량을 말한다.

⑬ "측정 에너지소비효율"이라 함은 자동차의 에너지소비효율 측정시험에 따라 측정된 에너지소비효율로서 「자동차의 에너지소비효율, 온실가스 배출량 및 연료소비율 시험방법 등에 관한 고시」(이하 "공동고시"라 한다) 별표 1의 FTP-75 모드(도심주행 모드)측정 에너지소비효율과 HWFET 모드(고속도로주행 모드)측정 에너지소비효율을 말한다.

⑭ "5-cycle 보정식"(이하 "보정식"이라 한다)이라 함은 FTP-75 모드 (도심주행 모드) 측정방법, HWFET 모드 (고속도로주행 모드) 측정방법, US06 모드 (최고속·급가감속주행 모드) 측정방법, SC03 모드 (에어컨가동주행 모드) 측정방법과 Cold FTP-75 모드 (저온주행 모드) 측정방법의 5가지 시험방법(5-Cycle)으로 검증된 도심주행 에너지소비효율 및 고속도로주행 에너지소비효율이 FTP-75(도심주행)모드로 측정한 도심주행 에너지소비효율 및 HWFET(고속도로 주행)모드로 측정한 고속도로주행 에너지소비효율과 유사하도록 적용하는 관계식을 말한다.

⑮ "복합 에너지소비효율"이라 함은 제10조의 규정에 따라 표시되는 도심주행 에너지소비효율과 고속도로주행 에너지소비효율에 공동고시 별표10과 같이 각각에 계수를 적용하여 산출한 에너지소비효율을 말한다.

13 자동차의 에너지소비효율 및 등급표시에 관한 규정 [별표 1]

자동차의 에너지소비효율 산정방법 등 〈시행 2023. 9. 1.〉 [산업통상자원부고시 제2023-157호]

1. 총괄

자동차의 에너지소비효율은 5-cycle 보정식에 의한 계산을 이용하여 자동차의 에너지소비효율 표시와 등급에 적용하고, CO_2 배출량 표시는 FTP-75(도심주행)모드 측정값 및 HWFET(고속도로 주행) 측정값을 복합하여 사용한다.

2. 에너지소비효율 산정방법

2.1 5-cycle 보정식에 의한 계산

① 복합 에너지소비효율

- 복합 에너지소비효율(km/L) = $\dfrac{1}{\dfrac{0.55}{\text{도심주행 에너지소비효율}} + \dfrac{0.45}{\text{고속도로주행 에너지소비효율}}}$

- CD복합 에너지소비효율(km/kWh) = $\dfrac{1}{\dfrac{0.55}{\text{CD모드 도심주행 에너지소비효율}} + \dfrac{0.45}{\text{CD모드 고속도로주행 에너지소비효율}}}$

- CS복합 에너지소비효율(km/L) = $\dfrac{1}{\dfrac{0.55}{\text{CS모드 도심주행 에너지소비효율}} + \dfrac{0.45}{\text{CS모드 고속도로주행 에너지소비효율}}}$

② 도심주행 에너지소비효율

- 도심주행 에너지소비효율(km/L) = $\dfrac{1}{0.007639 + \dfrac{1.1886}{\text{FTP-75 모드 측정 에너지소비효율}}}$

  ※ 단, 전기자동차 도심주행 및 플러그인하이브리드자동차의 CD모드 도심주행 에너지소비효율은 0.7 × FTP-75모드에서 시가지동력계 주행시험계획(UDDS) 반복주행에 따른 에너지소비효율

③ 고속도로주행 에너지소비효율

- 고속도로주행 에너지소비 효율 (km/L) = $\dfrac{1}{0.004425 + \dfrac{1.3425}{\text{HWFET 모드 측정 에너지소비효율}}}$

  ※ 단, 전기자동차의 고속도로주행 및 플러그인하이브리드자동차의 CD모드 고속도로주행 에너지소비효율은 0.7×HWFET 모드 반복주행에 따른 에너지소비효율

④ 전기자동차의 복합측정 에너지소비효율

- 복합측정 에너지소비효율(km/kWh) = $\dfrac{1}{\dfrac{0.55}{\text{FTP-75 모드에서 시가지동력계 주행시험계획 (UDDS) 반복주행에 따른 에너지소비효율}} + \dfrac{0.45}{\text{HWFET 모드 반복주행에 따른 에너지 소비효율}}}$

2.2 각 주행시험 단계별 배출가스 중량농도에 의한 계산

① 휘발유사용 자동차의 경우

- 에너지소비효율(km/L) = $\dfrac{640(g/L)}{0.866 \times HC + 0.429 \times CO + 0.273 \times CO_2}$

  ※ 단, 1) CH비는 1.85임
  2) HC, CO, CO_2는 각각 배출가스 농도(g/km)임

② LPG사용 자동차의 경우

- 에너지소비효율(km/L) = $\dfrac{483(g/L)}{0.827 \times HC + 0.429 \times CO + 0.273 \times CO_2}$

  ※ 단, 1) 시험용 LPG는 부탄 100% 기준임
  2) CH비는 2.5임
  3) HC, CO, CO_2는 각각 배출가스 농도(g/km)임

③ 경유사용 자동차의 경우

- 에너지소비효율(km/L) = $\dfrac{734(g/L)}{0.866 \times HC + 0.429 \times CO + 0.273 \times CO_2}$

  ※ 단, 1) CH비는 1.85임
  2) HC, CO, CO_2는 각각 배출가스 농도(g/km)임

④ 전기사용 자동차의 경우

- 에너지소비효율(km/kWh) = $\dfrac{\text{1회충전 주행거리(km)}}{\text{차량주행시 소요된 전기에너지 충전량(kWh)}}$

⑤ 플러그인하이브리드 자동차의 경우

- CD모드 에너지소비효율(km/kWh) = $\dfrac{Rcda(km)}{\text{Rcda 구간에서 소모된 충전량(kWh)}}$

  여기에서, Rcda 구간에서 소모된 충전량(kWh 또는 L) = Rcda 구간에서 측정한 충전량 + Rcda 구간에서 소모된 연료량
  이때 충전량의 단위변환을 위하여 자동차에 사용된 연료의 순발열량을 적용한다.

3. CO_2 산정방법

① 복합 CO_2 배출량

- 복합 CO_2 배출량 = 0.55×FTP-75모드 측정 CO_2 배출량 + 0.45×HWFET모드 측정 CO_2 배출량
  단, 전기자동차의 복합 CO_2 배출량은 0g/km임

4. 전기자동차 및 플러그인하이브리드자동차의 1회충전 주행거리 산정방법

① <u>복합 1회충전 주행거리</u>

- 복합 1회충전 주행거리(㎞) = 0.55×도심주행 1회충전 주행거리 + 0.45×고속도로주행 1회충전 주행거리

② 도심주행 1회충전 주행거리

- 도심주행 1회충전 주행거리 = $\dfrac{0.7 \times FTP\text{-}75 \text{ 모드에서 시가지동력계 주행시험계획(UDDS)에 따라 반복 주행하면서}}{\text{구한 1회충전 주행거리}}$

  단, 플러그인하이브리드자동차는 CD모드의 최초 시험 시작 지점에서 자동차의 엔진에 시동이 걸린 지점까지를 1회충전 주행거리로 본다.

③ 고속도로주행 1회충전 주행거리

- 고속도로주행 1회충전 주행거리 = 0.7×HWFET 모드를 반복 주행하면서 구한 1회 충전 주행거리

  단, 플러그인 하이브리드자동차는 CD모드의 최초 시험 시작 지점에서 자동차의 엔진에 시동이 걸린 지점까지를 1회 충전 주행거리로 본다.

5. 에너지소비효율 등의 소수점 유효자리수

① 5-cycle 보정식을 적용한 에너지소비효율의 최종 결과치는 반올림하여 소수점이하 첫째자리까지 표시한다.
② CO_2 배출량은 측정된 단위 주행 거리당 이산화탄소배출량(g/km)을 말하며, 최종 결과치는 반올림하여 정수로 표시한다.
③ 전기자동차 및 플러그인 하이브리드 자동차의 경우 1회 충전 주행거리의 최종 결과치는 반올림하여 정수로 표시한다.
④ 에너지소비효율, CO_2 등의 최종 결과치를 산출하기 전까지 계산을 위하여 사용하는 모든 값은 반올림없이 산출된 소수점 그대로를 적용한다.

6. 기타

① 병용연료사용 자동차, 기타 연비향상기술 적용 자동차 등 에너지소비효율 측정방법이 본 규정에 명시되어 있지 않은 경우에는 대안적인 방법을 검토하여 산업통상자원부 장관의 승인 하에 그 방법에 따라 측정시험을 실시할 수 있다.

14 자동차의 에너지소비효율 및 등급표시에 관한 규정 [별표 4]

자동차의 복합에너지소비효율에 따른 등급부여 기준

구분 \ 등급	1	2	3	4	5
복합 에너지 소비효율(km/L)	16.0 이상	15.9 ~ 13.8	13.7 ~ 11.6	11.5 ~ 9.4	9.3 이하
전기자동차 복합 에너지 소비효율(km/kWh)	5.8 이상	5.7 ~ 5.0	4.9 ~ 4.2	4.1 ~ 3.4	3.3 이하
단, **경형자동차**(전기자동차는 초소형자동차), **플러그인**하이브리드차, **수소**전기자동차의 경우 상기의 기준에 따른 등급 부여 대상에서 **제외함**					

15 대기환경보전법 시행규칙 [별표 26] 〈개정 2022.11.14.〉

운행차의 정밀검사 방법·기준 및 검사대상 항목(제97조 관련)

1. 일반기준

가. 운행차의 정밀검사는 부하검사방법을 적용하여 검사를 하여야 한다. 다만, 다음의 어느 하나에 해당하는 자동차는 무부하검사방법을 적용할 수 있다.

1) 상시 4륜구동 자동차
2) 2행정 원동기 장착자동차
3) 1987년 12월 31일 이전에 제작된 휘발유·가스·알코올사용 자동차
4) 소방용 자동차(지휘차, 순찰차 및 구급차를 포함한다)
5) 그 밖에 특수한 구조의 자동차로서 검차장의 출입이나 차대동력계에서 배출가스 검사가 곤란한 자동차

나. 배출가스검사는 관능 및 기능검사를 먼저 한 후 시행하여야 하며, 측정대상자동차의 상태가 제2호에 따른 기준에 적합하지 아니하거나 차대동력계상에서 검사 중에 자동차의 결함 발생 또는 엔진출력 부족 등으로 검사모드가 구현되지 아니하여 배출가스검사를 계속할 수 없다고 판단되는 경우에는 검사를 즉시 중단하고 부적합 처리하여 측정대상자동차를 적합하게 정비하도록 한 후 배출가스 검사를 실시하여야 한다.

다. 차대동력계상에서 자동차의 운전은 검사기술인력이 직접 수행하여야 한다.

라. 특수 용도로 사용하기 위하여 특수장치 또는 엔진성능 제어장치 등을 부착하여 엔진최고회전수 등을 제한하는 자동차인 경우에는 해당 자동차의 측정 엔진최고회전수를 엔진정격회전수로 수정·적용하여 배출가스검사를 시행할 수 있다.

마. 휘발유와 가스를 같이 사용하는 자동차는 연료를 가스로 전환한 상태에서 배출가스검사를 실시하여야 한다.

바. 이 표에서 정한 운행차의 정밀검사방법 및 기준 외의 사항에 대해서는 환경부장관이 정하여 고시한다.

2. 관능 및 기능검사

검사항목	검사기준	검사방법
가. 배출가스검사 전 자동차의 상태 확인	1) 검사를 위한 장비조작 및 검사요건에 적합할 것	배기관에 시료채취관이 충분히 삽입될 수 있는 구조인지 확인
	2) 부속장치는 작동을 금지할 것	에어컨, 히터, 서리제거장치 등 배출가스에 영향을 미치는 모든 부속장치의 작동 여부를 확인
	3) 배출가스 관련 부품이 빠져나가 훼손되어 있지 아니할 것	정화용촉매, 매연여과장치 및 그 밖에 관능검사가 가능한 부품의 장착상태를 확인
가. 배출가스검사 전 자동차의 상태 확인	4) 배출가스 관련 장치의 봉인이 훼손되어 있지 아니할 것	조속기 등 배출가스 관련장치의 봉인훼손 여부를 확인
	5) 배출가스가 최종 배출구 이전에서 유출되지 아니할 것	배출가스가 배출가스 정화장치로 유입 이전 또는 최종 배기구 이전에서 유출되는지를 확인
	6) 배출가스 부품 및 장치가 임의로 변경되어 있지 아니할 것	배출가스 부품 및 장치의 임의변경 여부를 확인
	7) 엔진오일, 냉각수, 연료 등이 누설되지 아니할 것	엔진오일 양과 상태의 적정 여부 및 오일, 냉각수, 연료의 누설 여부 확인
	8) 엔진, 변속기 등에 기계적인 결함이 없을 것	냉각팬, 엔진, 변속기, 브레이크, 배기장치 등이 안전상 위험과 검사결과에 영향을 미칠 우려가 없는지 확인
나. 배출가스 관련 부품 및 장치의 작동상태 확인	1) 연료증발가스 방지장치가 정상적으로 작동할 것	가) 증기저장캐니스터의 연결호스가 제대로 연결되어 있는지 확인 나) 크랭크케이스 저장연결부가 제대로 연결되어 있는지 확인 다) 연료호스 등이 제대로 연결되어 있는지 확인 라) 연료계통 솔레노이드 밸브가 제대로 작동되는지 확인
	2) **배출가스** 전환장치가 정상적으로 작동할 것	가) 정화용 촉매, 선택적환원촉매장치(SCR), 매연여과장치 등의 정상 부착 여부 확인 나) 정화용 촉매, 선택적환원촉매장치, 매연여과장치, 보호판 및 방열판 등의 훼손 여부 확인 다) 2016년 9월 1일 이후 제작된 자동차는 엔진전자제어장치에 전자 진단장치를 연결하여 매연여과장치 관련 부품(<u>압력센서, 온도센서, 입자상물질 센서 등</u>)의 정상작동 여부를 검사 라) 엔진전자제어장치에 전자 진단장치를 연결하여 선택적환원촉매장치 관련 부품(질소산화물 센서, 요소수 관련 센서 등)의 정상작동 여부를 검사

검사항목	검사기준	검사방법
나. 배출가스 관련 부품 및 장치의 작동상태 확인	3) 배출가스 재순환장치가 정상적으로 작동할 것	가) 재순환 밸브의 부착 여부 확인 나) 재순환 밸브의 수정 또는 파손 여부를 확인 다) 진공밸브 등 부속장치의 유무, 우회로 설치 여부 및 변경 여부를 확인 라) 진공호스 및 라인 설치 여부, 호스 폐쇄 여부 확인
	5) 흡기량센서, 산소센서, 흡기온도센서, 수온센서, 스로틀포지션센서 등이 제 위치에 부착되어 있어야 하고 정상적으로 작동할 것	가) 엔진전자제어장치에 전자진단장치를 연결하여 센서기능의 정상작동 여부를 검사 나) 엔진공회전속도가 정상 (500~1,000rpm 이내)인지를 확인

3. 배출가스검사

가. 부하검사방법의 적용

사용연료	부하검사방법	적용차종
휘발유·알코올·가스	정속모드(ASM2525 모드 : 저속공회전 검사모드를 포함한다)	모든 자동차
경유	한국형 경유 147(KD147 모드) 검사방법	1) 승용자동차 2) 중형 이하 승합·화물·특수자동차
	엔진회전수 제어방식 (Lug-Down3모드)	1) 대형 승합·화물·특수자동차 2) 중형 화물·특수자동차 중 일반형에서 특수용도형으로 구조를 변경한 자동차

비고
1. 자동차종류는 「자동차관리법 시행규칙」 별표 1의 기준을 적용한다.
2. 경유사용 자동차 중 특수한 구조 등으로 한국형 경유147(KD147모드) 검사방법을 적용할 수 없는 자동차는 엔진회전수 제어방식(Lug-Down3모드)을 적용하여 검사할 수 있다. 이 경우 자동차검사전산정보처리조직에 그 사유를 기록하여야 한다.
3. 하이브리드 자동차의 경우 엔진구동이 되지 않거나 공회전수가 검사 범위를 벗어나 무부하(공회전) 검사가 불가능한 경우에는 무부하(공회전) 검사를 면제한다.

나. 부하검사방법

검사항목	검사기준	검사방법

1) 배출가스 검사(일산화탄소, 탄화수소, 질소산화물)	배출가스 측정결과가 저속공회전 검사모드에서는 운행차 정기검사의 배출허용기준에, 정속모드(ASM2525모드)에서는 운행차 정밀검사의 배출허용기준에 각각 맞을 것	(1) 예열모드
		측정대상 자동차의 상태가 정상으로 확인되면 차대동력계상에서 25%의 도로부하에서 40km/h의 속도로 주행하고 있는 상태[40km/h의 속도에 적합한 변속기어(자동변속기는 드라이브 위치)를 선택한다]하여 40초 동안 예열한다.
		(2) 저속공회전 검사모드(Low Speed Idle Mode)
		  (가) 예열모드가 끝나면 공회전(500~1,000rpm)상태에서 시료채취관을 배기관 내에 30㎝ 이상 삽입한다.
		  (나) 측정기 지시가 안정된 후 일산화탄소는 소수점 셋째자리 이하는 버리고 0.01% 단위로, 탄화수소는 소수점 첫째자리

검사항목	검사기준	검사방법

		이하는 버리고 1ppm단위로, 공기과잉률(λ)은 소수점 둘째 자리에서 0.01단위로 최종측정치를 읽는다.
		(3) 정속모드(ASM2525모드)
		  (가) 저속공회전 검사모드가 끝나면 즉시 <u>차대동력계에서 25%의 도로부하로 40㎞/h의 속도로 주행</u>하고 있는 상태[40㎞/h의 속도에 적합한 변속기어(자동변속기는 드라이브 위치)를 선택한다]에서 검사모드 시작 25초 경과 이후 모드가 안정된 구간에서 10초 동안의 일산화탄소, 탄화수소, 질소산화물 등을 측정하여 그 산술평균 값을 최종측정치로 한다.
		  (나) <u>일산화탄소는 소수점 셋째자리 이하는 버리고 0.01% 단위</u>로, 탄화수소와 질소산화물은 소수점 첫째자리 이하는 버리고 1ppm단위로 최종측정치를 읽고 기록한다.
		  (다) <u>차대동력계에서의 배출가스 시험중량은 차량중량에 136㎏을 더한 수치로 한다.</u>

2) 매연(Lug-Down 3모드는 엔진정격회전수 및 엔진최대출력검사를 포함한다) 및 질소산화물(해당자동차에 한정한다)	나) 엔진회전수 제어방식(<u>Lug-Down 3모드</u>)는 부하검사방법 1모드에서 엔진정격회전수, 엔진정격최대출력의 측정결과가 엔진정격회전수의 ±5% 이내이고, 이 때 측정한 엔진최대출력이 엔진 정격출력의 50% 이상이어야 한다. 이 경우 엔진최대출력의 검사기준 값은 엔진정격출력의 50%로 산출한 값에서 소수점 이하는 버리고, 1ps 단위로 산출한 값으로 한다.	(1) 엔진회전수 제어방식(Lug-Down 3모드)
		  (가) 측정대상 자동차의 상태가 정상으로 확인되면 차대동력계에서 <u>엔진정격출력의 40% 부하에서 50±6.2㎞/h의 차량속도로 40초간 주행하면서 예열</u>한다.
		  (나) 자동차의 예열이 끝나면 즉시 차대동력계에서 가속페달을 최대로 밟은 상태에서 자동차 속도가 가능한 <u>70㎞/h에 근접하도록 하되 100㎞/h를 초과하지 아니하는 변속기어</u>를 선정(<u>자동변속기는 오버드라이브를 사용하여서는 아니 된다</u>)하여 부하검사방법에 따라 검사모드를 시작한다. 다만, 최고속도제한장치가 부착된 화물자동차의 경우에는 엔진정격회전수에서 차속이 85㎞/h를 초과하지 않는 변속기어를 선정하여 검사모드를 시작한다.
		  (다) 검사모드는 가속페달을 최대로 밟은 상태에서 최대출력의 엔진정격회전수에서 1모드, 엔진정격회전수의 90%에서 2모드, <u>엔진정격회전수의 80%에서 3모드</u>로 형성하여 각 검사모드에서 <u>모드시작 5초 경과 이후</u> 모드가 안정되면 엔진회전수, 최대출력, 매연 및 질소산화물 측정을 시작하여 10초 동안 측정한 결과를 산술평균한 값을 최종측정치로 한다. 다만, 질소산화물의 경우에는 3모드에서 측정한 결과를 산술평균한 값을 최종측정치로 한다.
		  (라) 엔진회전수 및 최대출력은 소수점 첫째자리에서 반올림하여 각각 10rpm, 1ps 단위로 산출하고, 매연농도는 소수점 이하는 버리고 1% 단위로 산출한 값을 최종측정치로 하며, <u>질소산화물 농도는 소수점 이하는 버리고 1ppm단위로 산출한 값을 최종측정치로 한다.</u>

다. 무부하검사방법

배출가스 정밀검사의 무부하검사방법은 별표 22의 운행차 정기검사의 방법 및 기준을 따르되, 경유사용 자동차는 광투과식 검사모드를 적용한다.

16 대기환경보전법 시행규칙 [별표 21] 〈개정 2022.11.14.〉

운행차배출허용기준(제78조 관련) ← 휘발유(알코올 포함)사용 자동차 표 참조

17 소음·진동관리법 시행규칙 [별표 13] 〈개정 2023.6.30.〉

1. 자동차의 소음허용기준

라. 2006년 1월 1일 이후에 제작되는 자동차

자동차 종류		소음 항목	가속주행소음(dB(A)) 가	가속주행소음(dB(A)) 나	배기소음 (dB(A))	경적소음 (dB(C))
경자동차		가	74 이하	75 이하	100 이하	110 이하
경자동차		나	76 이하	77 이하		
승용 자동차		소형	74 이하	75 이하	100 이하	110 이하
승용 자동차		중형	76 이하	77 이하		
승용 자동차		중대형	77 이하	78 이하	100 이하	112 이하
승용 자동차	대형	원동기출력 195마력 이하	78 이하	78 이하	103 이하	
승용 자동차	대형	원동기출력 195마력 초과	80 이하	80 이하	105 이하	

참고
1. 위 표 중 경자동차의 "가"의 규정은 주로 사람을 운송하기에 적합하게 제작된 자동차에 대하여 적용하고, 위 표 중 경자동차의 "나"의 규정은 그 밖의 자동차에 대하여 적용한다.
2. 위 표 중 가속주행소음의 "나"의 규정은 직접분사식(DI) 디젤원동기를 장착한 자동차에 대하여 적용하고, 위 표 중 가속주행소음의 "가"의 규정은 그 밖의 자동차에 대하여 적용한다.
3. 차량 총중량 2톤 이상의 환경부장관이 고시하는 오프로드(off-road)형 승용자동차 및 화물자동차 중, 원동기 출력 195마력 미만인 자동차에 대하여는 위 표의 가속주행소음기준에 1dB(A)를 가산하여 적용하며, 원동기출력 195마력 이상인 자동차에 대하여는 위 표의 가속주행소음기준에 2dB(A)를 가산하여 적용한다.
4. 가속주행소음 기준은 국제표준화기구의 자동차 가속주행소음 측정방법에 따른 기준을 말한다.

마. 2018년 1월 1일 이후에 제작되는 자동차

자동차 종류		소음 항목	가속주행소음(dB(A)) 가	가속주행소음(dB(A)) 나	배기소음 (dB(A))	경적소음 (dB(C))
경자동차		가	74 이하	75 이하	100 이하	110 이하
경자동차		나	76 이하	77 이하		
승용 자동차		소형	74 이하	75 이하	100 이하	110 이하

승용 자동차	중형		76 이하	77 이하		
	중대형		77 이하	78 이하	100 이하	112 이하
	대형	원동기출력 195마력 미만	78 이하	78 이하	103 이하	
		원동기출력 195마력 이상	80 이하	80 이하	105 이하	

비고
1. 경자동차 중 "가"는 주로 사람을 운송하기에 적합하게 제작된 자동차에 적용하고, "나"는 그 밖의 자동차에 적용한다.
2. 가속주행소음의 "나"는 직접분사식(DI) 디젤원동기를 장착한 자동차에 적용하고, "가"는 그 밖의 자동차에 적용한다.
3. 차량 총중량 2톤 이상의 환경부장관이 고시하는 오프로드(off-road)형 승용자동차 및 화물자동차 중, 원동기 출력 195마력 미만인 자동차에 대하여는 위 표의 가속주행소음기준에 1dB(A)를 가산하여 적용하며, 원동기출력 195마력 이상인 자동차에 대하여는 위 표의 가속주행소음기준에 2dB(A)를 가산하여 적용한다.
4. PMR(Power to Mass Ratio, 중량대 출력비)은 최고출력을 자동차의 공차상태[자동차에 사람이 승차하지 않고 물품을 적재하지 않은 상태로서 연료·냉각수 및 윤활유를 가득 채우고 예비타이어(예비타이어를 장착한 자동차만 해당한다)를 설치하여 운행할 수 있는 상태를 말한다] 중량에 75kg을 더한 자동차 중량(kg)으로 나눈 값을 말한다.

18 소음·진동관리법 시행규칙 [별표 13] 〈개정 2023.6.30.〉

자동차의 소음허용기준(제29조 및 제40조 관련)

1. 제작자동차

라. 2006년 1월 1일 이후에 제작되는 자동차 ← 승용자동차 참조
마. 2018년 1월 1일 이후에 제작되는 자동차 ← 승용자동차 참조

2. 운행자동차

다. 2006년 1월 1일 이후에 제작되는 자동차

자동차 종류		소음 항목	배기소음(dB(A))	경적소음(dB(C))
경자동차			100 이하	110 이하
승용 자동차	소형		100 이하	110 이하
	중형		100 이하	110 이하
	중대형		100 이하	112 이하
	대형		105 이하	112 이하
화물 자동차	소형		100 이하	110 이하
	중형		100 이하	110 이하
	대형		105 이하	112 이하
이륜자동차			105 이하	110 이하

비고
법률 제19150호 소음·진동관리법 부칙 제3조에 따른 이륜자동차의 경우에는 위 표에서 정한 이륜자동차 배기소음허용기준에도 불구하고, 법 제35조제2항에 따라 법 제31조제1항 및 제2항에 따른 인증·변경인증을 받은 배기소음 결과값에 5데시벨[dB(A)]을 더한 값이 위 표의 이륜자동차 배기소음허용기준보다 더 엄격한 경우에는 그 값을 배기소음허용기준으로 적용한다.

19 소음·진동관리법 시행규칙 [별표 14의2] 〈신설 2019.12.31.〉

타이어 소음허용기준
1. 승용자동차용 타이어

타이어 공칭 단면 너비(mm)	소음허용기준 [dB(A)]	소음허용기준 [강화 타이어 (추가하중 타이어)]
가. 185 이하	70	강화 타이어(추가하중 타이어)의 경우 소음허용기준에 +1데시벨을 더한다.
나. 185 초과 245이하	71	
다. 245 초과 275이하	72	
라. 275 초과	74	

20 소음·진동관리법 시행규칙 [별표 15] 〈신설 2023.6.30.〉

운행차 정기검사의 방법·기준 및 대상 항목

검사 대상 항목	검사기준	검사방법
2. 소음도 측정	별표 13에 따른 운행 자동차의 소음허용기준에 맞을 것 • 배기소음측정	• 자동차의 변속장치를 중립 또는 주차 위치로 하고 정지가동상태(Idle)에서 가속페달을 밟아 가속되는 시점부터 원동기의 최고출력 시의 75% 회전속도에 <u>4초 이내 도달하고 그 상태를 1초 이상 유지시킨 후</u> 가속페달을 놓고 정지가동상태로 다시 돌아올 때까지 최대소음도를 측정한다. 그리고 <u>정지가동상태로 10초 이상 둔다.</u> 이와 같은 과정을 2회 이상 반복한다. 다만, 원동기 회전속도계를 사용하지 않고 배기소음을 측정할 때에는 정지가동상태에서 원동기 최고회전속도로 배기소음을 측정한다. • <u>이 경우 중량자동차는 5dB(A), 중량자동차 외의 자동차는 7dB(A)을 배기소음측정치에서 뺀 값을 최종</u>

		<u>측정치로 하며</u>, 승용자동차 중 원동기가 차체 후면에 장착된 자동차는 8dB(A)을 배기소음측정치에서 뺀 값을 최종 측정치로 함
	• <u>경적소음측정</u>	• 자동차의 원동기를 <u>가동시키지 아니한 정차상태</u>에서 자동차의 <u>경음기를 5초 동안 작동시켜 최대소음도를 측정</u>. 이 경우 2개 이상의 경음기가 장치된 자동차는 경음기를 동시에 작동시킨 상태에서 측정
	• 측정치의 산출	• 측정 항목별로 소음측정기 지시치(자동기록장치를 사용한 경우에는 자동기록장치의 기록치)의 최대치를 측정치로 하며, 암소음은 지시치의 평균치로 함 • 소음측정은 자동기록장치를 사용하는 것을 원칙으로 하고 배기소음의 경우 2회 이상 실시하여 측정치의 차이가 2dB를 초과하는 경우에는 측정치를 무효로 하고 다시 측정함 • 암소음 측정은 각 측정 항목별로 측정 직전 또는 직후에 연속하여 10초 동안 실시하며, 순간적인 충격음 등은 암소음으로 취급하지 아니함 • 자동차소음과 암소음의 측정치의 차이가 3dB 이상 10dB 미만인 경우에는 자동차로 인한 소음의 측정치로부터 아래의 보정치를 뺀 값을 최종 측정치로 하고, 차이가 3dB 미만일 때에는 측정치를 무효로 함 단위: dB(A), dB(C) | 자동차 소음과 암소음의 측정치 차이	3	4~5	6~9 | |---|---|---|---| | 보정치 | 3 | 2 | 1 | • 자동차소음의 2회 이상 측정치(보정한 것을 포함한다) 중 가장 큰 값을 최종 측정치로 함

참고
1. 위 표에서 정하지 않은 사항에 대해서는 환경부장관이 정하여 고시하는 방법에 따른다.
2. 운행차정기검사대행자는 1999년 12월 31일까지는 검사대행자동차의 소음기·소음덮개·경음기 등의 임의변경 여부와 자동차의 노후상태 등을 관능 및 서류로 확인하여 기준초과 우려가 있는 차량에 대하여는 소음측정을 실시할 수 있다.

21　운행차 배출가스 검사 시행요령 등에 관한 규정 [별표 1] 〈시행 2023.7.1.〉

운행차 배출가스 검사방법 (제5조 관련) [환경부고시, 제2023-151호]

2. 휘발유·알코올·가스 사용자동차 검사방법

(4) 측정절차

(나) **고속 공회전 검사모드**

1) 저속 공회전 검사 모드에서 배출가스 및 공기과잉률 검사가 끝나면, 즉시 정지가동상태에서 가속페달을 가속하여 엔진 회전수를 2,500±300rpm로 유지한다.

2) **엔진 회전수가 2,500±300rpm 이내**로 안정되고 나서 **5초 후부터** 검사 모드가 시작되어 **10초 동안 배출되는 일산화탄소, 탄화수소 및 공기과잉률**을 측정하여 각각 산술 평균한 값을 최종 측정값으로 한다.

3) 엔진 회전수가 2,500±300rpm을 연속 2초 또는 검사 모드 전체 구간에서 5초 이상 벗어나면 검사 모드는 다시 시작되어야 하며, 이러한 경우가 2회 이상 발생하면 검사 모드는 중지되어야 한다.

3. 경유사용자동차 검사방법

가. 광투과식 무부하급가속검사모드(무부하검사방법)

(4) 예비무부하급가속

(가) 엔진을 정상작동상태로 하고 배기관내에 축적되어 있는 매연을 배출시키기 위하여 측정대상자동차의 변속기를 중립(N) 또는 주차(P)에 놓고 원동기가 정지가동상태(Idle)에서 가속페달을 1초 이내에 끝까지 밟는다. 이때 정지가동상태에서 최대 4초 이내에 엔진최고회전수에 도달하게 한 후 1초간 유지시키고 정지가동상태(Idle)로 복귀시킨 다음 5~10초간 둔다. 이와 같은 과정을 3회 이상 반복 실시한다.

(나) 이때 엔진최고회전수를 검출하여야 하며, 엔진최고회전수가 측정대상자동차의 엔진정격회전수 미만으로 검출되거나 가속페달을 밟을 때부터 4초 이내에 엔진최고회전수에 도달하지 못하는 경우에는 측정값으로 표시하지 않고 측정값이 없는 과정만 재측정한다.

(다) 엔진이 도달할 수 있는 최고회전속도를 **3회 연속 측정하고 산술 평균하여 소수점 이하는 버린 값을 최종측정치**로 한다. 다만, 3회 연속 측정값의 최대치와 최소치의 차가 5%를 초과하는 경우에는 **순차적으로 1회씩 더 측정**하여 매회 마지막 3회의 측정값의 **최대치와 최소치의 차가 5% 이내가 되면 마지막 3회의 측정값**을 산술 평균하여 소수점 이하는 버린 값을 최종측정치로 한다.

(5) 매연측정

(가) 예비무부하급가속과정을 수행한 후에도 엔진은 적당히 예열되어 있어야 한다. 예열이 충분하지 아니한 경우에는 엔진을 충분히 예열시킨 후 매연농도를 측정하여야 한다.

(나) 원동기의 **정지가동상태(Idle)**에서 가속페달에 발을 올려놓고 **1초 이내에 끝까지 밟는다**. 이때 **정지가동상태에서 최대 4초 이내**에 예비무부하급가속과정에서 검출한 엔진최고회전수에 도달하게 한다.

(다) 엔진최고회전수에 도달하면 1초 동안 유지시킨 후 정지가동상태로 돌아갈 수 있도록 가속페달을 놓는다. 정지가동상태에서 도달하면 <u>5~10초 동안 정지가동 상태를 유지</u>한다.

(라) 정지가동상태에서 급가속되는 시점부터 최고회전속도에 도달 후 다시 정지가동상태로 돌아갔을 때까지 <u>매연농도를 0.25초 단위로 측정</u>한다. 측정된 <u>매연농도 값은 0.5초 단위로 산술평균</u>하고 이중 <u>최대값</u>을 측정값으로 한다.

라. <u>한국형 경유 147 : KD147모드(부하검사방법)</u>

(2) 측정원리

차대동력계상에서 차량 기준중량에 따라 도로 부하마력을 설정한 다음 정해진 주행그래프에 따라 <u>정지 상태(Idle)에서 최고 83.5km/h까지 147초 동안 가속, 정속, 감속</u>하면서 매연농도(%)와 질소산화물 농도(ppm)를 측정하며, 매연농도는 부분유량채취방식의 광투과식 분석방법을 채택한 측정기를 사용하여 측정하고, 질소산화물 농도는 경유자동차 질소산화물 배출가스 분석기를 사용하여 측정한다.

(3) 측정대상 자동차의 상태

(마) 매연측정기의 <u>시료채취관은 배기관의 벽면으로부터 5㎜ 이상 떨어지도록 설치하고, 10㎝ 이상의 깊이로 삽입</u>한다. 그리고 질소산화물 측정기의 시료 채취관은 15cm 이상의 깊이로 삽입한다. 다만, 특수한 구조 등으로 삽입이 불가능한 구조인 경우에는 최대한 삽입하여야 한다.

5. 장비의 구성

나. 검사장비는 다음의 구조·성능을 갖추어야 한다.

(2) 배출가스분석기

(가) <u>ASM2525모드에서는 일산화탄소, 탄화수소, 질소산화물이 동시에 측정·계산되어야 하고, 저속 및 고속공회전 검사모드에서는 일산화탄소, 탄화수소, 공기과잉률이 동시에 측정·계산되어야 한다.</u>

(3) 광투과식 매연측정기

(다) <u>채취부는 배기관의 벽면으로부터 5mm 이상 이격</u>시킬 수 있는 구조이어야 한다.

22 운행차 배출가스 검사 시행요령 등에 관한 규정[별표 2]〈일부개정 2023.6.30.〉

운행차 소음측정 방법(제5조 관련)[환경부고시, 제2023-151호]

2. 측정 장소선정

가. 가능한 주위로부터 음의 반사와 흡수 및 암소음에 의한 영향을 받지 않는 개방된 장소로서 **마이크로폰 설치 중심으로부터 반경 3m 이내**에는 돌출 장애물이 없는 아스팔트 또는 콘크리트 등으로 평탄하게 포장되어 있어야 하며, 주위 암소음의 크기는 자동차로 인한 소음의 크기보다 가능한 10dB 이하 이어야 한다.

3. 측정기

가. 소음측정기는 KSC-1502에서 정한 보통소음계 또는 이와 동등한 성능 이상을 가진 것을 사용하여야 하고, 지시계의 동 특성은 "**빠름동특성(Fast)**"을 사용하여 측정한다.

4. 측정요령

가. 배기소음 측정방법

(1) 배기소음 시험은 자동차의 변속기어를 중립 또는 주차 위치로 하고 **정지가동(아이들링) 상태**에서 가속페달을 밟아 급가속되는 시점부터 원동기 목표 **엔진회전수의 ±3%**(이륜자동차의 경우 ±5%)에 **4초 이내** 도달하고 그 상태를 **1초 이상 유지**시킨 후 가속페달을 놓고 정지가동상태로 다시 돌아올 때까지 자동차로부터 **배출되는 소음크기의 최대치**를 측정한다.

(2) 마이크로폰 위치

측정대상 자동차의 배기관 끝으로부터 **배기관 중심선에 45°±10°** 의 각(차체외부 면으로 먼 쪽 방향)을 이루는 연장선 방향으로 **0.5m 떨어진 지점**이어야 하며, 동시에 **지상으로부터의 높이는** 배기관 중심 높이에서 **±0.05m인 위치에 마이크로폰**을 설치한다. (지상으로부터의 **최소높이는 0.2m 이상**이어야 한다.)

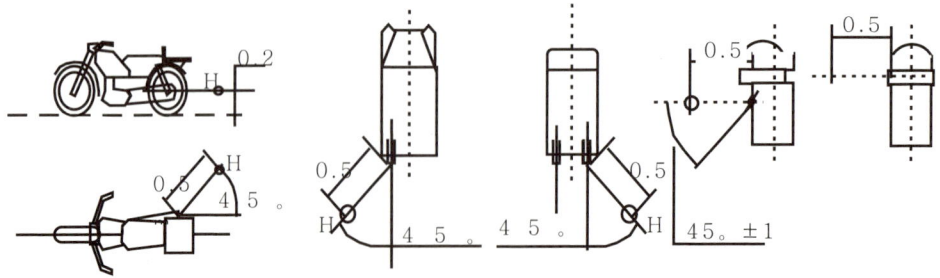

운행 자동차 배기소음 측정시 마이크로폰 설치 위치

또한, 자동차의 <u>배기관이 차체상부에</u> 수직으로 설치되어 있는 경우의 마이크로폰 설치위치는 배기관 끝으로부터 배기관 중심선의 연직선의 방향으로 <u>0.5m 떨어진 지점</u>을 지나는 동시에 지상높이가 <u>배기관 중심높이 ±0.05m</u>인 위치로 하며, 그 방향은 지면의 상향으로 <u>배기관 중심선에 평행</u>하는 방향이어야 한다. 다만, 자동차의 <u>배기관이 2개 이상</u>일 경우에는 배기관 사이의 거리가 <u>0.3m 보다 크면 각각의 배기관에서</u> 소음을 측정하고, <u>0.3m 이하</u>이면 자동차의 <u>가장 외곽에 있는 배기관의 소음</u>만을 측정한다.

나. 경적소음 시험방법

(1) 자동차의 <u>원동기를 가동시키지 않은 정차상태</u>에서 자동차의 경음기를 <u>5초 동안 작동</u>시켜 그 동안에 경음기로부터 배출되는 소음크기의 최대치를 측정하며, 2개 이상의 경음기가 연동하여 음을 발하는 경우에는 연동하는 상태에서 측정하고, <u>축전지</u>는 측정개시 전에 정규 <u>충전된 상태</u>이어야 한다. 다만, <u>교류식 경음기</u>를 장치한 경우에는 <u>원동기 회전속도가 3,000±100rpm</u>인 상태에서 측정하여야 한다.

(2) 마이크로폰 설치

마이크로폰 설치 위치는 경음기가 설치된 위치에서 가장 소음도가 크다고 판단되는 자동차의 면에서 <u>전방으로 2m 떨어진 지점</u>을 지나는 연직선으로부터의 <u>수평거리가 0.05m 이하</u>인 동시에 <u>지상 높이가 1.2±0.05m</u>(이륜자동차, 측차부 이륜자동차 및 원동기부 자전거는 1±0.05m)인 위치로 하고 그 방향은 당해 자동차를 향하여 차량중심선에 평행하여야 한다.

23 환경친화적 자동차의 요건 등에 관한 규정 〈2023.10.31. 일부개정〉

제2조(용어의 정의)

1. "구동축전지"란 자동차의 구동을 목적으로 전기에너지를 저장하는 축전지 또는 이와 유사한 기능을 하는 전기에너지 저장매체를 말한다.
2. "공칭전압"이란 주어진 전압이 변화하거나 허용오차가 있는 경우, 대표적인 값을 나타내기 위한 호칭 전압 값을 말한다.

제4조(기술적 세부사항)

① <u>일반 하이브리드</u>자동차에 사용하는 <u>구동축전지의 공칭전압은 직류 60V를 초과하여야 한다.</u>
③ 전기자동차는 자동차관리법 제3조 제1항 내지 제2항에 따른 자동차의 종류별로 다음 각 호의 요건을 갖춰야 한다.

1. 초소형전기자동차(승용자동차 / 화물자동차)
   가. 1회충전 주행거리 : 「자동차의 에너지소비효율 및 등급표시에 관한 규정」에 따른 복합 1회충전 주행거리는 55km 이상
   나. 최고속도 : 60km/h 이상

2. **고속전기자동차(승용자동차 / 화물자동차 / 경·소형 승합자동차)**
   가. **1회 충전 주행거리** : 「자동차의 에너지소비효율 및 등급표시에 관한 규정」에 따른 복합 1회충전 주행거리는 **승용자동차는 150 km 이상**, **경·소형 화물자동차는 70 km 이상**, 중·대형 화물자동차는 100 km 이상, 경·소형 승합자동차는 70 km 이상
   나. 최고속도 : 승용자동차는 <u>100km/h 이상</u>, 화물자동차는 <u>80km/h 이상</u>, 승합자동차는 <u>100km/h 이상</u>
⑥ 플러그인 하이브리드자동차에 사용하는 <u>구동축전지의 공칭전압은 직류 100V를 초과하여야 한다.</u>

제7조(충전시설의 기준)

① 영 제18조의7제1항 "산업통상자원부장관이 정하여 고시하는 기준에 적합한 시설"이란 다음 각 호의 시설을 말한다.
   1. **급속충전**시설: **충전기의 최대 출력값이 40킬로와트 이상**인 시설로서 충전기와 전기자동차 사이의 연결부 규격이 **한국산업표준(KS R IEC 62196-3)**에서 정한 **콤보1 또는 콤보2를 따르는 시설**
   2. **완속충전**시설: **충전기의 최대 출력값이 40킬로와트 미만**인 다음 각 목의 어느 하나에 해당하는 시설
      가. 충전기와 전기자동차 사이의 연결부 규격이 한국산업표준(KS R IEC 62196-2)에서 정한 유형1을 따르는 시설
      나. 전기자동차에 이동형 충전기 또는 휴대용 충전기 등을 연결하여 구동축전지를 충전하고 이에 따른 과금을 할 수 있도록 설치된 콘센트(둘 이상의 콘센트가 설치된 때에는 동시에 각 콘센트를 이용할 수 있는 것에 한한다)
② 제1항 각 호의 충전시설 중 **다채널충전시설**(둘 이상의 전기자동차를 동시에 충전할 수 있는 채널을 갖춘 충전시설을 말한다. 이하 같다)은 동시충전이 가능한 채널의 수에 해당하는 충전시설을 설치한 것으로 본다. 다만, 충전시설을 설치한 것으로 보는 수량은 다음 각 호의 구분에 따른 값을 초과할 수 없다.
   1. 제1항제1호의 **급속**충전시설인 다채널 충전시설 : 최대 출력값을 **40킬로와트**로 나눈 값
   2. 제1항제2호의 **완속**충전시설인 다채널 충전시설 : 최대 출력값을 **3킬로와트**로 나눈 값

24 환경친화적 자동차의 요건 등에 관한 규정

에너지소비효율의 기준 [별표 1]
1. 일반 하이브리드자동차의 기준

구분	에너지소비효율 기준(km/L)		
	휘발유	경유	LPG
경형	19.4	24.0	15.5
소형	17.0	21.6	13.8
중형	14.3	18.8	12.1
대형	13.8	16.0	9.7

* 일반 하이브리드자동차의 에너지소비효율은 "자동차의 에너지소비효율 및 등급표시에 관한 규정"에 따른 복합에너지소비효율을 말한다.
** 경형·소형·중형·대형의 구분은 자동차관리법시행규칙 [별표1]의 규모별 세부기준을 적용한다.

2. 플러그인 하이브리드자동차의 기준

에너지소비효율 기준(km/L)
18.0

* 플러그인 하이브리드자동차의 에너지소비효율은 "자동차의 에너지소비효율 및 등급표시에 관한 규정"에 따른 복합에너지소비효율을 말하며, 이 경우 <u>도심주행 및 고속도로주행 각각의 에너지소비효율은 CD모드와 CS모드의 에너지소비효율</u>을 조화평균하여 산정한다.

3. 전기자동차의 기준

구분	승용자동차		승합/화물자동차			전기버스	
	<u>초소·경·소형</u>	중·대형	초소형	경·소형	중·대형	일반	2층, 굴절
에너지 소비효율 (km/kWh)	<u>5.0 이상</u>	<u>3.7 이상</u>	4.0 이상	2.3 이상	1.0 이상	1.0 이상	0.75 이상

* 초소형·경형·소형·중형·대형의 구분은 자동차관리법시행규칙 [별표1]의 규모별 세부 기준중 배기량 기준을 제외한 길이·너비·높이 기준만 적용한다.
** 전기자동차의 에너지소비효율은 "자동차의 에너지소비효율 및 등급표시에 관한 규정"에 따른 복합에너지소비효율을 말한다. 다만, 전기버스의 에너지소비효율은 한국산업표준 "전기 자동차 에너지 소비율 및 일 충전 주행 거리 시험 방법(KS R 1135)"에 따른 에너지소비효율을 말한다.
*** 2층전기버스, 굴절전기버스는 「자동차 및 자동차부품의 성능과 기준에 관한 규칙」 제2조에 따른 2층 대형승합자동차, 굴절버스에 각각 해당해야 한다.

4. 수소전기자동차의 기준

구분	승용자동차	승합자동차		화물자동차	
		경·소형	중·대형 (수소전기버스)	경·소형	중·대형
에너지 소비효율 (km/kg)	75.0 이상	75.0 이상	20.0 이상	75.0 이상	12.0 이상

* 경형·소형·중형·대형의 구분은 자동차관리법시행규칙 [별표1]의 규모별 세부 기준중 배기량 기준을 제외한 길이·너비·높이 기준만 적용한다.
** 수소전기 중·대형 승합/화물 및 특수자동차를 제외한 수소전기자동차의 에너지소비효율은 "자동차의 에너지소비효율 및 등급표시에 관한 규정"에 따른 복합소비효율을 말하며, 시험방법은 "자동차의 에너지소비효율, 온실가스 배출량 및 연료소비율 시험방법 등에 관한 고시"의 "별표5"에 따른다.
*** 수소전기 중·대형 승합/화물/특수자동차의 에너지소비효율 시험을 위한 주행거리, 속도, 자동차의 상태, 도로 및 기기는 한국산업표준 "전기 자동차 에너지 소비율 및 일 충전 주행 거리 시험 방법(KS R 1135)"에 따르며, 수소연료소모량 측정방법은 "자동차의 에너지소비효율, 온실가스 배출량 및 연료소비율 시험방법 등에 관한 고시의 "별표5"에 따른다. 다만, 중·대형 화물자동차 및 특수자동차의 에너지소비효율 시험차량 중량은 다음 각 호와 기준을 적용한다.
　가. 일반형·덤프형 화물자동차 : (차량중량 + 차량총중량)/2
　나. 일반형·덤프형을 제외한 화물자동차1) 및 특수자동차2) : 차량총중량

연습문제 — 관계법령

01 동차 및 자동차부품의 성능과 기준에 관한 규칙 중 자동차의 연료탱크, 주입구 및 가스배출구의 적합 기준으로 옳지 않은 것은?

① 배기관의 끝으로부터 20cm 이상 떨어져 있을 것 (연료탱크를 제외한다.)
② 차실 안에 설치하지 아니하여야 하며, 연료탱크는 차실과 벽 또는 보호판 등으로 격리되는 구조일 것
③ 노출된 전기단자 및 전기개폐로부터 20cm 이상 떨어져 있을 것 (연료탱크를 제외한다.)
④ 연료장치는 자동차의 움직임에 의하여 연료가 새지 아니 하는 구조일 것

해설 ▶ 노출된 전기단자 및 전기개폐기로부터 20cm 이상, 배기관 끝으로부터 30cm 이상 떨어져 있어야 한다.

02 자동차 안전기준에 관한 규칙에 의거하여 운행기록계를 설치해야 하는 자동차는?

① 피견인자동차
② 긴급자동차
③ 비사업용 5톤 미만 화물자동차
④ 시내버스

03 속도계 시험기의 판정에 대한 정밀도 검사기준으로 적합한 것은?

① 판정 기준값의 1km 이내
② 판정 기준값의 2km 이내
③ 판정 기준값의 3km 이내
④ 판정 기준값의 4km 이내

해설 ▶ 속도계시험기의 정밀도에 대한 검사기준은
• 지시 : 설정 속도(매시 35km 이상)의 ±3% 이내
• 판정 : 판정 기준값의 1km 이내

04 승용차를 제외한 기타 자동차의 주차 제동능력 측정 시 조작력 기준으로 적합한 것은?

① 발 조작식 : 60kg 이하, 손 조작식 : 40kg 이하
② 발 조작식 : 70kg 이하, 손 조작식 : 50kg 이하
③ 발 조작식 : 50kg 이하, 손 조작식 : 30kg 이하
④ 발 조작식 : 90kg 이하, 손 조작식 : 30kg 이하

05 브레이크 테스트(brake tester)에서 주 제동장치의 제동능력 및 조작력 기준을 설명한 내용으로 틀린 것은?

① 측정 자동차의 상태는 공차 상태에서 운전자 1인을 승차한 상태이어야 한다.
② 제동능력은 최고속도가 매시 80km/h 미만이고 차량 총중량이 차량중량의 1.5배 이하인 자동차는 각 축의 제동력 합은 차량 총중량의 40% 이상이어야 한다.
③ 좌·우 바퀴의 제동력 차이는 당해 축중의 6% 이하 이어야 한다.
④ 제동력 복원은 브레이크 페달을 놓을 때에 제동력이 3초 이내에 축중의 20% 이하로 감소되어야 한다.

해설 ▶ 좌·우바퀴의 제동력의 차이 : 당해 축중의 8% 이하

정답 01 ① 02 ④ 03 ① 04 ② 05 ③

06 자동차 및 자동차부품의 성능과 기준에 관한 규칙에서 자동차 전기장치의 안전기준으로 틀린 것은?

① 차실 안의 전기 단자 및 전기 개폐기는 적절히 절연물질로 덮어 씌워야 한다.
② 자동차의 전기배선은 모두 절연물질로 덮어씌우고, 차체에 고정시켜야 한다.
③ 차실 안에 설치하는 축전지는 여유공간 부족 시 절연물질로 덮지 않아도 무관하다.
④ 축전지는 자동차의 진동 또는 충격 등에 의하여 이완되거나 손상되지 않도록 고정시켜야 한다.

해설 ▶ 자동차 전기장치의 검사기준
- 축전지의 접속 절연 및 설치상태가 양호할 것
- 전기배선의 손상이 없고 설치상태가 양호할 것
- 구동 축전지는 차실과 벽 또는 보호판으로 격리되는 구조일 것
- 고전원전기장치 활선도체부의 보호기구는 공구를 사용하지 않으면 개방·분해 및 제거되지 않는 구조일 것
- 차실 내 및 차체 외부에 노출되는 고전원전기장치 간 전기배선은 금속 또는 플라스틱 재질의 보호 기구를 설치할 것
- 고전원전기장치 간 전기배선(보호기구 내부에 위치하는 경우는 제외한다)의 피복은 주황색일 것

07 검사기기를 이용하여 운행 자동차의 주 제동력을 측정하고자 한다. 다음 중 측정방법이 잘못된 것은?

① 바퀴의 흙이나 먼지, 물 등의 이물질을 제거한 상태로 측정한다.
② 공차상태에서 사람이 타지 않고 측정한다.
③ 적절히 예비운전이 되어 있는지 확인한다.
④ 타이어의 공기압은 표준 공기압으로 한다.

해설 ▶ 제동력 시험기의 준비 사항
- 시험 차량은 공차 상태로 하고 운전자 1 인 탑승한다.
- 롤러 중심에 뒤 바퀴 올라가도록 자동차 진입시킨다.

08 자동차의 검사에서 전기장치의 검사기준 및 방법에 해당되지 않는 것은?

① 전기배선의 손상여부를 확인한다.
② 배터리의 설치상태를 확인한다.
③ 배터리의 접속·절연상태를 확인한다.
④ 전기선의 허용 전류량을 측정한다.

09 자동차정기검사에서 조향장치의 검사 기준 및 방법으로 틀린 것은?

① 조향 계통의 변형, 느슨함 및 누유가 없어야 한다.
② 조향바퀴 옆 미끄럼양은 1m 주행에 5mm 이내이어야 한다.
③ 기어박스·로드암·파워실린더·너클 등의 설치상태 및 누유 여부를 확인한다.
④ 조향핸들을 고정한 채 사이드슬립 측정기의 답판 위로 직진하여 측정한다.

10 자동차 정기검사에서 전기장치의 검사기준 및 방법에 해당되지 않는 것은?

① 축전지의 설치상태를 확인한다.
② 전기배선의 손상여부를 확인한다.
③ 전기선의 허용 전류량을 측정한다.
④ 축전지의 접속·절연상태를 확인한다.

해설 ▶ 전기장치의 검사기준 및 방법
- 축전지의 접속 절연 및 설치상태가 양호할 것
- 전기배선의 손상이 없고 설치상태가 양호할 것
- 구동 축전지는 차실과 벽 또는 보호판으로 격리되는 구조일 것

정답 06 ③ 07 ② 08 ④ 09 ④ 10 ③

- 고전원전기장치 활선도체부의 보호기구는 공구를 사용하지 않으면 개방·분해 및 제거되지 않는 구조일 것
- 차실 내 및 차체 외부에 노출되는 고전원전기장치 간 전기배선은 금속 또는 플라스틱 재질의 보호 기구를 설치할 것
- 고전원전기장치 간 전기배선(보호기구 내부에 위치하는 경우는 제외한다)의 피복은 주황색일 것

11 자동차 검사를 위한 기준 및 방법으로 틀린 것은?

① 자동차의 검사항목 중 제원측정은 공차상태에서 시행한다.
② 긴급자동차는 승차인원 없는 공차상태에서만 검사를 시행해야 한다.
③ 제원측정 이외의 검사항목은 공차상태에서 운전자 1인이 승차하여 측정한다.
④ 자동차 검사기준 및 방법 에 따라 검사기기·관능 또는 서류 확인 등을 시행한다.

해설 ▶ 긴급자동차 등 부득이한 사유가 있는 경우에는 적차(積車)상태에서 검사가 가능하다.

12 핸들의 위치를 중심에 놓고, 앞 휠의 경우 토우값을 측정하였더니, 다음과 같은 값이 측정되었다면 맞는 것은? (단, 앞 좌측: 토우인 2mm, 앞 우측 : 토우아웃 1mm이며, 주어진 자동차의 제원값은 토인 0.5mm 이다.)

① 주행 중 차량은 정방향으로 주행한다.
② 주행 중 차량은 좌측으로 쏠리게 된다.
③ 주행 중 차량은 우측으로 쏠리게 된다.
④ 핸들의 조작력이 무겁게 된다.

해설 ▶ 사이드 슬립량 = $\dfrac{\text{좌측슬립량 + 우측슬립량}}{2}$

$= \dfrac{2-1}{2} = 0.5$

IN이면 (+), OUT이면 (−)
∴ 제원값과 동일하므로 정방향으로 주행한다.

13 사이드 슬립 점검 시 왼쪽 바퀴가 안쪽으로 8mm, 오른쪽 바퀴가 바깥쪽으로 4mm 슬립되는 것으로 측정되었다면 전체 미끄럼값 및 방향은?

① 안쪽으로 2mm 미끄러진다.
② 안쪽으로 4mm 미끄러진다.
③ 바깥쪽으로 2mm 미끄러진다.
④ 바깥쪽으로 4mm 미끄러진다.

해설 ▶ 사이드 슬립 = $\dfrac{+8-4}{2}$ = 2m/mm

(+ : in, + : out을 의미)
∴ 전체 미끄럼량은 안쪽(in)으로 2mm이다.

14 사이드 슬립 시험기에서 지시값이 6 이라면 1km 당 슬립량은?

① 6mm
② 6cm
③ 6m
④ 6km

해설 ▶ 사이드 슬립 시험기에서의 지시값 6은 1m에 6mm의 슬립량을 나타내며 실제로는 1km에 대해 6m의 슬립량이다.

정답 11 ② 12 ① 13 ① 14 ③

15 사이드슬립을 시험한 결과 오른쪽 바퀴가 안쪽으로 6mm, 왼쪽 바퀴는 바깥쪽으로 4mm 움직일 때 전체 미끄럼 양은?

① 안쪽으로 1mm
② 안쪽으로 2mm
③ 바깥쪽으로 2mm
④ 바깥쪽으로 1mm

해설 ▶ 조향바퀴 옆미끄럼량은 1m 주행에 5mm 이내여야 하고, 전체 미끄럼 양은 좌우 바퀴의 안팎 미끄럼의 평균값을 표시하며, 가장 큰 값(안쪽 값)을 기준으로 한다.
∴ 사이드 슬립 = (6-4)÷2(앞좌우바퀴) = 1 mm

16 사이드슬립 테스터로 측정한 결과 왼쪽 바퀴가 안쪽으로 6mm, 오른쪽 바퀴가 바깥쪽으로 8mm 움직였다면 전체 미끄럼량은?

① in 1mm
② out 1mm
③ in 7mm
④ out 7mm

해설 ▶ 사이드 슬립 = $\frac{+6-8}{2}$ = -1m/mm
(+ : in, + : out)
∴ 전체 미끄럼량은 out 1mm이다.

17 자동차관리법 시행규칙에 의거한 제동 시험기의 정기 정밀도검사 기한은?

① 최초 정밀도검사를 받은 날부터 3월이 되는 날이 속하는 달
② 최초 정밀도검사를 받은 날부터 6월이 되는 날이 속하는 달
③ 최초 정밀도검사를 받은 날부터 12월이 되는 날이 속하는 달
④ 최초 정밀도검사를 받은 날부터 2년이 되는 날이 속하는 달

18 디지털식 타이어 휠 밸런스 시험기를 사용할 때 시험기에 입력해야 할 요소가 아닌 것은?

① 림의 폭
② 림의 직경
③ 림의 간격
④ 림의 두께

19 차륜 정렬 시 사전 점검 사항과 가장 거리가 먼 것은?

① 계측기를 설치한다.
② 운전자의 상황 설명이나 고충을 청취한다.
③ 조향 핸들의 위치가 바른지의 여부를 확인한다.
④ 허브 베어링 및 액슬 베어링의 유격을 점검한다.

20 운행하는 자동차의 소음측정 항목으로 맞는 것은?

① 배기소음
② 엔진소음
③ 진동소음
④ 가속출력소음

21 운행자동차의 주제동장치의 제동능력 검사 시 좌우 바퀴의 제동력 차이 기준은?

① 당해 축중의 8% 이상
② 당해 축중의 8% 이하
③ 당해 축중의 20% 이상
④ 당해 축중의 20% 이하

해설 ▶ 좌우바퀴에 작용하는 제동력의 차이는 당해 축중의 8% 이하이며, 제동력의 합은 20%이상 이다.

정답 15 ① 16 ② 17 ③ 18 ④ 19 ① 20 ① 21 ②

22 운행차 정기검사에서 소음도 검사 전 확인 항목의 검사 방법으로 맞는 것은?

① 타이어의 접지압력의 적정여부를 눈으로 확인
② 소음 덮개 등이 떨어지거나 훼손되었는지 여부를 눈으로 확인
③ 경음기의 추가부착 여부를 눈으로 확인하거나 5초 이상 작동시켜 귀로 확인
④ 배기관 및 소음기의 이음상태를 확인하기 위해 소음계로 검사 확인

해설 ▶ 경음기는 3초 이상 작동시켜 추가 부착여부를 확인하고, 배기관 및 소음기의 이음상태는 리팅하여 육안으로 확인한다.

23 운행차 정기검사에서 자동차 배기소음 허용기준으로 옳은 것은? (단, 2006년 1월 1일 이후 제작되어 운행하고 있는 소형 승용자동차이다.)

① 95dB 이하
② 100dB 이하
③ 110dB 이하
④ 112dB 이하

해설 ▶ 2006년 1월 1일 이후에 제작되는 경자동차 및 소·중형 자동차가 운행할 경우 배기소음은 100dB 이하, 경적소음은 110dB 이하이다. 2018년 1월 1일 이후에 제작되는 경자동차 및 소·중형 자동차 배기소음과 경적소음도 동일하다.

24 차량의 경음기 소음을 측정한 결과 86dB이며, 암소음이 82dB이었다면, 이때의 보정치를 적용한 경음기의 소음은?

① 83dB
② 84dB
③ 86dB
④ 88dB

해설 ▶

자동차 소음과 암소음의 측정치 차	3	4~5	6~9
보정치	3	2	1

∴ 보정치 2를 적용하여, 86-2 = 84dB

25 운행차의 정기검사에서 배기소음 및 경적소음을 측정하는 장소선정 기준으로 틀린 것은?

① 주위 암소음의 크기는 자동차로 인한 소음의 크기보다 가능한 10dB이하 이어야 한다.
② 가능한 주위로부터 음의 반사와 흡수 및 암소음에 영향을 받지 않는 밀폐된 장소를 선정한다.
③ 마이크로폰 설치 위치의 높이에서 측정한 풍속이 10m/sec이상일 때에는 측정을 삼가해야 한다.
④ 마이크로폰 설치 중심으로부터 반경 3m 이내에는 돌출 장애물이 없는 아스팔트 또는 콘크리트 등으로 평탄하게 포장되어 있어야 한다.

해설 ▶ 소음 측정은 음의 반사·흡수, 암소음에 영향이 없는 개방된 장소에서 실시한다.

26 자동차로 인한 소음과 암소음의 측정치의 차이가 5dB인 경우 보정치로 알맞은 것은?

① 1dB
② 2dB
③ 3dB
④ 4dB

해설 ▶

자동차 소음과 암소음의 측정치 차	3	4~5	6~9
보정치	3	2	1

정답 22 ② 23 ② 24 ② 25 ② 26 ②

27 다음은 운행차 정기검사에서 배기소음 측정을 위한 검사방법에 대한 설명이다. ( ) 안에 알맞은 것은?

> 자동차의 변속장치를 중립 위치로 하고 정지가동상태에서 원동기의 최소 출력시의 75% 회전속도로 ( )초 동안 운전하여 최대 소음도를 측정한다.

① 3 ② 4 ③ 5 ④ 6

해설 ▶▶ 자동차의 변속장치를 중립 또는 주차 위치로 하고 정지가동상태(Idle)에서 가속페달을 밟아 가속되는 시점부터 원동기의 최고출력 시의 75% 회전속도에 4초 이내 도달하고 그 상태를 1초 이상 유지시킨 후 가속페달을 놓고 정지가동상태로 다시 돌아올 때까지 최대소음도를 측정한다. 그리고 정지가동상태로 10초 이상 둔다. 이와 같은 과정을 2회 이상 반복한다.

28 운행차 정기검사에서 배기소음 측정시 정지가동 상태에서 원동기 최고출력시의 몇 %의 회전속도로 측정하는가?

① 65% ② 70%
③ 75% ④ 80%

해설 ▶▶ 자동차의 변속장치를 중립 또는 주차 위치로 하고 정지가동상태(Idle)에서 가속페달을 밟아 가속되는 시점부터 원동기의 최고출력 시의 75% 회전속도에 4초 이내 도달하고 그 상태를 1초 이상 유지시킨 후 가속페달을 놓고 정지가동상태로 다시 돌아올 때까지 최대소음도를 측정한다.

29 자동차 배기소음 측정에 대한 내용으로 옳은 것은?

① 배기관이 2개 이상인 경우 인도측과 먼 쪽의 배기관에서 측정한다.
② 회전속도계를 사용하지 않은 경우 정지가동상태에서 원동기 최고 회전속도로 배기소음을 측정한다.
③ 원동기의 최고 출력 시의 75% 회전속도로 4초 동안 운전하여 평균 소음도를 측정한다.
④ 배기관 중심선에 45°±10°의 각을 이루는 연장선 방향에서 배기관 중심높이보다 0.5m 높은 곳에서 측정한다.

30 운행하는 자동차의 소음도 검사 확인 사항에 대한 설명으로 틀린 것은?

① 소음 덮개의 훼손 여부를 확인한다.
② 경적 소음은 원동기를 가동 상태에서 측정한다.
③ 경음기의 추가부착 여부를 확인한다.
④ 배출가스가 최종 배출구 전에서 유출되는지 확인한다.

해설 ▶▶ 자동차의 원동기를 가동시키지 아니한 정차상태에서 자동차의 경음기를 5초 동안 작동시켜 최대소음도를 측정. 이 경우 2개 이상의 경음기가 장치된 자동차는 경음기를 동시에 작동시킨 상태에서 측정

31 자동차 각종 등화의 1등당 광도를 나타낸 것으로 틀린 것은?

① 전조등의 주행빔 (2등식)
 : 15000 ~ 112500cd
② 후퇴등(수평선 상부) : 80 ~ 600cd
③ 차폭등(수평선 상부) : 4 ~ 25cd
④ 후미등 : 40 ~ 420cd

해설 ▶▶ 후미등의 광도: 2~25cd

정답 27 ② 28 ③ 29 ② 30 ② 31 ④

32 자동차안전기준에 관한 규칙상 경광등의 등광색을 적색 또는 청색으로 할 수 없는 경우는?

① 국군 및 주한 국제 연합군용 자동차 중 군 내부의 질서유지 및 부대의 질서 있는 이동을 유도하는데 사용되는 자동차
② 수사기관의 자동차 중 범죄수사를 위하여 사용되는 자동차
③ 전파 감시 업무에 사용되는 자동차
④ 교도소 또는 교도기관의 자동차 중 도주자의 체포 또는 피수용자의 호송·경비를 위하여 사용되는 자동차

33 전조등 장치에 관련된 내용으로 맞는 것은?

① 전조등을 측정할 때 전조등과 시험기의 거리는 반드시 15m를 유지해야 한다.
② 실드빔 전조등은 렌즈를 교환할 수 있는 구조로 되어 있다.
③ 실드빔 전조등 형식은 내부에 불활성 가스가 봉입되어 있다.
④ 전조등 회로는 좌우로 직렬 연결되어 있다.

해설 ▶ 전조등은 좌우 병렬 회로이며, 실드빔 전조등은 렌즈를 교환할 수 없다. 전조등과 시험기와의 거리는 시험기 형식에 따라 1m 또는 3m이다

34 운행자동차 배기소음 측정 시 마이크로폰 설치 위치에 대한 설명으로 틀린 것은?

① 지상으로부터 최소 높이는 0.5m 이상이어야 한다.
② 지상으로부터의 높이는 배기관 중심 높이에서 ±0.05m인 위치에 설치한다.
③ 자동차의 배기관이 2개 이상일 경우에는 인도 측과 가까운 쪽 배기관에 대하여 설치한다.
④ 자동차의 배기관 끝으로부터 배기관 중심선에 45°±10°의 각을 이루는 연장선 방향으로 0.5m 떨어진 지점에 설치한다.

해설 ▶ 마이크로폰 위치는 측정대상 자동차의 배기관 끝으로부터 배기관 중심선에 45°±10°의 각(차체외부 면으로 먼 쪽 방향)을 이루는 연장선 방향으로 0.5m 떨어진 지점이어야 하며, 동시에 지상으로부터의 높이는 배기관 중심 높이에서 ±0.05m인 위치에 마이크로폰을 설치한다. (지상으로부터의 최소높이는 0.2m 이상이어야 한다.)

35 자동차 전조등의 광도 및 광축을 측정(조정)할 때 유의사항 중 틀린 것은?

① 시동을 끈 상태에서 측정한다.
② 타이어 공기압을 규정값으로 한다.
③ 차체의 평형상태를 점검한다.
④ 축전지와 발전기를 점검한다.

36 운행 자동차의 전조등 시험기 측정 시 광도 및 광축을 확인하는 방법으로 틀린 것은?

① 적차상태로 서서히 진입하면서 측정한다.
② 타이어 공기압을 표준 공기압으로 한다.
③ 4등식 전조등의 경우 측정하지 않는 등화는 발산하는 빛을 차단한 상태로 한다.
④ 엔진은 공회전 상태로 한다.

해설 ▶ 운행차 전조등 시험 측정은 운전자 1인이 승차한 공차상태에서 측정한다.

37 전조등을 시험할 때 주의사항 중 틀린 것은?

① 각 타이어의 공기압은 표준일 것
② 공차상태에서 운전자 1명이 승차할 것
③ 배터리는 충전한 상태로 할 것
④ 엔진은 정지 상태로 할 것

정답 32 ③ 33 ③ 34 ① 35 ① 36 ① 37 ④

38 자동차의 등화장치별 등광색이 잘못 연결된 것은?

① 후퇴등 – 백색 또는 황색
② 자동차 뒷면의 안개등 – 백색 또는 황색
③ 차폭등 – 백색·황색 또는 호박색
④ 방향지시등 – 황색 또는 호박색

해설 ▶ 뒷면의 안개등은 제동등과 동일한 적색이다.

39 전조등 시험 시 준비사항으로 틀린 것은?

① 타이어 공기압이 같도록 한다.
② 집광식 시험기를 사용 시 시험기와 전조등의 간격은 3m로 한다.
③ 축전지 충전상태가 양호하도록 한다.
④ 바닥이 수평인 상태에서 측정한다.

해설 ▶ 전조등 시험기와 전조등의 거리는 집광식은 1m, 투영식(스크린식)은 3m 이다.

40 전조등 시험기 중에서 시험기와 전조등이 1m 거리로 측정되는 방식은?

① 스크린식   ② 집광식
③ 투영식   ④ 조도식

41 스크린 전조등 시험기를 사용할 때 렌즈와 전조등의 거리를 3m로 측정하면, 차량 전방 몇 m에서의 밝기에 해당하는가?

① 5m   ② 10m
③ 15m   ④ 20m

해설 ▶ 스크린반사식(투영식) 전조등 시험기로 렌즈와 전조등 거리 3m는 차량전방 10m에서의 밝기이다.

42 전조등 시험기 사용 시 준비사항으로 틀린 것은?

① 타이어 공기압을 규정으로 한다.
② 시험기 설치 장소가 수평 상태이어야 한다.
③ 차량의 앞차축이 지면에서 10cm 이상 들어 올려진 상태이어야 한다.
④ 축전지 성능이 정상 상태이어야 한다.

43 다음은 자동차 정기검사의 등화 장치 검사기 준에서 전조등 변환빔의 광도측정 기준이다. ( )안에 알맞은 것은?

> 변환빔의 광도는 ( )칸델라 이상이여야 하며, 좌·우 전조등(변환빔)의 광도와 광도점을 전조등시험기로 측정하여 광도점의 광도 확인

① 25   ② 35   ③ 45   ④ 60

해설 ▶ 변환빔의 광도는 3000cd 이상이여야 하고, 변환빔의 진폭은 10미터 위치에서 다음 수치 이내여야 한다.

설치높이 ≤ 1.0m 이내	설치높이 ≥ 1.0m 이내
−0.5% ~ −2.5%	−1.0% ~ −3.0%

44 자동차의 안전기준에서 방향지시등에 관한 사항으로 틀린 것은?

① 등광색은 백색이어야 한다.
② 다른 등화장치와 독립적으로 작동되는 구조이어야 한다.
③ 자동차 앞면·뒷면 및 옆면 좌·우에 각각 1개를 설치해야 한다.
④ 승용자동차와 차량총중량 3.5톤 이하 화물자동차 및 특수자동차를 제외한 자동차에는 2개의 뒷면 방향지시등을 추가로 설치할 수 있다.

정답 38 ② 39 ② 40 ② 41 ② 42 ③ 43 ① 44 ①

해설 ▶ 등광색 백색은 전조등, 후진등, 번호등의 경우이고, 방향지시등은 황색 또는 호박색이다.

45 기계, 기구의 정밀도검사 기준 중 전조등 시험기의 광축편차는 어느 범위의 허용오차 이내이어야 하는가?

① $\pm \frac{1}{3}°$ ② $\pm \frac{1}{6}°$
③ $\pm \frac{1}{5}°$ ④ $\pm \frac{1}{4}°$

46 자동차의 앞면에 안개등을 설치할 경우 1등당 광도로 자동차안전 기준에 적합한 것은?

① 10000 cd ② 12000 cd
③ 13000 cd ④ 15000 cd

47 후퇴등의 1등당 광도는 등화중심선 아래쪽에서 얼마인가?

① 50 ~ 8000 cd
② 80 ~ 6000 cd
③ 50 ~ 7000 cd
④ 80 ~ 5000 cd

48 방향지시등의 작동조건에 관한 내용으로 틀린 것은?

① 좌측·우측에 설치된 방향지시등은 한 개의 스위치에 의해 동시 점멸하는 구조일 것
② 1분 간 90±30회로 점멸하는 구조일 것
③ 방향지시등 회로와 전조등 회로는 연동하는 구조일 것
④ 시각적·청각적으로 동시에 작동되는 표시장치를 설치할 것

49 자동차의 외부에 바닥조명등을 설치할 경우에 해당되는 자동차 성능과 기준에 관한 규칙의 사항 중 거리가 먼 것은?

① 자동차가 정지하고 있는 상태에서만 점등될 것
② 자동차가 주행하기 시작한 후 1분 이내에 소등될 것
③ 최대광도는 60칸델라 이하일 것
④ 등광색은 백색일 것

해설 ▶ 자동차 외부의 바닥 조명등은 비추는 방향은 아래쪽하여 도로 바닥을 비추도록 하여야 하며, 최대 광도는 30칸델라 이하여야 한다.

50 라이트를 벽에 비추어 보면 차량의 광축을 중심으로 좌측 라이트는 수평으로, 우측 라이트는 약 15도 정도의 상향 기울기를 가지게 된다. 이를 무엇이라 하는가?

① 컷 오프 라인 ② 쉴드 빔 라인
③ 루미네슨스 라인 ④ 주광축 경계 라인

해설 ▶ 컷오프라인(명암한계선)은 꺾임점(각)이 있는 경우 꺾임점의 연장선은 우측 상향이여야 하고, 점검시 변환빔의 컷오프선, 꺾임점(각), 설치상태 및 손상여부 등 안전기준 적합 여부를 확인한다.

51 자동차 검사기준 및 방법에서 전조등 검사에 관한 사항으로 틀린 것은?

① 전조등의 주행빔을 측정하여야 한다.
② 공차상태에서 운전자 1인이 승차하여 검사를 시행한다.
③ 전조등시험기로 전조등의 광도와 주광축의 진폭을 측정한다.
④ 긴급자동차 등 부득이한 사유가 있는 경우에는 적차상태에서 검사를 시행할 수 있다.

해설 ▶ 전조등 검사는 변환빔 상태에서 실시한다.

정답 45 ② 46 ① 47 ④ 48 ③ 49 ③ 50 ① 51 ①

52 경음기소음 측정 시 암소음 보정을 하지 않아도 되는 경우는?

① 경음기 소음 : 84 dB, 암소음 : 75 dB
② 경음기 소음 : 90 dB, 암소음 : 85 dB
③ 경음기 소음 : 100 dB, 암소음 : 92 dB
④ 경음기 소음 : 100 dB, 암소음 : 85 dB

해설 ▶ 암소음 보정값이 10dB 이상일 때는 암소음의 영향이 없는 것으로 간주하여 보정하지 않는다.

자동차 소음과 암소음의 측정치 차	3	4~5	6~9
보정치	3	2	1

53 어린이 운송용 승합자동차에 설치되어 있는 적색 표시등과 황색 표시등의 작동 조건에 대한 설명으로 옳은 것은?

① 정지하려고 할 때는 적색 표시등을 점멸
② 출발하려고 할 때는 적색 표시등을 점등
③ 정차 후 승강구가 열릴 때는 적색 표시등 점멸
④ 출발하려고 할 때는 적색 및 황색 표시등이 동시에 점등

54 자동차 검사기준 및 방법에서 제동장치의 제동력검사기준으로 틀린 것은?

① 모든 축의 제동력 합이 공차중량의 50% 이상일 것
② 주차 제동력의 합은 차량 중량의 30% 이상일 것
③ 동일 차축의 좌·우 차바퀴 제동력의 차이는 해당 축중의 8% 이내일 것
④ 각축의 제동력은 해당 축중의 50%(뒤축의 제동력은 해당 축중의 20%) 이상일 것

해설 ▶ 주차 제동력의 합은 차량 중량의 20% 이상일 것

55 운행 자동차의 주 제동장치의 제동 능력 검사 시 좌·우 바퀴의 제동력 차이 기준은 당해 축중의 몇 %은?

① 8% 이상
② 8% 이하
③ 20% 이상
④ 20% 이하

해설 ▶ 좌·우 바퀴 제동력의 편차: 당해 축중의 8% 이하

56 등화장치에 대한 설치기준으로 틀린 것은?

① 차폭등의 등광색은 백색·황색·호박색으로 하고, 양쪽의 등광색을 동일하게 하여야 한다.
② 번호등의 바로 뒤쪽에서 광원이 직접 보이지 아니하는 구조여야 한다.
③ 번호등의 등록번호표 숫자 위의 조도는 어느 부분에서도 5룩스 이상이어야 한다.
④ 후미등의 1등당 광도는 2칸델라 이상 25 칸델라 이하 이어야 한다.

해설 ▶ 번호등의 최소 조도: 8Lux

정답 52 ④ 53 ③ 54 ② 55 ② 56 ③

57 자동차의 에너지 소비효율 선정방법에서 복합 에너지 소비효율 η을 구하는 식은? (단, 5사이클 보정식에 의한 계산에 의함)

① $\dfrac{1}{\dfrac{0.35}{\text{도심주행 에너지소비효율}} + \dfrac{0.65}{\text{고속도로주행 에너지소비효율}}}$

② $\dfrac{1}{\dfrac{0.25}{\text{도심주행 에너지소비효율}} + \dfrac{0.55}{\text{고속도로주행 에너지소비효율}}}$

③ $\dfrac{1}{\dfrac{0.45}{\text{도심주행 에너지소비효율}} + \dfrac{0.75}{\text{고속도로주행 에너지소비효율}}}$

④ $\dfrac{1}{\dfrac{0.55}{\text{도심주행 에너지소비효율}} + \dfrac{0.45}{\text{고속도로주행 에너지소비효율}}}$

해설 ▶ 산업통상자원부고시 제2023-157호(시행 2023. 9. 1) 자동차의 에너지소비효율 및 등급표시에 관한 규정[별표 1], 에너지소비효율 산정방법관한 문제이다.

58 사이드 슬립 점검 시 왼쪽 바퀴가 안쪽으로 8mm, 오른쪽 바퀴가 바깥쪽으로 4mm 슬립되는 것으로 측정되었다면 전체 미끄럼값 및 방향은?

① 안쪽으로 2mm 미끄러진다.
② 안쪽으로 4mm 미끄러진다.
③ 바깥쪽으로 2mm 미끄러진다.
④ 바깥쪽으로 4mm 미끄러진다.

해설 ▶ 사이드 슬립 = $\dfrac{+8 - 4}{2}$ = 2m/mm (+ : in, - : out을 의미)
∴ 전체 미끄럼량은 in 2mm이다.

59 운행차 배출가스 검사방법에서 휘발유, 가스자동차 검사에 관한 설명으로 틀린 것은?

① 무부하검사방법과 부하검사방법이 있다.
② 무부하검사방법으로 이산화탄소, 탄화수소 및 질소산화물을 측정한다.
③ 무부하검사방법에는 저속공회전 검사모드와 고속공회전 검사모드가 있다.
④ 고속공회전 검사모드는 승용자동차와 차량총중량 3.5톤 미만의 소형자동차에 한하여 적용한다.

해설 ▶ 휘발유, 가스자동차 검사는 무부하검사(CO, HC, λ), 부하검사(CO, HC, NOx)가 있다.

60 운행차 배출가스 정기검사에서 매연검사 방법으로 틀린 것은?

① 3회 연속 측정한 매연농도를 산술 평균하여 소수점 이하는 버린 값을 최종 측정치로 한다.
② 3회 연속 측정한 매연농도의 최대치와 최소치의 차가 10%를 초과한 경우 최대 10회까지 추가 측정한다.
③ 측정기의 시료 채취관을 배기관의 벽면으로부터 5mm 이상 떨어지도록 설치하고 5cm 이상의 깊이로 삽입한다.
④ 시료 채취를 위한 급가속 시 가속페달을 밟을 때부터 놓을 때 까지 소요시간은 4초 이내로 한다.

정답 57 ④ 58 ① 59 ② 60 ②

해설 ▶ 경유 자동차 검사방법 중, 광투과식 무부하급가속 검사모드의 예비무부하급가속에 관한 내용이다. 엔진이 도달할 수 있는 최고회전속도를 3회 연속 측정하고 산술 평균하여 소수점 이하는 버린 값을 최종측정치로 한다. 다만, 3회 연속 측정값의 최대치와 최소치의 차가 5%를 초과하는 경우에는 순차적으로 1회씩 더 측정하여 매회 마지막 3회의 측정값의 최대치와 최소치의 차가 5% 이내가 되면 마지막 3회의 측정값을 산술 평균하여 소수점 이하는 버린 값을 최종측정치로 한다.

62 광투과식 매연 측정기의 매연 측정방법에 대한 내용으로 옳은 것은?

① 3회 연속 측정한 매연 농도를 산술 평균하여 소수점 첫째자리 수까지 최종 측정치로 한다.
② 3회 측정 후 최대치와 최소치가 10%를 초과한 경우 재측정한다.
③ 시료채취관을 5cm 정도의 깊이로 삽입한다.
④ 매연측정 시 엔진은 공회전 상태가 되어야 한다.

61 운행차 배출가스 정밀검사 무부하 검사방법에서 경유자동차 매연측정방법에 대한 설명으로 틀린 것은?

① 광투과식 매연측정기 시료채취관을 배기관 벽면으로부터 5mm이상 떨어지도록 설치하고 20cm정도의 깊이로 삽입한다.
② 배출가스 측정값에 영향을 주거나 측정에 장애를 줄 수 있는 에어콘, 서리제거장치 등 부속장치를 작동하여서는 아니된다.
③ 가속 페달을 밟을 때부터 놓을 때까지의 소요시간은 4초 이내로 하고 이 시간 내에 매연농도를 측정한다.
④ 예열이 충분하지 아니한 경우에는 엔진을 충분히 예열시킨 후 매연농도를 측정하여야 한다.

해설 ▶ 경유사용자동차 측정대상 자동차의 상태는 매연측정기의 시료채취관은 배기관의 벽면으로부터 5mm 이상 떨어지도록 설치하고, 10cm 이상의 깊이로 삽입한다. 그리고 질소산화물 측정기의 시료 채취관은 15cm 이상의 깊이로 삽입한다. 다만, 특수한 구조 등으로 삽입이 불가능한 구조인 경우에는 최대한 삽입하여야 한다.

63 운행차 정기검사에서 가솔린 승용자동차의 배출가스검사 결과 CO 측정값이 2.2%로 나온 경우, 검사 결과에 대한 판정으로 옳은 것은? (단, 2007년 11월에 제작된 차량이며, 무부하 검사방법으로 측정하였다.)

① 허용기준인 1.0%를 초과하였으므로 부적합
② 허용기준인 1.5%를 초과하였으므로 부적합
③ 허용기준인 2.5% 이하이므로 적합
④ 허용기준인 3.2% 이하이므로 적합

해설 ▶ 배출가스 허용기준

검사항목	허용기준
탄화수소(ppm)	180
질소산화물(ppm)	1240
일산화탄소(%)	1.2

64 배출가스 정밀검사에서 부하검사방법 중 경유사용 자동차의 엔진회전수 측정결과 검사기준은?

① 엔진정격회전수의 ±5% 이내
② 엔진정격회전수의 ±10% 이내
③ 엔진정격회전수의 ±15% 이내
④ 엔진정격회전수의 ±20% 이내

정답 61 ① 62 ③ 63 ① 64 ①

65 배출가스 측정시 HC(탄화수소)의 농도단위인 ppm을 설명한 것으로 적당한 것은?

① 백분의 1을 나타내는 농도단위
② 천분의 1을 나타내는 농도단위
③ 만분의 1을 나타내는 농도단위
④ 백만분의 1을 나타내는 농도단위

66 운행차 배출가스 정밀검사를 받아야 하는 자동차에 대한 설명으로 틀린 것은?

① 대기환경규제 지역에 등록된 자동차는 정밀검사 대상자동차이다.
② 서울특별시에서 운행되는 승용자동차는 정밀검사 대상자동차이다.
③ 피견인자동차는 정밀검사를 받아야 하는 자동차에서 제외한다.
④ 천연가스를 연료로 사용하는 자동차는 정밀검사를 받아야 한다.

67 운행차 배출가스 정기검사의 휘발유자동차 배출가스 측정 및 읽는 방법에 관한 설명으로 틀린 것은?

① 배출가스측정기 시료채취관을 배기관 내에 20 cm 이상 삽입하여야 한다.
② 일산화탄소는 소수점 둘째자리에서 절사하여 0.1% 단위로 최종측정치를 읽는다.
③ 탄화수소는 소수점 첫째자리에서 절사하여 1ppm 단위로 최종측정치를 읽는다.
④ 공기과잉률은 소수점 둘째자리에서 0.01 단위로 최종측정치를 읽는다.

68 무부하검사방법으로 휘발유 사용 운행 자동차의 배출가스검사 시 측정 전에 확인해야 하는 자동차의 상태로 틀린 것은?

① 냉·난방 장치를 정지시킨다.
② 변속기를 중립 위치에 놓는다.
③ 원동기를 정지시켜 충분히 냉각한다.
④ 측정에 장애를 줄 수 있는 부속 장치들의 가동을 정지 한다.

69 운행차 배출가스 정기검사의 매연 검사방법에 관한 설명에서 ( )에 알맞은 것은?

> 측정기의 시료채취관을 배기관의 벽면으로부터 5mm 이상 떨어지도록 설치하고 ( )cm 정도의 깊이로 삽입한다.

① 5   ② 10
③ 15   ④ 30

해설 ▶ 매연측정기의 시료채취관은 배기관의 벽면으로부터 5mm 이상 떨어지도록 설치하고, 10cm 이상의 깊이로 삽입한다. 그리고 질소산화물 측정기의 시료 채취관은 15cm 이상의 깊이로 삽입한다.

70 배출가스 정밀검사의 ASM2525모드 검사방법에 관한 설명으로 옳은 것은?

① 25%의 도로부하로 25km/h의 속도로 일정하게 주행하면서 배출가스를 측정한다.
② 25%의 도로부하로 40km/h의 속도로 일정하게 주행하면서 배출가스를 측정한다.
③ 25km/h의 속도로 일정하게 주행하면서 25초 동안 배출가스를 측정한다.
④ 25km/h의 속도로 일정하게 주행하면서 40초 동안 배출가스를 측정한다.

정답 65 ④ 66 ④ 67 ① 68 ③ 69 ② 70 ②

71 운행차의 배출가스 정기검사의 배출가스 및 공기과잉률(λ) 검사에서 측정기의 최종측정치를 읽는 방법에 대한 설명으로 틀린 것은? (단, 저속공회전 검사모드이다)

① 측정치가 불안정할 경우에는 5초간의 평균치로 읽는다.
② 공기과잉률은 소수점 셋째자리에서 0.001 단위로 읽는다.
③ 탄화수소는 소수점 첫째자리 이하는 버리고 1ppm 단위로 읽는다.
④ 일산화탄소는 소수점 둘째자리 이하는 버리고 0.1% 단위로 읽는다.

해설 ▶ 공기과잉률(λ)은 소수점 둘째자리에서 0.01 단위로 최종측정치를 읽는다.

72 운행차의 정밀검사에서 배출가스검사 전에 받는 관능 및 기능검사의 항목이 아닌 것은?

① 타이어의 규격
② 냉각수가 누설되는지 여부
③ 엔진, 변속기 등에 기계적인 결함이 있는지 여부
④ 연료증발가스 방지장치의 정상작동 여부

73 엔진최대출력의 정격회전수가 4000rpm인 경유사용자동차 배출 가스 정밀검사 방법 중 부하검사의 Lug-Down 3모드에서 3모드에 해당하는 엔진회전수는?

① 2800 rpm   ② 3000 rpm
③ 3200 rpm   ④ 4000 rpm

해설 ▶ Lug-Down 3모드의 검사모드는 가속페달을 최대로 밟은 상태에서 최대출력의 엔진정격회전수에서 1모드, 엔진정격회전수의 90%에서 2모드, 엔진정격회전수의 80%에서 3모드로 형성하여 각 검사모드에서 모드시작 5초 경과 이후 모드가 안정되면 엔진회전수, 최대출력, 매연 및 질소산화물 측정을 시작하여 10초 동안 측정한 결과를 산술평균한 값을 최종측정치로 한다. 다만, 질소산화물의 경우에는 3모드에서 측정한 결과를 산술평균한 값을 최종측정치로 한다.
∴ 4000 × 0.8 = 3200rpm

74 경유자동차의 매연 측정방법에 대한 설명으로 틀린 것은?

① 무부하 상태에서 서서히 가속하여 최대 rpm 일 때 매연을 채취한다.
② 매연 농도는 3회를 연속 측정 후 산술 평균하여 측정값으로 한다.
③ 시료채취관을 배기관에 5cm정도 넣고 확실하게 고정한다.
④ 측정전 채취관 내에 남아있는 오염물질을 완전히 배출한다.

해설 ▶ 무부하 상태에서 가속페달을 급격히 밟아 4초 정도 유지한다.

75 운행차 정기검사에서 배기소음 측정 시 정지 가동 상태에서 원동기 최고출력 시의 몇 %의 회전속도로 측정하는가?

① 65%   ② 70%   ③ 75%   ④ 80%

해설 ▶ 원동기의 최고출력 시의 75% 회전속도에 4초 이내 도달하고 그 상태를 1초 이상 유지시킨 후 가속페달을 놓고 정지가동상태로 다시 돌아올 때까지 최대소음도를 측정한다.

76 운행차의 정밀검사에서 배출가스검사 전에 받는 관능 및 기능검사의 항목이 아닌 것은?

① 타이어의 규격
② 냉각수가 누설되는지 여부
③ 엔진, 변속기 등에 기계적인 결함이 있는지 여부
④ 연료증발가스 방지장치의 정상작동 여부

정답 71 ② 72 ① 73 ③ 74 ① 75 ③ 76 ①

77 운행차 배출가스 검사에 사용되는 매연측정기에 대한 설명으로 틀린 것은?

① 측정기는 형식승인된 기기로서 최근 1년 이내에 정도검사를 필한 것이어야 한다.
② 안정된 전원에 연결 후 충분히 예열하여 안정화시킨 후 조작한다.
③ 채취부 및 연결호스 내에 축적되어 있는 매연은 제거하여야 한다.
④ 자동차엔진이 가동된 상태에서 영점조정을 하여야 한다.

78 다음은 배출가스 정밀검사에 관한 내용이다. 정밀검사모드로 맞는 것을 모두 고른 것은?

```
1. ASM2525 모드
2. KD147 모드
3. Lug Down 3 모드
4. CVS-75모드
```

① 1, 2　　② 1, 2, 3
③ 1, 3, 4　④ 2, 3, 4

79 운행차 중 휘발유 자동차의 배출가스 정밀검사방법에서 차대동력계에서의 배출가스 시험 중량은? (단, ASM2525모드에서 검사한다)

① 차량중량 + 130kg
② 차량총중량 + 130kg
③ 차량중량 + 136kg
④ 차량총중량 + 136kg

해설 ▶ 정속모드(ASM2525모드)에서 차대동력계에서의 배출가스 시험중량은 차량중량에 136kg을 더한 수치로 한다.

80 배출가스 정밀검사의 기준 및 방법, 검사항목 등 필요한 사항은 무엇으로 정하는가?

① 대통령령　　② 환경부령
③ 행정안전부령　④ 국토교통부령

81 배출가스 전문정비업자로부터 정비를 받아야 하는 자동차는?

① 운행차 배출가스 정밀검사 결과 배출허용기준을 초과하여 2회 이상 부적합 판정을 받은 자동차
② 운행차 배출가스 정밀검사 결과 배출허용기준을 초과하여 3회 이상 부적합 판정을 받은 자동차
③ 운행차 배출가스 정밀검사 결과 배출허용기준을 초과하여 4회 이상 부적합 판정을 받은 자동차
④ 운행차 배출가스 정밀검사 결과 배출허용기준을 초과하여 5회 이상 부적합 판정을 받은 자동차

82 경유를 사용하는 자동차의 조속기 봉인방법으로 틀린 것은?

① 납봉인방법은 3선 이상으로 꼬은 철선과 납덩이를 사용하여 압축봉인 할 경우 조정나사 등에는 재봉인을 위한 구멍을 뚫지 않아도 된다.
② cap seal 봉인방법은 조속기 조정나사에 cap을 사용하여 봉인하여야 한다.
③ 봉인 cap방법은 조속기 조정나사를 cap 고정 bolt로 고정하고 cap을 씌운 후 그 표면에 납을 사용하여 봉인하여야 한다.
④ 용접방법은 조속기 조정나사를 고정시킨 후 환형철판 등으로 용접하여 봉인하여야 한다.

정답　77 ④　78 ②　79 ③　80 ②　81 ①　82 ①

PART 06

자동차정비산업기사 필기
2023 기출예상문제

01 2023 기출예상문제

기출문제 2023 기출예상문제 1회

1과목 자동차엔진정비

01 다음 중 단위 표시가 잘못된 것은?

① 전압 : V, 체적 : cc
② 전류 : A, 축전지용량 : Ah
③ 연료 소비율 : km/h, 토크 : kgf-h
④ 회전수 : rpm, 압축압력 : kgf/cm²

02 다음 중 내연기관의 연소가 정적 및 정압 상태에서 이루어지기 때문에 2중연소 사이클이라고 하는 것은?

① 오토 사이클
② 디젤 사이클
③ 카르노 사이클
④ 사바테 사이클

03 크랭크 각 센서의 기능에 대한 설명으로 옳지 않은 것은?

① 연료분사 시기를 결정한다.
② 엔진 1회전당 흡입공기량을 계산한다
③ 엔진의 크랭크축 회전각도 및 위치를 검출한다.
④ 엔진 시동 시 연료량 제어 및 보정 신호로 사용된다.

04 가솔린 기관에서 배기량 400cc, 연소실 체적 50cc, 3000rpm으로 엔진이 회전 중에 있고, 축 토크가 9.95kgf-m일 때 축 출력(PS)은?

① 약 25.5 PS
② 약 35.5 PS
③ 약 46.6 PS
④ 약 48.5 PS

05 공기과잉률 람다(λ)에 관한 설명으로 틀린 것은?

① 람다(λ) 값은 1을 기준으로 한다.
② 이론공연비를 실제 흡입공기량으로 나눈 값이다.
③ 람다(λ) 값이 1보다 낮을수록 CO와 HC가 많이 배출된다.
④ 람다(λ) 값이 클수록 혼합비가 희박하다.

06 흡입공기량 센서 중 열선식(Hot Wire Type)의 장점으로 옳은 것은?

① 질량 유량의 검출이 가능하다.
② 소형이며 가격이 저렴하다.
③ 먼지나 이물질에 의한 고장 염려가 적다.
④ 기계적 충격에 강하다.

정답 01 ④ 02 ④ 03 ② 04 ③ 05 ② 06 ①

07 가솔린 기관에서 블로바이가스의 발생 원인으로 맞는 것은?

① 엔진 부조
② 실린더 헤드 가스켓의 조립불량
③ 흡기 밸브의 밸브시트 면의 접촉 불량
④ 엔진의 실린더와 피스톤 링의 마멸

08 배기가스 재순환 장치(Exhaust Gas Recir-culation valve)에 대한 설명으로 옳지 않은 것은?

① 급가속 시에만 흡기다기관으로 재순환시킨다.
② 냉각수를 이용한 수냉식 EGR 쿨러도 있다.
③ 배기가스의 일부를 흡기다기관으로 재순환시 킨다.
④ EGR 밸브 제어 방식에는 진공식과 전자제어식이 있다.

09 전자제어 엔진의 연료분사장치 특징에 대한 설명으로 가장 적절한 것은?

① 연료 과다 분사로 연료소비가 크다.
② 진단장비 이용으로 고장수리가 용이하지 않다.
③ 연료분사 처리속도가 빨라서 가속 응답성이 좋다.
④ 연료 분사장치 단품의 제조원가가 저렴하여 엔진가격이 저렴하다.

10 엔진 출력이 80ps/4000rpm인 자동차를 엔진 회전수 제어방식(Lug-Down 3모드)으로 배출가스를 정밀검사 할 때 2모드에서 엔진 회전수는?

① 엔진 정격 회전수의 80%, 3200rpm
② 엔진 정격 회전수의 70%, 2800rpm
③ 엔진 정격 회전수의 90%, 3600rpm
④ 최대 출력의 엔진 정격 회전수, 4000rpm

11 실린더 내경이 105mm, 행정이 100mm인 디젤 4기통 엔진의 SAE 마력은 얼마인가?

① 41.3   ② 27.3
③ 43.9   ④ 36.7

12 전자제어 엔진의 MAP 센서에 대한 설명으로 옳은 것은?

① 흡기 다기관의 절대 압력을 측정한다.
② 고도에 따르는 공기의 밀도를 계측한다.
③ 대기에서 흡입되는 공기 내의 수분 함유량을 측정한다.
④ 스로틀 밸브의 개도에 따른 점화 각도를 검출한다.

13 전자제어 가솔린 기관에서 수온센서의 신호를 이용한 연료분사량 보정이 아닌 것은?

① 인젝터 분사기간 보정
② 배기온도 증량 보정
③ 시동 후 증량 보정
④ 난기 증량 보정

정답 07 ④ 08 ① 09 ③ 10 ③ 11 ② 12 ① 13 ②

14. LPG 엔진 장착 자동차가 주행 중 사고로 인해 봄베 연료가 급격히 방출되는 것을 방지하기 위한 밸브는?

① 긴급차단 솔레노이드 밸브
② 릴리프 밸브
③ 액·기상 솔레노이드 밸브
④ 과류 방지 밸브

15. 산소센서 출력 전압에 영향을 주는 요소로 틀린 것은?

① 연료 온도
② 혼합비
③ 산소센서의 온도
④ 배출가스 중의 산소농도

16. 가솔린 엔진의 점화 플러그 조립 작업 방법으로 옳지 않은 것은?

① 점화 케이블을 결합하고 엔진 시동을 걸어 부조 상태를 확인한다.
② 점화 플러그 조립 전에 해당 차량의 적정 규격의 부품 여부를 확인한다.
③ 점화 플러그를 조립하고 실린더 내의 연소가스가 새지 않도록 임팩트로 견고하게 조립한다.
④ 점화 플러그 탈거 및 조립 전에 실린더 헤드 부위를 압축공기를 사용하여 깨끗이 불어준다.

17. 과급장치 검사에 대한 설명으로 옳지 않은 것은?

① 엔진의 정상 온도까지 워밍업 한다.
② 스캐너로 'VGT 액추에이터'와 '부스트 압력 센서' 작동을 점검한다.
③ 각종 전기장치 및 에어컨을 ON한다.
④ EGR 밸브 및 인터쿨러 연결부위의 배기가스누출 여부를 확인한다.

18. 전자제어 디젤 연료분사장치에서 예비분사에 대한 설명으로 옳은 것은?

① 예비분사는 연소실의 연소압력 상승을 부드럽게 하여 소음과 진동을 줄여준다.
② 예비분사는 디젤엔진의 시동성을 향상시키기 위한 분사를 말한다.
③ 예비분사는 주분사 후에 미연가스의 완전연소와 후처리 장치의 재연소를 위해 이루어지는 분사이다.
④ 예비분사는 인젝터 노후화에 따른 보정 분사를 실시하여, 엔진의 출력 저하 및 엔진 부조를 방지하는 분사이다.

19. 크랭크축 앤드 플레이 간극이 크면 발생할 수 있는 것으로 옳지 않은 것은?

① 클러치 조작 시 진동 발생
② 밸브 간극 증대
③ 피스톤 측압 증대
④ 커넥팅 로드 휨 하중 발생

정답 14 ④ 15 ① 16 ③ 17 ③ 18 ① 19 ②

20. 라디에이터 캡의 점검 방법으로 옳지 않은 것은?
   ① 압력이 하강하는 경우 라디에이터 캡을 교환한다.
   ② 0.95 ~ 1.25kgf/cm² 정도로 압력을 상승시킨다.
   ③ 라디에이터 캡 분리 후, 씰 부분에 냉각수를 도포하고 압력측정기를 설치한다.
   ④ 압력 유지 후 약 10 ~ 20초 사이에 압력이 상승하면 정상이다.

2과목 자동차섀시정비

21. 유성기어장치를 2조로 사용하고 있는 자동변속기에서 선기어 잇수 30, 링기어 잇수 90일 때 총 변속비는? (단, 제1유성기어 : 링기어구동, 선기어고정 제2유성기어 : 링기어고정, 선기어구동)
   ① 1.25
   ② 5
   ③ 6.25
   ④ 16

22. 전자제어 자동변속기에서 댐퍼 또는 록업 클러치가 공회전 시에 작동된다면 나타날 수 있는 현상으로 옳은 것은?
   ① 엔진 시동이 꺼진다.
   ② 1단에서 2단으로 변속이 된다.
   ③ 기어 변속이 안 된다.
   ④ 출력이 떨어진다.

23. 무단변속기(CVT)의 제어밸브 기능 중 라인 압력을 주행조건에 맞도록 적절한 압력으로 조정하는 밸브로 옳은 것은?
   ① 변속 제어밸브
   ② 레귤레이터 밸브
   ③ 클러치 압력 제어밸브
   ④ 댐퍼 클러치 제어밸브

24. 속도비가 0.4이고, 토크비가 2인 토크 컨버터에서 펌프가 4,000rpm으로 회전할 때, 토크컨버터의 효율은 약 얼마인가?
   ① 20%   ② 40%
   ③ 60%   ④ 80%

25. 전자제어 현가장치 관련 하이트 센서 이상 시 점검 및 조치 사항으로 옳지 않은 것은?
   ① 하이트 센서 회로에서 단선, 단락을 확인한다.
   ② 센서 전원의 회로를 점검한다.
   ③ ECS와 ECU 하네스를 점검하고 이상 시 수정한다.
   ④ 계기판 스피드 미터의 움직임을 확인한다.

26. 자동차 바퀴가 정적 불평형일 때 일어나는 현상은?
   ① tramping
   ② shimmy
   ③ standing wave
   ④ hopping

정답 20 ④ 21 ③ 22 ① 23 ② 24 ⑤ 25 ④ 26 ①

27 독립현가장치에 대한 설명으로 맞는 것은?

① 강도가 크고 구조가 간단하다.
② 타이어와 노면의 접지성이 우수하다.
③ 앞바퀴에 시미(shimmy)가 일어나기 쉽다.
④ 스프링 아래 무게가 커서 승차감이 좋다.

28 독립식 현가장치의 장점으로 옳지 않은 것은?

① 스프링 아래 하중이 커 승차감이 좋아진다.
② 단차가 있는 도로 조건에서도 차체의 움직임을 최소화함으로써 타이어의 접지력이 좋다.
③ 휠 얼라인먼트 변화에 자유도를 가할 수 있어 조종 안정성이 우수하다.
④ 좌·우륜을 연결하는 축이 없기 때문에 엔진과 트랜스미션의 설치 위치를 낮게 할 수 있다.

29 전자제어 현가장치(Electronic Control Suspension)의 구성품이 아닌 것은?

① 가속도 센서
② 차고 센서
③ 맵 센서
④ 스로틀 포지션 센서

30 파워 스티어링 기어 펌프의 조립과 정비에 관한 내용과 거리가 먼 것은?

① 스냅 링과 내측 및 외측 O링을 조립한다.
② 흡입 호스를 규정 토크로 장착한다.
③ 오일펌프 브래킷에 오일펌프를 장착한다.
④ 호스의 도장면이 오일펌프를 향하도록 조정한다.

31 자동변속기 차량의 조정레버가 전진 또는 후진 위치에 있는 경우에도 엔진을 시동할 수 있는 자동차 종류로 옳지 않은 것은? (단, 자동차 및 자동차부품의 성능과 기준에 관한 규칙에 의한다.)

① 전기자동차
② 하이브리드자동차
③ 원동기의 시동이 정지될 경우, 변속기가 수동으로 주차 위치로 변환되는 구조의 자동차
④ 주행 중 정지 시 원동기의 시동을 자동으로 제어하는 장치를 갖춘 자동차

32 전자제어 현가장치에서 자동차가 선회할 때 원심력에 의한 차체의 흔들림을 최소로 제어하는 기능은?

① 안티 롤 제어
② 안티 다이브 제어
③ 안티 스쿼트 제어
④ 안티 드라이브 제어

33 텔레스코핑형 속업소버의 작동상태에 대한 설명으로 옳지 않은 것은?

① 실린더에는 오일이 들어있다.
② 피스톤에는 오일이 지나가는 작은 구멍이 있고, 이 구멍을 개폐하는 밸브가 설치되어 있다.
③ 복동식은 스프링이 늘어날 때와 압축될 때 모두 저항이 발생되는 형식이다.
④ 단동식은 스프링이 압축될 때 차체에 충격을 주지 않아 험로 주행 시 유리한 점이 있다.

정답 27 ② 28 ① 29 ③ 30 ④ 31 ③ 32 ① 33 ④

34 전자제어 동력조향장치에 대한 설명으로 틀린 것은?

① 고속 주행시 스티어 링 휠의 조작을 가볍게 한다.
② 회전수 감응식은 기관 회전수에 따라서 조향력을 변화시킨다.
③ 차속 감응식은 차속에 따라서 조향력을 변화시 킨다.
④ 동력 스티어링의 조향력은 파워 실린더에 걸리는 압력에 의해 결정된다.

35 VDC(Vehicle Dynamic Control)의 부가 기능으로 옳지 않은 것은?

① 급가속 제어 기능
② 급제동 경보 기능
③ 경사로 저속 주행 기능
④ 경사로 밀림 방지 기능

36 전자제어 현가장치의 자세제어 중 안티 스쿼트제어에 쓰이는 주요 입력 신호는?

① 차속 센서, 스로틀 포지션 센서
② 차속 센서, 조향 휠 각도 센서
③ 차고 센서, G-센서
④ 브레이크 스위치, G-센서

37 자동차의 바퀴에 캠버를 두는 이유로 가장 타당한 것은?

① 회전했을 때 직진방향의 직진성을 주기 위해
② 자동차의 하중으로 인한 앞차축의 휨을 방지하기 위해
③ 조향 바퀴에 방향성을 주기 위해
④ 앞바퀴를 평행하게 회전시키기 위해

38 부동형 캘리퍼 디스크 브레이크에서 브레이크패드에 작용하는 압착력은 3500N이고, 디스크와 패드 사이의 미끄럼 마찰계수는 0.4이다. 디스크의 유효반경에 작용하는 제동력(N)은?

① 1400
② 2800
③ 3500
④ 7000

39 타이어의 유효 반경이 36cm, 회전수 500rpm이라 할 때, 자동차의 속도는 약 얼마인가?

① 38.85(m/s)
② 28.85(m/s)
③ 18.85(m/s)
④ 10.85(m/s)

40 급격한 가속이나 제동 또는 선회 시에 타이어가 노면과의 사이에 미끄러짐이 발생하면서 나는 소음은?

① 럼블(Rumble)음
② 험 (Hum)음
③ 스퀼(Squeal)음
④ 패턴소음(Pattern Noise)

정답 34 ① 35 ① 36 ① 37 ② 38 ② 39 ③ 40 ③

3과목 자동차 전기·전자장치 정비

41 점화플러그에 대한 설명으로 틀린 것은?
① 고부하 및 고속 회전의 엔진은 열형플러그를 사용하는 것이 좋다.
② 열가는 점화플러그의 열방산 정도를 수치로 나타내는 것이다.
③ 열형플러그는 열방산이 나쁘며 온도가 상승하기 쉽다.
④ 전극 부분의 작동온도가 자기청정온도보다 낮을 때 실화가 발생할 수 있다.

42 전자 점화장치(HEI : High energy ignition)의 특성으로 틀린 것은?
① 점화성능이 향상된다.
② 고속성능이 향상된다.
③ 최적의 점화시기 제어가 가능하다.
④ HC 가스가 증가한다.

43 High speed CAN 파형분석 시 지선 부위 점검 중 High-line 전원이 단락됐을 경우, 측정 파형으로 옳은 것은?
① High은 파형 접지에 가까운 0V가 유지된다.
② 데이터에 따라 간헐적으로 0V로 하강한다.
③ Low 파형은 종단 저항의 영향으로 인해 전압강하 되어 11.8V가 유지된다.
④ Low 신호는 High선의 단락으로 0.25V가 유지된다.

44 시동 전동기의 피니언기어 잇수가 11, 플라이휠의 링기어 잇수가 115, 배기량 1800cc인 엔진의 회전저항이 9kgf·m일 때 시동 전동기의 최소 회전 토크는?
① 약 0.78 kgf·m
② 약 0.86 kgf·m
③ 약 0.98 kgf·m
④ 약 0.94 kgf·m

45 자동차의 실내 공기 정화용 에어필터 관련 내용으로 옳지 않은 것은?
① 필터가 막히면 블로워 모터의 송풍량이 줄어든다.
② 공기 중의 이물질만 제거 가능한 형식이 있다.
③ 공기 중의 이물질과 냄새를 함께 제거하는 형식이 있다.
④ 필터가 막히면 블로워 모터의 소음이 줄어든다.

46 교류발전기 B단자의 접촉 불량 또는 배선에 저항 과다로 발생할 수 있는 현상으로 옳은 것은?
① 엔진 과열
② B단자 배선 발열
③ 배터리 과충전
④ 충전 중 소음

47 20시간율 45Ah, 12V의 완전 충전된 배터리를 20시간율의 전류로 방전시키기 위해 몇 와트(W)가 필요한가?
① 21 W
② 25 W
③ 27 W
④ 30 W

정답 41 ① 42 ④ 43 ③ 44 ② 45 ② 46 ② 47 ③

48 운행차 정기검사에서 소음도 검사 전 확인해야 하는 항목으로 거리가 먼 것은? (단, 소음진동관리법 시행규칙에 의한다.)
① 원동기
② 경음기
③ 소음 덮개
④ 배기관

49 다음 회로에서 저항을 통과하여 흐르는 전류는 a, b, c 각 점에서 어떻게 나타나는가?

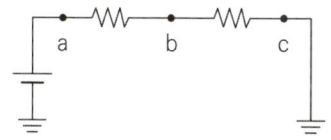

① a에서 전류가 가장 크고, b, c로 갈수록 전류는 작아진다.
② a, b, c의 전류가 모두 동일하다.
③ a에서 전류가 가장 작고, b, c로 갈수록 전류가 증가한다.
④ b에서 전류가 가장 크고, b c는 동일하다.

50 2개의 코일의 상호 인덕턴스가 0.8H일 때, 한쪽 코일의 전류가 0.01초 동안 4A에서 1A로 동일하게 변한다면 다른 쪽 코일에 유도되는 기전력(V)은?
① 340V
② 320V
③ 240V
④ 120V

51 스티어링휠에 부착된 스마트 크루즈컨트롤 스위치 교환방법으로 옳지 않은 것은?
① 배터리 (-)단자 분리
② 클럭스프링 탈거
③ 스티어링휠 어셈블리 탈거
④ 스티어링 리모컨 어셈블리 탈거

52 반도체 소자로서 이중접합(PNP)에 적용되지 않는 것은?
① 사이리스터
② 포토트랜지스터
③ 가변용량 다이오드
④ PNP트랜지스터

53 자동차에 쓰이는 통신의 종류에 대한 설명이다. 옳지 않은 것은?
① 직렬통신 방식은 CAN과 LIN 통신이다.
② 멀티 마스터(Multi Master) 방식은 LIN과 K라인 통신이다.
③ CAN 통신은 멀티 마스터(Multi Master) 방식이다.
④ MOST 통신은 동기 통신 방식이다.

54 제동등과 후미등에 관한 설명으로 옳지 않은 것은?
① LED 방식의 제동등은 점등 속도가 빠르다.
② 브레이크 스위치를 작동하면 제동 등이 점등된다.
③ 제동 등과 후미등은 직렬로 연결되어 있다.
④ 퓨즈 단선 시 후미등이 점등되지 않는다.

55 후측방 센서 감지가 정상 작동이 안 되고 자동 해제되는 조건으로 옳지 않은 것은?
① 차량에 피견인 차량(트레일러)을 부착했다.
② 범퍼 표면·내부에 이물질 있다.
③ 광활한 사막을 운행하고 있다.
④ 교통량이 많은 도로를 운행하고 있다.

정답 48 ① 49 ② 50 ③ 51 ② 52 ① 53 ② 54 ③ 55 ④

56 자동차에 적용된 이모빌라이저 시스템의 구성품이 아닌 것은?

① 이모빌라이저 컨트롤유닛
③ 트랜스 폰더 키
② 안테나 코일
④ 외부 수신기

57 진단 장비를 사용한 전방 레이더 센서 보정 방법으로 옳지 않은 것은?

① 주행모드가 지원되지 않을 때는 레이져 등과 같은 보정용 장비가 필요하다.
② 메뉴는 전방 레이더 센서 보정(FCA/SCC)으로 선택한다.
③ 바닥이 평평한 곳에서 차량의 수평 상태를 확인한다.
④ 주행모드 지원이 있을 때는 수직·수평계, 레이저, 리플렉터 등 보정 장비가 필요하다.

58 전자동 에어 컨디셔닝 시스템의 구성부품 중 응축기에서 보내온 냉매를 일시 저장하고, 액체 상태의 냉매를 팽창밸브로 보내는 역할을 하는 것은?

① 리시버 드라이어 ② 익스텐션 밸브
③ 컴프레서   ④ 이베퍼래이터

59 자동차에 많이 사용되는 교류 발전기 작동에 관한 설명으로 옳은 것은?

① 여자 전류의 평균값은 전압 조정기의 듀티율로 조정한다.
② 여자 다이오드 단선 시에는 충전 전압이 규정 값보다 높게 나타난다.
③ 여자 전류 제어는 정류기가 한다.
④ 충전 전류는 발전기 회전 속도에 반 비례한다.

60 차량 속도가 빨라지면 엔진 온도가 내려가고, 실내 히터 바람이 따뜻하지 않은 원인으로 가장 적합한 것은?

① 엔진으로 순환되는 냉각수량이 적다.
② 방열기 내부의 막힘율이 증가하였다.
③ 히터 열 교환기 내부에 기포가 유입되었다.
④ 수온조절기가 열린 채로 고착되었다.

4과목 친환경 자동차정비

61 다음 중 압축 천연가스(CNG) 자동차에 관한 설명으로 틀린 것은?

① 기체 상태로 봄베에 고압 충전한다.
② 차체 중량이 증가한다.
③ 연비효율은 가솔린의 2배 정도로 좋다.
④ 친환경 연료로 분류된다.

62 친환경 에너지에서 생물자원을 변환시켜 이용하는 바이오에너지로서 대통령령으로 정하는 기준 및 범위에 해당하는 에너지로 맞는 것은?

① 신환경에너지
② 원자력 에너지
③ 신에너지
④ 재생에너지

정답 56 ④ 57 ④ 58 ① 59 ① 60 ③ 61 ③ 62 ④

63 하이브리드 시스템에서 주파수 변환을 통하여 스위칭 및 전류를 제어하는 방식은?

① COMP 제어
② CAN 제어
③ PWM 제어
④ SCC 제어

64 전기 자동차의 구동 모터를 교환하기 위한 작업 내용으로 가장 거리가 먼 것은?

① 냉각수를 배출한다.
② 보조 저전압(12V) 배터리의 접지(-) 단자를 분리한다.
③ 배터리 매니지먼트 장치(BMU)의 커넥터를 탈거한다.
④ 서비스(안전) 플러그를 분리한다.

65 고전압 배터리 모듈을 교환한 후 반드시 실시해야 할 검사(테스트)에 해당하지 않는 것은?

① 셀 밸런싱 테스트
② 방수·방진 테스트
③ 배터리 팩 기밀 테스트
④ 냉각수 기밀 테스트

66 마스터 BMS의 표면에 인쇄 또는 스티커로 표시되는 항목으로 옳지 않은 것은? (단, 비일체형 이다.)

① 셀 밸런싱용 최대 전류
② 저장 보관용 온도 범위
③ 사용하는 동작 온도 범위
④ 제어하는 배터리 팩의 최대 전압

67 전기자동차의 배터리의 노화 상태를 나타내는 용어로 옳은 것은?

① SOC ② SCC
③ SOH ④ SCH

68 다음 중 고전압 배터리의 안전 플러그(Safety Plug)에 대한 설명으로 옳지 않은 것은?

① 고전압 장치 정비를 실시 하기전에 반드시 탈거(해제)가 필요하다.
② 제거 시 고전압 배터리 내부 회로 연결이 차단된다.
③ 플러그 내부에 퓨즈가 내장된 방식도 있다.
④ 하이브리드 또는 전기 자동차의 주행속도를 제한한다.

69 하이브리드 자동차의 내연기관에 가장 적합한 사이클 방식은?

① 엣킨슨 사이클 ② 복합 사이클
③ 오토 사이클   ④ 카르노 사이클

70 친환경 자동차의 고전압 배터리로 인한 감전(electric shock)에 대한 내용으로 옳지 않은 것은?

① 대체로 민감한 여성보다 남성이 최소 감지 전류가 작다.
② 누전 차단기를 설치하여 감전사고를 예방할 수 있다.
③ 안전전압 이하로 사용하면서 감전 거리를 최대한 이격한다.
④ 사람의 몸 일부로 흐르는 현상으로 전류(A)의 크기에 따라 강도가 달라진다.

정답 63 ③ 64 ③ 65 ② 66 ① 67 ③ 68 ④ 69 ① 70 ①

71. 연료 전지 자동차에서 정기적으로 교환해야 하는 것으로 가장 거리가 먼 것은?

① 이온 필터
② 감속기 윤활유
③ 연료 전지(스택) 냉각수
④ 연료 전지 클리너 필터

72. 수소차의 연료전지 스택(Fuel Cell Stack) 운전 장치 중에서 수고 공급 시스템(FPS, fuel processing system)에 해당하는 장치로써, 최초 수소 충전 시작점과 가장 거리가 먼 것은?

① 리셉터클
② 충전 건
③ 감압밸브
④ IR_infrared 이미터

73. 하이브리드 자동차에서 내연기관의 기계적 출력 부분을 분할 변속기를 통해 동력으로 전달시키는 방식은?

① 하드 타입 병렬형
② 소프트 타입 병렬형
③ 복합형
④ 직렬형

74. 주차 보조 시스템인 후진 경보장치에서 물체에 부딪혀 되돌아오는 원리를 이용하여 장애물과의 거리를 측정하는 센서와 주로 사용되는 통신 방식으로 옳은 것은?

① 초음파 센서 - LIN
② 초음파 센서 - CANFD
③ 적외선 센서 - KW2000
④ 적외선 센서 - K-Line

75. 하이브리드 자동차의 회생 제동 기능에 대한 설명으로 옳은 것은?

① 가속 시 엔진 제어를 통해 완만한 가속으로 제어하는 기능
② 주행 패턴에 맞게 모터의 적절한 제어로 엔진 동력을 보조하는 기능
③ 연비가 낮아지는 공회전을 최소화하여 배출가스와 연료 소비를 낮게 기능
④ 주행 관성을 변환한 전기 에너지로 배터리를 충전하는 기능

76. 수소차에서 연료전지 스택을 감싸 외부 충격으로부터 스택의 셀을 보호하는 역할을 하는 것은?

① 스트럿 어셈블   ② 버스 바
③ 코너링 포스   ④ 인클로저

77. 수소 자동차의 열관리 시스템의 주요 구성부품이 아닌 것은?

① 이온 필터   ② COD 히터
③ 칠러 장치   ④ 스택 냉각수 펌프

78. 전기자동차의 구동 시스템 중 감속기에 대한 내용으로 옳은 것은?

① 전진·파킹 기능은 있으나 후진 기능은 없다.
② 내부에는 엔진 오일이 소량 주입되어 있다.
③ 모터의 전원을 직접 받아 구동된다.
④ 고전압 배터리 팩에 장착된 고전압 부품이다.

정답 71 ② 72 ③ 73 ③ 74 ① 75 ④ 76 ④ 77 ③ 78 ①

79 상온에서의 온도가 25°C일 때 표준상태를 나타내는 절대온도(K)는?

① 100
② 273.15
③ 0
④ 298.15

80 자동차관리법상 저속전기자동차의 최고속도(km/h) 기준은? (단, 차량 총중량이 1361kg을 초과하지 않음)

① 20 km/h
② 40 km/h
③ 60 km/h
④ 80 km/h

정답 79 ④ 80 ③

1과목 자동차엔진정비

01 촉매 컨버터 전·후방에 장착된 지르코니아 방식 O₂센서가 모두 동일한 파형이 출력된다면 예상되는 고장으로 옳은 것은?
① 엔진 온도가 정상이 아닐 때는 그럴 수 있으므로 정상파형이다.
② 전방 산소센서가 반응이 느릴 경우 나타나는 증상이다.
③ 후방 산소센서가 불량일 경우 나타나는 증상이다.
④ 촉매 컨버터가 불량할 경우 그럴 수 있다.

02 LPG 기관에 사용하는 기화기(베이퍼라이저)의 설명으로 틀린 것은?
① 1차실은 연료를 저압으로 감압시키는 역할을 한다.
② 1차실 압력 측정은 기간이 웜업된 상태에서 측정함이 바람직하다.
③ 1차실 압력 측정은 압력계를 설치한 후 기관의 시동을 끄고 측정한다.
④ 베이퍼라이저에는 냉각수의 통로가 설치되어 있어야 한다.

03 다음 중 플라이휠(Flywheel)과 관계없는 것은?
① 회전력을 균일하게 한다.
② 링기어를 설치하여 기관의 시동을 걸 수 있게 한다.
③ 동력을 전달한다.
④ 무부하 상태로 만든다.

04 디젤기관 후 처리장치(DPF)의 재생을 위한 연료분사는?
① 점화 분사
② 주 분사
③ 사후 분사
④ 직접 분사

05 커먼레일 디젤엔진에서 파일럿 분사의 주요 목적으로 옳은 것은?
① 엔진 냉각
② 엔진 진동 저감
③ 착화지연시간 연장
④ DPF 활성화

06 가솔린 기관의 유해 배출물 저감에 사용되는 차콜 캐니스터(charcoal canister)의 주 기능은?
① 연료 증발 가스의 흡착과 저장
② 질소산화물의 정화
③ 일산화탄소의 정화
④ PM(입자상 물질)의 정화

07 표준 내경이 78mm인 실린더의 내경을 측정한 결과 0.32mm가 마모되었을 때, 엔진 보링을 실시한 후 치수로 가장 적당한 것은?
① 78.15mm ② 78.50mm
③ 78.75mm ④ 79.15mm

정답   01 ④ 02 ③ 03 ④ 04 ③ 05 ② 06 ① 07 ③

08 자동차 배출가스 저감장치와 처리 가능한 배출가스 성분과의 연결이 틀린 것은?

① 삼원 촉매 장치 - CO, HC, NOx 저감
② EGR 장치 - NOx 저감
③ 블로바이가스 제어 - NOx 저감
④ 증발가스 제어 - HC 저감

09 가솔린 엔진에서 블로바이가스 발생 원인으로 옳은 것은?

① 흡기밸브의 밸브 시트면 접촉 불량
② 실린더와 피스톤 링의 마멸
③ 실린더 헤드 개스킷의 조립 불량
④ 점화계통 불량으로 인한 엔진 부조

10 엔진의 밸브 트레인 제어 기술 중 CVVD(Continuously Variable Valve Duration)의 특징으로 옳지 않은 것은?

① 흡기 밸브를 빨리 닫아 흡기 쪽 역류 혼합기 방지하여 체적 효율이 향상된다.
② 흡기 밸브를 늦게 닫아 압축 행정시 동력 소모를 적게 하여 연비가 향상된다.
③ 엔진의 성능과 연비, 배출가스 저감 개선된다.
④ 차량의 운행 상태에 따라 밸브가 닫혀있는 시간을 다량적으로 제어하는 기술

11 다음 중 전자제어 가솔린엔진에서 EGR 제어 영역으로 가장 타당한 것은?

① 공회전시
② 냉각수온 약 65℃ 미만, 중속, 중부하 영역
③ 냉각수온 약 65℃ 이상, 저속, 중부하 영역
④ 냉각수온 약 65°C 이상, 고속, 고부하 영역

12 전자제어 가솔린 엔진에서 비동기 분사에 대한 설명으로 옳은 것은?

① 급감속 시 연료 차단 후 연비 향상을 위한 보조 분사
② 엔진 회전수와 흡입 공기량에 비례하여 분사
③ 산소센서의 신호에 의한 분사
④ 크랭크 각에 상관없이 급가속 시에 분사되는 일시적 분사

13 연료 증발가스를 활성탄에 흡착 저장 후 엔진 워밍업 시, 흡기 매니폴드로 보내는 부품은?

① 차콜 캐니스터
② 풀로트 챔버
③ PCV장치
④ 삼원촉매장치

14 두 개의 점화코일을 사용하는 DLI 시스템 기관에서, 점화 순서가 1-3-4-2일 때, 2번 실린더 점화 중 동시에 점화되는 실린더는?

① 1번 실린더
② 3번 실린더
③ 4번 실린더
④ 1, 3, 4번 실린더

15 밸브 스프링 장력이 클 때 발생하는 현상이 아닌 것은?

① 밸브 및 시트의 마멸 촉진
② 캠축의 캠 마멸 촉진
③ 엔진 출력 손실
④ 서징현상 발생

정답 08 ③ 09 ② 10 ④ 11 ③ 12 ④ 13 ① 14 ② 15 ④

16 전자제어 엔진의 냉각수온 센서에 대한 설명으로 옳은 것은?
① 부특성 서미스터이다.
② 냉각 수온을 간접 계측한다.
③ 전기 저항과 관계가 없다.
④ 냉각수 온도를 일정하게 유지하게 한다.

17 가솔린 연료분사 엔진의 연료압력 조정기 리턴호스가 꺾였을 때의 나타나는 현상으로 가장 적합한 것은?
① 주행 중 시동이 갑자기 꺼지게 된다.
② 과도한 연료 압력상승 시 체크 밸브 작동으로 연료압력을 조정한다.
③ 어떤 방법으로도 시동이 전혀 걸리지 않는다.
④ 연료 압력 상승을 억제하기 위해 릴리프밸브가 OPEN된다.

18 터보차저(turbo charger) 구성부품 중 과급기 케이스 내부에 설치되며, 속도 에너지를 압력 에너지로 바꾸어 주는 것은?
① 터빈
② 루트 슈퍼차저
③ 베인
④ 디퓨저

19 엔진과 자동변속기, 현가장치 등이 모두 전자제어식으로 제어 하는 자동차일 때 공통으로 필요한 센서는?
① 차속 센서
② G 센서
③ 수온 센서
④ 휠 스피드 센서

20 전자제어 디젤 연료분사 방식 중 다단분사에 대한 설명으로 가장 적합한 것은?
① PM과 NOx를 동시에 저감 시킬 수는 없다.
② 다단분사는 연료를 분할·분사하여 연소 효율이 좋아 진다.
③ 분사 시기를 늦추면 촉매 환원 성분인 HC가 감소 된다.
④ 후 분사 시기를 빠르게 하면 배기가스 온도가 하강한다.

2과목 자동차섀시정비

21 자동변속기 토크컨버터의 스테이터가 정지하는 경우는?
① 터빈 회전속도가 펌프속도 2배 일 때
② 터빈 회전속도가 펌프속도와 같을 때
③ 터빈이 정지하고 있을 때
④ 터빈 회전속도가 펌프속도 3배 일 때

22 자동변속기의 변속 선도에 히스테리시스(hyste-resis) 작용이 있는 이유로 적당한 것은?
① 변속점 설정 시 속도를 감속시켜 안전을 유지하기 위해서
② 감속시 연료의 낭비를 줄이기 위해서
③ 증속될 때 변속점이 일치하지 않는 것을 방지하기 위해서
④ 변속점 부근에서 주행할 경우 변속이 빈번하게 일어나 불안정함을 방지하기 위해서

정답 16 ① 17 ④ 18 ④ 19 ① 20 ② 21 ③ 22 ④

23. 자동차 주행저항을 계산하는 식에서 자동차 중량이 요구되지 않는 요소는?
   ① 공기저항   ② 구배저항
   ③ 가속저항   ④ 구름저항

24. 브레이크 장치에서 전진 시와 후진 시에 모두 자기배력 작용이 발생되는 것으로 옳은 것은?
   ① 듀오서보 브레이크
   ② 리딩슈 브레이크
   ③ 유니서보 브레이크
   ④ 디스크 브레이크

25. 앞 차축과 조향 너클의 설치방식에 대한 설명으로 이다. 보기에서 옳은 것은?
   ① 르모앙형은 킹핀이 앞차축에 고정되고 조향 너클과는 부싱을 사이에 두고 있다.
   ② 역 엘리옷형은 앞차축 윗부분에 조향너클이 설치되며 킹핀이 아래쪽으로 돌출되어 있다.
   ③ 마몬형은 앞차축 아랫부분에 조향 너클이 설치되며 킹핀이 위쪽으로 돌출돼있다.
   ④ 엘리옷형은 앞차축의 양끝 부분이 요크에 조향 너클이 끼워지고 킹핀은 조향 너클에 고정된다.

26. 앞바퀴 정렬 중 토인의 필요성으로 가장 거리가 먼 것은?
   ① 캠버에 의한 토아웃 방지
   ② 앞바퀴의 사이드 슬립과 타이어 마멸 감소
   ③ 조향 시에 바퀴의 복원력을 발생
   ④ 조향 링키지의 마모에 따라 토아웃이 되는 것을 방지

27. 전자제어 현가장치에서 노면의 상태 및 주행조건에 따른 자세 변화에 대하여 제어하는 것과 거리가 먼 것은?
   ① 안티 롤 제어
   ② 안티 피치 제어
   ③ 안티 트램핑 제어
   ④ 안티 바운스 제어

28. 승용차 타이어의 규격이 P205/60R 15 96 H1일 경우 타이어의 단면 높이는?
   ① 223mm   ② 123mm
   ③ 60mm   ④ 23mm

29. 제동력을 더욱 크게 해주는 제동 배력장치 작동의 기본 원리로 적합한 것은?
   ① 동력 피스톤 좌우의 압력차가 커지면 제동력은 감소한다.
   ② 일정한 단면적을 가진 진공식 배력장치에서 기관 내부의 압축압력이 높아질수록 제동력은 커진다.
   ③ 동일한 압력 조건일 때 동력 피스톤의 단면적이 커지면 제동력은 커진다.
   ④ 일정한 동력 피스톤 단면적을 가진 공기식 배력장치에서 압축공기의 압력이 변하여도 제동력은 변하지 않는다.

30. 전자제어 현가장치의 제어 중 급출발 시 노즈업 현상을 방지하는 것은?
   ① 안티 다이브 제어
   ② 안티 롤링 제어
   ③ 안티 피칭 제어
   ④ 안티 스쿼트 제어

정답 23 ① 24 ① 25 ④ 26 ③ 27 ③ 28 ② 29 ③ 30 ④

31 브레이크 오일의 구비조건에 대한 설명으로 옳은 것은?

① 빙점 큰 영향을 주지 않는다.
② 비 윤활성이어야 한다.
③ 점도 지수가 낮아야 한다.
④ 비등점이 높아야 한다.

32 자동변속기 차량에서 크랭킹이 안 되는 원인으로 틀린 것은?

① 인히비터 스위치 커넥터 탈거 시
② 변속레버 D단의 위치 시
③ 킥 다운 스위치 단선 시
④ P, N의 인히비터 스위치의 접점 소손 시

33 전자제어 동력 조향장치의 특성으로 틀린 것은?

① 저속 주행 중에는 조향휠 조작력이 가볍게 된다.
② 동력 조향장치이므로 조향기어는 반드시 필요한 것은 아니다.
③ 스풀밸브 오리피스를 변화시켜 오일 탱크로 복귀하는 오일량을 제어한다.
④ 중속 이상의 차량 속도에서는 감응하여 조향휠 조작력을 변화시킨다.

34 주행 중 차량에 노면으로부터 전달되는 충격이나 진동을 완화하여 바퀴와 노면과의 밀착을 양호하게 하고 승차감을 향상시키는 완충기구로 짝지어진 것은?

① 코일스프링, 토션 바, 타이로드
② 코일스프링, 스태빌라이저, 타이로드
③ 코일스프링, 겹판스프링, 프레임
④ 코일스프링, 겹판스프링, 토션바

35 유압식 브레이크 장치의 브레이크 라인 잔압을 유지하는 목적으로 거리가 먼 것은?

① 캐비테이션과 공동현상 방지
② 브레이크 작동 지연 방지
③ 회로 내의 공기 유입 방지
④ 휠 실린더 내의 오일 누출 방지

36 전자제어 현가장치의 자세제어 중 안티 스쿼트 제어의 주요 입력신호는?

① 조향 휠 각도와 차속 센서
② TPS와 차속 센서
③ 브레이크 스위치와 G-센서
④ 차고 센서와 G-센서

37 조향 핸들의 유격이 커지는 원인으로 틀린 것은?

① 조향 기어 백래시의 조정 불량
② 스티어링 기어의 마모 증대
③ 조향 링키지의 마모
④ 타이어 트레드 마모

38 VDC(vehicle dynamic control) 장치에서 고장 발생 시 제어에 대한 설명으로 틀린 것은?

① 일반적 원칙은 ABS의 고장 시에는 VDC 제어를 금지한다.
② 자동변속기는 현재의 변속 단 보다 다운 변속된다.
③ 솔레노이드 밸브 릴레이를 OFF해야 하는 경우 ABS 페일세이프에 준한다.
④ 해당 시스템만 제어를 금지한다.

정답 31 ④ 32 ③ 33 ② 34 ④ 35 ① 36 ② 37 ④ 38 ②

39 공기식 현가장치에서 벨로스형 공기 스프링 내부의 압력 변화를 완화하여 스프링 작용을 유연하게 해주는 것은?
① 첵 밸브　　② 퀵 릴리스 밸브
③ 서지탱크　　④ 공기압축기

40 유압식 전자제어 현가장치에서 스캔 등을 이용한 강제 구동에 대한 설명으로 옳은 것은?
① 급제동하는 모드로 조작하는 경우 앞축과 뒤축은 모두 hard 쪽으로 제어한다.
② 고속 좌회전 모드로 조작하는 경우 좌측은 올리고 우측은 내리는 제어를 한다.
③ high 모드로 조작하면 차고는 상향제어 되면서 감쇠력은 hard쪽으로 제어된다.
④ 차량속도가 고속모드인 경우 앞축과 뒤축 모두 차고를 올림 제어한다.

43 차체 자세제어 시스템의 요 모멘트 제어와 관련된 사항으로 틀린 것은?
① 자기 진단기를 이용한 강제 구동 시 제어
② 언더 스티어링 시 제어
③ 오버 스티어링 시 제어
④ 요 모멘트의 일정값 이상 발생 시 제어

44 자동차용 컴퓨터 통신 방식 중 CAN(controller area network) 통신에 대한 설명으로 틀린 것은?
① 전기 회로의 이상 유무를 컴퓨터로 점검할 수 있다.
② 차량용 통신으로 적합하나 배선 수는 현저하게 많다.
③ 일종의 자동차 전용 프로토콜로써, 통신 규약에 속한다.
④ 독일 로버트 보쉬사가 국제특허를 취득한 컴퓨터 통신 방식이다.

3과목 자동차 전기·전자장치 정비

41 전압 12V, 출력전류 70A인 자동차용 발전기의 출력(kW)은?
① 0.17kW　　② 0.84kW
③ 0.00kW　　④ 5.83kW

42 전류의 자기작용을 응용한 예를 설명한 것으로 틀린 것은?
① 스타터 모터의 작용
② 릴레이의 작동
③ 시거잭의 발열 작용
④ 솔레노이드의 작동

45 점화 플러그에 카본이 심하게 퇴적되어있는 원인으로 틀린 것은?
① 혼합기가 너무 희박함
② 점화 플러그의 과냉
③ 장시간 저속 주행
④ 연소실에 오일이 올라옴

46 12V-0.3μF, 12V-0.6μF의 축전기를 병렬로 접속하였다. 두 개의 축전기에는 얼마의 전기량이 축전 되는가?
① 11.6 μC　　② 10.8 μC
③ 12.3 μC　　④ 13.9 μC

정답　39 ③　40 ①　41 ②　42 ③　43 ①　44 ②　45 ①　46 ②

47 파워트레인 시스템 점검에서 저항(Ω)을 이용한 네트워크 신호 라인의 CAN점검 내용으로 옳은 것은?

① CAN 버스 라인의 저항은 0Ω이 나타나면 단선이다.
② IG ON 상태에서 CAN 라인의 저항을 측정한다.
③ CAN 버스 라인의 저항은 240Ω이 나타나면 정상이다.
④ IG OFF 상태에서 CAN 라인의 저항을 측정한다.

48 스마트 에어백의 구성부품이 아닌 것은?

① 충돌 감도 센서(crash severity sensor)
② 요 레이트 센서(yaw rate sensor)
③ 프리크러시 센서(pre-crash sensor)
④ 시트 위치 센서(seat position sensor)

49 자동차 에어백에 대한 설명으로 틀린 것은?

① 에어백 시스템은 좌석벨트의 보조 장치로서 운전자를 보호하기 위한 안전 장치이다.
② 자동차가 정면 충돌 시 요레이트 센서가 이를 감지하여 에어백이 작동한다.
③ 에어백 모듈은 가스발생기, 에어백, 클록 스프링 등으로 구성된다.
④ 에어백 경고등은 점화 스위치를 'ON' 시키면 일정 시간 동안 점등되었다가 소등된다.

50 에어백 시스템을 설명한 것으로 옳은 것은?

① 충돌이 생기면 무조건 전개되어야 한다.
② 프리텐셔너는 운전석 에어백이 전개된 후에 작동한다.
③ 에어백 경고등이 계기판에 들어와도 조수석 에어백은 작동된다.
④ 에어백이 전개되려면 충돌감지 센서의 신호가 입력되어야 한다.

51 기동 전동기의 시동 소요 회전력에 대한 설명으로 틀린 것은?

① 압축비가 큰 엔진일수록 소요 회전력은 줄어든다.
② 피니언 잇수가 증가하면 소요 회전력은 커진다.
③ 엔진 회전저항이 증가하면 소요 회전력은 커진다.
④ 플라이휠의 링기어 잇수가 증가하면 소요 회전력은 작아진다.

52 반도체의 장점이 아닌 것은?

① 수명이 길다.
② 내부 전력 손실이 적다.
③ 극히 소형이고 가볍다.
④ 온도 상승 시 기능이 최대화 된다.

53 자동차의 오토 라이트 장치에 사용되는 광전도 셀에 대한 설명 중 틀린 것은?

① 빛이 약할 경우 저항값이 증가한다.
② 광전소자의 저항값은 빛의 조사량에 비례한다.
③ 황화카드뮴을 주성분으로 한 소자이다.
④ 빛이 강할 경우 저항값이 감소한다.

정답 47 ④ 48 ② 49 ② 50 ④ 51 ① 52 ④ 53 ③

54 자동차 데이터 통신 중에 하나의 선이라도 단선되면 두 배선의 차등 전압을 알 수 없어 통신 불량이 발생하는 통신 방식은?

① M-CAN 통신
② B-CAN 통신
③ C-CAN 통신
④ F-CAN 통신

55 차량으로부터 탈거된 에어백 모듈이 외부 전원으로 인해 폭발(전개)되는 것을 방지하는 구성품은?

① 단락 바
② 클럭 스프링
③ 방폭 콘덴서
④ 인플레이터

56 엔진이 고전압 배터리의 충전에만 사용되고 동력 전달용으로는 사용되지 않는 하이브리드차의 형식은?

① 직·병렬형
② 병렬형
③ 복합형
④ 직렬형

57 TXV 방식의 냉동사이클에서 팽창밸브는 어떤 역할을 하는가?

① 고온 고압의 기체 상태의 냉매를 냉각시켜 액화시킨다.
② 냉매를 팽창시켜 고온 고압의 기체로 만든다.
③ 냉매를 팽창시켜 저온 저압의 무화 상태 냉매로 만든다.
④ 냉매를 팽창시켜 저온 고압의 기체로 만든다.

58 전압과 전류 그리고 저항에 대한 설명으로 틀린 것은?

① 반도체의 경우 온도가 높아지면 저항이 상승한다.
② 저항이 크고, 전압이 낮을수록 전류는 적게 흐른다.
③ 도체의 단면적이 클수록 저항은 낮아진다.
④ 도체의 경우 온도가 높아지면 저항은 높아진다.

59 냉방장치의 구성품으로 압축기로부터 들어온 고온고압의 기체 냉매를 냉각시켜 액체로 변환시키는 장치는?

① 증발기
② 응축기
③ 건조기
④ 팽창밸브

60 고압축비 고속기관에 사용되는 점화 플러그는?

① 열형
② 냉형
③ 중간형
④ 초열형

정답 54 ③ 55 ① 56 ④ 57 ③ 58 ① 59 ② 60 ②

4과목 친환경 자동차정비

61 하이브리드 자동차의 컨버터(Converter)와 인버터(Inverter)의 전기 특성 표현으로 옳은 것은?

① 컨버터(Converter) : AC에서 DC로 변환, 인버터(Inverter) : DC에서 AC로 변환
② 컨버터(Converter) : DC에서 AC로 변환, 인버터(Inverter) : AC에서 DC로 변환
③ 컨버터(Converter) : AC에서 AC로 변환, 인버터(Inverter) : DC에서 DC로 변환
④ 컨버터(Converter) : DC에서 DC로 변환, 인버터(Inverter) : AC에서 AC로 변환

62 전기 자동차 고전압 배터리의 안전 플러그에 대한 설명으로 옳지 않은 것은?

① 고전압 장치 정비 전 제거해야 한다.
② 일부는 플러그 내부에 고용량 퓨즈가 내장되어 있다.
③ 제거 시 고전압 배터리 내부 회로 연결을 차단한다.
④ 전기 자동차의 주행속도를 제한한다.

63 수소차의 열관리 시스템(thermal management system, TMS)의 COD(cathode Oxygen depletion) 히터의 기능이 아닌 것은?

① 주행 중 스택의 불필요한 전류를 소모하여 부품을 보호한다.
② 최초 시동 시 냉각수 온도를 높여 준다.
③ 고전압 시스템을 차단한다.
④ 급속으로 고전압을 소진시킨다.

64 연료 전지 자동차의 모터 컨트롤 유닛(MCU)의 설명으로 옳지 않은 것은?

① 감속 시 모터에 의해 생성된 회생 제동 에너지는 주행가능 거리를 증가시킨다.
② 인버터는 모터를 구동에 필요한 교류 전류와 고전압 배터리의 교류 전류를 변환한다.
③ 고전압 배터리의 직류 전원을 3상 교류 전원으로 변환하여 모터를 구동한다.
④ 인버터는 연료 전지 자동차의 모터를 구동한다.

65 전기 자동차의 에너지 소비효율을 구하는 식으로 옳은 것은?

① $\dfrac{1회\ 충전\ 주행거리(km)}{차량주행\ 시\ 소요된\ 전기에너지\ 충전량(kWh)}$

② $\dfrac{차량주행\ 시\ 소요된\ 전기에너지\ 충전량(kWh)}{1회\ 충전\ 주행거리(km)}$

③ $1 + \dfrac{1회\ 충전\ 주행거리(km)}{차량주행\ 시\ 소요된\ 전기에너지\ 충전량(kWh)}$

④ $1 - \dfrac{1회\ 충전\ 주행거리(km)}{차량주행\ 시\ 소요된\ 전기에너지\ 충전량(kWh)}$

66 친환경 자동차 연료 중 풍부한 천연가스와 석탄, 나무로 제조할 수 있으며, 옥탄가가 매우 높기에 고압축 기관의 자동차에 적합한 성분으로 옳은 것은?

① 에틸렌클리콜
② 에탄올
③ 바이오 디젤
④ 폴리에스테르

정답 61 ① 62 ④ 63 ① 64 ② 65 ① 66 ②

67 하이브리드 자동차의 EV모드 운행 중 보행자 안전을 위하여 차량 근접 경고를 하기 위한 장치는?

① 파킹 주차 경보 장치
② 보행자 경로 이탈 장치
③ 긴급 제동 경보 장치
④ 가상 엔진 사운드 장치

68 전기 자동차에 쓰이는 리튬-이온 배터리의 일반적인 특징이 아닌 것은?

① 다소 높은 출력밀도를 갖고 있다.
② 열관리와 동시에 전압관리가 필요하다.
③ 과충전 현상이나 과방전 현상에 민감하다.
④ 셀당 전압이 대체로 낮다.

69 차세대 연료인 수첨 바이오 연료(HVO)와 관계 없는 것은?

① HVO는 팜유를 사용하여 만든다.
② HVO는 식물성 유지를 활용한다.
③ HVO는 가솔린과 유사한 연료이다.
④ HVO는 수소화 반응으로 전환하여 만든다.

70 하이브리드 자동차에 쓰이는 전기장치를 정비하는 데 있어 반드시 지켜야할 안전사항으로 옳지 않은 것은?

① 하이브리드 컴퓨터 커넥터를 분리하고 정비한다.
② 서비스 플러그(안전 플러그)를 제거한다.
③ 고전압 전원 차단 후 일정 시간이 경과 후 작업한다.
④ 전류 규정에 맞는 절연장갑을 착용한다.

71 전기 자동차의 고전압 배터리 충전에 관한 내용으로 옳지 않은 것은?

① 하이브리드 자동차는 HSG(hybrid starter generator)를 통해 충전된다.
② 급속충전은 외부 급속 충전건을 연결하면, 바로 고전압 배터리로 충전된다.
③ 주행 중 충전기술은 회생제동과 연료전지 스택 작동이다.
④ 완속충전은 3상 AC 전압이 OBC를 거쳐 고전압 배터리로 충전된다.

72 하이브리드 자동차의 고전압 계통을 점검하기 위해 선행해야 할 작업으로 옳지 않은 것은?

① 인버터로 입력되는 고전압 (+), (-) 전압 측정 시 규정 값 이하 여부를 확인한다.
② 점화 스위치를 OFF하고 보조 배터리 (12V)의 (-)케이블을 반드시 분리한다.
③ 고전압 배터리에 적용된 안전 플러그를 제거한 후 최소 5분 이상 대기한다.
④ 고전압 배터리 용량(SOC)을 20% 이하로 방전시켜야 한다.

73 다음 중 친환경 자동차 고전압 배터리의 모니터링 및 제어 부품으로 옳은 것은?

① CLUM
② CCM
③ BMS
④ CMU

정답 67 ④ 68 ① 69 ③ 70 ① 71 ② 72 ④ 73 ③

74. HPCU(Hybrid Power Control Unit)에 관한 설명으로 옳은 것은?
   ① HCU, MCU, LDC 통합 제어기다.
   ② 제동 유압 발생, 회생제동 협조 제어 유닛이다.
   ③ 하이브리드차의 공조 장치에 속한다.
   ④ OBC를 포함하고 있는 완속 충전 제어 박스이다.

75. 수소 연료전지 자동차에서 연료전지에 수소가 공급되지 않거나, 수소 압력이 낮은 상태일 때 예상되는 원인이 아닌 것은?
   ① 수소 차단 밸브 미작동
   ② 수소 차단 밸브 전단 압력 낮음
   ③ 수소 공급 밸브 미작동
   ④ 수소 차단 밸브 전단 압력 높음

76. 전기자동차 정비 시 고전압 무력화 작업에 관한 내용으로 적당하지 않은 것은?
   ① 고전압 캐패시터를 분리하여 정전용량을 차단한다.
   ② 절연 장갑 등 개인 보호 장비를 착용한다.
   ③ 시동키 또는 시동 버튼을 끈다.
   ④ 저전압 보조 배터리의 고전압쪽 (+)단자를 분리한다.

77. 저전압 직류 변환 장치(LDC)에 대한 내용 중 옳지 않은 것은?
   ① 보조 배터리(12V)를 충전한다.
   ② 전기 자동차의 가정용 충전기 전원을 공급한다.
   ③ DC 약 360V 고전압을 DC 약 12V로 변환한다.
   ④ 저전압 전기장치 부품의 전원을 공급한다.

78. 전기자동차 BMS(Battery Management System) 주요 기능에 해당하지 않는 것은?
   ① 다스(DAS) 제어
   ② 냉각 제어
   ③ 고전압 릴레이 제어
   ④ 셀 밸런싱 제어

79. 전기 자동차의 감속기 오일과 연계하여 점검 시, 주행 가혹 조건이 아닌 것은?
   ① 통상적 운전 조건으로 주행한다.
   ② 짧은 거리를 반복해서 주행한다.
   ③ 고속 주행의 빈도가 높게 주행한다.
   ④ 모래 먼지가 많은 지역을 주행한다.

80. 자동차용 내압용기 안전에 관한 규정상 압축 수소가스 내압용기에 대한 설명에서 ( )안에 들어갈 내용으로 옳은 것은?

   > 용기내의 가스압력 또는 가스양을 나타낼 수 있는 압력계, 연료계를 운전석에서 설치해야 하며, 압력계는 사용압력의 ( )의 최고 눈금이 있는 것으로 한다.

   ① 0.1 배 이상 1.0 배 이하
   ② 1.5 배 이상 2.0 배 이하
   ③ 2.1 배 이상 2.5 배 이하
   ④ 1.1 배 이상 1.5 배 이하

정답 74 ③ 75 ④ 76 ① 77 ② 78 ① 79 ① 80 ④

1과목 자동차엔진정비

01 출력 70kW의 엔진을 1분간 운전했을 때 제동출력이 전부 열로 바뀐다고 가정하면 몇 kJ 인가?

① 4200kJ
② 4500kJ
③ 5200kJ
④ 5500kJ

02 디젤 엔진의 연료 분사량 측정 결과, 최대 분사량이 27cc, 최소 분사량이 26cc, 평균 분사량이 26cc라면, 플러스(+) 불균율은?

① 약 1.9%
② 약 4.2%
③ 약 3.8%
④ 약 2.4%

03 전자제어 연료 분사장치에서 연료가 완전연소하기 위한 이론공연비와 가장 밀접한 관계가 있는 것은?

① 공기와 연료의 산소비
② 공기와 연료의 중량비
③ 공기와 연료의 부피비
④ 공기와 연료의 원소비

04 가솔린 기관의 압축압력 시험한 결과, 규정 값보다 낮게 나오는 원인으로 옳지 않은 것은?

① 실린더 헤드 개스킷 파손
② 실린더 벽과 피스톤 링의 마모
③ 밸브 시트의 불량
④ 실린더 내 이물질(카본) 누적

05 가솔린 기관 연료의 발열량에 대한 설명 중 증발열이 포함되지 않은 경우의 발열량으로 가장 적정한 것은?

① 연료와 산소가 혼합하여 완전연소 시 발생하는 저위 발열량을 말한다.
② 연료와 산소가 혼합하여 예연소시 발생하는 고위 발열량을 말한다.
③ 연료와 수소가 혼합하여 예연소시 발생하는 저위 발열량을 말한다.
④ 연료와 질소가 혼합하여 완전연소 시 발생하는 고위 발열량을 말한다.

06 전자제어 디젤기관에서 저압 라인의 저압 펌프 점검 방법으로 옳은 것은?

① 기계식 저압 펌프 - 전압 측정
② 기계식 저압 펌프 - 중압 측정
③ 전기식 저압 펌프 - 정압 측정
④ 전기식 저압 펌프 - 부압 측정

정답 01 ③ 02 ③ 03 ② 04 ④ 05 ① 06 ③

07 자동차 기관에서 피스톤 구비조건이 아닌 것은?

① 무게가 가벼워야 한다.
② 내마모성이 좋아야 한다.
③ 열의 보온성이 좋아야 한다.
④ 고온에서 강도가 높아야 한다.

08 과급 장치(turbo charger)의 장점과 관계없는 것은?

① 출력이 증가하여 가속성이 향상된다.
② 총배기량의 변화 없이 엔진 출력 향상을 실현한다.
③ 충진 효율 감소로 연비효율이 향상된다.
④ CO, HC, Nox 등 유해 배기가스가 감소한다.

09 예연소실식 디젤기관의 장점으로 맞는 것은?

① 시동 시 예열이 필요 없다.
② 사용 연료 변화의 민감도가 매우 낮다.
③ 연소실 표면 냉각 손실이 작다.
④ 연료 소비율이 낮다.

10 수냉식 냉각 방식의 엔진 과열 원인으로 옳지 않은 것은?

① 라디에이터 코어가 40% 막힘
② 워터 재킷과 라인 내에 스케일이 많음
③ 워터 펌프 구동 벨트의 장력이 매우 큼
④ 수온 조절기가 닫힌 상태로 고장 남

11 피스톤 슬랩(Piston slap)에 관한 설명으로 관계가 먼 것은?

① 오프셋 피스톤(offset piston)에서 잘 일어난다.
② 피스톤 간극이 너무 크면 발생한다.
③ 주기적인 오일 교환으로 예방할 수 있다.
④ 피스톤 운동 방향이 바뀔 때 실린더 벽으로의 충격이다.

12 가솔린 에진의 점화 파형에서 파워 TR(트랜지스터)의 통전 시간을 의미하는 구간은?

① 전원 전압 구간
② 점화 구간
③ 피크(peak) 전압 구간
④ 드웰 구간

13 디젤기관의 연료공급 장치에서 연료공급 펌프로부터 연료가 공급되나 분사펌프로부터 연료가 송출되지 않거나 불량한 원인으로 틀린 것은?

① 연료여과기 및 분사펌프에 공기 유입
② 플런저와 플런저배럴의 간극 과대
③ 조속기 스프링의 장력 약화
④ 연료여과기의 여과망이 막힘

정답 07 ③ 08 ③ 09 ② 10 ③ 11 ② 12 ④ 13 ③

14 과급장치 이상 여부를 점검하고 수리가능 여부를 확인하는 절차 중 교환 판정을 해야 하는 것은?

① 액추에이터 로드 세팅 마크 일치 불량
② 과급장치와 배기 매니폴드 사이의 개스킷 기밀 불량
③ 컴프레서 하우징 사이의 'o'링 또는 개스킷 손상
④ 과급장치의 액추에이터 연결 불량

15 전자제어 가솔린 기관에서 냉각 수온에 따른 연료증량 보정 신호로 사용하는 냉각수 온도를 직접적으로 감지하는 것은?

① 수온 스위치
② 수온 조절기
③ 수온 센서
④ 수온 게이지

16 밸브 오버랩에 대한 설명으로 옳지 않은 것은?

① 밸브 오버랩을 통한 내부 EGR 제어가 가능하다.
② 밸브 오버랩은 상사점과 하사점 부근에서 발생한다.
③ 공회전 영역에서는 밸브 오버랩을 최소화 한다.
④ 흡·배기 밸브가 동시에 열려 있는 상태이다.

17 엔진에서 밸브 가이드 실이 손상되었을 때 발생할 수 있는 현상으로 가장 타당한 것은?

① 엔진 소음 저하
② 냉각수 오염
③ 압축 압력 저하
④ 백색 배기가스 배출

18 전자제어 디젤 엔진에서 연료 필터의 가열장치가 작동하는 연료 온도(℃)로 적절한 것은?

① 약 30℃　　② 약 15℃
③ 약 10℃　　④ 약 0℃

19 칼만 와류식 흡입공기량 센서를 이용한 전자제어 가솔린 엔진이 고지에서 대기압 센서를 사용하는 이유는?

① 점화 시기 보정
② 습도 희박 보정
③ 연료 압력 보정
④ 산소 희박 보정

20 전자제어 가솔린 기관에서 사용되는 센서 중 흡기온도 센서(ATS)에 대한 내용으로 틀린 것은?

① NTC형 서미스터를 주로 사용한다.
② 흡입공기량과 함께 기본 분사량을 결정하게 한다.
③ 흡기온도가 낮을수록 공연비는 증가된다.
④ 온도에 따라 달라지는 흡입 공기 밀도 차이를 보정 한다.

정답　14 ③　15 ③　16 ②　17 ④　18 ④　19 ①　20 ②

2과목 자동차섀시정비

21 연속 가변 변속기(continuously variable transmission)에 대한 설명으로 틀린 것은?

① 가속 성능을 향상시킬 수 있다.
② 변속비가 연속적으로 이루어지는 것은 아니다.
③ 변속단에 의한 기관의 토크변화가 없다.
④ 최적의 연료소비곡선에 근접해서 운행한다.

22 자동변속기 주행 패턴 제어에서 주행 중 가속 페달에서 발을 떼면 증속 변속선을 지나 고속 기어로 변속되는 방식으로 옳은 것은?

① 오버 드라이브(over drive)
② 킥 업(kick up)
③ 킥 다운(kick down)
④ 리프트 풋 업(lift foot up)

23 6단 변속 더블 클러치 변속기(DCT)의 주요 구성품이 아닌 것은?

① 토크컨버터
② 더블 클러치
③ 기어 액추에이터
④ 클러치 액추에이터

24 현가장치에서 텔레스코핑형 쇽업쇼버에 대한 설명으로 옳지 않은 것은?

① 비교적 짧고 굵은 형태의 실린더가 주로 쓰인다.
② 단동식과 복동식이 있다.
③ 진동을 흡수하여 승차감을 향상시킨다.
④ 내부에 실린더와 피스톤이 있다.

25 유체 클러치와 토크 변환기의 설명 중 틀린 것은?

① 유체 클러치의 효율은 속도비 증가에 따라 직선적으로 변화되나, 토크 변환기는 곡선으로 표시한다.
② 토크 변환기는 스테이터가 있고, 유체 클러치는 스테이터가 없다.
③ 토크 변환기는 자동변속기에 사용된다.
④ 유체 클러치에는 원 웨이 클러치 및 록업 클러치가 있다.

26 자동변속기에서 댐퍼클러치 솔레노이드 밸브(DCCSV) 작동을 위한 입력 신호가 아닌 것은?

① 유온 센서
② 가속 페달 스위치
③ 모터 위치 센서
④ 스로틀 위치 센서

27 현가장치에서 드가르봉식 쇽업소버의 설명으로 가장 거리가 먼 것은?

① 질소가스가 봉입되어 있다.
② 오일실과 가스실이 분리되어 있다.
③ 오일에 기포가 발생하여도 충격 감쇠효과가 저하하지 않는다.
④ 쇽업소버의 작동이 정지되면 질소가스가 팽창하여 프리 피스톤의 압력을 상승시켜 오일 챔버의 오일을 감압한다.

정답 21 ② 22 ④ 23 ① 24 ① 25 ④ 26 ③ 27 ④

28. 조향기어의 방식 중 바퀴를 움직이면 조향 핸들이 움직이는 것으로 각부의 마멸이 적고 복원성은 좋으나 조향 핸들을 놓치기 쉬운 방식으로 옳은 것은?

① 4/3가역식
② 비가역식
③ 반가역식
④ 가역식

29. 전자제어 현가장치에서 안티 스쿼트(Anti-squat) 제어의 기준신호로 사용되는 센서는?

① 프리뷰 센서 신호
② G 센서 신호
③ 브레이크 스위치 신호
④ TPS 센서 신호

30. 전자제어 현가장치 관련 자기진단기 초깃값 설정에서 차량 제원 입력과 분류에 대한 설명으로 옳지 않은 것은?

① 차량 정식 명칭의 차종 선택
② 차량 제조사 선택
③ 해당 세부 모델 선택
④ 진단기 본체와 케이블 결합

31. 조향 핸들을 2바퀴 돌렸을 때 피트먼 암이 90° 움직였다. 조향기어비는?

① 6 : 1
② 7 : 1
③ 8 : 1
④ 9 : 1

32. 스프링 정수가 7kgf/mm인 코일 스프링을 3cm 압축하는 데 필요한 힘(kgf)은?

① 2.1kgf
② 21kgf
③ 210kgf
④ 2100kgf

33. 유압식 동력조향장치의 오일펌프 압력시험에 대한 설명으로 틀린 것은?

① 유압회로 내의 공기빼기 작업을 반드시 실시해야 한다.
② 엔진의 회전수를 약 1000±100rpm으로 상승시킨다.
③ 시동을 정지한 상태에서 입력을 측정한다.
④ 컷오프 밸브를 개폐하면서 유압이 규정값 범위에 있는지 확인한다.

34. 차량 주행 중 조향 핸들이 한쪽으로 쏠리는 원인으로 옳지 않은 것은?

① 뒤 차축 차량의 중심선에 대하여 직각 불일치
② 휠 얼라인먼트 조정 불량
③ 좌우 타이어 공기압 불균형
④ 파워펌프 구동 밸트 장력 불량

35. 전동식 동력 조향장치(Motor Driven Power Steering) 시스템에서 정차 중 핸들 무거움 현상의 발생 원인이 아닌 것은?

① 전동식 동력 조향장치의 CAN 통신선 단선
② 전동식 동력 조향장치의 컨트롤 유닛측 통신 불량
③ 전동식 동력 조향장치의 타이어 공기압 과다 주입
④ 전동식 동력 조향장치의 컨트롤 유닛측 배터리 전원공급 불량

정답 28 ④ 29 ④ 30 ④ 31 ④ 32 ③ 33 ③ 34 ④ 35 ③

36 휠 스피드 센서 파형 점검 시 가장 유용한 장비는?

① 회전계
② 멀티테스터기
③ 오실로스코프
④ 전류계

37 전자제어 현가장치(ECS) 기능 중 엑스트라 하이(EX-Hi) 선택 시 작동하지 않는 장치는?

① 컴프레서
② 앞 공급 밸브
③ 뒤 공급 밸브
④ 감쇠력 조절 스텝 모터

38 디스크 브레이크에 관한 설명으로 틀린 것은?

① 캘리퍼와 디스크를 함께 설치한다.
② 회전하는 디스크에 패드를 압착시키게 되어 있다.
③ 대부분의 경우 자기 작동기구로 되어 있지 않다.
④ 브레이크 편 제동 현상이 드럼 브레이크보다 많다.

39 유체 클러치의 스톨 포인트에 대한 설명으로 옳지 않은 것은?

① 속도비가 "0"일 때를 의미한다.
② 스톨 포인트에서 효율이 최대가 된다.
③ 펌프는 회전하나 터빈이 회전하지 않는 상태이다.
④ 스톨 포인트에서 토크비가 최대가 된다.

3과목 자동차 전기·전자장치 정비

40 전자식 제동분배(EBD, electronic brake-force distribution) 장치에 대한 설명으로 틀린 것은?

① 기존의 프로포셔닝 밸브에 비하여 제동거리가 증가된다.
② 뒷바퀴 제동압력을 연속적으로 제어함으로써 스핀현상을 방지한다.
③ 프로포셔닝 밸브를 설치하지 않아도 된다.
④ 뒷바퀴의 유압을 좌우 각각 독립적으로 제어가 가능하므로 선회하면서 제동할 때 안정성이 확보된다.

41 에어컨 자동온도조절장치(FATC)에서 제어모듈의 출력요소로 틀린 것은?

① 블로어 모터
② 에어컨 릴레이
③ 핀서모 센서
④ 믹스도어 액추에이터

42 승용 자동차의 기동 전동기 작동 원리에 적용된 법칙으로 옳은 것은?

① 렌츠의 법칙
② 앙페르 법칙
③ 플레밍의 왼손 법칙
④ 플레밍의 오른손 법칙

정답 36 ③ 37 ④ 38 ④ 39 ② 40 ① 41 ③ 42 ③

43 공기조화장치에서 저압과 고압 스위치로 구성되어 있으며, 리시버 드라이어에 주로 장착되어 있는데 컴프레셔의 과열을 방지하는 역할을 하는 스위치는?

① 듀얼 압력 스위치
② 콘덴서 압력 스위치
③ 어큐물에이터 스위치
④ 리시버 드라이어 스위치

44 자동차 편의장치 중 이모빌라이저 시스템에 대한 설명으로 옳지 않은 것은?

① 이모빌라이저 적용 차량은 일반 키 복사 사용이 불가능하다.
② 등록된 키가 아니면 시동되지 않는다.
③ 시동키 내부에는 전자 칩이 내장되어 있다.
④ 통신 안전성이 높은 CAN 통신을 사용한다.

45 코일에 전류를 인가했을 때 즉시 자력을 형성하지 못하고 전류 일부가 열로 방출되는 현상을 무엇이라 하는가?

① 자기유도 현상
② 자기포화 현상
③ 자기이력 현상
④ 자기과도 현상

46 SBW(Shift By Wire)가 적용된 차량에서 중속(60km/h) 주행 중 스로틀 포지션 센서 또는 SBW 액추에이터가 고장 났을 때, 변속 제어 방법으로 옳은 것은?

① 브레이크를 제어하여 차량을 정차시킨다.
② 주행 중 변속 단 상태를 유지한다.
③ N단으로 제어되어 정차시킨다.
④ 경보음을 울리며 엔진 출력을 제어한다.

47 충전장치에서 점화스위치를 ON(IG1) 했을 때 발전기 내부에서 자석이 되는 것은?

① 로터
② 스테이터
③ 정류기
④ 전기자

48 타이어 공기압 경보장치(TPMS)의 경고등이 점등될 때 우선 조치해야 할 사항으로 옳은 것은?

① 타이어 적정 공기주입
② ECU 교환 후 기억소거
③ ECU 재등록
④ TPMS 교환

49 네트워크 회로 CAN 통신에서 이래의 같이 A제어기와 B제어기 사이 통신선이 단선되었을 때, 자기 진단 점검 단자에서 CAN 통신 라인의 저항을 측정하였을 때 측정 저항은?

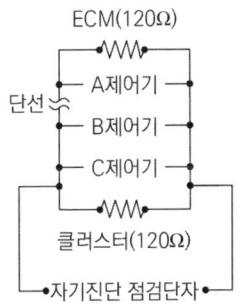

① 60Ω
② 120Ω
③ 200Ω
④ 240Ω

50 기동 전동기에 적용된 플레밍의 왼손법칙에서 엄지손가락 방향으로 회전하는 부품으로 옳은 것은?

① 로터
② 계자 코일
③ 전기자
④ 스테이터

51 자동차에 쓰이는 통신의 종류에 대한 설명이다. 옳지 않은 것은?

① 직렬통신 방식은 CAN과 LIN 통신이다.
② 멀티 마스터(Multi Master) 방식은 LIN과 K라인 통신이다.
③ CAN 통신은 멀티 마스터(Multi Master) 방식이다.
④ MOST 통신은 동기 통신 방식이다.

52 주행 계기판의 온도계가 작동하지 않을 경우 점검을 해야 할 곳은?

① 공기유량센서
② 냉각수온센서
③ 에어컨 압력센서
④ 크랭크포지션센서

53 자동차에서 CAN 통신 시스템의 특징이 아닌 것은?

① HS CAN(500kbit/s) 통신 회로의 종단저항의 합은 60Ω이다.
② 각각의 모듈간의 통신이 가능하다.
③ 싱글 마스터(single master) 방식이다.
④ 일방향 통신이 아닌 양방향 통신이다.

54 누설전류를 측정하기 위해 12V 배터리 접지(−)단자를 제거하고 절연체의 저항을 측정하였더니 1MΩ 이었다. 누설전류는?

① 0.012mA   ② 0.018mA
③ 0.020mA   ④ 0.024mA

55 첨단 운전자 보조 시스템(ADAS)에서 센서 진단 시 "사양 설정 오류 DTC 발생" 고장의 정비 방법으로 옳은 것은?

① 해당 센서 신품 교체
② 베리언트 코딩 실시
③ 시스템 초기화
④ 해당 옵션 재설정

56 전기회로에서 전압강하의 설명으로 틀린 것은?

① 불완전한 접촉은 저항의 증가로 전장품에 인가되는 전압이 낮아진다.
② 저항을 통하여 전류가 흐르면 전압강하가 발생하지 않는다.
③ 전류가 크고 저항이 클수록 전압강하도 커진다.
④ 회로에서 전압강하의 총합은 회로에 공급 전압과 같다.

57 자동차 전조등 시험 전 준비사항으로 옳지 않은 것은?

① 배터리 충전 상태 및 성능을 확인한다.
② 적재된 것이 없는 공차상태에서 측정한다.
③ 타이어 공기압력이 적정 공기압인지 확인한다.
④ 시험기의 상하 조정다이얼을 '0'으로 한다.

정답 50 ③ 51 ② 52 ② 53 ③ 54 ④ 55 ② 56 ② 57 ②

58 다음 병렬회로의 합성저항(Ω) 값은?

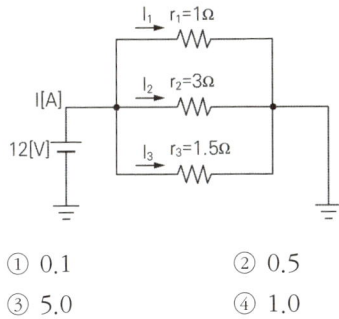

① 0.1
② 0.5
③ 5.0
④ 1.0

59 테스트 램프를 이용한 12V 전장 회로 점검에 대한 설명으로 틀린 것은?

① 60W 전구가 장착된 테스트 램프로 (+)전원을 이용하여 전동냉각팬 작동 시험이 가능하다.
② 60W 전구가 장착된 테스트 램프로 (+)전원을 ECU에 인가한다고 해서 ECU가 손상되지는 않는다.
③ 동일한 규격의 테스트 램프를 연결하여 6V 전원을 만들 수 있다.
④ 다이오드가 장착된 테스트 램프는 (+)전원을 이용하여 전동냉각팬 작동 시험이 불가능하다.

60 차량의 전기배선 방식에서 복선식 사용에 대한 내용으로 틀린 것은?

① 접촉 불량 방지
② 전조등 회로에 사용
③ 큰 전류가 흐르는 회로에 사용
④ 전압 강하량의 증가

4과목 친환경 자동차정비

61 전기자동차의 고속도로 주행 보조(HDA, Highway Driving Assist) 장치가 해제되는 조건으로 틀린 것은?

① 휴게소 진입시 또는 톨게이트 약 500m 전·후
② 브레이크 페달 작동 시
③ 운전자가 직접 방향지시등을 점등했을 경우
④ 운전자가 핸들에서 손을 떼었을 경우

62 다음 중 친환경 자동차 고전압 배터리가 열 및 이상 증상으로 부풀었을 때 안전 S/W 눌려 작동함으로써, 안전에 대비한 장치로 옳은 것은?

① MOP
② OPU
③ PTC
④ VPD

63 연료전지 자동차에서 수소 라인 및 수소탱크 누출 상태 점검에 대한 설명으로 옳은 것은?

① 소량 누설의 경우 차량 시스템에서 감지할 수 없다.
② 라인과 탱크 누출점검은 감지기 또는 감지액으로 점검한다.
③ 수소 누출 포인트별로 감지 센서가 있어 별도 누설 점검은 필요 없다.
④ 압력이 형성되는 연료전지 시스템 작동 중에만 측정한다.

정답 58 ② 59 ③ 60 ④ 61 ④ 62 ④ 63 ②

64. 메탄을 주성분으로 하는 석유계 연료 중에서 탄소량이 가장 적어 환경친화적 연료 자동차로 가장 적당한 것은?

① 하이브리드 자동차
② 에탄올 자동차
③ 연료전지 자동차
④ 천연가스 자동차

65. 하이브리드 스타터 제너레이터(HSG)의 기능으로 옳지 않은 것은?

① 소프트 랜딩 제어
② 차량 속도 제어
③ 엔진 시동 제어
④ 발전 제어

66. 전기 자동차의 공조 장치 중 히트 펌프에 대한 설명으로 옳지 않은 것은?

① 전동형 BLDC 블로어 모터 사용
② 전용 냉동유(POE, Polyol Esters Oil) 주입
③ 이베퍼레이터 온도 센서에 PTC형 사용
④ 온도 센서 점검 시 저항(Ω) 측정

67. 리튬이온 고전압 배터리 셀(Cell)의 주요 구성 요소에 해당하지 않는 것은?

① 양극
② 분리막
③ 모듈
④ 전해질

68. 모터 컨트롤 유닛(MCU, Motor Control Unit)에 대한 설명으로 옳지 않은 것은?

① 3상 교류(AC) 전원(전력)으로 구동 모터를 구동시킨다.
② 구동 모터에서 발생한 DC 전압을 AC 전압으로 바꾸어 고전압 배터리를 충전한다.
③ 가속 시에 고전압 배터리에서 구동 모터로 전력을 추가로 공급한다.
④ 고전압 배터리의 DC 전압을 구동 모터의 구동을 위해 AC 전압으로 바꾼다.

69. 수소차의 수소 저장탱크 교환 주기로 맞는 것은?

① 15년 또는 2000회 충전 이후 교환한다.
② 15년 또는 3000회 충전 이후 교환한다.
③ 15년 또는 4000회 충전 이후 교환한다.
④ 15년 또는 5000회 충전 이후 교환한다.

70. 연료 전지의 효율(η)을 구하는 식은?

① $\eta = \dfrac{1mol의\ 연료가\ 생성하는\ 전기에너지}{생성\ 엔트로피}$

② $\eta = \dfrac{10mol의\ 연료가\ 생성하는\ 전기에너지}{생성\ 엔탈피}$

③ $\eta = \dfrac{10mol의\ 연료가\ 생성하는\ 전기에너지}{생성\ 엔트로피}$

④ $\eta = \dfrac{1mol의\ 연료가\ 생성하는\ 전기에너지}{생성\ 엔탈피}$

정답 64 ④ 65 ② 66 ③ 67 ③ 68 ② 69 ④ 70 ④

71 연료전지 자동차의 구동 모터 냉각 시스템의 구성품이 아닌 것은?

① 냉각수 라디에이터
② 전장 냉각수
③ 전자식 워터 펌프
④ 냉각수 필터

72 다음 중 전기자동차의 단점으로 가장 적당한 것은?

① 오일 교환과 같은 주기성 교환 품목이 많다.
② 주유 시간보다 충전 시간이 짧다.
③ 혹서기에 배터리 성능이 저하된다.
④ 운행 시 유해 가스 배출이 조금은 발생한다.

73 전기 자동차의 충전식 에너지 저장장치(RESS)에 충전된 전기 에너지를 소비하며 자동차를 운전하는 모드는?

① CD 모드
② PTP 모드
③ HWFET 모드
④ CS 모드

74 다음에서 말하는 전기 자동차 제어 시스템의 역할로 옳은 것은?

> 이것은 배터리 보호를 위한 입출력 에너지 제한값을 산출하여 차량 제어기로 정보를 제공한다.

① 파워 제한 기능
② 급속 충전 기능
③ 냉각 제어 기능
④ 정속 주행 기능

75 전기자동차의 기본 구조에 해당하지 않는 것은?

① 고전압 정션 박스
② OBC(On-Board Charger)
③ 구동모터
④ 제어유닛

76 환경친화적 자동차의 요건 등에 관한 규정에서 일반 하이브리드차에 사용하는 구동 축전지의 공칭전압 기준은?

① 교류 220V 초과
② 교류 60V 초과
③ 직류 60V 초과
④ 직류 220V 초과

77 하이브리드 자동차의 동력제어 장치에서 모터의 회전속도와 회전력을 자유롭게 제어할 수 있도록 직류를 교류로 변환하는 장치는?

① 컨버터
② 레졸버
③ 인버터
④ 커패시터

78 전기 자동차에서 2차전지 고전압 리튬이온배터리의 양극재로 사용되는 화합물이 아닌 것은?

① $LiTi_2O_2$
② $LiNiMnCO_2$
③ $LiMn_2O_4$
④ $LiCoO_2$

정답 71 ④ 72 ③ 73 ① 74 ① 75 ② 76 ③ 77 ③ 78 ①

79 하이브리드 시스템을 제어하는 컴퓨터의 종류가 아닌 것은?

① 모터 컨트롤 유닛(Motor Control Unit)
② 하이드로릭 컨트롤 유닛(Hydaulic Control Unit)
③ 배터리 콘트롤 유닛(Battery Control Unit)
④ 통합제어 유닛(Hybrid Control Unit)

80 하이브리드 자동차에서 모터 내부의 로터 위치 및 회전수를 감지하는 것은?

① 레졸버
② 커패시터
③ 액티브 센서
④ 스피드 센서

정답 79 ② 80 ①

memo

제1과목 자동차엔진정비

01 지압선도(Indicator diagram)에 대한 설명으로 옳지 않은 것은?

① 지압선도로 엔진의 출력과 연소 상태를 연구한다.
② 피스톤의 압력변화에 따른 변화를 나타낸 것이다.
③ 실린더 내의 온도 변화를 기록한 것이다.
④ 실린더 내의 체적(부피) 변화를 나타낸 것이다.

02 전자제어 가솔린 기관에서 운전 상태에 따른 연료 분사량을 결정하는 주요 데이터로 가장 적합한 것은?

① 엔진 회전수와 주행 속도
② 흡입공기량과 엔진 회전수
③ 흡입공기량과 엔진 온도
④ 엔진 회전수와 스로틀밸브 개도량

03 터보 과급 장치에서 타임 래그(Time Lag)에 대한 설명으로 옳은 것은?

① 터보가 작동되는 동안 터빈의 회전수와 압축기의 회전수의 차이를 말한다.
② 공회전에서는 터보가 작동되지 않고 고속 주행 중에만 작동되는 현상을 말한다.
③ 가속페달을 밟았을 때 배기가스가 터빈과 압축기를 돌려 출력이 발생하는 시점까지의 시간차를 말한다.
④ 가속페달을 밟고 난 후에 터보에 작동되어 가속페달을 밟지 않았는데도 출력 효과가 나타나는 현상을 말한다.

실린더 압축압력시험에 대한 설명으로 틀린 것은?

① 압축압력시험은 엔진을 크랭킹하면서 측정한다.
② 습식시험은 실린더에 엔진오일을 넣은 후 측정한다.
③ 건식시험에서 실린더 압축 압력이 규정 값보다 낮게 측정되면, 습식시험을 실시한다.
④ 습식시험 결과 압축 압력 변화가 없다면, 실린더 벽 및 피스톤 링의 마멸로 판정할 수 있다.

05 전자제어 디젤엔진의 연료분사 중 엔진의 소음과 진동을 줄이고 연소압력의 완만한 상승을 위한 분사는?

① 부분 분사
② 예비 분사
③ 순차 분사
④ 주 분사

06 4행정 사이클 엔진에서 실린더 내에 흡입되는 흡입공기량이 감소하는 이유로 틀린 것은?

① 흡입 및 배기 밸브의 개폐 시기 조정이 불완전할 때
② 흡입 및 배기의 관성이 피스톤 운동을 따르지 못할 때
③ 피스톤 링, 밸브 등의 마모에 의하여 가스 누설이 발생할 때
④ 흡입 압력이 대기 압력보다 높고, 실린더 온도가 대기 온도보다 낮을 때

07 연소실의 벽면 온도가 일정하고, 혼합가스가 이상기체라 한다면, 엔진이 압축행정일 때 연소실 내의 열과 내부에너지의 변화는?

① 열 = 방열, 내부에너지 = 증가
② 열 = 방열, 내부에너지 = 불변
③ 열 = 흡열, 내부에너지 = 증가
④ 열 = 흡열, 내부에너지 = 불변

08 내연기관의 열효율이 30%이고, 출력이 80PS, 연료의 저위발열량이 10,000kcal/kg일때, 1시간 동안의 연료소비량은?

① 약 8.5 kg/h
② 약 10.1 kg/h
③ 약 12.6 kg/h
④ 약 16.9 kg/h

09 열역학 제2 법칙의 표현으로 옳지 않은 것은?

① 열은 저온의 물체로부터 고온의 물체로 이동하지 못한다.
② 마찰로 의해 열 발생과 변화를 완전한 가역 변화로 할 수 있는 방법은 없다.
③ 열기관에서 동작 유체에 일을 시키려면 더 저온인 물체가 필요하다.
④ 제2종의 영구 운동 기관이 존재한다.

10 LPG 자동차에서 안전밸브가 장착된 충전밸브의 역할이 아닌 것은?

① 연료의 충전
② 과충전 방지
③ 과류 방지
④ 용기의 파열 및 폭발 방지

11 디젤연료의 착화성을 나타내는 세탄가는?

① 세탄과 이소헵탄의 체적 혼합비
② 노말 헵탄과 이소헵탄의 체적 혼합비
③ α-메틸나프탈렌과 이소옥탄의 체적 혼합비
④ 세탄과 [α-메틸나프탈렌+세탄]의 체적 혼합비

12 내연 기관의 유효압력에 대한 설명으로 틀린 것은?

① 도시 평균유효압력 = 이론평균 유효압력×선도계수
② 평균유효압력 = 1사이클의 일 ÷ 실린더 용적
③ 제동평균유효압력 = 도시평균 유효압력×기계효율
④ 마찰손실 평균유효압력 = 도시평균 유효압력 – 제동 평균 유효압력

13 자동차 기관에서 단행정 기관의 장점이 아닌 것은?

① 흡·배기 밸브의 지름을 크게 할 수 있어 흡·배기 효율을 높일 수 있다.
② 피스톤의 평균 속도를 높이지 않고 기관의 회전속도를 빠르게 할 수 있다.
③ 기관의 높이를 낮게 할 수 있다.
④ 직렬형 기관일 경우 기관의 길이가 짧아진다.

14 피스톤의 단면적 $40cm^2$, 행정 10cm, 연소실 체적 $50cm^2$인 기관에서, 압축비는 얼마인가?

① 3 : 1
② 9 : 1
③ 12 : 1
④ 16 : 1

15 캐니스터에 포집된 연료 증발가스를 조절하는 장치는?

① PCSV(Purge Control Solenoid Valve)
② PCV(Positive Crankcase Ventilation)
③ EGR (Exhaust Gas Recirculation)
④ ACV(Air Control Valve)

16 전자제어 가솔린 기관에서 크랭킹은 가능하나 시동이 되지 않는 현상과 거리가 먼것은?

① 엔진 컴퓨터에 이상이 있다.
② 연료펌프 릴레이에 이상이 있다.
③ 크랭크각 및 1번 상사점 센서의 불량이다.
④ TPS의 불량이다.

17 디젤 엔진에서 착화지연에 영향을 주는 요소로 거리가 먼 것은?

① 공연비
② 연료 입자의 크기
③ 연료의 분무 상태
④ 연소실 내 공기의 온도와 압력

18 가솔린 300cc를 연소시키기 위하여 몇 kg의 공기가 필요한가? (단, 혼합비는 15이고, 가솔린 비중은 0.75로 한다)

① 2.18kg
② 3.37kg
③ 3.42kg
④ 3.92kg

19 기관의 냉각장치에서 부동액의 구비조건으로 틀린 것은?

① 냉각수와 잘 혼합할 것
② 비등점이 낮을 것
③ 침전물이 없을 것
④ 부식성이 없을 것

20. 디젤 연료의 세탄가와 관계없는 것은?

① 세탄가는 기관성능에 크게 영향을 준다.
② 세탄가란 세탄과 알파 메틸나프탈린의 혼합액으로 세탄의 함량에 따라서 다르다.
③ 세탄가가 높으면 착화지연시간을 단축시킨다.
④ 세탄가는 점도지수로 나타낸다.

제2과목 자동차새시정비

21. TCS(Traction Control System)에서 트레이스 제어를 위해 컴퓨터(TCU)로 입력되는 항목이 아닌 것은?

① APS 1, 2
② 휠스피드 센서
③ 조향 각속도 센서
④ 차고 센서

22. 선회 시 코너링 포스에 영향을 미치는 것으로 거리가 가장 먼 것은?

① 제동 능력
② 현가 방식
③ 타이어의 분담하중
④ 현가 스프링의 를링 강성

23. 브레이크 페달을 강하게 밟을 때 후륜이 먼저 로크되지 않도록 하기 위하여, 유압이 어떤 일정 압력이상 상승하면 그 이상 후륜 측에 유압이 상승하지 않도록 제한하는 장치는?

① PCV 밸브
② 프로포셔닝 밸브
③ 이너셔 밸브
④ 공압 솔레노이드 밸브

24. 고속 주행 시미(shimmy)현상이 발생하는 주요 원인으로 옳은 것은?

① 스프링 정수가 적을 때
② 링키지 연결부가 헐거울 때
③ 타이어의 공기압력이 낮을 때
④ 타이어가 동적 불평형일 때

25. ABS(Anti-lock brake system)에서 휠 스피드 센서 파형 분석에 대한 설명으로 옳은 것은? (단, 마그네틱 픽업 코일 방식이다.)

① DC 전압 파형이 점선으로 나타난다.
② 센서와 톤 휠과의 간격이 적절하여야 접지선과 파형이 일치한다.
③ AC 전압 파형이다.
④ 최고 전압은 최소 12V 이상이다.

26. 전자제어 제동장치의 목적이 아닌 것은?

① 후륜 조기 고착으로 옆 방향 미끄러짐 방지
② 전륜 고착 방지로 조향 능력 상실 예방
③ 미끄러운 노면 주행 시 제동거리 단축
④ 제동 시 미끄러짐 방지로 차체의 안정성 유지

27 자동차 앞바퀴 정렬 중 캐스터에 관한 설명은?

① Z축 상에서 보았을 때, 앞 바퀴의 앞부분이 뒷부분보다 좁은 상태를 말한다.
② X축 상에서 보았을 때, 앞 바퀴의 중심선의 윗부분이 약간 벌어져 있는 상태를 말한다.
③ Y축 상에서 보았을 때, 앞 바퀴 킹핀의 중심선이 수직선에 대하여 어느 한쪽으로 기울어져 있는 상태를 말한다.
④ X축 상에서 보았을 때, 앞 바퀴 킹핀의 중심선이 수직선에 대하여 약간 안쪽으로 설치된 상태를 말한다.

28 공압식 전자제어 현가장치에서 저압 및 고압 스위치에 대한 설명으로 틀린 것은?

① 고압 스위치가 ON 되면 컴프레서 구동 조건에 해당 된다.
② 고압 스위치는 고압 탱크에 설치된다.
③ 고압 스위치가 ON 되면 리턴 펌프가 구동된다.
④ 저압 스위치는 리턴 펌프를 구동하기 위한 스위치이다.

29 자동변속기 오일펌프 상태 및 클러치 슬립 등의 이상 유무를 유압계로 측정하여 판정하는데 사용하는 압력은?

① 릴리프 압력
② 매뉴얼 압력
③ 거버너 압력
④ 라인 압력

30 유압식 동력조향장치의 장점으로 틀린 것은?

① 운전자의 작은 조작력으로 조향 조작을 할 수 있다.
② 엔진의 동력에 의해 작동되어 비교적 구조가 단순하다.
③ 굴곡이 있는 노면 충격을 흡수하여 조향 핸들에 전달지 않도록 한다.
④ 조향 기어비는 조작력과 관계없이 선정할 수 있다.

2024 CBT 예상기출문제

31. 자동차 차대번호 등의 운영에 관한 규정 상 국가공통부호 배정자 및 한국교통안전공단에서 표기하는 차대번호 중 사용연료 종류별 표기부호로 틀린 것은?

① B : 연료전지
② C : CNG
③ L : LNG
④ S : 태양열

32. 전자제어 현가장치에서 주행 안정성과 승차감을 동시에 개선하는 변화 요소로 적당한 것은?

① 윤중과 전축중
② 토인과 캠버
③ 쇽업소버의 감쇠계수
④ 타이어 공기압과 접지력

33. 무단변속기(CVT)를 제어하는 유압제어 구성부품에 해당하지 않는 것은?

① 전자클러치
② 토크컨버터
③ 유압제어 밸브
④ 싱크로메시기구

34. 타이어 펑크 시에도 일정 구간 비상적으로 주행 가능한 안전 타이어는?

① 편평 타이어
② 스노우 타이어
③ 런 플랫 타이어
④ 레이디얼 타이어

35. 자동변속기 차량에서 출발 시 충격이 발생하고 라인압력이 높은 상태이다. 고장원인으로 가장 적절한 것은?

① TPS(스로틀포지션센서) 고장
② 릴리프 밸브의 막힘
③ 압력조절밸브의 마모
④ 오일펌프의 누유

36. 어떤 자동차의 공차질량이 1710kg일 때 공차중량은?

① 약 15808 N
② 약 15808 kg
③ 약 16758 N
④ 약 16758 kgf

37. 유압식 브레이크 계통의 설명으로 옳은 것은?

① 유압계통 내에 잔압을 두어 페이드 현상을 방지한다.
② 유압계통 내에 공기가 혼입되면 페달의 유격이 작아진다.
③ 휠 실린더의 피스톤 컵을 교환했을 경우에는 무조건 공기빼기 작업을 한다.
④ 마스터 실린더의 첵 밸브가 불량하면 브레이크 오일이 외부로 누유된다.

38. 수동변속기 차량 주행 중 변속 시마다 기어 충돌 소음이 발생하는 원인으로 옳은 것은?

① 싱크로나이저의 결함
② 클러치판의 과대 마모
③ 2~3단 변속기어의 손상
④ 포핏 스프링의 장력부족 및 볼의 마모

39 조향장치에서 드래그 링크에 대한 설명으로 옳은 것은?

① 볼 이음과의 접속부가 헐거우면 조향 휠의 유격이 크게 된다.
② 드래그 링크의 결함이 불량하면 캠버가 틀어지게 된다.
③ 조향 휠에 유격이 생기는 것을 방지하는 작용을 한다.
④ 드래그 링크에 굽힘이 있으면 조향 휠의 유격이 크다.

40 전자제어 구동력 조절 장치(TCS)에서 트랙션 컨트롤 유닛(TCU)의 기능으로 옳지 않은 것은?

① 선회하면서 가속 시 트레이스 제어
② 미고러운 노면에서 제동 시 슬립 제어
③ 미끄러운 노면에서 가속 시 슬립 제어
④ 미끄러운 노면에서 출발 시 슬립 제어

제3과목 자동차 전기·전자장치 정비

41 직류 직권식 기동 전동기의 계자 코일과 전기자 코일에 흐르는 전류에 대한 설명으로 옳은 것은?

① 계자 코일 전류가 전기자 코일 전류보다 크다.
② 계자 코일의 전류와 전기자 코일의 전류가 같다.
③ 전기자 코일 전류가 계자 코일 전류보다 크다.
④ 계자 코일 전류와 전기자 코일 전류가 같을 때도 있고 다를 때도 있다.

42 반도체 접합 중 이중 접합의 적용으로 틀린 것은?

① 서미스터
② 발광 다이오드
③ PNP 트랜지스터
④ NPN 트랜지스터

43 정류회로에 있어서 맥동하는 출력을 평활화하기 위해서 쓰이는 부품은?

① 다이오드
② 커패시터
③ 저항
④ 트랜지스터

44 자동에어컨(FATC) 작동 시 바람은 나오는데 차갑지 않다. 점검해보니 컴프레셔 스위치의 작동음이 들리지 않는 고장원인으로 가장 거리가 먼 것은?

① 컴프레셔 릴레이 불량
② 트리플 스위치 불량
③ 블로우 모터 불량
④ 써머 스위치 불량

45 전자제어 가솔린 엔진의 점화장치에서 점화 플러그 전극 부위가 지나치게 그을렸을 때 그 원인으로 거리가 먼 것은?

① 피스톤 링의 마모
② 혼합기가 희박할 때
③ 점화시기가 규정보다 늦을 때
④ 점화코일 및 고압 케이블의 노화

46. 가솔린 엔진에서 기동전동기의 소모전류가 70A이고, 축전지 전압이 12V일 때 기동 전동기의 마력은?

① 약 0.84PS
② 약 8.40PS
③ 약 1.45PS
④ 약 1.14PS

47. 충전 장치에서 발전기 내부의 IC 레귤레이터가 불량하여 배터리가 과충전될 수 있는 경우는?

① 트랜지스터가 파손되어 로터 코일에 전류가 흐르지 않는다.
② 여자(조정) 다이오드가 파손되어 배터리에서 스테이터로 전류가 흐른다.
③ 제너 다이오드가 파손되어 로터 코일에 전류가 계속 흐르게 한다.
④ 로터 코일이 단락되어 자화 효과가 커지면서 스테이터에서 과전류가 출력된다.

48. 전동식 동력조향장치의 자기진단이 안 될 경우, 점검 사항으로 틀린 것은?

① 자기진단 컨텍터의 접촉상태를 확인후 연결하여 CAN 통신 파형 점검
② 발전기 충전 전류의 정상상태를 확인후 컨트롤 유닛 측 배터리 전원 측정
③ 발전기 접지 전압을 측정하고 컨트롤 유닛 측 배터리 접지 여부 점검
④ 평지에 주차하고 차량의 외부 진동 없이 KEY ON 상태에서 CAN 종단저항 측정

49. 에어백이 장착된 차량의 계기판에 에어백 경고등이 점등되는 원인으로 틀린 것은?

① 클럭 스프링 단선
② 점화 스위치 불량
③ 충돌감지 센서 불량
④ 에어백 모듈 제어선 단락

2024 CBT 예상기출문제

50. 고속 CAN High, Low 두 단자를 자기진단 커넥터에서 측정 시 종단 저항값은? (단, CAN 시스템은 정상인 상태이다.)

① 60 Ω
② 80 Ω
③ 100 Ω
④ 120 Ω

51. 에어컨 냉매(R-134a)의 구비조건으로 옳은 것은?

① 비등점이 적당히 높을 것
② 냉매의 증발 잠열이 작을 것
③ 응축 압력이 적당히 높을 것
④ 임계 온도가 충분히 높을 것

52. 자동온도 조절장치(FATC)의 센서 중에서 포토다이오드를 이용하여 변환 전류로 컨트롤하는 센서는?

① 에어플로워 센서
② 내기온도 센서
③ 외기온도 센서
④ 일사량 센서

53. AQS(Air Quality System)에 대한 설명으로 옳은 것은?

① 실내·외 온도를 일정하게 유지
② 내부 공기를 일정한 세기로 순환
③ 내부 공기를 밖으로 배출되는 것을 방지
④ 유해 가스를 감지하여 차량 실내로 유입되는 것을 방지

54 자동 공조 장치에 대한 설명으로 틀린 것은?

① TR-베이스 전류를 가변하여 송풍량을 제어한다.
② 핀 서모 센서는 에어컨 라인의 빙결을 막는다.
③ 실내외 온도센서 신호로 에어컨 시스템의 제어를 최적화한다.
④ 온도 설정에 따라 외부 공기 유입 정도를 조절한다.

55 완전 충전된 상태의 배터리가 방전 종지 전압까지 방전하는 데 걸린 전류와 시간이 20A/5시간이고, 방전 종지 전압 상태에서 다시 완전 충전하는 데 걸린 전류와 시간이 15A/8시간 이라면, AH 효율은 약 얼마인가?

① 57%   ② 83%
③ 120% ④ 175%

56 점화장치에 대한 설명으로 틀린 것은?

① 홀 반도체에 작용하는 자속밀도가 무시해도 좋을 만큼 낮을 때, 홀 전압은 최대가 된다.
② 무 접점식 점화장치에서 점화펄스 발생기로 주로 홀센서 또는 유도 센서 가 사용된다.
③ 유도 센서에서 펄스 발생용 로터와 스테이터를 형성하는 철심이 마주 볼 때의 공극은 대략 0.5mm 정도이다.
④ CDI(축전기 방전식 점화장치)에서 축전기에 충전되는 에너지 수준은 충전전압의 제곱에 비례한다.

57 역방향의 전압이 어떤 값에 도달하면 역방향 전류가 급격히 증가하여 흐르게 되는 다이오드는?

① 발광 다이오드   ② 포토 다이오드
③ 제너 다이오드   ④ 트리 다이오드

58. 점화장치에서 점화 1차 코일의 끝부분 (-)단자에 시험기를 접속하여 측정할 수 있는것은?

① 노킹의 유무
② 점화 플러그의 저항값
③ 변속기의 라인압력
④ TR의 베이스 단자 전원공급 시간

59. IC(집적회로)의 장점이 아닌 것은?

① 소형·경량이다.
② 납땜 부위가 적어 고장이 적다.
③ 대용량의 축전기 IC화에 적합하다.
④ 진동에 강하고 소비전력이 매우 적다.

60. 자동차용 납산 배터리에 관한 설명으로 틀린 것은?

① 설페이션 현상 - 축전지를 방전상태로 장기간 방치하면 극판이 불활성 물질로 덮이는 현상이다.
② 기전력 - 축전지의 기전력은 셀 당 약 2.1V 이지만 전해액 비중, 전해액 온도, 방전량 등에 영향을 받는다.
③ 방전 종지 전압 - 일정 전압 이하로 과방전을 하게 되면, 축전지의 극판을 손상시키므로 방전 한계를 규정한 전압이다.
④ 용량 (capacity) - 완전 충전 된 축전지를 일정 전압으로 단계별 방전하여 방전 종지 전압까지 방전했을 때의 전기량으로 AV로 표시한다.

제4과목 친환경자동차정비

61 하이브리드 시스템에 대한 설명 중 틀린 것은?

① 저속 주행시 보행자의 안전을 위해 임의의 소음을 만들어 송출한다.
② 소프트 타입은 순수 EV(전기차) 주행모드가 없다.
③ 하드타입은 소프트 타입에 비해 연비가 향상된다.
④ 직렬형 하이브리드는 소프트 타입과 하드타입이 있다.

62 병렬형(Parallel) TMED(Transmission Mounted Electric Device) 방식의 하이브리드 자동차(HEV)의 주행패턴에 대한 설명으로 틀린 것은?

① 엔진 OFF 시에는 EOP(Electric Oil Pump)를 작동해 자동변속기 구동에 필요한 유압을 만든다.
② HEV 주행모드로 전환할 때 엔진 회전속도를 느리게 하여 HEV모터 회전속도와 동기화 되도록 한다.
③ EV모드 주행 중 HEV 주행모드로 전환할 때 엔진 동력을 연결하는 순간 쇼크가 발생할 수 있다.
④ 엔진 단독 구동 시에는 엔진클러치를 연결하여 변속기에 동력을 전달한다.

63 전기 자동차에서 배터리의 가용 에너지와 과거 주행 전비를 기반으로 차량의 주행가능거리를 연산하는 것과 관계 있는 데이터 요소는?

① 고전압의 충전 속도
② AVN 경로 설정
③ 에어백 전개 신호
④ 제동력 배분

2024 CBT 예상기출문제

64 전기 자동차의 BMS(Battery Management System) 주요 기능 중 최적의 배터리 온도 유지를 위한 시스템은?

① 파워제한 제어
② 셀밸런싱 제어
③ 충전상태 제어
④ 냉각 제어

65 전기 자동차 고전압 장치 정비 시 보호 장구 사용에 대한 설명으로 옳지 않은 것은?

① 보호안경을 대신하여 일반 안경을 사용하여도 된다.
② 고전압 관련 작업 시 절연화를 필수로 착용한다.
③ 절연 장갑은 절연 성능(1000V/300A 이상)을 갖춘 것을 사용한다.
④ 시계,반지 등금속물질은작업 전몸게서 제거한다.

66 전기 자동차 충전에 관한 내용으로 옳은 것은?

① 급속 충전시 AC 380V의 고전압이 인가되는 충전기에서 빠르게 충전한다.
② 완속 충전은 DC 220V의 전압을 이용하여 고전압 배터리를 충전한다.
③ 급속충전 시 정격 에너지 밀도를 높여 배터리 수명을 길게 할 수 있다.
④ 완속 충전은 급속충전보다 충전 효율이 높다.

67 전기자동차에서 냉·난방으로 소모되는 전력량은 줄이고, 전비 효율을 향상하기 위하여 개발된 것은?

① 3way 밸브
② 감속기
③ 구동모터
④ 히트펌프

68 BMS(Battery Management System)에서 제어하는 항목과 제어내용에 대한 설명으로 옳은 것은?

① 셀 밸런싱 : 전압 편차가 없는 셀을 유용한 전압으로 매칭
② 컨트롤 릴레이 제어 : 배터리 과열 시 컨트롤 릴레이 차단
③ 고장 진단 : 배터리 시스템 고장 진단
④ 충전상태(state of charge) 관리 : 고전압 배터리의 교류전압을 측정하여 작동영역 관리

69 전기 자동차 또는 하이브리드 자동차의 구동모터 역할로 옳지 않은 것은?

① 감속 시 구동 모터 직류를 교류로 변환하여 충전
② 고전압 배터리의 전기에너지를 이용해 차량 주행
③ 감속기를 통해 토크 증대
④ 후진 시에는 모터를 역회전으로 구동

70 수소 연료전지 자동차(FCEV)의 특징으로 옳은 것은?

① 별도의 외부 전기 충전이 필요하다.
② 공기정화 기능이 뛰어나 공해가 발생하지 않는다.
③ 고전압 리튬이온 배터리와 비교할 때 에너지 밀도가 낮다.
④ 수소 충전이 고압으로 이뤄져 충전 시간이 길다.

71 전기자동차의 고장 시 회생제동은 되지 않으나 유압 제동력은 작동한다. 일종의 진공배력 장치를 대신하는 전동식 진공배력장치로 옳은 것은?

① EWP
② SBW
③ EPCU
④ IEB

2024 CBT 예상기출문제

72 병렬형 하드 타입의 하이브리드 자동차에서 HEV 모터에 의한 엔진 시동 금지조건인 경우, 엔진 시동은 무엇으로 하는가?

① 구동 모터
② 알터네이터
③ 고전압 HSG
④ 고전압 EWP

73 수소차의 주행 특성에 관한 내용으로 옳지 않은 것은?

① 등판주행, 평지주행, 강판 주행으로 구분할 수 있다.
② 등판 주행에서 고전압 배터리의 전기를 쓴다.
③ 수소차는 전기를 생산하는 스택이 있어 회생제동 기능은 없다.
④ 평지주행에서는 스택에서 만들어진 전기만을 쓴다.

74 하이브리드 전기 자동차 계기판에 'Ready' 점등 시 알 수 있는 정보가 아닌 것은?

① 고전압 케이블 정상
② 고전압 배터리 정상
③ 엔진의 연료 잔량 20% 이상
④ 이모빌라이저 정상 인증됨

75 하이브리드 자동차에서 주행 중, 제동 및 감속 시 충전이 원활히 이루어지지 않는다면 어떤 장치의 고장인가?

① 회생 제동 장치
② 발진 제어 장치
③ LDC 제어 장치
④ 12V용 충전 장치

76. 하이브리드 자동차에서 저전압(12V) 배터리가 부착된 이유로 틀린 것은?

① PTC 히터 주전원 사용
② 등화 장치 주전원 사용
③ 오디오 작동전원 사용
④ HSG 작동전원 사용

77. 하이브리드 자동차의 보조배터리가 방전으로 시동 불량일 때 고장원인 또는 조치방법에 대한 설명으로 틀린 것은?

① 암전류 과다가 감지되면 보조 전원 리튬배터리(12V) 전원은 차단된다.
② 장시간 주행 후 바로 재시동 시 불량하면 LDC 불량일 가능성이 있다.
③ 보조배터리가 방전되었어도 고전압 배터리로 시동이 가능하다.
④ 보조배터리를 점프 시동하여 주행가능하다.

78. 연료전지 스택(Fuel Cell Stack)에서 셀(Cell)의 구성 요소 중 셀을 지지하는 역할을 하는 것은?

① 스트럿 바
② 분리막
③ 킹핀과 로드
④ 고전압 버스 바

79 수소차에서 수소의 산화·산화 반응식으로 옳은 것은?

① $H_2 \rightarrow 2H^+ + 2e^-$
② $O_2 + 2H^+ + 2e^-$
③ $H_2 \rightarrow H^+ + 2e^-$
④ $HO_2 + 2H^+ + 2e^-$

80 전기 자동차에서 교류 전원의 주파수가 700Hz, 쌍극자 수가 3일 때 동기속도(S-1)는?

① 100
② 1800
③ 200
④ 180

03 기출예상문제 정답 및 해설

1회 기출예상문제

1과목 자동차엔진정비

01 ④
- 연료소비율 : 기관 출력 1kW 또는 1PS 당 1시간 동안 소비되는 연료가 소비된 양을 말한다. (g/kW-h, g/PS-h)
- 토크 : 힘과 거리의 곱(kgf-m)

02 ④ 2중 연소 사이클은 복합 사이클 또는 사바테 사이클을 말한다. 피스톤의 위치가 연료분사를 압축 행정 말(상사점 전에 위치)에 연료의 일부를 분사시켜 정적 하에서 연소시키고, 또한 연료의 일부는 상사점 후에 분사하여 정압 하에서 연소 된다. 주로 고속디젤기관에서 피스톤의 속도가 빨라, 연료의 연소시간을 충분히 주기 위해 사용된다.

03 ② 크랭크 각 센서(CAS, Crank Angle Sensor)는 크랭크축의 회전각도·위치, 단위 시간당 엔진 회전속도를 검출하여 ECU로 송출하며, 연료 분사시기, 연료 분사량 제어·보정, 점화시기를 결정하기 위한 신호로 이용된다.

04 ③ 제동마력$(BHP) = \dfrac{TN}{716} = \dfrac{9.95 \times 3000}{716} = 46.6$

[T : 엔진회전력(kgf·m), N : 엔진회전수(rpm)]

05 ② 엔진에 공급되는 공기와 연료의 질량비를 공연비라고 하고, 실제 운전에서 흡입된 공기량을 이론상 완전연소에 필요한 공기량으로 나눈 값을 "공기과잉률"이라고 한다. 이론공연비(가솔린의 경우 14.7 : 1)의 경우 공기과잉률(λ)=1이다.

06 ① 열선식 흡입 공기량 센서는 흡입되는 공기를 질량 유량으로 검출하고, 흡입공기 온도가 변화해도 측정상의 오차는 거의 없다. 또한 고도 변화에 따른 오차가 거의 없고, 오염되기 쉬워 클린 버닝(자기 청정)을 두어야 한다.

07 ④ 블로바이가스(Blow-by Has)는 자동차 엔진을 구동할 때 연료(휘발유, 디젤)가 연소실에서 완전 연소되지않고, 가스화되어 크랭크실 내로 누설되는 가스를 말한다. 다른말로 크랭크 케이스 에미션(crankcase emission)이라고도 한다.

08 ① EGR 밸브는 연료를 연소한 후, 배기 가스의 일부에서 남은 연료를 다시 연소실로 순환시켜 한 번 더 태우는 기능을 한다. EGR이 작동되는 구간은 엔진 냉각수 온도가 65°C 이상이고, 중속 이상에서 질소산화물이 많이 배출되는 구간이다. 즉 공회전 시, 난기운전 시, 전부하 운전 시, 출력 증가(농후한 혼합비) 시에는 작동하지 않는다.

09 ③ 전자제어 엔진 시스템은 기본적으로 연료장치와 점화장치, 흡기장치와 제어장치로 구성된다.

10 ③ 대기환경보전법 시행규칙 배출가스 검사방법에서 엔진 회전수 제어방식(Lug-Down 3모드)으로하는 검사모드는 가속페달을 최대로 밟은 상태에서 최대출력의 엔진정격회전수에서 1모드, 엔진정격회전수의 90%에서 2모드, 엔진정격회전수의 80%에서 3모드로 형성하여 각 검사모드에서 모드시작 5초 경과 이후 모드가 안정되면 엔진회전수, 최대출력, 매연 및 질소산화물 측정을 시작하여 10초 동안 측정한 결과를 산술평균한 값을 최종측정치로 한다. 다만, 질소산화물의 경우에는 3모드에서 측정한 결과를 산술평균한 값을 최종 측정치로 한다.

11 ② SAE마력 = $\dfrac{D^2 \times N}{1613}$

[D : 실린더 내경(mm), N : 실린더 수, 1613 : 실린더 내경이 mm인 경우 SAE마력]
※ 실린더 내경이 inch인 경우 SAE마력=2.5

∴ SAE마력 = $\dfrac{105^2 \times 4}{1613} = 27.34PS$

12 ① MAP은 피에조 소자를 이용한 흡입다기관에 설치하여 흡입다기관의 절대압력(부압) 변화를 저항값으로 변화시킨 전압신호를 이용한다.

13 ② 연료 분사량과 관계되는 배기계통과 연관된 부품은 산소 센서이다. 산소센서 값을 만드는데 수온센서를 이용하진 않는다.

14 ④ 릴리프 밸브는 시스템의 압력을 점진적으로 해제하는 밸브이며, 과류방지 밸브는 LPG 공급라인 파손 시 봄베로부터 LPG의 송출을 차단하여, 2차 사고위험을 방지하는 역할을 한다.

15 ① 많이 쓰이는 지르코니아 방식의 경우 대기 중의 산소농도와 배기가스의 산소농도 차에 의해 기전력의 발생 관계로 출력 전압이 변하면서 적정 혼합비를 제어한다. 배기가스의 열로 인한 산소 센서의 온도가 약 400~800℃ 가 되었을 때, 적정온도로써 정상 작동한다.

16 ③ 점화 플러그 조립은 점화 플러그 소켓과 토크렌치를 사용하여 실린더 헤드에 규정 토크 값으로 조립하여야 헤드 손상 및 압축압력이 새어 나오는 것을 예방 할 수 있다.

17 ③ 과급장치 검사 시에는 엔진 시동 후, 전기장치 및 에어컨 OFF 상태에서 EGR 밸브 및 인터쿨러 연결 부분의 배기가스 누출 여부를 검사한다.

18 ② 파일럿(예비)분사 → 주분사 → 후분사 순으로 연료를 분사한다. 이때 파일럿(예비)분사는 1~3회에 거쳐 이뤄지며, 분사 초기에는 분사량을 작게하여 쉬운 착화와 착화지연 기간 단축 및 노킹 현상을 예방한다. 연료 압력이 낮은 경우, 분사량이 너무 작은 경우, 주 분사와 분사 간격이 큰 경우, 정상적인 분사에서 멀어진 경우에 중단한다.

19 ② 크랭크축 앤드 플레이가 크면, 엔진 소음을 동반한 실린더, 피스톤, 커넥팅로드 베어링의 편마멸 현상이 일어나게 된다. 밸브는 실린드 헤드부에 있는 것으로 직접적인 영향이라 보기 어렵다.

20 ④ 라디에이터 캡 압력 측정 시, 압력을 가한후 그대로 유지되어야 한다. 압력이 하강 또는 상승하면 안 된다.

2과목 자동차섀시정비

21 ③ 기어비는 피동기어 잇수÷구동기어 잇수이고, 1기어비와 2기어비의 곱이 총 변속비(총기어비)로써, 계산식은 다음과 같다.

$$1기어비 = \frac{선기어잇수30 + 링기어 잇수90}{링이기잇수90} = 1.33$$

$$2기어비 = \frac{선기어잇수30 + 링기어 잇수90}{선이기잇수30} = 4$$

∴ 총기어비 = 1.33 × 4 = 5.32

22 ① 크랭크각 센서 입력신호가 없으면 시동은 꺼지게 되는 원리로서, 공회전 시 댐퍼 클러치가 작동되면 정지된 변속기 축의 토크가 엔진 크랭크축과 연결된 토크컨버터 프론트 커버에 걸려 크랭크축의 회전이 멈추게 된다.

23 ② 댐퍼클러치의 압력에 의해 전압으로 제어하는 것이 댐퍼 클러치 솔레노이드 밸브(DCCSV)이다. 변속 제어를 행하기 위해 시프트 컨트롤 밸브(SCV)에 작용하는 유압을 TCU의 ON, OFF 신호로 제어한다.

24 ④ $nt = Sr \times Tr \times 100 = 0.4 \times 2 \times 100 = 80\%$
[nt : 토크 컨버터 효율(%), Sr : 속도비, Tr : 토크비]

25 ④ 하이트센서(height sensor, 차고센서)는 전자 제어 서스펜션의 센서의 하나로써, 프런트용과 리어용 2개의 센서가 차고 변화를 검출하여 센서 내부에서 전기 신호로 변환되어 제어한다. 총 9단계까지 차고 감지가 가능하고, Low, Normal, High, Extra High 등 기본 4단계로 제어한다. 전기적 신호로 변환하는 방법은 스티어링 각속도 센서와 동일하다.

26 ① 시미(shimmy)란 동적 평형이 깨졌을 경우 발생되는 증상으로 바퀴가 옆으로 흔들리는 현상을 말하며, 정적 평형이란 타이어가 정지된 상태의 평형을 의미하는데, 타이어 편마모, 공기압 불균형으로 인해 평형 상태가 깨질 경우 주행 시 바퀴가 상하로 진동하는 트램핑(tramping) 현상 일어난다. 호핑(hopping)은 Z축 방향으로 상하운동을 하는 휠홉 현상을 말한다.

27 ② 독립현가장치의 특징
① 시미 현상이 적으며, 로드 홀딩 능력이 우수하여 승차감 좋다.
② 구조가 복잡하다.
③ 볼 이음부 마모 시 휠얼라인먼트가 틀어지기 쉽고, 타이어 편 마모가 크다.

28 ① 독립식 현가장치는 구조가 복잡하고, 볼 이음부 마모 시 휠얼라인먼트가 틀어지기 쉽고, 타이어 편 마모가 큰 단점이 있으나, 시미 현상이 적으며, 로드 홀딩 능력이 우수하여 승차감이 좋고, 차고를 낮게 할 수 있어 주행 안정성이 향상된다. 스프링 아래 하중이 커서 승차감이 나쁜 것은 일체 차축식의 특징이며, 독립 현가장치는 스프링 정수가 적은 스프링을 사용하여 작은 진동 흡수율을 키워 승차감 향상을 기하였다.

29 ③ 전자제어 현가장치의 주요 구성품은 조향 휠 각도 센서, 가속도 센서, 차속 센서. 차고 센서, 스로틀 위치 센서, 브레이크 스위치, G센서이다.

30 ① 기어 펌프 단품에 관한 교환, 정비 사항으로 펌프 부품을 완전히 분해하는 것도 차별화하여 이해해야 한다. 브레이크 및 조향장치에 관한 부품 자체의 완전 분해는 정비사가 하지 않는 것이 원칙이다.

31 ③ 조종레버가 전진 또는 후진 위치에 있는 경우에도 원동기를 시동할 수 있는 자동차는
- 하이브리드 자동차
- 전기자동차
- 원동기의 구동이 모두 정지될 경우 변속기가 자동으로 중립위치로 변환되는 구조를 갖춘 자동차
- 주행하다가 정지하면 원동기의 시동을 자동으로 제어하는 장치를 갖춘 자동차

32 ① 안티 다이브 제어는 제동 시 발생되는 노즈다운 제어를 말하고, 안티 스쿼트 제어는 급출발·급가속 시 노즈업 제어를 말한다.

33 ④ 텔레스코핑형 쇽업소버는 피스톤의 상하 실린더에는 오일이 가득 채워져 있고, 오일 통과 오리피스와 밸브가 설치되어 있는데, 단동식의 경우 스프링이 늘어날 때 오리피스를 통과하는 오일 저항에 의해 차체에 충격을 주지 않아 험로 주행 시 유리하다.

34 ① 전자제어 동력조향장치의 기본 특성은 고속시 핸들을 무겁게, 저속시 핸들을 가볍게 하는 것이다.

35 ①
- VDC의 부가 기능이란 VDC 시스템을 기반으로 다른 시스템과 연동(협조제어)한 차량의 안전성과 편의성을 향상시킨 기능을 말한다. VDC의 부가 기능의 대표적인 기능으로는 경사로 밀림방지 시스템 (HAC), 경사로 저속 주행 시스템 (DBC), 제동력 보조 시스템 (BAS), 전복 방지 시스템 (ROP) 등이 있다. 그 밖에도 급제동 시, 제동 등과 함께 비상등을 점등하는 기능인 급제동 경보 기능(ESS)이 있다.
- 경사로 저속 주행 시스템(DBC)은 심한 경사로 주행 시 브레이크 페달을 밟지 않아도 자동으로 일정 속도 이하(약 8km/h)로 감속 제어하며, ADC(Auto-cruise Downhill Control) 또는 DAC(Dwon hill Assist Control) 이라고도 한다. 제동력 보조 시스템(BAS)은 급브레이크 후에도 추가 압력을 주어 제동거리를 단축과 안정성을 향상 시키는 제어를 한다.

36 ① 안티 스쿼트 제어(anti squat control)란 급출발·급가속 시 차체 앞쪽은 들리고 뒤쪽은 낮아지는 노즈 업 (nose up) 제어로써, 스로틀포지션센서 신호와 초기 주행속도를 검출, 규정 속도 이하에서 급출발·급가속 입력 시 노즈업(스쿼트) 방지를 위해 쇽업소버의 감쇠력을 증가한다.

37 ② 캠버(camber)는 앞바퀴를 앞에서 보았을 때, 바퀴가 내·외측으로 기울어진 정도를 말하며, 수직하중에 의한 앞차축의 휨을 방지하고, 조향 핸들의 조작력을 가볍게 한다.
①은 캐스터. 킹핀 경사각에 관한 설명이고, ③은 캐스터, ④는 토인에 관한 것이다.

38 ② $Fu = Z \times \mu g \times FCW$, $FCW = \dfrac{Fu}{Z \times \mu_g}$
Fu : 디스크 유효반경에 작용하는 제동력(N)
Z : 디스크에 작용하는 패드의 수
μg : 미끄럼 마찰계수
FCW : 캘리퍼 피스톤에 작용하는 압력(N)
$Fu = 2 \times 0.4 \times 3500N = 2800N$

39 ③ $V = \dfrac{\pi \times D \times T_N}{60}$ [m/s]
$= \dfrac{2 \times \pi \times 0.36 \times 500}{60} = 18.85$ [m/s]
[V : 자동차의 속도(m/s), D : 타이어 지름(m), TN : 타이어 회전수(rpm)]

40 ③ 럼블음은 거친 노면을 주행할 때, 험음은 직진 주행 시 트레드 패턴에 같은 간격으로 배열된 피치가 노면 칠 때, 패턴소음은 트레드 홈에서 공기가 압축되어 방출될 때 발생되는 소음을 말한다.

3과목 자동차 전기·전자장치 정비

41 ① 고속, 고부하 엔진에는 냉형플러그를 사용하여 열방출 경로가 짧게 하여야 유리하다.

42 ④ HEI 전자 점화장치는 높은 전압과 넓은 영역을 커버하는 강한 불꽃을 제공하여 저·고속 영역에서 안정된 점화 실현과 특히 고속성능이 향상되었다.

43 ③ High-line 전원이 단락됐을 경우, High 파형은 약 13.9V가 유지되고, Low 파형은 종단 저항에 의한 전압강하로 인해 약 11.8V가 유지된다.

44 ② 최소 회전토크[kgf·m]
$= 엔진회전저항 \times \dfrac{기동전동기\ 피니언\ 잇수}{플라이휠\ 링기어\ 잇수}$
$= 9 \times \dfrac{11}{115} = 0.86(kgf \cdot m)$

45 ④ 공기 정화 필터가 막히면 블로어 모터에 부압이 생겨 소음이 발생하고, 송풍량은 감소된다.

46 ② 배선에 전류(A)가 흐를 때, 흐르는 전류의 2승에 비례하는 열이 발생하고, 특히 접촉이 불량으로 인한 배선의 저항이 과다는 배전 전체가 발열되기 쉽다.

47 ③ 45Ah의 20시간율 = 45/20 [A]
전력(W) = 전류(A)×전압(V)
∴ (45/20)×12 = 27[W]

48 ① 자동차의 소음 검사는 경적음과 배기음을 말하는데, 소음도 검사 전 확인 항목은 소음 덮개, 배기관 및 소음기, 경음기(추가 부착 여부)이다.

49 ② 직렬 저항 회로에서는 어느 지점에서든 전류가 같고, 병렬 저항 회로에서는 어느 지점에서든 전압이 같다. 그러나 전압의 크기는 A(전원전압)지점에서 가장 크고, 그다음 B, 마지막 C 지점에서 약 0V

50 ③ $V = H \times \dfrac{I}{t}$ ∴ $H = 0.8 \times \dfrac{4-1}{0.01} = 240V$
[V : 기전력, H : 상호 인덕턴스, I : 전류(A), t : 시간(sec)]

51 ② 클럭스프링은 운전석 핸들 에어백 교환 작업 또는 클럭스프링 부품 교환시 탈거한다.

52 ① 사이리스터(Thyristor)란, 제어 단자(G, 게이트)로부터 음극(K, 캐소드)에 전류를 흐르게 한 것으로 양극(A, 애노드)과 음극(K) 사이를 도통시킬 수 있는 3단자 반도체 소자로써, P-N-P-N접합 4층 구조, 즉 다중 접합 반도체이다.

53 ② LIN 통신은 마스터(master), 슬레이브(slave) 방식의 직렬통신이다.

54 ③ 자동차 전조등, 제동등·후미등은 병렬로 연결되어 있어, 한쪽 등이 망가지더라도 모두 다 점등이 안되는 경우를 최소화 하였다.

55 ④ 교통량이 많다고 해서 후측발 레이더 센서 감지가 해제되지는 않는다. 또한 기타 장비를 후방에 거치한 경우(자전거 캐리어, 피견인 차량), 악천후 시(눈, 비, 먼지바람 등) 등이 보기 외에도 있다.

56 ④ 이모빌라이저 컨트롤 유닛의 정보와 트랜스폰더 내의 차량 암호코드가 일치되었을 때 시동이 되게 하여, 차량의 도난을 방지한다. 그리고 안테나 코일은 트랜스 폰더에 에너지를 공급하고 암호화된 코드를 이모빌라이저 컨트롤 유닛에 전송한다. 외부 수신기는 이모빌라이저 구성품과 관계 없다.

57 ④ 주행모드가 지원되는 경우에는 수직계, 수평계만 필요하며, 레이저, 리플렉터는 주행모드가 지원되지 않는 경우 별도의 보정 장비로 필요하다.

58 ① 리시버 드라이어(건조기)는 냉매속의 기포를 분리하여 액체 냉매만 증발기로 보내고, 적정 냉매 저장, 냉매의 수분 및 이물질을 제거한다.

59 ① 여자 전류란, 자속을 발생시키는 전류(계자 전류)를 말하며, 다이오드 단선 시에는 충전 전압 낮추어 내부 부품의 손상을 최소화한다.

60 ④ 수온조절기(서모스탯)가 열린 채 고착된 상태에서 주행 시 냉각수가 지속적으로 라디에이터로 보내져 냉각되므로 실내 히터 코어상의 냉각수 온도가 제대로 상승하지 못한다.

4과목 친환경 자동차정비

61 ③ 압축천연가스(CNG)의 단점으로는 용적이 커 봄베 장착에 따른 차체 중량이 증가하여 연비효율이 가솔린의 1/2 정도로 짧다는 것이다.

62 ④ "재생에너지"란 햇빛·물·지열(地熱)·강수(降水)·생물 유기체 등을 포함하는 재생 가능한 에너지를 변환시켜 이용하는 에너지를 말한다.

63 ③ PWM((Pulse Width Modulation, 펄스폭 변조방식) 제어는 가장 일반적인 제어 방식으로써, 동일한 스위칭 주기 내에서 ON 시간의 비율을 바꾸어 전압·전류를 제어한다. 필요한 출력전력에 따라 ON·OFF 듀티 사이클 (duty cycle)이 달라지며, 스위칭 주파수가 낮을 경우 출력값은 낮아지고, 듀티비 50%에서 기존 전압의 50%를 출력 전압으로 한다.

64 ③ 구동 모터는 고전압 3상 교류를 사용하기 때문에 반드시 고전압 무력화(차단)작업을 하고 실시하여야 한다.

65 ② 냉각수 기밀 테스트는 냉각수 공기 빼기 작업 후 냉각 라인의 압력을 측정하여 압력 누출(냉각수 누수)여부로 확인한다. 방수·방진 테스트는 배터리 팩 기밀 테스트와 같은 원리이며, 방수·방진 테스는 별도로 하지 않으며, 방수 테스트의 경우, 방수 "K"는 영상 80℃까지의 고온과 100bar까지의 고압의 물을 분사하는 조건에서 약 30초간 방수가 가능하다는 뜻이다.

66 ① 마스터 BMS 표면에 표시되는 것은 외부 전원의 전압 범위, 공급받는 전압 범위, 배터리 팩의 최대 전압·전류, 동작 온도 범위, 저장 보관용 온도 범위이다.

67 ③ SOC(State of Charge)는 배터리의 사용 가능한 에너지 충전상태를 말하고, SOH(State of Health)는 배터리 노화 상태. 즉 배터리 성능 수준을 나타낸다.

68 ④ 안전 플러그는 주로 뒷 좌석 하단부에 장착되어 있으며, 안전 플러그 제거 시 고전압 배터리 내부의 회로 연결이 차단되고, 메인 퓨즈(250A이상)는 안전 플러그 내에 장착되어 있으며, 고전압 배터리와 회로를 과전류로부터 보호한다.

69 ① 엣킨슨 사이클은 압축비와 팽창비를 별개로 설정할 수 있어 팽창비를 높게 하여 공급된 열에너지를 많은 운동에너지로 변환하여 열효율을 높일 수 있다는 장점이 있다. 즉, 연비를 높일 수 있다. 일반 엔진에 엣킨슨 사이클의 개념을 그대로 적용하여 현대적으로 만든 것을 밀러 사이클(Miller cycle)이라고도 한다.

70 ① 사람의 몸 일부 또는 전체에 전류가 흐르는 현상으로, 전류(A)의 크기, 시간, 경로에 따라 그 강도가 달라지고, 대체적으로 남성보다 여성의 최소 감지 전류가 작아, 작은 감전으로도 남성보다 데미지(damage)가 크다.

71 ② 수소차에서 정기 교환 부품은 스택으로 들어가는 냉각수에 포함된 이온을 제거하는 이온 필터, 스택 냉각수·클리너필터이다. 감속기 내부의 윤활유는 주로 무점검·무교체로 정기적으로 교환하지 않는다.

72 ③
- 리셉터클(receptacle)는 수소 연료 주입 커넥터로 충전 건의 노즐과 연결되는 부위이며, 적외선 통신(IR_infrared 이미터)은 충전 시 수소탱크의 내부 변화(온도상승여부)를 감지한다.
- 감압밸브는 수소탱크 내의 약 700bar 압력을 약 17bar로 감압하여 스택에 공급한다.

73 ③ 병렬형 하이브리드 자동차는 구동 모터가 어디에 위치하고 있느냐에 따라 크게, EV모드 주행이 불가한 소프트 타입이라고도 부르는 FMED(flywheel mounted electric device), 별도의 구동 모터만으로 EV모드 주행이 가능한 하드 타입이라 부르는 TMED (transmission mounted electric device)로 나뉜다. 즉, 하드 타입은 대부분 두 동력원(엔진, 고전압EV) 중 한 동력만으로도 차량 구동이 가능하고, 소프트 타입은 보조 동력원이 주 동력원의 추진 구동력에 보조적 역할만 수행하며, 고전압EV 모드만으로는 주행이 불가한 하이브리드차를 말한다.
또한 직렬형이란 엔진과 고전압EV 동력원 중 하나는 다른 하나의 동력을 공급하는 데 사용되나 구동축에는 직접 동력 전달이 되지 않는 구조이고, 복합형은 엔진의 힘이 기계적으로 구동축에 전달되면서 일부는 전기에너지로 변환된 후 다시 기계적으로 구동축에 전달되는 동력 분배 방식이다.

74 ① 차량의 뒷 범퍼 중앙, 좌·우 측면에 장착된 후방 감지 센서는 초음파 센서로써, 압전소자를 이용하여 전류가 흐르면 초음파(20㎑ 이상 주파수)가 발생한다.

75 ④ 회생 제동이란 주행 중 감속과 브레이크 제동 시점에서 모터의 발전 현상으로 전기 에너지를 회수·충전하는 기능을 말한다.

76 ④ 인클로저(Enclosure)는 수소차에서 연료전지 스택을 감싸 외부 충격으로부터 스택의 셀을 보호하는 역할을 한다. 스트럿 어셈블(Strut Assembly)은 쇽업소버와 스프링을 결합한 부품을 말한다.

77 ③
- 열관리 시스템(thermal management system, TMS)의 주요 구성부품은 스택 냉각수 펌프, COD 히터, 이온필터, 스택 우회 밸브, 스택 냉각수 온도제어 밸브, 스택 냉각수 온도센서, 라디에이터
- 배터리칠러(chiller)는 전기차 난방 시스템에서 증발 작용의 원리를 이용하여 액체의 열을 제거하고, 고전압 배터리를 냉각시켜 배터리 성능을 향상시키는 역할도 한다.

78 ① 감속기는 파킹기어를 포함한 5개의 기어가 있으며, 일정한 감속비가 고정되어 토크를 증대시켜 차축으로 전달한다. 전진·차동·파킹 기능은 있으나 후진 기능은 없으며, 후진은 구동 모터의 전원을 역으로 공급하면서 역회전(후진) 한다. 파킹 기능은 별도의 액추에이터가 감속기에 장착되어 P 또는 not P를 인식하여 액추에이터가 구동하면서 파킹 ON/OFF 기능을 한다. 감속기 내부에는 자동변속기 오일류가 들어가고, 무교환 또는 10만km마다 교환을 원칙으로 하는 것이 일반적이다.

79 ④ 절대온도는 섭씨온도(°C)에 273.15를 더한 값을 말한다.
∴ 25°C + 273.15 = 298.15

80 ③ '저속전기자동차'란 최고속도가 60km/h를 초과하지 않고, 차량 총중량이 1,361kg을 초과하지 않는 전기 자동차를 말한다. (「자동차관리법」 제35조의2 및 「자동차관리법 시행규칙」 제57조의2)

2회 기출예상문제

1과목 자동차엔진정비

01 ④
- 전·후방 산소센서 출력 파형이 같다면 촉매 작용이 되지 않는다는 것으로써, 삼원촉매의 기능 저하 및 산소 센서 불량으로 진단한다.
- 전방 산소센서는 피드백 제어(이론공연비)역할, 후방 산소센서는 촉매장치 상태 감시 역할을 하고, 촉매 컨버터의 촉매(산화) 작용에 의해 산소가 사용되기에 후방 산소센서는 산소가 부족한 농후 상태(0.6~0.7V)로 거의 일정한 출력 파형이 표출된다.

02 ③ 압력 측정시 압력게이지를 설치한후 엔진 워밍업 상태(정상온도 상태)에서 압력을 측정하고, 베이퍼라이저의 1차실은 0.3kg/cm²으로, 2차실에는 대기압에 가깝게 감압되며, 감압으로 인한 겨울철 베이퍼라이저 밸브의 동결 방지를 위해 냉각수 통로를 설치하여 기화시 필요한 열을 공급하도록 설계되어 있다.

03 ④ 플라이휠은 관성력을 이용하여 각 실린더의 폭발에 따른 불균일한 회전력을 고르게 하는 역할을 하고, 링기어가 부착되어 시동모터의 피니언 기어와 맞물려 엔진 구동을 하게 한다. 무부하 상태란 엔진에 부하가 걸리지 않는다는 의미로. 무부하 상태를 만드는 부품은 클러치다.

04 ③ 후처리 재생은 말 그대로 주분사를 벗어난 단계로 사후분사에 속하며, 디젤 차량의 배기가스 중 미세매연 입자인 PM을 포집하고, 배기가스 후처리장치(DPF)의 재생을 위한 연소 단계를 수행한다.

05 ② 커먼레일 디젤 기관에서 파일럿 분사(Pilot Injection, 착화분사)는 주 분사 전에 연료를 분사하여 원활한 연소와 진동·소음을 저감시킨다. 또한 주 분사(Main Injection)는 예비분사 실행 여부를 고려한 연료 분사량 조절기능을 하며, 사후분사(Post Injection)는 유해배출 가스를 저감시킨다.

06 ① 캐니스터는 엔진 정지 시 연료 증발 가스를 포집(흡착)하였다가 엔진 시동 및 워밍업 시에 흡기관으로 배출시켜 재연소시키는 역할을 한다. 질소산화물의 정화는 EGR과 삼원촉매장치가 하고, 일산화탄소의 정화는 삼원촉매장치만 해당된다. 또한 디젤기관의 PM(입자상 물질)의 필터링은 DPF(Diesel Particular niter)가 해당된다.

07 ③
- 보링값 = 마모량 + 수정절삭량 = 0.32 + 0.2 = 0.52
- 수정절삭량
  - 실린더 지름이 70mm 이상일 경우 : 0.2
  - 실린더 지름이 70mm 이하일 경우 : 0.15
- 피스톤 오버사이즈에 맞지 않으면 계산한 보링값보다 크면서 가장 가까운 값을 선정한다.
- 피스톤 오버사이즈 기준
  - 0.25, 0.50, 0.75, 1.00, 1.25, 1.50으로 정해져 있음(0.25mm씩 증가)
- ∴ 0.52보다 큰 075를 선택해야 하므로, 치수는 78 + 0.75 = 78.75mm

08 ③ 블로바이 가스란, 엔진 압축·팽창 행정 중 실린더와 피스톤 간극에서 크랭크 케이스로 빠져나온 가스(HC)를 말한다. 압축 행정에서 새어나온 가스가 75~90%. 나머지 10~25%가 팽창 행정에서 발생한다.

09 ② 실린더 벽 또는 피스톤 링 마모로 인하여, 압축 또는 폭발가스가 실린더와 피스톤 사이로 새는 것을 블로바이가스라 한다.

10 ④ CVVD 기술은 차량의 운행 상태에 따라 밸브가 열려있는 시간을 독립적으로 가변 제어하는 기술이다. VVT(Variable Valve Timing) 기술과 VVL(Variable Valve Lift) 기술을 모두 합쳐 놓은 원리로써 엔진의 밸브를 열고 싶을 때 열고, 닫고 싶을 때 닫을 수 있다. 편심의 원리를 이용하여 밸브를 동작시키는 캠의 열림량과 열림시간을 제어한 것으로, 캠이 바깥쪽 원의 궤적을 그리며 회전할 때는 큰 원을 그리게 되고, 밸브를 누르면서 지나가는 시간은 빠르고 짧게 된다. 반면 캠이 안쪽 원의 궤적을 그리며 회전하면 작은 원을 그리며. 밸브를 느리게 누르면서 늦게 지나가게 된다. 즉, 캠이 바깥쪽 원을 그리면 밸브를 지날때는 빠르고, 짧아 밸브 열림 시간도 짧아지게 되고, 캠이 안쪽 원을 그리면서 회전하며 밸브를 지날때는 밸브 열림 시간도 길게 되는 원리이다.

11 ③ EGR(NOx 저감) 비작동 조건은 엔진 냉간 시(냉각수 온도 약 65°C 이하), 공회전 및 시동 시, 고부하 시, 기타 엔진 관련 센서 고장 시이다.

12 ④ 비동기 분사(동시 분사)는 크랭크 각에 상관없이 크랭크축 1회전에 1회분사(1사이클) 동시에 전실린더에 2회 분사한다. 시동 시, 냉각수 온도 일정온도 이하 시, 급가속 시 사용된다.

13 ① 캐니스터는 엔진 정지 시 연료 증발 가스를 포집(흡착)하였다가 엔진 시동 및 워밍업 시에 흡기관으로 배출시켜 재연소시키는 역할을 한다.

14 ② 동시 점화 방식이란 1개의 점화코일이 2개 실린더에 동시에 전기를 배분하는 것을 말한다. 1·4번 실린더를 동시에 점화될 경우 제1번 실린더가 압축 상사점인 경우 점화, 제4번 실린더는 배기 중으로 무효 점화(방전)가 된다.

15 ④ 밸브가 개폐될 때 밸브 스프링의 고유 진동과 같거나 정수배가 되었을 때 밸브 스프링은 캠에 의한 강제 진동과 스프링 자체의 고유 진동이 공진하여, 캠에 의한 작동과 관계없이 진동하는 것을 밸브 서징이라 한다.

16 ① 냉각수온 센서는 온도에 의해 저항이 변화하는 부특성 서미스터(NTC)로 직접 계측하고, 센서의 신호에 따라 ECU의 연료 분사량 조절을 하는 역할을 한다.

17 ④ 릴리프 밸브(relief valve)는 연료 압력이 높을 때 작동하며, 체크 밸브(check valve)는 연료 펌프의 연료 송출이 정지되면 연료라인 내의 잔압을 유지시켜 재시동성 향상과 베이퍼록(vapor lock)을 방지한다.

18 ④ 디퓨저(diffuser, 확산)는 유체의 유로를 넓혀 흐름을 느리게 한다. 그러나 체적은 증대(확대)하여 흡기 속도 에너지가 압력 에너지로 변환된다.

19 ① 전자제어 엔진에서 공통으로 모두 필요한 것은 차속센서이고, 수온센서는 엔진과 자동변속기에 영향을 주며, G센서는 전자제어 현가장치에, 휠 스피드 센서는 현가장치 제어 및 ABS 작동에 주요 정보로 활용된다.

20 ② 커먼레일 엔진의 경우 1사이클에 필요한 연료분사 시 예비분사(1~2회), 주분사(1회), 사후분사(1~2회) 순으로 나누어 분사하기에 연소효율 향상 및 소음·진동·NOx·PM 감소시키는 효과를 가져온다.
이러한 후 분사는 유해 배기가스 저감이 목적이며, 빠른 사후분사는 배기가스를 온도를 상승시키고, 분사 시기를 늦추면 HC는 증가, NOx는 감소하게 된다.

2과목 자동차새시정비

21 ③ 터빈의 정지상태가 자동차가 정지된 상태이다. 자동차가 움직이지 않을 때, 스테이터가 정지된다.

22 ④ 히스테리 시스(hysteresis, 이력현상)란, 증속시와 감속시의 변속점에 차이를 주어 변속단이 결정될 때, 시프트업과 시프트다운이 변속점 부근에서 빈번하게 변속되지 않도록 시프트업 변속점을 시프트다운보다 높게 설정하여 승차감 향상과 연비 향상을 얻도록 한 것을 말한다.

23 ① • 공기 저항이란, 자동차 가 주행 중 자동차 정면의 투영면적과 주행속도, 공기저항계수가 계산 요소이며, 자동차 중량이 필요하진 않다.
• 자동차 주행저항 계산식 요구항목 중, 구름·구배·가속 저항은 차량 중량이 필요하다. 여기에 구름 저항은 구름저항계수가 있어야 하고, 가속 저항은 회전부분 상당 중량과 중력 가속도와 가속도가 있어야 한다.

24 ① 자기배력 작용이란 주행중 브레이크를 밟았을 때 슈(라이닝+슈)는 마찰력에 의해 드럼과 함께 회전하려 한다. 이때 회전 토크가 추가로 발생되, 확장력과 마찰력이 증대되는 것을 말한다. 유니서보는 전진 시에만 1, 2차 모두 자기배력 작용을 한다.

25 ④ 앞 차축과 조향 너클 지지 방식에 따른 분류는 다음과 같다.
• 역 엘리옷형 : 조향 너클에 요크가 설치된 형식, 킹핀은 앞차축에 고정되고 조향 너클과는 부싱을 사이 있다.
• 마몬형 : 앞차축 윗부분에 조향 너클이 설치되고, 킹핀이 아래쪽으로 돌출되어 있다.
• 르모앙형 : 앞차축 아래에 조향 너클이 설치되며, 킹핀이 위쪽으로 돌출되어 있다.

26 ③ 토인(toe-in)의 필요성은 다음과 같다.
• 앞바퀴를 평행하게 회전시킨다.
• 타이어의 편 마모와 사이드슬립을 방지한다.
• 조향링키지 마멸에 의한 토 아웃((toe-out)을 방지 한다.
• 조향륜의 복원력은 캐스터 및 킹핀 경사각의 필요성에 속한다.

27 ③ 노면의 상태 및 주행 조건에 따른 차체 자세제어의 종류로는 안티 롤, 안티 다이브, 안티 스쿼트, 안티 피칭, 안티 바운싱이 있다.

28 ② 타이어 단면높이 = 타이어폭×편평비
= 205mm×0.6 =123mm
• 205 : 타이어 폭(mm)
• 60 : 편평비(%)
• R : Radial Tire의 첫머리 글자
• 15 : 타이어 내경(inch)
• 96 : 하중지수

29 ③ 좌우 압력 차가 커지면 제동 시 한쪽으로 쏠리는 현상이 일어나고, 제동력 감소와는 거리가 멀다. 또한 흡기 다기관의 진공과 대기압 차이(약 0.7kg/cm²)를 이용한 것이 진공식 배력장치이며, 공기식 배력장치는 압축공기와 대기압의 차이(약 5~7kg/cm²)를 이용한 것이다.

30 ④ 급출발·급가속 시 발생하는 노즈업 현상은 차체의 앞이 들리는 현상을 의미하는데, 이를 스쿼트(Squat)라고 한다. 반대로 급제동 시 차체의 앞이 지면으로 향하여 내려가는 현상을 다이브(dive)라고 한다.

31 ④ 브레이크 오일은 점도가 알맞고 점도 지수가 커야 하고, 윤활성이 갖고 있으면서 화학적 안정성이 커야 한다. 또한 빙점은 낮고, 비등점(끓는점)은 높아야 한다.

32 ③ 킥다운 스위치는 자동변속기 차량이 추월 또는 급가속 필요시 가속페달을 깊게 밟았을 때 강제적으로 한 단계 낮은 단으로 변속되도록 한다. 킥다운 스위치가 단선되었다면 이 기능은 작동되지 않는다. 이뿐 아니라, 단락이 아닌 단선의 경우에는 해당 기능에 전기 회로가 구성되지 않아 기능이 되지 않고, 브레이크 시스템일 경우에는 안전을 위한 대처 방안의 시스템이 작동되는 원리를 유념한다.

33 ② 고속 주행 시 조향 휠이 너무 가벼우면 조정 안전성이 불량하게 되기에 속도에 맞게 적절하게 무거운 조향 휠로 바뀌어야 한다. 상황에 따른 조향 휠의 무게감을 조절해 주는 것이 전자제어 동력조향장치(electric control power steering, EPS)이며, 조향기어가 없는 자동차 조향장치는 없다.

34 ④ 프레임은 승차감 향상보다는 주행 안전성을 가져오는 차체 구조이며, 타이로드과 너클 스핀들은 조향장치에 관한 기구이다.

35 ① 캐비테이션(cavitation, 공동현상)이란 유체의 속도 변화에 의한 압력 변화로 인한 공동현상은 빠른 속도로 액체가 운동할 때 액체의 압력이 증기압 이하로 낮아져서 액체 내에 증기기포가 발생하는 현상이다. 또한 잔압을 유지하여 베이퍼록 현상을 방지하고, 휠 실린더 내에서 오일이 누출되는 것을 방지한다.

36 ② 안티 스쿼트제어는 급출발·급가속 시 노즈업 제어로써, 입력신호로에 사용되는 센서 신호에는 스로틀 위치 센서, 차속 센서가 있다. 안티 피칭, 안티 바운싱에는 차고 센서와 G센서가 사용된다.

37 ④ 조향 핸들의 유격이 커지는 원인은 보기 외에 조향 너클의 베어링이 마모되었거나, 피트먼 암 또는 조향 너클 암이 헐거워지면 유격이 커지게 된다.

38 ② • VDC는 차가 곡선 도로를 주행하다가 미끄러지게 되면 관성에 의해 운전자가 원하지 않는 엉뚱한 방향으로 밀리게 될 때, 차체 자세제어 장치가 개입하여 각 차륜별로 제동력을 제어하면서 주행 중인 자동차의 차체를 바르게 유지토록 하는 시스템이다.
• 원칙적으로 ABS 고장 시 VDC·TCS 제어는 금지되고, VDC 고장 시 솔레노이드 밸브를 OFF 시키는 경우 ABS의 페일세이프에 기준하여 제어한다. VDC 고장 시에는 정해진 변속단으로 고정되는 것이지 현재 변속단에서 다운 변속되는 것은 아니다.

39 ③ 레벨링 밸브는 차체 높이를 항상 일정하게 유지되도록 압축 공기를 자동으로 공기 스프링에 공급하거나 배출하는 장치이고, 서지탱크는 각 공기 스프링마다 설치되어, 탱크의 압력 변화로 스프링 작용을 유연하게 한다.

40 ① 주행 상황을 연상하여 차고 조절과 관련한 문제로써, 눈길이나 험로의 경우 high 모드로 조작하면 차고는 상향 제어되고 감쇠력은 soft쪽으로 제어되고, 고속주행 시 차고를 낮춰 주행 안정성을 높여야 한다.

3과목 자동차 전기·전자장치 정비

41 ② 발전기 출력 $P = V \cdot I = 12 \times 70 = 840[W] = 0.84[kW]$

42 ③ 자기작용이란 자석의 같은 극끼리는 서로 밀어내고, 다른 극끼리는 끌어당기는 작용을 말한다. 시거 라이터는 전류의 발열작용에 해당한다.

43 ① 요 모멘트란 자동차 선회 주행 시 안쪽 또는 바깥쪽 바퀴 쪽으로 이동하려는 힘으로써, 언더·오버 스티어링, 가로방향 작용력(drift out) 등이 발생한다. 이러한 주행 안정성 저하를 차체 자세 제어장치가 브레이크 제어를 통해 반대 방향에 요 모멘트를 발생시켜 서로 상쇄되도록 하여 다시 회복시킨다.

44 ② CAN 통신 사용으로 배선 수가 줄어 차체 경량화를 가져왔고, 컴터 진단을 통해 신속하고 정확한 진단으로 정비의 용이성을 가져왔다.

45 ① 점화 플러그 전극 부분의 카본 생성 원인은 피스톤 링 마모로 인한 연소실 오일 유입이나, 혼합기가 농후(연료량이 너무 많음할 때)이다. 보기 외에도 점화시기가 규정보다 늦거나 불완전 연소 실화, 점화코일과 고압 케이블의 노화 등으로 카본이 생성된다.

46 ② • 커패시턴스(Capacitance, 정전용량)란, 커패시터가 전하를 충전할 수 있는 능력을 말한다.
• 콘덴서의 병렬접속 정전용량은
$C_1 + C_2 = 0.3 + 0.6 = 0.9\ \mu F$ 이다.
• 전하량(Q, 전기량) = 정전용량(C)×전압(E) 으로,
$0.9\ [\mu F] \times 12\ [V] = 10.8\ [\mu C]$

47 ④ IG 전원을 OFF한 상태에서 멀티 테스터기로 CAN_H, CAN_L 라인 사이의 저항값이 60Ω일 때 정상으로 판단한다.

48 ② 스마트 에어백이란, 첨단 기술의 센서가 차량 실내 운전자의 위치와 안전벨트 여부를 감지하여 에어백 팽창을 조절하도록 설계된 것을 말한다. 강한 충격에는 에어백이 크게 전개되고, 약한 충격에는 작게 전개되어 어린아이나 노약자의 에어백으로 인한 2차 상해를 줄여줄 수 있다.

49 ② 에어백은 정면 충돌 시 충격 센서가 감지하여 일정 이상의 충격이 가해지면 세이프 센서와 함께 작동되어 전개된다.

50 ④ 프리텐셔너(pre-tensioner)는 안전벨트에 부착되어 안전벨트의 결점을 보완해 주는 안전장치로 에어백 장치와는 별도로 차량의 감속도를 기계적으로 감지하여 가스발생기의 작동에 의해 벨트를 감아 운전자가 앞으로 튀어나가는 것을 방지한다.

51 ① 압축비는 내연 기관에서 실린더 안으로 들어간 기체가 피스톤에 의해 압축되는 용적의 비율로써, 압축비가 큰 엔진일수록 회전저항이 증가되고, 소요 회전력은 커지게 된다.

52 ④ 반도체는 열과 고전압에 약하고, 정격전압값이 초과되면 파손되기 쉽다.

53 ③ 광전소자의 저항값은 광량에 반비례하며, 외부 빛의 조사량이 크면, 저항값이 낮아져 라이트가 꺼지는 원리로써, 외부 빛의 변화에 따른 전기적 변화를 이용한다.

54 ③ C-CAN은 섀시 쪽에 주로 쓰이는 고속 CAN으로 ABS, 엔진 컨트롤 모듈 등 파워트레인 계통과 하이브리드 및 전기 자동차 컨트롤 시스템 등에도 적용되어 쓰이고 있다.

55 ① 프리 텐셔너의 커넥터 내부에 단락바를 설치하여 전원 커넥터 분리 시 점화 회로를 단락시켜 에어백 모듈 정비 시 오작동으로 인한 전개를 예방한다.

56 ④ 직렬방식 하이브리드 자동차는 엔진과 발전기, 구동모터가 직렬로 연결되며, 엔진에서 출력되는 기계적 에너지는 발전기로 이어져 전기적 에너지로 변환되어 고전압 배터리 충전과 모터로 공급되면서 구동력을 발생 시킨다. 전기 자동차의 주행거리를 증대 시키고자 일종의 발전기를 추가한 형식이라 보면 된다.

57 ③ TXV형(Thermo Expansion Valve)이란 냉매의 팽창과 증발을 팽창밸브로 조절하는 방식으로 팽창밸브는 고온고압의 냉매를 저온저압의 무화상태로 변한다.

58 ① 반도체는 온도와 저항이 반비례 관계로써, 온도가 높아지면 저항이 낮아지며, 금속은 온도와 저항이 비례 관계에 있다. (온도 하강=저항 낮아짐)

59 ② 에어컨 순환과정은 압축기 → 응축기 → 팽창밸브 → 증발기 그리고 다시 압축기로 순환한다.

60 ② 냉형 점화 플러그는 열방산 성능이 높고 온도 상승이 적다. 조기 점화에 대한 저항력이 매우 크고 오손에 대한 저항력은 낮아 주로 고속·고부하 엔진에 쓰인다. 열형 점화 플러그는 냉형과는 반대 개념으로 저속·저부하 엔진에 적합하다.

4과목 친환경 자동차정비

61 ① 컨버터(converter)는 AC를 DC로 변환시키는 장치이고, 인버터(inverter)는 DC를 AC로 변환시키는 장치이다.

62 ④ 안전 플러그는 기계적인 분리로 고전압 배터리 내부의 고전압 회로 연결을 강제로 차단하는 장치로써, 고전압 시스템을 점검·정비 전에 반드시 분리하여야 한다. 약 250A 메인 퓨즈는 안전 플러그 내에 장착되어 있으며, 고전압 부품을 과전류로부터 보호하는 역할도 동시에 한다.

63 ① COD(cathode Oxygen depletion) 히터란, 연료전지 셀의 내구성 향상을 위해 시동을 끄고 난 후, 스택에 남아있는 잔류 전류를 강제 반응시켜 소모하는 기능을 하는 장치로써, 시동 시 냉각수 온도를 높여 시동성을 향상시키는 기능과 회생제동 기능, 차량 충돌 사고 시 고전압 시스템 차단 및 급속 고전압 소진기능도 하고 있어 수소 연료 자동차에 특화된 냉각 시스템이라 할 수 있다.

64 ② 모터 컨트롤 유닛 제어기(Motor Control Unit)은 고전압 시스템의 냉각을 위해 장착된 EWP(Electric Water Pump)의 제어 역할과 인버터는 고전압 배터리의 DC 전원을 구동 모터의 구동에 적합한 3상 AC 전원으로 변환하는 역할을 한다.

65 ① 전기 자동차의 에너지 소비효율(km/kWh)
$= \dfrac{1회 충전주행거리(km)}{차량주행시 소요된 전기에너지 충전량(kWh)}$

66 ② 에탄올 자동차(alcohol vehicle)의 에탄올은 풍부한 천연가스와 석탄, 나무로 제조할 수 있으며, 옥탄가가 매우 높기 때문에 고압축 기관의 자동차로 적합하다.

67 ④ VESS는 가상 엔진 사운드 시스템(Virtual Engine Sound System)으로써 엔진의 소음이 없는 친환경 전기 자동차에 임의로 부착하는 보행자의 안전을 위한 시스템이다. 저속 주행 시 친환경 자동차의 존재 여부를 엔진소리 대신에 스피커를 통해 만들어낸 것으로, 약 0 ~ 20km/h에서 작동한다.

68 ④ 리튬이온 고전압 배터리는 셀당 전압이 3.6 ~ 3.8V 정도로 다소 높은 편에 속하고, 작동 온도 범위가 약 −20℃ ~ 60℃로 넓고, 안정적인 충·방전을 위한 열관리와 더불어 전압에 대한 관리 체계가 있어야 한다.

69 ③ 차세대 연료인 수첨 바이오 연료(HVO, Hydrotreated Vegetable Oil)는 2011년에 비해 36% 증가한 95억 리터로 가장 빠르게 성장하고 있으며, HVO는 식물성 유지(콩기름, 팜유 등)를 수소화 반응으로 전환하여 지속적으로 얻어지는 디젤과 유사한 연료이다.

70 ① 컴퓨터 커넥터는 분리해도 되지만, 반드시 지켜야할 사항은 아니다. 또한 보기 외에도 12V 보조 배터리 접지 케이블을 분리하고 작업하면, 각종 컴퓨터 및 센서 전원이 차단되어 안전하고, 전압계로 각 상 사이(U, V, W)의 전압이 0V인지를 확인하는 것이 더욱 안전에 좋다. 특히 작업전 구도 모터 고전압 케이블을 만지는 데는 신중을 기해야 한다.

71 ④ 완속 충전은 외부 220V 단상 AC 전압이 OBC(on board charger)에서 DC 전압으로 변환하여 고전압 배터리로 충전된다. 충전 시간은 급속충전보다 길지만, 급속충전이 약 80% 충전 한계가 있는 것에 반해 완속 충전은 많은 양의 전기(약100%)를 충전하고 배터리 수명 연장에도 좋은 영향을 준다는 장점이 있다.

72 ④ 고전압 시스템의 작업 시 고전압 단자 간 전압이 30V 이하임을 확인한 하여야 한다.

73 ③ BMS(Battery Management System)는 고전압 배터리 제어시스템으로써 고전압 배터리의 모니터링 및 제어를 담당한다. CLUM은 계기판 모듈을 뜻한다.

74 ③ 제동 유압 발생, 회생제동 협조 제어 유닛은 HPU(Hydraulic Pressure Unit)이고, 완속 충전 제어 박스는 ICCB(In-Cable Control Box)이다.

75 ④ 수소 차단 밸브는 수소 탱크에서 스택으로 공급되는 수소를 개폐하는 밸브이며, 시동이 걸릴 때는 열리고 시동이 꺼질 때는 닫히게 된다. 수소 공급 밸브는 수소가 스택에 공급되기 전에 수소 압력을 낮추어 스택 전류에 맞춰 수소를 공급한다.

76 ① 캐패시터(콘덴서)는 전하를 정해진 용량만큼 저장하고 다시 이 전하를 방출하는 기능을 함으로써 직류 차단과 축전지, 필터 등의 기능을 하는 장치로써, 고전압 차단 이후 약 5~10 이상 경과 시 방전된다. 굳이 부품을 분리할 필요는 없다.

77 ② LDC(Low Voltage DC-DC Converter)에 대한 지문이며, LTR(Low Temperature Radiator)은 저온 라디에이터(고전압 PE부품 냉각용), MTC(Manual Temperature Control)는 수동식 온도 조절 공조 장치를 뜻한다.

78 ① BMS의 주요 기능과 특징
- 냉각제어는 최적의 배터리 작동 온도를 유지하기 위하여 배터리 온도 유지 시스템
- 셀 밸런싱 기능은 충·방전 시 발생하는 각 셀 간의 전압 편차를 동일한 전압으로 만들어 주는 기능
- 고전압 릴레이 제어는 고전압 부품의 전원을 통합 제어하여 고전압 고장으로 인한 안전사고를 예방하는 기능
- 배터리 사용 가능 용량을 나타내는 SOC(%)양을 계산하여 적정 SOC영역 관리 기능
- 차량 측 제어 계통 이상, 전지 열화 등 배터리 시스템 고장을 진단하는 진단기능

DAS(Disconnector Actuator System)란, 전기차의 구동모터와 구동축을 주행 상황에 따라 전기적 부하를 최소화하면서 분리하거나 연결하는 장치로써, 전기차의 연비를 극대화 4WD 기술이다.

79 ① 감속기 오일은 제조사마다 다르나, 대부분 교환 주기가 없는 무교환 원칙이나, 10만킬로 주행후 교환하는 것이 통상적인 정비 실태이다.

80 ④ 압력계 및 연료계 설치기준(압축수소가스 내압용기 장착검사 세부기준)에서 압력계는 사용압력의 1.1배 이상 1.5배 이하의 최고 눈금이 있는 것으로 한다.

기출문제 예상기출문제 3회

1과목 자동차엔진정비

01 ③ 1 [W] = 1 [J/s] = 1 [N·m/s]
J = W·s
∴ 70[kW] × 60[s] = 4200[kJ]

02 ③ (+) 불균율(%)
$= \dfrac{최대 분사량 - 평균 분사량}{평균 분사량} \times 100$
$= \dfrac{27cc - 26cc}{26cc} \times 100 = 3.84\%$
∴ 약 3.8%

03 ② 이론공연비란 공기 중량비와 연료 중량비의 관계이다.

04 ④ 체적이란 가로×세로×높이를 말한다. 즉 부피와 같은 개념으로 연소실 내에 카본이 많아지게 되면, 연소실 내의 부피가 작아져(체적감소) 압축압력을 측정 시 규정값보다 높게 나온다.

05 ① 연료의 발열량의 표시법으로 저위발열량과 고위발열량이 있다. 여기에서 저위 발열량(총발열량-수증기 잠열)은 연료에 포함된 수증기의 열량을 고려하지 않은 열량으로써, 실제 기관에서 이용할 수 있는 열량을 말한다.

06 ③ 정압(Static Pressure)이란 유체의 흐름이 없을 때, 혹은 유체의 흐름을 고려하지 않은 상태에서의 압력을 말한다. 전자제어 디젤기관의 전기식 저압 펌프는 연료의 정압을 측정하며, 기계식은 연료의 부압을 측정하여 점검한다. 저압 펌프 고장 시 고압 펌프는 고압으로 연료를 공급할 수 없다.

07 ③ 기관이든 섀시 계통이든 열이 방출되지 못하고 머무르게 되면, 회전 및 왕복운동하는 장치의 기계적 마찰손실과 윤활유의 변질을 가져오게 된다.

08 ③ 충진효율((Charging Efficiency)이란 행정체적에 해당하는 만큼의 표준대기상태의 건조 공기 질량과 엔진 1사이클당 실제 실린더에 흡입된 공기 질량과의 비로써, 과급장치는 충진 효율의 증가로 연료 소비율이 낮아져 연비 향상에 도움이된다.

09 ② 예연소실식 기관의 장점은 사용 연료의 변화에 민감하지 않아 선택범위가 넓고, 작동이 부드럽고 진공이나 소음이 적으며, 착화지연이 짧아 디젤노크가 적다. 반면 단점으로는 연소실 표면이 커서 냉각 손실이 크고, 연료소비율이 많으며, 구조가 복잡하다.

10 ③ 수냉식 엔진의 과열은 냉각수 순환 또는 냉각수의 적정량에 관한 문제이다. 워터펌프 구동 벨트의 장력이 큰 것은 냉각수 순환과는 관계가 없다. 벨트 장력이 적거나 오일 부착으로 엔진의 동력을 구동벨트가 그대로 전달하지 못하여 순환이 원활치 않아 과열되고, 라디에이터 코어 막힘율은 20% 이상일 때, 냉각수가 부족할 때, 냉각수 통로가 막혔을 때 엔진이 과열된다.

11 ② 피스톤 슬랩이란 주로 저온에서 현저하게 발생하는, 실린더와 실린더 사이의 간극 증대로 피스톤의 운동 방향이 비정상적으로 바뀔 때 실린더 벽을 치는 현상을 말한다. 피스톤 슬랩이 지속적으로 발생되면, 피스톤 링 및 피스톤 링 홈의 마멸이 발생되며, 피스톤 링의 기능 저하로 오일 소비 증대의 원인이 되어, 엔진에 심각한 손상을 가져오게 된다. 예방책으로는 주기적인 오일 교환과 피스톤 슬램 발생 시 오프셋 피스톤을 사용하면 감소하게 된다.

12 ④ 점화 파형에서 드웰 시간(dwell time)은 파워 TR이 ON된 구간(시간)으로써, 파워 TR B단자에 전원이 공급되는 시간이다.

13 ③ 분사펌프로부터의 연료송출이 되지 않거나 불량한 경우 연료필터 막힘, 연료분사를 제어하는 플런저 불량, 필터 및 분사펌프에 공기가 유입되면 연료공급이 불안정하여 연소가 불안정하고 심하면 엔진 부조, 시동 불량 현상이 일어난다.

14 ③ 과급장치 센터 하우징과 컴프레서 하우징 사이의 'o'링(개스킷)이 손상는 누유 발생으로 나타나, 과급장치를 교환하여야 한다.

15 ③ 센서와 단순 기계적 원리, 전기적 신호여부를 판단하여 구분한다.

16 ② 밸브 오버랩(Valve-overlap)은 상사점 부근에서 흡·배기 밸브가 동시에 열려 있는 시간을 말한다.

17 ④ 밸브가이드 실(seal)은 밸브 가이드와 밸브 스템과의 마찰 감소를 위해 오일을 이용하므로 손상되면 엔진오일이 연소실로 유입되고, 연료와 함께 연소하면서 백색 배기가스가 배출되게 된다. 밸브 간극 증대로 엔진 소음이 커질 수 있다.

18 ④ 전자제어 디젤 엔진의 시동 성능을 향상시키기 위해 연료 필터 내부의 연료 온도가 약 -3(±3)°C 이하에서 연료 가열장치가 작동된다. 일반적으로 연료 온도가 영상 5(±3)°C 정도가 되면 연료 온도 스위치 전원을 off 한다.

19 ① 고지에서는 산소밀도가 낮아져 산소량이 부족해져 연료분사량과 점화시기를 보정해야 한다. 대기압을 기초로 흡기 매니폴드의 압력을 측정하는 맵 방식과 달리 베인식과 칼만와류식은 고도 변화에 따른 산소량 변화를 검출하고자 대기압 센서를 별도로 사용한다.

20 ② 흡입공기의 온도를 검출하는 부특성 서미스터(온도상승시 저항값 하락, NTC형)로써 온도에 따른 밀도 변화에 대응하는 연료 분사량을 보정한다. 온도에 따라 저항값이 보통 1~15kΩ 정도 변화되며, 흡기온도가 낮아지면 밀도가 높아져 흡입공기량이 증가하여 공연비 역시 증가한다.

2과목 자동차새시정비

21 ② 무단변속기는 변속단이 없이 속도 변화에 따라 변속비가 연속적으로 이루어져 변속 충격이 없다. 또한 엔진의 출력 활용도가 높고 운전자의 성향에 따라 필요한 구동력 구간에서 운전이 가능하다.

22 ④ 리프트 풋 업은 주행 중 가속 페달에서 발을 떼면 변속단이 1단계 고속기어로 변속되는 주행 방식을 말하는데, 마치 킥다운 현상과 반대 현상이라 보면 된다. 시프트 업·다운은 저속에서 고속으로, 고속에서 저속으로의 자동변속되는 것을 말하고, 킥 다운은 급가속 시 가속 페달을 끝까지 밟았을 때 저속으로 시프트 다운되며 필요 순간 필요 가속력으로 주행하는 것을 말한다.

23 ① DCT는 클러치 액추에이터를 활용하여 1, 3, 5단의 축과 2, 4, 6단의 축에 각각의 클러치를 단속하여 변속단의 변화가 원활히 가능하게 한 것이다. 자동변속기의 단점인 유압 구동력의 손실이 낮아 연비면에서 효율이 더 좋은 것이 장점이다. 토크컨버터는 유압식 자동변속기의 부품이다.

24 ① 텔레스코핑형(telescopic type) 속업소버는 비교적 가늘고 긴 실린더가 주로 쓰이며, 내부에는 차축과 연결되는 실린더와 차체에 연결되는 피스톤 로드가 있고, 피스톤 상하 실린더에는 오일이 채워져 있다. 피스톤에는 오일이 통과하는 작은 구멍(오리피스)에는 밸브가 설치되어 있으며, 단동식과 복동식으로 구분한다.

25 ④ 토크 컨버터의 스테이터에 의해 토크를 증대시키고, 록업 클러치(댐퍼 클러치)는 토크 컨버터 앞에 있으면서 클러치 점 이상의 속도에서도 유체의 마찰손실을 줄이는 역할을 한다.

26 ③ DCCSV 입력 신호에 쓰이는 신호와 센서로는 ①, ②, ④번 외에 펄스 제너레이터 B, 점화 펄스(엔진 회전수) 신호, 에어컨 릴레이가 있다.

27 ④ 드가르봉식 속업소버는 가스봉입식으로 속업소버의 작동이 정지되면 봉입된 질소 가스와 프리피스톤의 작용에 의해 캐비테이션을 방지할 수 있다.

28 ④ • 가역식은 앞바퀴로도 조향 핸들 움직일 수 있으며, 조향기어 비율이 낮고, 앞바퀴에 복원성을 부여하여 조향기구의 마멸은 적지만 비포장도로 주행 중 충격으로 인한 조향 핸들을 놓치기 쉽다.
• 비가역식은 조향 핸들로는 앞바퀴를 움직일 수 있으나, 반대로 앞바퀴로 조향핸들 조작이 불가능한 것이며, 조향기어 비율이 크기에 조향 조작력은 작으나 조향 조작이 신속하지 못하다. 가역식과는 달리 비포장도로에서 조향 핸들을 놓칠 염려는 없고, 조향기구의 마멸이 크고, 앞바퀴 복원성을 이용할 수 없다.
• 반가역식은 가역식과 비가역식의 중간 방식으로 쉽게 말해 특정 경우에만 바퀴의 조작력이 조향 핸들에 전달되는 방식을 말한다.

29 ④ 프리뷰 센서는 차량 전방 노면의 돌기 및 단차를 검출하고, 안티 스쿼트 제어의 입력 신호는 차속센서와 스로틀 위치 센서(TPS)이다. 브레이크 스위치 신호로 안티 다이브 제어를 실행한다.

30 ④ 기본 장비의 설치에 관한 진단기 본체와 케이블 결합은 진단기 설치후 실시하는 차량 제원 입력과 분류와는 관계가 없다.

31 ③ 조향기어비
$= \dfrac{\text{조향핸들의 회전각도}}{\text{조향바퀴(피트먼 암)의 회전각도}}$
$= \dfrac{720}{90} = 8 \,(1바퀴 = 360°)$

32 ③ $k = \dfrac{W}{a}$ [kgf/mm]
∴ 하중[W] = k × a = 7 × 30 = 210[kgf]
[k : 스프링 정수(kgf/mm), W : 하중(kgf), a : 변형량(mm)]

33 ③ 유압의 압력을 시험하는 어떤 시험이라도 유압이 작동되고 있을 때 측정하는 것이다. 즉, 파워스티어링의 오일펌프는 엔진 동력으로 구동되고 있을 때 압력시험을 하는 것으로써, 시동이 걸린 상태에서 측정해야 한다.

34 ④ 자동차가 주행 중에 조향 핸들이 한쪽으로 쏠리는 원인은 문제 보기 외에도, 한쪽 코일 스프링의 마모된 때, 한쪽 휠 실린더 작동 불량, 브레이크 라이닝 간극 조정 불량, 한쪽 쇽업소버의 작동 불량, 한쪽 타이어의 편마모 등이다.

35 ③ 타이어 공기압이 크면, 노면과의 마찰력이 감소하여 핸들이 가볍다. 나머지는 MDPS와 제어에 관한 것으로 맞는 이론이다.

36 ③ 센서 파형으로 부품 점검 시에는 오실로스코프를 활용하여 센서 출력값을 파형으로 도출하여 점검한다.

37 ④ 전자제어 현가장치(ECS)는 차고 센서로 차체 높이를 감지·제어하여 Low, Normal, High, Extra High 등 4단계로 제어한다. 높이 조절과 감쇠력 조절과는 관계가 없으며, 감쇠력 조절은 운행 중 쇽업소버 감쇠력 변화조건 시 컴퓨터가 스텝 모터와 연결된 제어 로드(control rod)를 회전시키면서 쇽업소버 내부의 오일 변화로 감쇠력이 가변된다. 감쇄력 제어 형식은 안티롤 제어, 안티 다이브 제어, 바운싱·피칭제어 등이다.

38 ④ 디스크(disc) 방식 브레이크 장점으로는
- 디스크가 대기에 노출되어 있어 방열성이 좋아 페이드 현상이 잘 일어나지 않는다.
- 자기 작동이 없어 제동력의 변화가 적어 제동 시 한쪽만 제동되는 편 제동 현상이 적다.
- 물이나 진흙 등이 묻더라도 원심력에 의해 제동 효과 회복이 빠르다.
- 구조가 간단하고 정비가 용이하나 가격이 다소 비싸다.
- 패드는 큰 강도의 재질을 필요로하고, 페달 조작력이 커야 한다.

39 ② 스톨 포인트에서 토크 비율은 최대이나 효율은 최소이다. 속도비가 '0'일 때, 펌프는 회전하나 터빈은 정지하고 있는 점을 스톨 포인트라 한다. 스테이터가 회전을 시작하는 시점을 클러치 포인트(clutch point)라 한다.

40 ① 전자식 제동분배는 기존 기계적 프로포셔닝 밸브와 달리 후륜 제동력을 독립적으로 제어한다. 제동거리 단축과 스핀 현상 방지 및 안정성에 매우 효과적인 시스템이다.

3과목 자동차 전기·전자장치 정비

41 ③ FATC의 출력요소는 문제의 보기 외에도 내·외기 도어 액추에이터, 풍향 도어 액추에이터 등으로 각종 센서값의 입력요소와 확연히 다르다. 핀서모 센서는 입력요소이지 출력요소가 아니다.

42 ③ 발전기는 플레밍의 오른손 법칙, 기동 전동기는 플레밍의 왼손 법칙의 원리를 적용하고 있다.

43 ① 듀얼 압력 스위치는 고압측 리시버 드라이어에 설치되어, 두 개의 압력 설정치를 갖고 냉매가 없거나 외기온도가 0°C 이하일 때 스위치가 켜져 압축기 전원을 차단하여 압축기 과열을 방지한다.

44 ④ 이모빌라이저(Immobilizer)란 무선 통신 시, 입력된 코드가 일치할 때, 엔진 시동이 가능한 도난 방지 시스템이다. 특수한 반도체를 차량 시동키 부위에 탑재하여 시동하고, CAN 통신, KWP2000, K라인 통신이 쓰고 있으며, 통신의 안정성 여부와는 관계가 없다.

45 ③ 자기이력현상은 다른 말로 히스테리시스라고 하는데, 철심 코일에 전류 인가 시 코일의 저항성분때문에 코어에 히스테리시스(자기이력)와 와전류에 의한 전류 손실이 발생하면서 열이 발산되는 현상을 말한다. 또한 자기포화 현상은 외부자계를 계속 인가하여도, 자성이 더 이상 커지지 않는 현상을 말한다.

46 ② 주행 중 고장 시 엔진 출력 제어, 급브레이크 작동은 없다. 엔진 시동 꺼짐, 변속기 인터록 및 고정 변속단, 변속기 성능이 저하되는 현상은 있다.

47 ① 발전기는 배터리 전원이 로터에 인가되면 로터에 자속이 발생하게 된다. 전기자에서 로터의 자속을 끊어 유기 기전력을 발생시켜 정류자(AC기전력을 DC로 변환)로 보내어 배터리 충전 및 전장 부품에 전원을 공급하게 된다.

48 ① 타이어 공기압 경고등이 점등 되었을 때는 우선 타이어의 전체적인 규정 압력 여부를 확인·조치하여야 하고, 각 타이어의 공기압이 확인되는 경우에는 해당 타이어 공기압 및 펑크 여부를 점검한다.

49 ② 정상 또는 두 선(High-Low) 중 하나라도 차체 단락 시 60Ω, 한 선 또는 두 선 모두 단선의 경우 120Ω, 두 선 모두 단락 시 0Ω을 나타낸다.

50 ③ 기동 전동기는 플레밍의 왼손법칙, 발전기는 플레밍의 오른손법칙이 적용 되는데, 엄지-힘(회전. 토크), 검지-자기장, 중지 - 전류에 해당한다. 즉, 계자 코일에서 만든 자속을 끊어 힘(토크)를 발생시키는 것은 전기자이다.

51 ② LIN 통신은 마스터(master), 슬레이브(slave) 방식의 직렬통신이다.

52 ② 계기판의 온도계는 냉각수의 온도를 나타내며, 냉각수온 센서로부터 나온다.

53 ③ CAN 통신(Controller Area Network)은 양방향 통신이므로 모듈사이의 통신이 가능하며, 각각의 모듈에는 다양한 임피던스(저항)을 가지고 있다.

54 ④ V=I·R, 1MΩ=10⁶Ω
$$\therefore I = \frac{V}{R} = \frac{24}{10^6} = 2.4 \times 10^{-5} = 0.024[mA]$$

55 ② 베리언트 코딩 (Variant Coding)이란, 자동차의 모든 옵션들을 작동 시킬 수 있는 정해진 코드값으써, 미실시하게 되면 사양 설정 오류 등의 DTC 고장 코드가 소거되지 않을 수 있다.

56 ② V = IR의 기본 원리를 적용하여 생각해 본다. 또한 전압강하란 저항의 영향이 있을 때마다 발생한다.

57 ② 전조등 시험 전 준비사항으로는 운전자 1인이 승차한 공회전 상태로써, 4등식 전조등의 경우에는 측정하지 않는 등화 장치에서 발산하는 빛은 모두 차단하여야 한다.

58 ② $\frac{1}{R} = \frac{1}{R_1} + \frac{1}{R_2} + \frac{1}{R_3} + ... + \frac{1}{R_n}$
$\frac{1}{R} = \frac{1}{1} + \frac{1}{3} + \frac{1}{1.5} = \frac{6}{3}$
$\therefore R = \frac{3}{6} = 0.5\Omega$

59 ② 전구식 테스트 램프로 ECU 출력단을 점검하게 되면, 수백 mA 정도밖에 되지 않는 TR의 컬렉터 전류 한계로 인해 TR 고장이 발생하기 때문에, 반드시 LED식 테스트 램프를 사용하여야 한다.

60 ④ 복선식, 단선식 전기배선 방식이란, 회로 구성에 있어 전류의 흐름을 고려한 것으로써, 복선식은 접지 전선 사용으로 접지를 강화한 방식으로써, 비교적 큰 전류가 필요한 회로에 사용한다.(예.전조등) 반면에 단선식은 회로의 한쪽 끝을 차체에 접지하는 방식으로 주로 작은 전류의 회로에 사용되고 접촉이 불량 시 전압 강하량이 증가하게 된다.

4과목 친환경 자동차정비

61 ④ HDA 해제를 하기 위한 조건은 휴게소를 들어가거나, 톨게이트 500m 전·후 지점에서 경보음과 함께 클러스터에 안내 문자가 나오면서 해제되며, 일반적인 해제 조건은 브레이크 페달 작동 시, 운전자가 직접 조향하여 차선 변경 시, 운전자가 직접 방향지시등 점등 시이다.

62 ④
- MOP(Mechanical Oil Pump) : 기계식 변속기 오일 공급 펌프
- OPU(Oil Pump Unit) : 전동식 변속기 오일 공급 펌프(EOP) 구동 위한 전원 공급 장치
- PTC(Positive temperature coefficient heater) : 보조히터
- VPD(Voltage Protection Device) : 과충전 보호 장치(배터리 부풀었을때 S/W 눌러 작동)

63 ② 수소 누출 여부는 시동을 끄고, 수소 라인과 탱크 등을 점검하는 것으로, 이는 모든 수소 라인 및 연결 부위에 센서가 부착되는 것은 아니지만, 극소량의 누설이라도 비정상적인 수소탱크 압력 변화 및 스택의 이상 반응 시 안전을 위한 시스템이 작동되어 수소 공급을 중단하기 때문이다. 스택(연료전지)가 가동하지 않더라도 각 수소 라인과 수소탱크의 압력은 규정값으로 압력을 유지 하고 있다.

64 ④ 천연가스 자동차(NGV : Natural Gas Vehicle)는 메탄을 주성분으로 하는 석유계 연료 중에서 탄소량이 가장 적어 환경친화적 연료로써, 천연가스를 사용하는 자동차는 매연이 배출되지 않으며, 반응성 탄화수소(NMHC) 뿐만 아니라 일산화탄소(CO)의 배출량도 매우 낮다.

65 ② HSG의 주요 제어 기능은 시동 제어, 엔진 속도 제어, 발전 제어, 소프트 랜딩 제어이다. 여기서 엔진 속도 제어 기능이란 클러치로 모터와 엔진을 연결할 때 충격과 진동을 줄여주는 원리로써, 모터 주행 중 엔진 속도를 빠르게 하여 모터 속도와 엔진 속도를 동기화 시키는 기능이다.

66 ③ 히트펌프(heat pump) 시스템이란, 전기차 난방효율을 높이는 기술로써, 구동 모터 등 전장부품 발산 열과 냉각 과정에서의 방출 열을 활용하여 겨울철 난방으로 인한 고전압 배터리 소모를 최소화한 시스템이다. 이베퍼레이터 온도 센서는 부특성 서미스터(NTC, Negative Temperature Coefficient)를 사용한다.

67 ③ 양극은 방전 시 리튬이온이 전자를 받아 환원하고, 음극은 방전 시 전자를 받아 산화한다. 전해액은 원활한 전기화학 반응이 이뤄지도록 이온의 이동을 하게 하는 매개체 역할을 하며, 분리막은 전기적 단락 방지는 물론 셀의지지 역할(기둥역할)을 하게 된다. 모듈(Module)은 여러 개의 배터리 셀을 연결하여 하나의 프레임에 넣어 만든 것으로써, 일종의 배터리 조립체(Assembly)를 말한다.

68 ② 구동 모터는 전압의 형태를 변환시키는 기능은 없고, 3상 AC교류 전압으로 구동되며, 모터에서 발생되는 3상 교류를 컨버터(AC-DC)가 직류로 바꾸어 고전압 배터리를 충전하는 회생 제동 기능이 있다. 모터 컨트롤 유닛(MCU)은 고전압 배터리의 직류 전압을 3상 교류 전압으로 바꾸어 모터에 공급하는 기능을 한다.

69 ④ 수소 저장탱크는 제조일로부터 15년/5,000회 충전 이후에는 재사용할 수 없어 교환하여야한다.

70 ④

71 ④ 모터 냉각 시스템의 구성품 중 냉각수 이온 필터는 스택 냉각수의 이온을 필터링하는 기능으로써, 전기 전도도를 일정 수준으로 유지하여 절연 저항 및 운전자의 감전 환경을 효과적으로 관리할 수 있도록 한다. 냉각수 라디에이터는 스택의 별도 구성된 라디에이터로써, 전장품의 증가와 공기저항에 대응한 고성능 라디에이터이다.

72 ③ 전기자동차의 단점
- 동급 차종의 내연기관과 비교할 때 가격이 비싸다.
- 엔진 소음이 없어 보행자가 자동차의 접근을 알 수 없어 사고 위험이 있다.
- 혹한기(온도 급강하 겨울철), 혹서기(온도 급상승 여름철)에 따라 배터리 성능이 저하된다.
- 주유 시설과 비교할 때 충전시설이 많지 않다.
- 주유 시간보다 충전 시간이 길다.

73 ① CD모드는 충전소진모드(Charge depleting mode)로써, RESS(Rechargeable Energy Storage System)에 충전된 전기 에너지를 소비하는 모드이다. HWFET 모드는 고속도로 주행모드라고 하는 테스트를 통하여 연비를 측정하고, CS모드는 충전유지모드(Charge sustaining mode)로써, RESS가 충·방전하며, 전기량이 유지되는 동안 연료를 소비한다.

74 ① 전기 자동차의 냉각 제어 기능은 최적의 배터리 온도를 유지·관리하는 것을 말하고, SOC 산정·제어 기능은 배터리 전압·전류·온도를 감안한 배터리의 SOC(%)량을 계산·관리한다. 고전압 릴레이 제어 기능은 고전압을 사용하는 PE(Power Electric) 부품들의 전원 관리(공급·차단)를 한다.

75 ④ 전기차의 기본 구조는 고전압 배터리, 고전압 정션박스, 구동모터와 감속기, 완속 충전기(OBC), 전력제어장치(EPCU)로 구분할 수 있다.

76 ③ 정격전압이 사용전압이라면 공칭전압(nominal voltage)은 선간 전압을 말한다. 환경친화적 자동차의 요건 등에 관한 규정(2023. 10. 31., 일부개정)에 따르면, 일반 하이브리드자동차에 사용하는 구동축전지의 공칭전압은 직류 60V, 플러그인 하이브리드 자동차는 직류 100V를 초과하여야 한다.

77 ③ 같은 직류이긴 하나, 부품의 특성에 맞는 저전압 또는 고전압 직류로 변환하는 것을 컨버터라 한다.

78 ① 리튬이온 배터리의 용량과 전압을 결정하는 '양극'은 방전 시 리튬이온이 전자를 받아 환원한다. 양극에 주로 사용되는 재료는 리튬망간산화물($LiMn_2O_4$), 이황화티타늄(TiS_2), 리튬철인산염($LiFePO_4$), 리튬코발트 산화물($LiCoO_2$), 리튬니켈망간코발트산화물($LiNiMnCO_2$)등이다.

79 ② 하이드로릭 컨트롤 유닛은 ABS 시스템의 유압 제어 모듈이다.

80 ① 레졸버 센서의 목적은 최대의 출력 토크 실현으로써, 회전자계와 회전자의 영구자석의 상호작용으로 회전자가 회전하고, 회전자는 회전자계의 속도와 동일한 속도로 회전하는 PMSM(영구자석 동기모터)에 사용된다. 레졸버는 로터, 스테이터, 회전트랜스로 구성되어 있으며, 로터(회전자)의 회전속도 및 위치를 판단하여 로터와 스테이터 간의 오차를 최소화 한다.

기출문제 CBT 예상기출문제

1과목 자동차엔진정비

01 ③ 지압선도(P-V선도)란 기관 연소를 시작으로 사이클을 마칠 때까지의 연소가스 상태를 실린더 내의 압력(P)과 체적(V)의 상태변화로 표시한 것을 말한다.

02 ② 운전 상태에 따른 기본 연료 분사량의 결정 요소는 흡입공기량과 엔진회전수이다. 공회전 시 수온·차속 센서, 에어컨, 오일압력, 대시포트, 스로틀밸브 개도량과 전부하 시 추가적으로 차속·대기압·흡기온도 센서 등의 추가 보정 값으로 분사량이 변화한다.

03 ③ 터보차저(turbo-charger)는 배출가스 압력을 이용하여 터빈을 회전시켜, 흡입 공기를 대기압보다 강한 압력으로 밀어 넣어 출력을 높여주는 장치이다. 타임 래그란 배기 에너지로 작동하는 터빈이 엔진 회전수 변화로 터빈의 일량에 변화가 생기는 것으로써, 터보차저에서 가속 페달을 밟는 순간부터 엔진의 출력이 운전자가 기대하는 목표에 도달할 때까지 시간차가 생기는 것을 말한다. 일반적으로 저속 구간(엔진의 회전수가 낮을 때)에서 많이 나타난다.

04 ④ 압축압력 시험결과(정상압력: 규정압 70~110%), 실린더 벽 및 피스톤 링의 마멸이 있을 경우에 오히려 조금씩 압력이 상승하게 되고, 규정 값보다 10% 이상일 경우에는 실린더 헤드를 분해한 후 연소실 내 카본을 제거한다.
실린더 헤드 개스킷 불량 및 실린더 헤드 변형이 있는 경우에는 습식시험을 하더라도 압력 형성이 없어, 압력은 상승하지 않는다.

05 ② 커먼레일 디젤(CRDi) 엔진의 분사는 다음과 같이 구분된다.
- 예비 분사(Pilot Injection) : 점화 분사라고도 하며, 주 분사 전에 연료를 분사하여 연소의 원활성을 향상시키고 소음과 진동을 감소시키는 역할을 한다.
- 주 분사(Main Injection) : 예비분사 실행 여부를 고려하여 연료 분사량을 조절하고, 기관 출력에 관한 가장 큰 영향을 주는 분사이다.
- 사후 분사(Post Injection) : 유해배출가스 감소를 위해 사용하는 것으로써, 배기가스 규제 강화에 의해 배기행정에서 소량의 연료를 촉매 변환기로 강제로 공급, 미세 매연 입자를 연소시키는 역할을 한다.

06 ④ 주행 중 순간적으로 과도한 공기가 흡입(가속시)될 때를 가정할 때, 흡입 공기량 센서(AFS)의 신호와 연료 분사량을 조정하여 최적 공연비를 실현하게된다. 이때 흡입되는 공기량이 감소하는 이유는 밸브, 배기, 피스톤부의 원인으로 생각해 본다. 흡입되는 공기의 질량이 감소할수록 엔진의 성능은 감소하게 된다. 흡입 압력이 대기 압력보다 높으면 많은 량의 공기를 흡입되게 된다.

07 ② 등온 압축과정에서는 온도를 일정하게 유지하기 위해 방열하면서 압축한다. 이상기체란 카르노 사이클을 말하고, 온도가 일정하고 압축 행정은 등온 압축과정이다. 내부에너지의 변화는 없고, 일을 하는 압축상태이므로 열(Heat, Q)은 방열(마이너스)상태이다.

08 ④
$$\eta_b = \frac{632.3 \times B_{PS}}{H_l \times \eta_b} \times 100$$
$$B = \frac{632.3 \times B_{ps}}{H_l \times \eta_B} = \frac{632.3 \times 80}{10000 \times 0.3} = 16.9 kg/h$$

[η_b: 제동열효율, B_{PS}: 제동마력, Hl: 연료의 저위발열량, B:연료소비량]
연료의 저위발열량이란, 액체 연료의 경우 연료를 기화시켜 연소시키기 위하여 연료중에 함유된 수분을 증발시켜야하는데, 수분의 증발열을 뺀 실제로 효용되는 연료의 발열량을 말한다.

09 ④ 열역학 제2법칙은 자연적인 에너지 흐름의 방향성(엔트로피)을 알려주는 법칙을 말한다. 제1종 영구기관은 에너지의 공급을 받지 않고 일을 계속할 수 있는 것을 말하고, 외부에서 받은 열을 모두 일로 바꾸는 열기관이지만, 실제 기관에서는 마찰이나 열 발생 등으로 인한 에너지 손실 때문에 존재하지 않는다. 즉, 제2종 영구기관은 열역학 제2법칙에 위배되는 영구기관을 말한다.

10 ③ 과류 방지 밸브(excess flow valve)는 액상 송출 밸브에 설치되어, 사고로 엔진 LPG공급 배관이 파손되었을 때 봄베 내의 LPG가 급격하게 방출되는 위험을 방지한다.

11 ④ 세탄가란 디젤의 점화 지연(점화가 늦게 일어나는) 정도를 나타내는 수치로, 세탄가가 높으면 점화지연 시간이 짧아(점화가 빨리 일어남) 연소 시 엔진 출력과 효율을 증가시키고, 소음이 감소되는 장점이 있다. 세탄과 (α-메틸나프탈린+세탄)의 체적 혼합비이다.

12 ② 내연 기관에서 도시 평균 유효압력이란 실제 지압선도로부터 구한 기관의 평균유효압력이다. 또한 평균유효압력은 실린더 내의 압력이 피스톤의 위치에 따라 순간순간에 변하는데, 이때의 압력 평균값이 평균유효압력이다.

$$평균유효압력 = \frac{1사이클에서 한 일(w)}{실린더 행정 체적}$$

13 ④ 직렬형 단행정 기관의 경우는 실린더 지름이 커지기 때문에 기관의 길이는 길어지며, 단위 실린더 체적당 엔진의 출력을 크게 할 수 있다.

14 ② 행정체적은 단면적×행정이다.
즉, $40cm^2 \times 10cm = 400cm^3$로써,
압축비 $= 1 + \frac{행정체적\ 400}{연소실\ 체적\ 50} = 9$

15 ① ACV(Air Control Valve)는 흡입 공기량을 제어하는 일종의 스로틀밸브로써, 보다 정확한 EGR 제어를 위해 흡입공기량을 제어한다. PCSV는 캐니스터에 저장된 연료 증발가스를 서지탱크로 유입시키는 솔레노이드 밸브이다.

16 ④ 크랭킹은 되지만 시동이 불량한 원인은 매우 많다. 큰 핵심 위주로 연료제어계통 불량, 압축 압력 저하, 점화 계통 이상이 있으며, 기타 전기장치(릴레이, ECU), 센서불량(CAS, TDC센서) 등이 있다.
크랭킹이 되지도 않을 경우에는 배터리 전압 저하, 발전기 충전 불량으로 인한 고장, 시동모터와 시동 스위치 불량 기타 전기 회로상의 문제 등을 들 수 있다.

17 ① 디젤의 착화지연에 영향을 주는 요소로는 연료의 착화성, 실린더의 내의 온도·압력, 공기의 와류 등이다

18 ③ 4℃의 물의 밀도에 대해 어떤 물질(가솔린)의 밀도가 상대적으로 어떠한가를 나타내는, 즉 가솔린과 물의 밀도와의 비를 의미한다. 디젤의 비중은 물보다 가벼운 0.82~0.87이고 인화점은 50℃ 이상, 발화점은 210℃ 정도이다.
체적[L] × 비중 = 무게[kg] → 0.3[L]×0.75
= 0.225[kg]
∴ 혼합비가 15 : 1(공기:연료)이므로
공기가 0.225[kg]×15 = 3.375[kg]
※ 가솔린 300[cc] = 300[cm³] = 0.3[L],
1cc는 1㎖와 같다.

19 ② 부동액의 빙점(응고점)은 물보다 낮아야 하고, 반대로 비등점(끓는점)은 물보다 높아야 높은 온도에서도 기화되지 않으며, 냉각 효과를 높일 수 있다. 휘발성이 없고, 내식성이 크고 팽창계수가 적어야 한다.

20 ④ 세탄가란 디젤기관 연료의 착화성을 표시하는 값으로 클수록 착화성이 좋고 노킹이 일어나지 않는다.

2과목 자동차섀시정비

21 ④ 트레이스 제어란 선회 시 조향각으로부터 산출한 횡가속도가 기준치보다 크면 전륜 슬립율을 감소하기 위해 엔진 출력을 제어하여 선회 안정성을 향상시키는 것을 말한다. 차고센서는 전자제어 현가장치(ECS) 입력신호에 해당한다.

22 ① 코너링 포스에 영향을 미치는 요소에는 슬립각, 타이의 종류와 제원(수직 하중, 공기압력 등), 주행 속도, 노면 상태, 현가 방식, 현가스프링의 롤링 강성 등이 있다.

23 ② 후륜 제어 장치는 프로포셔닝(Proportioning Valve), 로드센싱 프로포셔닝, 리미팅 밸브(Limiting Valve)가 있으며, 로드 센싱 밸브는 차량의 하중, 이너셔 밸브(Inertia valve)는 속도에 따른 제동력 배분을 한다.

24 ④ 저속 시미의 원인은 스프링 정수가 적을 때, 링키지의 연결부가 헐거울 때, 타이어 공기압력이 낮을 때 등이고, 고속 시미의 원인으로 추진축의 진동 발생, 타이어의 변형, 타이어의 동적 불 평형, 엔진 설치 볼트의 이완 등이 있다.

25 ③ 마그네틱 픽업 코일 방식은 마그네틱과 코일로 된 휠스피드 센서로써, 발전기와 같이 자기 유도 작용에 의한 교류(AC) 전압이 발생된다.

26 ① 프로포셔닝밸브는 후륜으로 공급되는 제동유압을 전륜에서보다 낮도록 조절하여, 제동 시 후륜의 조기 고착 현상을 예방한다. 후륜이 고착되면 옆 방향으로 오히려 슬립이 발생한다.

27 ③ 캐스터(caster)는 앞바퀴를 옆에서 보았을 때, 킹핀(조향축, kingpin)이 수직선에 대해 어떤 각도를 두고 있는 것으로, 일반적으로 약 0.5 ~ 1°정도로 캐스터각(caster angle)을 이루고 있다. ①은 토인, ②는 캠버, ④는 킹핀 경사각에 관한 설명이다.

28 ③ 고압 스위치는 고압탱크의 압력을 감지하고, 스위치가 ON되면 컴프레셔를 구동시켜 일정 압력을 유지시킨다. 쇽업소버에서 배출되는 공기를 저장하는 저압 탱크 압력이 높으면 쇽업 소버의 공기 배출이 어려워 정밀한 자세제어가 어렵다. 그러므로 저압 스위치를 두어 리턴펌프를 구동시켜 고압실로 보내는 것이다.

29 ④ 릴리프(relief)압력이란, 일정 압력 이상이 되면 배출구를 통해 오일을 배출하여, 최고압력을 일정하게 유지하고 조절하는 밸브의 압력을 말한다.

30 ② 유압식 동력조향장치는 유압펌프, 제어밸브 등과 같은 유압장치가 추가 장착되어 구조가 복잡하다.

31 ③ 사용 연료 종류별 표기부호
① A : LNG
② B : 연료전지
③ C : CNG
④ D : 경유
⑤ E : 전기
⑥ G : 휘발유
⑦ H : 하이브리드
⑧ L : LPG
⑨ S : 태양열
⑩ Z : 기타

32 ③ 주행 안정성과 승차감은 주로 타이어와 현가 스프링, 쇽업소버의 감쇠력에 좌우되며, 주행중 변화 값을 줄 수 있는 것은 쇽업소버로써 감쇠계수가 클수록 진동 주기가 길게 되고 감쇠(진폭)가 빨라지는 것을 이용한 것이다.

33 ④ 싱크로메시기구는 동기물림식 수동변속기의 구성품에 속하고, 무단변속기도 토크컨버터(전자클러치), 오일펌프, 유압제어 및 레귤레이터 밸브가 있다.

34 ③ "RUNFLAT" 타이어란, 주행 중 손상에 의해 타이어의 공기가 감소하더라도 강화된 측벽으로 설계되어 자동차의 하중을 지지하여 타이어의 모양을 그대로 유지하며 일정한 속도(80km)로 주행할 수 있는 타이어를 말한다.

35 ② 스포틀 포지션 센서가 고장났을 경우, 적정 시기에 변속이 이뤄지지 않으면서 변속 충격이 발생할 수 있다. 그러나 라인 압력이 높을 때라는 조건에서는 릴리프 밸브가 막히면 장치 내 압력이 높아지면서, 높은 라인 압력으로 변속기 충격이 발생할 수 있다.

36 ③ 중량 W = m×g [m : 질량(kg), g : 중력가속도(9.8 m/s²)]
∴ W = 1710kg×9.8m/s² ≒ 16,758 kg·m/s²
≒ 16,758 N

37 ③ 공기 혼입은 스펀지 작용에 의해 페달의 유격을 커지게 하고, 제동장치의 구성품 또는 오일 교환 시 공기빼기 작업은 반드시 해야 한다. 첵 밸브는 베이퍼록 방지와 브레이크 라인의 잔압 유지 역할을 하는 것이지 누유와는 직접적 관련이 있는 것은 아니다.

38 ① 수동변속기 작동 시 동기 물림 과정에서 각 단마다 출력축과 변속기어의 동기작용을 하는 싱크로나이저의 결함은 변속기어와 출력축의 동기작용이 원활하지 않아 기어 충돌 소음이 발생하고, 록킹볼을 지지하는 포핏 스프링의 장력이 부족하면, 변속이 어렵거나 기어 빠짐 현상이 나타난다.

39 ① 드래그 링크는 피트먼 암과 조향 너클 암을 연결하는 로드를 말하는데, 양 끝의 볼 이음 부분에는 노면의 충격이 조향기어에 전달되지 않도록 스프링이 들어있다.

40 ② • 슬립(slip)컨트롤 기능 : 미끄러운 노면에서 가속 능력 및 선회능력을 향상하여 슬립을 제어한다.
• 트레이스(trace) 컨트롤 기능 : 언더스티어 및 오버스티어를 방지하여 조향 성능을 향상시킨다.

3과목 자동차 전기·전자장치 정비

41 ② 직류 직권식은 계자와 전기자가 직렬로 연결되어 있어, 전동기의 어느 지점이든 전류는 같다.

42 ① 서미스터는 무접점이며, 제너다이오드(PN 접합)는 일반적인 접합구조이고, 발광·포토 다이오드, 전계효과 TR이 이중 접합(PNP, NPN TR)이다. 그 밖에 사이리스터, 트라이악(TRIAC)같은 다중 접합(PNPN 접합)이 있다.

43 ② 평활회로란, 교류(AC)를 직류(DC)로 바꾸는 여러 과정 가운데 맥류를 완전한 직류로 바꾸는 것으로써, 다이오드는 교류전류를 반파 또는 전파 정류를 통해 맥류로 변환, 커패시터(콘덴서)는 이 맥류를 직류에 가까운 평활회로에 이용한다.

44 ③ 트리플 스위치는 콤프레셔 정지기능과 냉각팬을 고속으로 구동하여 냉매압을 저하시키는 기능을 한다. 바람이 배출되므로 볼로워 모터 불량은 아니며, 컴프레셔가 작동하지 않는 원인들이다. 보기외에도 냉매가 부족한 경우, 운전석 A/C 스위치 불량 등도 원인이 될 수 있다.

45 ② 피스톤 링이 마모와 혼합기가 농후할 때 점화 플러그 전극 부위가 지나치게 그을린 현상이 나타난다. 또한 점화시기가 규정보다 늦어 노킹이 발생되고, 점화 코일과 고압 케이블이 노화되면 적정 전압의 이용이 불량하여 그으름 현상이 나타난다.

46 ④ 전력(P) = V·I
12V×70A = 840[W] = 0.84 [kW], 1kw = 1.36[PS]
∴ P = 0.84×1.36 = 1.1424 [PS]

47 ③ 제너다이오드는 역방향으로 사용되는 다이오드로써, 전류가 변화해도 전압이 일정하다는 특성을 이용하여 정전압 회로에 사용되거나, 서지 전류 및 정전기로부터 IC 등을 보호하는 보호 소자로 사용된다.

48 ④ 자동차 측정하는 멀티테스터기는 전지 전원을 이용한 측정으로, 통신라인 점검시에는 반드시 KEY OFF 상태에서 측정하여야 하며, KEY ON 상태에서는 CAN 버스에 약 2.5V가 전압이 흐르고 있어, 오히려 종단저항 측정 시 고장을 발생시킬 수 있다. 저항값을 측정할 때는 흐르는 전류를 차단하고 측정하여야 해당 저항의 저항값을 측정할 수 있는 원리이다.

49 ② 안전밸트 센서의 이상이 생기거나, 시트 부하 감지 센서 고장 등으로 에어백 경고등이 점등될 수 있으며, 클럭 스프링 단선, 에어백 모듈과 충돌감지 센서 불량하면 점등 될 수 있다. 점화 스위치가 불량하면, 시동 지연 또는 시동 불가 현상 등이 나타난다.

50 ① 고속 CAN High, Low 두 단자를 자기진단 커넥터에서 측정 시 종단저항 값은 0Ω(High, Low 단락), 60Ω(정상 또는 단락), 120Ω(한 선 또는 두 선의 단선)으로 우선 판단하고, 점차적으로 또 다른 문제를 해결해 나간다.

51 ④ 냉매는 비등점이 적당히 낮아야 상온에서 쉽게 기화할 수 있으며, 증발 잠열이 커야 더 많은 열을 뺏을 수 있고, 응축 압력과 응고 온도는 낮아야 쉽게 액화할 수 있다. 또한, 액체와 기체의 상이 구분될 수 있는 최대의 온도-압력 한계를 나타내는 임계온도는 상온보다 높아야한다.

52 ④ 포토 다이오드는 빛에너지를 전기에너지로 변환시켜 전압을 발생시키는 것으로써, 여기에는 빛을 감기하는 일사량 센서가 해당된다.

53 ④ 유해가스 차단장치인 AQS는 외부공기 중에 인체에 유해한 성분을 검출하여 에어컨 ECU로 전달, 유해가스의 유입을 차단하게 된다. 특히 아황산가스(SO_2). 일산화탄소(CO). 탄화수소(HC), 질소산화물(NO_x) 성분 등을 검출하고, 최적의 실내 공기 상태를 유지하게 한다.

54 ② 증발기 온도를 검출하는 센서가 핀서모 센서이다. 증발기 온도가 너무 낮으면 빙결 현상으로 냉각효과가 저하되는 것을 방지한다. 핀서모 스위치가 OFF되면 콘덴서(압축기) 작동은 멈추게 된다.

55 ② 축전지 AH효율(%) = $\dfrac{\text{방전소요}AH}{\text{완전충전소요}AH}$
= $\dfrac{20A \times 5H}{15A \times 8H} \times 100 = 83\%$

56 ① 자속밀도(B)는 홀전압에 비례한다.
[홀전압(V) = k·I·B(k:홀상수, I:전류, B:자속밀도)]

57 ③ 제너 다이오드는 전압이 어떤 값에 이르면 역방향으로 전류가 흐르는 정전압용이며, 트리 다이오드는 주로 교류 발전기에서 충전 경고등을 제어하는 역할을 하는 다이오드이다.

58 ④ 드웰 시간, 엔진의 회전속도, TR의 베이스 단자 전원공급 시간을 점화 1차 코일의 끝부분 (−)단자에 시험기를 접속하여 측정할 수 있다. 그러나 엔진의 노킹 유무에 관한 정보는 실린더 블록에 부착된 노크 센서에 의해 측정되어 ECU로 송출한다.

59 ③ IC(집적회로)는 1개의 칩(chip)위에 집적화한 모든 트랜지스터가 같은 공정에서 생산되어 대량 생산이 가능하고 가격이 싸고, 소형·경량이다. 또한 납땜 부위가 적어 고장이 적고, 진동에 강하고 소비전력이 매우 적다.

60 ④ 축전기(capacitor 커패시터) 또는 콘덴서(condenser)는 전기 회로에서 전기 용량을 전기적 퍼텐셜 에너지(Potential Energy)로 저장하는 장치를 말하고, 배터리 용량(AH)은 완전충전된 배터리를 일정한 전류로 방전 중, 단자 전압이 규정의 방전 종지 전압이 될 때까지 방전시킬 수 있는 전기량을 말한다.

4과목 친환경자동차정비

61 ④ 소프트 타입과 하드 타입의 분류는 병렬형 하이브리드이고, 소프트 타입이라고도 부르는 FMED(flywheel mounted electric device)형은 구동 모터가 엔진 플라이휠(flywheel) 쪽에 있어 별도의 구동 모터만으로 주행할 수 있는 EV모드가 불가능하다.
TMED(transmission mounted electric device)형은 하드 타입이라 하는데, 구동 모터가 변속기 쪽에 있어 클러치의 단속(斷續) 기능을 활용하여 별도의 구동 모터만으로 EV모드 주행이 가능하다.

62 ② HSG(Hybrid Starter Genertor)의 주요 제어기능 중에서 "엔진 속도 제어기능"은 클러치로 모터와 엔진을 연결할 때 충격과 진동을 줄여주는 원리로써, 모터 주행 중 엔진 속도를 빠르게 하여 모터 속도와 엔진 속도를 동기화 시키는 기능이다.

63 ④ 주행가능거리(DTE)(km)는 '최종 전비(km/%) × 현재의 SOC(%)'로 계산하게 되는데, VCU의 배터리 가용 에너지 연산, 도로 정보, 과거 주행 사이클 등이 DTE 연산의 값의 주요 요소이다.

64 ④ 냉각제어는 BMS 중 제어 중 매우 중요한 제어로써, 최적의 배터리 작동 온도를 유지하기 위하여 냉각팬을 이용한 배터리 온도 유지 시스템이다.

65 ① 보호안경은 고전압 정비시 발생 할 수 있는 전기 스파크 또는 파편에 의한 작업자 안면부 보호용으로써, 고전압 배터리 팩 어셈블리 작업에는 반드시 착용한다.

66 ④ 완속 충전은 외부 220V AC 전압이 OBC(on board charger)에서 DC 전압으로 변환하여 고전압 배터리로 충전하는 것으로써, 충전 시간은 급속충전보다 길고, 급속충전이 약 80% 충전 한계가 있는 것에 반해 많은 양의 전기(약100%)를 담을 수 있어 충전 효율이 높다.

67 ④ 히트펌프(heat pump) 시스템은 전기자동차의 PTC(전기히터) 방식과 비교할 때 구조가 복잡하고, 구성부품이 많아 작동 원리 역시 어렵고 복잡하다는 단점은 있으나, 여름철과 겨울철의 냉·난방 시스템 가동 기간이 미가동 시간보다 현저히 많아 전비(연비) 효율 향상을 위해서는 선택에 여지가 없이 전기자동차 전반에 적용되고 있는 시스템이다.

68 ③ 배터리 과열 등 배터리 안전사고 방지를 위한 제어는 메인 릴레이 제어이며, 고전압 배터리와 관련 시스템으로의 전원을 ON/OFF한다. 고전압 배터리는 교류(AC)전압이 아닌, 직류(DC)전압으로 충전되어 있다.

69 ① 구동모터는 감속 주행 시 발전기로 구동되어 고전압 배터리를 충전하는 데, 이때 구동모터에서 나오는 전압은 구동모터를 구동하는 3상교류전압과 동일한 교류(AC)이여, 컨버터를 거쳐 직류(DC)로 변환되어 고전압배터리로 충전된다.

70 ② 수소 연료전지 자동차(FCEV)는 별도의 외부 전기 충전이 불필요하며, 수소 충전이 고압으로 이뤄져 충전 시간이 짧고, 스택의 산화환원 반응으로 주행 중에 전기에너지를 직접 생산한다. 고전압 리튬이온 배터리와 비교할 때 에너지 밀도가 높다.

71 ④ SBW(Shift-By-Wire)는 전자식 변속레버 시스템이며, iEB(Integrated Electronic Brake)는 통합형 전동 브레이크이다.

72 ③ EV모드 주행이 가능한 하드 타입의 하이브리드 자동차는 모든 전기시스템이 정상일 경우 모터를 이용해 엔진 시동을 한다. 그러나 고전압 배터리 충전량이 18% 이하이거나, 엔진 냉각 수온이 −10°C 이하, 고전압 배터리 온도가 약 −10°C 이하 또는 45°C 이상일 경우, HCU는 모터로 엔진 시동을 금지하고, HSG를 작동시켜 엔진을 시동 건다.

73 ③ • 평지주행 시에는 스택의 문제가 없고, 수소 충전량에 제한이 없는 한 고전압 배터리의 전기는 쓰지 않는다.
• 오로지 스택에서 만들어지진 전기 에너지로 구동모터를 회전하게 한다.
• 강판(내리막) 주행 시에는 스택과 고전압 배터리 전기 에너지를 쓰지 않고, 오히려 구동모터가 충전기 역할을 하는 회생제동 충전 시스템이 가동되어 고전압 배터리를 충전시킨다. 이때 스택으로는 회생제도 충전 전압이 전해지지 않는다.

74 ④ 계기판의 Ready 점등(녹색)은 하이브리드 시스템이 모두 정상적으로 작동하고 있는 상태를 나타내는 표시등으로써, 고전압체계 분만 아니라, 12V 저전압 배터리 체계도 이상이 없을 때 점등된다.

75 ① 회생제동 장치는 감속·제동 시, 구동 모터가 발전기로 기능을 하여, 주행차량의 운동에너지를 전기에너지로 변환시켜 발생되는 전기에너지를 고전압 배터리로 회수(충전)한다.

76 ④ HSG는 고전압 AC를 이용하여 구동한다.

77 ③ 보조배터리가 방전되게 되면 BMS의 메인 릴레이를 작동시키는 HPCU가 작동되지 못해 고전압 배터리에 의한 시동이 불가하다. 이런 문제점을 보완하고자 보조배터리의 과방전 대비 차원에서 배터리 보호 기능과 비상시 12V 배터리 리셋 버튼을 두어 긴급 충전 후 시동이 원활하도록하였다.

78 ② 분리막(separator)은 전류·냉각수·수소·산소의 이동 통로이면서, 셀을 지지하는 역할을 한다.

79 ① Anode(에노드, −극)
$H_2 \rightarrow 2H^+ + 2e^-$ (수소의 산화반응)
Cathode(캐소드, +극)
$\frac{1}{2}O_2 + 2H^+ + 2e^- \rightarrow H_2O$ (산소의 환원반응)
$O_2 + H_2 \rightarrow H_2O$ (물) + 전기

80 ③ $N = \frac{120 \times f}{P}[rpm] = \frac{120 \times 600}{3 \times 2 \times 60} = 200 [rps]$
[N : 동기속도(rpm), f : 주파수, P : 극수]
여기서, 동기속도란, 교류를 전원으로 하는 회전기(전동기와 발전기)에 있어서 자계에 교류전류를 인가할 때, 고정자에 생기는 회전 자계의 회전속도를 말한다.

저자소개

윤 조 현

약력

現)
- 이패스코리아 자동차분야 전임강사
- JH자율주행전기차센터 대표
- 경기과학기술대학교 미래전기자동차과 겸임교수
- 인천 교육청 고교학점제 꿈이음 대학 수업 강사
- ㈜ 한국오토모티브 미래친환경 자동차분야 자문위원
- ㈜ 배터플라이 e모빌리티 총괄
- 한국산업인력공단 자동차 분야 위촉 위원

前)
- 청주지법 제천지원 자동차 사고분야 법원 감정인
- ㈜ H 손해사정 법인 대표
- 현대자동차 PYL 프로그램 현장정비 강사
- 카센터, 공업사, 튜닝샵, 육군특전사 현장정비 19년

보유자격

- 국민대학교 자동차산업대학원 자동차공학 M.S(전기차 시스템 연구실)
- 자동차 정비 기능장(2007)
- 직업능력개발 훈련교사 2급(차량정비, 2011)
- 자동차 정비 기사(2006)
- 자동차 검사 기사(2007)
- 자동차 정비 산업기사(2006)
- 굴삭기 운전 기능사(2003)
- 지게차 운전 기능사(2002)
- 자동차 정비 기능사(2000)

이패스 자동차정비산업기사 필기

초판 1쇄 인쇄 | 2023년 12월 15일
초판 1쇄 발행 | 2023년 12월 29일

지 은 이 윤 조 현
발 행 인 이 재 남
발 행 처 (주)이패스코리아
　　　　　[본사] 서울시 영등포구 경인로 775 에이스하이테크시티 2동 1004호
전　　 화 02-722-1149 팩스 070-8956-1148
홈 페 이 지 www.epasskorea.com
이 메 일 edu@epasskorea.com
등 록 번 호 제318-2003-000119호(2003년 10월 15일)

※ 잘못된 책은 교환해 드립니다.
※ 이 책은 저작권법에 의해 보호를 받는 저작물이므로 무단전재와 복제를 금합니다.
　본교재의 저작권은 이패스코리아에 있습니다.